国外数字系统设计经典教材系列

Verilog 嵌入式数字系统设计教程

Digital Design: An Embedded Systems Approach Using Verilog

［澳大利亚］Peter J. Ashenden　著

夏宇闻　夏嘉宁　等译

北京航空航天大学出版社

内容简介

通过系统设计的背景来讲解数字设计，全面覆盖了与嵌入式系统设计相关的各个方面，其中各章节不仅讲述了逻辑设计本身，还阐述了处理器、存储器、输入/输出接口和实现技术。本书特别强调在数字系统设计时，除了考虑逻辑设计外，还必须考虑用现实世界的工程方法来实现嵌入式系统的设计存在的许多约束条件和制约因素，诸如电路面积、电路的互连、接口的需求、功耗和速度性能等，重点讲解基于硬件描述语言（HDL）的设计和验证。全书列举了大量的 Verilog 例子，通过把数字逻辑作为嵌入式系统设计的一部分进行讲解，有效地加深读者对硬件的理解。

本书可为计算机工程、计算机科学和电子工程学科的学生学习数字设计打下坚实的基础。

图书在版编目(CIP)数据

Verilog 嵌入式数字系统设计教程/（澳）阿申登
(Ashenden, P. J.) 著；夏宇闻等译. ——北京：北京航空航天大学出版社，2009.7

书名原文：Digital Design：An Embedded Systems Approach Using Verilog

ISBN 978-7-81124-522-6

Ⅰ. V… Ⅱ.①阿…②夏… Ⅲ.硬件描述语言，Verilog—程序设计—教材 Ⅳ.TP312

中国版本图书馆 CIP 数据核字(2009)第 109936 号

Verilog 嵌入式数字系统设计教程
Digital Design：An Embedded Systems Approach Using Verilog

［澳大利亚］Peter J. Ashenden 著
夏宇闻 夏嘉宁 等译
责任编辑 张少扬 纪宁宁 孟 博
*
北京航空航天大学出版社出版发行
北京市海淀区学院路37号(100191) 发行部电话：010-82317024 传真：010-82328026
http://www.buaapress.com.cn E-mail：bhpress@263.net
北京市松源印刷有限公司印装 各地书店经销
*
开本：787 mm×960 mm 1/16 印张：32 字数：717 千字
2009 年 7 月第 1 版 2009 年 7 月第 1 次印刷 印数：5 000 册
ISBN 978-7-81124-522-6 定价：59.00 元

版 权 声 明

北京市版权局著作权登记号：图字：01 - 2008 - 3396

Digital Design：An Embedded Systems Approach Using Verilog
Peter J. Ashenden
ISBN - 13：978 - 0 - 12 - 369527 - 7
Copyright © 2008 by Elsevier Inc. All rights reserved.

Authorized Simplified Chinese translation edition published by the Proprietor.
ISBN：978 - 981 - 272 - 178 - 5
Copyright © 2009 by Elsevier (Singapore) Pte Ltd.　All rights reserved.

Elsevier (Singapore) Pte Ltd.
3 Killiney Road
#08 - 01 Winsland House I
Singapore 239519
Tel：(65) 6349 - 0200
Fax：(65) 6733 - 1817

First Published 2009
2009 年初版

Printed in China by Beijing University of Aeronautics and Astronautics Press under special arrangement with Elsevier (Singapore) Pte Ltd.．This edition is authorized for sale in China only，excluding Hong Kong SAR and Taiwan. Unauthorized export of this edition is a violation of the Copyright Act. Violation of this Law is subject to Civil and Criminal Penalties.

本书简体中文版由北京航空航天大学出版社与 Elsevier (Singapore) Pte Ltd. 在中国大陆境内合作出版。本版仅限在中国境内(不包括香港和澳门特别行政区及台湾)出版及标价销售。未经许可之出口，视为违反著作权法，将受法律之制裁。

译者序

本书的翻译是由两位年轻人和我共同完成的,其中一位已经在生命科学和电子科学的交叉领域探索了10年。由于她的帮助,我只需要翻译第6~10章,以及几个附录。我们互相交换审核,显著提高了翻译的质量,并加快了翻译的进度。

翻译本书的出发点是,帮助所有对数字系统设计感兴趣的年轻人学习和掌握嵌入式数字系统的新技术和新方法。因此在翻译的过程中,我们尽量从读者理解课程内容的角度出发,思考如何才能更清楚、更准确地用中文介绍书中的内容。由于本书是针对计算机软件专业大学本科二年级学生的课程,所以作者的讲述是从基础电路知识开始,逐步深入,最后试图达到对嵌入式系统有比较深刻和全面理解的高度。

在翻译的过程中,我们逐渐对作者在这一领域深厚的学术和工程设计功底有了比较深刻的体会。作者通过问答的方式帮助学生理解基础知识的教学方法,确实是每位教师应该学习的。这就是那么多著名大学的教授和 Tensilica 设计公司的首席科学家对本书做出如此之高评价的原因。

本书翻译工作的具体安排如下:

前言、序言、第1~5章的翻译由夏嘉宁完成,目录、第6~10章以及附录 A、B、C、D 和索引的翻译由夏宇闻完成;其中第9章的翻译初稿由北京航空航天大学高等工程学院的本科生王文杰同学完成。王文杰同学是我在北京航空航天大学的关门弟子,他在完成毕业设计后,以总分第一名的成绩被清华大学微电子所录取为 IC 设计专业的硕士研究生。

全书的最终审校和定稿由夏宇闻负责。本书的终稿完成后,经过上海澜起 IC 设计公司技术总监山岗先生的认真审阅。北京神州龙芯 IC 设计公司的樊荣、陈岩、甘伟、刘家正、周鹏飞等工程师,和正在实习的研究生李鹏、宋成伟、邢志成、徐树、彭寅、田宇等同学认真阅读了全书的翻译稿,并提出了宝贵的修改意见,他们的反馈显著提高了翻译的质量,在此表示衷心的感谢。

由于本书的原著作者在许多段落中的表述方式不利于读者理解,我们在翻译过程中做了适当的修改和补充,使得内容理解起来更容易和更准确。本书的部分内容涉及许多新概念和新方法,我们在翻译中难免有理解不全面、表达不恰当的地方,甚至有错误和疏漏。敬请发现这些问题的细心读者不吝指教,以便改正。

本书的翻译工作是在北京神州龙芯IC设计公司曾明总裁的支持下完成的。公司为我提供了舒适的办公条件,自由宽松的工作时间。没有曾明总裁的支持,本书的翻译工作不可能那么快就高质量地完成。在本书付印的时刻,让我向曾明总裁和北京神州龙芯IC设计公司的全体员工表示衷心的感谢。

值此中文版定稿开印之际,谨向每位为本书出版做出过贡献的朋友表示衷心的感谢。

夏宇闻

原北京航空航天大学电子信息工程学院 教授

现北京神州龙芯集成电路设计有限公司顾问

2009年1月1日

作者介绍及本书评价

Peter J. Ashenden 是阿德莱德大学的副教授和 Ashenden Design 公司的创办人,这是一家专门从事电子设计自动化(EDA)业务的咨询公司。

在 1990—2000 年期间,Peter J. Ashenden 博士曾是阿德莱德大学计算机科学系的一名教师。他曾为计算机科学系和电子工程系的学生讲授过不同领域的许多门课程。他所开授的课程包括:计算机组织、计算机体系结构、数字逻辑设计、编程和算法等。这些课程有适合从本科生到研究生的不同层次的版本。他也曾积极参与大学内各层次的学术管理工作。

2000 年,Ashenden 博士创建了 Ashenden Design 公司。该公司的业务包括培训项目的开发和提交、设计方法学的咨询、EDA 工具技术的研究、设计语言的开发和标准的编写。他的客户包括美国、欧洲和东南亚许多国家的工业组织和政府组织。

自 1992 年以来,Ashenden 博士一直专心致力于 IEEE VHDL 标准委员会的工作,并在 VHDL 语言的进一步发展中,继续发挥着重要作用。在 2003—2005 年期间,他曾担任 IEEE 设计自动化标准委员会的主席。该委员会负责管理 EDA 领域所有 IEEE 标准的开发和制定。他目前是 VHDL,VHDL - AMS,以及罗塞塔规范语言(Rosetta specification language)标准的技术编辑。

除了他的研究出版物以外,Ashenden 博士还是 *The Designer's Guide to VHDL* 和 *The Student's Guide to VHDL* 两本书的作者,*The System Designer's Guide to VHDL - AMS* 和 *VHDL - 2007: Just the New Stuff* 两本书的合作作者。他编写的 VHDL 书籍受到业界的高度关注,并且是有关这一专题的最畅销书籍。在 2000—2004 年期间,他曾担任由 Morgan Kaufmann 出版社发行的 *Systems on Silicon* 系列丛书的合作编辑,在 2001—2004 年期间,他曾担任 *IEEE Design and Test of Computers*(IEEE 计算机设计和测试)杂志的编辑董事会成员。

Ashenden 博士是 IEEE 和 IEEE 计算机协会的高级成员。12 年来,他一直是南澳大利亚国家消防队的高级业余志愿救火队员。

对《Verilog 嵌入式数字系统设计教程》的评价

"Peter J. Ashenden 正在为教育下一代的数字逻辑设计师,身先士卒,带头开辟一条通向新课程的道路。由于认识到数字设计已经从以门逻辑组装为中心的专用逻辑,转变为以处理器设计为中心的嵌入式系统,Ashenden 博士把关注的焦点从门转向现代设计和复杂集成器件的整合,这些集成器件的物理实现可以采用许多种形式。Ashenden 博士并没有忽略基础知识,而是以合适的深度和广度讲述基础知识,以便为理解教材中高级部分打下坚实的基础。本书是 Ashenden 博士编写的所有教材的典范,清晰易懂,读起来令人感到愉快。本书用大量的例子对内容加以阐述,并且还提供了相应的网站,可满足读者对这本高质量书籍的所有期望。"

Grant Martin,首席科学家,Tensilica 公司

(译者注:Tensilica 公司是世界著名的可配置处理器核的开发供应商,近年来业务发展迅速)

"Ashenden 博士编写的这本教材,可以使学生们对现代数字系统设计有更加宽广的视野和更有价值的理解。本书中描述的实践活动,可以为读者利用硬件描述语言,掌握现代数字系统设计技术打下坚实的基础。"

Gary Spivey,乔治福克斯(George Fox)大学

"把小型化的复杂电子设备缩小成为手持的低功耗的嵌入式系统,例如手机、PDA 和 MP3 录/放器,取决于有效的数字设计流程。《Verilog 嵌入式数字系统设计教程》这本书,从探索直观的基本构造块起步,逐步深入地介绍了嵌入式数字系统的设计,为学生拓宽了视野。贯穿于本书始终的是,Ashenden 博士切实可行的解决方案,能有效地帮助同学们深入理解嵌入式系统实现过程中所涉及的复杂性和面临的挑战。"

Gregory D. Peterson,田纳西(Tennessee)大学

"《Verilog 嵌入式数字系统设计教程》这本书把讲述的重点放在包含处理器、存储器和涉及输入/输出功能和专用加速器接口的较大的系统上。本书所阐述的内容是基于反映现实世界数字系统设计实践活动的现代观点的。目前,大学教程通常远远落后于工业界的开发技术,在这种时刻,本书的出版为在计算机工程、电子工程和计算机科学的学生提供了必要的信息。"

Donald Hung,圣何塞州立(San Jose State)大学

"《Verilog 嵌入式数字系统设计教程》使用既容易理解又是最新式的手段介绍了电路和系统的设计流程。因为硬件描述语言的使用是代表当前技术发展水平的新生事物,所以很有必

要让学生学习并掌握如何使用这些语言和相应的设计方法。本书为学习嵌入式系统设计提供了一个现代化的途径：从最基础的概念出发，逐步进入到完整系统的讲解，讲述的过程和方法是完全针对具体应用的，并通过大量的例子加以说明。我愿把本书推荐给我的学生。"

Goeran Herrmann，TU Cheminz

"尽管《Verilog 嵌入式数字系统设计教程》的内容十分复杂，但是这本书却是出人意料地容易读懂和理解。本书通过"为什么"和"如何解决"的问答形式，把读者带入从基础知识到真实数字系统理解的艰深旅程。这种讲述方式循循善诱，很有启发性，能有效地引导学生逐步深入掌握复杂嵌入式数字系统的设计方法。"

Andrey Koptyug，中瑞典（Mid Sweden）大学

"这本讲述数字设计的最新教材，用现代设计方法学，以一种非常容易理解的风格编写，并且把现实世界的嵌入式系统作为书的主要内容。《Verilog 嵌入式数字系统设计教程》全面覆盖了与嵌入式系统设计相关的各个方面，书中的各个章节不仅讲述了逻辑设计本身，还阐述了处理器、存储器、输入/输出接口和实现技术。本书特别强调在数字系统设计时，除了考虑逻辑设计外，还必须考虑用现实世界的工程方法来实现嵌入式系统的设计中存在的许多约束条件和制约因素，诸如电路面积、电路的互连、接口的需求、功耗和速度性能等。对于那些认为逻辑设计是平凡无聊的人而言，本书为这个专题带来了新的生命。"

Roland Ibbett，爱丁堡大学教授

前 言

讲述的途径

本书为选修计算机工程、电气工程和计算机科学专业课程的学生们奠定数字(系统)设计的基础。本书的重点放在现代日新月异的知识和设计技能上,而不是只着眼于门级电路的设计和一些与当代设计方法关联较少的过时的内容,因而在讲述方法上,把数字设计当作大系统设计环境下的工作中的一项任务来处理。

大多数现代化的数字电路设计工作都涉及嵌入式系统的设计,这需要使用小型微控制器、较大的中央处理器/数字信号处理装置(CPU/DSP)或硬/软处理器内核。设计涉及处理器的接口,或不同处理器与内存、输入/输出和通信设备的接口,以及运算加速器的开发,从而完成对处理器来说运算量过于密集的操作。其中主要的技术包括:ASIC、FPGA、PLD 和 PCB。这些技术与以前只涉及小规模集成(SSI)电路的和中规模集成(MSI)电路的设计风格有显著的不同。在这样的系统中,主要的设计目标是:尽量减少门的个数或 IC 芯片的个数。由于处理器的性能较低、存储设备的容量有限,大部分系统功能必须依赖硬件来实现。

虽然设计手段和设计内容都已有了很大的改变,但许多教科书还没有跟上时代的潮流。不少教科书督促学生做的练习题大部分已经过时,或已经可以用电脑辅助设计(CAD)工具来完成。从现代设计师的角度来看,许多非常重要的因素在那些教科书中没有讲解;而本书收录了一些现代设计实例,弥补了这些不足。它介绍这样一个理念:"数字逻辑"是基本模拟电子电路的抽象。如同任何其他抽象一样,数字抽象依赖于假设条件和约束因素得到满足。书中还收录了对电路的电气和时序特性的讨论,使大家了解:这些假设条件和约束因素是如何在更高级别的抽象上影响设计的。此外,书中阐述了以下两项内容为基础的方法学:① 用抽象来管理复杂的设计工作;② 做设计决策时取舍的原则和方法。这些智能工具可使学生在毕业后仍能跟上设计实践的进展。

本书与以前的著作相比,最明显的区别也许在于:省略了有关卡诺图和相关的逻辑优化方法的资料。本书手稿的某些评审人员曾经批评说,卡诺图等逻辑优化技术仍然是有价值的,而且是学生学习数字电路设计必需的基础。当然,卡诺图是很重要的,因为它可以使学生明白,一个给定的功能可以用多种等效电路来实现,而且在不同的约束条件下,不同的实现方法有各自的最优电路。本书采取的做法是:门级电路的转换以布尔代数为基础,但由计算机辅助设计(CAD)工具来完成算法优化的细节。现代系统的复杂性,使得提高工作的抽象层次并且尽早在课程中引入嵌入式系统变得更加重要。CAD 工具可以借助于先进的算法来满足有关的约束条件,因此能够比用手工简化逻辑的方法更快、更好地优化门级电路。而诸如卡诺图这样的技术,确实还有一席之地。例如,在设计特定的无干扰逻辑电路时,必须应用卡诺图。因此,学生可以等到选修高级超大规模集成电路(VLSI)课程时,再学习卡诺图;说实在的,直到他们在工作中遇到实际需求时,再学习也不迟。通过网上搜索,可以找到许多详细描述该技术的信息来源,其中包括列在维基百科(Wikipedia)中的一篇出色文章。

本书选择了这样一条途径,即与计算机科学及计算机工程和电子工程的课程有关,通过把数字电路设计作为嵌入式系统设计的一部分来讲解,帮助计算机科学专业的学生理解硬件系统,以便分析和设计既包括硬件又包括软件的组件。本书介绍的抽象原则和用抽象管理复杂性的原则与计算机科学和软件工程许多潜在的需求是完全一致的。

现代数字电路设计工作在很大程度上依赖于用硬件描述语言(诸如 Verilog 和 VHDL 语言)表达的模型。HDL(硬件描述语言)模型可用于抽象行为级的设计输入,也用于寄存器传输级的进一步细化。综合工具生成的门级 HDL 模型可用于低层次的验证。设计者还可以用硬件描述语言来描述验证环境。本书重点介绍在各个抽象级上,基于硬件描述语言的设计和验证,使用 Verilog 硬件描述语言。而其另外一个版本,《VHDL 嵌入式数字系统设计教程》,用 VHDL 作为硬件描述语言。

全面纵览

对于那些爱好古典音乐的读者,本书的组织,可比为两幕歌剧的总谱,包括:序曲、间奏曲和终曲。

第 1 章构成了全书的"序曲":介绍将在其余各章中深入展开讨论的主题。本章首先讨论数字抽象的基本思路;接着介绍基本的数字电路元件;然后展示元件的各种非理想的行为如何约束我们所做的设计;最后讨论基于 HDL 模型的系统设计步骤。

"歌剧"的第一幕包括第 2~5 章。在这一幕,更详细地展开了基本数字设计这一主题。

第 2 章着重讲解组合电路。首先介绍作为理论基础的布尔代数;接着讲解二进制信息编码；然后综述在规模较大的组合电路中可用做组件的一部分元件；最后返回到设计方法学，讨论组合电路的验证。

第 3 章更深入地讨论用于处理数字信息的组合电路，分析各种无符号整数、有符号整数、定点分数和浮点实数的二进制代码。本章描述了如何对各种代码进行某些算术运算，并着眼于可实现算术运算的组合电路。

第 4 章介绍数字电路设计的中心主题，即时序电路，分析几个存储信息或事件计数的时序电路元件；然后描述数据通道和控制部分两个概念；最后描述按时钟节拍同步的时序方法。

第 5 章完成了"歌剧"的第一幕，描述存储信息的存储器的使用。本章首先引入常用的各种半导体存储器的一般概念；然后重点介绍各种类型的存储器，诸如 SRAM、DRAM、ROM 和闪存的特性；最后讨论处理存储数据错误的技术。

第 6 章是"间奏曲"。在这一章，我们暂时脱离功能设计这个话题，探讨数字系统的物理设计和实际制造方法。本章介绍用于数字系统的各种集成电路，其中包括 ASIC、FPGA 以及其他可编程逻辑器件(PLD)；还讨论了实际制造中约束设计性能的某些物理特性和电气特性。

"歌剧"的第二幕为第 7~9 章，展开了"嵌入式系统"这一主题。

第 7 章介绍用于嵌入式系统的各种处理器；接着举例说明编写嵌入式软件程序的指令；然后介绍指令和数据的二进制编码方式及其在内存中的存储方式，并分析了处理器与存储元件的连接方式。

第 8 章进一步阐述输入/输出(I/O)控制器的概念。I/O 控制器可以将一台嵌入式计算机系统与外围设备连接在一起。外围设备不但能感知外界信息，还能通过输出改变外界的物理状态。本章描述了一系列可用于嵌入式计算机的外围设备，并展示了嵌入式处理器和嵌入式软件访问这些设备的方式。

第 9 章介绍加速器。加速器是这样一个部件，我们可以把它添加到嵌入式系统中，从而使系统以更快的速度运行，远比处理器核中的嵌入式软件可能达到的速度快。本章还举了一个例子说明对加速器设计所作的考虑，并展示了加速器如何与嵌入式处理器相互配合。

第 10 章是"歌剧"的终曲，也是本书的结尾。我们又回到了本书的主题，即在第 1 章中介绍过的设计方法学。本章介绍详细的设计流程，并讨论为了更好地满足约束条件，设计的各个方面应该如何优化；同时，还介绍了 DFT 概念(DFT 是 Design For Test 的缩写，其含义是在设计中增添制造时必需的用于检测的电路)，并简单地介绍了某些 DFT 工具和技术；最后讨论了数字系统设计所涉及的更广泛的问题。

"歌剧"结束后，在休息厅总有那么一场热烈的讨论。这本书包含了一系列附录，对应于"歌剧"的各个方面。附录 A 为各章节后面的思考题提供了标准答案。附录 B 为重新熟悉电子电路提供了快速的复习材料。附录 C 总结了用于数字电路综合的 Verilog 子集。最后，附录 D 是 Gumnut 嵌入式处理器内核的指令集参考手册，在第 7~9 章的例子中我们用到了这种嵌入式处理器。

对于那些不太欣赏古典音乐的人来说，如果前面用的比喻不太恰当，我表示非常抱歉。我突然想到与本书有关的一个比喻：节日盛宴的安排。但是这个比喻仍然可能给读者造成潜在的混乱：在世界的不同地区，关于开胃小菜、两道主菜之间的小菜以及主菜的定义是各不相同的，这会出现类似的问题。比如：英国人认为"entrée"是两道主菜之间的小菜，而美国人认为这就是主菜了。读者中的美食家应该可以随时按照当地的风俗找到对应的菜名。

课程的组织

IEEE / ACM 在《大学本科计算机工程专业学位课程指导文件》中描述了计算机工程知识体系中有关数字逻辑的知识领域。本书的课题涵盖了上述指导文件中规定的数字逻辑的知识领域，适合大学二年级水平的课程，只需要以前学习过电子电路和计算机编程的入门课程即可。本书将嵌入式系统、计算机体系结构、超大规模集成电路，以及其他高级课题的初级和高级课程连贯成一个统一的整体。

为了有序、完整地讲解数字设计，可以依照本书章节次序讲授，也可以先从第 1 章讲到第 6 章，再加上第 10 章，这样可以组织一个较短的课程。如果这样组织课程的话，可以把第 7～9 章的内容推迟到讲授嵌入式系统设计课程时再讲。

无论是较长的课程还是较短的课程，使用本书时，都应辅以 Verilog 语言参考书。课堂讲授还应该包括实验室课题，因为实际动手进行设计练习是学习和强化本书中所阐述原理的最好方法。

网上的补充材料

目前如果不能在网站上提供补充材料，那么教科书的编写就不能算完成。本书为学生和教师提供的资源，可在下面的网址上找到：

textbooks.elsevier.com/9780123695277

对于学生而言，该网站包括的内容如下：

- 本书中所有用 HDL 描述示例的源代码；
- VHDL 和 Verilog 硬件描述语言的自学教程；
- 在第 7 章和附录 D 描述的 Gumnut 处理器的汇编程序；
- 链接到 Xilinx 公司的 ISE WebPack FPGA 的 EDA 工具套件；
- 链接到由 Mentor Graphics 公司提供的 ModelSim Xilinx Edition Ⅲ VHDL 和 Verilog 仿真器；
- 链接到由 Synplicity 公司提供的 Synplify Pro FPGA 综合工具的评估版（见封底内页面以获取更多详细资料）；

➢ 使用 EDA（电子设计自动化）工具做设计项目的自学教程。

对于指导教师而言，该网站包含带有附加资源的保护区：

➢ 指导教师手册；

➢ 建议的实验室项目；

➢ 讲义；

➢ 用 JPG 格式和 PPT 格式保存的本书中的图片。

欢迎指导教师贡献有助于其他同事的资料。

尽管所有参与本书编写和审校的人员都已尽了最大的努力，但在审查和编辑的过程中肯定有一些错误会漏检。上面提到的网站有一个已发现错误的清单。如果您发现了这样的错误，请对比以前的记录，检查该错误是否已发现过。如果没有，请用电子邮件通知我，我将非常感激。我的电子邮箱地址是：peter@ashenden.com.au

我非常希望能听到关于本书和补充材料的反馈信息，包括改进的建议。

致　谢

编写本书是我长久以来的愿望，因为我一直想通过更现代的途径来改革数字系统设计的教学。Morgan Kaufmann 出版社的同仁们一直支持着我为实现这一目标而努力，他们为本书的诞生提供了宝贵的指导和咨询，对他们的帮助我深表感谢。尤其要感谢 Denie Penrose（出版人）、Nate McFadden（发展部编辑）、Kim Honjo（助理编辑）。我也要感谢 Elsevier 公司的 Dawnmarie Simpson，因为他极其细致周到地关注细节，使得本书的印刷制作过程像钟表那样精确地运行。

下面名单中的朋友全面地审阅了本书，且本书得益于他们的贡献：A. Bouridan 博士，贝尔法斯特女王大学教授；Goeran Herrmann，Chemnitz 科技大学教授；Donald Hung，圣何塞州立大学教授；Roland Ibbett，爱丁堡大学教授；Andrey Koptyug，中瑞典大学博士；Grant Martin 博士，Tensilica 股份有限公司；Gregory D. Peterson 博士，美国田纳西大学；Brian R. Prasky，IBM 公司；Gary Spivey 博士，乔治福克斯大学；Peixin Zhong 博士，密歇根州立大学；一个匿名的审阅人员，他来自李斯特工程技术学院。

此外还有，我尊敬的同事 Sunburst Design, Inc.（云隙阳光设计公司）的 Cliff Cummings 提供了对 Verilog 代码和有关的文本的技术审查。对所有这些人，我衷心地感谢他们对本书的贡献。从本书的初稿到最终稿的巨大改进，都是他们和我一起努力的结果。

本书和相关的教材，也得益于现场测试：本书 α 版的实验程序是由本人在阿德莱德大学和 Monte Tull 博士在俄克拉何马大学做的。本书 β 版的实验程序是由 James Sterbenz 在堪萨斯大学做的。衷心地感谢他们和学生们，是大家容忍了我的错误并提出了宝贵意见。

目 录

第1章 引言和方法学 ………… 1
1.1 数字系统和嵌入式系统 ………… 1
1.2 二进制表示法和电路元件 ………… 4
1.3 实际的电路 ………… 8
　1.3.1 集成电路 ………… 9
　1.3.2 逻辑电平 ………… 10
　1.3.3 静态负载电平 ………… 11
　1.3.4 电容负载和传播延迟 ………… 13
　1.3.5 线路延迟 ………… 14
　1.3.6 时 序 ………… 15
　1.3.7 电 源 ………… 16
　1.3.8 面积和芯片封装 ………… 16
1.4 模 型 ………… 18
1.5 设计方法学 ………… 23
1.6 全章总结 ………… 29
1.7 进一步阅读的参考资料 ………… 30
练习题 ………… 31

第2章 组合电路基本知识 ………… 33
2.1 布尔函数与布尔代数 ………… 33
　2.1.1 布尔函数 ………… 33
　2.1.2 布尔代数 ………… 41
　2.1.3 布尔方程的 Verilog 模型
　　　 ………… 44
2.2 二进制编码 ………… 47
　2.2.1 使用向量的二进制编码 ………… 48
　2.2.2 位错误 ………… 49
2.3 组合元件和集成电路 ………… 53

　2.3.1 解码器和编码器 ………… 53
　2.3.2 多路选择器 ………… 59
　2.3.3 低电平有效逻辑 ………… 61
2.4 组合电路的验证 ………… 64
2.5 本章总结 ………… 69
2.6 进一步阅读的参考资料 ………… 70
练习题 ………… 71

第3章 数字基础 ………… 75
3.1 无符号整数 ………… 75
　3.1.1 无符号整数的编码 ………… 75
　3.1.2 无符号整数的运算 ………… 79
　3.1.3 格雷码(Gray code) ………… 100
3.2 有符号整数 ………… 103
　3.2.1 有符号整数的编码 ………… 103
　3.2.2 有符号整数的操作 ………… 105
3.3 定点数 ………… 113
　3.3.1 定点数的编码 ………… 113
　3.3.2 对定点数的操作 ………… 116
3.4 浮点数 ………… 118
3.5 本章总结 ………… 121
3.6 进一步阅读的参考资料 ………… 122
练习题 ………… 123

第4章 时序电路基础 ………… 128
4.1 存储单元 ………… 128
　4.1.1 触发器和寄存器 ………… 128
　4.1.2 移位寄存器 ………… 137
　4.1.3 锁 存 ………… 138

4.2 计数器 ………………………… 143
4.3 顺序数据路径和控制 …………… 150
4.4 由时钟同步的时序方法学 ……… 160
    4.4.1 异步输入 ………………… 165
    4.4.2 时序电路的验证 ………… 169
    4.4.3 异步时序的方法学 ……… 173
4.5 本章总结 ………………………… 174
4.6 进一步阅读的参考资料 ………… 176
练习题 …………………………………… 176

第5章 存储器 ………………………… 180
5.1 一般概念 ………………………… 180
5.2 存储器的类型 …………………… 188
    5.2.1 异步静态 RAM …………… 188
    5.2.2 同步静态 RAM …………… 190
    5.2.3 多端口存储器 …………… 196
    5.2.4 动态 RAM ………………… 200
    5.2.5 只读存储器 ……………… 202
5.3 错误的检测与校正 ……………… 206
5.4 本章总结 ………………………… 210
5.5 进一步阅读的参考资料 ………… 211
练习题 …………………………………… 211

第6章 实现技术和工艺 ……………… 215
6.1 集成电路 ………………………… 215
    6.1.1 集成电路的制造 ………… 216
    6.1.2 SSI 和 MSI 逻辑系列 …… 218
    6.1.3 专用集成电路 …………… 222
6.2 可编程逻辑器件 ………………… 223
    6.2.1 可编程逻辑阵列 ………… 223
    6.2.2 复杂可编程逻辑器件 …… 227
    6.2.3 现场可编程门阵列 ……… 228
6.3 集成电路的封装和印刷线路板
    ………………………………… 233
6.4 互连和信号完整性 ……………… 237
6.5 本章总结 ………………………… 241

6.6 进一步阅读的参考资料 ………… 242
练习题 …………………………………… 243

第7章 处理器基础 …………………… 244
7.1 嵌入式计算机的组织 …………… 244
7.2 指令和数据 ……………………… 248
    7.2.1 Gumnut 处理器的指令集合
    ………………………………… 249
    7.2.2 Gumnut 汇编器 ………… 257
    7.2.3 指令编码 ………………… 259
    7.2.4 其余的 CPU 指令集 …… 260
7.3 与存储器的接口 ………………… 262
7.4 本章总结 ………………………… 270
7.5 进一步阅读的参考资料 ………… 270
练习题 …………………………………… 271

第8章 接 口 ………………………… 273
8.1 输入/输出设备 …………………… 273
    8.1.1 输入设备 ………………… 274
    8.1.2 输出设备 ………………… 279
8.2 I/O 控制器 ……………………… 287
    8.2.1 简单的 I/O 控制器 ……… 288
    8.2.2 自主管理的 I/O 控制器
    ………………………………… 292
8.3 并行总线 ………………………… 294
    8.3.1 总线的复用 ……………… 295
    8.3.2 三态总线 ………………… 298
    8.3.3 漏极开路总线 …………… 303
    8.3.4 总线协议 ………………… 305
8.4 串行传输 ………………………… 308
    8.4.1 串行传输技术 …………… 308
    8.4.2 串行接口标准 …………… 312
8.5 I/O 软件 ………………………… 314
    8.5.1 巡回检测 ………………… 315
    8.5.2 中 断 …………………… 316
    8.5.3 定时器 …………………… 320

8.6	本章总结	325	1.5节	410
8.7	进一步阅读的参考资料	326	第2章	410
	练习题	327	2.1节	410

第9章 加速器 331

9.1	一般概念	331
9.2	案例研究：视频边缘检测	336
9.3	加速器的验证	355
9.4	本章总结	366
9.5	进一步阅读的参考资料	366
	练习题	367

第10章 设计方法学 369

10.1	设计流程	369
	10.1.1 体系结构的探索	371
	10.1.2 功能设计	373
	10.1.3 功能验证	376
	10.1.4 综合	380
	10.1.5 物理设计	382
10.2	设计的优化	384
	10.2.1 面积优化	385
	10.2.2 时序优化	386
	10.2.3 功率优化	391
10.3	为测试而专门添加的设计	393
	10.3.1 故障模型和故障仿真	394
	10.3.2 扫描设计和边界扫描	395
	10.3.3 内建自测试	399
10.4	非技术性问题	402
10.5	总结	403
10.6	本章总结	404
10.7	进一步阅读的参考资料	405

附录A 知识测试问答答案 408

第1章	408
1.2节	408
1.3节	409
1.4节	409

2.2节	412
2.3节	412
2.4节	413
第3章	413
3.1节	413
3.2节	415
3.3节	415
3.4节	416
第4章	416
4.1节	416
4.2节	417
4.3节	417
4.4节	418
第5章	418
5.1节	418
5.2节	419
5.3节	421
第6章	421
6.1节	421
6.2节	422
6.3节	423
6.4节	423
第7章	424
7.1节	424
7.2节	424
7.3节	425
第8章	426
8.1节	426
8.2节	427
8.3节	427
8.4节	428

8.5 节 ································	429	
第9章 ································	430	
9.1 节 ································	430	
9.2 节 ································	430	
9.3 节 ································	431	
第10章 ································	432	
10.1 节 ································	432	
10.2 节 ································	433	
10.3 节 ································	434	
10.4 节 ································	435	
附录B 电子电路入门 ············	436	
B.1 元　件 ························	436	
B.1.1 电压源 ················	437	
B.1.2 电　阻 ················	437	
B.1.3 电　容 ················	438	
B.1.4 电　感 ················	438	
B.1.5 MOSFETs（金属氧化物半导体场效应晶体三极管）········	439	
B.1.6 二极管 ················	441	
B.1.7 双极型晶体三极管 ····	442	
B.2 电　路 ························	443	
B.2.1 基尔霍夫(Kirchhoff)定律 ····························	443	
B.2.2 电阻、电容和电感(R、C、L)的串联和并联 ············	444	
B.2.3 电阻电容(RC)电路 ····	445	
B.2.4 电阻-电感-电容(RLC)电路 ······················	447	
B.3 进一步阅读的参考资料 ····	449	
附录C 用于综合的Verilog ········	450	
C.1 数据类型和操作 ············	450	
C.2 组合逻辑功能 ···············	451	
C.3 时序电路 ····················	455	
C.4 存储器 ······················	459	
附录D Gumnut微控制器核 ······	461	
D.1 Gumnut指令集 ············	461	
D.1.1 算术和逻辑指令 ······	463	
D.1.2 移位指令 ··············	464	
D.1.3 存储器和输入/输出指令 ····························	465	
D.1.4 分支指令 ··············	465	
D.1.5 跳转指令 ··············	466	
D.1.6 杂项指令 ··············	466	
D.2 Gumnut总线接口 ·········	467	
索　引 ·······························	468	

第 1 章 引言和方法学

第 1 章将介绍蕴涵在现代数字系统设计中的一些十分重要的思想，其中包括了相当数量的基础知识。其宗旨是阐明全书内容的脉络，以便在随后的各章中展开更深入的讨论。

首先介绍构成数字系统的基本电路元件，并考察把这些元件连接在一起，完成所需功能的一些方法。我们也要考虑某些必须牢记的非理想效应，因为这些非理想效应会对设计产生强制的约束。然后，我们把关注点集中在基于硬件描述语言模型的系统设计过程上。以系统化的方式处理设计的全过程，以便开发出满足现代应用需求的复杂系统。

1.1 数字系统和嵌入式系统

本书是一本讲解数字设计（digital design）的教科书。下面来探讨一下数字和设计这两个词。数字是指以一种特殊的方式，即只用两个电平(1/0)来表示信息的电子线路。这样做的主要目的是提高电路的可靠性和准确性。后面将看到采用数字化办法带来的许多好处。也常用逻辑这个术语来表示数字电路，即用两个电平(1/0)表示逻辑的真值，以便用逻辑规则来分析数字电路。这为构建逻辑系统奠定了强有力的数学基础。设计这个词是指：规划出构建满足给定需求，同时也满足一系列约束条件（即成本、性能、功耗、体积、质量和其他条件）的电路系统的全过程。本书将把讲述的重点放在设计方面，并为设计复杂的数字系统建立一套方法学。

数字电路的历史悠久且耐人寻味。在数字电路之前，人们已开发应用了机械系统、机电系统以及模拟电路系统。这些系统大部分应用于商业和军事领域，用于进行数值计算，例如，用于账目计算或弹道表的计算。不过，这些系统有许多弊端，包括：计算不准确、速度慢、维护费用昂贵。

早期的数字电路出现于 20 世纪中叶，它们由继电器构成。继电器的接点不是"跳开"

（open），即阻断电流，就是"关闭"（closed），即允许电流流通。这样，由一个或多个继电器组成的电路以这种开/关的方式控制电流，从而控制其他继电器。不过，即使以继电器为基础的系统也比以前的系统更可靠，但它们仍然存在可靠性差和速度慢等问题。

数字电路时代的来临是有其物质基础的：首先是真空管的发明，随后是晶体管的发明。这些发明促使数字电路在可靠性和性能上有了重大改进。然而，集成电路（Integrated Circuit，缩写为IC）的发明才真正使"数字革命"成为可能。什么是IC呢？在该电路里，多个晶体管被构建和连接在一起。由于制造技术的发展，晶体管的体积和相互连接的电线已缩得非常小，再加上其他因素的作用，促进了IC的发展。今天，含有数十亿个晶体管并能执行复杂功能的IC已经司空见惯了。

此刻，您可能正感到惊诧：如此复杂的电路是如何设计出来的呢？在电路课程上，您也许已经学过晶体管是如何工作的，也知道三极管的工作是由众多参数决定的。设计含有数个三极晶体管的小型电路都如此复杂，怎么可能设计含有数十亿个晶体管的大系统呢？

问题的关键是抽象。抽象是指确定对当前任务而言最重要的因素，而将其他方面的细节隐藏起来。当然，其他方面是不可以任意忽略的。然而，我们必须做出假设，并根据一些规则来操作，这些假设和规则使我们能够忽略某些细节，以便把精力集中在所关心的方面。举例来说，数字抽象牵涉到在电路中只允许出现两个电平，其中晶体管不是"接通"（on）（即充分导通），就是"断开"（off）（即不导通）。之所以能支持这个抽象是基于这样一个假设，即晶体管通/断之间的转换几乎可以在瞬间完成。其中所遵循的设计规则之一是"通/断的转换"发生在有清晰定义的叫做"时钟周期"的时间间隔内。在讲授过程中，我们将看到许多其他的假设和规则。数字抽象的好处在于它可以运用非常简单的分析和设计过程来构建极其复杂的系统。

本书中将要探讨的电路，都涉及巧妙地处理随时间变化的各种信息。这些信息可能是音频信号、机器部件的定位或者物质的温度。它们可能随着时间而改变，因此对信息的处理方式也应随时间的推移而发生变化。

数字系统是用离散形式表示信息的电子电路。音频信号就是一个可用离散数值来表示信息的例子。在现实世界中，声音是不断变化的压力波形。在数学上，可以用时间的连续函数来表示这个波形。然而，以任意有效精度把这个函数表示为电路中随时间变化的连续电信号是非常困难和昂贵的。这是由于电路参数中的电学噪声和变量在作怪。如图1.1所示，与连续电信号不同，数字系统是用在离散的时间点上采样得到的离散值数据流来表示音频信号的。每个采样值代表了在某一特定时刻的压力近似值。音频信号的近似值可以从离散值的集合中得到，例如：集合$\{-10.0, -9.9, -9.8, \cdots, -0.1, 0.0, 0.1, \cdots, 9.9, 10.0\}$是可取离散值的集合。通过限定可以表示数值的集合，即可以用一个独特的二进制数字组合，为每个采样数值编码，每个采样数值的编码都是由高/低电平（即由1/0）组成。在第2章中将会看到是如何做到这一点的。此外，通过在有规律的时间点对信号采样，比如每隔50 μs采样一次，则样本信号的频率和信号处理的最低速度是可以预先通过计算得到的。

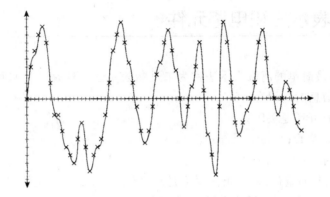

图 1.1 表示随着时间的推移,一个声音的压力波形,其中用×符号表示的离散点是指在数字系统中表达波形的数值

信息的离散表示和离散时序是基本的抽象。本书的大部分内容是讲述如何选择表示信息的适当方法、如何处理采样得到的信息、安排处理的步骤及确保由假设支持的抽象得以维持。

目前设计和制造的大部分数字系统是嵌入式系统。嵌入式系统的大部分处理工作是由一台或多台计算机完成的,这些计算机都是系统的一部分。事实上,目前绝大多数在应用的计算机是工作于嵌入式系统中的,而非个人电脑或其他通用计算机系统。早期的计算机可以自称为大型系统,而很少被视为更大系统的组成部分。然而,随着技术的发展,尤其是到了 IC 技术阶段,把小型计算机嵌入到电路中作为电路部件,然后对这些小型计算机编程来实现线路的部分功能,已经变成了现实。嵌入式计算机通常不采用通用计算机(例如台式或便携式计算机)的形式。嵌入式计算机的组成形式与通用计算机不同,它是由处理器核、存储部件以及其他部件所组成。其中,存储部件用于存放处理器核上运行的程序和数据,而其他部件则用来传输处理器核与系统其他部分之间交流的数据。

在处理器核上运行的程序就是系统的嵌入式软件。嵌入式软件的编写方式和通用计算机软件的编写方法有相似之处,也有不同。这本身就是一个大课题,超出了本书的范围。然而,由于本书主要讲解嵌入式系统,因此必须涉及一些嵌入式软件的话题,至少在初级水平上做一些介绍。在第 8 章和第 9 章,作为与嵌入式处理器核接口讨论的一部分,将再回到该话题。

由于目前在使用的大部分数字系统都是嵌入式系统,大部分数字设计工程项目都会涉及在处理器核周围开发接口电路及专用电路,以执行处理器核没有能力完成的任务。这就是本书专门探讨在嵌入式系统环境下的数字设计问题的缘故。

1.2 二进制表示法和电路元件

在数字系统中,最简单的离散表示法称为二进制表示法。这是一种只可有两个数值的信息的表示法。这些信息的例子有:

➢ 一个开关是打开还是关闭;
➢ 灯是亮着还是关着;
➢ 麦克风是否打开。

这些作为逻辑判断的条件:每个条件要么是真,要么是假。为了在数字电路中代表逻辑的真/假,规定:高电平代表真;低电平代表假。(这只是一项规定,称为正逻辑(positive logic),或高电平有效逻辑(active-high logic),也可以作逆向规定,称为负逻辑(negative logic),或低电平有效逻辑(active-low logic)。这些内容我们将在第 2 章讨论。)常使用数值 0 与 1 来分别代表假和真。数值 0 和 1 为二进制(基数为 2)数字,或称为位,这是二进制表示法中常用的术语。

图 1.2 所示的电路显示了二进制表示法的思想。信号标记"开关按下"(switch-pressed)表示开关的状态。当按键开关按下后,信号的电压为高,表示"条件为真",即"开关按下"。当开关没有按下时,信号电压为低,表示"条件为假"。由于灯亮与否是由开关控制的,因此用电压的状态能很好地标记信号 lamp_lit(灯亮),电压为高表示条件为真,即"灯被点亮了";而电压为低则表示条件为假。

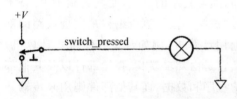

图 1.2 一个开关控制一盏灯的电路

图 1.3 所示的是一个更复杂一些的数字电路。该电路包括一个有数字输出装置的光传感器,没有环境光时,输出信号 dark 是真(电压为高);否则是假(电压为低)。该电路还有一个可设置数字信号 lamp_enable (灯使能)为高或为低(即分别表示真或假)的开关。图 1.3 中间的图符表示一个"与"门,这是一个仅当两个输入都为真(1)时,输出才为真(1)的数字电路元件。如果任一个或两个输入都为假(0),那么输出为假(0)。因此,在电路中,如果信号 lamp_enable 为真,且信号 dark(黑暗)为真,则信号 lamp_lit 为真;否则,如果两个条件之一或两个条件都不为真,那么 lamp_lit 为假。鉴于这种表现,可以运用逻辑法则来分析电路。举例来说,若有环境光,则灯不会亮,因为两个条件的逻辑"与"运算,若其中任意一个条件为假,则结果为假。

图 1.3 所示的"与"门只是几个基本数字逻辑元件之一。其他的基本数字逻辑元件如图 1.4 所示。正如上文所述,"与"门的意思是,若两个输入都为 1,则其输出是 1;若任何一个输入为 0,则输出为 0。"或"门对所有的输入产生 inclusive or(即包容性的"或")。其含义是若输入中任一个或两个都为 1,则输出是 1;若两个输入都为 0,则输出为 0。反相器对输入产生相

反的信号。其含义是若输入为 0,则输出为 1;若输入为 1,则输出为 0。最后,多路选择器可以在标记为"0"和标记为"1"的两路输入信号之间做出选择,两路之间的选择根据图符底部的 select(选择)输入值来决定。若选择输入值为 0,则输出值与标记为"0"的那一路输入信号相同;若选择输入值为 1,则输出值与标记为"1"的那一路输入信号相同。

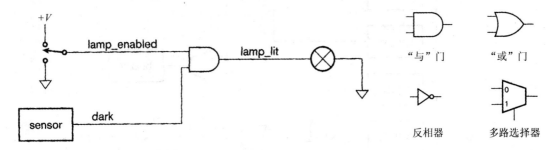

图 1.3 控制天黑后才能点亮的灯的数字电路。该灯只有在开关接通时,且亮度传感器表明"天已经黑了",才能点亮

图 1.4 基本数字逻辑门

可以利用这些逻辑门来建立数字电路,以执行更为复杂的逻辑功能。

例 1.1 假设一工厂车间内有两个大容器,一段时间内只使用一个容器。大容器中的液体必须有合适的温度,即在 25～30 ℃ 之间。每个容器有两个温度传感器分别感知温度高于 25 ℃,或高于 30 ℃。两个容器也都有液面过低传感器。当温度过高或过低,或大容器中液面太低时,由蜂鸣器提醒操作员进行操作。操作员拨动开关,可选择使用哪个容器。请设计一个由门逻辑组成的电路,当温度低于 25 ℃ 或高于 30 ℃ 或液面过低时启动蜂鸣器。

解决方案 对每个选定的大容器,启动蜂鸣器的条件是"温度低于 25 ℃ 或温度高于 30 ℃,或液面水平过低",为每个容器做一个由门逻辑组成的电路,可以执行这个任务。开关用来控制多路选择器,选择监视的是哪一个大容器,在两个大容器的传感器组合电路输出之间做选择。多路选择器的输出可以激活蜂鸣器。完整的电路如图 1.5 所示。

以上讨论的那些电路,都称为组合电路。组合电路的意思是:在任何特定时刻,电路的输出值完全取决于该时刻电路输入值的组合。这种电路没有"信息存储的概念",即没有"依赖于过去时刻曾记录的值"。虽然组合电路是较大的数字电路系统中重要的组成部分,但是几乎所有的数字系统都是时序性的。这意味着电路通常确实包括某种形式的存储,才能使电路的输出不但取决于当前的输入值,而且还取决于以前曾输入过的值。

供存放信息用的最简单的数字电路元件之一是触发器,它有一个很直白的英文名字:flip-flop(噼里啪啦之意)。它可以"记住"单个"位"(或称"二进制位")的信息,允许它在存储状态 0 和存储状态 1 之间"跳上"、"跳下"。D 触发器的符号如图 1.6 所示。为什么叫"D"触发器呢? 这是因为它有一个输入 D,输入要存储数据的数值,"D"为表示数据的英文 data 的首字母。D 触发器还有另一个输入——clk(称为"时钟输入"),表明输入的数值在什么时间被存入触发器。D 触发器的行为体现在如图 1.7 所示的时序图中。时序图是一个或更多信号的数值

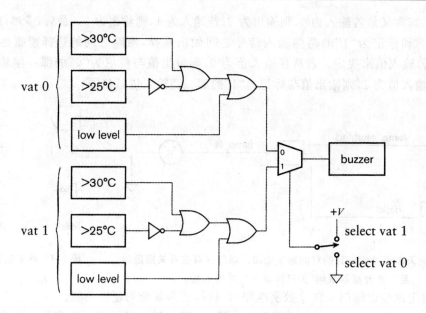

图 1.5 大容器液位温度蜂鸣报警器电路

随着时间而改变的图形。横轴表示时间的延伸,纵轴表示所需信号的电平高低。图 1.7 显示了触发器的输入 D 的不规则变化和时钟输入信号 clk 的周期变化。clk 从 0 至 1 的过渡称为该信号的上升沿。(同样,clk 从 1 到 0 的过渡,称为该信号的下降沿。)输入时钟 clk 旁边的小三角形标记(如图 1.6 所示)表示:只有输入时钟 clk 的上升沿,才能导致 D 值的存储。在 clk 的上升沿时刻,触发器的输出 Q 的改变反映了所存储的值。随后输入 D 上的任何变化将不会影响触发器已存入的值,直到下次 clk 的上升沿才能对输入的 D 值做再一次存储。以这种方式运行的电路元件叫做沿触发的元件。

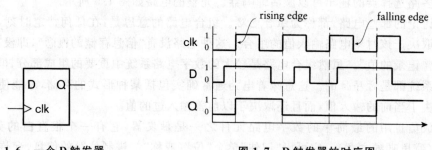

图 1.6 一个 D 触发器　　　　图 1.7 D 触发器的时序图

虽然,触发器的行为并不取决于时钟输入的周期性,但在几乎所有的数字系统中,都必须有一个能同步所有存储单元的时钟信号。这样的数字系统由能根据信号值和触发器存储的中间结果进行逻辑运算的组合电路组成。

使用单个同步时钟将会大大简化系统的设计。时钟以一个固定的频率运行,并把时间划分成离散的,称为时钟周期(clock periods 或 clock cycles)的时间间隔。现代数字电路运行的时钟频率范围为几十至几百兆赫(MHz,或每秒几百万个周期),而高效能的电路运行的时钟频率能达到数千兆赫(GHz,或每秒几十亿个周期)。把时间划分成离散的时间间隔,以较为抽象的形式来处理时间。下面举一个对实际工作抽象的例子。

例 1.2 开发一个时序电路,该电路只有一个输入 S 并产生一个输出 Y。每当 S 在连续 3 个时钟周期内出现相同的数值时,输出 Y 为 1;否则,输出 Y 为 0。假设:在给定时钟周期的前提下,S 的值是在当前时钟周期结束时,下一个时钟的上升沿时刻被定义的。

解决方案 为了在连续 3 个时钟周期内比较 S 的值,需要存储前两个周期的数值,并与 S 的当前值进行比较。可以用一对 D 触发器,以流水线的方式来连接,以便存储数值,如图 1.8 所示。当时钟沿出现时,第一个触发器 ff1 把来自于上一个时钟周期的 S 值存入。这一数值被转到第二个触发器 ff2 的数据口,当时钟沿再次出现时,ff2 将来自两个周期之前的 S 值存入。

当且仅当 3 个连续的 S 值都是 1 或者都是 0 时,输出 Y 是 1。"与"门 g1 和 g2 共同判定 3 个值是否都是 1。反相器和 g3、g4 和 g5 对 3 个值取反,因此,"与"门 g6 和 g7 确定 3 个值是否都是 0。"或"门 g8 将 2 个备选项结合在一起,以给出最后的输出。

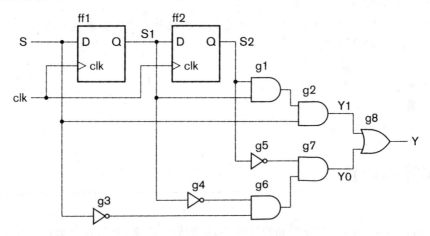

图 1.8　比较连续输入位的时序电路

图 1.9 展示了如图 1.8 所示电路的时序图。该时序图描述了在若干个时钟周期内该电路对输入 S 为某一特定序列值时,输入信号、内部信号和输出信号的波形。两个触发器的输出根据 S 的数值而改变,但分别延迟了一个或两个时钟周期。这张时序图显示了在时钟沿时刻变化的 S 值。实际上触发器存储的值是 S 刚好在时钟沿前的值。圆圈和箭头指出哪个信号决定其他信号的数值,导致了输出为 1。当 S、S1 和 S2 全都为 1 时,Y1 变为 1,表明已有连续 3 个

周期 S 为 1；同样，当 S、S1 和 S2 全都为 0 时，Y0 变为 1，表明已有连续 3 个周期 S 为 0。若 Y1 或 Y0 任一为 1 时，则输出 Y 变为 1。

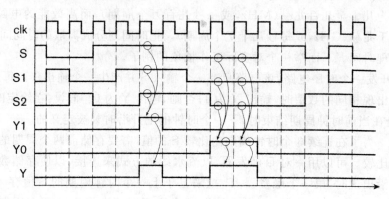

图 1.9　序列比较电路的时序图

知识测试问答

1. 二进制表示法中使用的两个值是什么？
2. 如果"与"门的一个输入是 0，另一个是 1，输出值是什么？如果两个输入都是 0，或两者都是 1，那么输出值是什么？
3. 如果"或"门的一个输入是 0，另一个是 1，输出值是什么？如果两个输入都是 0，或两者都是 1，那么输出值是什么？
4. 多路选择器的功能是什么？
5. 组合电路和时序电路有什么不同？
6. 一个触发器能存储多少信息？
7. 上升沿和下降沿是什么意思？

1.3　实际的电路

为了像前面讨论过的那样分析和设计电路，我们做了许多假设，这些假设是数字抽象的基础。假设电路能以理想的方式运行，因此允许用 1 和 0 的二进制系统来思考，而不必关心电路的电气性能和物理上的实现。然而，实际应用的电路是由晶体管和导线构成的物理器件或芯片。电路元件的电学属性和器件或芯片的物理属性，都对电路的设计有约束。本节中将简要描述电路元件的物理结构，并研究一些最重要的属性和约束因素。

1.3.1 集成电路

现代数字电路是在一块小而扁平的纯硅晶体表面上蚀刻出来的,因此常称为"硅片"。因为有许多电路部件整合在芯片上,而不是作为电路的单独组件分布在线路板上,所以这种电路称为集成电路。在第 6 章,将对 IC 的制造过程有更详细的探讨。但是,在现阶段,可以概括地说,以矩形和多边形形状沉积半导体和绝缘材料到芯片表面,就形成了晶体管。在晶体管上沉积金属(通常是铜),就是电线。不同电线间以绝缘层相隔。图 1.10 是芯片一小部分的显微照片,它显示了晶体管由导线互相连接的。

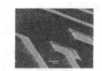

图 1.10 集成电路一部分的显微照片

集成电路的物理属性决定了许多重要的操作特点,包括高、低电平之间的转换速度。最重要的物理属性之一是每个单元的最小体积,即所谓的最小特征尺寸。早期芯片的最小特征尺寸是几十微米(micron,1 micron=1 μm=10^{-6} m)。生产工艺的改进导致特征尺寸的稳步下降,从 20 世纪 70 年代初期的 10 μm 下降到 80 年代中期的 1 μm。时至今日,IC 的特征尺寸已经下降到 90 nm 甚至 65 nm。最小特征尺寸能影响到电路性能,并且最小特征尺寸可以确定放在一片 IC 中的晶体管数量,因此,最小特征尺寸能影响整体电路的复杂性。戈登•摩尔是数字电子产业的开拓者之一,1965 年,他注意到晶体管数量增加的趋势,并就这一主题发表了一篇文章。他预测的趋势一直持续发展至今,现在这个理论已经成为众所周知的摩尔定律。摩尔定律说,可以放在一片(具有最小元件成本的)IC 中的晶体管数量每 18 个月翻 1 倍。在摩尔发表文章的时候,一片芯片中大约可放 50 个晶体管,今天一片复杂的 IC 已远超过 10 亿个晶体管。

最早得到广泛应用的数字逻辑集成电路家族的成员之一是"晶体管-晶体管逻辑"TTL(transistor - transistor logic)系列。这个系列的组件使用双极晶体管(bipolar junction transistors)相互连接形成逻辑门。这些设备的电气性能导致了普遍采用的设计标准的产生,这仍然影响当前逻辑设计实践。近期,TTL 元件大部分已经由采用"互补金属氧化物半导体"CMOS(complementary metal - oxide semiconductor)的电路部件代替,这种部件是以场效应晶体管 FET(field - effect transistors)为基础的。"互补"是指 N 通道和 P 通道的金属氧化物半导体场效应晶体管(MOSFET)都被使用。(详见附录 B 描述 MOSFET 和其他电路元件)。图 1.11 显示了这种晶体管是怎样用在 CMOS 电路作为反相器的。当输入电压低时,在底部的 N 通道晶体管断开而在顶部的 P 通道晶体管接通,让输出为高。反过来说,当输入电压为高时,P 通道晶体管断开而 N 通道晶体管接通,让输出为低。其他逻辑门电路的操作是类似的,即根据输入的电压来调节组合晶体管的开或关,使输出变高或变低。

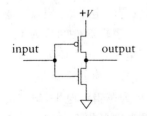

图 1.11 由 CMOS 电路构成的反相器

1.3.2 逻辑电平

在前面的讨论中,已给出的第一项假设是:所有信号都采用适当的"低"和"高"电压,也称为逻辑电平,这两个电压代表选定的离散值:0 和 1。但这些逻辑电平究竟应该是多少伏呢?答案是部分取决于电子线路的特点;另外,假如电路设计者和组件制造商同意,部分也可以是任意的。因此,关于逻辑电平现在有若干种"标准"。早期,TTL 系列取得成功的因素之一是:系列内所有的组件采取统一的逻辑电平。这些 TTL 逻辑电平仍是构成现代电路中标准逻辑电平的基础。

假设指定某一特定电压如 1.4 V,作为阈值电压。这意味着任何低于 1.4 V 的电压都当作"低"电压,而任何高于 1.4 V 的电压都当作"高"电压。在前面图中所示的电路中,使用接地端 0 V,作为低电压源,而用电源正极作为高电压源。假设供电电压在 1.4 V 以上,那么它应该是令人满意的高电压源(5 V 和 3.3 V 是常见的数字系统的电源电压,而 1.8 V 和 1.1 V 是常见的集成电路电源电压)。假如图 1.5 所示的逻辑门是以 1.4 V 阈值作为基准来区分是高电压还是低电压的,那么电路本该能正确地运转。不过,在实际中,这种做法是行不通的。因为在制造过程中的变化无法确保所有元件的阈值电压是完全一致的,所以只有在电压略高于 1.4 V 的时候,逻辑门才可以把这个输入电压当作逻辑高电平,而如果接收端的逻辑门的阈值比 1.4 V 略高一点,那么该逻辑门可能将接收到的略高于 1.4 V 的信号诠释为逻辑低电平,这种情况如图 1.12 所示。

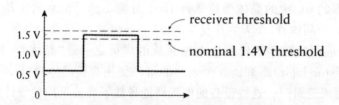

图 1.12 由于阈值电压的差别造成的问题,接收器把信号当作逻辑低电平处理

解决这个问题的一种方法是:把单阈值电压分为两个阈值。要求:大于 2.0 V 才为逻辑高,小于 0.8 V 才为逻辑低。介于这两个电平之间的电压不能被解释为有效逻辑电平。(假设在这个范围内的每个信号的转换都是瞬间完成的,而且对于输入为无效电平的逻辑部件的行为不予说明。)然而,在电线上传送的信号,可能会受到外来干扰和寄生效应出现电压噪声。添加了噪声电压的信号有可能进入非法逻辑电平的范围,如图 1.13 所示,这样就会导致不确定的行为。

最终的解决办法是做出规定:数字信号的驱动元件输出低于 0.4 V 为逻辑低电平,输出高于 2.4 V 为逻辑高电平。这样一来,有高达 0.4 V 的噪声容限,即在噪声容限范围内的信号不会被解释为无效逻辑电平,如图 1.14 所示。其中,各电压阈值的符号如下:

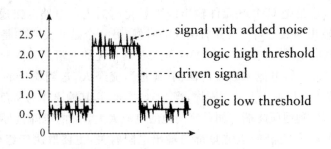

图 1.13 由于线路噪声造成的问题

- V_{OL}：输出低电压。元件输出信号的电压必须低于这个阈值才认为输出的是逻辑低电平。
- V_{OH}：输出高电压。元件输出信号的电压必须高于这个阈值才认为输出的是逻辑高电平。
- V_{IL}：输入低电压。元件接收到的信号电压必须低于这个阈值的信号,才能把接收到的信号解释为逻辑低电平。
- V_{IH}：输入高电压。元件接收到的信号电压必须高于这个阈值的信号,才能把接收到的信号解释为逻辑高电平。

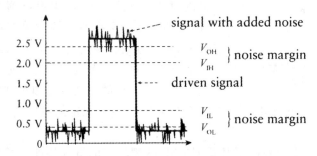

图 1.14 逻辑电平阈值与噪声差值范围

一个元件在 V_{IL} 和 V_{IH} 之间的区域接收信号的行为是不确定的。由于电压和其他一些因素（如温度和以往电路操作的不同）,该元件可能解释信号为逻辑低或逻辑高,也可能表现出其他一些不寻常的行为。只要确保设计的电路不违反逻辑电平的电压假设,就可以用数字抽象的概念。

1.3.3 静态负载电平

第二个假设是:组件的电流负载都是合理的。例如,在图 1.3 中,门输出作为电流源,让灯发光。理想元件的输出端应能提供负载所需的电流或直接到地的电流,而不影响其逻辑电平。在现实中,组件的输出有一些内部的电阻,这限制了元件能提供给负载的电流或从负载流入地的电流。如图 1.15 所示,这是把 CMOS 元件输出级理想化后的内部电路。接通开关 SW1,输出为高;接通开关 SW0,输出为低。当一个开关接通的时候,另一个是开关必须是断开的,反之亦然。每个开关有一相串联的电阻。(在实际中,每个开关及其相关的电阻是晶体管在其导通状态时的串联电阻。)当 SW1 接通后,电流来自正电源的"源极",流经 R_1 送到输出的负载。如果电流太大,R_1 的压降导致输出电压低于 V_{OH}。同样,当 SW0 接通后,其输出作为从负载收集电流的装置即"漏极",电流流经 R_0 到地面终端。如果流向地的电流太大,R_0 的压降会导致输出电压上升超过 V_{OL}。在这两种情况下,流经的电流量都与输出电阻有关,主要取决于组件的内部设计和制造,以及连接到输出的负载的个数和特性。由连接到输出的负载所引起的电流被称为输出信号的静态负载。静态这个术语是指:只考虑信号值没有改变时的负载。

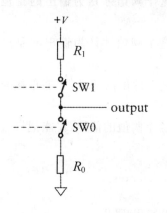

图 1.15 CMOS 组件输出级理想化的图解

如图 1.3 所示,"与"门所连接的负载是一盏灯,可以根据数据手册中的资料或根据测量结果,确定该"与"门的电流特性。更常见的情况是,将一个逻辑门的输出与一个或多个其他逻辑门的输入连接起来,如图 1.5 所示。当输入为低电平的时候,每个输入从负载吸取少量的电流;当输入为高电平的时候,每个输入提供给负载少量的电流。分配电流的量取决于组件内部的设计和制造。所以,当设计师使用这种类型的组件,必须确保不会在给定的输出上连接太多的输入负载,以避免过载。常用扇出这个术语来表示给定的输出能够驱动输入的个数。制造商通常会在数据手册的资料中公布元件的驱动电流和负载特性。应充分利用这些信息,作为数字电路的设计规则,确保门电路的扇出在规定的范围内,以满足静态负载的约束条件。

例 1.3 见表 1.1,表中列出了某系列 CMOS 逻辑门的电气特性。该系列逻辑门使用以前曾描述过的 TTL 逻辑电平,若电流流入一个接线端,则该电流被指定为正值;若电流从一个接线端(terminal)流出,则该电流被指定为负值。参数 I_{IH} 和 I_{IL} 分别表示当逻辑高或逻辑低时的输入电流;I_{OH} 和 I_{OL} 分别表示当输出为逻辑高或低时的驱动静态负载电流。使用该系列的逻辑门作为输出,若仅考虑静态负载,则其最高扇出是多少(即最多可驱动几个输入)?

表 1.1 某系列的逻辑门的电气特性

参　数	测试条件	最小值	最大值
V_{IH}		2.0 V	
V_{IL}			0.8 V
I_{IH}			5 μA

续表 1.1

参　数	测试条件	最小值	最大值
I_{IL}			$-5\ \mu A$
V_{OH}	$I_{OH}=-12\ mA$	2.4 V	
	$I_{OH}=-24\ mA$	2.2 V	
V_{OL}	$I_{OL}=12\ mA$		0.4 V
	$I_{OL}=24\ mA$		0.55 V
I_{OH}			$-24\ mA$
I_{OL}			24 mA

解决方案　无论输出是逻辑高电平还是逻辑低电平,输出接线端都能提供高达 24 mA 的流入(负)或流出(正)电流,而下一个门的输入电流只需要 5 μA。这样,每个输出能驱动多达 24 mA/5 μA=4 800 个输入。不过,在逻辑高电平提供这么多电流,输出电压可下降至 2.2 V;并且,在逻辑低电平,输出电压可能上升到 0.55 V。这使高电平的噪声容限只有 0.2 V,低电平的噪声容限只有 0.15 V。如果我们要维持 0.4 V 的噪声容限,则需要将输出电流限制至 12 mA,在这种情况下,最大扇出将是 2 400 个输入。

在实际工作中,我们不可能像这个例子所建议的那样在任何一个输出点附近连接那么多个输入端。静态负载只是决定最大扇出的因素之一。在本节的下一部分,我们将介绍在大部分的设计中有着更显著影响的另一个制约最大扇出的因素。

1.3.4　电容负载和传播延迟

在前面的讨论中,还有一个假设,即逻辑电平的信号变化是瞬间实现的。在实际电路中,电平不可能在瞬间实现跳变,而必须花费一小段时间。这取决于几个因素。我们就此进行探讨。信号电压从低电平上升到高电平所花费的时间,被称为上升时间,记作 t_r。信号电压从高电平下降到低电平所花费的时间,被称为下降时间,记作 t_f。图 1.16 清晰地表明了这些。

信号不可能在零时间间隔内发生突变是基于这样一个事实:如图 1.15 所示,数字元件输出级中的开关不可能在瞬间接通或断开。其实开关电阻从接近零的值变化到一个非常大的值必须经过一段时间间隔。然而更重要的因素,特别在 CMOS 电路中,是因为逻辑门的每个输入端都存在着显著的电容。因此,若把元件的输

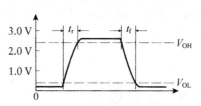

图 1.16　变化信号的上升时间和下降时间

出连接到另一个元件的输入,为了使连接信号的逻辑电平发生改变,则输入电容必须通过输出级的开关电阻进行充电和放电,如图 1.17 所示。

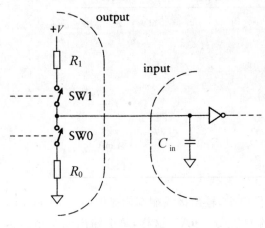

图 1.17 输出级与电容性负载输入之间的连接

如果我们把一个给定的输出和若干个输入端连接起来,那么这些输入端的电容负载是并联的。因此,总电容负载是每个电容负载的总和。电容负载较大是造成连接信号转换相对较慢的原因。对 CMOS 元件来说,这种效应远比逻辑元件的输入静态负载更为显著。通常人们都希望电路操作能尽可能地快,所以我们必须减少输出的扇出数,以减少电容负载。

关于晶体管开关的切换和电容的充放电究竟需要多少时间的讨论也适用于数字元件。不用深入了解元件电路的细节,就可以将讨论概括如下:由于内部晶体管的开关切换需要时间,因此输入端的逻辑电平改变,需要等待一小段时间后才能引起输出产生相应的变化。我们把那一小段时间叫做传播延迟,记为 t_{pd}。既然从输入发生变化到输出产生相应变化所需要的时间依赖于电容负载,所以元件产品的技术资料中有关传播延迟的说明书通常都注明传播延迟测试电路的电容负载和它的输入电容的大小。

例 1.4 厂商提供的数据手册为许多 CMOS 门元件规定了输入电容 $C_{in} = 5$ pF。某"与"门元件的最大传播延迟 $t_{pd} = 4.3$ ns,测量时所用的负载电容 $C_L = 50$ pF。该"与"门的最大可用扇出(当扇出为该最大值时,不会造成超过规定的最长传播延迟)是多少?

解决方案 如果只考虑输入的电容负载效应,最大扇出是:
$$C_L/C_{in} = 50 \text{ pF}/5 \text{ pF} = 10$$
在实际电路中,由于输出和输入之间还存在其他杂散电容,这将使得该"与"门的最高扇出小于 10。

在许多元件中,传播延迟的不同还取决于:输出是从 0 变到 1 还是从 1 变到 0。如果需区分这两种情况是重要的,那么可以使用符号 t_{pd01} 表示输出从 0 变到 1 的传播延迟,用 t_{pd10} 表示输出从 1 变到 0 的传播延迟。如果我们并不需要做出这种区分,则通常使用两值中最大的那个值,也就是:
$$t_{pd} = \max(t_{pd01}, t_{pd10})$$

1.3.5 线路延迟

关于数字系统行为的另一个假设是:在元件输出端的某个信号值的变化可以立即被其他

相连接元件的输入所接受。换言之，我们已假设导线都是理想的导体，信号经由导线的传输没有任何延迟。对很短的导线而言，例如对印刷线路板上几厘米长的导线，或者芯片上不超过 1 mm 的导线来说，在电路操作速度不高的情况下，这种假设是合理的。但是，当设计高速电路时，必须考虑较长的导线产生的问题。不能忽略这种导线存在着寄生电容和电感，因为它们会延迟信号的传播，从而引起电路问题。这种导线应被视为传输线，必须精心地加以设计，以避免由短截线头和接线端所造成的不必要的波阵面反射的影响。如何处理这种情况下的设计细节问题超出了本书的范围。然而，我们必须认识到，相对较长的导线必然增加电路的总传播延迟。稍后，我们将介绍基于计算机工具的应用，这有助于理解由导线延迟产生的影响，从而设计更好的电路。

1.3.6 时 序

在 1.2 节讨论时序数字系统时，我们曾假设：在时钟输入从 0 跳变到 1 的时刻，触发器数据输入端的值被立即存储到触发器中。此外，还假设：该存储的值立即反映到触发器的输出。这些假设是现实时序电路行为的抽象，此刻，对这一点不应该感到意外，但是我们必须遵从一些设计原则，才能支持这个抽象。真正的触发器在时钟的上升沿到达该触发器之前的一小段时间内，必须已把想要存储的数据值放置在触发器的数据输入端，只有这样才能在时钟上升沿到达的时刻，将数据存入该触发器，这一小段等待时间称为建立时间(setup time)。同时，在这一小段时间和之后的另一小段时间内，想要被存储的数据不得改变其值，这个另一小段时间出现在时钟的上升沿之后，这段时间被称为保持时间(hold time)。最后，存储的值并不是立即出现在触发器的输出端的，而是延迟了一小段时间，这段时间被称为时钟至输出的延迟(clock-to-output delay)。这些时序特性如图 1.18 所示。在这个时序图中，用斜线画出了上升和下降沿，之所以不用垂直线表示，是为了显示这个转变不是瞬间完成的。我们不但为数据输入和输出画出 0 值，也画出了 1 值，以表明触发器的动作与存入触发器的具体数值是无关的，但与数据值发生变化的时间是有关系的，这在图中用数据值的上升和下降同时出现来表示上面几句话的意思。该图说明了约束条件是，在时钟上升沿前后的时间窗口内输入的数据值必须不能发生变化才可正确地存入触发器。该图还说明在时钟延迟后一段时间才能有正确的数据值输出。

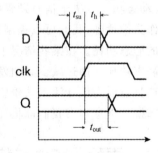

图 1.18 触发器的建立时间、保持时间和时钟至输出的延迟

在大多数时序数字电路中，触发器的输出不是直接连接到另一个元件的数据输入端，就是经由一些逻辑组合连接到另一个触发器的数据输入端。为了使电路操作正确，由有效时钟跳变沿所产生的数据输出，必须要在下一个有效时钟跳变沿到达之前提前一段建立时间到达第

二个触发器的数据输入端。这导致了我们可以从两个不同的观点来解释制约因素。第一个观点：触发器之间电路的延迟是固定的，由此给出了时钟周期的上限，因此也给出了整体电路运行的速度上限。第二个观点：时钟周期是固定的，由此可确定触发器之间电路所允许的延迟上限。根据这个观点，必须确保设计满足制约因素。在第 4 章将更详细地分析时序电路的时序约束，并介绍能确保满足约束条件的设计规则，从而使我们能够利用周期时钟的时序抽象。

1.3.7 电　源

许多现代数字电路的应用都需要考虑功耗和散热。从恒压电源流经电路的电流，不断地消耗着电能。电路中所有的逻辑门和其他数字电子元件都需要消耗电流，才能对其内部电路中晶体管进行开关操作。虽然每个逻辑门需要的电流非常小，但是在一个完整的系统里，数以百万计门电路的开关操作需要消耗的总电流可以达到很多个安培。当用电池构成电源时（如在手机和笔记本电脑等便携式设备中），降低功耗可以延长电池的使用时间。

电流经过电阻消耗掉的电能导致电路元件的升温。热对电路没有任何好处，必须把由电路元件产生的热量散发掉。集成电路物理封装和完整电子系统的设计师们确定了热能可以被传导到周围环境的速度。作为电路设计者，必须确保设计的电路消耗电能不会比散热设计可处理的热能更多，否则电路就会出现过热和故障。冒青烟就是电路出现这种散热问题的常见迹象。

现代数字电路元件中存在两个主要的功耗源。第一个功耗源来自于晶体三极管，当三极管断开时，并不是理想的绝缘体。在两极之间，以及从极至地之间，有相对较小的泄漏电流。这些电流造成了静态功率消耗。第二功耗源来自于输出逻辑电平切换时，负载电容的充电和放电。这就是所谓的动态功率消耗。先简单解释一下，静态功耗是连续的，与线路运行状态无关；而动态功耗取决于信号逻辑电平之间转换的频率。

作为设计师，我们可以控制这两种形式的功耗。可以通过选择低静态功耗的元件来控制电路的静态功耗。在某些情况下，通过安排部分电路在不需要运行时关闭，这样也可以控制电路的静态功耗。通过减少必须发生在电路运作中信号转换的次数和频率，也可以控制动态功耗。这日益成为设计活动的重要组成部分。而且，以计算机为基础的功耗分析工具逐渐为人们所掌握。贯穿本书我们都将详细讨论功耗分析问题。

1.3.8 面积和芯片封装

在数字电子设备的大多数应用中，最终成品的成本是一个重要因素，尤其是当该产品将在竞争激烈的市场上出售时。有许多因素影响产品的成本，其中许多因素是基于商业决策，而不是基于工程设计决策。然而，有一个因素是设计师可以控制的，并强烈地影响到最终产品的成本，这就是电路面积。

正如我们前面曾提到过的,数字电路通常都由集成电路来实现,IC 中晶体管和导线是通过化学方法在硅晶体表面形成的(见图 1.19)。在我们设计的电路中,晶体管和导线越多,占用的表面积越大。IC 的制造过程是基于固定尺寸的硅圆晶片的,最大的硅圆晶片直径为 300 mm,制造成本也是固定的。经过一系列步骤,在一片硅圆晶片上可制造许多个 IC。然后,硅圆晶片被切成很多个独立的 IC 片芯,IC 片芯经过封装后成为芯片,芯片可焊接到完整系统的印刷线路板上(如图 1.20 所示)。因此,单个 IC 片芯的面积越大,每片硅圆晶片可做的 IC 片芯个数就越少,因此芯片的成本就更高。不幸的是,因为目前制造过程还达不到完美无缺的程度,所以在硅圆晶片的表面上通常会出现一些散布的瑕疵。有瑕疵的 IC 不能正常运行,必须被淘汰掉。由于制造硅圆晶片的成本是固定的,能正常工作的 IC 必须承担那些不能正常工作的 IC 的制造成本,这就增加了 IC 最终产品的成本。单片 IC 片芯的面积越大,有瑕疵的 IC 所占的比例也就越大。因此,IC 的最终成本与 IC 片芯的面积不是成线性比例关系的。

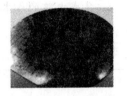

图 1.19　上面制有许多个 IC 片芯的硅圆晶片

图 1.20　焊接在印刷线路板上的一片已封装的集成电路

由于每片集成电路是单独封装的,封装的成本是 IC 芯片最终产品的直接成本之一。封装有两个目的:目的之一是,提供连接所需的引脚。在较大的数字系统中,芯片的引脚让 IC 片芯的导线能与外部导线连接,同时可提供与电源和地的连接。IC 的外部连接越多,引脚的需要就越多,封装成本也就越昂贵。因此,IC 的引脚数目是设计的制约因素之一。目的之二是,将热量从 IC 内传递到周围环境中,使 IC 不至于过热。若 IC 产生的热功率比封装可发散的功率大,则需要添加冷却装置,例如散热器、风扇或热管,这将增加生产成本。因此,由封装引起的热效应也是设计的制约因素之一。

正如我们曾指出的那样,封装好的集成电路可能并不是最终的设计产品。IC 芯片可能只是印刷线路板上的几个组件之一,而线路板又与其他一些东西组装成一套完整的产品。与上述讨论类似的观点可用于考虑印刷线路板的成本。线路板的成本取决于:

- IC 芯片及其他元件的价格和数量;
- 线路板外部连接的数目;
- 线路板的面积或尺寸;
- 安装线路板的机箱或机柜的散热。

知识测试问答

1. 什么是 TTL 输出电压电平、输入阈值电压和噪声容限?
2. "扇出"这个术语是什么意思?
3. 元件的传播延迟是怎样定义的?
4. 为什么我们要尽量减少元件的扇出?

5. 电路中的导线会增加延迟吗?
6. 什么是触发器的"建立时间"、"保持时间"和"时钟至输出时间"?
7. 在数字元件中,有哪两个功耗源?
8. 集成电路的成本和该 IC 的面积成正比吗?

1.4 模型

我们当中许多人在孩提时代都曾制作过、玩过真实世界事物的模型,例如飞机模型。模型引发的思维方式是:模型是客观事物的代表,它包含了为某一特定目的而使我们感兴趣的若干方面的特性,而省略那些不相关的方面。换言之,它是客观事物的抽象。举例来说,飞机模型可能看起来像一架真实的飞机,但是没有真飞机那么大,也没有真飞机机械方面的许多细节。该模型仅包含了能满足孩子玩一架飞机愿望的那些方面。

现在,我们(大多数)已经长大了,并转学数字电路设计。我们的任务是设计这样的电路:我们的电路能执行某些必要的功能,并满足各种制约因素的限制。我们可以尝试建立一个原型电路,以检查它是否按要求操作,但此举既昂贵又费时,因为通常需要通过设计、修改许多版本,然后才能做出正确的设计。更有效的办法就是开发我们设计的模型,并评估这些模型。某数字电路的某个模型是用一些建模语言做出的抽象表达,这个抽象抓住了在设计任务中我们感兴趣的那些方面,并省略了其他方面。举例来说,某种形式的模型可以只是表达电路要执行的功能,不包括时序、功率消耗或物理构造的若干方面。另一种形式的模型,可以表达电路的逻辑结构,换言之,电路是以何种方式由相互关联的组件构成。什么是组件?举例来说有逻辑门和触发器。这两种形式的模型可用硬件描述语言(HDL)方便地表示。硬件描述语言是一种专门用于实现这一目的的计算机语言,类似于编程语言。

功能模型还可以表示为数学表达式,如布尔方程和有限状态机的标记方法,我们将会在稍后的章节里介绍。结构模型还可以表示成电路原理图的形式(比如在这一章中先前的那些图)。我们将在适当情况下,利用所有这些形式的模型,但我们将精力集中在用硬件描述语言表示的模型上,因为这使我们能够利用电脑辅助设计(CAD)工具,来帮助我们完成设计任务。应用 CAD 工具设计电子电路,也可以称为电子设计自动化(EDA)。

本书将引进和使用一种叫 Verilog 的硬件描述语言。Verilog 原本是由菲尔·摩尔比(Phil Moorby)在一家名为"Gateway 设计自动化"公司开发出来的,随后为 Cadence Design Systems 公司所采用。自那时起,经过美国的电气和电子工程师协会(IEEE)和国际电工委员会(IEC)的努力,Verilog 的规范得到了进一步的标准化,而且该语言已得到设计师和工具开发厂商们的广泛应用。

Verilog 语言并非是用于数字系统设计的唯一硬件描述语言(HDL)。另一个主要的

HDL 是 VHDL，它也得到普遍的应用。最近 SystemVerilog 语言已发展成 Verilog 语言的扩展，其宗旨是设计和验证复杂的数字系统。此外，SystemC 是 C++ 编程语言的扩展，SystemC 的使用也在日益增加。虽然这些语言有很多共同的基本特点，但它们的高级功能各不相同。此外，它们都在不断发展着。在新修改的版本中不断增加新的功能，以应付新出现的设计挑战。在它们之间作选择往往取决于手边可用的工具、设计机构的文化以及设计工作的类型。

例 1.5 由门电路构成的数字逻辑，见图 1.5 所示。编写表达该逻辑结构的 Verilog 模型。假设传感器信号和开关信号都是该模型的输入，而蜂鸣器信号是模型的输出。

解决方案 该 Verilog 模型由一个"模块定义"组成，该模块定义描述了电路的输入和输出以及电路的实现方案：

```
module vat_buzzer_struct
  ( output buzzer,
    input above_25_0, above_30_0, low_level_0,
    input above_25_1, above_30_1, low_level_1,
    input select_vat_1 );

  wire below_25_0, temp_bad_0, wake_up_0 ;
  wire below_25_1, temp_bad_1, wake_up_1;

  //容器 0 的元件
  not   inv_0 (below_25_0, above_25_0) ;
  or    or_0a (temp_bad_0, above_30_0, below_25_0) ;
  or    or_0b (wake_up_0, temp_bad_0, low_level_0) ;

  //容器 1 的元件
  not   inv_1 (below_25_1, above_25_1) ;
  or    or_1a (temp_bad_1, above_30_1, below_25_1) ;
  or    or_1b (wake_up_1, temp_bad_1, low_level_1) ;

  mux2 select_mux(buzzer, select_vat_1, wake_up_0, wake_up_1) ;

endmodule
```

在本例中，模块名为 vat_buzzer_struct。模块声明语句中的端口清单列出了该模块所有的端口名。每个端口有一个名，还标明是输出还是输入。

模块定义的其余部分包含了电路模型的细节。在本例中，电路的模型是一组互相连接的元件。

结构模型这一术语就是指这种形式的模型。模块定义还引入关键字 wire，声明了几个命名的线网，用于把几个元件连接在一起。在本例中，Verilog 语言允许我们省去线网声明语句，因为每个线网只是一条其值可以为 0 或 1 的连接线。本例中把线网的声明语句写在将用到它们的地方,但在以后的例子中,将略去线网声明语句,因为Verilog语言允许省略线网声明语句。

紧跟在线网声明语句后面的是一些实例(instances)。每个实例有一个自己的名字以便区分,并具体说明引用的哪一种元件的实例。举例说明如下:inv_0是一个非门元件的实例,代表着电路里为测试容器0(vat 0)而设置的反相器。有些元件,比如"或"门或"非"门元件,属于Verilog语言中固有的。而其他组件,如mux2组件,由独立的模块定义。本例中引用了mux2模块(介绍本书的网页可提供mux2模块的源代码,以及其他源代码和技术说明文件)。在括号里列出了线网,以及连接到每个元件端口的模块电路的输出/输入。举例说明如下:反相器inv_0的输出由线网below_25_0连接到反相器inv_0的第一个端口,电路Vat_buzzer_struct的输入above_25_0连接到反相器inv_0的第二个端口。Verilog语言固有的内置原语元件总是在端口清单把输出端口列在首位,然后才是输入端口。当编写自己的模块时,在端口清单中可以自由选择输入和输出端口的顺序。然而,在本书中,为了与内置原语元件保持一致,我们基本上遵循此规定,在元件的端口清单中,先列出输出端口,然后再列输入端口。

在上述模块里,还包含了两行注释,为代码提供说明。在这里显示的注释符,从两个斜杠字符开始,并延伸到该行结束。另一种形式的注释符(本代码中没有写)从字符"/*"开始一直延伸到字符"*/"才结束。这种形式的注释可以注释多行。图1.21又一次显示了大容器蜂鸣器电路,在图中加上了线网和元件的名称,以供参考。

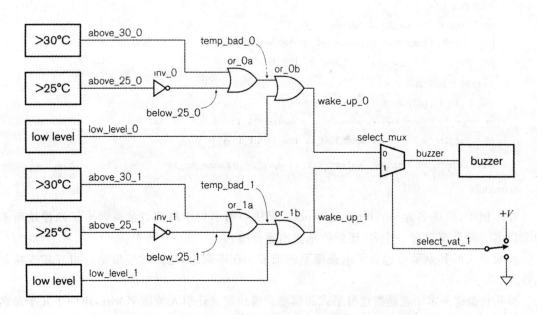

图1.21 大容器的蜂鸣器电路(在电路中标出了线网和元件名)

例 1.6 编写 Verilog 模型,使其具有如图 1.5 所示的门逻辑电路的功能。

解决方案 可以使用与结构模型相同的端口列表清单以及端口声明语句,因为输入和输出是相同的,只需如下改写该模块中间的内容(body)即可:

```
module vat_buzzer_behavior
    ( output buzzer,
    input above_25_0, above_30_0, low_level_0,
    input above_25_1, above_30_1, low_level_1,
    input select_vat_1 );

assign buzzer =
    select_vat_1 ? low_level_1 | (above_30_1 | ~above_25_1)
                 : low_level_0 | (above_30_0| ~above_25_0);
endmodule
```

上面的模型中描述了由电路实现的功能,这种形式的模型被称作行为模型。(有些人也使用行为模型这个术语表示更为抽象的功能模型,但在没有更好字眼可用的前提下,这里只好用行为模型表示上述模型。)在上面这个模块内,只有一条赋值语句,这条语句根据输入端口的值来确定输出端口的值。在上述代码中,用"|"和"~"操作符号在功能上与电路结构中的"或"门和反相器分别对应。选择什么值赋予输出端口,就取决于在"… ? … : …else"语句结构中的条件,该语句对应于电路结构中的多路选择器。对字符"?"之前的表达式进行测试。若该表达式为 1,则使用字符"?"之后的表达式,否则使用字符":"后的表达式。

上述例子说明了用结构和行为描述的 Verilog 模型常用的组织方法。与本书对应网页中的 Verilog 自学教材和参考资料,详细地讲述了编写 Verilog 模型的专门知识。该网站还提供了本书所有例题模型的源代码。我们严格按照每个模块的名称对源代码文件命名,以便可以很容易地找到包含某特定模型的文件。

有三个主要的设计任务可从使用 Verilog 中获益。第一个得益于使用 Verilog 的设计任务是设计输入,换言之,以一种可以用 CAD 工具处理的形式来表示设计模型。对于简单的电路来说,设计输入也可以用线路图表示,许多 CAD 工具提供这种形式的输入。但是,为更大和更复杂的电路绘制线路图非常麻烦,特别当线路图带有诸如信号类型之类的附加信息时更为麻烦。此外,像 Verilog 那样的文字形式,允许更丰富的表达形式,我们将在稍后的例子里看到这一点。同时,Verilog 也能更好地与其他计算机工具,诸如脚本工具和源代码控制工具配合使用。基于这些理由,在本书中把讲述的重点放在用 Verilog 描述电路,而在作电路说明时则使用电路原理图。

第二个得益于使用 Verilog 的设计任务是验证,换言之,确保该设计满足需求和约束。共有五个方面的验证任务:

▶ 功能验证,涉及确保该设计方案能完成所需的功能。

- 时序验证,涉及确保该设计方案可满足其时间约束。时间约束是来自于对电路最终性能的要求。例如,某电路处理某种音频信号的数字化表达,处理速度必须跟上信号采样速率。
- 其他验证任务,包括功率验证,确保设计电路满足功率消耗和散热的约束条件。
- 可制造性验证,在制造工艺过程中有可能出现各种变化,在这样的条件下,确保制造后的电路能正确运行。
- 测试验证,确保制造出的电路可以被测试,以确定有瑕疵的部分。

所有这些形式的验证都涉及电路模型的分析,以确定有关的特性,并检查这些特性的值是可以接受的。

功能验证往往是整个设计过程中,最耗费时间的部分。功能验证的方法之一是仿真。在仿真过程中,模型可以被解释为由 CAD 工具执行的计算机程序,这种 CAD 工具叫做仿真器。该工具涉及到把不同值的组合和序列送到输入端口,执行仿真代码,并确保模型在输出端口产生出所要求的数据值。对行为模型来说,指定语句的表达可被直接执行。对结构模型来说,引用的每个组件实例必须有相应的行为模型,该行为模型可由仿真器调用。仿真器可把产生于组件输出的值,沿着互连信号,送到其他组件的输入。

就大型和复杂模型的仿真而言,故障覆盖的问题特别突出。所谓覆盖问题,就是将所有可能出现在实际电路里的值的可能组合和序列,都输入系统模型进行仿真,这是很费时间的,消耗的计算机资源特别多,而且一般也是不现实的。如果不选择仿真,另一种替代的办法是采用涉及设计属性数学证明的形式化验证。属性采用与输入和输出值相关的逻辑语句形式,也可采用与输入和输出序列相关的逻辑语句形式来表示。这些属性表达了系统的功能需求,表达的形式通常比待验证模型中所用的语句更加抽象。模型的分析和属性的验证是由称作模型检查器(model checker)的 CAD 工具完成的。形式化验证是一种较新的技术,需要大量的计算机资源。在实际工作中,对具体电路进行功能验证的最有效方法是把仿真与形式化验证两种手段结合起来。我们将在 1.5 节和第 10 章更详细地讨论这种设计方法学问题。

第三个得益于使用 Verilog 的设计任务是综合。综合涉及模型的自动细化和优化,把更高层次的抽象细化和优化成为较低抽象层次的结构模型。举例说明如下:Verilog 语言中的寄存器传输级(RTL)抽象使用赋值语句和表达式来描述电路的行为。例如,例 1.6 中的那些语句,以及我们以后将讨论的过程块(procedural blocks)。可进行 RTL 综合的 CAD 工具能自动地将 RTL 模型细化为优化的门级模型,即转换为用逻辑门元件表示的结构模型(见例 1.5)。由于综合工具可自动地完成以前必须由人工完成的任务,因此极大地提高了生产力。特别值得一提的是,综合工具使非常复杂的设计变得比较容易驾驭。

硬件描述语言(如 Verilog 等)对这些设计任务的帮助是如此之巨大,以至于硬件描述语言已经成为现代设计方法的核心。在本书中,当介绍数字元件和电路时,也将展示描述它们的

Verilog 模型。当介绍设计方法时,还将展示处理模型的计算机辅助设计工具是如何帮助我们实现这些方法的。

知识测试问答

1. Verilog 模块定义的是什么?
2. 哪些信息被指定给某 Verilog 模块中的每个端口?
3. 结构模型和行为模型这两个术语分别表示什么意思?
4. 什么是功能验证和时序验证?
5. 找出功能验证的两种方式。
6. 综合是什么意思?

1.5 设计方法学

设计任何具有明显复杂性的数字系统都是一个大工程,因而需要系统性的解决办法。当许多人一起合作承担设计任务时,这一点尤其重要。多人合作是常见的情况。产品的复杂性决定了设计团队的大小。设计团队可以小到由几个工程师组成,为一个比较简单的产品做设计;也可以大到由数百人组成,为一个复杂的 IC 或者芯片系统做设计。设计方法学这一术语是指系统化地处理设计、验证,以及为制造产品做准备工作。设计方法学详细说明:承担的任务、由每个任务产生的和必需的资料,这些任务之间的关系,其中包括从属关系和序列关系,以及所使用的计算机辅助设计工具。成熟的设计方法学应该能够对设计过程中计划执行的进度、预算执行的情况、以及设计中已经查出的错误和漏查的错误等,及时反馈,进行准确的计量和监督。从先前完成的项目中积累的资料可以用来改善今后项目的设计方法学。优秀设计方法学的好处在于使设计过程更加可靠、更加可预测,从而降低风险和成本。即便是小设计项目,也许只是缩小规模,也能从设计方法学中获益。

鉴于其重要性,我们将把全书的重点放在设计方法论上。既然现在还处在学习数字设计的初级阶段,那么首先以概述相对简单的方法论作为开始。在第 10 章中,将看到为现实世界中的系统提供设计服务的更完整的方法学将涉及哪些内容。

图 1.22 说明了简单的设计方法流程。流程的起点是制订需求和约束条件。这些通常都是由设计小组以外的人告诉设计团队的。设计小组以外的人是一些什么人呢?例如公司的营销组,或要求开发产品的客户。他们给出的需求和约束条件通常包括:功能需求(产品能完成哪些任务)、性能要求(产品能以怎样的速度完成这些任务),以及关于功率消耗、成本和封装的约束条件。该设计方法流程详细地说明了三项任务:设计、综合和物理实现。其中每项任务后面都有验证任务。(设计和功能验证在流程图中只做简要的说明,实际上这两个任务所涉及的工作远比所示的流程图多,我们很快就会再回来讲

解这个问题。)在任何阶段,若出现验证失败,则必须重新检查前面的工作,以便纠正错误。在理想的情况下,只需要重新核查正在验证的那个任务,并做一些修改即可。但是,若发现的错误相当严重,则有可能返回到更前面的那些阶段,做出更大的修改。因此,在完成给定的设计任务时,必须牢记后续任务将要用到的那些约束条件,以避免引入以后可能被查出的错误。一旦任务及相关的验证工作已经全部完成,便可进入产品制造阶段,而且产品的每个单元都必须经过测试,以确保它能正常工作。下面我们将花一点时间更详细地研究这一方法学的各个阶段。

设计任务涉及理解设计的需求和制约因素,并编写能满足需求和约束条件的数字电路的技术说明书。由这项任务产生的资料是一系列描述设计的模型。然后,设计方法学指定我们采用仿真和形式化验证的方法对设计功能进行验证。在为验证任务做准备时,应该编写验证计划,以便确定:

➢ 哪些输入和输出的情况应得到验证;
➢ 应使用哪一种 CAD 工具进行验证。

贯穿本书,我们将说明如何与设计任务并行地开发验证计划。

我们已讨论了使用抽象以使设计任务变得更容易管理,还谈到必须坚持设计规则以确保违反抽象的基本假设不至于发生。然而,对任何一个非常复杂的系统而言,这样做,仍不足以使设计任务变得容易驾驭。另一种能够管理设计复杂性的抽象是层次组成(hierarchical composition)。这涉及开发能执行某些相对简单功能的子电路,然后把该子电路当成一个黑盒子。只要我们坚持在设计子电路时所做的假设,便可以把子电路用在能执行更复杂功能的大电路里。举例来说明这个问题:子电路可能是一个小型的液晶显示(LCD)控制器,它可以被用作无绳电话用户接口的一部分。可以再用另一个子电路,作为更复杂电路的一部分,这样多次继续下去可以组成非常复杂的系统。例如,用户接口子电路可以被用作手机内的黑盒子。在分层设计的每一个层面,可把关注的重点放在相关的层面,而将级别较低的元件细节隐藏起来。通过这样的途径使用抽象的概念,可以使复杂系统的设计变得容易驾驭。这也使得我们能够重复使用子电路,可以从以前完成的项

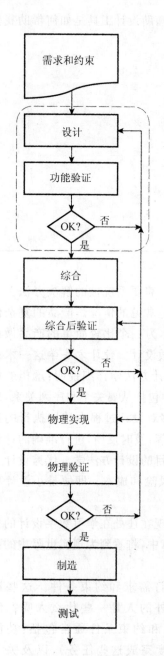

图 1.22　一种简单的设计方法学

目中得到子电路,也可以向第三方 IP 供货者购买。设计的再利用具有显著节省设计精力和降低设计成本的潜力。

设计中的层次组成也使得功能验证变得更容易驾驭。可以先把每个最原始的子电路作为独立的单位,单独地予以验证。接着,可以验证由子电路构成的子系统,这是通过把子系统理解为由一系列黑盒子组成而完成的。尤其是能够用更抽象的子电路黑盒子模型,而不是描述其内部组成的详细模型。这种做法意味着验证工具的计算工作量较少,从而可以为子系统完成更多输入/输出案例的验证。我们可继续重复以上过程,直至整个系统的验证工作结束为止。

再回到如图 1.22 所示的设计和验证流程,我们可以把这个流程做进一步扩展,以说明层次的作用,如图 1.23 所示。这种设计方法通常被称为自顶向下的设计(top-down design)。体系结构涉及分析需求,开发数字系统的整体结构可满足这些需求。用于这一层次设计的主要工具之一是白板,在白板上,系统设计师画出(可擦掉重画)方块图,把主要的子系统以及它们之间的连接表达清楚。下一步工作是单元(unit)设计,在单元设计时,要进行子系统和亚子系统的设计。然后,再对各个单元进行验证。若其中任何单元未能通过验证,则可能需要对某些单元重新进行设计。最后,如前面所述,把这些单元整合起来,并且各子系统和整个系统都必须通过验证。若验证失败了,则可能需要对某些单元进行重新设计。若验证发现的问题相当严重,则很有可能需要修改系统的体系结构,然后再重新考虑单元设计中的改变。

在如图 1.22 所示的设计方法学流程中,功能验证后,紧接着执行的任务是综合及综合后验证。在上一节中,我们把综合描述为:把较高抽象层次的模型自动细化和优化成为抽象层次较低的结构性模型。目前,综合通常完成将寄存器传输级模型转换成门级模型,因为计算机辅助设计工具在这一级别的细化技术是很成熟的。而行为综合(又称高层次综合),即从更高层次的抽象转换到 RTL

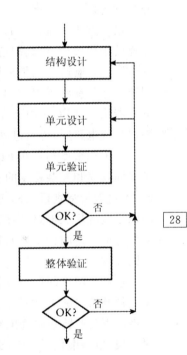

图 1.23 分层设计和验证

级的过程,尽管目前对这个课题的研究和开发工作很活跃,但行为综合离成熟还有很长的距离要走。

为了完成 RTL 综合,必须首先指定用哪一系列的器件库(制造工艺库)来实现电路的构造。可能还需要在 RTL 模型上添加一些注释性的语句,以指导 CAD 综合工具执行优化任务。然后,CAD 综合工具从已指定制造工艺的器件库里选择基本元件(primitive components)来构建电路,实现与 RTL 模型相同的功能。指定的器件库包含有关每一种元件的更详细的信息,例如时序参数、功耗等。设计方法学向我们展示了如何利用这些库中的元件信息,配合用综合工具生成的由元件构造的电路,进一步对设计进行验证。静态时序分析(static timing analysis)工具利用时序参数以及元件间相互连接的路径信息,可以估算电路中的传播延迟,并且验证时间约束是否能得到满足。同样,版面规划工具利用晶体管数量和元件互连所需的布线量,可以推算出设计的总面积,并验证面积和封装的约束是否能得到满足。请注意:在本阶段使用的属性只是为了集成电路的制造所做的最后性能评估,这些值在设计过程的后端还需要进一步细化。验证工作下一步的任务是进行等价性检查(equivalence checker)。所谓的等价性检查是指将综合器细化后的逻辑门级构造的电路和原有的 RTL 设计做功能上的比较,以验证综合工具已经正确圆满地完成了综合任务,而且逻辑门级构造的电路在功能上已完全满足设计的需求。

设计方法学流程中的下一个任务是物理实现。物理实现涉及利用已表达为基本电路元件互连的细化设计,生成制造电路所需的信息。物理实现的确切步骤,取决于为电路实现选择的制造工艺。制造工艺是指用哪一种集成电路工艺库来实现设计。目前,通常使用的两种主要制造工艺是现场可编程门阵列(FPGA)及专用集成电路(ASIC)。FPGA 由大量的逻辑门和触发器构成,FPGA 内部元件之间的连接可以是已确定的(译者注:即硬拷贝 FPGA),或者在制成集成电路后,再通过编程予以确定(译者注:即软拷贝 FPGA)。

本书把重点集中在 FPGA 上,特别在实验室项目中更应如此,因为 FPGA 被广泛地应用于不同规模和复杂程度的各种电路中,可被重新编程,并且在几乎所有的应用中都是降低成本的,不过数量特别巨大的应用除外。ASIC,正如其名字所表明的那样,是专门为某一特定的应用而定制的集成电路,不能编程。第 6 章将更详细地描述这种制造工艺。但是,现在我们可以从设计的上述两种工艺的物理实现,以及设计的印刷电路板的物理实现中总结出物理实现的共同步骤。

这些步骤中的第一步是映射(mapping)。所谓映射是指,把设计细化后生成的每一个逻辑元件与特定的电路资源逐一对应起来。第二步是布局布线。所谓布局布线是指,每个逻辑元件映射后的特定物理电路元件定位在物理电路的什么地方,如何连线。一旦映射、布局、布线完成,电路细化后的性能估计信息就可以被提取。特别当物理线路的细节被确定后,通过连线的传播延迟就可以被包括在时序评估信息之中。这些细化的评估信息可以用来完成最终的物理验证。最后,产生一个或多个为电路制造服务的信息文件。当这一步通过后,便到达黄金里程碑——为 ASIC 设计投片(英文叫 tape out),这是指在历史上设计小组将包含制造用的数据磁带正式递交给制造商。现在,这些数据更有可能通过互联网由文件传输。尽管如此,到达里程碑,通常是设计小组聚会庆贺的原因!

在设计方法学中,最后的任务是制造和测试。专用集成电路芯片的制造过程是由流片工厂完成的,这是一个利用设计信息,在硅圆晶片上形成集成电路的化学过程。而对 FPGA 而言,需要用设计信息对它进行编程,才能将它由空白的器件变成有确定逻辑的可用器件。在实验室工作中,您可能遇到 FPGA 编程所需的 CAD 工具和设备。ASIC 的测试任务涉及对每个已制造出来电路进行测试,以确保 ASIC 能正确地运行。正如我们已经提到过的那样,由于制造时的瑕疵,有的片芯将无法正常工作,因此必须被淘汰掉。另外,假如有一些设计错误在不同的验证步骤中都没有被发现,则所有的成品芯片都不能正常工作。找出造成这种芯片故障的来源非常困难且代价很高,这涉及使用各种不同的测量仪器去探测电路内部的线路,以跟踪实际操作。最好的办法是在设计过程的早期,进行更彻底的验证,以避免电路隐患的漏检。FPGA 芯片被生产出来后,也是要进行测试的,但这种测试是在交付给客户编程之前进行的。一旦 FPGA 被编程后,编程装置往往将写入 FPGA 的程序读回,验证写入的程序是否正确。

嵌入式系统设计

在 1.1 节中,我们曾介绍了嵌入式系统的概念。所谓嵌入式系统其实就是把一台或多台计算机当作系统部件使用的数字系统。每台嵌入的计算机由处理器核、存储器以及与系统其他部分的接口组成。由于计算机必须有程序才能执行系统的部分功能,因此必须把嵌入式软件的设计也包括到设计方法学中。

回想一下,设计方法学流程的第一个步骤就是编写系统的功能需求和约束条件。作为体系结构设计考虑的一部分,可以选择哪些部分功能可以由嵌入式软件在处理器核上完成,而哪些部分的功能可以由数字子电路完成,即由硬件执行。同时考虑系统的硬件和软件的设计就是所谓的软/硬件协同设计。决定哪些部分的功能由硬件承担,哪些由软件完成,叫做划分(partitioning)。在划分时需要做许多权衡取舍的考虑。涉及对非常多的条件进行测试,然后选取某个动作的功能,用硬件实现可能比较困难,而用软件实现则相对简单。而另一方面,涉及对快速到达的大量数据进行快速计算的功能,可能需要性能很高的处理器核。(因而成本高昂,也很费资源。)这样,由用户定制的专用硬件可以更容易地执行这样的任务。进一步的考虑是:嵌入式软件可以被存储在存储器电路里,于是在系统制造后或在现场安装后还可以重新编程。因此软件还可以多次升级,以纠正设计错误或添加新功能,而不必修改硬件设计或更换已部署的系统。

一旦系统硬件和软件之间的功能划分确定,两者的开发就可以同步进行,如图 1.24 所示。对于那些与硬件部分相关联的嵌入式软件,硬件的抽象行为模型可以用来验证软件的设计。这是可以做到的,只要在硬件模式下,用指令集仿真器代替处理器核,与硬件模型的仿真器一前一后配合工作即可。类似的办法也可以用来验证硬件与处理器核的直接接口部分。测试程序可以用处理器仿真器运行,而处理器仿真器可以与硬件仿真器一前一后配合运行。同时开发硬件和软件的好处在于:可节省硬件开发后再开发软件的时间,并且在软件和硬件开发的互动过程中,及早发现错误。

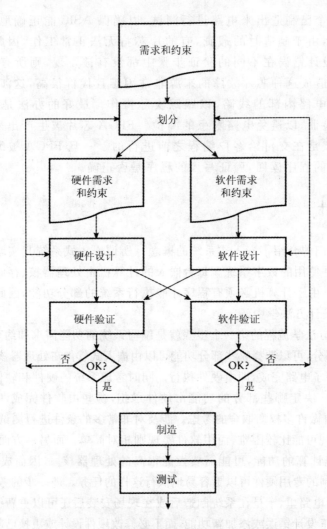

图 1.24 软/硬件协同设计的设计方法学

知识测试问答

1. "设计方法学"这个术语是什么意思?
2. 为什么设计方法学是有好处的?
3. 如果在设计方法学的某个阶段验证失败,我们应采取什么行动?
4. "自顶向下的设计"这个术语是什么意思?
5. 说出数字电路两种不同的实现工艺。
6. 什么是嵌入式系统?
7. "软/硬件协同设计"这个术语是什么意思?

1.6 全章总结

- 抽象的含义是找出手头任务的重要方面,并隐藏其他方面的细节。使用抽象必须遵循设计规则,以避免违反抽象固有的假设。
- 数字抽象认为:电压存在高或低两个逻辑电平;时间是一个称为时钟周期的间隔序列。
- 二进制表示法用位(0和1)来代表逻辑条件。在电路中,这两个逻辑条件可以用低和高逻辑电平实现。
- 逻辑门是对二进制代表的信息实行逻辑运算的电路元件。逻辑门可以在电路里相互连接,以执行更复杂的逻辑功能。
- 组合逻辑电路,是那些输出仅依赖于当前输入值的电路。它们不包含任何存储的信息。时序电路,是那些输出依赖于当前和过去输入值的电路。它们包括存储单元。
- 触发器是存储单元,可存储1个位的信息。边沿触发的触发器,在时钟输入发生变化的时刻,存储其输入的值。时钟输入发生变化的时刻,就是时钟跳变沿出现的时刻。
- 驱动器的输出低电压是低于接收器的输入低阈值的,驱动器的输出高电压是高于接收器的输入高阈值的。二者之间的差别是噪声容限。
- 静态负载和容性负载限制了驱动器的扇出。扇出的含义是:输出端可以连接多少个下一级逻辑的输入。
- 传播延迟取决于元件内的延迟,包括容性负载和电线延迟。触发器有建立和保持时间的窗口以及时钟至输出的延迟。
- 由于电流泄漏,集成电路产生并向周围环境散发出静态功耗;由于开关逻辑电平之间的切换,它还产生动态功耗。
- 电路面积和封装显著影响芯片的成本。
- 用硬件描述语言编写设计模型,使我们可以把设计输入到CAD工具中,(用仿真和形式验证工具)以验证其功能是否正确,并可对设计进行综合。
- 行为模型描述了电路实现的功能。结构模型把电路描述为组件的相互连接。
- 设计方法学详细地说明了要执行的任务、所需要的信息和每个任务所给出的信息、任务的从属性及时序性,以及可以使用的计算机辅助设计工具。
- 验证涉及分析模型,以确保要求和约束得到满足。
- 嵌入式系统是数字化系统,包含一个或多个处理器核,每个处理器核运行嵌入式软件。

1.7 进一步阅读的参考资料

"Cramming more components onto integrated circuits," Gordon E. Moore, *Electronics*, Volume 38, Number 8, April 19, 1965.
ftp://download.intel.com/museum/Moores_Law/Articles-Press_Releases/Gordon_Moore_1965_Article.pdf。
描述了 IC 制造的趋势,著名的摩尔定律源于这种趋势。

Foundations of Analog and Digital Electronic Circuits, Anant Agarwal and Jeffrey H. Lang, Morgan Kaufmann Publishers, 2005.
介绍了数字门电路的基础知识和它们的模拟行为,同时提供了模拟电路分析最透彻的基础知识。本书内容包括静态和动态负载、传播延迟、功耗、二进制表示法和门级电路。

LVC and LV Low Voltage CMOS Logic Data Book, Texas Instruments, 1998.
是制造厂商生产的元件产品清单,并具有详细的电气性能和时间参数数据。书中还载有应用报告,涵盖了数字电路电气设计的细节。可从 www.ti.com 网址下载。

The Designer's Guide to VHDL, 2nd Edition, Peter J. Ashenden, Morgan Kaufmann Publishers, 2002.
VHDL 语言的全面参考书。

The Student's Guide to VHDL, Peter J. Ashenden, Morgan Kaufmann Publishers, 1998.
浓缩版的《VHDL 设计师指南》。

The Verilog® Hardware Description Language, 5th Edition, Donald E. Thomas and Philip R. Moorby, Springer, 2002.
Verilog 的全面参考资料。

A Verilog HDL Primer, 3rd Edition, J. Bhasker, Star Galaxy Publishing, 2005.
是 Verilog 自学教程风格的入门教材。

SystemVerilog for Design: A Guide to Using System Verilog for Hardware Design and Modeling, 2nd Edition, Stuart Sutherland, Simon Davidmann, Peter Flake, and P. Moorby, Springer, 2006.
描述 SystemVerilog 如何扩展了 Verilog,并说明这些扩展是如何用于数字系统建模的。

SystemC: From the Ground Up, David C. Black, Jack Donovan, Bill Bunton, and Anna Keist, Springer, 2004.
描述了 SystemC 这种语言,列举了使用的例子,并说明它是如何适应系统设计方法学的。

The Electrical Design Automation Handbook, Dirk Jansen (Editor), Springer, 2003.

提供了 EDA 工具、方法和系统的资料,并提供了关于在高品质的 ASIC 设计中如何运用这些概念的自学指导原则。

Reuse Methodology Manual for System-On-A-Chip Designs, 3rd Edition, Michael Keating, Russell John Rickford, and Pierre Bricaud, Springer, 2006.
介绍了创建可重复使用专用集成电路的设计方法学。

Comprehensive Functional Verification: The Complete Industry Cycle, Bruce Wile, John C. Goss, and Wolfgang Roesner, Morgan Kaufmann Publishers, 2005.
介绍了设计方法学中的验证、基于仿真的验证,以及形式化验证。

Surviving the SOC Revolution: A Guide to Platform-Based Design, Henry Chang et al., Springer, 1999.
描述了基于可编程硬件/软件平台重用的设计方法学。

Computers as Components: Principles of Embedded Computing System Design, Wayne Wolf, Morgan Kaufmann Publishers, 2001.
包括了对软件和硬件组件、设计和分析技术以及设计方法学的描述。

练习题

练习 1.1 假设数字系统每隔 10 μs 对正弦波形采样一次,每个采样值都在如下的离散值集合中 $\{-10.0, -9.0, -8.0, \cdots, -1.0, 0.0, 1.0, \cdots, 9.0, 10.0\}$。请对以下不同的正弦波形画出类似图 1.1 的图,展示超过 100 μs 期间的 10 个采样点值:

a) 有 100 μs 的周期和峰到峰的幅度为 10.0;
b) 有 30 μs 的周期和峰到峰的幅度为 4.0;
c) 有 100 μs 的周期和峰到峰的幅度为 0.4。

练习 1.2 设计一个简单的防盗报警器电路,若运动传感器检测到运动,或窗口传感器侦测到窗口被打开,则报警器发出警报。

练习 1.3 在如图 1.3 所示的夜间照明电路上添置一个超越控制的开关,无论在什么条件下,该开关都可以把灯打开。

练习 1.4 修改如图 1.3 所示的夜间照明电路。使其包括一个选择开关,可以选择光线暗的时候开灯,或选择在晚间时段内开灯。假设已有一个到晚间时段能产生输出 1 的定时器。

练习 1.5 假设某工厂有一个带传感器的大容器,当容器为空时,传感器输出为 1;否则输出为 0。该容器还有一个用来排空容器的水泵。该容器有一个控制开关,能启动水泵。请设计一个电路,使得当开关设定为启动水泵,且该大容器不是空的时候,能启动水泵。

练习 1.6 完成图 1.25 所示的时序图,展示由上升沿触发的 D 触发器的操作。

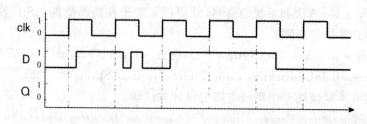

图 1.25

练习 1.7 开发一个有单个数据输入 S 和产生单个数据输出 Y 的时序电路,使得若当前时钟周期的输入值不同于过去时钟周期的输入值时,输出 Y 为 1,该电路的时序图如图 1.26 所示。

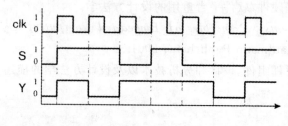

图 1.26

练习 1.8 假设,有一个系列的逻辑元件,其 V_{IL} 是 0.6 V,V_{IH} 是 1.2 V。其 V_{OL} 和 V_{OH} 为多少伏电压,才能提供 0.2 V 的噪声容限?

练习 1.9 假设,例 1.4 描述的门元件被应用到电路中,每个输入增加了 5 pF 的杂散电容。该门元件的最大扇出会减至多少?

练习 1.10 用图纸来做估计:300 mm 直径的硅圆晶片能做多少个完整的 15 mm × 15 mm 大小的集成电路。注意 IC 必须排列成行与列,以便切割硅圆晶片分成小片芯时可用直线。被浪费掉的硅圆晶片面积占整片面积的百分比是多少?

第 2 章
组合电路基本知识

在本章中,将进一步深入了解组合逻辑电路。从组合电路的一些理论基础开始,说明门电路是如何与这一理论中的公式对应的。接下来,将介绍信息是如何用二进制形式表示的,以便由数字电路处理。然后,将对范围广泛的各种元件进行综述。这些元件可用于构造规模较大的组合逻辑电路的基础块。最后,回到设计方法学,探讨组合电路的验证问题。

2.1 布尔函数与布尔代数

在第 1 章中,说明了数字信号是如何用两个可能的值,如逻辑条件的真或假,来表示信息的。现在将拓展这方面的讨论,说明怎样用逻辑定律来分析和设计用二进制表示的数字系统。所用到的理论基础称为布尔代数。这是一门以 19 世纪的英国数学家乔治·布尔(George Boole)的名字命名的数学学科。正是数学家乔治·布尔发明了处理逻辑命题的数学理论。

2.1.1 布尔函数

用抽象的观点来看,数字逻辑电路有输入和输出;每一个输入和输出在任何特定时间都具有高电平或低电平。将这两个电平看做是两个布尔值,即 0 和 1 的电学实现。也可以选用别的名字来表示布尔值,例如用 F 和 T,分别对应逻辑条件为假或真。然而,用字母来表示逻辑值将让逻辑值和变量名难以分辨,而变量是必须要引入的。用 0 和 1 表示逻辑值同样有效,而且不容易混淆,更接近硬件描述语言描述布尔值的形式。

在第 1 章中提到的组合电路,其输出仅依靠当前输入值。在这种电路中,每个输出值是一个或多个输入值的布尔函数。这意味着,对每一个可能的布尔输入值的组合,布尔函数都有一个特定的布尔值输出。这类似于其他数值集合的函数,例如:几个数值求和的函数,对于每个可能的操作数的组合,该函数会输出一个结果数值。

定义布尔函数最直接的方法是只为输入值的每个可能的组合列出结果值。把这样列出的表格称为真值表(truth table)。表 2.1 展示了"或"、"与"和"非"(分别用符号"+"、"·"和上横线("‾")表示的)三种基本布尔函数的真值表。"+"函数是其两个操作数的逻辑"或","·"函数是其操作数的逻辑"与"。之所以用这些运算符,是因为这些函数有许多性质与算术加法和乘法是共同的。然而,我们也将看到有一些不同。由"‾"表示的函数,是其单个操作数的逻辑求反(逻辑"非")。

定义布尔函数的另一种方式是使用布尔表达式。在该表达式中,用布尔操作符把布尔变量与 0 和 1 的字面值结合在一起。字母和数字表示的名称,如 x、y 和 z 来表示变量。每个变量代表了一个布尔值,例如数字电路中一个信号的值,或一个逻辑条件的值。请注意:表 2.1 中的标题栏的内容是最简单的布尔表达式。一般情况下,可以用任意数量的文字、变量和操作符并使用括号来指定布尔表达式的计算顺序。采用了以下约定:"与"操作符"·"的优先权比"或"操作符"+"的高,这可省去表达式中的括号,例如 $(a \cdot b) + c$ 和 $a \cdot b + c$ 这两个表达式是完全等价的。

表 2.1 逻辑"或"、"与"、"非"的真值表

x	y	$x+y$	x	y	$x \cdot y$	x	$\overline{x}$
0	0	0	0	0	0	0	1
0	1	1	0	1	0	1	0
1	0	1	1	0	0		
1	1	1	1	1	1		

在实际中,字面值 0 和 1,通常分别由数字信号的低电平和高电平来实现。操作符"+"、"·"和"‾"分别由"或"门、"与"门和反相器实现。(在第 1 章中,曾介绍过这些基本逻辑门。)在布尔表达式中命名的变量由同名的数字信号来实现。完整的布尔表达式由互联的门电路来实现,电路中每个门都对应着表达式中的一个操作符。也可以写布尔方程,在布尔方程中一个布尔表达式定义成等于另一个布尔表达式。某给定名称的单变量等于某布尔表达式的布尔方程,在电路中是由该布尔表达式对应的电路输出该给定名的信号来实现的。举例说明如下,布尔方程

$$f = (x+y) \cdot \overline{z}$$

是由如图 2.1 所示的数字逻辑电路来实现的。

真值表与布尔表达式都是同样有效描述布尔函数的方法。对于任何布尔表达式都可以填写一张真值表,为表达式里的每个变量都建一列,为表达式的值也建一列。然后系统地在每一行中填入变量值的每个组合。对于有 n 个独立变量的表达式,共有 2^n 个可能的组合方式,所以该真值表要建 2^n 行。对可能的每个组合,必

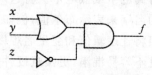

图 2.1 实现布尔方程 $f=(x+y) \cdot \overline{z}$ 的电路

须把变量值代入表达式进行计算,并把计算结果写在对应变量值同一行的表达式列中。

例 2.1 布尔表达式为$(x+y)\cdot\bar{z}$,请画出该表达式对应的真值表。

解决方案 在表达式中,有三个独立的变量,即:x、y 和 z。因此,在真值表中,将需要$2^3=8$行,见表 2.2 所列。系统地填写变量值最简单的方式是:开始在上半张表中 x 的值为 0,在下半张表中 x 值为 1。然后,在每半张表中,一半填写 y 值为 0,一半填写 y 值为 1。一般而言,不断填写 0 和 1 到右边的列,每次数量减半,直到单个的 0 和 1 在最后一个变量列交替地出现。现在计算第一行的值,把 0 值代入 x、y 和 z,得到的结果为 0。然后计算第二行的值,把 0 值代入 x、y,把 1 代入 z,结果也为 0。继续上述方式,直到该真值表的所有行都填满为止。

表 2.2 一个布尔表达式的真值表

x	y	z	$(x+y)\cdot\bar{z}$
0	0	0	0
0	0	1	0
0	1	0	1
0	1	1	0
1	0	0	1
1	0	1	0
1	1	0	1
1	1	1	0

也可以反过来,根据真值表推出逻辑函数的布尔表达式。具体方法如下:检查表达式值为 1 的各行,在这些值为 1 的行中,把那些输入值是 1 的变量做逻辑与,而把输入值为 0 的变量做逻辑非。这样的逻辑与项被称为函数的最小项。举例来说,表 2.2 的第三行,给出最小项 $\bar{x}\cdot y\cdot\bar{z}$。所以,函数的完整表达式是函数值为 1 的所有最小项的逻辑或。因此,对表 2.2 的函数来说,表达式为:

$$\bar{x}\cdot y\cdot\bar{z}+x\cdot\bar{y}\cdot\bar{z}+x\cdot y\cdot\bar{z}$$

请注意,上面的表达式看上去与$(x+y)\cdot\bar{z}$并不相同,但它确实对所有输入值的组合产生相同的结果。我们说,这两个表达式是"等价的",即:表示相同的函数,因此可以写出布尔方程

$$(x+y)\cdot\bar{z}=\bar{x}\cdot y\cdot\bar{z}+x\cdot\bar{y}\cdot\bar{z}+x\cdot y\cdot\bar{z}$$

此方程右边的表达式是积之和的形式,这意味着它是若干个乘积(逻辑与)项的求和(逻辑或),乘积项也被称作变量的 p 项。请注意,积之和形式中的每项不必是最小项,换言之,积之和形式中的项不必包含表达式中提到的每个变量。举例说明如下:另一个与上述表达式等价的积之和表达式为

$$\bar{x}\cdot y\cdot\bar{z}+x\cdot\bar{z}$$

两个布尔表达式等价的含义是:等价表达式所对应的数字电路的逻辑功能是相同的。举例说明如下:如图 2.2 所示的两个电路,分别对应于等价表达式:$(x+y)\cdot\bar{z}$ 和 $\bar{x}\cdot y\cdot\bar{z}+x\cdot\bar{z}$,它们的逻辑功能完全相同。这是一个非常重要的思想,因为这意味着设计者可以从各种等价的电路中选择其中一款来执行给定的功能,以满足除逻辑功能之外的其他约束条件(译者注:例如面积、速度和价格等)。这种选择是优化方式的一种,而且这是数字逻辑设计的中心。值得注意的是:在各种条件下,使用逻辑门最少的电路未必总是最好的选择。优化任务依赖于对系统的特定限制。举例说明如下:假如规定上述逻辑必须在某种可编程逻辑器件上实现其功能,

图 2.2 左边电路实际上比右边电路可能产生更多的时间延迟。贯穿本书，我们将多次探讨优化其实是依赖于约束的这个重要概念。尤其在 2.1.2 小节，我们将考察一些方法，以便为给定的布尔函数确定其等价的电路。

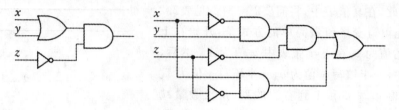

图 2.2 两个等价的数字电路

关于逻辑或、与、非操作符值得关注的一件事是：任何布尔函数都可以记作只用这些操作符的表达式。理解这件事的正确途径是认识到：任何函数都可以用一个真值表来表示，而从真值表则可推出这些最小项的积之和。这样的表达式，只涉及基本操作符，得到的结论就是任何布尔函数都可以只用或门、与门和反相器来实现。然而，这种实现方法可能并不是最优的，甚至可能不能满足约束条件。事实上，大多数半导体工艺制造的逻辑门不是逻辑意义上的最简单的门电路。图 2.3 显示了其他一些逻辑门。这些门通常被称为是复杂的逻辑门，因为其功能是基本逻辑功能的组合。我们特别关注的是或非、与非、与或非，因为在许多半导体制造工艺中，这些门的内部电路都非常简单，因此运算的速度很快。用这些复杂逻辑门实现给定的布尔函数，通常可以得到面积更小、速度更快的电路，比用或门和与门的电路好得多。

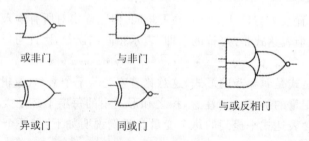

图 2.3 复杂的逻辑门

或非门执行的功能是对逻辑或操作求反。同样地，与非门执行的功能是对逻辑与操作求反。异或门(XOR)这个术语是互斥或门的缩写，在布尔表达式中用布尔加操作符"⊕"表示。若两个操作数中有一个为 1，但两个不能同时为 1 时，则异或操作的结果是 1。若两个输入都是 0 或都是 1，则异或操作的结果是 0。这更接近我们在非正式英语中通常说的"或"。例如，当别人问我们："想要冰淇淋还是蛋糕当甜点？"时，我们通常并不期望能得到两种甜点！由异或非门执行的功能是对异或门求反。当两个的输入都是一样的时候，异或非操作得 1。输入不同，异或非操作得 0。由于这个原因，它也被称作是一个同或门。最后，与或非门分别对每对输入执行逻辑与操作,然后对两个结果执行或非操作。如果用单个门,组成这样的与或非门,看起来似乎相当复杂,但用晶体管来实现这样的电路却是出乎意料的简单。这也就是为什么我们在这里介绍与或非门的原因。表 2.3 列出了由两输入逻辑门实现函数的真值表。为与或非门填写真值表留作课后练习。

表 2.3 由复杂逻辑门执行的函数的真值表

a	b	$\overline{a+b}$	$\overline{a \cdot b}$	$a \oplus b$	$\overline{a \oplus b}$
0	0	1	1	0	1
0	1	0	1	1	0
1	0	0	1	1	0
1	1	0	0	0	1

例 2.2 用真值表证明:以下两个布尔函数是等价的。用或非门和与非门为第一个函数设计电路;用或门、与门和反相器为第二个函数设计电路。

$$f_1 = \overline{\overline{a \cdot b} + c} \text{ 和 } f_2 = (a \cdot b) \cdot \overline{c}$$

解决方案 f_1 的真值表是表 2.4,f_2 的真值表是表 2.5。对每个输入值的组合,这两个函数有同样的结果值,因此它们是等价的。

表 2.4 第一个函数的真值表

a	b	c	$\overline{a \cdot b}$	$\overline{a \cdot b} + c$	f_1
0	0	0	1	1	0
0	0	1	1	1	0
0	1	0	1	1	0
0	1	1	1	1	0
1	0	0	1	1	0
1	0	1	1	1	0
1	1	0	0	0	1
1	1	1	0	1	0

表 2.5 第二个函数的真值表

a	b	c	$a \cdot b$	$\overline{c}$	f_2
0	0	0	0	1	0
0	0	1	0	0	0
0	1	0	0	1	0
0	1	1	0	0	0

续表 2.5

a	b	c	$a \cdot b$	$\bar{c}$	f_2
1	0	0	0	1	0
1	0	1	0	0	0
1	1	0	1	1	1
1	1	1	1	0	0

函数 f_1 涉及先对 a 和 b 进行与非操作,然后再对与非结果和 c 进行或非操作。实现函数 f_1 的电路如图 2.4 上部的电路所示。函数 f_2 涉及先对 a 和 b 进行与操作,然后再对与操作结果和 c 取反后的结果再次进行与操作。实现函数 f_2 的电路如图 2.4 下部的电路所示。请注意:在大多数的制造工艺中,由于与非门和或非门相当简单并具有更快的速度,因此通常选用图 2.4 上部的原理电路来制造实际电路。

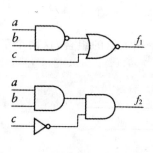

图 2.4　两个等价的门电路

还有一个必须考虑的布尔函数,即:恒等(identity)函数。该函数有一个输入,该函数的值就是输入的值。实现恒等函数最简单的电路是一条导线。不过,也可以用门元件来实现恒等函数,即:缓冲器。其图形符号,如图 2.5 所示。

大家可能会觉得奇怪——为什么要浪费宝贵的电路面积和功耗在一个没有任何逻辑功能的缓冲器上呢?如果我们还记得,在第 1 章中关于元件输出的静态和容性负载的讨论,就会认识到,当需要把某个输出连接到很多的输入上的时候,缓冲器是非常有用的。若我们直接把输出连接到负载的输入,则输出很可能超载,输出的驱动能力就会受到影响,难以达到所要求的逻辑电平,逻辑电平也难以在可接受的上升和下降时间内发生跳变。如图 2.6 所示,在输出和输入之间插入缓冲器,则原输出只需要驱动三个缓冲器即可,显著减少了需要原输出直接驱动的负载个数。另外,每个缓冲器的输出只需要驱动原先输入的一小部分。所以当输出必须驱动个数非常多的输入时,我们还可以对缓冲器的输出,再加一级缓冲器,由若干级缓冲器组成一个缓冲器树,如图 2.7 所示。该图是一个双级缓冲器树,从图 2.7 可以看到,原输出通过两级缓冲器再驱动负载的输入(每个缓冲器只需要驱动 5 个负载)。若把这种安排方式加以扩展,则可以看到,一个输出所能驱动的负载个数,将随缓冲器树的级数而呈指数型的增长。

图 2.5　缓冲器的符号

正如以后将会看到的那样,缓冲器树的一个重要的用途是:在系统中,把时钟信号从时钟发生器连接到所有的触发器。同时,还必须知道,缓冲器和缓冲器树可用在由单个输出驱动多个输入的组合电路中。

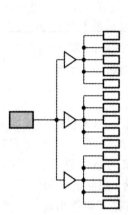
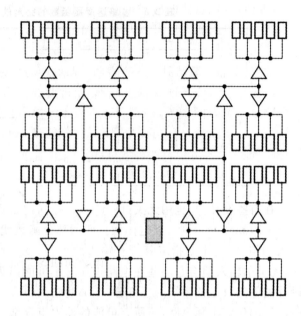

图 2.6 使用缓冲器,以减少元件的负荷　　图 2.7 双级缓冲器树

无关(Don't Care)标记

虽然真值表提供了完整定义某个布尔函数的系统方法,但填写真值表是很麻烦的,尤其当函数有很多个输入时,更是如此。因此,在许多情况下,可以用更紧凑的形式来填写真值表,换言之,对函数的输入项使用无关标记。在这本书中,我们用符号"—"作为无关标记,而"X"是另一种常用的无关标记。无关标记正好利用了许多布尔函数这样一个属性,即若某些输入已有确定的值,而其他的输入,不管其值为 1/0,都不会影响该布尔函数的结果。表 2.6 很好地说明了这个属性,该表展示了下列函数的完整真值表和紧凑的真值表。

$$z = \overline{s} \cdot a + s \cdot b$$

上面的布尔方程表示在第 1 章中我们曾介绍过的多路选择器。输入 s 表示选择输入,a 和 b 表示了两个输入数据:当 $s=0$ 时,选 a;当 $s=1$ 时,选 b。

值得注意的是,对于这一函数,当 $s=0$ 时,我们并不关心 b 是什么值,此时输出与 a 相同。同样地,当 $s=1$ 时,我们并不关心 a 是什么值了,输出与 b 相同。在压缩形式的真值表中,这种逻辑关系已表现出来了。短划线表示输入的值是我们不关心的。这个简单的权宜之计把表的大小减半,同时仍然说明了函数相同的信息。

表 2.6 多路选择器函数的完全的真值表和紧凑的真值表

s	a	b	z	s	a	b	z
0	0	0	0	0	0	—	0
0	0	1	0	0	1	—	1
0	1	0	1	1	—	0	0
0	1	1	1	1	—	1	1
1	0	0	0				
1	0	1	1				
1	1	0	0				
1	1	1	1				

在有些设计中,也用无关(Don't Care)标记表示函数的结果。如果设计只需要部分函数(partial function),则可以这样做。所谓部分函数就是这样一种函数,即只需要指定其一部分输入的组合,而不必指定其所有输入的组合,就能产生符合要求的结果的函数。在通常情况下,无关的输入组合是那些在电路操作时不可能出现的输入组合;若系统的功能已经确定,而设计的电路只是该系统的一部分,则那些输入组合对该电路而言是不可能出现的。然而,我们所设计的任何实际电路,对所有可能的输入组合都会产生某个逻辑值,不是 0 就是 1。把那些不可能的组合指定为"无关",而不是任意指定为 0 或 1 作为函数的结果,这样做有什么好处呢?这样做可以提供更多的电路优化空间。也许能够找出两个候选的线路,它们都能对我们确实关心的输入组合产生所要求的输出,但对"无关"的输入组合,这两个电路的输出却各不相同。若其中一个电路比另一个能更好地满足约束条件,则可以选择那个更好的电路,接受该电路对"无关"的输入组合产生的任意结果。

例 2.3 见表 2.7 所列,函数 f 的真值表中有两个无关项,函数的结果是 0 或 1 都是可以接受的,这是因为电路所在的系统中,这两个输入组合是"不可能"出现的。若把无关项分别定为 0 或 1,请比较两个电路的不同。为设计实际电路,请确定真值表中这两个无关项的值。

表 2.7 有两个"无关"结果函数的真值表,以及该函数的两个实现

a	b	c	f	f_1	f_2
0	0	0	—	0	1
0	0	1	0	0	0
0	1	0	1	1	1
0	1	1	0	0	0
1	0	0	—	0	1
1	0	1	1	1	1
1	1	0	0	0	0
1	1	1	0	0	0

解决方案 若真值表中两个无关项都填 0,则产生的函数可以表示为两个最小项的逻辑或,即 $f_1 = \overline{a} \cdot b \cdot \overline{c} + a \cdot \overline{b} \cdot c$,并可以由图 2.8 最上面的电路来实现。若两无关项都填 1,则产生的函数有更多的最小项,但可以化简为如下积之和的形式:$f_2 = a \cdot \overline{b} + \overline{a} \cdot \overline{c}$,如图 2.8 所示,中图或下图所示的电路可以实现该函数。究竟选择哪个逻辑电路来实现具体电路,则取决于制造工艺。若只简单地考虑减少门的输入个数,则选择中图所示的电路,对不可能的输入组合,该电路的输出为 1。若制造工艺是基于积之和电路的,而且这几个最小项也可以分担系统中其他部分的功能,则可采取如上图所示的电路,对不可能的输入组合,该电路的输出为 0。有些制造工艺则把第 1 章介绍的多路选择器作为基础电路元件,若用这种制造工艺来实现电路,则可选择如图 2.8 下图所示的电路。

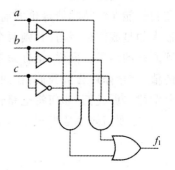
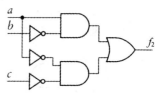
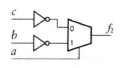

图 2.8 部分函数的实现

2.1.2 布尔代数

数字设计基础的数学抽象是布尔代数。布尔代数处理包含逻辑值、变量和运算符的布尔表达式。可以把这些符号解释为数字信号和逻辑门的表示。

布尔代数基于若干个公理。这只是几个可认为是公理而无需证明的布尔方程。下面列出了这几个布尔代数的公理:

▶ 交换律:
$$x + y = y + x \tag{2.1}$$
$$x \cdot y = y \cdot x \tag{2.2}$$

▶ 结合律:
$$(x + y) + z = x + (y + z) \tag{2.3}$$
$$(x \cdot y) \cdot z = x \cdot (y \cdot z) \tag{2.4}$$

▶ 分配律:
$$x + (y \cdot z) = (x + y) \cdot (x + z) \tag{2.5}$$
$$x \cdot (y + z) = (x \cdot y) + (x \cdot z) \tag{2.6}$$

▶ 同一律:
$$x + 0 = x \tag{2.7}$$
$$x \cdot 1 = x \tag{2.8}$$

▶ 互补律:
$$x + \overline{x} = 1 \tag{2.9}$$

$$x \cdot \overline{x} = 0 \qquad (2.10)$$

尽管我们没有必要来证明这些公理,但可以很容易地看出这些公理是正确的,只要把每个公理中的变量全都用 0 和 1 来替代,这些等式显然都是成立的。这些公理还提供了一些方法,使我们能在维持功能等价的前提下,选用不同的数字电路。例如,交换律告诉我们:若连接两输入的是或门或者与门,则两个输入信号的上下次序是没有关系的;无论哪个信号在上,都得到同样的结果。同样,结合律告诉我们,不需要括号就可以求出三个输入的逻辑或或者逻辑与的值,结合律还告诉我们,在图 2.9 的电路中的每行中的三个不同逻辑结构的电路是等价的。分配律告诉我们:如何将电路转换到积之和的表示形式。这非常有用,因为许多半导体制造工艺,能方便高效率地把积之和表示的逻辑表达式转变为真实的电路。

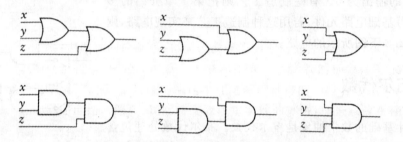

图 2.9 由结合律得到的几个等价电路

请注意,在这里,以两个为一对的形式列出了公理,在每个公理对中,一个公理和另一个公理的形式类似。公理对中的一个公理是另一个公理的对偶(dual)。所谓布尔代数中的对偶原理(duality principle)指的是:把操作符"+"和"·"互换,同时把 0 和 1 的发生互换,便可以将任何布尔方程转换成它的对偶方程,该对偶方程也是有效的布尔方程。

根据上述所列布尔代数的公理,可以得出下面几个更有用的定理:

▶ 幂等律(Idempotence laws):

$$x + x = x \qquad (2.11)$$
$$x \cdot x = x \qquad (2.12)$$

▶ 同一律推论(Further identity laws):

$$x + 1 = 1 \qquad (2.13)$$
$$x \cdot 0 = 0 \qquad (2.14)$$

▶ 吸收律(Absorption laws):

$$x + (x \cdot y) = x \qquad (2.15)$$
$$x \cdot (x + y) = x \qquad (2.16)$$

▶ 德摩根定律(DeMorgan laws):

$$\overline{(x + y)} = \overline{x} \cdot \overline{y} \qquad (2.17)$$

$$\overline{(x \cdot y)} = \overline{x} + \overline{y} \qquad (2.18)$$

例 2.4 请只用公理证明幂等律。

解决方案 式(2.11)幂等律证明如下：

$$\begin{aligned}
x + x &= (x+x) \cdot 1 & &\text{由式(2.8)同一律}\\
&= (x+x) \cdot (x+\overline{x}) & &\text{由式(2.9)互补律}\\
&= x + (x \cdot \overline{x}) & &\text{由式(2.5)分配律}\\
&= x + 0 & &\text{由式(2.10)互补律}\\
&= x & &\text{由式(2.7)同一律}
\end{aligned}$$

式(2.12)直接成立，因为这是式(2.11)的对偶。

例 2.5 假设用与门、或门和反相器执行以下布尔函数：

$$f = (x + y \cdot \overline{z}) \cdot \overline{(y \cdot z)}$$

如果直接执行它，如图 2.10 所示，则全电路最长的路径是 4 个门。如何将布尔等式 f 转化为积之和的形式，从而减少最长路径的长度。

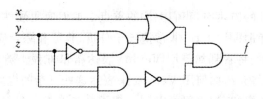

图 2.10 直接执行布尔函数的电路

解决方案 按照下列步骤把该布尔方程转化为积之和的形式：

$$\begin{aligned}
f &= (x + y \cdot \overline{z}) \cdot \overline{(y \cdot z)} \\
&= (x + y \cdot \overline{z}) \cdot (\overline{y} + \overline{z}) & &\text{德摩根定律式(2.18)}\\
&= x \cdot (\overline{y} + \overline{z}) + (y \cdot \overline{z}) \cdot (\overline{y} + \overline{z}) & &\text{分配律式(2.6)}\\
&= x \cdot \overline{y} + x \cdot \overline{z} + y \cdot \overline{z} \cdot \overline{y} + y \cdot \overline{z} \cdot \overline{z} & &\text{分配律式(2.6)第 2 次}\\
&= x \cdot \overline{y} + x \cdot \overline{z} + 0 \cdot \overline{z} + y \cdot \overline{z} & &\text{互补律式(2.10)}\\
&= x \cdot \overline{y} + x \cdot \overline{z} + 0 + y \cdot \overline{z} \cdot \overline{z} & &\text{同一律式(2.14)}\\
&= x \cdot \overline{y} + x \cdot \overline{z} + 0 + y \cdot \overline{z} & &\text{幂等律式(2.12)}\\
&= x \cdot \overline{y} + x \cdot \overline{z} + y \cdot \overline{z} & &\text{同一律式(2.7)}
\end{aligned}$$

这个化简的积之和形式的布尔方程可用如图 2.11 所示的电路实现，其中最长的路径缩短为 3 个门。此外，在许多半导体制造工艺中，积之和表达式能更有效地转换为实际电路。

布尔代数的定律，可以被用来变换布尔方程及其相应的电路，并验证布尔表达式和电路的等价性。但是，这些布尔代数的定理并不能提供寻找最佳电路的解决方案。这主要是因为优化的

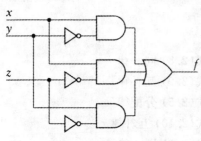

图 2.11 实现积之和的电路

标准依赖于许多种不同的因素,包括所使用的半导体制造工艺,功耗的约束,物理封装的要求,可以利用的设计资源,和许多其他因素。许多数字逻辑设计教科书描述了逻辑优化的步骤和方法,例如,利用卡诺图(Karnaugh map)和奎因-麦克拉斯基方法(Quine - McClusky prodedure)进行逻辑优化的方法。这些方法和更多的其他更深入的优化过程都是建立在布尔代数定理的基础之上的。鉴于现实系统中的布尔方程是相当复杂的,而且计算机辅助设计工具已使优化任务变得非常容易掌握和操作,所以在这本书中,我们就不再深入详细地讲述优化方法。而是将讲述的重点集中在找出相应的优化制约因素,以便选用适当的工具来解决设计中相应的问题。

2.1.3 布尔方程的 Verilog 模型

在第 1 章设计方法学的描述中,我们关注的重点是如何应用硬件描述语言(如 Verilog)表示的模型。现代计算机辅助设计工具,非常擅长于分析、验证和综合应用硬件描述语言表达的布尔函数。在本节中,我们将看到如何用 Verilog 表达布尔方程。随后,随着更复杂的组合元件和集成电路的引入,也将介绍如何用 Verilog 来表达这些复杂的电路。

正如前面所讲述的那样,布尔方程可以用一个函数名等于一个布尔表达式来表示。由此,该布尔方程就可以用一个电路来实现,该电路将对应于以函数名命名的表达式,产生同名的输出。在模块中,可以直接应用 Verilog 赋值语句来编写布尔方程——使用关键字 assign,然后在赋值符号"="的左边写一个线网或端口的名字,在"="的右边写一个对应于布尔表达式的 Verilog 表达式。

例 2.6 编写能够实现例 2.5 中布尔方程功能的 Verilog 电路模型。

解决方案 方程中有三个输入:x、y 和 z,以及一个输出 f。在 Verilog 模块定义中,把这些变量表示为模块的输入和输出端口。该模块包含一条代表布尔方程的赋值语句。

具体写法如下:

```
module circuit (output f,
                input x, y, z );
   assign  f = (x | (y & ~z )) & ~ (y & z );
endmodule
```

为了用 Verilog 编写各种各样的布尔方程,必须知道如何编写 Verilog 的表达式,才能使其和布尔表达式的意思完全一样。上面的例子中使用的 Verilog 运算符"&"、"|"和"~",分

别对应于布尔运算符"·","+"和"⁻"。Verilog 同时也提供"^"和"~^"运算符,分别对应于异或、同或操作,以及我们曾在 2.1.1 小节介绍过的异或、同或逻辑门。但是,Verilog 语言没有提供表示与非和或非操作的单独运算符。而是用"~&"表示与非操作符,用"~|"表示或非操作符。例如,将 a 和 b 的与非操作记作~(a&b)。图 2.12 以图形和符号的形式,总结性地列出了 Verilog 运算符与其布尔表达式以及逻辑门图符之间的对应关系。请注意,关于逻辑运算的优先权问题,Verilog 语法的规定和布尔表达式的规定是一致的。"~"运算符优先权最高,然后是"&"运算符,最后是"|"运算符。但是,可以在 Verilog 表达式中加括号,明确地规定运算的顺序,见例 2.6 中的赋值语句所示。

当编写组合电路的 Verilog 模型时,通常不应该试图重新排列布尔表达式,使得逻辑门或其他元件的电路变得不很清晰。相反,应该以非常容易让人明白的方式清晰地用 Verilog 表达式来表达布尔方程。然后让计算机辅助设计工具,在规定的约束条件下,以及已选定的制造工艺的基础上,进行电路的综合和优化。计算机辅助设计工具,通常比手工操作干得更出色。如计算机辅助设计工具要求必须重新排列表达式以便优化,我们应当清楚地在模型编码的注释里,写明变换的地方和原因。

例 2.7 编写组合电路的 Verilog 模型,实现下述表示空调器中的部分控制逻辑的三个布尔方程:

heater_on = temp_low · auto_temp + manual_heat
cooler_on = temp_high · auto_temp + manual_cool
fan_on = heater_on + cooler_on + manual_fan

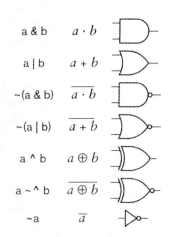

图 2.12 Verilog 操作符和它们对应的布尔操作和逻辑门

解决方案 下面的模块定义了输入和输出端口,以及布尔方程的赋值语句。

具体代码如下:

```
module aircon (output heater_on, cooler_on, fan_on,
               input temp_low, temp_high, auto_temp,
               input manual_heat, manual_cool, manual_fan);
  assign heater_on = (temp_low   & auto_temp ) | manual_heat ;
  assign cooler_on = (temp_high  & auto_temp ) | manual_cool ;
  assign      fan_on = heater_on | cooler_on   | manual_fan;
endmodule
```

由这个模型直接综合后生成的数字电路如图 2.13 的上图所示。在该图展示了,分别产生 heater_on 和 cooler_on 输出信号的两个子电路。这两个子电路的输出还驱动第三个子电路产生输出信号 fan_on。但针对某些制造工艺，CAD 工具可能把上述代码转换成如图 2.13 下图所示的电路。产生 heater_on 和 cooler_on 输出的逻辑或操作被复制并被整合到的产生 fan_on 输出的逻辑或操作中。该电路非常适合于用积之和表达逻辑的半导体制造工艺来实现，用这种制造工艺可以降低传播延迟。

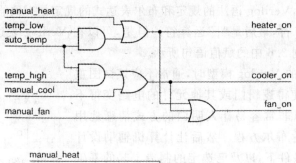

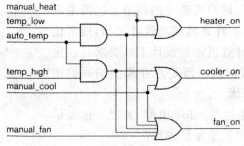

图 2.13 对应于空调控制逻辑的赋值语句的电路

知识测试问答

1. 为布尔函数 $f = a \cdot \bar{b} + \bar{c}$ 填写一张真值表。
2. 用真值表证明布尔表达式 $\overline{a \cdot b}$ 和 $\bar{a} + \bar{b}$ 是等价的。
3. 用积之和形式来表示布尔表达式的含义是什么？
4. 为如图 2.3 所示的与或非门填写真值表。
5. 在数字电路中，为什么要用缓冲器？
6. 用无关符（—）标记函数 f_1 相应的输入项，缩小表 2.4 所列的函数 f_1 的真值表。
7. 在真值表中，对输出用无关符（—）标记有什么好处？
8. 写出下面布尔方程的对偶方程：
$$\overline{a + b \cdot c} = \bar{a} \cdot \bar{b} + \bar{a} \cdot \bar{c}$$
9. 用 Verilog 写赋值语句为布尔方程 $f = a \cdot \bar{b} + \bar{c}$ 建模。
10. 用 Verilog 为布尔方程建模时，通常为什么不用手工方法对布尔方程进行优化？

2.2 二进制编码

到目前为止,我们已考察了信息的数字表示。这里信息是指两个可能值所代表的信息,同时介绍了如何把布尔代数用作处理这些信息的电路形式的基础。现在,将把讨论拓展到处理两值以上的信息,即数值信息,它是最明显的两值以上信息的例子。不过,由于数值信息的表示法和计算是一个如此重要和广泛的话题,值得单列一章(即第 3 章)进行讨论。首先,我们将更多地考察一般的原则,这些原则是各种信息的数字表示的基础。

在第 1 章中曾见到:在电路中,用两个不同的电平可以代表二值信息。使用数字抽象,把这两个电平分别称作低电平和高电平,然后为了适应实际情况,把这两个电平的电压范围再细化到一定的程度。如果需要表示有 N 个可能值的信息,可以选择 N 个不同的电平(或具有中间阈值的电压范围)。然而,设计可以区分两个以上电平的电子线路是非常复杂的,将失去二进制数字电路所具有的很多优点。

更好的解决途径是使用多比特的二进制信号来表示多值信息。由于每个信号是用二进制数表示的,所以在电路中可以继续使用的二进制的逻辑门,这样就可以享受二进制逻辑门提供的所有优势。正如以前讨论布尔代数时那样,将利用 0 和 1 的值,作为每个二进制信号的抽象值。我们将继续使用"位"这个术语来表示这些值。

假设有两个信号 a_1 和 a_0,这两个信号可以代表一些信息。对 (a_1, a_0) 数对来说,二进制值有 4 个可能的组合,即:(0,0),(0,1),(1,0)和(1,1)。每一个可能的组合,被称作一个码字(code word),所有码字的集合被称作二进制编码。因为 2 位的编码有 4 个可能的码字,所以,用 2 位的编码可以表示 0~3 的整数值(或表示 1~4 的整数值)。我们只需要指定哪个码字对应哪个信息值即可。把码字与信息值对应的工作称作码字对相应值的编码。

例 2.8 为道路上交通灯的状态指定二进制编码。灯的状态可能是红、黄、绿。

解决方案 因为要代表三种可能的值,可以使用 2 位的二进制码,其中一个码字未使用。可能的编码方案之一为:

红色:(0,0)   黄色:(0,1)   绿色:(1,0)

这种编码方案中,未使用码字(1,1)。

若编码是 2 位的,则可能的码字有 4 个,如果用 4 个码字不足以表示需要表示的信息,则需要用更多的位。通常,n 位的编码有 2^n 个可能的码字,所以一个 n 位的编码最多能够代表 2^n 个信息值。反过来说,若想要表示 N 个不同的信息值,则至少需要 $\lceil \text{lb } N \rceil$ 位的编码。(标记 $\lceil x \rceil$ 叫做 x 的上限,是指大于或等于 x 的最小整数。)出于各种原因,可能会选用较长的编码。对这个问题将在以后讨论。在这种场合,将会出现更多的未使用的码字。

例 2.9 许多喷墨打印机有 6 个墨盒,分别装有不同颜色的墨水:黑色、青色、洋红色、黄色、浅青色和浅红色。在这种打印机中,可用一个多位信号来选择其中一种颜色。请找到一种位数最少的编码方案来表示该选择信号。

解决方案 因为有 6 个值需要编码,编码的最少位数为:$\lceil lb\ 6 \rceil = 3$ 位。共有 $2^3 = 8$ 个可能的码字,因此,将有二个码字用不着。确定编码方案之一如下:

黑色:(0,0,1)　　青色:(0,1,0)　　洋红:(0,1,1)
黄色:(1,0,0)　　浅青:(1,0,1)　　浅红:(1,1,0)

虽然,在某些情况下使用位数最少的编码是有道理的,而在其他很多场合,使用位数较多的编码有更多的好处。独热编码就是不采用位数最少编码的一个特例,该编码的位数正好是想要编码值的个数。每个码字只有一位为 1,其余的各位都为 0。独热编码的优势是很明显的,因为如果想要测试多位信号的编码是否代表了某一特定的值,只需要测试码字中与这个编码值对应的那一位是否为 1 即可。

例 2.10 请为前面例 2.8 所描述的交通灯的状态设计一个独热编码。

解决方案 因为有 3 个值要编码,所以需要一个 3 位的独热码。下面是编码的方案之一:

红色:(1,0,0)　　黄色:(0,1,0)　　绿色:(0,0,1)

用这种编码,最左边的位可以用来激活红灯,中间的位激活黄灯,最右边的位激活绿灯。在确定哪个灯被点亮时,不需要添加电路再对编码信号进行译码。

2.2.1 使用向量的二进制编码

由于一组二进制编码的位在概念上可代表一条信息,为方便起见,在 Verilog 语言中,能够把这一组位表示成单个线网。可以使用向量线网而不是使用几个独立的线网。例如,若需要线网 w 来传输 5 位的二进制编码值,则可以作如下声明:

`wire [4:0] w;`

上面的语句定义了 w 是由 5 条一位的线网:w[4]、w[3]、w[2]、w[1] 和 w[0] 所组成的一条向量线网。我们将在全书中看到:对编码值使用向量,除了能简化线网的声明语句外,还能带来许多其他的好处。

当我们声明向量线网或端口的时候,括号内的部分(在上面的例子中是"4:0"),指定了向量中元素的索引范围。第一个值表示最左边的元素的索引号;第二个值表示最右边的元素索引号。如果想要按降序排列向量的元素,则最左边的索引号必须大于最右边的索引号,正如上面的例子那样。也可以用升序排列向量的元素,只要让最左边的索引号低于最右边的索引号即可,具体写法如下:

`wire [1:3] a;`

在这里,向量的元素从左到右是 w[1]、w[2] 和 w[3]。选择升序还是降序排列通常是编码风格的问题。在设计机构的编码规则中应该明确地加以规定。这个例子也表明,不一定非得用 0 作为最低位的索引号,最低位的索引号可以是任何数。

例 2.11 假设例 2.10 中交通灯的独热编码是用三维向量线网表示的:向量元素 1 对应红灯,元素 2 对应黄灯,元素 3 对应绿灯。请为该交通灯控制器编写一个 Verilog 模型,该模型有一个向量编码输入、一个向量编码输出和 enable(允许灯亮的一位使能输入)控制信号。当 enable 为 1 时,向量编码输出和向量编码输入相同;当 enable 为 0 时,所有的输出位均为 0。

解决方案 方案一:把相应的输入位和 enable(允许灯亮的使能输入控制)信号进行"与"操作,来控制每个输出位。编写的模块如下:

```
module light_controller_and_enable
    (output [1:3] lights_out,
     input  [1:3] lights_in,
     input   enable );

assign lights_out[1] = lights_in[1] & enable;
assign lights_out[2] = lights_in[2] & enable;
assign lights_out[3] = lights_in[3] & enable;

endmodule
```

方案二:使用 enable 输入控制信号来选择是将输入向量赋予输出向量(当 enable 为 1 时),还是将所有的输出位都置为 0(当 enable 为 0 时)。采用这种方案的模块代码如下:

```
module light_controller_conditional_enable
    (output [1:3] lights_out,
     input  [1:3] lights_in,
     input        enable );

assign lights_out = enable ? lights_in : 3'b000;

endmodule
```

在该模块的赋值语句中,使用了问号"?:"运算符来进行选择。请注意,我们使用了标记"3'b000"来表示 3 位都是 0 的向量值。符号"b"表示后面的数是一个二进制数;"b"前面的那个数字表明向量的位数。

2.2.2 位错误

虽然数字电路远比模拟电子电路有更强的抗噪声能力,但是数字电路并不能完全免受干扰。干扰造成的影响是偶尔将 0 电平错误地判读为 1,或将 1 电平错误地判读为 0,这样就改变了信号值。有时把这种情况简单地称作位翻转(bit flip)。若出错信号是代表逻辑状态的单个位,则其余电路在不正确值的条件下继续操作,就可能产生错误的输出。若出错的信号是代表某信息的二进制编码数据中的一位,则存在两种可能性:位翻转导致该码字被改变为另一个有效的码字;或者变为无效的码字。若出错的码字仍是一个有效的码字,而其余电路在这个不正确值的基础上继续运作,则电路可能产生错误的输出,这与一位出错的情况类似。若出错的码字是一个无效的码字,则电路的运作将取决于在设计上如何处理这个无效的码字。

一种设计方案是,把无效的码字认为是"不可能"的输入,并不指定电路对无效码字采取的行为。若采取这种做法,实际电路的行为,将取决于有效码字个案的执行情况,以及由CAD工具执行的优化方法。尤其当降低成本成为设计主要考虑的因素时,大家可能会接受而不过问出现无效码字时的电路输出。例如,在大规模生产的消费性玩具中,没有人会真正关心一年只出一次的小故障,特别当为了解决这个问题,会把生产成本从 1.00 美元增加至 1.05 美元时更是如此。

而另一方面,若实际应用中要求我们提供比较可靠的输出,则采取一种"即使出故障也能保平安"(fail safe)的设计思路。我们把电路设计得只有对有效的码字才能产生正确的输出,而当干扰导致无效码字时,所产生的输出是我们已知的,不至于造成大问题。举例说明如下:在例 2.9 的喷墨打印机中,若干扰造成了选择颜色对应的码字错误地变为(1,1,1),则我们故意选择无颜色,而不是用不正确的颜色乱打一气造成浪费,或试图一次选取多种颜色造成机械设备的损伤。

例 2.12 在例 2.10 中,我们曾建议,独热编码信号的不同位可被分别用来启动红、黄、绿灯。然而,在 3 位的信号中出现错误,可能导致多个灯被激活,或没有灯被激活。请设计一个电路,能让 3 个灯在有效的独热码下正常地激活,而无效编码只激活红灯。

解决方案 用 s_red, s_yellow 和 s_green 代表 3 位信号。只有当 s_green 是 1,而且 s_yellow 和 s_red 都是 0 的时候,绿灯应被激活。布尔方程是:

$$green = \overline{s\_red} \cdot \overline{s\_yellow} \cdot s\_green$$

同样,只有当 s_yellow 是 1,而且 s_green 和 s_red 都是 0 时,黄灯应被激活。布尔方程是:

$$yellow = \overline{s\_red} \cdot s\_yellow \cdot \overline{s\_green}$$

s_red 是 1 且 s_yellow 和 s_green 都是 0 时,红灯应被激活,但它在所有其他条件下,也应该被激活,其他条件是指绿灯和黄灯都没被激活。布尔方程是:

$$red = s\_red \cdot \overline{s\_yellow} \cdot \overline{s\_green} + \overline{(green + yellow)}$$

最后这个表示红灯的布尔表达式还有很多种其他的表述方式。例如,把上面表达式中的 $(green + yellow)$ 的求反项去掉,用布尔代数的定理重新编写其余项。不过,这项任务可以留给 CAD 工具去完成,而只需键入上述三个方程,作为 Verilog 模型的组成部分。

处理干扰所导致的故障的第三种设计思路是:一旦出现故障,电路就能检测到,然后采取特别的操作响应故障的出现。这在某种意义上是"即使出故障也能保平安"(fail safe)设计思路的延伸。不过,该电路不是产生一个安全的所谓"正常"的输出,而是产生一个"报告意外"的输出,表明该电路的功能没有得到正确的执行。这种做法的例子可以在现代轿车里见到,车的引擎用数字电路进行管理。若该数字电路检测到一个小故障,随即就在汽车的仪表板上点亮一个警示灯,提醒司机注意。在一个码字中,若想要检测到干扰导致了码字某一位的错误翻转,则必须要求编码中包括未使用的码字,某一位的错误翻转把有效的码字变成了一个无效码字。集成电路使用编码信息可以检查出无效码字,并采取行动,如抑制输出,或激活一个报警信号。当然,若干扰导致一个有效的码字变成了另外一个有效码字,则电路就没有办法发现错误。

奇偶检测是一项常用查错技术。奇偶是指一个码字中,为 1 的位的个数。奇偶校验编码必须增加 1 位编码长度,该位被称为奇偶校验位。在偶校验的方案下,在每个增强码字的奇偶校验位被设置为 0 或 1,以确保总的为 1 的位的个数为偶数。举例说明如下:如果原始的码字是 1011,则增加了偶校验位的码字就是 10111。(与此相反,在奇校验的方案下,设置奇偶校验位为 0 或 1,以确保总的为 1 的位的个数是奇数)。在偶校验的方案下,有效的增强码字中 1 的个数为偶,无效的增强码字中 1 的个数为奇。若干扰导致一个为 0 的位错误地变为 1,为 1 的位的个数就增加了一个,使奇偶性发生了变化,码字中的 1 的个数由偶数变奇数。同样,如果干扰导致变化,一个为 1 的位变为 0,为 1 的位的个数下降了一个,则再次使奇偶性发生了变化,码字中 1 的个数由偶数变奇数。因此,想要检查是否有位发生错误翻转,只需对为 1 的位,包括扩展的奇偶校验位进行计数。若计数是奇数,则某位已发生错误的翻转。如果计数是偶数,则没有发生错误(或偶数个位发生了错误的翻转),这是无法检测到的。在许多应用中,两个或两个以上的位发生错误翻转的概率,远低于 1 位发生错误翻转的概率,因此可以接受不能检测偶数个错误翻转的现实。

对码字中为 1 的位数进行计数,初看起来,似乎相当复杂。不过,既然我们只对码字中为 1 的位的总数是否是偶数感兴趣,那么任务就简单得多了。位宽为 2 的原码字,用函数 p 产生奇偶位,可使扩展码字的奇偶性变为偶,表 2.8 列出了扩展码位的真值表。可以看到,这个功能相当于异或运算。因此,使用异或门来产生奇偶校验位,就可以把 2 位的码字扩展成 3 位的码字。用同样的方法对位宽为 3 的原码进行扩展,把前两位进行异或产生的奇偶校验位与第 3 位再进行异或运算,就可以得到原 3 位码字的奇偶校验位,由此得到 4 位的扩展码字。就一般情况而言,对任意位宽的码字,可以对所有的位进行异或运算,就可以得到其奇偶校验位。由于异或运算的交换律和结合律,对数位执行异或运算采用什么顺序都没有关系。常用的办法是使用奇偶树,如图 2.14 所示,因为这样连接,整体传播延迟较小,并可避免使用输入端多的逻辑门。如图 2.14 左图所示的奇偶树可产生奇偶校验位,把原长度为 8 位的编码,扩展到 9 位,使奇偶校验性为偶。图 2.14 右图所示的奇偶树可对扩展码进行检测,若出现一个错误,则偶校验位输出 1。

表 2.8 用真值表求 2 位码的奇偶校验位

a_1	a_0	p
0	0	0
0	1	1
1	0	1
1	1	0

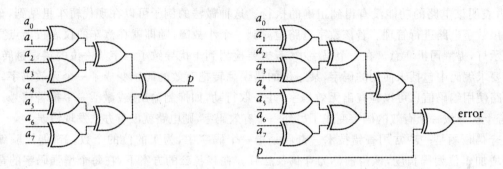

图 2.14 生成偶校验位的奇偶树(左图)及偶校验位的检查(右图)

奇偶校验存在两个问题:首先,如果干扰使 2 位发生错误翻转,奇偶性和原来是一样的,这样就没有办法查出错误。同样,如果 4、6(或任何偶数)个位发生错误翻转,都是查不出来的。不过,在许多应用中,出现多位翻转的概率是非常低的,所以没必要为检查出极少可能发生的情况花钱。第二个问题是,对任何一个无效码字而言,造成有效码字变成该无效码字的错误翻转位存在着多种可能性。因此,虽然已检测到发生了一个位的错误,但我们不能确定究竟是码字中的哪一位出错了。若检测到错误,只要发出报警就可以满足应用要求,则奇偶校验是一个很好的选择。不过,若要纠正错误,则必须把奇偶校验的方法加以扩展。扩展的方法如下:在编码中必须包括足够多的无效码字,当任何一位发生错误翻转时,都会生成一个独特的无效码字。当检测到该无效码字时,就可以判断某个确定的位已发生了错误翻转。因此,只需把那一位翻回去就可以纠正错误;换言之,对错误翻转位取反即可。这种编码被称作纠错码(ECC)。

对编码进行设计,使得我们能检测出码字的错误并加以校正,是一个涉及范围很广的课题。在本书的第 5 章中,将回到纠错编码这个话题,作为对存储器操作的一部分加以讨论,因为存储器操作时,很有可能出现类似的错误。同时,当设计能对二进制编码信息进行操作的电路时,也应该考虑,当干扰使位错误翻转时,电路应如何操作才能解决这个问题。

知识测试问答

1. 5 位编码有多少可能的码字?
2. 对 12 个可能的信息值进行编码,最少需要多少位?
3. 定义一个独热编码来表示一周的天数(从周一到周日)。
4. 编写一条 Verilog 线网声明语句,线网的名为 w,表示 8 位二进制编码的值。
5. 编写一条 Verilog 赋值语句,使 w 的每位都为 0 值。
6. 若某独热码字中的某个位发生翻转,是否:a)总是;b)从不;c)有时;会产生一个无效的码字?(从 a、b 、c 中选择一个。)
7. 如何为码字扩展出一个能检测出单个位错误的奇校验位?
8. 奇偶校验是否可以用来纠正位的错误翻转?若可以,如何进行?若不可以,原因何在?

2.3 组合元件和集成电路

在本节中,将介绍一些组合电路的组件,这些组件被用做较大数字系统的"建筑基石"。虽然这些组件可以由逻辑门搭建起来,但这样做是没用的。相反,我们将在更高层次的抽象上工作:会把这些组件当作基本模块,和逻辑门一起,用于构建复杂的组合逻辑电路;将依赖综合工具来改进对这种电路的描述,以便用逻辑门或其他目标的执行制造元件来实现;也将返回到负逻辑的概念,这在第 1 章已经简略提及。本节提供的材料将形成我们思考的基础,以后的章节将研究较大规模的数字系统。

2.3.1 解码器和编码器

2.2 节描述了如何对信息进行二进制编码。在许多设计中,需要从一个二进制编码信号产生一些控制信号,每一个控制信号对应一个有效的码字。当编码的信号变为某给定编码值时,相应的控制信号就激活了。把产生控制信号的电路叫解码器。对于一个 n 位的编码,如果每个码字都是有效的,解码器将有 2^n 个输出。在第 5 章中,我们将看到:解码器是存储器设计中的重要构件。

通过考察相应的码字,可以为解码器的每个输出推导出布尔方程。举例说明如下:假设有一个编码的 4 位输入信号 (a_3, a_2, a_1, a_0),若输出信号的对应码字是 1011,我们需要确定其布尔方程。只有当 $a_3=1, a_2=0, a_1=1, a_0=1$ 时,输出才是 1。因此,输出是下面表达式的值:

$$a_3 \cdot \overline{a_2} \cdot a_1 \cdot a_0$$

类似的表达式可用于其他的输出。每个输出是每个对应码字各输入位的逻辑与,不是直接(在相应的码字中是 1 的位)的逻辑与,就是取非(在相应的码字中是 0 的位)后的逻辑与。

例 2.13 为喷墨打印机的解码器(见例 2.9 描述)编写一个 Verilog 模型。解码器有一个三位的输入信号,能产生 6 个控制信号,分别用于选择 6 种色彩的墨盒。

解决方案 编写的模块定义如下,其中赋值语句表示输出的布尔方程:

```
module ink_jet_decoder (output black, cyan, magenta, yellow,
                        light_cyan, light_magenta,
                  input    color2, color1, color0);

   assign black          = ~color2 & ~color1 &  color0;
   assign cyan           = ~color2 &  color1 & ~color0;
   assign magenta        = ~color2 &  color1 &  color0;
   assign yellow         =  color2 & ~color1 & ~color0;
```

```
    assign light_cyan        =    color2 & ~color1 & color0;
    assign light_magenta     =    color2 &  color1 & ~color0;
endmodule
```

若三位输入信号有一个无效的编码，则没有一个输出被激活。这可以被视为是一个"即使出错也安全"的设计。

解码器的逆向被称作编码器。编码器有多个单个位的输入信号，并有一组代表编码值的位作为输出。我们暂且假设：在任何时间，输入信号中最多只能有一位是1，其余输入位都是0。输出端的码字应该与某位为1其余位为0的特定输入信号对应。

通过确认使输出位为1的那些对应输入，可以为输出的每一位推导出对应的布尔方程。编码器输出的每一位都是这些输入的逻辑或。然而，必须考虑出现没有一个输入为1的可能性，因为这将导致编码器输出一个所有位都是0的码字。若这个码字是无效的，则可以用它来暗示：没有一个输入为1，实质上扩展了该编码。另外，若全0码字是有效的，而它对应于其中一个输入是1的情况，则需要添加一个能表明有某个输入位为1的独立输出。当该独立输出为0时，忽略编码器产生的码字（译者注：即认为编码器产生的是非法码字，不予考虑）。

例2.14   设计一个能用于家用防盗报警器的编码器，防盗报警器的监视范围分8个区，每区安装一个传感器。当小偷侵入该地区时，安装在该地区的传感器发出的信号是1；若没有小偷入侵，则信号为0。编码器的输出共有3位，安装传感器的分区编号如下：

    1区：000   2区：001   3区：010   4区：011
    5区：100   6区：101   7区：110   8区：111

解决方案   因为所有的码字已经用完，所以必须添加一个独立的输出来表明输出的码字是否是有效的。该模块的定义是：

```
module alarm_eqn (output [2:0] intruder_zone,
                  output          valid,
                  input  [1:8] zone );
    assign intruder_zone[2] = zone[5] | zone[6] |
                              zone[7] | zone[8] ;
    assign intruder_zone[1] = zone[3] | zone[4] |
                              zone[7] | zone[8] ;
    assign intruder_zone[0] = zone[2] | zone[4] |
                              zone[6] | zone[8] ;
    assign valid = zone[1] | zone[2] | zone[3] | zone[4] |
                   zone[5] | zone[6] | zone[7] | zone[8] ;
endmodule
```

当第5~8区中的任何一个区的输入为1时，编码器输出的最高位（即最左边的位）是1，所以输出表达式为这些区输入的逻辑或。编码器的其他两个输出位的表达式可用相同的方法推导。编码器的输出有效信号是所有区输入的逻辑或。

现在考虑,在同一时刻,编码器的输入信号出现多个为 1 位的情况。上面描述的设计会产生不正确的输出,也有可能产生无效码字。解决的办法是为输入信号分配优先次序,所以,如果多个输入位为 1,那么编码器输出的码字则对应于最高优先级的输入位。这种编码器被称作优先编码器。优先编码器的应用之一是在嵌入式系统中为中断安排优先次序。(将在第 8 章中描述中断。)

例 2.15 把上述防盗报警器的编码器修改为优先编码器,使第 1 区的优先级最高,优先级按区编号的递增而逐级下降,第 8 区的优先级最低。

解决方案 端口清单不变,因为编码器需要同样的输入和输出。表 2.9 列出了优先编码器的真值表。从这个真值表中,可以推导出每个输出位的布尔方程。经修订的模块定义如下所示。

```
module alarm_priority (output [2:0] intruder_zone,
                       output         valid,
                       input    [1:8] zone );

   wire [1:8] winner;

   assign winner[1] = zone[1];
   assign winner[2] = zone[2] & ~zone[1];
   assign winner[3] = zone[3] & ~(zone[2] | zone[1]);
   assign winner[4] = zone[4] & ~(zone[3] | zone[2] | zone[1]);
   assign winner[5] = zone[5] & ~(zone[4] | zone[3] | zone[2] |
                                  zone[1]);
   assign winner[6] = zone[6] & ~(zone[5]| zone[4] | zone[3]|
                                  zone[2] | zone[1]);
   assign winner[7] = zone[7] & ~(zone[6] | zone[5] | zone[4] |
                                  zone[3] | zone[2] | zone[1]);
   assign winner[8] = zone[8] & ~(zone[7] | zone[6] | zone[5] |
                                  zone[4] | zone[3] | zone[2] |
                                  zone[1]);
   assign intruder_zone[2] = winner[5] | winner[6] |
                             winner[7] | winner[8];
   assign intruder_zone[1] = winner[3] | winner[4] |
                             winner[7] | winner[8];
   assign intruder_zone[0] = winner[2] | winner[4] |
                             winner[6] | winner[8];
   assign valid = zone[1] | zone[2] | zone[3] | zone[4] |
                  zone[5] | zone[6] | zone[7] | zone[8];
endmodule
```

表 2.9　防盗报警器用的优先编码器的真值表

Zone								Intruder_zone			
(1)	(2)	(3)	(4)	(5)	(6)	(7)	(8)	(2)	(1)	(0)	valid
1	—	—	—	—	—	—	—	0	0	0	1
0	1	—	—	—	—	—	—	0	0	1	1
0	0	1	—	—	—	—	—	0	1	0	1
0	0	0	1	—	—	—	—	0	1	1	1
0	0	0	0	1	—	—	—	1	0	0	1
0	0	0	0	0	1	—	—	1	0	1	1
0	0	0	0	0	0	1	—	1	1	0	1
0	0	0	0	0	0	0	1	1	1	1	1
0	0	0	0	0	0	0	0	—	—	—	0

在上面的模块中，内部线网 winner（胜出者）的每个元素表明：此时相应的区为 1，且没有漏掉优先级更高的区。随后，编码器使用内部线网元素（而不是直接用区的输入）来产生输出码字。另一种方式用 Verilog 来表达这个问题途径，见如下模块所示：

```verilog
module alarm_priority_1 (output [2:0] intruder_zone,
                         output       valid,
                         input  [1:8] zone );
    assign intruder_zone = zone[1] ? 3'b000 :
                           zone[2] ? 3'b001 :
                           zone[3] ? 3'b010 :
                           zone[4] ? 3'b011 :
                           zone[5] ? 3'b100 :
                           zone[6] ? 3'b101 :
                           zone[7] ? 3'b110 :
                           zone[8] ? 3'b111 :
                           3'b000;
    assign valid = zone[1] | zone[2] | zone[3] | zone[4] |
                   zone[5] | zone[6] | zone[7] | zone[8];
endmodule
```

在这个模块中，条件赋值语句测试一系列条件，以确定给线网 intruder_zone 所赋的值。首先，测试第 1 区的输入，若 1 区的输入是 1，则给输出赋值 000。否则，测试第 2 区的输入，若 2 区的输入是 1，则给输出赋值 001。测试以这种方式继续进行，依照所隐含的优先顺序测试不同的条件。这种形式的优先编码赋值更容易理解,把艰巨的布尔方程的确定和优化工作,留给 CAD 综合工具去完成。

BCD 码和七段解码器

数字信息是我们希望编码的信息形式之一。正如刚才所说的,我们会在第 3 章详细考察这个课题。然而,在本节中,将研究一种被称作二进制编码的十进制(binary coded decimal,英文缩写为 BCD)形式的数字编码。若只考虑单个 10 进制数字,则有十个可能的值,分别为 0、1、2、3、4、5、6、7、8 和 9。至少需要 4 位才能为这些值设计二进制编码。BCD 码的可能编码有许多种,但最常见的是具有以下码字的 BCD 编码:

0:0000　1:0001　2:0010　3:0011　4:0100
5:0101　6:0110　7:0111　8:1000　9:1001

若要表示多个十进制数位的信息,则只需使用多组 4 位码即可,每组对应一个十进制数位数字。例如,某系统处理 3 位十进制数字,将使用 12 位二进制编码。数字 493 将被编码为 0100 1001 0011。

许多数字系统用七段显示器显示十进制数字。每个数字的显示器由 7 个独立的灯组成,灯的排列如图 2.15 所示。若有一个使用 BCD 编码的数字,而且必须在七段显示器上显示,则需要一个七段解码器。严格来说,应该称之为"七段码转换器",因为它把输入为 BCD 的码转换为一个七段码输出。然而,"七段解码器"是更广泛使用的名字。假设表示数字笔画片段的某个灯被点亮时,该灯的输入必须为 1,则需要 7 位的编码来表示 0~9 的数字。表示数字的码字中为 1 的位对应灯亮的片段,为 0 的位对应灯暗的片段。七段解码器将 BCD 转换成这样的 7 位编码。图 2.16 列出了一种可能的编码,从左到右的二进制位分别对应从 g 到 a 的字型片段。

图 2.15　一个七段显示数字(片段被从"a"到"g"命名)

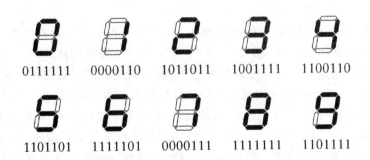

图 2.16　一个表示十进制数字的七段码(在每个码字中按照从左到右的次序,每一位对应从 g 到 a 的片段)

例2.16 编写七段解码器的 Verilog 模型。请添加一个输入信号 blank（空白），该输入信号可以不顾及 BCD 码的输入，使所有片段灯都不亮。

解决方案 对每个片段而言，可以确定哪些 BCD 码字可使得该片段被点亮，所以可以为每个片段的输出推导出布尔方程。然而，这样做将使模型变得很难理解。更好的做法是如图 2.16 所示，列出对应于每个 BCD 码的 7 位码字（直接控制片段灯的点亮）。下面的模块可以完成这个任务：

```verilog
module seven_seg_decoder (output [7:1] seg,
                          input   [3:0] bcd,
                          input         blank );
  reg [7:1] seg_tmp;
  always @*
    case (bcd)
      4'b0000: seg_tmp = 7'b0111111;    // 0
      4'b0001: seg_tmp = 7'b0000110;    // 1
      4'b0010: seg_tmp = 7'b1011011;    // 2
      4'b0011: seg_tmp = 7'b1001111;    // 3
      4'b0100: seg_tmp = 7'b1100110;    // 4
      4'b0101: seg_tmp = 7'b1101101;    // 5
      4'b0110: seg_tmp = 7'b1111101;    // 6
      4'b0111: seg_tmp = 7'b0000111;    // 7
      4'b1000: seg_tmp = 7'b1111111;    // 8
      4'b1001: seg_tmp = 7'b1101111;    // 9
      default: seg_tmp = 7'b1000000;    // "-"表示非法 BCD 码字
    endcase
  assign seg = blank ? 7'b0000000 : seg_tmp;

endmodule
```

在 always 块（always block）内的 case 语句中，列出了各个码字值的清单。（该 always 块是一种过程块（procedural block）；在 2.4 节中，将介绍其他类型的块。）表示组合逻辑功能的 always 块，在块的开始处用"@*"列出事件清单，表示该组合逻辑函数对任何一个输入值的改变都会产生响应。该 case 语句内有一个用括号括起来的表达式，其值是用来在不同事物之间做选择。每个选项列出了表达式可能取的一个值（即冒号前面字符表示的值），并给 seg_tmp 赋一个值。在 case 语句中，default（默认）项处理没有明确列出的值。在此模块中，默认的选项处理无效编码。请注意，Verilog 语言要求：过程块中被赋值的目标必须被声明为一个变量，这里变量用关键词 reg 来定义，而不能声明为使用关键字 wire 表示的线网。变量和线网的不同在于：变量能保存在块中赋予它的值；而线网则不断地从赋值语句中获得它的值

(使用 assign 关键词写在块的外面)或从某个节点连接到某个实例。本模块中最后的赋值语句使用输入信号 blank(空白),以确定是否用全 0 驱动编码的输出,使各片段都不被点亮,或把根据 BCD 输入得到的解码值复制到输出端口 seg。

2.3.2 多路选择器

在许多数字系统中,多路选择器都是很重要的构建块。在 1.2 节,介绍了一个简单的多路选择器。它有两路数据输入,一路数据输出,和一个选择用的输入,该选择信号确定哪路输入值可用于输出值。可以从两个不同的角度对该简单多路选择器进行扩展。首先,可以添加更多路数据输入,从中选取一路信号作为输出,这需要增加选择信号的位宽,对选择信号编码,以便从多路输入信号中选取想要的输出信号。第二,可以并行地使用多个多路选择器,在两路多位编码的数据源中作出选择。让我们更详细地考察这两种不同的扩展。

假设不是在 2 路输入位(流)之间做选择,需要在 4 路输入位(流)之间进行选择。由于有 4 路输入源,需要有 4 个值作为选择控制信号。使用 2 位的选择信号,就可以对 4 路不同的选择进行编码。图 2.17 展示了一个 4 选 1 多路选择器。选择控制信号被画成粗线,以表明它是一个多位的编码输入。在本书中,大多时候会使用线条的粗细来区分多位和一位的信号。有时想强调的一个信号是多位的,可添加一小段斜线横跨在该信号线上,以展示其位的个数,如图 2.17 所示。选择控制信号的编码为:

00:输入 0   01:输入 1   10:输入 2   11:输入 3

本来可以用门电路来描述多路选择器的实现,但这已经没有任何意义,究其原因有两个。第一,综合工具可能会对电路进行优化,改变门电路的构造,使生成的电路与所定义的不同。第二,在一些制造工艺的实现中,可以用单个晶体管直接构造成多路选择器,这远比由多个逻辑门实现的电路更有效率。在这些制造工艺中,多路选择器将被当作最基本的原始元件(primitive element)处理。因此,我们将只考虑如何用 Verilog 语言来表示多路选择器的功能,而不再用门级电路的构造来实现多路选择器。

图 2.17 一个 4 选 1 的多路选择器

例 2.17 请编写一个 4 选 1 多路选择器的 Verilog 模型。

解决方案 模块定义如下:

```
module multiplexer_4_to_1 ( output reg        z,
                            input      [3:0] a,
                            input      [1:0] sel );
always @*
    case (sel)
        2'b00: z = a[0];
```

```
            2'b01: z = a[1];
            2'b10: z = a[2];
            2'b11: z = a[3];
        endcase
    endmodule
```

在该 always 块中的 case 语句会根据输入的 sel 值,确定究竟把哪一路输入信号的位(流)复制到输出端。该例子进一步说明了如何使用 always 块为组合逻辑功能建立模型。正如在例 2.16 所提到的,在过程块中的赋值目标必须被声明为变量,在这种场合,使用关键词 reg。当赋值目标也是模块的端口时,则 reg 声明语句可以和输出端口的声明语句结合。

可以进一步把这个多路选择器扩大到 8 选 1 多路选择器,这将需要位宽为 3 的选择信号。数据输入的路数不必是 2 的幂。如果数据输入的路数不是 2 的幂,那么,选择输入的编码中将有未使用的码字。因此必须确保无效的码字从来没有呈现在选择输入信号上。就一般情况而言,有 N 路输入的多路选择器,需要位宽为 $[lb\ N]$ 的选择输入信号,这是由于选择输入必须是一个能分辨 N 个不同值的二进制编码。

现在考虑使用多路选择器在两路编码数据源之间进行选择。如果数据的编码长度为 m (即每个数据码有 m 位),那么可以利用 m 个 2 选 1 输入多路选择器,每个多路选择器可以用来从两路数据源中选择某一路的某一位。图 2.18 说明了这个问题,在两路数据源之间选择,每路信号有 3 位。图 2.18 的上图电路展示三个 2 选 1 多路选择器。如图 2.18 下图所示的图形符号,表示可对位宽为 3 的两路输入信号进行选择的 2 选 1 多路选择器。

例 2.18 请编写一个 Verilog 模型,描述一个能从两路数据(位宽为 3)输入中选取 1 路作为输出的多路选择器。

解决方案 模块定义如下:

```
module multiplexer_3bit_2_to_1 ( output [2:0] z,
                                 input [2:0]  a0, a1,
                                 input        sel);
    assign z = sel ? a1 : a0;
endmodule
```

当然,也可以把这两种形式的扩展结合起来应用。如果输出的数据需要在 N 个数据源之间做选择,其中每个数据有 m 位,那么只须使用 m 个的 N 选 1 的多路选择器。具体细节留给读者做练习。

在离开多路选择器话题之前,有一个问题很值得关

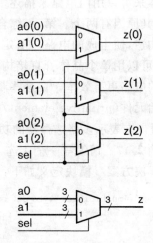

图 2.18 可从位宽为 3 的两路数据源中选取某 1 路的 2 选 1 多路选择器的电路(上图)和该多路选择器的图符(下图)

注:请注意,所有布尔函数都可用多路选择器和非门来表示。为了说明这个问题,请考虑前面研究的函数:$f=(x+y) \cdot \bar{z}$。其真值表列于表 2.2。该函数可以用如图 2.19 所示的电路来实现。请注意,用标着 0 的值作为一个输入,这样可以用电线把输入直接接地,即连接到 0 V 即可。在这里,将不详细讨论如何使用多路选择器来实现布尔函数的一般原则。提出这个话题是因为在某些半导体制造工艺中,多路选择器可以非常有效地实现。举例说明如下:由 Actel 公司制造的 FPGA,其基本逻辑单元的电路是由两个多路选择器和少量的其他相关元件组成的。然

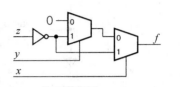

图 2.19 用多路选择器实现布尔函数

而,把任意的布尔方程映射(转换)成为多路选择器的具体细节,通常由 CAD 工具处理。

2.3.3 低电平有效逻辑

到目前为止,重点讲解的电路都是用逻辑低电平来表示某个条件为假,高电平表示某个条件为真。在第 1 章中,把这个约定定义为正逻辑,或高电平有效逻辑。从原理而言,"低电平为假,高电平为真",这一对应关系在很大程度上可以随意确定。完全可以把低电平定义为真,高电平定义为假。在第 1 章说到的负逻辑,或低电平有效逻辑,就是这样一个约定。请注意,这里的"正"和"负"并不是指电压的极性,而只是区分这两种约定。我们将使用"高电平有效"和"低电平有效"这两个术语,以避免混乱。仍旧保持把 0 定义为低电平,1 定义为高电平的约定。

在一个既用高电平有效又用低电平有效的电路中,约定与信号的对应关系很容易搞混。必须使用表示条件的标记信号,才能有助于设计者理解电路想要实现的功能。通常采用的解决方案是把低电平有效信号取非作为其标记。举例说明如下:若某盏灯被点亮的条件是低电平有效信号,则该条件可以被标记成 $\overline{\text{lamp\_lit}}$。这样定义标记可以使得:当 lamp_lit = 1 时,条件 $\overline{\text{lamp\_lit}}$ = 0,有效,则灯亮;当 lamp_lit = 0 时,条件 $\overline{\text{lamp\_lit}}$ = 1,无效,则灯灭。从文字上理解程序就可以变得比较容易。

使用低电平有效逻辑的原因之一是:某些类型的数字电路;若输出为逻辑低电平信号,则驱动能力较大(能漏掉的电流大);若输出为逻辑高电平,则驱动能力较小(能提供的电流小)。如果这样的输出用在激活一些需要电流的情形时,那么最好用低电平作为输出,而不要用高电平作为输出。

例 2.19 修改第 1 章如图 1.3 所示的夜明灯电路,将灯炮连接到正电源而不是接地。

解决方案 为了让电流流经灯泡并点亮灯,需要驱动控制信号为低。因此,必须使用低电平有效信号来执行"灯亮"的条件,如图 2.20 所示。在该图中,控制信号被标记为 $\overline{\text{lamp\_lit}}$。逻辑门对 lamp_enabled 和 dark 信号执行逻辑与功能,但它的输出必须被取反,以配合对"灯亮"

取非的条件。因此,用与非门替代了原来的电路的与门。

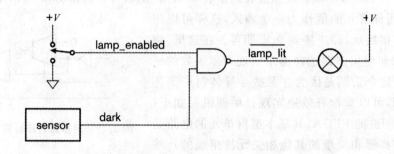

图 2.20 使用低电平有效信号的夜明灯电路

用这种办法来处理低电平有效的逻辑时,通常在输出低电平有效信号元件的端口上画一个表示非门的小圆圈。这样做,由信号代表的逻辑条件并没有取反。因此,可以这样解释图 2.20 的电路:当灯被使能后,且天黑时,则灯亮。若把低电平有效信号连接到在输出接点上没有小圆圈的与门(如图 2.21 所示),则意味着由 $\overline{\text{lamp\_lit}}$ 所代表的逻辑条件的取反即变为 lamp_lit。

例 2.20 回到第 1 章如图 1.3 所示的夜明灯电路,若考虑该传感器输出的信号是表示"天是亮的"的低电平有效信号,请重新设计电路,以适应这个改变。

解决方案 如图 2.21 所示,传感器输出的标记为 $\overline{\text{light}}$ 的信号表明,这是一个低电平有效信号。在传感器的输出端画一个小圆圈表明从这里输出的是一个低电平有效信号。在传感器输出端的连接并没有意味着取反,因为已经用一个小圆圈表示这是一个低电平有效的输出信号。然而,既然在与门的输入端口并没有画小圆圈,直接与 $\overline{\text{light}}$ 的连接意味着存在逻辑求反。因此,可以把该电路解释为:当灯被使能后,且天不亮时,则灯亮。

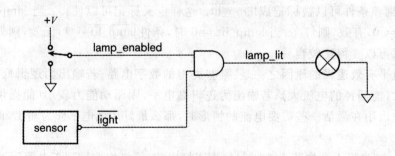

图 2.21 带隐含反相器的夜明灯电路(把低电平有效信号连接到高电平有效输入,意味着存在一个隐含的反相器)

当把布尔函数转换成门电路图时,借助于与门和或门来表示逻辑操作,生成由信号表示的条件,这是非常重要的。若这些信号中有一些信号是低电平有效的,并且不想用隐含的非门来表示,则在信号连接到逻辑门的时候应该"添加一个小圆圈"。可以用德摩根定律推导出用另外一种逻辑门来替代的方法。举例说明如下:根据德摩根定律(式(2.18)),用高电平表示有效输入的与非门元件还可以执行用低电平表示有效输入的或功能。为这个门元件,可以画出两个截然不同的图形符号,如图2.22所示。不过,最重要的是必须理解这两个图符表示的是完全相同的晶体管互连电路!

用Verilog语言为低电平有效信号建模时,经常会遇到一个问题:无法在一个信号名上画一条横线或者在端口上画一个小圆圈来表示非门。通常采用一种命名约定,例如:在信号和端口名后加一个后缀"_N",以表明这个信号和端口是低电平有效的。例如,在Verilog模

图 2.22 可以互相替换的逻辑门符号

型中,可以给如图2.21所示的传感器的低电平有效输出命名为 light_N。当天亮时,传感器的Verilog模型,将0赋予 light_N 信号;天黑时,将1赋予 light_N 信号。当与门的两个输入都为1时,与门模型把1赋予输出;否则,把0赋予输出。因此,当 lamp_enabled 为1("灯使能")和 light_N 为1("天不亮")时,lamp_lit 信号被赋值为1。用 Verilog 模型处理低电平有效逻辑时,必须仔细考虑每个条件,确认对应条件为真或假的 Verilog 值,并据此设计。

知识测试问答

1. 请为三输入(a_2, a_1, a_0)的解码器编写与输入码字100对应的输出布尔方程。
2. 在例2.14中,若2区和3区的输入同时都为1,则编码器的输出将会是什么?这个输出会是正确的吗?
3. 在例2.14的编码器中,如果不包括有效输出,那么可能会出现什么问题?
4. 优先编码器如何解决多重输入同时为1的问题?
5. BCD 码 0101 代表的是哪一个十进制数?
6. 对应 BCD 码 0011 的七段编码是什么?
7. 多路选择器的用途是什么?
8. 6选1多路选择器需要几位选择输入?
9. 如何构建一个位宽为5的2选1多路选择器(即可以从位宽为5的2路编码数据中选取1路作为输出的多路选择器)?
10. 如果大门传感器的输出信号被标记为 door_closed,而大门此时是打开的,则此时传感器的输出信号应该是什么电平?
11. 如果有一个 Verilog 线网,名为 motor_on_N(启动电动机),表示低电平有效信号,请问给 motor_on_N 线网赋什么 Verilog 的值,就能启动该电动机?

2.4 组合电路的验证

在1.5节中,曾介绍了可指导数字系统设计和实现的设计方法学。设计方法学的第一步是根据设计需求和约束条件的描述,绘制原理图,编写设计代码。本章,我们已经见过由简单的组合逻辑电路图和Verilog代码描述的几个设计举例。大部分数字系统不但包括组合电路,还更多地涉及时序电路。所以在本章中可展示的方法学是相当有限的。然而,一些小规模的应用,只用组合电路就足够了,因此,将在本节介绍如何应用设计方法来设计组合逻辑。

设计方法学的第二步是功能验证,即:确保设计能按照要求完成操作。因为,在组合电路中,输出值只与当前的输入值有关,因此,我们可以简单地验证:对每个输入值组合,该电路是否产生了所需的输出。对用Verilog描述的设计而言,可以编写一个测试模型,把输入值提供给待验证设计(DUV),并检查DUV的输出值是否正确。DUV通常还被称为待测试装置(device under test,DUT),但DUT可能与已制成器件的物理测试混淆。在本书中,我们将用DUV一词,以避免混乱。测试模型是可以在仿真器上运行的Verilog模型,我们并不在意与测试模型对应的硬件电路是如何构造的。测试模型的用途只是为待验证设计(DUV)提供一序列称作测试案例(test cases)的输入值,并监测DUV是输出连线,以确保其产生正确的输出值,而并不考虑其硬件的构造。而DUV通常是Verilog测试模块中一个实例。仿真器随着时间的推进,按照时阶逐步执行DUV和测试模型,并在适当的仿真时刻给线网和变量赋值。

编写测试模型的困难在于如何找出表达正确性的条件。如果要求被表达成为布尔方程,设计将可能直接运行这些方程,所以用布尔方程表达正确性条件不会有什么效果。更好的办法是要确定一些更抽象的条件,必须保持住这些条件,然后测试设计是否满足这些条件。

例2.21 为例2.11交通灯控制电路的light_controller_and_enable模块开发测试模型。验证条件:当输入使能信号为1时,交通灯的输出与其输入是相同的;当输入使能信号为0时,所有交通灯的输出都无效。

解决方案 测试模型包含一个待验证设计的实例,和应用于测试案例及检查正确输出的编码。这些组件的连接图如图2.23所示。

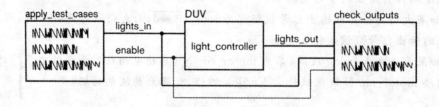

图2.23 交通灯控制器测试平台的组成

由于测试平台是一个 Verilog 的模型,它需要有一个模块定义。然而,由于测试平台不需要连接到外部,所以没有端口。该模块的定义如下:

```verilog
`timescale 1ms/1ms
module light_testbench;
wire [1:3] lights_out;
reg  [1:3] lights_in;
reg        enable;
light_controller_and_enable duv ( .lights_out(lights_out),
                                  .lights_in(lights_in),
                                  .enable(enable));
initial begin
              enable = 0; lights_in = 3'b000;
#1000         enable = 0; lights_in = 3'b001;
#1000         enable = 0; lights_in = 3'b010;
#1000         enable = 0; lights_in = 3'b100;
#1000         enable = 1; lights_in = 3'b001;
#1000         enable = 1; lights_in = 3'b010;
#1000         enable = 1; lights_in = 3'b100;
#1000         enable = 1; lights_in = 3'b000;
#1000         enable = 1; lights_in = 3'b111;
#1000         $finish;
end
always @(enable or lights_in) begin
  #10
  if (!( ( enable && lights_out == lights_in) ||
       (!enable && lights_out == 3'b000) ))
      $display("Error in light controller output");
end

endmodule
```

代码第一行是时间刻度指令,它告诉仿真器,在本模型中用作延迟的时间单位是多少。在 Verilog 的模型中,延迟被指定为没有单位的数字。而时间刻度指令必须规定这些数字的单位。在本例中的第一行,"/"前的数字表示延迟是 1 ms 的整数倍,而 "/"后的数字表示仿真的精度(即时阶)是 1 ms。

在模块内部,duv 是 light_controller_and_enable 模块的一个实例,描述了交通灯控制电路。该实例(duv)的输入和输出端口都被连接到在测试模块中声明的内部变量和线网上。请注意,在本例中,使用了命名的端口连接,而不是如例 1.5 那样的按照位置排列的端口连接。端口的命名和连接线的关联是按照如下方式进行的:在符号".''后写的是端口的名称,与该端口连接的变量或线网放在端口名后的括号内部,这样做可以使我们在编写端口连接时不必遵循模块内端口的顺序。因为用命名的端口进行连接具有明显的优势,非常清晰,从现在开始,将在模型中用命名的端口连接。

实例引用语句的后面是一个初始化块,该块可以对待验证设计(DUV)施加测试案例。初始化块是第二类过程块,第一类过程块是 always 块,我们曾在 2.3 节介绍过。就一般情况而言,过程块是 Verilog 语句的集合,这些语句一条接一条地执行,很像某种编程语言的语句。初始化块在仿真刚一开始,就立即执行,当块中最后的语句被执行后,块就终止了。我们只在测试平台的模型中使用初始化块,而不在电路设计的模型中使用初始化块。尤其要注意的是,不能使用初始化块来为时序电路设置初始条件。在第 4 章中,将看到如何对时序电路进行复位。

本模块中初始化块的第一行给使能输入赋值,然后是给 lights_in 输入赋值。这两条赋值语句组成了一个测试案例,对待验证设计施加两个输入信号。然后,初始化块出现延迟,由符号"#"表示,延迟时间维持了 1 000 个时间单位。由于时间刻度(`timescale)指令规定时间单位为 1 ms,所以延迟时间维持了 1 s。在延迟期间,模型的其他部分,包括交通灯控制器实例继续执行。1 s 的延迟后,initial 块继续对 DUV 施加另外一个输入测试案例,然后等待下一秒的仿真时间。initial 块以这种方式继续下去,直到它到达最后一条语句,即用 $finish 标记的系统任务。用美元符号"$"标记的系统任务是由仿真器执行的内部操作。$finish 完成系统任务,结束仿真,并退出仿真器。

在该模块底部的过程块是一个 always 块。在 Verilog 中,always 块通常响应位于"always @"后小括号内事件清单中的某个(些)事件。每当那个(些)事件发生时,在该 always 块中的语句就被执行一次。然后,该 always 块等待另一事件的发生。在这个模块中,always 块必须确保该待验证设计的输出能满足要求。在开发这个 always 块的过程中,必须确定何时检查输出。如果我们要在输入改变的同时检查输出,则 DUV 可能尚未响应输入的改变,此时输出反映的仍然是由以前输入产生的输出值。在本例中,我们将在输入改变后,等待 10 ms 的仿真时间,然后才检查输出。always 块对 enable 和 lights_in 两个输入值中的任何一个改变都会产生响应。当该事件发生的时候,always 块延迟 10 ms 仿真时间,然后测试从 DUV 是否产生了一个不正确输出。若产生了不正确的输出,则用 $display 系统任务显示错误信息。请注意,在检查条件的时候,使用的是逻辑运算符:"&&"(逻辑与)、"||"(逻辑或)和"!"(逻辑非),而不是以前使用的"&"、"|"和"~"运算符。以前使用的运算符是按位操作的运算符号,必须用于布尔方程中的位和向量的运算操作。

在本例中,关于测试案例中有一件事必须引起注意:并非将所有可能的输入组合均包括在测试案例内。虽然对这个例子而言,产生穷举的测试输入组合案例是可行的,但对于较大的设计而言,这样做是不现实的。即使用 Verilog 语言编写能自动生成各种输入组合的测试案例(而不是明确地写出这些输入的组合)但仿真的执行将花费太长时间。这是因为测试案例的个数与输入信号个数的指数成正比。这里的问题是我们编写的测试平台的功能覆盖问题,即:已测试的可能的输入组合占总组合的比例。在本例中,已经覆盖了一般的操作情况和两个不正常的情况。在较大的模型中,将必须有所选择,也许只是覆盖正常情况下的"典型"输入样本,再加几个不正常的输入情况。在第 10 章中,将返回到覆盖率这个话题,作为关于设计方法学更详细讨论的一部分。

本例中,关于测试案例另一个需要注意的事项是:Verilog 的编码具有非常大的重复性。每个测试案例涉及给两个输入赋值,然后是等待一段时间间隔。在较大的模型里,每个测试案例有更多的语句,重复地编写这些语句很容易出错。幸亏,Verilog 语言提供了一个功能,可把测试案例的共同部分抽象出来,将其编写成一个任务(task)。这样就可以编写一个包含共同语句的任务,执行每个测试案例时,只要调用任务一次即可。每次调用任务的时候,可通过任务的端口提供特定的值,使每个测试案例的输出值有所不同。

例 2.22 把例 2.21 中的测试平台模型修改为用任务对待验证设计施加测试案例。

解决方案 整体声明语句维持不变。经修订的模块定义如下:

```
`timescale 1ms/1ms
module light_testbench1;

wire [1:3] lights_out;
reg  [1:3] lights_in;
reg        enable;

task apply_test ( input           enable_test,
                  input [1:3]     lights_in_test );
  begin
     enable = enable_test; lights_in = lights_in_test;
     #1000;
  end
endtask

light_controller_and_enable duv ( .lights_out ( lights_out ),
                                  .lights_in  ( lights_in ),
                                  .enable     ( enable ) );
initial begin
   apply_test(0, 3'b000);
   apply_test(0, 3'b001);
   apply_test(0, 3'b010);
   apply_test(0, 3'b100);
   apply_test(1, 3'b001);
```

```
    apply_test(1, 3'b010);
    apply_test(1, 3'b100);
    apply_test(1, 3'b000);
    apply_test(1, 3'b111);
    $finish;
End
always @(enable or lights_in) begin
    #10
    if (!( ( enable && lights_out == lights_in) ||
        (!enable && lights_out == 3'b000) ))
        $display("Error in light controller output");
End
endmodule
```

这个测试平台和例 2.21 的测试平台之间的差异在于,模块中包含了一个名为 apply_test 的任务定义。该任务定义包含了产生每个测试案例所需要的语句。施加到待验证设计输入端口的值,由任务的端口 enable_test 和 lights_in_test 表示。任务中每个端口的定义类似于模块的输入端口定义,指定了数据的方向(在本例中数据是进入到任务中去的)、名称、参数的指针范围。

在 initial(初始化)块中,每施加一次测试向量(案例),就需要启动或调用任务一次。通过任务括号内的端口,可以把想要施加到待验证设计输入端口的实际测试值传入任务。然后,该任务执行位于任务体中的语句,用端口的实际值代替任务体中的端口名。当任务语句结束时,任务的调用也就完成了。

设计的功能验证步骤完成后,设计方法学的下一个步骤便是综合。为了完成综合任务,必须知道选用哪一种制造工艺来实现设计,这是因为综合涉及到将设计细化到使用制造工艺库中提供的基础元件来构造具体的电路。在第 6 章中,将更详细地讨论制造工艺,其中包括那些可被用于制造组合逻辑电路的工艺技术。然而,如果电路非常简单,只涉及几个逻辑门,也许可以使用单独封装的单个逻辑门。这种电路作为更大系统的一部分,涉及可将不同 IC 连接起来的现货集成电路,客户有时也是需要的。若集成电路中一个或几个输出在功能上与另一个组件的输入稍微有些不匹配,利用小的组合电路就可以解决。

例 2.23 处理器 IC 芯片有三个高电平有效的输出来控制一个数据存储器,mem_en 为存储器的使能控制信号;rd 为从存储器读取数据的控制信号;wr 为向存储器写数据的控制信号。然而,有一个存储器 IC,它有两个高电平有效的输入:mem_rd 可以使它读取数据;mem_wr 可以使它写入数据。处理器和存储器之间的所有其他连接线都是兼容的。请设计一个简单的接口电路,消除两个组件接线端口的差别,实现处理器与存储器之间的数据读/写。

解决方案 处理器的输出信号 mern_en 和 rd 输出的信号送到一个二输入的与门,该与门的输出连接到存储器 IC 的 mem_rd 输入。同样处理器的输出信号 mem_en 及 wr 连接到一个二输入的与门,该与门的输出连接到存储器 IC 的 mem_wr。这可以用两个 1G08 器件实现,该器件是一个 5 引脚封装的单与门,该封装可安装在印刷电路板上。鉴于这个电路非常简单,完全可以用手工综合。换言之,在整个系统的结构模型中,只需要实例引用两个与门元件即可。

知识测试问答

1. 测试平台(testbench)有什么用途?
2. 编写一条 Verilog 语句,延迟一个时间单位,然后把 0101 测试案例值施加到名为 s 的变量。
3. 当 Verilog 的 always 块执行到其块中最后一条语句的时候,它将做什么?
4. 为什么不能在输入改变的同一时刻,检查一个组合电路块的输出?
5. 什么时候有可能用独立包装的离散逻辑门来实现组合逻辑电路?
6. 什么是可编程逻辑器件(PLD)?

2.5 本章总结

- 组合电路有输出,这些输出只依赖于当前的输入。每个输出是这些输入的布尔函数。
- 布尔函数可以用真值表定义,也可以用布尔方程定义。基本布尔函数有三个,它们是:与(AND)、或(OR)、非(NOT)。其他布尔函数是:与非(NAND)、或非(NOR)、异或(XOR)、同或(XNOR)。所有这些基本布尔函数都可以用相应的逻辑门来实现。
- 积之和形式的布尔表达式是各乘积项(p 项)的逻辑或,其中每个乘积项是输入的逻辑与,或者是输入逻辑与的取反。
- 所谓几个布尔表达式是等价的是指:对输入值的所有组合,这几个表达式具有相同的值。组合逻辑电路的优化是指:在等价的表达式中选择最适合的表达式来实现逻辑电路。
- 缓冲器是一种执行恒等功能的门元件,主要用来提高信号源的驱动能力,使其能带动多个负载。
- 在真值表中,用无关(—)标记输入项,可以压缩真值表。在真值表中用无关(—)标记输出项,可用来表示部分函数,因此可为该逻辑函数选择实际输出值以实现电路的优化。
- 布尔代数的定律,为在保持等价性前提下的电路转换提供一个正式的理论基础。CAD 工具是依据这些定律来实现优化过程的。
- Verilog 语言通过两种方式来为组合逻辑电路建模:

① 在模块中使用连续赋值语句；

② 使用表示组合逻辑的 always 块。

➤ 使用多位的二进制编码使我们能够表示值大于或等于 2 的信息。n 位编码可以表示的最大值为 2^n。而想要表示值为 N 的信息，至少需要 $[\text{lb } N]$ 位。

➤ 独热码用 N 位表示 N 个值，每个码字正好只有一个为 1 的位。

➤ 在 Verilog 语言中，向量线网和向量变量都可以被用来表示二进制编码的信息。

➤ 干扰可能会造成二进制编码信息位的错误翻转，从而产生无效的码字。在设计中可采用三种等级的处理方法：

① 出错也无所谓；

② 即使出错也能保证安全；

③ 发现错误进行补救的办法。

➤ 奇偶校验是一种检查码字错误的常用方法，它的基础是：对码字中 1 的个数进行计数，用奇偶位将编码扩展 1 位。设置奇偶位的值，使带校验位的码字中 1 的个数为奇数（奇校验），或为偶数（偶校验）。

➤ 解码器对每个二进制编码的输入码字产生一个独立的控制信号。

➤ 编码器能根据输入信号的状态产生表示哪些输入信号有效的二进制编码信息。优先编码器已为输入信号指定了相对的优先次序，并对最高优先级的有效输入进行编码。

➤ 二进制编码的十进制（BCD）是一个专为十进制数字设计的 4 位二进制编码。七段解码器可以把输入的 BCD 码解码成为操作七段显示器各片段是否能被点亮的控制信号。

➤ 多路选择器可以从两路或两路以上输入信号源选择其中一路信号作为输出。可并行使用多个多路选择器，以实现二进制编码数据源的多路选择。

➤ 低电平有效逻辑使用高电平表示条件为假，低电平表示条件为真。电路图符中输入和输出接点处的小圆圈表示该接点为低电平有效。

➤ Verilog 测试平台是用来验证设计是否正确无误的。测试平台把测试案例施加到待验证设计的输入端口，并检查设计的输出结果是否正确，从而对设计进行验证。测试案例由包含了赋值和延迟语句的 initial（初始化）块生成，并施加到待验证设计的输入端口。待验证设计的输出由包含测试语句的 always 块来检查。

➤ 简单的组合逻辑电路可以用离散的逻辑门或在可编程逻辑器件（PLD）中实现。

2.6 进一步阅读的参考资料

Discrete Mathematics, 5th Edition, K. R. Ross and C. R. B. Wright, Prentice Hall, 2003。以严格的形式介绍了布尔代数，并以此为基础，介绍了数字逻辑。

Digital Design：Principles and Practices，3rd Edition，John E Wakerly，Prentice Hall，2001。

是一本讲解数字逻辑设计基础的教科书，内容包括卡诺图和其他手工的优化方法。

A Verilog HDL Primer，3rd Edition，J. Bhasker，Star Galaxy Publishing，2005。

补充参考资料，介绍如何用 Verilog 语言编写组合电路的模型。

Assertion-Based Design，Harry D. Foster，Adam C. Krolnik，David J. Lacey，Kluwer Academic Publishers，2003。

提出了一种设计方法，该方法的基础是：把断言整合到设计中，使验证更易于处理。

Digital Logic Pocket Data Book，Texas Instruments，2002。

是制造厂商生产的数字逻辑元件清单，包括基本的和复杂的逻辑门。可从 www.ti.com 下载。

练习题

练习 2.1 填写以下布尔表达式的真值表：

a) $a + b \cdot \bar{c}$

b) $x \oplus y \oplus z$

c) $(a+b) \cdot \overline{(c+d)}$

练习 2.2 为练习 2.1 中的三个布尔表达式分别画出其组合表达式的电路图。

练习 2.3 根据表 2.10 所列真值表，以最小项之和的形式写出函数 f 的布尔表达式。

表 2.10 真值表

a	b	c	f
0	0	0	1
0	0	1	0
0	1	0	0
0	1	1	1
1	0	0	1
1	0	1	0
1	1	0	0
1	1	1	0

练习 2.4 画出表 2.10 所列真值表所表达的组合逻辑的电路图。

练习 2.5 请填写图 2.24 电路实现的布尔函数的真值表。

练习 2.6 请用两种方法推导出如图 2.24 所示电路的布尔函数：

① 直接从电路推出布尔表达式。

② 根据真值表以最小项和的形式推导。

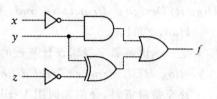

图 2.24

练习 2.7 写出多数函数（majority function）M 的真值表。所谓多数函数是这样一种逻辑函数，当 a,b 和 c 中有两个或两个以上的输入是 1 的时，函数 M 为 1；否则函数 M 为 0。

练习 2.8 使用真值表证明，在以下每对表达式中，两个布尔表达式是等价的：

a) $x \cdot \overline{(y \cdot z)}$ 和 $x \cdot \overline{y} + x \cdot \overline{z}$

b) $\overline{x \oplus y}$ 和 $\overline{x} \oplus y$

练习 2.9 请画出缓冲树电路的示意图。该缓冲树从一个信号源输出，要驱动 12 个逻辑输入端，假设信号源和每一个缓冲器最多可驱动 3 个输入端。

练习 2.10 找出真值表 2.11 输入部分的无关项，用"—"标记无关项，改写并缩小该真值表。

练习 2.11 表 2.12 所列的真值表在输出部分使用了无关（"—"）标记。请给真值表的输出部分新增四列，每一列为每个可能的赋值（0 或 1）作为无关组合的实际输出。

表 2.11 真值表一

x	y	z	f
0	0	0	1
0	0	1	1
0	1	0	0
0	1	1	0
1	0	0	1
1	0	1	1
1	1	0	1
1	1	1	1

表 2.12 真值表二

a	b	c	f
0	0	0	0
0	0	1	1
0	1	0	0
0	1	1	—
1	0	0	—
1	0	1	1
1	1	0	1
1	1	1	0

练习 2.12 图 2.9 展示了几个电路，其等价性来自于式（2.3）和式（2.4）所示的结合律。请根据式（2.5）和式（2.6）所示的分配律，画出表示分配律的等价电路。

练习 2.13 请只用布尔代数的公理证明同一律（式（2.13）和式（2.14））和吸收律（式（2.15）和式（2.16））。

练习 2.14 请使用布尔代数的定律，把布尔方程 $\overline{(w+y)} \cdot (x+\overline{z})$ 转换成为积之和的形式。

练习 2.15 请用布尔代数的定律，证明下列布尔表达式是等价的。
$\overline{a} \cdot b \cdot c + a \cdot \overline{b} \cdot c + a \cdot b \cdot \overline{c} + a \cdot b \cdot c$ 和 $a \cdot b + b \cdot c + a \cdot c$

练习 2.16 请写出能实现下列各布尔表达式逻辑功能的电路的 Verilog 模型：
a) $m = a \cdot b + b \cdot c + a \cdot c$
b) $s = \overline{(x+y)} \cdot (x + \overline{z})$
c) $y = (a \oplus b) \cdot (a + \overline{c})$

练习 2.17 请用位数最少的二进制编码定义电话的几个状态：挂机、拨号音、拨号、忙碌、接通、断开、振铃。

练习 2.18 请编写一个涉及练习 2.17 中编码位的布尔方程，确定话机处在接听状态（即除挂机或振铃以外的状态）。

练习 2.19 请为练习 2.17 中描述的电话状态定义一套独热码。

练习 2.20 某电路具有一个表示电话状态的输入（见练习 2.17 的描述）和一个输出，当电话处于接听状态的时候，输出是 1。请为这个电路编写一个 Verilog 模型。

练习 2.21 请修改例 2.12 的布尔方程，使无效码字不能点亮任何一个灯。

练习 2.22 请参考图 2.14 所示的奇偶树，画出能产生奇校验位，并对 8 位编码进行奇校验的奇偶树电路图（注意：不是产生偶校验位，进行偶校验）。

练习 2.23 请用 8 位码字举例说明：无论用偶校验还是用奇校验都不能检查出码字中的两个独立位的错误翻转。

练习 2.24 某解码器可以对例 2.14 防盗报警器中使用的码进行解码。请为该解码器编写布尔方程。

练习 2.25 某解码器可以对例 2.14 防盗报警器中使用的码进行解码。请编写该解码器的 Verilog 模型。

练习 2.26 某编码器可对例 2.9 描述的喷墨打印机的颜色进行编码。若有两个输入信号同时为 1，请确定该编码器的码字输出（译者提示：正常情况下编码器只能有一个输入信号为 1）。请写出这个普通的（非优先）编码器的布尔方程。

练习 2.27 某优先编码器可以用于例 2.9 的喷墨打印机的颜色编码。请编写该优先编码器的 Verilog 模型。

练习 2.28 某解码器的输入为一个 BCD 码字，输出为 $y_0 \sim y_9$。请写出该 BCD 解码器的布尔方程，并画出用与门、或门、非门实现的解码器电路。

练习 2.29 请编写练习 2.28 所述的 BCD 解码器的 Verilog 模型。

练习 2.30 请写出 2 选 1 多路选择器的布尔方程。用与门、或门、非门画出实现该多路选择器的电路。

练习 2.31 某逻辑电路的功能可以用下面语句描述：当 $enable \cdot \overline{sel}$ 为 1 时，输出逻辑的表达式是 a·(b+$\bar{c}$)，否则，表达式是 x⊕y。请使用 2 选 1 多路选择器实现此电路。

练习 2.32 某电路的行为描述如练习 2.31，请编写该电路的 Verilog 模型。

练习 2.33 某多路选择器可以从 4 路数据源中选取 1 路作为输出，其中每路数据源为位宽为 3 的编码数据。请画出该多路选择器的电路图。本电路应该用 4 选 1 多路选择器（见图 2.17）实现。

练习 2.34 请为练习 2.33 中描述的多路选择器编写一个 Verilog 模型。

练习 2.35 修改如图 1.5 所示的大容器的蜂鸣器电路，使低液面传感器输入和蜂鸣器输出都使用低电平有效信号。

练习 2.36 修改例 1.5 和例 1.6 的大容器的蜂鸣器电路的 Verilog 模型，使低液面传感器输入和蜂鸣器输出端口都使用低电平有效信号。

练习 2.37 编写例 1.5 和例 1.6 的大容器的蜂鸣器电路的 Verilog 测试平台模型。包括测试案例，以确保蜂鸣器在出现意外时会启动；否则不启动。

第 3 章

数字基础

数字信息是数字系统所处理的最常见的几种信息之一。在本章中,将研究 4 种不同的二进制数码,分别用于表示无符号整数、有符号整数、定点型分数和浮点型实数;将分别说明这 4 种二进制代码是如何完成某几种算术运算的;也将研究用于实现算术运算的组合逻辑电路,并讨论操作功能相同但电路结构不同的几种电路各自的优缺点。

3.1 无符号整数

在许多数码电子产品的应用中,我们所处理的信号不会出现负数值,出现的总是正整数值。有些信号所表示的也许就是真实世界的信息,例如,在温度调节器上的温度设定。而有些信号所表示的可能只是数字系统内部的一些数据。例如,在系统存储器中保存的数据资料。在本节中,以最常见的非负整数的表示法作为起点,开始讨论,然后描述使用这种表示法的算术运算。本节的最后,将介绍用在某些系统中另一种表示法。

3.1.1 无符号整数的编码

我们都熟悉数字的十进制表示法。例如,十进制数 124_{10} 表示的是 1 个一百、2 个十和 4 个一之和。我们使用下标符号"(xxx)$_{10}$"表明,该数字是用十进制表示的,即:逢十进一,基数是 10。每个数码在数中的位置决定了 10 的幂次,数码要乘以 10 在这个位的幂次。可以看到的十进制数 124 个位数 4 乘以 10^0 开始,十位数 2 乘以 10^1,到百位数 1 乘以 10^2 为止,从右至左,数码逐位乘以依位序递增的 10 的幂次。由此,可以写出如下表达式:

$$124_{10} = 1 \times 10^2 + 2 \times 10^1 + 4 \times 10^0$$

在大多数非负整数的处理过程中,表示数值的自然方式之一是使用无符号的二进制数字。无符号二进制表示法和十进制表示法的运算除了下面一些区别之外,其余都是相同的。在二进制表示法中,只使用二进制数字 0 和 1,把数字乘以 2 的不同幂次,而不是 10 的不同幂次。十进制数 124 的值也可以用二进制数的形式来表示,这可通过如下形式的二进制数码值与 2 的不同幂次的乘积之和来实现:

$$124_{10} = 1 \times 2^6 + 1 \times 2^5 + 1 \times 2^4 + 1 \times 2^3 + 1 \times 2^2 + 0 \times 2^1 + 0 \times 2^0$$
$$= 1111100_2$$

因此,为了在数字系统表示这个数值,我们需要使用一个 7 位的信号向量,每一位用 1 个二进制数值(1/0)表示。就一般情况而言,我们使用 n 位 $x_{n-1}, x_{n-2}, \cdots, x_0$ 二进制数值(1/0)来表示数 x,其表达式如下

$$x = x_{n-1}2^{n-1} + x_{n-2}2^{n-2} + \cdots + x_0 2^0$$

例 3.1 无符号二进制数 101101_2 所表示的十进制数是多少?

解决方案 用 2 的幂次之和来表示该数,并计算结果:

$$101101_2 = 1 \times 2^5 + 0 \times 2^4 + 1 \times 2^3 + 1 \times 2^2 + 0 \times 2^1 + 1 \times 2^0$$
$$= 1 \times 32 + 0 \times 16 + 1 \times 8 + 1 \times 4 + 0 \times 2 + 1 \times 1$$
$$= 45_{10}$$

在 2.2 节中讨论的二进制码,同样适用于无符号二进制数字表示法,因为在 2.2 节中想要表示的只是一个特定的二进制码。因此,若给定一个 n 位无符号的二进制码,则可以用它表示 2^n 个不同的数。最小的数所有位都为 0,表示数 0,最大的数所有位都是 1,表示的数值可用下式算出:

$$1 \times 2^{n-1} + 1 \times 2^{n-2} + \cdots + 1 \times 2^1 + 1 \times 2^0 = 2^n - 1$$

反过来,如果想要用无符号的二进制表示法来表示 $0 \sim (N-1)$ 之间的数,则至少需要用一个 $\lceil \text{lb } N \rceil$ 位的无符号二进制数。在计算机系统中,无符号的二进位数通常的位宽是 8、16 或 32 位,可表示的数字分别达到 256、超过 65 000 或超过四十亿。然而,当设计一个数字系统时,若没有对数位进行限制,则通常选择位数最少的数字编码,只要这个编码能满足我们准备编码的数值范围即可。没有任何理由这个数字非得用 8 位、16 位或 32 位的编码,而不能用其他位数的编码,例如用 5 位、17 位或 26 位的编码。

例 3.2 假设设计一个科学仪器来非常准确地测量两个随机事件之间的时间间隔,分辨率是纳秒级的(1 ns=10^{-9} s)。事件的时间间隔最长可能长达一天。请问需要多少位的二进制数才能用纳秒来表示这个时间间隔?

解决方案 每秒有 10^9 ns,每天 60 s×60×24=86 400 s,所以需要代表的最大的数是 8.64×10^{13}。需要的位数是

$$\lceil \text{lb}(8.64 \times 10^{13}) \rceil = \frac{\lg(8.64 \times 10^{13})}{\lg 2} = \lceil 46.296\cdots \rceil = 47$$

因此,至少需要 47 位的二进制数。

1. Verilog 语言中的无符号整数

在 2.1.3 小节中,曾介绍过可用向量来为二进制编码数据建模(译者注:即用向量来表示二进制编码数据)。由于无符号二进制数是一种二进制编码数据,所以可以用向量来表示无符号数据的值,也可以用向量为线网、变量和端口的数据,指定数据位的索引范围,并通过索引号来引用某个位。在观察如何对无符号整数进行算术运算时,可以了解如何用 Verilog 来表示这些数据,并对其进行向量运算。

例 3.3 编写一个 4 选 1 多路选择器的 Verilog 模型,可在 4 个无符号的 6 位整数中选择某一个 6 位整数作为输出。

解决方案 模块的定义如下:

```
module multiplexer_6bit_4_to_1
    (output reg [5:0] z,
     input      [5:0] a0, a1, a2, a3,
     input      [1:0] sel );
    always @*
      case (sel)
        2'b00: z = a0;
        2'b01: z = a1;
        2'b10: z = a2;
        2'b11: z = a3;
      endcase
endmodule
```

上面这个模块和 2.3.2 小节所介绍的多路选择器模块基本上是相同的。输入端口 a0~a3 和输出端口 z 都是 6 位的无符号向量,位索引号从 5 降到 0。选用这样的降序作为位索引号,可使向量的位索引号正好与其二进制数位的幂次对应。输入信号 sel 可用来在 4 个输入信号中选取一个作为输出,尽管我们并没有把这个向量解释为数字的表示,也知道 sel 必须是一个可以表示 4 种状态的向量。

2. 八进制和十六进制代码

我们已经知道用无符号的二进制编码,至少需要大约 lb N 个二进制数位才能表示数 N。若用十进制数来表示 N,只需要大约 lg N 个十进制数位。现在让我们通过计算了解,同一个数用二进制表示和用十进制表示,所需位数之间的关系:

$$\text{lb } N = \text{lg } N/\text{lg } 2 = \text{lg } N/0.301\cdots = \text{lg } N \times 3.32\cdots$$

换言之,某个确定的数字,若用二进制编码表示,则所需要的位数是用十进制表示所需要数位的 3 倍多。虽然从数字系统的角度而言,这不一定会造成问题,但用二进制编码表示数据确实比较麻烦,当读写长串的位来表示很大的数时,很容易出错。因此,为了表示较大的数,经常使用十六进制(基数为16),有时候也使用八进制(基数为8)。我们将首先展示这两种数据表示法的数学原理,然后再讨论它们的优点。

八进制,只是另一种形式的按位计数制。除了用数字0~7计数外,八进制与前面讨论的按位计数制并没有本质的区别,根据数字所在的位置,把它们乘以8的相应幂次。举例说明如下:

$$253_8 = 2 \times 8^2 + 5 \times 8^1 + 3 \times 8^0$$
$$= 2 \times 64 + 5 \times 8 + 3 \times 1$$
$$= 128 + 40 + 3 = 171_{10}$$

更重要的是,对于确定的八进制数,可以将每一位数字用2的幂次来表达。这就能非常迅速地把该确定数从八进制数表示转换成二进制表示。举例说明如下:

$$253_8 = 2 \times 8^2 + 5 \times 8^1 + 3 \times 8^0$$
$$= (0 \times 2^2 + 1 \times 2^1 + 0 \times 2^0) \times 8^2 + (1 \times 2^2 + 0 \times 2^1 + 1 \times 2^0) \times 8^1 + (0 \times 2^2 + 1 \times 2^1 + 1 \times 2^0) \times 8^0$$
$$= (0 \times 2^2 + 1 \times 2^1 + 0 \times 2^0) \times 2^6 + (1 \times 2^2 + 0 \times 2^1 + 1 \times 2^0) \times 2^3 + (0 \times 2^2 + 1 \times 2^1 + 1 \times 2^0) \times 2^0$$
$$= (0 \times 2^8 + 1 \times 2^7 + 0 \times 2^6) + (1 \times 2^5 + 0 \times 2^4 + 1 \times 2^3) + (0 \times 2^2 + 1 \times 2^1 + 1 \times 2^0)$$
$$= 010101011_2$$

对于给定的八进制数,通常可以用相应的3位二进制数字取代每位八进制数字,就可以得到该八进制数字所对应的无符号二进制编码表示。8个八进制数字所对应的8个3位二进制数字分别为:

0:000 1:001 2:010 3:011 4:100 5:101 6:110 7:111

请注意,如果数码的位宽不是3的倍数,那么需要小心地使用八进制数转换成无符号二进制数的方法。当把八进制数转换到二进制数时,需要明白或明确地说明二进制数码的位宽是几位,并从左边去掉未使用的数位。举例说明如下:假如指定数据253_8表示成一个8位的二进制数,我们将去掉最左边的位,得10101011_2。如果从左边去掉的任何位是1而不是0,那么这个八进制数就大于规定的最大可编码数。通常这被认为是出现了错误。

也可以反过来,把无符号的二进制数转换成八进制数。从二进制数的最右边开始,把数分成3位一组,并把各组数转换成对应的八进制数字。举例说明如下:把给定的无符号二进制数11001011转换为八进制数的步骤如下所示:

$$11001011_2 \Rightarrow 11\ 001\ 011 \Rightarrow 313_8$$

请注意,在这个例子中,二进制数的位数不是3的倍数,因此必须假设零位出现在最左侧。其次,需要注意:无符号二进制数的实际位数是大家都了解的,或已明确说明的。

十六进制是另外一种按位计数制,类似于八进制,但十六进制的基数为 16,即基于 16 的幂。十六进制遇到的唯一小问题是:需要有能表示 0~15 值的数字。正常使用的数字从 0~9,只有十个,所以其余的 6 个数字,只好用从 A~F 的字母来表示。十六进制新增添的数字和十进制数字的对应关系如下:

$$A_{16} = 10_{10} \quad B_{16} = 11_{10} \quad C_{16} = 12_{10}$$
$$D_{16} = 13_{10} \quad E_{16} = 14_{10} \quad F_{16} = 15_{10}$$

举例说明如下:

$$\begin{aligned} 3CE_{16} &= 3 \times 16^2 + 12 \times 16^1 + 14 \times 16^0 \\ &= 3 \times 256 + 12 \times 16 + 14 \times 1 \\ &= 768 + 192 + 14 = 974_{10} \end{aligned}$$

根据八进制数转换成二进制数的类似推理,可推导出无符号二进制数和十六进制数之间的快速转换方法。对八进制数而言,把二进制数分成 3 位一组(因为 $8 = 2^3$);对十六进制而言,把二进制数分成 4 位一组(因为 $16 = 2^4$)。对应于每个十六进制数字的 4 位二进制模式分别为:

0:0000 1:0001 2:0010 3:0011 4:0100 5:0101 6:0110
7:0111 8:1000 9:1001 A:1010 B:1011 C:1100 D:1101
E:1110 F:1111

举例说明如下:
正向转换(从十六进制到二进制):

$$3CE_{16} = 0011\ 1100\ 1110_2$$

反向转换(从二进制到十六进制):

$$11001011_2 \Rightarrow 1100\ 1011 \Rightarrow CB_{16}$$

正如前面所说的,几乎所有的计算机系统中都使用 8 位、16 位或 32 位位宽的数字。因此,表示 8 位数据的术语——字节(byte),已经进入了日常语言。由于这些数字的位数全部都是 4 的倍数,而不是三的倍数,所以十六进制是一种比八进制更加便于转换的数字表示法。(工程师们有时使用半字节(nibble)这个术语来表示 4 位的数据,半字节的英文原文 nibble 的含义是咬一小口)。在这些 8 位、16 位或 32 位宽的计算机应用中,使用十六进制,我们不必担心,强制假设或抛弃首位为 0 的情况。这就是为什么程序员通常都愿意采用十六进制来处理数据,而不愿意采用八进制。然而,作为硬件设计师,应该选用对设计为最合适的数据位数。我们将会发现,在某些情况下,八进制更有用,特别当位数是 3 的倍数时,更是如此。

3.1.2 无符号整数的运算

在 2.3 节中,曾介绍过可对二进制编码数据执行哪些操作。由于无符号整数是一种二进制编码的数据，所以可以对无符号整数执行曾介绍过的所有操作。常用的应用之一是对某个表示存储器信息所在位置的 n 位无符号的二进制数译码。译码器有 2^n 个控制输出。这些输出可以用来激活某个指定的存储位置。在第 5 章中，将看到更详细的介绍。也可以并行地使用多个多路选择器，无符号二进制数的每一位可用来作为多路选择器的选择位，从而在多个数据源之间做出选择。例 3.3 说明了这个问题。我们也期望可对无符号二进制数执行算术运算。不过，在考察这个问题前，将讨论一些比较简单的操作。

1. 重定界无符号整数

当在纸上写十进制数的时候，我们通常不会在数的开头写几个没有任何意义的 0，而只是用最少的数字来代表该数。举例说明如下：我们通常只写 123_{10}，而不是 0123_{10} 或 000123_{10}，虽然所有写法都表示相同的数。在二进制中，同样可以只写 10110_2，而不是写成 010110_2 或 00010110_2。然而，在数字电路中，数字的每一位都是用物理线路实现的，选择位数的依据是：预期在电路的操作中会出现的最大的值。由于线路不能随着值的大小而随意改变，所以通常会把数字电路中出现的无符号二进制数的头几位写上 0。

回想一下前面讲过的，用 n 个位可以表示的最大值为 2^n-1。假设有某个由 n 个位表示的数字数据（numeric data）x 可用下式表示：

$$x = x_{n-1}2^{n-1} + x_{n-2}2^{n-2} + \cdots + x_0 2^0$$

然而，为了完成某些算术运算，可能会产生大于 2^n-1 的值，所以需要用 m 位表示这个值，其中 $m>n$：

$$y = y_{m-1}2^{m-1} + \cdots + y_n 2^n + y_{n-1}2^{n-1} + y_{n-2}2^{n-2} + \cdots + y_0 2^0$$

因为想要使 $y=x$，所以可以在 $i=0,1,\cdots,n-1$ 时，设置 $y_i=x_i$；而在 $i=n,n+1,\cdots,m-1$ 时，设置 $y_i=0$。换言之，只增加了几个无意义的零位到数字数据第 n 位的左边，从而形成了该数字数据的 m 位表示形式。就电路实现而言，只添加了几位 0，给这些添加的位用硬件接 0（即电路接地），见图 3.1 所示。这项技术被称作零扩展（zero extension）。

在 Verilog 模型中，可以这样表达零扩展：把一串零位拼接到一个表示无符号整数的向量左侧。举例说明如下，假设给定的线网声明为：

```
wire [3:0] x;
wire [7:0] y;
```

可以在模块中写入下面的赋值语句，对 x 进行零扩展，然后把该值赋给 y：

```
assign y = {4'b0000, x};
```

在这里用的标记，只是简单地把两个向量的值拼接在一起，以形成较大的向量。例如，若 x 的值为 1010，则赋给 y 的值将是 00001010。为方便起见，Verilog 自动对字面向量的值进行零扩展到指定的位宽。所以可以把上述赋值语句重写为如下语句：

```
assign y = {4'b0, x};
```

上面这条 Verilog 语句将对 x 值进行零扩展,在 x 的高位总共添加了 4 个值为 0 的位,并赋予 y。

Verilog 语法规定使我们也能够隐含地执行零扩展。若把一个位数较小的无符号向量赋值给一个向量线网或一个位宽较大的变量,该值就被隐含地进行了零扩展至赋值目标的位宽。举例说明如下,原本只要简单地将上述赋值语句简写为:

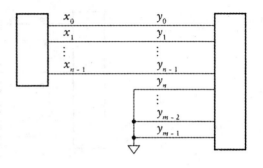

图 3.1 在电路中实现零的扩展

```
assign y = x;
```

即可。在这条语句中,x 的 4 位值将被隐含地扩展到 8 位,扩展后 y 的高 4 位为 0,低 4 位仍为 x(y 的位宽是 8 位)。虽然这个赋值语句的形式显得更简洁和方便,但我们应该知道,y 被赋值后发生了零扩展。使用向量拼接操作,使零扩展的意图变得非常明确,这样编写的 Verilog 代码能更好地说明了我们的设计意图。

零扩展的逆向操作是截断(truncation),截断可减少用于表示一个数值所需要的位宽,从位宽 m 减少到一个更小的位宽 n。再次回想一下以前我们所讲过的知识:位宽为 n 的向量可表示的最大值为 2^n-1。而 m 是一个比 n 大的整数。对任何值小于或等于 2^n-1 而位宽为 m 的变量来说,其最左边的所有 $m-n$ 位都为 0。因此,为了用 n 个位来表示该值,可以简单地舍弃最左边的 $m-n$ 个位。可能会出现的问题是:位宽为 m 的变量值,可能会大于 2^n-1,所以不能只用 n 位表示。这样的值其最左边的 $m-n$ 个位中至少有一个为 1。在大多数需要做截断的应用中,不会出现这种情况,所以抛弃这些位不会产生任何问题。只有在已知这个位宽较小的变量,已足以表示最大的数值,才能对变量值做截断。通过在位宽较大的变量上进行算术运算后的分析,可以得出结论,判断是否还可减小位宽。就电路实现而言,位截断并不意味着从物理上删除任何电路,而只是不连接最左边的那些位,说明如图 3.2 所示。

关于把 y 从 m 位截断到 n 位也可以看成是实现 y 求模 2^n 的运算。可以用如下表达式证明这一点:

$$\begin{aligned} y \bmod 2^n &= (y_{m-1}2^{m-1} + \cdots + y_n2^n + y_{n-1}2^{n-1} + \cdots + y_02^0) \bmod 2^n \\ &= ((y_{m-n-1}2^{m-n-1} + \cdots + y_n2^0)2^n + y_{n-1}2^{n-1} + \cdots + y_02^0) \bmod 2^n \\ &= y_{n-1}2^{n-1} + \cdots + y_02^0 \end{aligned}$$

因此,如果我们想要计算 y 模 2^n 的值,那么只要把 y 截断到 n 位即可,而不必考虑任何丢弃位的值。

在 Verilog 的模型中,可以这样表示值的截断,即只选取线网或变量中的一部分(part se-

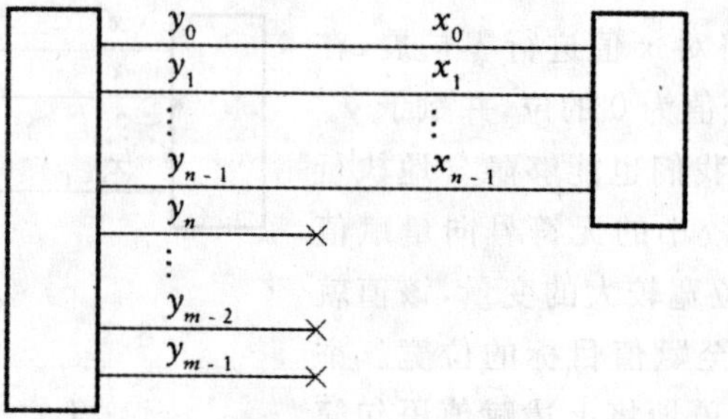

图 3.2 在一个电路执行截断

lect)来表示该值。举例说明如下:若给定线网 x 和 y 的声明如上面的例子,则在模块中,用下面这条赋值语句来截断 y 的值,并把截断后的 y 值赋给 x:

```
assign  x = y[3:0];
```

在方括号中标明的值的范围(3:0),指定了我们想要使用的较小表示形式的最右位的位置索引号。例如,如果 y 的值为:00001110,那么赋予 x 的值将为 1110。

2. 无符号整数的加法

无符号二进制整数的加法运算类似于十进制数的加法运算。我们从加数和被加数的最低位开始操作,将二者相加,形成和值的最低位,若产生进位,则到下一位的进位为 1,否则为 0。然后,到下一位重复求和操作,运算继续进行,直到加数和被加数的最高位计算结束为止,此时形成和值的最高位以及进位位。二进制和十进制加法运算的差别在于,在二进制的加法运算中,两个操作数位求得的和位以及进位位所组成的数值只能为 0、1、2 或最多为 3。因为二进制数位只能取 0 或 1,和值为 2 的情况意味着求和位是 0,进位位为 1。和值为 3 的情况意味着求和位为 1,进位位也为 1。

例 3.4　画出无符号二进制数 1010111100_2 和 0011010010_2 的加法求和以及进位过程。

解决方案　求和的过程如图 3.3 所示。在图中,画出了从最高位的进位。因为该进位为 0,所以求和结果的位数与两个操作数的位数相同。(译者注:图中顶行为每位加法后的进位。)

```
  0 0 1 1 1 1 0 0 0 0
  1 0 1 0 1 1 1 1 0 0
  0 0 1 1 0 1 0 0 1 0
  ───────────────────
  1 1 1 0 0 0 1 1 1 0
```

例 3.5　画出无符号二进制数字 01001_2 和 11101_2 的加法求和以及进位过程。

图 3.3 进位为 0 的无符号加法

解决方案　求和的过程如图 3.4 所示。在图中,还画出了从最高位的进位。然而,这次进位为 1,这表明:和值的位数已经超过操作数的位数。若设计只允许求和的结果值的位宽为 5,则进位为 1 是出现错误的条件。此外,若设计允许多使用一位来表示结果,则可以把进位位作为和值的最高位(该位在图中用浅灰色的数字 1 显示)。这种情况与我们对操作数进行零扩展后再计算是一样的。

正如上面两个例子所展示的那样，若需要以与操作数相同的位数来表示结果(这种情况并不少见)，则可以用从最高位是否产生进位来表明运算结果是否出现溢出(over-flow)的情形。当进位位为 1 时，则和值出现溢出，计算结果不正确。

```
  11001
  01001
  11101
1 00110
```

图 3.4 进位为 1 的无符号加法

现在，让我们考察一下，如何设计一个可对两个无符号二进制数进行加法运算的数字电路。这种电路被称作加法器。若考虑上面所述的求和方法，可以看到在最低位的求和位(s_0)和进位位(c_1)是两个操作数的最低位(x_0, y_0)的布尔函数。可以用布尔方程表达该函数：

$$s_0 = x_0 \oplus y_0 \qquad c_1 = x_0 \cdot y_0 \tag{3.1}$$

实现这两个方程的电路被称作半加器。半加器可以用一个异或门(XOR)和与门(AND)来构建，异或门产生求和位；与门以产生进位位。为什么这样的电路只是一个半加器呢？看完下面的解释，大家就会明白。

对余下的位而言，在每个位置为 i 的位，求和位(s_i)和进位(c_i+1)位是操作数位(x_i, y_i)和进位位(c_i)的布尔函数。产生求和位和进位位的逻辑函数关系被展示在如表 3.1 所列的真值表中。这个逻辑关系也可以用如下布尔方程表示：

$$s_i = (x_i \oplus y_i) \oplus c_i \tag{3.2}$$

$$c_{i+1} = x_i \cdot y_i + (x_i \oplus y_i) \cdot c_i \tag{3.3}$$

表 3.1 和位及进位的真值表

x_i	y_i	c_i	s_i	c_{i+1}
0	0	0	0	0
0	0	1	1	0
0	1	0	1	0
0	1	1	0	1
1	0	0	1	0
1	0	1	0	1
1	1	0	0	1
1	1	1	1	1

实现上述两个方程的电路被称作全加器，因为可以由两个半加器构造它：一个用来对两个操作数求和，另一个把求和位的结果和进位位相加。还需要少量的附加逻辑以形成最高位的进位。然而，这种形式的全加器，目前已经很少有人使用，已成为历史的记忆，因为大多数设计对全加器提出了更高运算速度的约束条件，由此导致了不同的实现方法。

关于全加器方程，有一件事值得注意，即若进位输入 c_i 为 0，则全加器方程可简化成半加器方程。这使得我们可以在最低位也使用全加器，只要设置进位输入为 0 即可，而不必在最低位专门使用半加器。这样做可以使我们用一致的部件来设计所有位的加法器。这样做还将提供另一个好处，当着手设计有符号整数的加法和减法运算部件的时候，将会看到它带来的好处。因此，无符号整数加法器的完整结构可由每个位的全加器单元构成，而每个全加器带有与相邻下一位进位输入相连接的进位输出，如图 3.5 所示。(对算术电路而言，通常由左到右安排全加器，按照从高位到低位的顺序排列，以配合数位从左(高位)到右(低位)的顺序。图 3.5 中的箭头表示进位的连接，该图表明，进位值从右向左进位，和通常画图时从左到右进位的习惯相反。)若允许和值的位宽大于操作数，则最高位的进位输出可以被用作和值的最高位。否则，最高位的进位输出可以被用作判断是否出现溢出的条件信号。

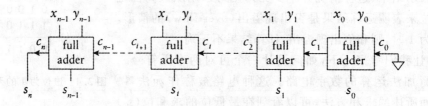

图 3.5　用全加器单元组成的无符号整数加法器的结构

　　这种结构的加法器叫做行波加法器（或逐位进位加法器，英文为 ripple-carry adder）。只要考虑信息通过该结构的流动，就可以知道，为什么给它起这个名字。在每个位的位置，和值和进位输出值不仅取决于两个操作数的相应的输入位，还取决于来自于相邻较低位的进位值。通过考察全加器的布尔方程，我们也可以知道这一点。加法器和值的各位之间形成了一个递推的关系，因此，归根结底，每个求和位和最后的进位全都依赖于所有较低的操作位。当两个操作数的值到达加法器的输入端时，每个全加器随即得到一个和位的瞬态值和进位输出。然而，因为全加器只是逻辑电路，所以会有一些传播延迟。因此，从较低位进位输出给相邻的较高位作为进位输入，需要经过一小段传播延迟，这可能影响较高位的输出。而较高位的进位，经过另一段传播延迟，可能会影响更高的第三位的输出。进位值以这种方式从最低位逐位地传递到最高位，在沿着进位链路逐位进位的过程中，很可能影响和位的值。

　　在最坏的情况下，从操作数值到达加法器，到求和值达到稳定所需的延迟时间，等于全加器的传播延迟与表示加数和被加数的无符号二进制数的位数的乘积。如果某个应用项目对加法器的性能要求不高，允许加法器有较大的延迟，则行波加法器是一个简单有效的加法器结构。然而，许多应用对算术运算有很高的速度要求，以满足时序约束条件。在这些场合，可以使用另外一些加法器结构，这些结构虽然能减少延误，但必须使用更大的电路面积和增大了功耗。

　　现在简明扼要地介绍几种方法。这些方法可以使加法器的性能进一步提高，优于行波加法器。让我们回到式(3.2)和式(3.3)，及表 3.1 所列真值表，作为我们讨论的基础。对某个给定的位置 i，我们可以看到以下属性：

▶ 如果 x_i 和 y_i 都是 0，不论 c_i 的值是什么，那么 $c_{i+1}=0$。在这种场合，任何输入该位的进位都可以被取消（killed）。我们为这个条件定义一个信号 k_i：

$$k_i = \overline{x_i \cdot y_i} \tag{3.4}$$

▶ 如果 x_i 和 y_i 其中一个是 1，另一个是 0，不论 c_i 的值是什么，则 $c_{i+1}=1$。在这种场合下，产生到相邻下一位的进位。产生进位的条件信号 p_i 为：

$$p_i = x_i \oplus y_i \qquad (3.5)$$

▶ 如果 x_i 和 y_i 都是1,不论 c_i 的值是什么,那么 $c_{i+1}=1$。在这种场合,产生到相邻下一位的进位。产生进位的条件信号 g_i 为:

$$g_i = x_i \cdot y_i \qquad (3.6)$$

将式(3.5)和式(3.6)代入到式(3.2)和式(3.3),得到:

$$s_i = p_i \oplus c_i \qquad (3.7)$$

$$c_{i+1} = g_i + p_i \cdot c_i \qquad (3.8)$$

这些重新整理过的布尔方程为我们揭示了一种比行波加法器更快确定每位进位值的方法。注意:上述信号 k_i、p_i 和 g_i 在它们各自的位置只依赖于操作数相应位的值,所以在操作数的值到达加法器的输入端后,这些信号可以被迅速地确定。若进位位被取消或在某一特定的位置产生,则并不需要等待从低位逐位进位过来,可以立即把进位位设置为0或1。此外,若进位必须通过传播产生,则可以非常快地将进位输入切换到进位输出。以上这些观察和分析成了构造快速进位链加法器的思想基础。这种加法器有时也被称为曼彻斯特加法器(Manchester adder)。

图 3.6 展示了用曼彻斯特加法器思想实现的两种不同的全加器单元。左图的那个全加器,其左上角的方框得到传播信号 p_i,p_i 可用于多路选择器的选择输入。若 p_i 为0,则产生进位(当 x_i 和 y_i 都为1时),或没产生进位(当 x_i 和 y_i 都为0时)。因此,这两个输入位(x_i 和 y_i)中的任意一个都可以直接作为进位输出,而无需等待进位输入。若 p_i 是1,则进位输出和进位输入是相同的。和行波加法器一样,在最坏的情况下,进位必须从最低位传播到最高位。然而,若多路选择器用高速制造工艺实现(大多数多路选择器都是用这种工艺制造的),则沿着这条进位链的传播延迟将远小于基于式(3.3)的门电路链路。例如,由 Xilinx 公司制造的 FPGA 系列,内部都由多路选择器实现快速进位链,允许在 FPGA 中实现快速进位链加法器。

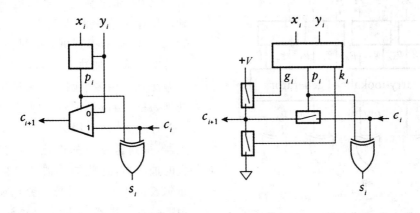

图 3.6 带快速进位链的全加器单元

图 3.6 中右图所示的全加器单元与左图所示的是很相似的。顶部的方框产生所有 g_i、p_i 和 k_i 信号。这些信号被用来控制电子开关的通/断,从而得到进位输出。如果 g_i 为 1,则进位输出位被切换到 1;如果 k_i 为 1,则进位输出位被切换到 0;如果 p_i 为 1,则进位输出位与进位输入连接。在最坏的情况下,进位有可能必须从最低位传播到最高位。然而,在诸如全定制的或标准单元的专用集成电路(ASIC)的制造工艺中,包括有传播延迟非常小的开关元件,允许以这种方式来实现快速进位链加法器。

另一种实现快速进位链加法器的方法是利用逻辑方程的重新排列,以递推的关系来重新表达式(3.8),一次性地确定所有的进位位。

式(3.8)直接给出了描述 c_1 的方程。将此式子代回式(3.8),得到描述 c_2 的方程:

$$c_2 = g_1 + p_1 \cdot (g_0 + p_0 \cdot c_0) = g_1 + p_1 \cdot g_0 + p_1 \cdot p_0 \cdot c_0$$

以同样的方式进行替代,可得到如下形式的方程 c_3 和 c_4:

$$c_3 = g_2 + p_2 \cdot g_1 + p_2 \cdot p_1 \cdot g_0 + p_2 \cdot p_1 \cdot p_0 \cdot c_0$$
$$c_4 = g_3 + p_3 \cdot g_2 + p_3 \cdot p_2 \cdot g_1 + p_3 \cdot p_2 \cdot p_1 \cdot g_0 + p_3 \cdot p_2 \cdot p_1 \cdot p_0 \cdot c_0$$

请注意,上面每个表达式都是变量 c_0 和操作数输入位(即 x_i 和 y_i)的函数。(由于 g_i 和 p_i 信号只是操作数位 x_i 和 y_i 的函数)。上面的表达式给我们提供了一种可直接确定在每个位的进位方法,而不必等待从低位逐位把进位传播到最高位。根据式(3.2),可以使用进位位得到求和位。根据上述表达式设计的加法器是超前进位加法器(carry-lookahead adder)。如图 3.7 所示的电路说明了一个四位超前进位加法器。在顶部的每个方框生成相应位的 g_i 和 p_i 信号。超前进位发生器实现上面的方程,产生相应的进位信号。这些进位信号 c_i 配合 p_i 信号得求和位。超前进位加法器可提高运算速度,但为此付出的代价是芯片面积和功耗的增加,这是由超前进位发生器的电路所导致的。

在前面已经介绍了四位超前进位发生器,因为实际能制造出来的电路也只能达到四位超前进位的程度。原则上,可以继续代入式(3.8)得到更多的进位位。然而,对位宽更大的加法器而言,普遍采用的实际做法是使用多个四位超前进位加法器来处理,每个四位超前进位加法器负责处理 4 位的加法,再使用第二个层超前进位发生器,得到这 4 位的进位。还有许多种类型的加法器,这些加法器各自依据不同的布尔表达式来计算进位。究竟在设计中选用哪一种加法器,实际上是这样一个问题,

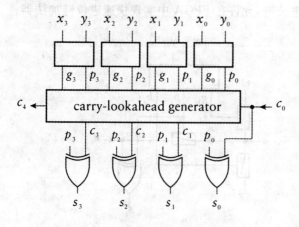

图 3.7 四位超前进位加法器

即在现有实现资源约束条件下,如何在电路面积、功耗和性能之间权衡。对这些加法器结构的全面讨论,超出了本书的范围,但有很多参考资料,深入探讨了有关细节。

到目前为止,在所有有关加法器的讨论中,尚未介绍如何用 Verilog 为加法器建模。我们可以把已经讨论过的各种布尔表达式简单地翻译成为 Verilog。然而,这样做很可能把我们想要实现的无符号二进制数加法器的设计意图搞得不很清楚。特别需要注意的是,CAD 工具可能只知道把这样的模型综合成一个组合电路,而并不知道这些布尔表达式实际上是一个加法器,所以就不会利用诸如快速进位链等特定电路资源来实现这个加法器。使用由 Verilog 提供的加法操作符(算符)对向量值进行操作,是一种更好的办法。CAD 综合工具便可以选用既满足设计约束条件,又是制造工艺所能提供的最合适的加法器来实现这个加法运算。或者,我们可以开发一个结构模型,从算术组件库中,选取一款最合适的加法器,并验证该结构模型产生的加法运算结果与使用加法操作符(算符)的行为模型完全相同。

例 3.6 设线网 a,b,s 的 Verilog 声明语句如下

```
wire [7:0] a, b, s;
```

请编写 Verilog 语句,把 a 和 b 的求和值赋予 s。

解决方案 所需的语句是:

```
assign   s = a + b;
```

"+"操作符对两个无符号值 a 和 b 进行求和运算,计算结果产生一个无符号的和值 s,其长度是两个操作数中较大的那个。这个运算并不产生进位输出,因此,若出现溢出,不会被发现。

例 3.7 修改上例中的语句,以产生进位输出位 c。

解决方案 在做加法运算之前,在 a 和 b 的高位扩展一个额外的 0 位,以得到一个 9 位的求和结果。因此,进位输出便是求和结果值的最高位,余下 8 位是和值。我们需要分别为 9 位的中间结果和进位位声明两个线网:

```
wire [8 : 0] tmp_result;
wire         c;
```

所需的语句是

```
assign   tmp_result = {1'b0, a} + {1'b0, b};
assign   c          = tmp_result[8];
assign   s          = tmp_result[7 : 0];
```

这些赋值语句的另一种写法是:

```
assign {c , s} = {1'b0, a} + {1'b0, b};
```

在这条赋值语句中,等号的左边是进位位 c 与和值 s 两个线网的拼接。加法运算结果的所有

位被赋值到拼接线网的相应位上。这条语句还可以进一步简化,因为 Verilog 语法规定:可根据赋值等号左侧的位宽,隐含地扩展操作数的位宽。如果把上面赋值语句改写为如下语句:

assign {c, s} = a + b;

Verilog 的语法规定,赋值等号左侧线网的位宽是 9 位,所以 a 和 b 的位宽将自动地扩展到 9 位。因为它们是无符号的线网,所以位宽的零扩展是隐含地进行的,加法结果的位宽也是 9 位。正如前面曾经提及的,这些语法规则似乎可以让赋值的形式显得更为简洁,但必须小心其中隐含的位宽扩展是否符合我们想要达到的设计目的。如果有疑问,或者我们想明确地表明设计意图,则可以用显式的位宽扩展方法。

上述例子说明,当需要访问二进制代码的个别位时,如何使用向量。通常可以在 Verilog 模型中提高抽象的水平,只考虑数据的数值方面问题,而不考虑其二进制编码。Verilog 语法允许设计者用 integer 类型的整数来表示数据,可把变量(但不是线网)声明为 integer 类型,具体代码如下:

integer n;

integer(整数)型变量的位宽通常为 32 位,Verilog 语法还允许使用更大的位宽。32 位整数可以表示的无符号整数的范围高达约二十亿个。整数也可以表示负数,我们将在下一节进一步讨论。

例 3.8 请修改例 3.6 中的声明和语句,用 integer(整型)变量,不要用 wire(线网型)向量。

解决方案 修改后的声明语句为:

integer a, b, s;

由于使用了 integer(整数)型的变量,而不是 wire 类型的线网,所以只能在过程块内对其进行赋值。必须用 always 过程块(或者 initial 过程块)内的过程性赋值语句才能对 integer 型变量 s 赋值,而用线网的连续赋值语句是不能对 integer 型变量 s 赋值的(译者注:译者根据自己对 Verilog 语法的理解改写了这一段,原文在本小段表达不明确。)

always @*
    s = a + b;

上面的加法表达式看起来和在原来连续赋值语句里的表达式是完全一样的。唯一的区别是,我们并不关心变量的位宽,并忽略任何可能的进位输出。因为我们没有明确地说明实际数据值的可能范围,所以综合工具将为上述语句生成一个位宽至少为 32 位的,并且没有溢出检查的加法器。这就是为什么当已知数值的位宽小于 32 位时,通常不会在可综合模型里使用整型变量的原因之一。

3. 无符号整数的减法

遵循加法运算过程的类似思路,可以解决无符号二进制整数减法的问题。首先,制定二进制减法的步骤,一位接一位地进行,类似于十进制减法。回忆一下,在十进制中,如果从一个较小的数字减去一个较大的数字,我们从旁边借位。在二进制中,如果从 0 减去 1,同样需要借位。

例 3.9 展示无符号二进制数 10100110_2 减去 01001010_2 的步骤。

解决方案 减法的步骤如图 3.8 所示。在图中,包括了从最高位的借位输出。因为最高位是 0,所以减法的结果可以用与两个操作数相同的数位表示。

接下来,让我们考虑如何设计一个可对无符号二进制数进行减法运算的减法器(subtracter)电路。减法运算得到的差值的最低位 d_0 和借位输出的最低位 b_1 是两个操作数 x 和 y 的最低位 x_0 和 y_0 的布尔函数。这两个布尔方程是:

$$d_0 = x_0 \oplus y_0 \quad b_1 = \overline{x_0} \cdot y_0$$

```
b:    0 1 0 1 1 0 0 0
x:    1 0 1 0 0 1 1 0
y:  - 0 1 0 0 1 0 1 0
     ─────────────────
d:    0 1 0 1 1 1 0 0
```

图 3.8 无符号整数的减法

至于余下的位,在每一个位置 i,差值的 d_i 位和借位输出 b_{i+1} 位是操作数位 x_i、y_i 和借位输入 b_i 的布尔函数,真值表列于表 3.2。这些布尔函数也可以表示为布尔方程,如下所示:

$$d_i = (x_i \oplus y_i) \oplus b_i \tag{3.9}$$

$$b_{i+1} = \overline{x_i} \cdot y_i + \overline{(x_i \oplus y_i)} \cdot b_i \tag{3.10}$$

表 3.2 差位和借位真值表

x_i	y_i	b_i	d_i	b_{i+1}
0	0	0	0	0
0	0	1	1	1
0	1	0	1	1
0	1	1	0	1
1	0	0	1	0
1	0	1	0	0
1	1	0	0	0
1	1	1	1	1

正如曾在加法器中所做的那样,将最低位的借位输入设置为 0,并对各个位统一使用式(3.9)和式(3.10)。现在,我们本可以继续为这些方程开发集成电路。然而,许多需要减法器的系统也需要用到加法器,即对操作数究竟执行加法还是减法运算可进行选择。借助于简单代数变换的小诀窍,就能使我们用同一个电路根据需要实现加法或减法运算。请注意,减法器的求差方程和加法器的求和方程的形式是一样的,借位和进位的方程也是相似的。诀窍在于使用借位补数形式。若这么做,则可以重写方程如下:

$$d_i = (x_i \oplus \overline{y_i}) \oplus \overline{b_i} \tag{3.11}$$

$$\overline{b_{i+1}} = x_i \cdot \overline{y_i} + (x_i \oplus \overline{y_i}) \cdot \overline{b_i} \tag{3.12}$$

式(3.11)和式(3.12)的证明留作练习题 3.27。若把这两个方程与式(3.2)和式(3.3)做比较,可以发现这两组方程具有相同的形式,所不同的只是 $\overline{y_i}$ 取代了 y_i,$\overline{b_i}$ 取代了 c_i。因此,可以使用加法器电路实现减法运算,只需要对第二个操作数的每位取反,并将借位取反即可。对最低位,设定取反的借位输入为 1。可以使用来自于最高位的取反的借位输出来表明下溢:若为 0,

表示借位，则真正的差是负的，所以不能表示为一个无符号的整数。

现在让我们看一下，如何修改加法器电路，使其既能完成加法运算，又能完成减法运算。假设有一个控制信号，当它为 0 时，电路执行加法运算；当它为 1 时，电路执行减法运算。因为求和值需要给最低的进位位赋 0，而在减法运算中，需要给最低位的取反借位输入位赋 1，也可以只把控制信号用作"进位输入"/"取反借位输入"，也可以使用该控制信号来控制一个 n 位的 2 选 1 多路选择器，在第二个操作数和它的求反数之间作选择，2 选 1 多路选择器选取的输出值可作为电路的第二个输入的操作数。然而，另一部分诀窍是要注意到：$y_i \oplus 0 = y_i$ 和 $y_i \oplus 1 = \overline{y_i}$。因此，我们可将第二个操作数的每个位，连接到每个异或门的输入，而这些异或门的另一个输入被一起连接到加/减控制信号上。这些异或门的输出被连接到加法器上作为第二个输入加法器的操作数。加法器/减法器的最终电路如图 3.9 所示。图中的加法器（adder）可以是前面曾描述的任何加法器电路，即行波加法器电路或者专为某应用需求和制约而设计的优化后的加法器电路。

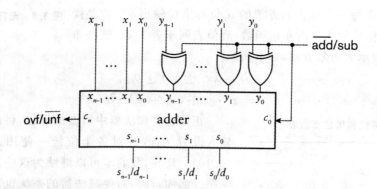

图 3.9 为使加法器既能执行加法运算又能执行减法运算所做的修改

我们知道，用加法操作符（算符）"+"可以编写 Verilog 加法器模型。与此类似，通常也可用减法操作符（算符）"-"编写实现向量值相减的 Verilog 减法器模型，而不编写直接执行减法器的布尔方程。这样，可以让 CAD 综合工具根据约束条件，来决定究竟使用哪一款合适的减法器电路。此外，若正在设计的系统既需要执行加法运算，又需要执行减法运算，则该工具可以决定究竟是对加法/减法操作分别使用单独的电路，还是共享同一个加法/减法器。当然，只有当加法/减法运算可以在不同的时间段执行时，它们才只能共享同一个加法/减法器电路。在后面的章节中，我们将看到如何控制操作的时序。现在，将只考虑组合逻辑电路，假设该电路存在一个控制信号，可以在加法或者减法运算操作之间作出选择。

例 3.10 请编写一个 Verilog 行为模型，该模型描述的是可对两个 12 位无符号二进制数执行加法/减法运算的电路。该加法/减法电路具有：

① 两个 12 位的数据输入：x 和 y。

② 一个 12 位的数据输出 s。
③ 一位的控制输入模式：0 表示加法；1 表示减法。
④ 溢出标志位 ovf_unf,当加法出现上溢出或减法出现下溢出时,溢出标志 ovf_unf 置 1。

解决方案 本模块用"＋"和"－"操作符(算符)分别对向量操作数的值执行加法或减法运算,代码如下所示：

```
module adder_subtracter ( output [11:0] s,
                          output        ovf_unf,
                          input  [11:0] x, y,
                          input         mode );
assign   {ovf_unf, s} = !mode ? (x + y) : (x - y);
endmodule
```

在模块中的赋值语句使用输入信号 mode,在对操作数执行加法或减法运算之间作出选择。既然想要把进位输出位或借位输出位用作溢出标志 ovf_unf,那么可以把运算结果直接赋值给 ovf_unf 和 s 这两个输出信号的拼接,在例 3.7 中我们曾见过拼接操作符"{ }"。Verilog 隐含地扩展加法和减法的操作数,使其与位宽为 13 位的赋值目标一致。低 12 位的结果 s 是被用来作为和值或差值的输出；最高位被作为溢出标志位 ovf_unf。在加法的情况下,最高位是进位输出,1 表示溢出,0 表示没有溢出。在减法的情况下,最高位是借位输出,并没有取反,1 表示下溢,0 表示没有下溢。因此,可以把 ovf_unf 位用作溢出标志输出。

例 3.11 为加法/减法器编写一个测试验证平台,将模型的运算结果与整型数执行加法或减法的计算结果相比较,以验证设计否正确。

解决方案 模块 test_add_sub 不需要任何端口,因为这是一个自包含的测试模块：

```
`timescale 1ns/1ns
module test_add_sub;
reg      [11:0] x, y;
wire     [11:0] s;
reg             mode;
wire            ovf_unf;
integer  x_num, y_num, s_num ;
task  apply_test  ( input integer  x_test, y_test,
                    input          mode_test );
   begin
      x = x_test ;  y = y_test ;  mode = mode_test ;
      #10;
   end
endtask
```

```verilog
    adder_subtracter duv ( .x(x), .y(y), .s(s),
                        .mode (mode), .ovf_unf(ovf_unf) );
    initial begin
      apply_test (     0,      10,  0);
      apply_test (     0,      10,  1);
      apply_test (    10,       0,  0);
      apply_test (    10,       0,  1);
      apply_test ( 2**11,   2**11,  0);
      apply_test ( 2**11,   2**11,  1);
         //…更多的测试案例
      #10 $finish;
    end
     always @* begin
       #5
       x_num = x;  y_num = y;  s_num = s;
       if (!mode)
          if (x_num + y_num > 2**12-1) begin
             if (!ovf_unf)
                $display("Addition overflow: ovf_unf should be 1");
          end
          else begin
             if (!(!ovf_unf && s_num == x_num + y_num))
                $display("Addition result incorrect");
          end
       else
          if (x_num - y_num < 0) begin
             if (!ovf_unf)
                $display("Subtraction underflow: ovf_unf should be 1");
          end
          else begin
             if (!(!ovf_unf && s_num == x_num - y_num))
                $display("Subtraction result incorrect");
          end
     end
endmodule
```

该模块首先声明了一些线网和变量,用于连接到加法/减法器实例(其名为duv)的输入和输出端口。然后定义了一个可施加单个测试案例的任务(其名为apply_test)。在该任务定义的后面实例引用了加法/减法器(其名为duv),并把duv实例的端口与定义的信号连接。initial

块连续地调用任务,通过定义的信号线给实例 duv 的端口输入一系列数据值。实例 duv 执行加法或者减法运算,产生正常的运算结果、溢出和下溢等情况,通过定义的信号线 s 和 ovf_unf 传出 duv 实例,供下面的代码分析。请注意在 Verilog 语言里数据值 2^{11} 是用"2 ** 11"形式表示的。"**"操作符(算符)表示执行求幂运算。

always 块响应加法/减法器输入/输出值的变化,然后等待加法/减法器实例 duv 产生输出。然后,这个 always 块把输出实例 duv 的无符号的输入值 x 和 y 赋值给整型变量 x_num 和 y_num,把实例 duv 的输出值 s 赋值给 s_num。然后,这个 always 块检查 mode(模式)输入的值。若 mode 为 0,表明是加法,则检查两个操作数的和值。因为和值是使用数字值表示的,所以就可能超出 12 位二进制数可以表示的范围。因此,该 always 块把从实例 duv 输出的和值与 12 位二进制数可以表示的最大值,即 $2^{12}-1$ 进行比较。如果和值大于 $2^{12}-1$,则该块检查溢出标志 ovf_unf 输出是否为 1。若不是 1,而是 0,则显示"ovf_unf 应该为 1"表明有错。若是 1,则和值有溢出,则显示"加法运算不正确"。如果和值小于 $2^{12}-1$,并且该 always 块检查得到溢出标志 ovf_unf 输出为 0 且和值 s_num 等于两个数值的计算和值,则一切正确无错误。(译者注:以上两段没有完全按照原文翻译,由译者自己根据对程序的理解,结合原文重新组织成文,原文的含义不太清楚。)若 mode 为 1,表明是减法运算,该 always 块执行与加法类似的检查,但对操作数的差值和 0 之间进行比较。

请注意,在 always 块中进行条件检查,根据检查的结果在后续的行动之间作出选择,是用 Verilog 的 if 语句进行的。每个 if 语句都有如下形式的语句:

```
if(条件)
    语句 1
else
    语句 2
```

若条件为真,则语句 1 被执行;若条件为假,则语句 2 被执行。关键字 else 和语句 2 是可选的(有没有都可以),并且若条件为假时,没有要执行的动作,则 else 和语句 2 是可省略的。由于一个 if 语句只是声明语句的一种形式,可以在外面的 if 语句里,再嵌套一个 if 语句。例 3.11 中的 always 块说明了 if 语句的嵌套:"if(!mode)…"是最外面的 if 语句,对该 if 语句中的每一个选择,又嵌套了 if 语句。若需要在任何 if 语句中,执行一条以上语句,则可以用关键字"begin … end",把这几条语句合并成一个组,如例 3.11 模型中所示。我们使用"begin … end"把嵌套的 if 语句和其他语句合并成组,且忽略 else 的选择项,成为外层 if 的执行语句块。用"begin … end"把语句合并起来,使得程序的意思表达清楚,表明这个 else 语句属于外面的 if 语句,而不是里面的 if 语句。

4. 无符号整数的递增(incrementing)和递减(decrementing)

还可以对无符号二进制整数执行两种算术运算。这两种运算与加法和减法有关系。递增操作涉及增加常数值1,递减操作涉及减去常数值1。这两种操作经常出现在数字系统中,专门用作计数器的部件,产生递增或递减的数字序列。

设计递增电路的简单方法是:把加法器的一个操作数的输入端用硬件线路连接到无符号二进制数1,即0…001;或者把加法器的一个操作数的输入端连接一无符号二进制数0,而进位输入端连接到1。然而,由于加法器的一个操作数输入是常数值,所以可以显著地简化电路。为了理解电路简化的原理,让我们回到加法器的布尔方程,即式(3.2)和式(3.3)。若将$y_i = 0$代入式(3.2)和式(3.3),则得到如下简化方程:

$$s_i = x_i \oplus c_i \qquad c_{i+1} = x_i \cdot c_i$$

这两个方程实际上就是描述半加器的方程(见式(3.1))。换言之,把多个半加器链接可以组成一个递增器,如图3.10所示。最高位的进位输出,可用于溢出条件信号。递减器可以用类似的方式组成,即把减法器的一个操作数的输入端用硬线连接到0,再把借位输入端用硬线通过反相器与0连接。

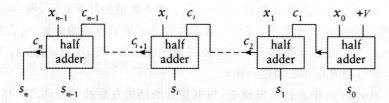

图3.10 无符号整数递增器的结构(用半加器单元)

请注意,如图3.10所示的递增器是一个行波电路,所以具有和行波加法器类似的延迟特性。用改善加法器和减法器性能的相同方法,可以改善递增器和递减器的性能,例如,使用快速进位链或超前进位法。

在Verilog模型中,表示递增或递减操作,可以用操作数加上或减去1来实现。举例说明如下,假设线网声明为:

wire [15:0] x, s;

可以把递增后的x值赋给s,语句如下:

assign s = x + 1;

可以用下述语句表示递减操作:

assign s = x − 1

请注意,上面赋值语句中的1是数值,在Verilog语言中通常用二进制来表示数值。而所表示数值的位宽,是由上下程序的内容决定的。在本例子中,x和s的数值的位宽是16位,因为这是加/减运算操作数和赋值目标的位宽。使用类似本例中没有规定位宽的数值,是使Verilog模型更简洁的便捷途径。

5. 无符号整数的比较

在某些应用中,可能有必要比较两个无符号二进制整数是否相等。因为每个数值都有一个对应的码字,所以可以通过检查两个无符号二进制整数的每组对应的位是否相等,来判断两个数值是否相等。在 2.1.1 小节介绍同或门的时候,我们曾提到,同或门也被称为等价门,因为只有当同或门的两个输入相同的时候,它的输出才是 1。因此,使用图 3.11 的电路,就可以检查两个无符号二进制数字是否相等,这个电路被称作相等比较器。在实际电路的制造中,与门的输入端太多是不能实现的,所以必须修改这个电路,以更好地适应所选用的制造工艺。更好的方法是用 Verilog 语句来表示两个数值的比较,让综合工具从单元库中选择最合适的电路来实现这个比较器。

两个无符号二进制整数,比较其不等性(即比较出哪个更大些或哪个更小些)的电路稍微复杂些。为了检查某个数 x 是否大于另一个数 y,可以先比较最高位,即 x_{n-1} 和 y_{n-1}。若 $x_{n-1} > y_{n-1}$,则知道 $x > y$。同样,若 $x_{n-1} < y_{n-1}$,则知道 $x < y$。在这两种情况下,最终的结果完全取决于最高位的比较。如果 $x_{n-1} = y_{n-1}$,比较结果则取决于其余的位,当且仅当 $x_{n-2\cdots 0} > y_{n-2\cdots 0}$ 时,才能知道 $x > y$ 成立。现在,可以递归地应用相同的论点,考

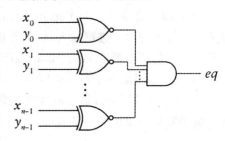

图 3.11 相等比较器电路

察下一个位对;若它们是相等的,继续检查较低位。注意:仅当 $x_i = 1$ 和 $y_i = 0$ 的时候,换言之,若 $x_i \cdot \overline{y_i}$ 为真时,$x_i > y_i$ 成立。这些想法,导致了如图 3.12 所示的称为幅值比较器的电路。我们可以使用同样的电路来检查某个数小于另外一个数的不相等性,只要在输入端交换操作数即可。

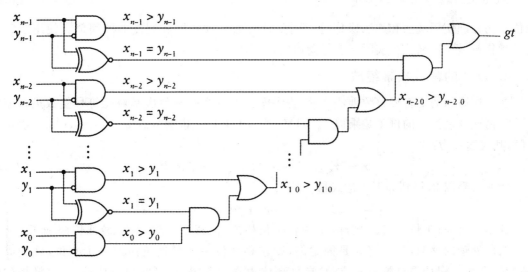

图 3.12 用于检查 x 的幅值是否大于 y 的比较器

在 Verilog 语法中，可以这样用"=="，">"和"<"逻辑操作符（算符）来表达对无符号数值的比较操作。（请注意：逻辑相等操作符（算符）"=="和赋值操作"="之间的区别，逻辑相等操作符（算符）是两个等号）；也可以使用"!="表示"不相等"，"<="表示"小于或等于"，">="表示"大于或等于"。所有这些操作符（算符）给出单个位的结果 0 或 1，这也可以分别被解释为假（不成立）或真（成立）的布尔逻辑结果。若比较发生在 if 语句的条件部分，则这种判断逻辑结果为真还是为假是很方便的，因为程序条件逻辑表达式可给出布尔逻辑结果。操作符（算符）给出逻辑结果还给我们带来一个便利，即布尔逻辑运算的结果可直接赋给线网或变量，例如：

    assign gt = x>y;

例 3.12 请编写一个 Verilog 模型，该模型描述了一个自动温度调节器。该温度调节器有两个 8 位无符号二进制输入，输入数据分别表示以华氏度（℉）为计量单位的目标温度和实际温度。假定两个温度都高于冻结温度（32 ℉）。该温度调节器的探测器有两个输出：
① 当实际温度低于目标温度 5 ℉时，把加热器打开；
② 当实际温度超过目标温度 5 ℉时，把制冷器打开。

解决方案 模块的定义为：

```
module thermostat ( output      heater_on, cooler_on,
                    input [7:0] target, actual );

  assign heater_on = actual < target - 5;
  assign cooler_on = actual > target + 5;
endmodule
```

赋值语句分别使用减法和加法操作符（算符）计算启动加热器和制冷器的阈值。使用"<"和">"操作符（算符）来执行实际温度与阈值的比较。

6. 以 2 的常数次幂缩放

在讲述通用的无符号整数乘法之前，先考察一下以 2 的常数次幂对无符号整数进行缩放的特殊情况。最简单的例子是乘以 2。回忆一下，由 n 位二进制数码 $x_{n-1}, x_{n-2}, \cdots, x_0$ 表示的 x 值，其表达式为：

$$x = x_{n-1}2^{n-1} + x_{n-2}2^{n-2} + \cdots + x_0 2^0 \tag{3.13}$$

若等式两边乘以 2，得到如下表达式：

$$2x = x_{n-1}2^n + x_{n-2}2^{n-1} + \cdots + x_0 2^1 + (0)2^0$$

这是一个 $n+1$ 位二进制数，由 x 的各个位构成，左移了一位，并在最低位添加了一个 0 位。若所处理的整数，其位宽 n 是固定的，则左移一位后在最低位添加一个 0 位，就变成了 $n+1$ 位；若仍想保持该整数为 n 位，则在最高位为 0 的前提下，可将最高位截去，这样得到的 n 位整数是原整数的 2 倍，即该操作数逻辑左移（logical shift left）了一位，但仍旧保持了 n 位。

可以继续采取这种方式对整数进行乘以 2 的操作,若重复左移 k 次,则乘以 2^k。也就是说,把位宽为 n 的整数左移了 k 位,并在该数的最低位添加了 k 位的 0,所以乘以 2^k 后位宽为 n 的整数变成了 $n+k$ 位。若需要把扩大了 2^k 倍的整数,仍旧用 n 位的整数表示,则必须在最高位截去 k 位,而且截去的位必须都为 0,否则乘以 2^k 会发生溢出。(译者注:本段是译者根据原文重新编写的。原文的讲解含糊不清,容易产生错误的理解。)

除以 2 的做法是类似的。如果把式(3.13)的两边除以 2,那么得到如下表达式:
$$x/2 = x_{n-1}2^{n-2} + x_{n-2}2^{n-3} + \cdots + x_1 2^0 + x_0 2^{-1}$$
因为 2^{-1} 是分数 1/2,且处理的只有整数,可以抛弃这个方程的最后一项。所以除以 2 的结果是一个 $n-1$ 位二进制数,除去 x 已右移一位的最低位之外。若要求除以 2 的计算结果保持原整数的位宽,则可以在最高位添加一个为 0 的位,以维持结果值的位宽。这个操作被称作逻辑右移(logical shift right)一位。这样继续做下去可实现除以 2^k 的目标,把操作数位右移 k 个位,抛弃 k 个最低位,并在最高位添加 k 个为 0 的位。若曾有任何被丢弃的最低位不为 0,则除法真正的结果都被截断到 0。

Verilog 提供了无符号数值移位的两个操作符(算符)。"<<"操作符(算符)执行逻辑左移;">>"操作符(算符)执行逻辑右移。例如,如果无符号线网或变量 s 的值是 00010011,则所表示的十进制值是 19_{10};若 Verilog 的表达式为:

s << 2

则产生的结果值为:01001100,所表示的十进制值是 76_{10};若表达式是

s >> 2

将产生的值为:00000100,所表示的十进制值是 4_{10}。

7. 无符号整数的乘法

最后要讲的算术运算是无符号整数的乘法。x 乘以 y 的简单方法,是按照如下步骤扩展乘积:
$$\begin{aligned} xy &= x(y_{n-1}2^{n-1} + y_{n-2}2^{n-2} + \cdots + y_0 2^0) \\ &= y_{n-1}x2^{n-1} + y_{n-2}x2^{n-2} + \cdots + y_0 x 2^0 \end{aligned}$$
乘积的最大值,是操作数最大值的乘积。对 n 位操作数而言,乘积的最大值是:
$$(2^n - 1)(2^n - 1) = 2^{2n} - 2^n - 2^n + 1 = 2^{2n} - (2^{n+1} - 1)$$
这个值必须用 $2n$ 位的二进制数来表示。若提供这么多位来表示乘积,就不可能产生乘积值的溢出。

扩展的乘积表达式中的每一项被称作部分积(partial product)。部分积由 y 的某一位 y_i、数值 x 和 2^i 的积构成。回忆一下,$x 2^i$ 只是二进制数 x 左移 i 位后的数值。而且,我们知道,y_i 不是 0 就是 1。若 y_i 为 0,则部分积为 0。若 y_i 为 1,则部分积为 x 移位后的值。把 x 的每一位和 y_i 相与,把相与的结果相加,左移 i 位,得到部分积,再把 n 个部分积相加,便得到最终乘

积。部分积的求和可以由一系列加法器来完成,如图3.13所示。图3.13所示的电路是一个组合乘法器(combinational multiplier)的基本形式。之所以这样称呼它,是因为它尽管电路规模不小,却只是一个组合电路。在第4章中,将介绍时序乘法器(sequential multiplier)的建造技术。在时序乘法器中,每个时钟周期只增加一个部分积,需要连续几个时钟周期才能完成部分积的累加,最后完成乘法计算。时序乘法器的优点是可以减小电路面积,但付出的代价是乘积计算的时间延长了。

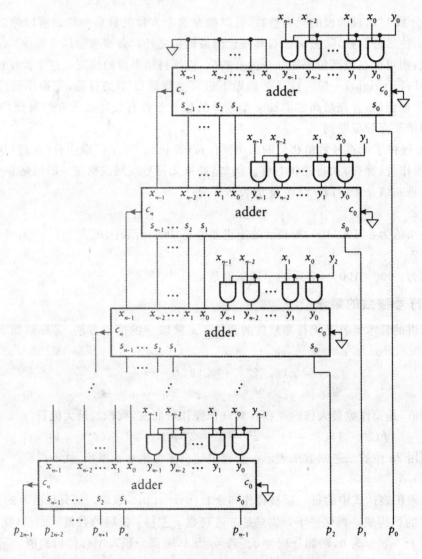

图 3.13 由部分积加法器构成的组合乘法器

在图 3.13 所示的乘法器电路中，并没有指明使用哪一类型的加法器。我们原本可以使用前面曾讨论过的任何加法器，并根据应用要求的性能和面积等约束条件来选择。也可以优化相邻加法器组合部分的电路，来缩短通过结构的整体传播延迟。但是，这些技术超出了本书的讲述范围。有关这些技术的详细讨论，读者可以参阅 3.6 节推荐的读物。就本书的教学目的而言，将从 CAD 综合工具所提供的资源库中选择一款合适的乘法器即可。

与无符号二进制整数的其他算术运算（加/减）一样，也可以在 Verilog 模型中使用乘法操作符（算符）对无符号数值进行乘法运算。

操作符"*"的运算结果是一个无符号向量，其位宽等于较大的操作数的位宽。为了防止乘积值的溢出，在执行乘法之前，必须扩展操作数的位宽至两个操作数位数的总和。举例说明如下：

```
wire [ 7:0]    x;
wire [13:0]    y;
wire [21:0]    p;
```

可以把 x 和 y 的积，赋予 p，见如下语句：

```
assign p = {14'b0, x} * {8'b0, y};
```

或者，也可以利用 Verilog 语言隐含的位宽扩展功能，见如下语句：

```
assign p = x * y;
```

8. 算术运算的小结

在本节中，我们已考察了几种算术运算，这些算术操作符可以对无符号二进制整数执行加法、减法和乘法运算。本书中有意回避了除法，因为相对于其他运算而言，实现除法运算的电路相当复杂，并且在实际应用中，除法电路的出现概率较低。因此，专用的数字系统中很少包含实现除法的电路。3.6 节引用的参考书目中有介绍除法电路的资料。

在本节的讨论中，把重点放在加法运算上，把它作为基础知识来讲解，并考察了几种不同的加法器电路，权衡了不同加法器在性能和电路面积之间的互补性。在数字电路的设计过程中，在速度性能和电路面积之间做出符合应用需求的权衡是一个反复出现的主题。在加法器电路的设计中很好地体现了这个主题。在整本书中，我们还将多次返回这个主题。

对每个算术运算操作，我们还讨论了如何用无符号的向量来表示每个算术运算，编写 Verilog 模型。这种办法使我们能从算术运算数字电路实现的细节中抽象出来，依靠 CAD 综合工具，自动地从单元库中选取能用目标工艺制造出的合适电路。在详细描述电路的实现步骤时，将会看到，编写指定电路行为的 Verilog 模块，和制定电路实现的制约条件是两个独立的阶段，在设计中是分阶段予以考虑的。在功能设计完成后，必须对设计提出速度和面积方面的要求，再由 CAD 综合工具根据这些要求，确定一款合适的实现方案。这种途径可以帮助我们处理复杂数值计算系统的设计。

3.1.3 格雷码(Gray code)

到目前为止,在本节中,我们所考虑的二进制编码,并非是无符号整数的唯一编码,虽然这种二进制编码在进行算术运算时是最常用最自然的代码。但是,在其他应用中,这种二进制编码存在着一些缺点。假设要设计这样一个系统,在这个系统中,想要用二进制编码来表示旋转轴的角度位置。测量角度位置的通用方法是使用轴角编码器,图 3.14 说明了这种编码器。与轴相连接的园盘有若干同心带,每条带都有透明的部分和不透明的部分。每个带都有一个光发射器和一个光探测器。当光线透过同心圆带的透明部分时,光探测器的输出为 1;当光线被同心圆带的不透明的部分阻挡时,光探测器的输出是 0。收集 4 个解码器的输出,就形成了一个描述轴角位置的二进制编码。

在园盘的同心圆带上,透明区和不透明区的分布如图 3.15 所示,对应于一个 4 位的格雷码(Gray code)。在格雷码中,相邻的码字只有 1 位不同。完整地旋转一周被划分为 16 个等角度区域。任何两个相邻区域之间,只有一个同心带有可能发生透明和不透明之间的变化。这避免了光探测器在定位上发生任何小的干扰,这种干扰会造成位置编码的错误。作为对照,若用 3.1.1 小节介绍的无符号二进制编码来描述角度位置,则码字 0011 表示第 3 区域,0100 表示第 4 区域。当轴旋转,圆盘跟着从第 3 区域转过光探测器进入到第 4 区域的边界时,若此时靠近圆心的 2 个同心圆区域仍旧是透明的,尚未发生变化,而从圆心数起的第三层同心圆已经开始进入第 4 区域,从不透明变成透明了,则编码出现了 0111。光探测器很可能给出表示 7 的干扰码字"0?11",而此时实际旋转角度正好处在第 3 区域到第 4 区域的边界之间,再继续旋转一个小角度才能出现稳定的 0100。因为制造精度的问题,可避免出现这种干扰的机械零件是很难制造的。而格雷码却能更好地容忍定位误差,所以被广泛地应用于描述位置的机电元件中。(译者注:本段是译者根据原文重新编写的。原文的讲解含糊不清,容易产生错误的理解。)

图 3.14 光学转轴角度编码器　　图 3.15 转轴角度编码器的圆盘上用于产生格雷码的图案

本例中所用的 4 位格雷码，列于表 3.3，同时列出了相应的十进制数和无符号二进制编码。请注意：相邻的格雷码字是如何只有一位不同的，与相应的无符号二进制码字有什么不同。这组码是不是唯一的 4 位格雷码；还有其他格雷码也具相邻码字只有单个位不同的性质。这里的格雷码是由下列规则产生的，该规则可以使我们写出 n 位的格雷码：

- 1 位格雷码有两个码字：0 和 1。
- n 位格雷码前面的 2^{n-1} 个码字，由 $(n-1)$ 位格雷码组成，每个码字在其最左边的位外添加一个为 0 的位。
- n 位格雷码后面的 2^{n-1} 个码字，由 $(n-1)$ 位格雷码的反序码字组成，每个码字在其最左边的位外添加一个为 1 的位。

表 3.3 4 位格雷码与无符号二进制编码相比

十进制数	无符号二进制数	格雷码	十进制数	无符号二进制数	格雷码
0	0000	0000	8	1000	1100
1	0001	0001	9	1001	1101
2	0010	0011	10	1010	1111
3	0011	0010	11	1011	1110
4	0100	0110	12	1100	1010
5	0101	0111	13	1101	1011
6	0110	0101	14	1110	1001
7	0111	0100	15	1111	1000

例 3.13 请编写一个 Verilog 模型，该模型描述的是一个可把 4 位格雷码转换成 4 位无符号二进制整数的转换器。

解决方案 输入到转换器的格雷码和从转换器输出的二进制编码，都使用向量端口。该模块的定义如下：

```
module gray_converter ( output reg [3:0] numeric_value,
                        input      [3:0] gray_value );
    always @*
        case (gray_value)
            4'b0000: numeric_value = 4'b0000;
            4'b0001: numeric_value = 4'b0001;
            4'b0011: numeric_value = 4'b0010;
            4'b0010: numeric_value = 4'b0011;
            4'b0110: numeric_value = 4'b0100;
            4'b0111: numeric_value = 4'b0101;
            4'b0101: numeric_value = 4'b0110;
```

```
        4'b0100: numeric_value = 4'b0111;
        4'b1100: numeric_value = 4'b1000;
        4'b1101: numeric_value = 4'b1001;
        4'b1111: numeric_value = 4'b1010;
        4'b1110: numeric_value = 4'b1011;
        4'b1010: numeri_value = 4'b1100;
        4'b1011: numeric_value = 4'b1101;
        4'b1001: numeric_value = 4'b1101;
        4'b1000: numeric_value = 4'b1111;
    endcase
endmodule
```

本模块的行为采取真值表的形式,用格雷码的值来选择赋给输出的无符号数值。

知识测试问答

1. 如何将一个数 x 以二进制表示为 2 的幂之和?
2. n 位无符号二进制数可以表示的数的范围有多大?
3. 线网 x 可表示的无符号数的范围为 0~8191,请用 Verilog 语句声明线网 x。
4. 用八进制和十六进制表示法来表示二进制数 01011101。
5. 请把无符号二进制数 10010011 的位数调整到 12 位和 6 位。完成这两种调整后所得到的结果是否能正确地表示原数值?
6. 把 2 个 8 位无符号二进制数字 01001010 和 01100000 相加,以获得一个 8 位的结果。请问和值是否产生溢出?
7. 行波加法器与超前进位加法器的不同之处是什么?
8. 请编写 Verilog 的赋值语句,把类型为 wire[15:0]的两个 s1 和 s2 相加,得到的和值赋予线网 s3,线网 s3、s1 和 s2 的类型相同,得到和值的进位输出为线网 c_out。
9. 需要执行的 8 位无符号二进制数的减法为:01001010−01100000,请问在求得 8 位差值的减法过程中是否出现下溢?
10. 假设给定的控制信号为 $\overline{\text{add}}/\text{sub}$,如何设计一个无符号加法器,使其既能执行加法又能执行减法?
11. 请编写一条 Verilog 的赋值语句,比较两个无符号线网 a 和 b,如果 a < b,则把 1 赋给线网 smaller;否则,把 0 赋给线网 smaller。
12. 怎样才能将无符号二进制数乘以 16?怎样才能除以 16?
13. 两个 n 位无符号二进制数的乘积需要多少位?
14. 为什么通常把格雷码用在机电位置传感器中?

3.2 有符号整数

虽然许多应用只需要处理非负整数,但还有一些其他应用需要处理包括正值和负值在内的全部整数。在本节中,将探讨有符号整数的二进制编码,了解如何对这些编码数值执行操作。

3.2.1 有符号整数的编码

在数字系统中,有符号整数最常用的编码方式是 2 的补码(2s complement)。它是基数补数表示法(radix complement representation)的一个基数(即用于表示位置的基)为 2 的特例。关于一般的基数补数表示法的详细资料,请参阅 3.6 节中列出的参考资料。这里我们只把注意力集中在 2 的补码上。

有符号数被表示为 2 的补码的形式,作为 2 的幂的加权和,和无符号二进制表示法类似。所不同的是,对一个 n 位有符号数来说,最左边的位的权重是负的。一个 n 位数字 x 代表以下的值

$$x = -x_{n-1}2^{n-1} + x_{n-2}2^{n-2} + \cdots + x_0 2^0 \tag{3.14}$$

现在将探讨这个表示法的一些有趣的和有用的属性。首先,式(3.14)可以代表的最负的数为 $x_{n-1}=1$,而所有其他位为 0,这个值为 -2^{n-1}。最正的数为 $x_{n-1}=0$,而所有其他位为 1,这个值为 $2^{n-1}-1$。如果 x_{n-1} 是 1,则代表的数为负,因为所有的正 2 的幂的加权是小于 2^{n-1} 的。因此,x_{n-1} 作为一个符号位:如果是 1,那么值是负;如果是 0,那么这个数是 0 或正的。式(3.14)可以被表示的数字的范围不是关于 0 对称的,因为对 -2^{n-1} 的取负比可表示的正数多 1 个。

例 3.14 8 位 2 的补码 00110101 和 10110101 所代表的各是什么值?

解决方案 第一个数是:
$$1 \times 2^5 + 1 \times 2^4 + 1 \times 2^2 + 1 \times 2^0 = 32 + 16 + 4 + 1 = 53$$

第二个数是:
$$-1 \times 2^7 + 1 \times 2^5 + 1 \times 2^4 + 1 \times 2^2 + 1 \times 2^0 = -128 + 32 + 16 + 4 + 1 = -75$$

虽然用 2 的补码方式来表示有符号整数在目前占有主导地位,但有符号整数还可以用其他方式来表示,这些表示方式在某些应用中还是很有用的。其中一种方式是用有符号量(signed magnitude)来表示。该方式类似于常见的十进制有符号整数的表示方式。在这种表示方式中,用十进制数序列表示数的幅值,在数序列之前有一个"+"号或"−"号,用来表明该数是正的还是负的。在有符号二进制数的表示方式中,也可用以下方式来表示有符号的数:用二进制数字(位)序列表示幅值,该二进制数最左面再添加一标记位用来表示数的符号。通常,

"一"号的标记位为1,"十"号的标记位为0。早期有些数字计算机使用这种有符号二进制数字的表示方式,但这个表示方式有很多缺点,所以在现代数字系统中已不常使用了。由于这个原因,将不再进一步详细描述这种表示方式,而建议大家参阅 3.6 节列出的书目中的参考资料,以获取更多信息。

1. 用 Verilog 表示有符号整数

在 3.1.1 小节,我们曾看到:向量和内置算术操作符(算符)可以被用来处理无符号整数;也可以使用向量表示有符号整数,但必须在声明语句中包括关键字 signed,例如:

```
wire    signed [7:0] a;
reg     signed [13:0] b;
```

由此,这些算术操作符就假设 a 和 b 采用的是 2 的补码的表示法,a 和 b 向量的最高位是最左边的位,表示的是符号位,而向量的最低位是最右边的位。

需要注意的关键是:尽管我们也许已把线网或变量声明为无符号的或有符号的,但对该线网或变量值的解释取决于正在施加的操作符和其他操作数的声明。若算术运算的两个操作数都是有符号数,则所执行的就是有符号的数值运算。若操作数中有一个或两个都是无符号数值,则所执行就是无符号的数值运算。若真想要把被声明为无符号的数值解释成为表示有符号的数值,则可以使用 $signed 转换操作,举例说明如下:

```
wire           [11:0] s1;
wire signed    [11:0] s2;
...
assign s2 =  $ signed(s1);    // 已知 s1 小于 2¹¹
```

同样,如果想要把已被声明为有符号的数值解释成为表示无符号的数值,则使用 $ unsigned 转换操作,例如:

```
assign s1 =  $ unsigned (s2);    // 已知 s2 是一个非负的数值
```

在 3.1.1 小节,也曾提到抽象数值型整数,展示如何用于表示非负数。事实上,integer 型(整型)可以表示正的或负的数据,只要这些数据的 2 的补码可以用 32 位的二进制数表示即可。我们可以对 integer 型(整型)数据执行算术运算,也可以把整型数与无符号、有符号的线网和变量数值混合。整型数据实际上只是位宽固定为 32 位的有符号变量类型。

2. 有符号整数的八进制和十六进制编码

在 3.1.1 小节,我们曾看到:可以使用八进制或十六进制编码表示无符号整数;也可以使用八进制和十六进制数表示由 2 的补码对应的有符号整数。然而,当这样做时,通常不用有符号八进制数字或有符号十六进制数字的形式思考。而只用八进制或十六进制作为位向量的标记符号。我们把向量划分成 3 位一组(八进制)或 4 位一组(十六进制),并以相应的八进制或十六进制数字替代各组的二进制数字。

例 3.15 844_{10} 的 12 位 2 的补码表示是 001101001100。请用十六进制数表示该位向量。

解决方案 把该二进制数分成四位一组,得到 0011 0100 1100。把 4 位一组的二进制数用十六进制数字代替,得 $34C_{16}$。

例 3.16 -42 的 10 位 2 的补码表示法是 1111010110。请用八进制表示位向量。

解决方案 把二进制数分为 3 位一组,得到 1 111 010 110。把 3 位一组的二进制数组用八进制数字代替,得到 1726_8。当阅读这个八进制数字时,必须明白,该数表示了 10 位二进制数。该八进制数字的最右边的 3 位数表示了 9 位二进制数字,最左边的数字 1 所代表的只是一个符号位。因为符号位为 1,所以该数为负数,即使如此,八进制数字也不能用"-"号来表示负数。

3.2.2 有符号整数的操作

就一般无符号数和二进制编码数据而言,可以对有符号整数执行操作,在这些操作中不考虑这些数据的数值解释。例如,使用多路选择器在几路编码数据信号中选择某一路信号。而在本节中,将描述跟数值解释有关的操作,例如算术运算。而这些操作中的大部分是与其对应的无符号整数的实现方法类似的。

1. 有符号整数的位宽调整

无符号整数的位宽调整操作,只是涉及在表示数值位的左侧添加或截去前导零位,以达到理想的数据位宽,并保持相同的数值。然而,对 2 的补码来说,最左边的位是符号位,所以一般情况下不能添加或截去前导零位。让我们分别考虑非负数和负数的两个例子。

对于非负数而言,符号位为 0,其余位确定了数的大小。在这种场合,2 的补码表示和无符号数的表示法是一致的,即使在 3 的左侧进行零扩展,该数值也保持不变。如果截去的位中没有 1,则可以把所有二进制数左侧的前导零位全部截去,只要在结果的最左边保留一位为 0 的即可。这个操作和我们对无符号数的做法是一样的。若结果的最左边的一位是 1,则意味着结果为负值,这将出现错误。举例说明如下:41_{10} 的 8 位 2 的补码表示法是 00101001。截断这个数成 6 位将给出 101001。这个二进制数如果解释为 2 的补码,则为 -23。问题是,41_{10} 不能用 6 位 2 的补码代表。

对负数来说,符号位是 1。通过在二进制数左侧添加为 1 的位,可以把一个 n 位的负数扩展到 m 位。为了理解这样做可保持负数值不变,先考虑由式(3.15)所表示的负数 x:

$$x = -2^{n-1} + x_{n-2}2^{n-2} + \cdots + x_0 2^0 \qquad (3.15)$$

用 1 起头的位把 x 这个数由 n 位的负数扩展到了 m 位的负数,这个负数的 2 的补码表达式为:

$$-2^{m-1}+2^{m-2}+\cdots+2^{n-1}+x_{n-2}2^{n-2}+\cdots+x_0 2^0 \tag{3.16}$$

可以利用下列恒等式：

$$2^k = 2^{k-1}+2^{k-2}+\cdots+2^0+1 \tag{3.17}$$

在式(3.16)中,把第一项-2^{m-1}替换成：$-2^{m-2}-2^{m-3}-\cdots 2^{n-1}-2^{n-2}-\cdots-2^0-1$,可得到如下表达式：

$$-2^{m-2}-\cdots-2^{n-1}-2^{n-2}-\cdots-2^0-1$$
$$+2^{m-2}+\cdots+2^{n-1}+x_{n-2}2^{n-2}+\cdots+x_0 2^0$$
$$=-2^{n-2}-\cdots-2^0-1+x_{n-2}2^{n-2}+\cdots+x_0 2^0$$
$$=-(2^{n-2}+\cdots+2^0+1)+x_{n-2}2^{n-2}+\cdots+x_0 2^0$$
$$=-2^{n-1}+x_{n-2}2^{n-2}+\cdots+x_0 2^0 = x$$

由上面的表达式可见,对一个 m 位的负数而言,可以把其二进制数左侧的大于 n 位的所有 1 全都截去,只要在结果中留下一个表示此数据为负数的第 n 位为 1 即可。（译者注：本段是译者根据原文重新编写的。原文的讲解含糊不清,容易产生错误的理解。）

总而言之,把用 2 的补码表示的有符号整数,扩展到一个位宽更大的编码,必须涉及复制符号位到最左边的位。这就是所谓的符号扩展(sign extension),要求保留数值,无论该值为正或为负。实现 n 位信号 x 符号扩展到 m 位信号 y 的电路,如图 3.16 所示。假如所有被丢弃的位和得到的符号位与原来的符号位是相同的,则可通过丢弃最左边的位,截断表示该数字的位宽。把有符号数值的位宽从 m 位截断到 n 位,这个截断位宽的电路和截断无符号数值的电路是相同的,如图 3.2 所示,只需要留下最左边的 $m-n$ 位不予连接即可。可能提出的问题是,用 m 位表示的值,可以比用 n 位表示的值更大。这种情况通常不会出现,因为只有在知道数值的范围后,才会减少位宽。电路中数据值的变化范围必须小于变量位宽减少后的数值范围。根据分析执行算术运算时出现的最大可能值,我们很容易得出这一结论。

在 Verilog 语言中,可以使用位复制标记来复制符号位,对有符号值进行符号扩展。例如,假设给定线网的声明语句为：

wire signed [7:0]　x;
wire signed [15:0]　y;

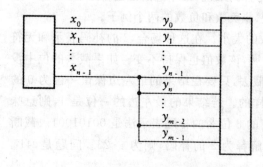

图 3.16　符号扩展电路的实现

可以用如下的赋值语句,对有符号值 x 进行符号扩展,并把它赋给 y：

assign y = {{8{x[7]}}, x};

符号"{n{…}}"表示对在内括号中的内容(例子中的"x[7]"位),进行 n 次(例子中 8 次)的复制。

在 Verilog 模型中,对有符号数值进行位宽的扩展或截断也可以使用隐含的方法。当把有符号数值赋给位宽不同的目标时,会发生隐含的符号扩展或截断。举例说明如下,可以用上述赋值语句改写为如下语句:

assign y = x;   // x 被符号扩展到位宽为 16 位的 y

同样,也可以用下列赋值语句,把 y 值截断到位宽为 8 的数值,赋值给 x。

assign x = y;   // y 值被截断到位宽为 8

2. 有符号整数的取反

既然用 2 的补码不但可以表示正数,也可以表示负数,那么就有理由来考虑,如何表示一个数的负值。数值 x 取负的步骤如下:首先把用二进制表示的 x 值的每一位取反(求补,即把每个 0 变为 1,每个 1 变为 0),然后加 1。可以证明这样就得到数值 x 的 2 的补码,所表示的数值为 $-x$。利用位恒等式 $\overline{x_i} = 1 - x_i$ 和式(3.17)的恒等式,可以证明数值 x 的 2 的补码等于 $-x$。证明步骤如下:

$$\begin{aligned}
\overline{x} + 1 &= -(1-x_{n-1})2^{n-1} + (1-x_{n-2})2^{n-2} + \cdots + (1-x_0)2^0 + 1 \\
&= -2^{n-1} + x_{n-1}2^{n-1} + 2^{n-2} - x_{n-2}2^{n-2} + \cdots + 2^0 - x_0 2^0 + 1 \\
&= -(-x_{n-1}2^{n-1} + x_{n-2}2^{n-2} + \cdots + x_0 2^0) - 2^{n-1} + 2^{n-2} + \cdots + 2^0 + 1 \\
&= -x - 2^{n-1} + 2^{n-1} = -x
\end{aligned}$$

例 3.17 请写出 -43 的 8 位 2 的补码的表示法。

解决方案 43 的 8 位 2 的补码表示法是 00101011。对该数取补,得 11010100。加 1 后得到 11010101,这就是需要的结果——-43 的 8 位 2 的补码。

请回想一下,我们知道用 2 的补码可表示的数的范围是不关于零对称的。若想对 -2^{n-1} 表示的数值取反加 1,即 2^{n-1} 是 $100\cdots 0$,则每位求反后,得到 $011\cdots 1$。再对这个数加 1 得到 $100\cdots 0$,这是负值的开始数。因此,若想要求出某个 2 的补码数值的反,则必须进行符号扩展,增加一位,以允许对该数进行求反操作,否则规定不能把 -2^{n-1} 作为求反的输入数据。

在 Verilog 模型中,表示取负一个有符号值,用前缀"-"作操作符。举例来说,把一个线网 x 取负,并赋值到线网 y,我们会写:

assign y = -x;

3. 有符号整数的加法

可以把 x 和 y 这两个 2 的补码数相加,步骤几乎与无符号二进制数加法完全相同。主要的差别在于处理符号位的方法,负数的 2 的补码的符号位的权重为 -2^{n-1}。为了理解如何用 2 的补码表示的数做加法,可以认为每个数都是有符号部分(不是 0 就是权为 -2^{n-1})和一个小

于 2^{n-1} 正偏移量的总和。换言之：

$$x = -x_{n-1}2^{n-1} + x_{n-2\cdots 0} \quad y = -y_{n-1}2^{n-1} + y_{n-2\cdots 0}$$

因此

$$x + y = -(x_{n-1} + y_{n-1})2^{n-1} + x_{n-2\cdots 0} + y_{n-2\cdots 0}$$

下面对带符号位的两个 n 位操作数的结合做案例分析。

首先，考虑两个非负数相加的情况。两个符号位都是 0，二者相加，得到一个符号位为 0 没有进位的结果。偏移量的每一位，都是正的加权，若从第 $n-2$ 位的进位输出是 0，则可以使用无符号数的方法相加，见图 3.17 中第一个例子。另一种情况，若从第 $n-2$ 位的进位输出是 1，见图 3.17 中第二个例子，和值结果的正幅值，大于用 n 位 2 的补码形式可以表示的正值范围。换言之，和值产生了溢出（即出错）。

其次，考虑负数符号位为 1 的两个负操作数的相加情况。两个符号位在符号位求和后得到一个为 0 的位和一个从符号位输出的进位 1。这对应于负数符号加权部分相加后得到的 -2^n。因此，必须有两个正偏移量的和值在权重为 2^{n-1} 的位输出一个为 1 的进位，把这个 1 给表示负值的符号位，得到 -2^{n-1}。可以只把从两个偏移量加法运算得来的进位输出，添加到符号位上，最后让符号位为 1，见图 3.17 中第三个例子。另一方面，若正偏移量的总和给出的进位输出为 0，见图 3.17 第四个例子，则和值的结果比 n 位 2 的补码形式可表示的数值更负，换言之，产生了负方向的溢出。

最后，考虑一个正数（符号位是 0）和一个负数（符号位是 1）相加的情况。在这种情况下，没有可能发生溢出。这两个符号位相加得到 1，进位输出为 0。这相当于把两个加权符号部分相加求得 -2^{n-1}。若正偏移量的总和少于 2^{n-1}，则从位置 $n-2$ 输出的进位为 0，见图 3.17 第五个例子，最终的结果是负。若正偏移量的总和大于或等于 2^{n-1}，则从位置 $n-2$ 输出的进位是 1，最后的结果是非负的，见图 3.17 第六个例子。可以把从位置 $n-2$ 来输出进位加到符号位，以给出最后有符号位的 0 和一个从符号位输出的进位 1。

因此，在所有情况下，可以使用和无符号加法完全一样的过程，包括把从位置 $n-2$ 输出的进位加到符号位，来执行有符号数的 2 的补码加法。当进位到符号位的值不同于符

```
     ⓪⓪0 0 0 0 0 0
 72:    0 1 0 0 1 0 0 0
 49:    0 0 1 1 0 0 0 1
121:    0 1 1 1 1 0 0 1

     ⓪①0 0 1 0 0 0
 72:    0 1 0 0 1 0 0 0
105:    0 1 1 0 1 0 0 1
        1 0 1 1 0 0 0 1

     ①①0 0 0 0 0 0
-63:    1 1 0 0 0 0 0 1
-32:    1 1 1 0 0 0 0 0
-95:    1 0 1 0 0 0 0 1

     ①⓪0 0 0 0 0 0
-63:    1 1 0 0 0 0 0 1
-96:    1 0 1 0 0 0 0 0
        0 1 1 0 0 0 0 1

     ⓪⓪0 0 0 0 0 0
-42:    1 1 0 1 0 1 1 0
  8:    0 0 0 0 1 0 0 0
-34:    1 1 0 1 1 1 1 0

     ①①1 1 1 0 0 0
 42:    0 0 1 0 1 0 1 0
 -8:    1 1 1 1 1 0 0 0
 34:    0 0 1 0 0 0 1 0
```

图 3.17 有符号加法的例子（在各种情况下，若最左边的 2 个进位位不同时，则出现有符号加法的溢出）

号位输出的进位值时,就会出现溢出。我们在这两个位上画了圈,这样在图3.17中的每一个例子都可以突出显示这两位的不同。因为2的补码加法和无符号加法完全一样,所以可以使用完全相同的电路对无符号数或2的补码数做加法。可以根据从最高位的进位输出来表明无符号加法是否产生溢出;对有符号加法,可用最高位的进位输入和进位输出的异或值是否为1来表明运算是否产生溢出。

在Verilog中,有符号数值加法的方法也是用"+"操作符表示的,与表示无符号数值的加法一样。对有符号数值来说,若用与操作数相同的位数来表示运算结果,很可能会产生溢出,所以必须调整操作数的位宽。例如,使用如下的声明语句:

```
wire signed [11:0] v1, v2;
wire signed [12:0] sum;
```

两个12位的数值相加,得到13位的和值,可使用如下赋值语句:

```
assign  sum = {v1[11],v1} + {v2[11],v2};
```

也可以利用Verilog语言所隐含的符号扩展功能,若赋值目标sum已被声明为13位,则上述赋值语句可简化为:

```
assign  sum = v1 + v2;
```

如果想要编写两个操作数求和的Verilog模型,在该模型中表示和值的位数与操作数的位数相同,而且该模型还必须考虑发生溢出的条件,那么这件工作稍微有些麻烦,需要考虑几个方面的事情。让我们回想一下前面所举的分析操作数符号的例子:我们可看到溢出只有在下面两种情况下才会发生:

① 当两个操作数都为非负,而且和值到符号位的进位为1时(这显然得到和值为负的错误结果);

② 如果两个操作数是负的,而且到符号位的进位为0时(这显然得到和值为非负的结果)。鉴于上述观察和下面的声明:

```
wire signed [7:0] x, y, z ;
wire           ovf ;
```

可以写出以下赋值语句,得到所需的和值和产生溢出的条件位:

```
assign  z   = x + y;
assign  ovf = ~x[7] & ~y[7] & z[7] | x[7] & y[7] & ~z[7];
```

4. 有符号整数的减法

现在我们已经理解了如何对用2的补码表示的数执行加法和取负,减法可以遵循如下恒等式执行:

$$x - y = x + (-y) = x + \overline{y} + 1$$

上面的恒等式表明,仍可以使用如图 3.9 所示的无符号数加法/减法器来实现有符号数的加法/减法器。如图 3.18 所示的加法/减法器,在图 3.9 所示的加法/减法器的基础上稍微做了一些修改,可以对无符号数和 2 的补码数进行加法或者减法运算。对有符号数而言,当 $\overline{\mathrm{add/sub}}$ 控制输入为 0 时,操作数 y 通过异或门进入加法器,没有发生变化,而且此时加法器的进位输入 c_0 也为 0。当 $\overline{\mathrm{add/sub}}$ 的输入为 1 时,操作数 y 通过异或门反相,而且此时进位输入 c_0 为 1。因此,电路减法的实现是通过把 x 加到 y 的反再和 1 求得的。根据操作数被解释为无符号操作数还是有符号操作数,选择使用不同的溢出信号输出端。

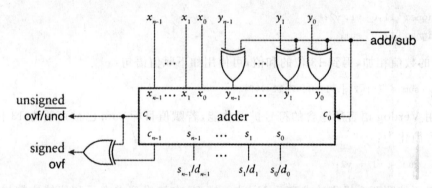

图 3.18 对无符号数和 2 的补码数都可用的加法/减法器

在 Verilog 语言中,用操作符"—"表示有符号数的减法。对有符号数而言,若用与操作数相同的位数来表示减法的结果,则有可能出现下溢信号。若想避免这种情况的发生,则必须调整操作数的位宽。在做有符号的加法时,我们曾这样处理来避免上溢信号。因此,若给出如下声明语句:

```
wire signed [11:0] v1, v2;
wire signed [12:0] diff;
```

则可以用如下赋值语句,把两个 12 位数值之差赋值给 13 位的 diff,以避免出现下溢信号。

```
assign diff = {v1[11], v1} - {v2[11], v2};
```

或者利用 Verilog 语言隐含的有符号扩展,把上述赋值语句简化成如下形式:

```
assign diff = v1 - v2;
```

若求操作数差值的 Verilog 模型使用与操作数位数相同的线网(或变量)来表示差值,则必须认真考虑产生溢出的条件。因为 $x-y$ 等于 $x+(-y)$,而且除了当 $y=0$ 之外,$-y$ 的符号位是 y 符号位的求反。回想加法中产生溢出时的符号位变化情况,也可利用与此类似(即考察符号位)的方法,写出有符号数值减法的溢出条件。在溢出位表达式中,只需对 y 的符号

位求逻辑反即可。因此,对于以下两条线网声明语句:

```
wire signed [7:0] x, y, z;
wire        ovf;
```

可以用如下赋值语句,求得所需的差值和产生溢出的条件位:

```
assign    z   =  x - y;
assign    ovf =  ~x[7] & y[7] & z[7] | x[7] & ~y[7] & ~z[7];
```

上述表达式对 y 为 0 的情况处理得很正确,因为在 y 为 0 的情况下,z 和 x 相同,因此 z 和 x 的符号位也相同。

需要进一步考虑的情况是如何将两个无符号数相减,求出一个用有符号数值表示的差值,而不是当差值为负时,发出一个表明计算出错的下溢信号。为了确定差值的位宽,必须考虑各种可能情况下的差值。假设减去的是 n 位无符号数值。最大的差值为最大的无符号值减去 0,即 2^n-1。最小的(最负的)差值为 0 减去 2^n-1,即 -2^n+1。用 $n+1$ 位的二进制数值就可以涵盖这个范围。因此,表示减法的最简单的方法是把操作数的位宽扩展 1 位,把它们当作有符号的数值,然后套用有符号数值的减法操作。在 Verilog 语言中,若操作数的位宽为 8 位,差值的位宽为 9 位,则声明语句如下:

```
wire          [7:0]  v1, v2;
wire signed   [8:0]  diff;
```

则减法操作可用如下语句表示:

```
assign diff = $signed({1'b0, v1}) - $signed({1'b0, v2});
```

5. 其他有符号整数的算术运算

作为考察无符号整数操作的一部分工作,曾介绍过利用简化的加法器和减法器,可实现递增和递减操作。这种方法同样适用于 2 的补码表示的有符号整数的递增和递减。然而,在这里我们不准备详细讲解这两个操作。作为无符号整数,在 Verilog 模型中,可以采用与无符号整数同样的方法,用"+"操作符加 1 使有符号数值递增,并用"-"操作符减去 1,使有符号数值递减。

有符号整数的比较操作与无符号整数的比较操作是很相似的。主要的差别在于:必须考虑符号位的负权重。原来,在无符号整数的 $x>y$ 的比较器上,只需要根据 $x_{n-1} \cdot \overline{y_{n-1}}$ 为 1 是否成立,就可以判断 $x>y$ 是否成立(对最高位进行比较);而在有符号整数的 $x>y$ 的比较器上,需要根据 $\overline{x_{n-1}} \cdot y_{n-1}$ 为 1 是否成立,才能判断 $x>y$ 是否成立。这是因为符号位为 0 的非负的整数,必然大于符号位为 1 的负数。所以在有符号数的 $x<y$ 的比较器中,也必须作出相应的调整来适应所增加的符号位。Verilog 语言的比较操作符:小于(<)、大于(>)、小于或等于(<=)和大于或等于(>=),全都适用于有符号数的比较,使用方法类似于无符号整数的比较。

有符号整数和无符号整数在 2 的常数次幂的运算中略有所不同。有符号整数乘以 2^k 只需把该整数的二进制表示向左移位 k 个位置，并附加 k 个位的 0 至最低位。这和我们曾经介绍过的无符号数的逻辑左移的操作是相同的。但是，若想要用与原操作数相同的位数来表示乘以 2^k 的运算结果，则必须对左移后的二进制数截断，使用前面曾描述的 2 的补码的位数调整规则，即被截去的位都必须和原来的符号位一致，乘以 2^k 的结果符号位也必须保持不变。除以 2^k 涉及右移 k 位，抛弃 k 个最低位并在最高位添加 k 个原符号位。这项操作被称作算术右移 (arithmetic shift right)。它不同于逻辑右移，因为算术右移复制符号位，而逻辑右移只充填 0 位。证明这两个操作能正确地实现放大/缩小留在练习 3.54 中。

在 Verilog 语言中，可以对有符号操作数应用 "<<<" 和 ">>>" 操作符实现算术左/右移。"<<<" 操作符和 "<<" 操作符类似，执行左移；">>>" 操作符执行算术右移。例如，若有符号线网或变量 s 的值为 11110011，表示数值为 -13_{10}，则如下的 Verilog 的表达式

  s <<< 2

生成的 2 的补码为 11001100，所表示的有符号十进制数为 -52_{10}。表达式

  s >>> 2

生成的 2 的补码为 11111100，所表示的有符号十进制数为 -4_{10}。

在无符号整数运算器的讨论中，最后谈到的是乘法器。把这个无符号整数乘法器扩展成为能处理 2 的补码的有符号数的乘法器将会相当复杂，因为必须在部分积中处理符号的扩展。而在实际设计中，有符号乘法器是根据无符号整数乘法器转换而来的，这样可以减少所需的电路，并提高性能。我们将不在本书中对此进行详细的介绍，请读者自己参阅 3.6 节中列出的供进一步阅读的参考书目。无论在何种情况下，使用我们的设计方法学，只需要在 Verilog 模块中对有符号数使用 "∗" 操作符，表明进行乘法运算，那么 CAD 综合工具就会自动地选择一款合适的乘法器电路供设计者使用。

知识测试问答

1. 无符号二进制表示法和 2 的补码有符号二进制表示法之间的区别是什么？
2. 用 12 位 2 的补码有符号二进制表示的数值的范围是什么？
3. 某线网所表示的数值为由 2 的补码表示的有符号数，其范围为 $-512 \sim 511$，请编写 Verilog 语句声明这样一个线网。
4. 请把 2 的补码数 01110001 和 11110011 的位宽分别调整到 12 位和 6 位。在这两种情况下，调整后的数值是否能正确地表示与原来相同的值呢？
5. 请求出 2 的补码有符号数 11110010 的负值。
6. 如何用有符号数加法器来完成有符号数的减法？
7. 如何将 2 的补码有符号数乘以 16？如何将该数除以 16？

3.3 定点数

虽然许多应用只处理整数类型的数据,但是在越来越多的应用中,也需要处理分数类型的数据。许多这类应用涉及数字信号处理。在数字信号处理中,我们对随时间变化的模拟信号进行采样,把采样值转换为数字,并对其进行数值操作和处理。例如,大多数现代音响设备,由采样得到音频信号,并对采样得到的信号进行各种(诸如滤波、放大和均衡等)操作处理。在给定的范围内,音频采样值接近实数。用电路来表示和操作这些采样值,需要处理分数值(即处在整数之间的值)。本节将引进非整数值定点表示的概念。

3.3.1 定点数的编码

假设需要表示的数值在 $-12.0 \sim +12.0$ 之间。因为在此范围之内,有无限多个实数,所以不可能把全部实数都表示出来。通常我们会根据应用的需求,确定一个精度,以该精度的某个倍数逼近该值。例如,若选择的精度是 0.01,则我们将把每一个数值用四舍五入,逼近至最接近的 0.01 的某个倍数。例如,若原始值为 10.236 83,则用其最接近的近似值 10.24 来代替原始值。

在 3.1 节中曾描述过如何用数字的位置来表示十进制整数。若想把这种数位表示方法扩展到可以表示十进制小数,则可以把小数点作为标记 10 的非负数次幂次及权重数字和 10 的负数次幂次及权重数字之间的界限。例如,数 10.24_{10} 可以表示为:

$$10.24_{10} = 1 \times 10^1 + 0 \times 10^0 + 2 \times 10^{-1} + 4 \times 10^{-2}$$

可以把上面这个十进制分数标记法扩展到二进制。在二进制中,表示 2 的幂次权重的数字只有 0 或 1。因此,二进制数 101.01_2 可以表示为:

$$101.01_2 = 1 \times 2^2 + 0 \times 2^1 + 1 \times 2^0 + 0 \times 2^{-1} + 1 \times 2^{-2}$$

由于处理的是非整数,所以用 2 的负幂次表示分数部分。把二进制数分成整数部分和分数部分的小点,通常被称作二进制小数点(binary point)。

在数字系统中实现非整数时,所产生的问题是如何表示二进制小数点。定点表示法依赖于被隐含表示的二进制小数点的位置。在处理整数值时,只需把整数值表示为每个位上有一个元素的向量。因此,数 101.01_2 可以被表示为(隐含着的二进制小数点位于从右边数起第 2 个位置左侧的)位向量 10101。

例 3.18 定点二进制数 01100010 表示的是什么数?假设二进制小数点是在从右边数起的第 4 个位置的左侧。

解决方案 该数为:

$$0110.0010_2 = 0 \times 2^3 + 1 \times 2^2 + 1 \times 2^1 + 0 \times 2^0 + 0 \times 2^{-1} + 0 \times 2^{-2} +$$
$$1 \times 2^{-3} + 0 \times 2^{-4}$$
$$= 0 + 4 + 2 + 0 + 0 + 0 + \frac{1}{8} + 0 = 6.125_{10}$$

通常,一个 m 位在假设的二进制小数点之前,f 位在假设的二进制小数点之后的由 $x_{m-1}, \cdots, x_0, x_{-1}, \cdots, x_{-f}$ 各位表示的 n 位(其中 $n=m+f$)无符号定点数 x 可用以下表达式表示:

$$x = -x_{m-1}2^{m-1} + \cdots + x_0 2^0 + x_{-1} 2^{-1} + \cdots + x_{-f} 2^{-f}$$

使用这种编码可表示的最小数是 0,用一个所有位都为 0 的码字即可表示 0。使用这种编码可表示的最大数对应一个所有位都为 1 的码字,表示的数值为 $2^m - 2^{-f}$。在 0 和这个最大数之间的范围内,数所表示的是精确度 2^{-f} 的倍数。

请注意,在假设的二进制小数点的左侧,没有任何数字的编码也是允许的,而在实际生活中也确实存在这样的数字。这个编码,其 $m=0$。在这样的代码中,所有的位都表示数的分数部分,所以其数值范围是介于 0 和 $1-2^{-f}$ 之间。我们甚至可以想象让假设的二进制小数点进入最左位再向左几位,即让 m 成为负数。例如,一个编码,其 $m=-3, f=13$。这将是一个 10 位的编码,其值的范围为 $0 \sim 2^{-3} - 2^{-13}$,所以其数值的分辨精度为 2^{-13};用十进制数表示,其数值范围为 $0 \sim 0.12487\cdots$,其数值的分辨精度为 $0.000122\cdots$。

同样,也能有一个固定小数点的编码,在其二进制小数点的右侧没有数字,就是 $f=0$。以这样的编码表示的数字其实就是无符号整数。若把 $f=0$ 带入上界和精度的表达式,则得到上界为 $2^m - 1$,数值精度为 1,正是整数。因此,整数只是固定小数点表示法的一个特例。

也可以使用固定的小数点来表示有符号的分数。使用与处理整数相同的途径,将最高位数字的权重变为负。这就为我们提供了一种有固定小数点的 2 的补码有符号数的表示法。在这种场合,若数值 x 的二进制小数点之前有 m 位,二进制小数点之后有 f 位,则数值 x 可用以下表达式表示:

$$x = x_{m-1}2^{m-1} + \cdots + x_0 2^0 + x_{-1} 2^{-1} + \cdots + x_{-f} 2^{-f}$$

使用此形式表示的数的范围为 $-2^{m-1} \sim 2^{m-1} - 2^{-f}$,数值的分辨精度为 2^{-f}。我们又一次可以有一个 m 为 0 或负数的编码。因为在有符号的固定点表示法中,二进制数最左边的位是符号位,而在 -1 和比 1 只小一个分辨精度的数值之间存在着的许多数值,这些数值的二进制小数点编码的 m 都等于 1,换言之,这些编码的二进制小数点前只有一位,该位就是符号位。

例 3.19 有符号定点二进制数 111101 表示的是什么数?假设二进制小数点是从二进制数 111101 最右位算起的第 4 个位置的左侧。

解决方案 该数是

$$11.1101_2 = -1 \times 2^1 + 1 \times 2^0 + 1 \times 2^{-1} + 1 \times 2^{-2} + 0 \times 2^{-3} + 1 \times 2^{-4}$$
$$= -2 + 1 + \frac{1}{2} + \frac{1}{4} + 0 + \frac{1}{16} = -0.1875_{10}$$

在已描述了如何能表示给定范围和精度的定点数后,产生的问题是在某特定的应用中,我们如何来确定所使用的有符号二进制带小数点数值的范围和分辨精度。答案并不简单,因为不同的应用需要不同的数值范围和分辨精度。在数字信号处理的应用中,定点数被用于表示模拟信号的采样值,数值范围将会影响被处理信号的动态范围(最高与最低幅度的比例),精度将会影响系统的信噪比(信噪比是衡量质量或保真度的标准之一)。若系统是通过定点数值的算术运算来完成算法处理的,则精度将会影响算法的数值行为。数值有限精度的表示是指模拟信号的值只能近似地用数值信号来表示,因此,这种表示必然存在误差。有些数值处理步骤会放大误差的效应。此外,处理步骤可能产生中间数值,其动态范围不同于采样值,这要求更大的数值范围,从而也要求更多的位来表示这些中间数据。数值计算的行为和敏感性的数学分析,超出了这本书的讲解范围。尽管如此,它是实现数值处理步骤的应用中至关重要的早期设计步骤。在 3.6 节中列出了一些供读者进一步阅读的参考书目,其中提供了更多的有关信息。

Verilog 的定点表示法

在 Verilog 语言中,可以使用向量来表示定点数。用向量表示整数时,通常总是用索引值来声明向量的位宽,索引值所对应的是二进制的幂次(权重)。在声明向量所代表的定点数时可以使用同样的约定。规定索引界限(位宽)的定义从左到右,分别表示从最高位到最低位的 2 的幂次。我们假定二进制小数点位于指数为 0 和指数为 −1 之间,而不考虑这些指数是否确实存在于某给定向量中。

例 3.20 编写码转换器的 Verilog 模块声明语句,该码转换器有一个输入,该输入信号为无符号数,其数值范围为 0~48,分辨精度至少为 0.01;该码转换器还具有一个输出,该输出信号为有符号数,数值范围为 −100~100,分辨精度至少为 0.01。

解决方案 对输入信号的范围而言,在二进制小数点前,就需要 6 位,这是因为 $\lceil lb\ 48 \rceil = 6$,而分辨精度必须高于 0.01。因为 $lb\ 0.01 \approx -6.64$,所以在二进制小数点后,还需要 7 位。对输出信号的范围而言,$\lceil lb\ 100 \rceil = 7$,所以需要用 7 位来表示,加上一个符号位,所以在二进制小数点前需要有 8 位。我们需要做的只是把二进制小数点前的 6 个输入位,扩展两个为 0 的位,得到二进制小数点前的 8 个输出位。因为输出和输入的分辨精度相同,所以在二进制小数点后还需要 7 位。该模块的定义如下:

```
module fixed_converter ( input          [5:-7] in,
                         output signed  [7:-7] out );
    assign out = {2'b0, in};
endmodule
```

在讨论整数时,我们曾提到:Verilog 提供了 integer(整数)类型用于抽象的数字表示。不幸的是,Verilog 语言并不提供相应的抽象数据类型来表示定点数。原则上,抽象的定点类型的数据定义可以被包括在语言中,例如,Ada 编程语言已经那样做了。虽然我们也许可以期望定点类型的数据抽象可能包括在 Verilog 的未来版本中,因为这方面的应用变得越来越普遍,但是现在,只能利用向量类型来表示定点类型的数据。

然而,对用 Verilog 编写测试模块(平台)而言,可以利用一个内建的 real(实数)类型。可以把一个变量(但不能是一个线网)声明为 real 类型,例如下面的语句:

```
real x;
```

实数变量其实是使用浮点数格式表示的(我们在 3.4 节中介绍浮点数格式)。然而,也可以使用实数型变量表示非整数值,应用于输入或检查模型用定点表示的输出。举几个例子如下:

```
real        r1, r2;
wire [5:-16] x, y;
wire [8:-14] z;
r1 <= $itor(x)/2**16;
r2 <= r1 / ($itor(y)/2**16);
z  <= $rtoi(r2 * 2**14);
```

上面程序中使用的转换函数 $itor 表示把一个解释为整数的向量值转换成一个实数值。因为被解释为整数的向量其实是一个定点数,所以必须对这个定点数进行标定(按照比例缩放)。转换函数 $rtoi,表示反向的转换,即从实数值转换成被解释为整数的向量。同样,为了把向量解释为实际的定点值,对这个整数向量也必须进行标定(按照比例缩放)。

3.3.2 对定点数的操作

现在回到定点数的算术运算。自从定点数可以被看作是整数的标定(即按照比例的缩放)以来,我们早已涵盖了讨论整数算术运算所需要理解的大部分知识。例如,如果 x 和 y 是带二进制小数点的定点数,从右边数起共有 f 个位,那么 $x \times 2^f$ 和 $y \times 2^f$ 是整数,这两个整数可以分别用 f 位的向量 x、y 表示。而且

$$x + y = (x \times 2^f + y \times 2^f)/2^f$$

我们知道如何把这两个整数相加,并除以 2^f,只要向左移动二进制小数点 f 位即可得到与 x 和 y 相同的定点数格式。因此,定点数的求和也可以使用整数求和的加法器电路。同理,定点数的减法、递增、递减、缩放 2 的常数幂次和调整位宽也可以使用与整数相应运算相同的电路。

必须注意如下问题,即当定点数的长度不同,或者二进制小数点的位置不同时,可能表示完全不同的信号。当执行诸如加法或减法操作时,必须确保相加或相减的两个向量中的位具有相应的二进制权重,不管向量中的位是哪一位。我们可能需要调整某个操作数的位宽,以使

该操作数与其他操作数的相应位对齐。若需要在某个定点数的左端添加或截断若干位,则需要考虑的问题与调整整数位宽时所需要考虑的问题是相同的。因此,在无符号定点数的场合,可在数的左侧添加 0 位扩展该数的位宽,或者截断 0 位,以减少该数的位宽。在 2 的补码有符号数的情况中,可复制符号位来扩展该数的位宽;只有当截断位和由此产生的符号位和原来的符号位都一样,才能截断位减少位宽。若需要添加或截断的数位位于数的右端,那么问题就变得更简单些,因为最右边位的权重都有正的。无论对无符号数还是 2 的补码数而言,在数的右侧添加若干 0 位可扩展位宽,截断若干位可减小位宽。

例 3.21 请展示如何用加法器求两个有符号二进制定点数 a 和 b 之和。a 是一个小数点前有 4 位,小数点后有 7 位的有符号定点数;b 是一个小数点前有 6 位,小数点后有 7 位的有符号定点数。结果 c 是一个小数点前有 6 位,小数点后有 4 位的有符号定点数。

解决方案 需要将操作数 a 的左端符号位扩展 2 位,将右端截掉 3 位。需要用一个 10 位加法器,线路连接见图 3.19 所示。

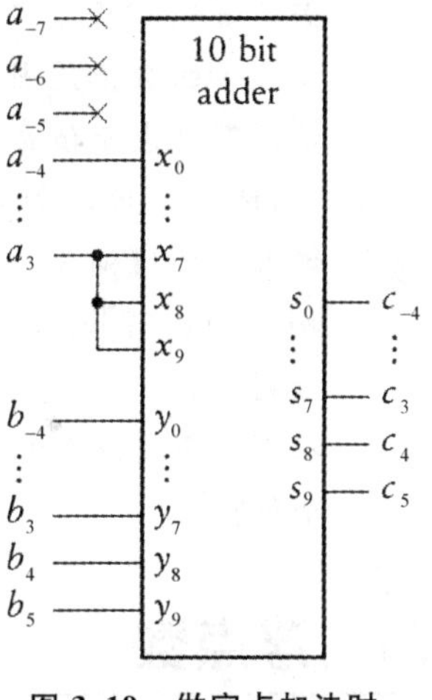

不幸的是,Verilog 语言的加法操作符"+"和减法操作符"-"虽然可以对表示定点数的向量操作数进行运算,但并不考虑相应位的对齐,而只是在假设操作数最右端的位是该操作数的最低位的前提下,执行运算操作。若两个操作数的位宽索引是相同的,则对这两个操作数值的定点解释所执行的操作将能得到正确的执行。但是,若该两个操作数的位宽索引不相同,则需在操作数的两端进行扩展或截断,以确保该假设的二进制小数点对齐。

例 3.22 请编写 Verilog 声明和赋值语句,执行例 3.21 所描述的加法运算。

解决方案 线网 a、b 和 c 的声明为:

```
wire signed [3:-7] a;
wire signed [5:-4] b, c;
```

图 3.19 做定点加法时,操作数位的对齐

可以用如下的赋值语句,作为第一次的尝试:

```
assign c = a + b;
```

在上面的赋值语句中,由于 a 是 11 位的二进制数据,b 是 10 位的数据,"+"操作符将把 b 的符号位扩展 1 位,使 b 成为 11 位数据,然后执行 11 位的加法。但这样做并没有使隐含的二进制小数点对齐,错开了 3 位。为了解决这个问题,需要把 a 值的符号位扩展 2 位,并截掉 a 的最低 3 位。可以利用位的部分选择来执行截断,但这样截断后,在 Verilog 中截掉最低 3 位的 a 将被视为无符号。可以使用 $signed,将截掉最低 3 位的 a 转换成为有符号二进制数。以下赋值语句可以解决小数点对齐的问题:

```
assign c = {{2{a[3]}}, $signed(a[3:-4])} + b;
```

另一个必须知道的相关问题是：在乘法的结果中，二进制小数点所在的位置。可以借助于类似十进制乘法确定小数点位置的办法。举例说明如下：假设希望把 23.76 乘以 3.128，首先乘数字而不考虑小数点，得到 7 432 128。然后，把操作数小数点后数位的个数相加，即 2 加 3，于是得到乘积小数点后的数位个数是 5。因此，乘积为 74.321 28。

同样，两个定点二进制数 m_1 和 m_2 的乘法也可以用类似方法考虑。若两个操作数二进制小数点前的位数字分别为 m_1 和 m_2，二进制小数点后的位数分别为 f_1 和 f_2，则乘积的二进制小数点前的位数为 m_1+m_2，而二进制小数点后的位数为 f_1+f_2。举例说明如下：1.101_2 乘以 10.1_2 得 100.0001_2。若想要使用 Verilog 的乘法操作符"*"来产生上述位宽的乘积，则必须在每个操作符的左侧扩展位宽，以达到最后乘积的位宽。

知识测试问答

1. 如何把非负的数 x 表示为用定点形式表示的 2 的幂次和？
2. 若二进制有符号定点数的小数点前的位数为 m，小数点后的位数为 f，请问这个数可以表示的数值范围是什么？
3. 请编写可表示值在 0.0～359.9 范围之内，分辨精度为 0.1 的线网 x 的 Verilog 声明语句，请注意只需要编写声明语句（表明位宽的索引范围即可）而不必写出具体数值。
4. 请编写从线网 s1 的值中减去线网 s2 的值的 Verilog 赋值语句。这两个线网都是 wire [7:-7] 类型，得到的运算结果线网 s3 和前两个线网的类型相同。不需要做溢出检测。
5. 以下两个定点数的乘积需要多少位，二进制操作数小数点前有 5 个位和小数点后有 9 个位？

3.4 浮点数

在本章中，最后讨论的数值表示法将是浮点类型的数值表示，这是另一种逼近实数的表示法。在数位相同的前提下，浮点数可以表示远比定点数能表示的范围更大的数值；然而，浮点数的算术运算执行起来要复杂得多。其实，大部分浮点算术运算集成电路不是组合电路，否则电路会变得非常复杂，从而降低系统的整体性能。既然我们把详细讨论时序电路的设计放在后面一章，那么在这里将不讨论浮点算术运算电路。在本章中，为保持综述数字表示法的完整性，将只介绍浮点数的格式。不幸的是，Verilog 语言只提供处理浮点数最起码的功能。这些功能不足以为浮点数的算术运算电路建模，所以将不在这里讨论它们。

浮点数的编码

数字系统中的浮点数表示法是基于十进制科学计数法同样的思路。可以用定点的十进制小数和10的幂次的积写出非常小或非常大的数。这样可以使我们不必在数字的前面或结尾写一长串的 0,从而使数字更容易阅读和理解。用科学计数法表示数字的例子如下：$6.022\ 141\ 99 \times 10^{23}$(阿伏伽德罗常数)和 $1.602\ 176\ 53 \times 10^{-19}$(一个电子的电荷,以库伦为单位)。我们把×号前面的那部分数称为尾数(mantissa),10 右上角的幂被称为指数(exponent)。

浮点表示法采纳了这些想法,但使用的是二进制而不是十进制。该尾数被表示为二进制定点数,指数的基数是 2,指数是有符号二进制数。在符合这几条一般规则的前提下,有许多种不同的浮点表示法;在历史上,有几种曾经被用在计算机的设计中。然而,现代通用计算机几乎全部采用了符合国际标准(IEEE standard 754)的浮点表示法。这种标准被称为 IEEE 浮点数格式。在本节中将描述这种格式,以及其他一些仅在尾数和指数的位数有些不同的格式。

浮点数向量中每个位的安排如图 3.20 所示。尾数的符号位位于该向量的最左边的位,在图 3.20 中 s 表示,尾数的幅值用无符号数表示,位于向量最右边的 m 位。指数使用 e 位来表示,指数位于符号位 s 和尾数幅值之间。IEEE 的浮点数标准定义了两个标准的浮点数的位宽：32 位的单精度,其 $m=23$ 位,$e=8$ 位;64 位的双精度,其 $m=52$ 位,$e=11$ 位。大多数计算机都是这样执行的。然而,如果设计自定义专用数字电路,则不必受这些规定的约束,可以选择较小或较大的位数和精度,只要满足应用的需求和约束即可。深入探索过数字表示法的一些细节之后,我们将看到指数和尾数的位宽是如何影响浮点数字表示法的范围和精度的。

浮点数通常是被归一化的,换言之,尾数的幅值大于或等于 1.0_{10}(即 1.0_2)并小于 2.0_{10}(即小于或等于 $1.111\cdots1_2$),而指数可以调整,给出所要求的数值。该尾数的幅值可被表示为定点分数,其二进制小数点正好位于尾数最高位的右边。然而,因为归

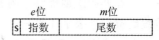

图 3.20 浮点型格式

一化的原因,所以最高位始终为 1。因此,隐含地表明最高位总是为1,可以为我们省下一位来表示数值的精度。浮点数格式中的隐含位被称作隐藏位(hidden bit)。请注意:没有用 2 的补码编码来表示尾数,即使尾数是一个有符号的值。符号/幅值表示法表现出若干优点,其中包括某些算术运算电路的简化。在这里不准备进行深入的细节探讨。

同样,虽然指数是有符号数,但也不用 2 的补码形式来表示它,而是用余码(excess)的形式来表示。换言之,假设实际指数值为 E,则我们用 $E+2^{e-1}-1$ 的 e 位无符号二进制码来表示 E。值 $2^{e-1}-1$,被称为偏置(bias),之所以选择该值,是因为这个值可以使正实际指数值和负实际指数值对称。举例说明如下：若用 5 位来表示指数,则偏置为 $2^{5-1}-1=2^4-1=15$,即二进制表示的 01111_2。若实际指数值 $E=3$,则需要用 5 位无符号二进制代码 10010_2(因为

$10010_2 = E + \text{bias} = 3 + 15 = 18$)来表示指数。使用余码的原因是为了使指数编码不必使用负数,只需要用无符号整数即可。因为指数位于浮点码字内,由于归一化的缘故,指数较小的数小于指数较大的数字,因此可以使用与整数比较器相同的硬件对浮点数进行比较。这样做可以节省浮点算法的硬件成本和提高运算的速度,因此是一个非常有用的技术诀窍。

现在来考虑用浮点格式所表示的数据值的范围和精度。作为定点数,其范围和精度是影响数值计算行为的重要因素。值的范围由指数的位宽决定,因为最正的指数决定最大值,最负的指数决定最小值。IEEE 浮点型格式保留了二个指数编码分别对应下面两种情况:所有位都是为 1 的最大编码,即 2^e-1;所有位都为 0 的最小编码。稍后再讨论这两种情况。最小的指数只有一位为 1,因此所表示的实际指数值为 $-2^{e-1}+2$。若此时把浮点数的尾数幅值设置为 1.0,即取最小的尾数,则得到最小的可表示值为 $\pm 1.0 \times 2^{-2^{e-1}+2}$。最大指数的编码为 2^e-2,所表示的实际指数为 $2^{e-1}-1$。若此时把浮点数的尾数幅值设置为最大,即小于 2.0 一个分辨精度,则得到最大的可表示的值为低于 $\pm 2.0 \times 2^{2^{e-1}-1}$ 一个分辨精度,即是 $\pm 2^{2^{e-1}}$。对 IEEE 单精度格式的数据而言,这相当于 $\pm 1.2 \times 10^{-38} \sim \pm 3.4 \times 10^{38}$ 这样一个范围;对 IEEE 双精度格式而言,这个范围大约为 $\pm 2.2 \times 10^{-308} \sim \pm 1.8 \times 10^{308}$。另外,一个由用户自定义的指数为 5 位的浮点数,其数据范围大约为 $\pm 6.1 \times 10^{-5} \sim \pm 6.6 \times 10^4$。

当考虑浮点数精度时,通常谈论的是相对精度,因为绝对精度随指数的不同而不同。相对精度取决于尾数幅值的位数。每个位都是有意义的,由于在尾数中没有前导 0(包括隐藏位在内)。因此,在整个数值范围内,数据的相对精度保持不变,大约是 2^{-m}。另一种考虑精度的途径是指定十进制数字的位数,大约为 $m \times \lg 2$,即 $m \times 0.3$ 个数位。举例说明如下:IEEE 单精度格式提供的精度大约为 7 位十进制数,IEEE 双精度格式提供的精度大约为 16 位十进制数字。用户自定义的尾数幅值为 16 位的格式可提供的精度大约为 5 位十进制数字。

现在回到上面提到过的那几个特别的指数编码。首先,全部位为 0 的最小指数编码,这个指数编码被用来表示非归一化(denormals)数,这个数的隐藏位也是 0。这个数的实际指数仍然使用余码形式表示,因此其实际指数值 $E = -2^{e-1}+1$。因此,虽然非归一化数有意义的位数较少,但非归一化数的幅值全都小于最小的归一化数。在计算中,非归一化数被允许逐步下溢,使计算结果向 0.0 接近,直到达到精度的极限。这一表示特色,改进了某些算法的数值行为。若一个非归一化数的所有尾数位为 0,则我们得到 $\pm 0.0 \times 2^{-2^{e-1}+1}$。因此,0.0 有两个的不同的表示法,其中一个为符号位为 0 的 0,另一个符号位为 1 的 0。IEEE 的标准规定,在大多数情况下,零应该用非负(符号位为 0)的 0 表示,但在任何场合,这两种零应该被视为是相等的。

另一个所有位都为 1 的特殊指数编码有两个用途。若尾数的幅值位全都是 0(不包括隐藏位),则表示该数无限大。而符号位的值(0/1)决定该数是一个正的或负的无限大数。溢出操作通常会产生一个无限大的计算结果,由随后的计算过程维护。这种办法避免了多步计算后必须检查溢出的麻烦,从而提高了性能。若指数编码全部为 1,而尾数的幅值不是全部为 0,则表示其值为非数(not-a-number,英文缩写为 NaN)。诸如将 0 除以 0 那样的运算,会出现非数的计算结果,并能由多个计算步骤维护。

除浮点数表示法之外,IEEE 标准还规定了如何执行算术运算,提供了如何进行四舍五入的选择,并规定了判断出现意外情况的条件。(若计算发生意外,则系统可以放弃计算,或者恢复操作重新计算。)有关浮点数算术运算细节的讨论超出了本书的范围,读者可以在 3.6 节提供的进一步阅读的参考书目中找到有关资料。

在给定数位的前提下,浮点数比定点数可以表示更大的数值范围,虽然必须付出的代价是牺牲一些分辨精度。在某个特定的应用中,究竟应该选择浮点数还是定点数呢?这在很大程度上取决于必须表示的数值(无论输入/输出信号和计算的中间结果)范围。此外,还必须权衡满足计算需求的电路的复杂性。定点电路一般都比较简单,但如果需要非常多的位才能达到必要的数值范围,则可能需要更大的电路面积才行。在许多情况下,只有通过深入研究需要实现的数值计算行为,比较不同表示法所实现运算电路的复杂性,才能作出正确的选择。

这种研究通常由系统架构设计师在项目开发进程的早期完成。研究的结果将是一份设计规范,其中包括用于本系统的数的表示法的细节。在为专用系统定制的电路中,浮点表示法可以使用 IEEE 标准规定以外的指数和尾数的位宽,从而降低成本,并改进性能。

知识测试问答

1. 请用浮点数格式表示十进制数 4.5_{10}。要求该浮点数格式的指数位宽为 5 位,和表示幅值的尾数位宽为 12 位。
2. 请问以下 a,b,c 三个位向量各表示什么数值?
   a) 0000000000000000
   b) 0111100000000000
   c) 0100010000000000

   请注意,这些位向量都采用浮点数格式,其指数位宽为 4 位,尾数的位宽为 11 位。
3. 若某十进制数据的变化范围为 $-100 \sim 100$,且要求的精度至少达到 4 个十进制有效数字。请确定用浮点数格式表示该数据所需的指数和尾数的最小位宽。

3.5 本章总结

▶ 小于或等于 $2^n - 1$ 的非负整数 x 可以用如下的 n 位无符号二进制形式表示:
$$x = x_{n-1}2^{n-1} + x_{n-2}2^{n-2} + \cdots + x_0 2^0$$

▶ 数值在 -2^{n-1} 和 $2^{n-1} - 1$ 之间,并包括这两个数的有符号整数 x,可以用如下的 n 位 2 的补码形式表示:
$$x = -x_{n-1}2^{n-1} + x_{n-2}2^{n-2} + \cdots + x_0 2^0$$

▶ 八进制(基数 8)和十六进制(基数 16)是二进制码的速记码。

▶ 无符号和有符号整数在 Verilog 中,可以使用向量值或使用 integer(整数)类型建模。

- 对有符号整数,关键词 signed 被用在线网或变量声明中。算术操作符(算符)可用于这些类型数据的操作。
- 在无符号数的左侧添加 0 位可扩展位宽;丢弃无符号数的左侧前导 0 位,可截断无符号数的位宽。把符号位复制到左侧的位,可以扩展 2 的补码形式的有符号数的位宽;丢弃有符号数左侧重复的符号位,可以截断该有符号数的位宽。
- 二进制编码的整数的加法可由加法器电路完成。最简单的加法器是行波加法器。快速进位链、超前进位和其他形式的加法器结构,改善了加法器的性能,但是需要付出电路面积和功耗增大的代价。
- 求 2 的补码形式的有符号整数的负值是对该数每一位求反后再加 1。
- 二进制编码整数的减法可以使用加法器实现,方法是把第二个操作数的每一位取反并把进位输入设置为 1。
- 幅值比较器可以比较两个二进制编码的整数值是相等还是不相等(大于或小于比较器)。
- 二进制编码的整数乘以 2 的幂,是通过逻辑左移来实现的。无符号整数除以 2 的幂,是通过逻辑右移来实现的。2 的补码有符号整数除以 2 的幂,是通过算术右移实现的。
- 通过把一个操作数乘以另一个操作数的每个位就可得到组合乘法器的部分积,然后把这些部分积相加就可得到乘积。
- 格雷码的相邻码字之间只有一位发生改变。格雷码通常用于机电位置传感器。
- 分数可以用定点二进制数表示,在这个二进制数中的某个固定位置有一个二进制小数点。因为定点数可以被解释为整数的放大/缩小,所以可以用整数的算术电路来实现定点数的运算。
- 在 Verilog 语言中,可以使用向量值为定点数建模。只要相应操作数(向量值)的隐含二进制小数点是对齐的,则可用算术操作符实现定点数之间的运算操作。
- 分数也可以用浮点二进制格式表示,这要用一个有符号的尾数和一个指数。IEEE 标准为浮点二进制数规定了尾数的符号/幅值表示法和指数的余码表示法。对非归一数、无穷大和非数(not-a-number)值,浮点二进制格式提供了特别的表示法。
- 使用向量类型的算术运算来为设计建模,可使综合工具根据设计的性能/面积等约束条件,在综合工具所允许的目标器件工艺库的范畴内,为设计选择一款优化的算术组件。

3.6 进一步阅读的参考资料

Digital Arithmetic, Miloš D. Ercegovac and Tomás Lang, Morgan Kaufmann Publishers, 2004.

　　一本论述数的表示法和算法及算术运算的电路结构的全面参考书。

Understanding Digital Signal Processing, Richard G. Lyons, Prentice Hall, 2001.

一本介绍数字信号处理(DSP)理论的书,其中包括有限定点表示法所造成影响的讨论。

IEEE Standard for Binary Floating—Point Arithmetic,IEEE Std 754—1985.

本标准定义了单精度(32位)、双精度(64位)和扩展精度浮点数。它也指定了如何实现这些数的算术运算。

练习题

练习 3.1 请用 8 位无符号二进制数表达十进制数字 5、83 和 240。

练习 3.2 请问由以下两个 8 位无符号二进制数表示的十进制数是什么?
    a) 00100101   b) 11000000

练习 3.3 请问用 6 位、14 位和 30 位无符号二进制数分别可以表示多大范围的数字?

练习 3.4 请问用无符号二进制数来表示以下各范围的数需要用多少位?
    a) 0~31   b) 0~100   c) 0~1 000   d) 0~8 191

练习 3.5 请问需要多少位才能表示:
    a) 0°~360°之间的一个角度。
    b) 汽车里程表的读数(英里),假设需要 6 位十进制数。
    c) 以 ns 表示的雷达回波的延迟,假设最大延迟为 1 ms。

练习 3.6 请以八进制表示以下无符号二进制数:
    a) 001110010   b) 00000000   c) 1111011111

练习 3.7 请以十六进制表示以下无符号二进位数:
    a) 10000101   b) 01111101   c) 1111001001   d) 000011111

练习 3.8 请问八进制数 7024 和 0001,若用无符号二进制数表示分别是什么?

练习 3.9 请用 8 位无符号的二进制数来表示八进制数 055 和 307。

练习 3.10 请问 2901 是一个有效的八进制数吗?如果是,它表示哪个无符号的二进制数?如果不是,为什么?

练习 3.11 请分别写出表示十六进制数 7F39BA、C108 和 7024 的三个无符号二进制数。

练习 3.12 请分别写出表示十六进制数字 06C 和 307 的两个 10 位无符号二进制数。

练习 3.13 请问 2GA1 是一个有效的十六进制数吗?如果是,它表示的无符号二进制数是什么?如果不是,为什么?

练习 3.14 请把以下无符号二进制数调整到 8 位:
    a) 01101   b) 111000   c) 0001011001   d) 0011110000   e) 000110001001

请问在什么情况下,会发生结果与原数数值不同的情况?

练习 3.15 请完成下列无符号的二进制加法。请在每题中,计算结果是可以被表示为与操作数位数相同的数值,还是需要添加一位?

a) 01011001 + 01011110　　b) 11110001 + 01110100

c) 10000010 + 11000001

练习 3.16　请完成下列无符号二进制加法,以产生 8 位的计算结果。在每个题中,加法是否产生溢出?

a) 00111000 + 10010000　　b) 11110000 + 00010010

c) 11111100 + 10000111

练习 3.17　请画出由逻辑门组成的可实现半加器和全加器功能的逻辑电路。

练习 3.18　请找出两个无符号的二进制数,对这两个数,行波加法器表现出最严重(大)的延迟。请展示加法器组件的传播信号如何造成最严重的延迟。

练习 3.19　两个 14 位无符号的二进制数 01110001010101 和 11100011000110 相加求和,其中 $c_0=1$,请为每位的位置 i,确定值 k_i、p_i 和 g_i,从而确定值 s_i 和 c_{i+1}。在这个加法中,最长的进位传播链是什么?

练习 3.20　请画出由逻辑门组成的电路,该电路可实现如图 3.7 所示的 4 位宽的超前进位加法器功能。

练习 3.21　我们已表明两个 n 位无符号二进制数相加,必须用 $n+1$ 位表示结果,这样才不会产生溢出。请表明,三个 n 位无符号二进制数相加,必须用 $n+2$ 位表示结果才不会产生溢出。(译者注:原书作者这句话有错。三个 n 位无符号二进制数相加,结果的位数显然有可能大于 $n+1$)

练习 3.22　请编写一个电路的 Verilog 模型,该电路的功能只是把 3 个 12 位无符号二进制数相加产生一个 13 位的结果,不需要设计溢出检测电路。

练习 3.23　请为练习 3.22 中描述的加法器电路开发一个 Verilog 测试模型。

练习 3.24　请编写一个电路的 Verilog 模型,该电路的功能是把 3 个 12 位无符号二进制数相加,以产生一个 12 位的结果,需要有溢出检测电路。

练习 3.25　请编写一个 Verilog 测试模块,对练习 3.24 中描述的加法器进行测试。

练习 3.26　请执行下列无符号二进制数的减法,产生 8 位的运算结果。请问在每次执行减法时是否会出现下溢?

a) 10111000−01010000　　b) 01110000−00110010　　c) 01111100−10000111

练习 3.27　请证明本章中的式(3.11)和式(3.12)。

练习 3.28　式(3.11)和式(3.12)描述了一个无符号的减法器。请通过简化式(3.11)和式(3.12),写出无符号递减器的布尔方程。

练习 3.29　请对如图 3.11 所示的相等比较器进行修改,把 n 个输入的与门,改成双输入与非门和或非门,使其可以对 16 位的输入信号 x 和 y 进行比较。提示:德·摩根定律告诉我们 $\overline{a+b}=\overline{a} \cdot \overline{b}$。

练习 3.30　如图 3.12 所示的幅值比较器有类似于行波加法器最坏情况下的延迟。最后的比较结果需要等到最低位的比较通过与门和或门组成的链逐级进位上来后才能得到。设计一个4位的超前进位幅值比较器,以避免逐级进位。

练习3.31 对下面两个无符号数,分别执行逻辑左移4位的操作,各自产生一个12位的结果:

   a) 000111000110 b) 000010110100

请问哪种情况会发生溢出?

练习3.32 对下面的两个无符号数,分别执行逻辑右移4位的操作,各自形成一个12位结果:

   a) 100101010000 b) 000101001000

请问在哪种情况下,结果正好等于除以16呢?

练习3.33 请执行无符号二进制数的乘法:101001×010101,求得一个12位的乘积。

练习3.34 假设使用一个4位的无符号二进制数,而不是使用格雷码来表示如图3.14所示的轴的转动角度。请找出相邻码字间出现一个以上位变化的情况。

练习3.35 请使用在3.1.3小节描述的方案,设计一套5位的格雷码。

练习3.36 请编写一个Verilog模型,该模型可以把输入的4位无符号二进制码转换成4位格雷编码的输出。

练习3.37 请用8位2的补码有符号数表达十进制数字5、83和−120。

练习3.38 请问8位2的补码有符号数:

   a) 00100101 b) 11000000

所表示的十进制数字分别是什么?

练习3.39 请问用6位、14位、30位2的补码有符号数可以表示的数字范围各是多大?

练习3.40 请问以下各范围内的数:

   a) −32~31 b) −100~100 c) −1 000~1 000 d) −8 192~8 191

分别需要多少位的2的补码有符号数来表示?

练习3.41 请问要用多少位来表示:

   a) −273 ℃~5 000 ℃ b) −5 000 m~20 000 m

练习3.42 请把以下5个2的补码有符号数的位宽调整到8位:

   a) 01101 b) 111000 c) 0001011001 d) 0011110000 e) 111110001001

请问在什么情况下出现调整后的结果与原数值不同的情况?

练习3.43 请求出以下2的补码有符号数的负值:

   a) 00111010 b) 11101111 c) 00000000

练习3.44 请执行下列2的补码有符号数的加法,产生8位的结果。

   a) 01011001+01011110   b) 11110001+01110100

   c) 11111100+11110010   d) 10000010+11000001

请问在每种情况下,计算结果是否可以用与操作数位数相同的数来正确表示?

练习 3.45 请编写一个电路的 Verilog 模型,该电路把 3 个 12 位的 2 的补码有符号相加,产生一个 12 位的计算结果,并带溢出检测电路。

练习 3.46 请编写 Verilog 的测试模块,对练习 3.45 中描述的加法器进行测试验证。

练习 3.47 请执行下列 2 的补码有符号减法,产生 8 位的计算结果。

  a) 10111000 − 01010000 b) 01110000 − 00110010

  c) 01111100 − 10000111 d) 11110001 − 10001010

请问在每个算式的减法中是否出现溢出?

练习 3.48 请说明如何用 2 的补码加法/减法器来计算数的绝对值。提示: $y = 0 + y$ 和 $-y = 0 - y$。

练习 3.49 请画出类似于图 3.12 所示的由逻辑门组成的电路,实现 2 的补码有符号幅值比较器。

练习 3.50 请对以下每个 2 的补码有符号数,执行逻辑左移 4 位的操作,产生一个 12 位结果:

  a) 000111000110 b) 111111100101 c) 000000110100

请问在每种情况下,是否会发生溢出?

练习 3.51 请对以下每个 2 的补码有符号数,执行算术右移 4 位的操作,产生一个 12 位的结果:

  a) 100101010000 b) 000101001000

请问在每种情况下,结果是否正好表示原数被 16 整除后的商?

练习 3.52 请编写一个电路的 Verilog 模型,该电路可计算 4 个 16 位 2 的补码有符号数的平均值,不检查溢出。提示:使用移位操作来执行除以 4。

练习 3.53 请编写 Verilog 的测试模型,对练习 3.52 中描述的均值器进行测试验证。

练习 3.54 请证明 3.2.2 小节中描述的左移和算术右移操作正确地实现了基于 2 的幂次的放大和缩小。

练习 3.55 假设有两个无符号定点二进制数:1001001 和 0011110,其二进制小数点位于从右边数起第三位的左侧,请问这两个无符号定点二进制数表示的是什么数?

练习 3.56 假设二进制小数点前的位数用 m 表示,二进制小数点后的位数用 f 表示,现在有如下三种无符号定点表示法:

  a) 12 位,$m=5, f=7$ b) 10 位,$m=-2, f=12$ c) 8 位,$m=12, f=-4$

请写出每种无符号定点表示法所表示数的范围和精度。

练习 3.57 假设想要以分辨精度 0.003 来表示 0.0~12.0 之间的数字,请问若用无符号定点表示法,则二进制小数点前和二进制小数点后各需要多少位?

练习 3.58 假设有两个有符号 2 的补码定点数 00101100 和 11111101,其二进制小数点位于从右数起的第四位的左侧,请问它们各表示什么数?

练习 3.59 假设有下面两种有符号的 2 的补码定点数,它们的二进制小数点前的位数用 m 表示,二进制小数点后的位数用 f 表示,请问这两种有符号的 2 的补码定点数的表示范围和分辨精度各是什么:

    a) 14 位,$m=6, f=8$ b) 8 位,$m=-4, f=12$

练习 3.60 若想以分辨精度 0.02 表示 $-5.0 \sim 5.0$ 之间的数,请问在这个有符号的 2 的补码定点数的二进制小数点前/后各需要多少位?

练习 3.61 请编写描述一个组件的 Verilog 模块实体,该组件可以计算有符号定点数的平方值,有符号定点数的二进制小数点前有 4 位,二进制小数点后有 6 位。计算得到的平方值为二进制小数点前有 8 位,二进制小数点后有 6 位的无符号定点数。

练习 3.62 请说明 16 位的有符号整数加法/减法器如何用于两个有符号定点操作数 a 和 b 的相加。操作数 a 的二进制小数点前有 3 位,二进制小数点后有 9 位;操作数 b 的二进制小数点前有 7 位,二进制小数点后有 5 位;相加得到的结果为有符号定点数,二进制小数点前有 7 位,二进制小数点后有 9 位,且没有进位或溢出的输出。

练习 3.63 假设某浮点数表示法的指数有 7 位,尾数有 16 位:

    a) 请问如何表示有符号的十进制小数 $+5.625$ 和 $-0.312\,57$?

    b) 请问用十六进制速记法表示的浮点数 44F000 和 BC4000 各表示什么数值(十进制)?

    c) 浮点表示法的范围和精确度是什么?

练习 3.64 假设某个数的绝对值在 $10^{-6} \sim 10^{+6}$ 之间,需要的精度为 6 个十进制数字,请确定可以表示该数值的最小浮点表示法。

第 4 章

时序电路基础

时序电路是数字系统的支柱。在本章中,先考察几个时序电路组件,这些组件被广泛用于数字系统的信息存储和事件计数。然后,将介绍构成数字系统的两大部分——数据路径和控制器,并了解如何用这两部分来构成一个完整的系统。在本章的结尾,将讨论基于离散时间抽象的时钟同步方法学,这种方法学是设计复杂数字系统的核心。

4.1 存储单元

在第 1 章中,曾简明地介绍过时序电路的概念。曾把时序电路描述为输出不仅取决于当前的输入值,而且还取决于前面输入值的电路。这种电路有某种形式的记忆或者存储能力,能保存输入的历史值。我们曾提到,时序电路通常按照一个周期性的时钟信号节拍动作,它把时间的延续划分成为离散的时钟周期。我们还曾介绍过存储数值的最简单元件之一——D 触发器,它可以存储 1 位的信息。在本节中,还将进一步考察 D 触发器和其他存储元件的使用。

4.1.1 触发器和寄存器

读者应该记得 D 触发器的符号如图 4.1 所示,时序图如图 4.2 所示。触发器是跳变沿触发的,即:在每个时钟信号 clk 输入的正跳变沿,输入 D 触发器的当前值被存储到触发器中,并且反映到该 D 触发器的输出 Q 上。例1.2 说明了在时序电路中如何使用 D 触发器,在该例中,在两个连续的时钟跳变沿时刻,把输入的信号值存储到两个 D 触发器中,这样就可以用于检测某一特定的输入序列。

图 4.1 一个 D 触发器

虽然可以用多个逻辑门的组合和反馈来实现一个触发器,但在实际设计工作中,这样做的效果并不好。此外,在大多数的制造工艺中,触发器是作为最基本的原始元件而提供的,所以没有必要自己设计 D 触发器,而只有在教学等某些特殊情况下,才需要讲解如何使用逻辑门来实现 D 触发器。

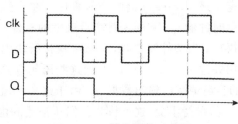

图 4.2 D 触发器的时序图

那些讲述 IC 设计的高级参考书通常包括一些如何才能更好地实现触发器功能的更深入和更详细的内容(见 4.6 节提供的进一步阅读的参考书目)。

在大多数数字电路中,通常不单个使用触发器,而是使用多个触发器来存储二进制编码的数据。成组使用的触发器被称作寄存器(register)。在寄存器中,每个触发器只能存储 1 位码值。如图 4.3 的上图所示,输入数据的每一位被连接到寄存器中与该位对应的触发器的输入,而输出数据的每一位被连接到该寄存器中与该位对应的触发器的输出;时钟信号被连接到所有触发器的时钟输入上。当时钟输入出现正跳变沿时,寄存器中的每个触发器都把出现在各自数据输入端的值更新为每个触发器保存的值,并从触发器的输出端输出。寄存器的图形符号见图 4.3 下图所示。与单个触发器的图形符号相比,寄存器图形符号的不同之处在于:用两根粗线来表示数据的输入和输出,以表明这是两条多位的数据。可以认为,寄存器除了它存储的是一个完整的码字(而不是像 D 触发器那样只有一个信息位)之外,是一个与 D 触发器具有类似行为的抽象组件。

在 Verilog 语言中,可以使用以下形式的 always 块为简单的 D 触发器和寄存器建模:

```
always @(posedge clk)
  q <= d;
```

这是将介绍的很少几个 always 块模板中的第一个模板,我们将会介绍这些模板来为时序电路建模。必须严格地遵守这些模板的语句结构,这一点非常重要,这是由于综合工具通常只能综合使用由标准模板语句结构描述的时序电路。在附录 C 中列出了一套完整的模板,并且描述了综合工具处理模板的途径。

在模块的声明语句部分,用几条语句就可以描述一个表示触发器或寄存器的块。在关键字 always 后的标记"@(…)"被称作块的事件列表(event list),该表

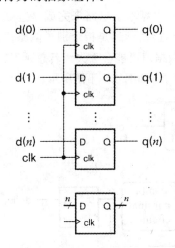

图 4.3 寄存器的组成及寄存器的符号

指定了该 always 块会响应的事件。在这种情况下，关键字 posedge 详细地说明了该事件是一个由时钟输入 clk 的正跳变沿触发的事件，即：时钟信号 clk 从 0 到 1 的改变将触发 always 块的执行。当事件发生时，always 块执行块内的语句（如果块内有一个以上的语句要执行，则可使用关键字"begin … end"把这些语句合并成一个组）。在这种情况下，赋值语句把输入数据 d 的当前值赋给输出数据 q。由于这个赋值语句只发生在 clk 的正跳变沿，因此在正跳变沿之间，q 值维持不变，这个块为我们所描述的由正跳变沿触发的 D 触发器或寄存器的行为建立了模型。触发器或寄存器模型的区别在于 d 和 q 的大小：若 d 和 q 是 1 位的，则该块是 D 触发器的模型，只能存储一个位的数据；若 d 和 a 是向量，则该块为寄存器的模型。

关于触发器或寄存器的模型，还有两点必须注意。首先，输出 q 必须被声明为一个变量，例如，使用关键字 reg 或 integer。正如前面曾经说过的，程序块内部的赋值语句必须被定义为变量，而不是线网。第二，在这个块中，采用了一种不同于以往的赋值操作符"<="，而不是普通的赋值操作符"="。使用"="的赋值语句被称为阻塞赋值语句（blocking assignment），通常用于组合逻辑块的建模，正如在第 2 章所看到的那样。使用"<="的赋值语句被称作非阻塞赋值语句（nonblocking assignment），通常用于表示触发器或寄存器输出变量的赋值。这两种赋值的不同源自 Verilog 模型在变量更新的行为上有一些微妙的不同。在本书中，将不深入讨论有关这两种赋值语句差别的细节。（细节可参阅有关 Verilog 语法的参考书。）而只是简单地按照规定，将在时序逻辑块的输出建模中使用非阻塞赋值语句。

由简单的 D 触发器建造的寄存器的用途之一是在时序电路的设计中作为流水线寄存器（pipeline register）。在第 9 章，将进一步深入探讨这个问题的细节。作为一种技术，这里着重讲解流水线的应用为什么能改进数字系统的性能。现在，考虑如图 4.4 上图所示的示意电路。连续到达输入端的数据值是由多个子电路的组合逻辑来完成处理工作的，例如，由算术子电路来完成这些处理工作，而算术子电路是由在第 3 章描述的组件完成的。该电路的总传播延迟是指个别子电路传播延迟的总和。这个总延迟必须小于数据值到达的时间间隔，否则数据值可能会丢失。若总延迟太长，则可在每个子电路的后面插入一个寄存器，将电路划分成几个小段，如图 4.4 下图所示。

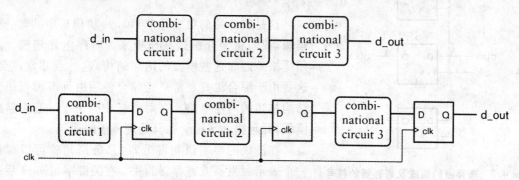

图 4.4 （上图）由组合子电路组成的电路，（下图）含有相同子电路的流水线

这种组合子电路的排列形式被称作流水线(pipeline),因为它使得数据和中间结果经过数个时钟周期后才流到输出端口。而在每个时钟周期的开始时刻,有一个新的输入值到达。在一个时钟周期中,每个子电路利用从前面寄存器来的值(或在第一子电路的情况下,从输入来的值),执行其组合逻辑的功能,并提供一个中间结果。在下一个时钟的正跳变沿时刻,中间结果都被存储在寄存器中,作为子电路的输出。接着,每个存放在寄存器中的中间结果又被下一个子电路用于下一个时钟周期。因此,计算过程以装配流水线的形式按时钟周期执行。经过了若干个时钟周期后,在每个时钟的正跳变沿时刻,就有一个新的最终结果到达输出端。

例 4.1 请编写一个电路的 Verilog 模型,该模型用流水线电路,计算三个串行输入流 a, b 和 c 对应值的平均值。该流水线由三个阶段组成:第一阶段,求 a 和 b 的和值,并保存值 c;第二阶段:加入已保存的 c 值;第三阶段:除以 3。输入和输出都是有符号定点数,位宽范围为 5～-8。

解决方案 模块的定义是:

```verilog
module average_pipeline ( output reg signed [5:-8] avg,
                          input     signed [5:-8] a, b, c,
                          input                   clk );
  wire signed [5:-8] a_plus_b, sum, sum_div_3;
  reg  signed [5:-8] saved_a_plus_b, saved_c, saved_sum;
  assign a_plus_b = a + b;
  always @(posedge clk) begin          // 流水线寄存器 1
    saved_a_plus_b <= a_plus_b;
    saved_c        <= c;
  end
  assign sum = saved_a_plus_b + saved_c;
  always @(posedge clk)                //流水线寄存器 2
    saved_sum <= sum;
  assign sum_div_3 = saved_sum * 14'b00000001010101;
  always @(posedge clk)                //流水线寄存器 3
    avg <= sum_div_3;
endmodule
```

在上面模块内声明的线网和变量被用来表示和保存算术运算的中间结果以及寄存器中的值。在模块中,用简单的赋值语句为算术运算(二数相加和乘法)建模。我们把除以 3 改为乘以 1/3(表示为二进制定点数 14'b00000001010101),因为乘法器电路通常比除法器的电路简单。此外,某些制造工艺有现成的内置乘法器。用三个 always 块为存储中间结果的流水线寄存器建模。请注意,第一个寄存器其实一起存储两个值:a 和 b 的求和值以及输入值 c。若 c 未曾用该方式保存,则来自于输入流 c 的错误值会被第二个加法器加入,而不是相应的已保存的 a 和 b 的求和值。还应注意到,第三个寄存器直接给输出 avg 赋值,因为由第三个寄存器存储的值是需要输出的值。

到目前为止,因为只考虑 D 触发器在每个时钟输入的正跳变沿存储一个新的值,所以它的应用还是非常有限的。当某些控制条件出现时,许多系统只需要触发器来存储数值。为此,可以使用增强形式的 D 触发器,这种 D 触发器带有一个时钟使能(clock-enable)输入,有时也称为加载使能(load-enable)输入,说明见图 4.5 所示。该触发器只有在时钟的正跳变沿时刻,且当 CE 的输入为 1 时才能更新存储的值。若时钟的正跳变沿时刻,CE 的电平为 0,则触发器的储值保持不变。这种触发器的行为见图 4.6 时序图所示。正如在 1.3.6 小节中曾提到过的那样,数据输入端的值,必须在时钟的正跳变沿的前后各保持一段稳定时间(即建立时间和保持时间)才能将该值稳定地存入触发器。时钟使能输入,也需要有类似的稳定时间的限制。我们说:时钟使能输入是一个同步控制的输入(synchronous control input),其含义是指时钟使能输入的信号电平必须在时钟有效跳变沿前后一段时间内保持稳定,只有保证了在这段时间内时钟使能输入是稳定的,它才能起到使能的作用。

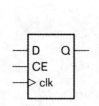 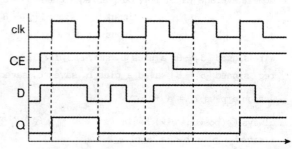

图 4.5 带时钟使能输入控制信号的 D 触发器　　图 4.6 带时钟使能输入控制信号的 D 触发器的时序图

用与简单的 D 触发器类似的方法,也可以把多个带时钟使能输入控制的触发器的时钟使能信号平行地连接起来,组成一个带时钟使能输入控制信号的寄存器。这种寄存器是时序数字系统中最常用的寄存器,因为这种寄存器允许在一个时钟周期内,把计算所得到的中间结果存储在该寄存器内,而在随后的任意几个时钟周期后,把已存储的值用作下一个计算步骤的输入。我们将在 4.3 节中介绍,如何设计并生成可以控制在某个时钟的有效跳变沿时刻把数据存储到寄存器内的条件。

我们可以为带时钟使能输入的触发器和寄存器建模,所需要的只是在简单 D 触发器和寄存器的 always 块模板上添加一条 if 语句。经修订的模板如下:

```
always @(posedge clk)
    if (ce) q <= d;
```

上面的模板与以前的模板之间的差别,只是添加了一条 if 语句。当输入时钟信号 clk 的正跳变沿发生时,只有当 CE 的输入为 1 时,寄存器的值才会更新;否则,寄存器存储的值将保持不变。与前面的代码一样,d 和 q 的位宽决定了上述程序块是一位的触发器模型还是多位的寄存器模型。

对简单触发器的进一步改进方法是，还可以再添加一个复位输入，以便把存储值重新设置为 0。这是一个非常有用的功能，当时序电路刚接上电源时，或者必须从一个确定的初始状态重新启动时，复位电路可以确保触发器的初始状态是已知的。有些电路中安装了一个按钮，以便用户对电路进行复位操作。例如，当电路遇到了某个错误条件，无法从该条件复原时，用户必须对电路进行复位。图 4.7 展示了一个带时钟使能输入和复位输入的触发器。复位输入是强制性的，无论时钟使能输入还是数据输入都不如它的优先权高。也就是说，只要当复位信号为 1 时，无论 CE 和 D 的输入值是什么，触发器的存储值和输出 Q 都立即变为 0。

关于复位输入信号，必须考虑的一个重要问题是复位信号的变化时序，即复位操作的发生时刻。触发器的复位时序有两种可供选择的安排，触发器的复位时序可在这两种安排之间选择。第一种复位是同步复位（synchronous reset），即把复位输入当作同步控制输入。图 4.8 说明了这种同步复位的行为。图中，复位输入使得触发器在第一、第四和第五个时钟的正跳变沿复位。请注意，在第七时钟周期，复位虽改为 1，但在随后一个时钟的正跳变沿发生之前，reset 又变化回到 0。因为在下一个时钟的正跳变沿复位信号为 0，所以触发器不会被复位。

还请注意：在图 4.8 中已经展示了，输出 Q 的初始值既不是 0，也不是 1，而是不确定值，由灰色阴影表示。其实，当复位为 1 时，且第一个时钟的正跳变沿到来的时刻，才强制使输出变为已知的 0 值。最后，必须确保复位电平像其他数据和控制输入那样，在时钟的每个有效跳变沿前后是稳定的。

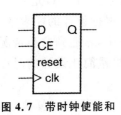

图 4.7 带时钟使能和
复位输入的 D 触发器

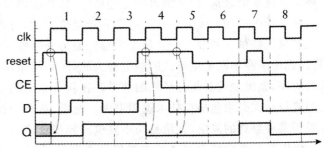

图 4.8 带时钟使能和同步复位输入的触发器的时序图

触发器的第二种复位行为被称作异步复位（asynchronous reset）。在这种场合，复位输入被当作异步控制输入（asynchronous control input），换言之，当复位输入变为 1 时，立即产生复位效应，不必考虑此刻时钟信号的电平是什么或时钟的跳变沿是否发生。此外，只要复位输入为 1，复位效应会延续。图 4.9 说明了这种复位的行为。图中，输入信号的时序与图 4.8 中的相同，但输出时序是不同的。在开始的时候和在第三个周期，只要复位电平一旦变为 1，Q 就立即变为 0，而不用等到下一个时钟的正跳变沿。而且，在第七周期的复位脉冲，在前面同步复位的图中没有发生任何复位作用，而在异步复位的场合就产生复位效应。

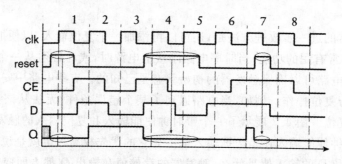

图4.9 带时钟使能和异步复位输入的触发器的时序图

我们应该认识到采用异步复位设计方案的电路可能存在着一个潜在的问题。把复位输入电平从1变回到0,目的是想让触发器恢复正常的运行。然而,若复位电平的改变发生在接近某个时钟正跳变沿时刻,则触发器正常运行的恢复可能发生在这个时钟的正跳变沿或被延迟到下一个时钟的正跳变沿。这种情形可能导致连接同一个时钟和复位信号的多个触发器系统出现问题。由于连接线延迟的差异可能会导致不同触发器的复位电平从1变到0的时刻与在其时钟跳变沿的到达时刻略有所不同。因此,一些触发器可能经由复位恢复了正常的运行,并在这个时钟跳变沿时刻存储数据,而其他触发器可能尚未恢复正常的运行,直到下一个时钟跳变沿才能存储数据,从而导致不正确的电路操作。解决这个问题的办法是必须确保异步复位信号从1到0的变化总是和时钟同步出现,换言之,对系统中所有的触发器而言,必须确保在时钟的正跳变沿之前,信号的改变已经稳定,即复位信号在正跳变沿附近是稳定的。

在设计中选用同步复位方案还是异步复位方案,可能受到设计实现工艺的影响。有些实现工艺只能提供一种形式的复位触发器。而另外一些实现工艺,如许多FPGA,允许我们通过编程,选用两种不同复位形式的触发器。此外,系统结构设计师,可根据设计的需求或项目要求的时序,做出触发器复位形式的选择。在较大系统的子电路设计中,若遇到这种情况,已选定的复位形式必须包括在技术说明书中。通常,在整个设计中,应尽量简化设计的时序,统一地采用某种形式的复位,无论是同步复位或异步复位。

可以把简单的触发器并行连接形成寄存器,同样,也可以使用一组带并行复位端的触发器。由这组触发器构成的寄存器能够被复位到所有位都为0的码字。在Verilog语言中,可以为带复位端的触发器和寄存器建模,方法是在以前的always块模板中再添加一条语句。带同步复位和时钟使能端的触发器模板为:

```
always @(posedge clk)
    if    (reset) q <= 1'b0;
    else if (ce)  q <= d;
```

在时钟的正跳变沿时刻,always块首先检查reset(复位)是否有效(为正),因为在触发器中,复位的优先权高于所有其他逻辑电平。若此时reset为正,则输出q变为0。若想要为多位寄存

器建模,则可改写赋值语句如下:

    q <= 6'b0;

上述语句把 q 的所有的输出位都清为 0。当然,向量的维数将取决于输出信号的位宽。在对 reset 信号测试后,always 块模板的其余部分是与以前一样的。只有当 reset 为 0 时,always 块才检查 ce(时钟使能)输入是否有效。

若想要为一个带异步复位端的触发器或寄存器建模,则必须考虑以下事实,即无论时钟信号的值是什么,只要复位信号有效,则必须产生复位效果。这种触发器的 always 块模板如下:

```
always @(posedge clk or posedge reset)
  if      (reset) q <= 1'b0;
  else if (ce)    q <= d;
```

我们已把 reset 包括在该 always 块的事件列表中,因为这个块必须根据 reset 值的改变而更新输出 q,而不只是根据 clk 值的改变而更新输出 q。修改后的 always 块,最先检查 reset 值,然后检查时钟输入。若 reset 值为 1,则该 always 块立即把输出 q 清 0。只有当 reset 值为 0 时,块才根据时钟的正跳变沿,检查同步使能控制信号 ce。与前面一样,可以通过修改变量和数值的位宽,来表示该 always 块是为触发器还是为多位寄存器赋值。

例 4.2 请为累加器编写一个 Verilog 模型。该累加器可以计算定点数序列的和值。每个输入的定点数是二进制小数点前有 4 位,二进制小数点后有 12 位的有符号数。累加后的和值为二进制小数点前有 8 位,二进制小数点后有 12 位的有符号数。当 data_en 控制输入为 1 时,每个时钟周期有一个新定点数到达累加器的输入。当复位控制输入为 1 时,累加器的和值被清为 0。复位和使能两个控制与时钟信号是同步的。

解决方案 该模块需要一个时钟输入、两个控制输入、一个数据输入和一个数据输出,代码如下:

```
module accumulator
  ( output reg signed [7:-12] data_out,
    input      signed [3:-12] data_in,
    input                     data_en, clk, reset );

wire signed [7:-12] new_sum;

assign new_sum = data_out + data_in;

always @(posedge clk)
  if      (reset)   data_out <= 20'b0;
  else if (data_en) data_out <= new_sum;

endmodule
```

模块的第一条赋值语句是把累加和值(data_out)和输入数据相加求和的模型。对输入数据进行了隐含的有符号扩展,以配合累加和值的位宽。always 块是存放累加总和值的寄存器的模型。该模型是根据带同步复位和时钟使能寄存器的模板编写的。当 reset 为 1 时,always 块把寄存器的输出 data_out 清为 0。若 reset 为 0,则该 always 块检查是否有新的数据值已经到来,并已被加到总和值中了。在这种场合,寄存器的输出 data_out 更新为新的累加和值 new_sum;否则,data_out 不变。

至此,已全面阐述了触发器和寄存器的几个主要方面。还有其他一些方面尚未介绍,但它们只是我们已讲解主题的变化或者扩展而已。其中一个扩展只是增加了一个能把触发器预置为 1 的控制输入信号。这个信号类似于复位控制输入信号,它既可以是同步的也可以是异步的。另一个扩展是复位使用低电平有效的控制输入信号,换言之,若复位输入信号为 0,而不是为 1,则把触发器和寄存器中存储的数据和输出清为 0。同样,预置控制输入也可以使用低电平有效逻辑。进一步扩展是使用低电平有效的时钟输入,换言之,在时钟信号的负跳变沿(而不是在正跳变沿)时刻触发存储数值的改变。

例 4.3 如图 4.10 所示的符号展示了一个负跳变沿触发的触发器,该触发器具有时钟使能、负逻辑异步预置和清 0,以及高电平有效和低电平有效输出。预置和清 0 同时活动是非法的。请编写这个触发器的 Verilog 模型。

解决方案 模块的定义是:

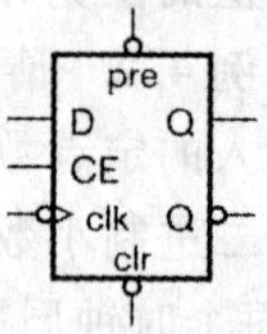

```
module flip_flop_n ( output reg Q,
                     output      Q_n,
                     input       pre_n, clr_n, D,
                     input       clk_n, CE );
    always @( negedge clk_n or
              negedge pre_n or negedge clr_n ) begin
        if (!pre_n && !clr_n)
            $display("Illegal inputs: pre_n and clr_n both 0");
        if        (!pre_n) Q <= 1'b1;
        else if   (!clr_n) Q <= 1'b0;
        else if   (CE)     Q <= D;
    end
    assign Q_n = ~Q;
endmodule
```

图 4.10 由负跳变沿触发的触发器

在上面的代码中采用了前面的约定,即用后缀"_n"标记的命名是低电平有效的逻辑信号。always 块用来为触发器的行为建模。由于 pre_n 和 clr_n 是异步控制输入信号,所以把它们和时钟信号一起列在 always 块的敏感事件列表中。因为它们都是低电平有效的输入信号,所以使用 negedge 来表明该 always 块应该对负跳变沿(即从 1 到 0 的变化)产生响应。在该 always 块的内部,对电路中触发器使用期间,由技术说明书所描述的非法条件不会出现的情况进行检查。该 always 块的其余部分是基于异步控制触发器模板的。在这种场合,有两个异步控制输入信号,因此在检查同步输入的时钟使能控制信号 CE 前,对 pre_n 和 clr_n 逐个进行测试。

4.1.2 移位寄存器

我们已知道寄存器可以存储数据,并且可以人为地使得寄存器输出的数据不发生改变,以便于后续电路使用。然而,移位寄存器(shift register)却可以对已存储在寄存器中的数据执行移位操作。在第 3 章中,曾描述过移位操作,并表明移位操作能以 2 的幂次,对存储在寄存器中的数值进行缩放。正如在第 8 章中将看到的,移位操作也可用来实现数据的串行传输,也就是说,可以只通过一条线路,每次只传送 1 个位,而不是对数据中的每个位分别使用一条线路,来传送多位数据。现在,只把讲解的重点放在如何结合移位寄存器的存储功能进行算术缩放运算。

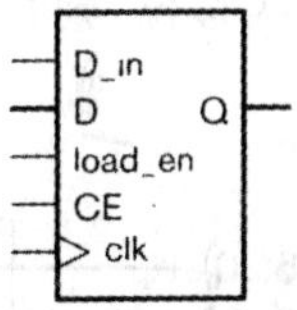

图 4.11 展示了移位寄存器的图形符号,而图 4.12 展示了如何用 D 触发器和多路选择器来实现移位寄存器。在时钟的正跳变沿,当 CE 为 1 时,移位寄存器被更新。在这种情况下,若 load_en 信号为 1,则多路选择器选择从 D(n−1) 到 D(0) 输入的新数据对寄存器原来存储的数据进行更新。而当 CE 是 1 时,若 load_en 为 0,则多路选择器选择现有的数据,右移一位。因此,最低位被丢弃,而最高位被更新为 D_in 信号值。若规定 D_in 为 0,则移位寄存器对存储的数据执行逻辑右移操作。若把最高输出位连接回到 D_in,则移位寄存器执行算术右移的操作。在第 8 章,将看到如何连接 D_in 输入和 Q(0) 输出,以实现数据的串行传输。

图 4.11 移位寄存器的图形符号

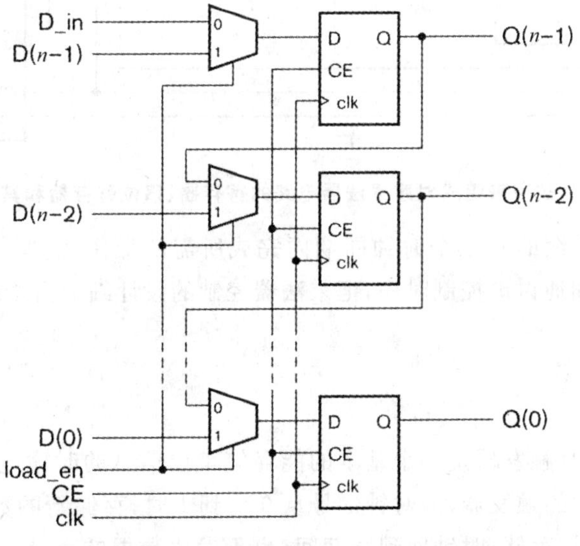

图 4.12 用 D 触发器和多路选择器实现的移位寄存器

例 4.4 在第 3 章中,曾介绍过如何通过部分积的相加,来实现无符号整数的乘法。请为两个 16 位操作数构建一个乘法器,该乘法器只能包含一个加法器,在连续的时钟周期中,对部分积连续地相加,最终的乘积为 32 位。

解决方案 为了在多个周期内完成乘法操作,需要一些寄存器来保存计算的中间结果,电路结构如图 4.13 所示。操作数 x 被存储在一个普通寄存器中,其输出连接到由 16 个与门组成的可生成部分积的阵列。y 操作数被存储在一个移位寄存器中,该移位寄存器的最低位 Q(0) 对与门阵列进行控制。y 操作数在连续的周期内被移位,从而得到 16 个连续的部分积。部分积的总和值在 17 位的普通寄存器及 15 位的移位寄存器中被累加。由于 15 位的移位寄存器除了通过 D_in 传进电平以外,从未要求加载任何数据,因此该移位寄存器的数据输入端 D 和加载使能信号 load_en 都可以省掉。在每一个时钟周期,17 位的普通寄存器的最低位被移入 15 位的移位寄存器,普通寄存器的其余位与下一个部分积相加。用这种方式将累加的和值逐次移位,则每过一个周期,部分积便在更高的一位上被加入到累加的结果。

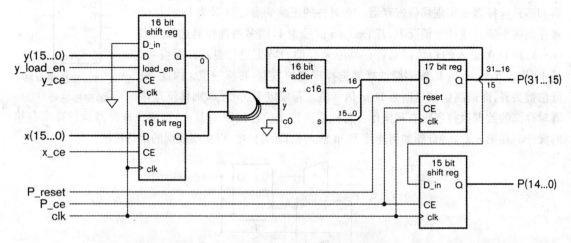

图 4.13 被用来组成时序乘法器电路的寄存器、移位寄存器和其他元件

使序列乘法器在连续的若干个时钟周期内完成所需的操作,需要一个独立的控制电路。我们将在 4.3 节中详细地讨论控制时序,把乘法器控制的设计细节留给练习题 4.20。

4.1.3 锁 存

正如我们已了解的,触发器是一个基本的能存储 1 位信息的时序电路元件。大部分数字电路使用由跳变沿触发的触发器,当时钟信号从 0 变到 1 时,存储新的数据值。时钟停留在 1 的期间,没有更新的值被存储;时钟回到 0 期间,也不发生数据的存储。然而,有些系统,使用一种被称作锁存器(latches)的时序元件,这种元件在存储数据值时,其操作时序略有不同。锁存器的图形符号如图 4.14 所示。锁存器的时序行为如图 4.15 所示。

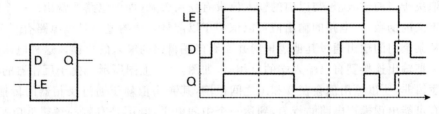

图 4.14 锁存器的图形符号　　　　图 4.15 锁存器的时序图

锁存器有两个输入，一个数据输入 D，和一个锁存使能输入 LE。它还具有一个数据输出 Q。当锁存使能输入 LE 为 1 时，数据输入 D 的值被存入锁存器，并传送到输出。若在锁存使能输入 LE 为 1 期间，数据输入 D 不变，则锁存器的行为是和触发器一样的，正如时序图所展示的那样。然而，若在锁存使能输入 LE 为 1 期间，数据输入 D 的值发生改变，则改变的值被传送到输出。若锁存使能输入 LE 最终变为 0，则在 LE 变为 0 之前的瞬间被存入锁存器的值将被保持在锁存器中，并输出。由于在锁存使能输入 LE 为 1 时，输入数据 D 直接被传送到输出，因此通常用透明锁存器（transparent latch）的名称来称呼此元件。这是因为，当锁存使能输入 LE 为 1 时，在输出端所见到的正是出现在输入端的当前值，似乎锁存器是透明的。

在 Verilog 语言中，可以使用 always 块为锁存器建模，其代码如下：

```
always @(LE or D)
    if (LE) Q <= D;
```

在上述 always 块的敏感事件列表中，既包括锁存使能输入 LE，也包括数据输入 D。在敏感事件列表中，符号 or 规定，该 always 块响应 LE 或 D 任一输入信号的变化。然而，它只有在 LE 为 1 时，才能更新输出 Q。在 LE 的输入为 1 时，若输入 D 发生变化，则 D 的变化会直接反映到输出，这就是所谓透明状态锁存器的模型。此外，在 LE 为 0 时，若 D 发生变化，则输出 Q 并未被赋值，所以保持其原来的值。

正如可以把多个触发器并联起来实现多位寄存器一样，也可以把多个 1 位的锁存器并联起来实现多位的锁存器。结果组成这样一个锁存器，当锁存使能输入 LE 为 1 时，多个数据位可流过该锁存器；而当锁存使能输入 LE 为 0 时，原已存储的数据保持不变。

在许多半导体制造工艺中，虽然实现锁存器电路相对比较简单，但是，由于数据可以透明地流过锁存器，使得设计复杂的具有正确的时序行为的系统比较困难。通常的解决方案是，使用两相非重叠的时钟信号。由于这种途径目前未被广泛使用，所以本书的内容中不包括有关细节的讨论。（请参阅 4.6 节提供的进一步阅读的参考书）。然而，在编写 Verilog 模型时，确实需要认真考虑：如何才能防止由于稍微不注意而出现的锁存器行为，因为这是一种很常见的设计错误。

首先回到组合逻辑电路的定义。我们曾说过,组合逻辑电路是这样一种电路,该电路的输出完全取决于当前输入值,与以前的输入值没有任何关系(即该电路的输出是一个纯粹由当前输入值定义的函数)。电路的输出值可以依赖于以前输入值的途径是该电路有一个反馈通路,即存在从某个门的输出通过其他逻辑门并回到该逻辑门的输入的反馈。这种电路最简单的例子是一个把输出连接到自己输入端的反相器,如图 4.16 上图所示。由于反相器的输出是其输入值的逻辑非,所以输出值会在 0 和 1 之间振荡,其频率依赖于通过反相器的传播延迟。(反相器也有可能出现模拟电路的行为,到达一个中间电平,既不是有效的逻辑低电平,也不是有效的逻辑高电平)。若把该反馈回路扩展为使用更多个反相器,使环形连接的反相器总数为奇数(如图 4.16 下图所示),则可降低总的振荡频率。这种形式的振荡器叫做环形振荡器(ring oscillator)。若把反相器环延长,使环形连接的反相器总数为偶数,则该电路将达到一个稳定的状态,其输出不是 0,便是 1。这样的反相器环,有两个可能的稳定状态。我们可以强制使该环进入 0 状态或 1 状态,通过强制使某一节点变为 0 或 1 即可,例如,通过使用开关,如图 4.17 所示(在实际电路中,开关不可避免地存在着串联电阻,从而影响第二个反相器的输出电平。在这里把电路做了理想化处理,以避免这个问题。)当这两个开关打开的时候,电路保留了被强制进入的状态。因此,其输出依赖于以前的输入值。这是一比特存储器的最基本形式,叫作复位-置位锁存器(reset-set latch),或简称为 RS 锁存器(RS-latch)。

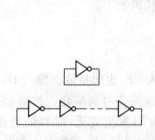

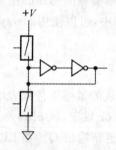

图 4.16　反馈连接的反相器　　　图 4.17　用开关使某个反相器环路节点强制变为 0 或 1

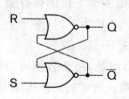

图 4.18　交叉耦合的 RS 锁存器

更常见的 RS 锁存器是使用交叉耦合的逻辑门实现的,如图 4.18 所示。RS 锁存器的时序行为,如图 4.19 所示。一般情况下,复位输入 R 和置位输入 S 都为 0。假设最初 Q 是 0,$\overline{Q}$ 是 1,这是一个稳定的状态,被称作复位状态(reset state)。若 R 输入变为 1,则 Q 仍旧为 0,输出状态未变,锁存器仍留在复位状态。然而,若输入 S 变为 1,则 $\overline{Q}$ 变为 0,0 值被反馈到上面那个或非门,导致 Q 变为 1。这也是一个稳定的状态,被称作设置状态。当 S 回到 0 后,锁存器仍留在设置状态;若再把 S 变为 1,而锁存器仍处在设置状态,没有变化。然而,若 R 变为 1,反馈将使锁存回到复位状态。因此，在任何时刻，锁存的是哪个状态，取决于最近时刻 S 或 R 哪一个的输入为 1。请注意，若在同一时刻，R 和 S 都为 1，则 Q 和 $\overline{Q}$ 都为 0。这通常被视为 RS 锁存器的非法操作条件。

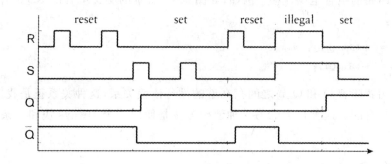

图 4.19　RS 锁存器的时序（展示复位和置位状态，以及一个非法的操作条件）

我们已经理解了反馈导致锁存行为的途径，现在看一看，在 Verilog 模型中反馈是如何引起的。在第 2 章中，曾介绍如何用赋值语句为结构化的组合电路建模。通常，把电路的输入放在表达式赋值符号的右侧，而把电路的输出放在赋值符号的左侧。但是，若在一条赋值语句，有一个给定的线网同时出现在赋值符号的左侧和右侧，则隐含地表明存在着一个从输出到输入的反馈回路。由于这样的语句所表示的时序是不可知的，正确的操作也不能得到保证，因此，大多数综合 CAD 工具将悄悄地拒绝综合这样的电路。举例说明如下，如果将下列语句编写到 Verilog 模型中：

assign a = a + b;

则意味着这是一个将其输出直接反馈到输入的加法器。从这个意义上说，在 Verilog 语言中，用于组合逻辑硬件建模的赋值语句，不同于编程语言中对变量的赋值。综合后产生的物理电路必然会引起传播延迟，因此也许可以在某个给定的时间间隔中，把 b 的值与其本身相加一次、两次，或者更多次。但是，若实际电路对 b 的不同位的延迟是不同的，则产生的实际运算结果可能与 b 相应的理想的相加值相去甚远。大多数综合工具会发出警告，或拒绝处理写成上述形式的赋值语句，标明这是一条错误的语句，不能综合成物理电路。

相互之间存在依赖关系的几条赋值语句组合也可以隐含地表示反馈回路。举例说明如下，请考虑以下赋值语句：

assign x = y + 1;
assign y = x + z;

第一条赋值语句明确地表明 x 的值取决于 y 的值。而第二条赋值语句又明确地表明 y 的值取决于 x 和 z 的和值。但由于第一条语句的存在，x 的值取决于 y 的值，从而间接地表明了 y 还取决于 y 本身的值。当综合工具在编译过程中遇到上述语句时应该发出警告或标记,说明这两条语句有错。(译者注:本段由译者根据自己的理解重新编写,原文含义不清楚,理解困难。)

综合工具拒绝对呈现组合反馈的逻辑电路进行综合的现实,使得我们很难为其中故意包括了这种反馈回路的组合电路建模。例如,如图 4.18 所示的交叉耦合的 RS 锁存器的 Verilog 模型可以写成:

```
assign Q   = ~(R | Q_n);
assign Q_n = ~(S | Q);
```

这两条赋值语句意味着 Q 和 Q_n 之间存在着的循环依赖关系,这种关系正是我们期望的综合后生成电路所具有的。这种行为的另一种建模方法是使用一个 always 块和一条赋值语句,具体写法如下:

```
always @(R or S)
   if       (R) Q = 1'b0;
   else if  (S) Q = 1'b1;

assign Q_n = ~Q;
```

(译者注:原文此处有错,漏了反向符号,上面的赋值号也不对,不应该用非阻塞赋值符。译者已经修改。)

赋值语句只是简单地对 Q 值取非,这是由 always 块所产生的。在 always 块的敏感事件列表中,已包括了输入信号 R 和 S。因此,R 和 S 无论哪一个输入发生了变化,该块都将被重新激活。若 R 为 1,则块更新 Q 输出为 0,代表复位状态;若 S 为 1,则块更新输出为 1,表示置位状态。请注意,若没有一个输入为 1,则该块对 Q 不作任何赋值。在这种情况下,输出不变;也就是说,它存储以前的更新状态。在一般情况下,只要在 always 块中有任何一条没有更新输出值的执行路径,由于这条路径可能保存以前的输出值,那么该 always 块很可能表示了输出的锁存行为。若这个行为正是我们所期望的 RS 锁存器模块的行为,则我们并没有碰到问题。然而,在 always 块的执行路径上,无意中省略给某个输出赋值的语句是一个常见的 Verilog 的建模错误,例如,在复杂的有分支选择的 if 语句中很容易发生这样的错误。这种意想不到的输出信号的锁存行为是最令人费解的,直到错误被定位和纠正后才能最后解决问题。

例 4.5 以下 always 块的宗旨是为多路选择器电路建模,该多路选择器可在多个输入信号之间做选择,把选取的值分别赋给输出 z1 和 z2。请在如下的 always 块中找出错误,并描述错误导致的电路行为。

```
always @*
   if (~sel) begin
      z1 =  a1;  z2 = b1;
   end
```

```
else begin
    z1 =  a2;  z3 = b2;
end
```

（译者注：原文此处有错，不应该用非阻塞赋值符，译者已经修改。）

解决方案　在 if 语句的 else 部分赋给 z3 的值，也应赋值给 z2。这个错误造成的后果是在 sel 为 1 的执行路径，z2 没有更新。而在 sel 为 0 的执行路径，z3 没有更新。因此，该 always 块意味着生成了两个透明锁存器 z2 和 z3。当 sel 为 0 时，z2 透明地跟踪 b1；当 sel 为 1 时，z2 锁存 b1 的值。当 sel 为 1 时，z3 透明地跟踪 b2；当 sel 为 0 时，z3 锁存 b2 的值。这个意想不到的行为是可以被纠正的，只要把 z3 改为 z2 即可。

知识测试问答

1. 请为简单的由正跳变沿触发的寄存器编写 Verilog 的 always 块。
2. 我们把由多个组合子电路和多个寄存器安排成类似于组装流水线方式操作的电路称作什么电路？
3. 时钟使能的输入对寄存器有什么影响？
4. 异步复位和同步复位有什么区别？
5. 与一个普通的寄存器相比，移位寄存器还提供什么附加的功能？
6. 从锁存器的角度而言，"透明"是指什么意思？
7. 在用 Verilog 描述组合逻辑的 always 块中，若忘了给某个输出赋值，会造成什么问题？

4.2 计数器

计数器是一种可以对已存储的数据值按顺序进行递增或递减操作的组件。在许多数字电路的应用中都可以找到计数器。例如，某应用需要对一定个数的数据项执行给定的操作，或将某操作重复执行若干次，此时可以用计数器来记录已处理了多少个数据项，或已经重复执行了多少次操作。通过对经过的固定时间间隔数进行计数，计数器也可以用作定时器。

简单计数器由跳变沿触发的寄存器及递增器组成，如图 4.20 所示。存储在寄存器中的值被解释为无符号的二进制整数。用曾在 3.1.2 小节中介绍过的无符号递增电路就可以实现该递增器。在每个时钟的正跳变沿，计数器递增已存储的值。当存储的计数值达到最高值（对一个 n 位计数器来说，达到 2^n-1），增量器产生一个各个位全部为 0 的结果，进位位的输出被忽略不计。这一结果值（即全 0 值）在下一个时钟的正跳变沿时刻被存储到计数器中。因此，计数器的行为和汽车里程表一样，达到最大值后，又返回到

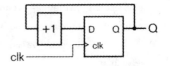

图 4.20　由寄存器和递增器组成的简单计数器

零点。从数学的角度而言,计数器的增模为 2^n。计数器每 2^n 个时钟周期,遍历所有的 2^n 个无符号二进制整数值。这种计数器的应用之一是配合译码器,产生周期性的控制信号。

例 4.6 请设计一个能对 16 个时钟周期进行计数的电路,并由此产生控制信号 ctrl,每当计数器计到第 8 和第 12 个时钟周期时,控制信号 ctrl 变为 1,其余时间,控制信号 ctrl 均为 0。

解决方案 我们需要一个 4 位的计数器,因为 $16 = 2^4$。该计数器从 0 计数到 15,然后返回到 0。在第 8 个周期,计数器值是 7_{10}(即 0111_2);在第 12 个周期,计数器值是 11_{10}(即 1011_2)。通过对这两个计数值进行译码,并对这两个译码信号进行逻辑或,便可以产生所要求的控制信号。所要求的电路如图 4.21 所示。

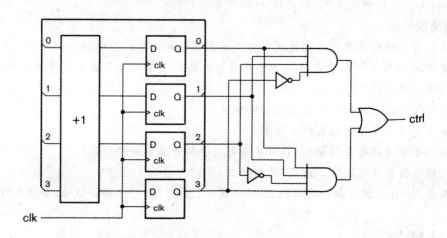

图 4.21 带译码输出的计数器

例 4.7 请为例 4.6 中的电路编写 Verilog 模型。

解决方案 该模块的定义是:

```
module decoded_counter ( output ctrl,
                         input clk );
reg [3:0] count_value ;
always @(posedge clk)
    count_value <= count_value + 1;
assign ctrl = count_value == 4'b0111 ||
              count_value == 4'b1011;
endmodule
```

该模块包含了一个表示计数器的 always 块。这个 always 块从形式上类似于由跳变沿触发的寄存器块。所不同的是:在时钟的正跳变沿,赋给输出 count_value 的值是递增的计数值。给 count_value 的赋值表示了存储在寄存器中的值的更新,加 1 表示了递增器。在该模块中,最后的赋值语句表示了译码器。

至此,我们已描述的计数器是自由运行的,在每个时钟周期递增其计数值。可以对该计数器稍加修改,使其能用于对计数需要更多控制的应用中。所需要的两个简单修改为:添加一个时钟使能输入,以及为计数器的存储寄存器添加一个复位输入。时钟使能输入使我们能够控制何时才允许计数器开始计数递增计数值,因此,这种输入通常被称为计数使能(count-enable)输入控制信号。复位输入使我们能够把计数器中已存储的计数值清0。以这种方式修改过的计数器,如图4.22所示。这种形式的计数器对事件发生的计数是非常有用的。我们将把表明事件发生的信号连接到该计数器的计数使能输入。若需要在几个间隔时间段内分别对发生的事件计数,则可以在每个时间段的开始时刻,对计数器进行复位。

另一项修改是最终计数(terminal-count)输出。所谓最终计数输出只是当计数器达到最大或终端值时,译码器输出为1的简单译码输出。如上面所介绍的计数器,其最大计数值为 2^n-1,这是由一个所有位都是为1的计数值。我们可以用一个 n 位输入的与门来产生最终计数输出,如图4.23所示。对于一个可自由运行的计数器而言,在每 2^n 个时钟周期产生的一个时钟周期里,最终计数的输出为1,即最终计数输出是一个周期信号,其频率为输入时钟频率除以 2^n。

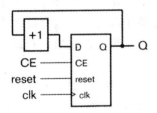

图4.22 具有时钟使能和复位输入的计数器

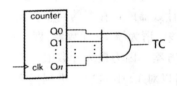

图4.23 具有终端计数输出的计数器

例4.8 数字闹钟需要产生一个频率大约为500 Hz的周期信号来驱动闹钟的铃声扬声器。请使用计数器把频率为1 MHz的系统主时钟信号分频成频率为500 Hz的周期信号以得到闹钟的铃声。

解决方案 我们需要把主时钟信号的频率 10^6 除以大约2 000才能得到500 Hz的频率。使用除数 $2^{11}(=2\,048_{10})$,可以得到频率约为488 Hz的闹钟铃声音频,该频率与500 Hz相差不大。因此,可以使用11位计数器的最终计数输出(TC)作为闹铃的音频信号。然而,这样得到的音频信号的占空比(周期信号为1的时间与为0的时间比例)将只有1/2 048。占空比如此小的周期信号,其交流能量非常低,因而扬声器的声音很弱。为了解决这个问题,可以通过一个10位计数器先把主时钟频率除以 2^{10},并把该10位计数器的最终计数输出作为另一个2分频计数器的计数使能输入。其电路结构如图4.24所示,时序图如图4.25所示。对每个计数使能输入脉冲,2分频计数器的输出将在0和1之间变化,从而产生占空比为50%的**输出**。用这样的脉冲来驱动扬声器就远比占空比为1/2 048的脉冲来驱动扬声器有效得多。

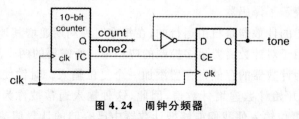

图 4.24 闹钟分频器

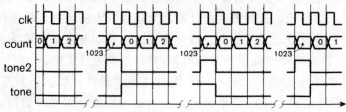

图 4.25 闹钟分频器的时序图

自由运行的计数器通常用于分频,但并非所有的分频都必须除以 2 的幂次。若需要除以其他值 k,进行 k 分频,则需要计数器在达到最终计数值 $k-1$ 后,返回到 0。从数学的角度而言,这是一个模 k 的递增计数器。我们可以通过对无符号二进制数 $k-1$ 的码字进行译码,来构建这样一个计数器,并当计数到达 $k-1$ 时产生最终计数输出即可。把这个最终计数信号反馈到组成计数器的寄存器的同步复位输入端便可构建这样一个模 k 的递增计数器。

例 4.9 请为模 10 计数器,即十进制计数器设计电路。

解决方案 因为最大计数值为 9,所以计数器需要 4 个触发器。9 的无符号二进制码字为 1001_2。可以对 1001_2 这个二进制码字进行译码,并在下一个时钟周期,用译码输出将计数器复位到 0。该电路如图 4.26 所示。

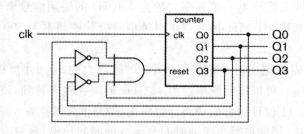

图 4.26 十进制计数器

例 4.10 请为例 4.9 设计的十进制计数器编写 Verilog 模型。

解决方案 该模块的定义为:

```
module decade_counter ( output reg [3:0] q,
```

```
                    input         clk);
      always @(posedge clk)
      q <= q == 9 ? 0 : q + 1;

endmodule
```

用无符号向量为计数值的输出端口建模,因为这个输出端口代表一个二进制编码的整数值。在每个时钟的正跳变沿,always 块检查计数器是否已达到最终计数值。若已达到最终计数值 9,则计数值返回到 0;否则,计数值增加 1,产生新的计数值。

在时序电路的设计中,还有一种计数器被认为是很有用的。这种计数器被称为可加载计数值的递减计数器。这种计数器可以通过输入端口加载一个起始计数值,然后每个时钟对该计数值递减 1。当计数值达到 0 时,最终计数输出使能信号有效。该计数器的示意电路图如图 4.27 所示。该计数器由一个寄存器和附属电路组成,该寄存器的输入与一个 2 选 1 多路选择器的输出相连接,寄存器的输入可在被加载的数据值或递减的计数值之间选择。在这种场合,输入数据的加载是与时钟同步的,因为它发生在时钟的正跳变沿。

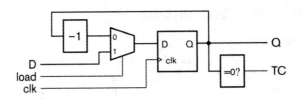

图 4.27 具有同步数据加载功能的递减计数器

若计数器的输入时钟是一个周期为 t 的时钟信号,且计数器已加载的初始数值为 k,则经过时间间隔 $k \times t$ 后,该计数器将达到最终计数值。因此,这种形式的计数器可以被用作时间间隔定时器(interval timer),而最终计数的输出信号被用来在给定的时间间隔到期后,触发某个活动。

例 4.11 请编写 Verilog 模型来描述一个具有时钟输入、加载控制和数据输入端口及一个最终计数输出端口的时间间隔定时器。该定时器能够定时的时间间隔必须大于 1 000 个时钟周期。

解决方案 数据输入和计数器的位宽至少需要有 10 位,因为这是表示大于十进制数 1 000 所需要的最小位宽。所以该模块的定义为:

```
module interval_timer_rtl ( output    tc,
                            input [9:0] data,
                            input     load, clk );

reg [9:0] count_value;
```

```
always @(posedge clk)
  if (load) count_value <= data;
  else      count_value <= count_value - 1;

assign tc = count_value == 0;

endmodule
```

在时钟的正跳变沿，always 块使用加载输入 load 来选择究竟是用输入的数据值 data 来更新计数器的值，还是把计数值递减 1。该递减操作，是用一个无借位输出的无符号减法来完成的。这样一来，计数器减到 0 以后，计数值将返回到最大的 10 位值，即 1023_{10}。当计数值达到 0 时，在该电路结构中的最后赋值将驱动最终计数输出变为 1。

例 4.12 请修改上例中的时间间隔定时器，使得当该定时器减到 0 时，可以重新加载以前曾经加载过的值，而不是返回到最大的计数值。

解决方案 需要使用一个独立的寄存器来存储加载到计数器中的数值。当加载输入 load 为 1 时，一个新的数据值被加载到独立的寄存器和计数器。当减到最终计数 0 时，独立寄存器中存储的数据被加载到计数器中。修改后的时间间隔定时器的输入和输出没有任何改变，所以不需要修改模块的端口定义。修改后的模块定义为：

```
module interval_timer_repetitive ( output        tc,
                                   input [9:0]   data,
                                   input         load, clk );

  reg [9:0] load_value, count_value;

  always @(posedge clk)
    if (load) begin
      load_value <= data;
      count_value <= data;
    end
    else if (count_value == 0)
      count_value <= load_value;
    else
      count_value <= count_value - 1;

  assign tc = count_value == 0;

endmodule
```

在这个模块中，已添加了一个单独的变量 load_value 来表示存储定时器配置数据的寄存器。always 块也被修改过了，这样，当在时钟的正跳变沿且加载信号 load 为 1 时，变量 load_value 和变量 count_value 两者都由输入数据 data 更新。此外，当在时钟的正跳变沿时刻，且计数值减为 0 时（如果加载 load 不是 1），计数值由 load_value 变量更新；否则，计数值和以前一样递减。

　　本节中,将描述的最后一种计数器是纹波计数器(ripple counter)(它不同于递增计数器中使用的行波进位),如图 4.28 所示。纹波计数器的结构与以前讲过的同步计数器也有所不同。像所有计数器一样,纹波计数器由若干个用来存储计数值的触发器组成,其时钟信号并没有和所有触发器的时钟输入连接在一起,而只与最低位的触发器相连接,这使得在每一个时钟的正跳变沿,最低位在 0 和 1 之间切换。输出 Q 变为 0 时,而输出 $\overline{Q}$ 则变为 1,这就触发下一个触发器在 0 和 1 之间切换。当第二触发器的 Q 从 1 变为 0 时,输出 $\overline{Q}$ 则变为 1,同样造成第三个触发器的切换。

　　为了组成一个 i 位的计数器,通常只需考虑从第 0 位～第 $i-1$ 位的触发器。但是,若该计数器的最高位(即第 $i-1$ 位)出现从 1 变为 0 的情况,则发生计数溢出。在这种场合,需要为计数器增加第 i 位触发器,使得该触发器能从 0 变为 1。这种计数器的时序行为,如图 4.29 所示。

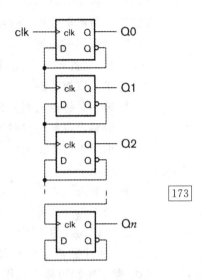

图 4.28　纹波计数器的结构

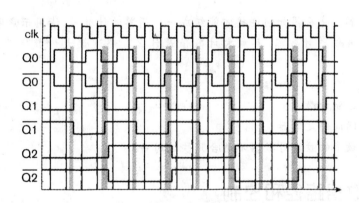

图 4.29　纹波计数器的时序图

　　由于组成纹波计数器的多个触发器的时钟输入信号,并非都连接在同一条时钟信号线上,从而造成重要的时序问题。每个触发器,从时钟输入的正跳变沿算起到输出值发生变化之间,存在着传播延迟。这些传播延迟如图 4.29 所示。因为每个触发器的时钟输入信号来自于前面一个触发器的输出,因此时钟输入的传播延迟,将逐位地累积起来。所以纹波计数器不能在时钟的同一个有效跳变沿使其多位输出信号同时发生改变。相反,计数输出的改变将沿着纹波计数器的每个触发器逐位传播。时序图中的阴影区表示在阴影区的时间范围内,计数值是不正确的。这是由于计数值的变化还没有完全传播通过计数器的缘故。计数输出信号各比特之间不能在同一时刻发生改变是否一定会造成问题呢？对于这个问题的回答将取决于那些待考虑因素的特定应用。这些因素包括：

➤ 计数器的位宽。对于位数较多的计数器而言，时钟变化的传播必须经过更多的触发器，因此产生了比较大的延迟累积。而对位数较少的计数器而言，这个延迟积累可能是可以接受的。

➤ 输入时钟的周期是相对于计数器传播延迟而言的。对时钟周期很短的系统而言，累积的延迟可能超过时钟周期。在这种情况下，有可能出现计数器的输出在时钟周期结束前尚未达到正确值。而对时钟周期很长的系统来说，计数值将在时钟周期的早期便可确定下来。

➤ 对瞬态不正确计数值的耐受性。若计数值在尚未稳定之前就被采样，则很可能导致系统不正确的操作。但是，若确保计数值已经稳定后才被采样，则操作是正确的。

纹波计数器的主要优点是：实现电路非常简单（因为不需要递增器），而且其能耗小得多。因此，纹波计数器在对面积、成本和功耗敏感的，时间约束较宽松的应用场合是非常有用的。例如，数字闹钟可能会利用纹波计数器计时，因为相对于传播延迟，计数值很少发生变化（计数时间为秒，而传播延迟为纳秒）。

知识测试问答

1. 请问递增器和寄存器如何连接才能组成一个简单的计数器，请用示意图表示。
2. 对于一个 n 位的计数器，其最大计数值是什么？超过最大计数值后，计数值会变成什么？
3. 如何构建一个模 k 计数器？
4. 什么是十进制计数器？
5. 什么是时间间隔定时器？
6. 为什么位数多的纹波计数器不适合用快速时钟？

4.3 顺序数据路径和控制

现在已经讲到有关数字逻辑设计讨论的关键点。我们已经知道信息是如何用二进制码表达的；也了解如何用组合逻辑电路来对已编码的信息进行逻辑操作，以及如何用寄存器来存储编码的信息；也理解，为了避免在组合逻辑电路中产生反馈回路，也为了能处理按顺序到达输入端口的数据，必须使用寄存器。我们还讨论了几种计数器，以此作为把寄存器和组合逻辑结合在一起来实现顺序操作电路的例子。所谓顺序操作，其实就是隔若干个离散的时间间隔，执行一次操作，由此组成了一个操作序列。现在需要用更概括的视角来观察顺序操作。这个概括的视角，将形成随后讨论数字系统和嵌入式系统的基础。

在许多数字系统中,对输入数据所执行的操作,被表示为更简单操作的逻辑组合,例如算术运算和在若干个数据值之间作出选择。我们对数字系统的总体认识是把实现操作的电路,划分成为数据路径(datapath)和控制部分(control section)两大部分。

数据路径包含执行基本操作的组合电路和存储中间结果的寄存器。控制部分产生控制信号对这些数据路径元件的操作进行管理,即选择想要执行的操作,把将要用到的寄存器使能。特别要提出的是,控制部分必须确保控制信号以正确的顺序执行,在适当的时间变为有效,使数据路径能对流经它的数据执行所需的操作。因此,我们说控制部分执行控制序列(control sequencing)。在许多情况下,控制部分使用由数据路径产生的状态信号(status signals)。状态信号被用来表明某些关注的条件是否为真,例如,数据是否具有某个确定的值,或某输入数据是否可用。状态信号的值可以影响控制序列。

在数字电路设计中最有挑战性的任务之一,是设计一个数据路径和相应的控制部分,以满足特定的要求和制约因素。通常有很多个能满足功能要求的数据路径方案可供设计者选择。不同设计方案之间的选择通常涉及电路面积和性能之间的权衡。

例 4.13 请开发一个数据路径,以实现两个操作数都为复数的复数乘法运算。两个操作数和乘积都以笛卡尔形式(Cartesian form)表示。操作数的实部和虚部都被表示为有符号的定点数,该定点数的二进制小数点前有 4 位,小数点后有 12 位。乘积的实部和虚部,也用有符号定点数表示,但该定点数的二进制小数点前有 8 位,小数点后有 24 位。对该复数乘法器有严格限制电路面积的约束条件。

解决方案 假设两个复数:$a=a_r+ja_i$ 和 $b=b_r+jb_i$,复数的乘积为:
$$p = ab = p_r + jp_i = (a_rb_r - a_ib_i) + j(a_rb_i + a_ib_r) \tag{4.1}$$
上述计算需要四个定点乘法、一个减法、一个加法。假如只用组合电路实现上述复数乘法器,这些操作的每一个都将需要不同的组件,这将消耗大量的电路面积。因为面积是一个严格的约束,为了降低面积的消耗,我们只使用一个乘法器和一个加法/减法器,按照顺序执行四个乘法和加法/减法,形成积的实部和虚部。当然将要用寄存器来存储计算的中间结果。复数乘法的整个计算过程将需要几个时钟周期。

顺序执行的复数乘法的数据路径如图 4.30 所示。由于乘法器是共享的,所以在乘法器的输入端需要使用多路选择器选择合适的操作数。某个给定的乘法结果将被存储在部分积寄存器中。为了形成复数积的实部,两个部分积由加法/减法器相减得到。为了形成复数积的虚部,两个部分积要相加。在这两种情况下,复数积的实部和虚部被分别存储在各自的输出寄存器中。

在图 4.30 中,数据信号用粗线表示,因为这些信号线连接的是二进制多位信号。余下的信号用细线表示,这些信号线连接的是时钟和控制信号。其中包括多路选择器的选择信号、寄存器的时钟使能信号,以及一个用来选择用加法器还是减法器执行操作的控制信号。控制信号的值由一个独立的控制部分驱动,在图 4.30 中没有画出控制部分。

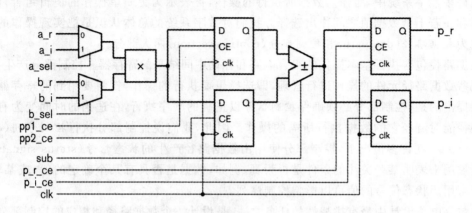

图 4.30 顺序复数乘法器的数据路径

例 4.14 请用 Verilog 语言编写出复数乘法器数据路径的模型。

解决方案 该模块包括的端口如下:数据输入、数据输出、时钟输入、复位输入和表明新数据到达的输入信号。稍后,将对最后一个输入信号做解释。

该模块的定义如下:

```
module multiplier
    ( output reg signed [7:-24] p_r, p_i,
      input       signed [3:-12] a_r, a_i, b_r, b_i,
      input                      clk, reset, input_rdy );
reg a_sel, b_sel, pp1_ce, pp2_ce, sub, p_r_ce, p_i_ce;
wire signed [3:-12] a_operand, b_operand;
wire signed [7:-24] pp, sum;
reg signed [7:-24] pp1, pp2;
 ⋮
assign a_operand = ~a_sel ? a_r : a_i;
assign b_operand = ~b_sel ? b_r : b_i;
assign pp = {{4{a_operand[3]}}, a_operand, 12'b0} *
            {{4{b_operand[3]}}, b_operand, 12'b0};
always @(posedge clk)            // 部分积 1 寄存器
    if (pp1_ce) pp1 <= pp;

always @(posedge clk)            // 部分积 2 寄存器
    if (pp2_ce) pp2 <= pp;

assign sum = ~sub ? pp1 + pp2 : pp1 - pp2;
```

```
    always @(posedge clk)           //乘积的实部寄存器
    if (p_r_ce) p_r <= sum;

    always @(posedge clk)           //乘积的虚部寄存器
       if (p_i_ce) p_i <= sum;
    ⋮
    endmodule
```

在该模块内声明的线网和变量表示控制信号和内部的数据连接。与控制部分有关的声明，暂时先搁置一下，稍后再作讨论。在描述电路结构的语句部分，给 a_operand 和 b_operand 的赋值表示使用了多路选择器，给 pp 的赋值表示使用了乘法器。（乘法器的操作数被扩展，使乘积的位宽与积的实部和虚部的位宽相匹配），头两个 always 块表示部分积寄存器。给 sum 赋值，表示使用了加法/减法器，而后面的两个 always 块表示输出寄存器。稍后，将继续解释有关控制部分的语句。

例 4.15 请为时序复数乘法器的控制信号设计一个控制序列。

解决方案 首先需要确定通过数据路径实现的操作顺序，数据路径是专为实现式(4.1)所表示的功能需求而设计的。可能的操作顺序有很多种，但是必须确保不会发生资源冲突，换言之，必须确保不让数据路径上的一个组件，在同一时间段内执行一个以上的操作。由 input_rdy 为 1 启动的可能操作序列之一为：

① a_r 乘以 b_r，并将其结果存储在部分积寄存器 1 中。
② a_i 乘以 b_i，并将其结果存储在部分积寄存器 2 中。
③ 把部分积寄存器的值相减，把结果存储在乘积的实部寄存器中。
④ a_r 乘以 b_i，并将其结果存储在部分积寄存器 1 中。
⑤ a_i 乘以 b_r，并将其结果存储在部分积寄存器 2 中。
⑥ 把部分积寄存器的值相加，并把结果存储在乘积的虚部寄存器中。

这个序列要使用 6 个时钟周期才能完成。在每个时钟周期，只有一个算术组件被使用，所以不会发生资源冲突。不过，还可以减少所需要的时钟周期个数，而不造成冲突，只要通过协同使用乘法器和加法/减法器就可以做到。具体来说，可以把步骤③、④合并成为一个步骤，在这个步骤中，可以把部分积相减以形成乘积的实部，并且把 a_r 乘以 b_i 以形成下一个部分积。

确定这 5 步计算步骤后，需要将每一步骤中必须有效的控制信号，都列在表 4.1 中。在每一步骤中控制信号值的组合，使得数据路径的组件执行该步骤所需的操作。请注意，在某些步骤中，并没有使用多路选择器和加法/减法器。在这些步骤中，不必关心管理这些组件的控制信号的驱动值究竟是什么。

表 4.1　复数乘法器控制序列表

step	a_sel	b_sel	pp1_ce	pp2_ce	sub	p_r_ce	p_i_ce
1	0	0	1	0	—	0	0
2	1	1	0	1	0	0	0
3	0	1	1	0	1	1	0
4	1	0	0	1	0	0	0
5	—	—	0	0	0	0	1

有限状态机

例 4.15 描述了顺序数据路径的控制序列,但还没有说明如何为控制部分设计能产生控制序列的电路。为了说明这个问题,我们引入了一个被称作有限状态机的抽象。有限状态机具有相当坚实的数学理论基础。CAD 工具应用从这个理论基础推得的一些有用结果,可以把有限状态机转换成优化的时序电路。然而,我们将采取注重实效的方法,把重点放在控制部分的设计上,安排好数据路径的操作顺序。

就一般情况而言,有限状态机的定义由一组输入、一组输出、一组状态(states)、管理状态间转移的转移函数(transition function)和输出函数组成。状态只是操作步骤的序列中用于对某个操作步骤做标记的抽象值。控制部分之所以被称为"有限状态机",是因为状态集合的大小是有限的。该有限状态机在给定的时钟周期有一个当前状态(current state)。转移函数可以根据当前状态以及给定时钟周期可能的输入值,来确定下一个时钟周期的下一个状态(next state)。输出函数可根据当前状态和给定时钟周期可能的输入值来确定在给定时钟周期的输出值。

图 4.31 展示了有限状态机电路结构示意图。寄存器以二进制编码的形式存储当前状态。状态集合中有一个状态被称为初始状态(initial state)。当系统复位后,寄存器被复位到表示初始状态的二进制代码;因此,有限状态机假设初始状态为其当前状态。在每个时钟周期期间,下一个状态的值由下一个状态逻辑产生,下一个状态逻辑是一个实现转移函数的组合电路。此外,输出由输出逻辑产生的值驱动,输出逻辑是一个实现输出函数的组合电路。输出的是管理数据路径操作步骤的控制信号。在时钟的正跳变沿,标志着下一时钟周期的开始,当前状态被状态逻辑产生的下一个状态值更新。下一个状态可能和以前的状态一样,也可能是另外一个不同的状态。

有限状态机通常分为两类:米利型(Mealy)和摩尔型(Moore)。在米利型有限状态机中,输出函数不但取决于当前状态,还取决于输入值。在该有限状态机中,存在如图 4.31 所示的虚线连接。若输入值在一个时钟周期期间发生改变,则输出值有可能随之发生改变。而在摩尔型有限状态机中,输出函数只取决于当前状态,而不取决于输入值。在摩尔型状态机中,图4.31中的虚线连接是不存在的。因此若输入值在一个时钟周期期间发生改变,输出维持不变。

理论上,任何一个米利型有限状态机,都有一个等价的摩尔型有限状态机与之对应,反之亦然。而在实际工作中,可能是米利型,也可能是摩尔型是最适合的

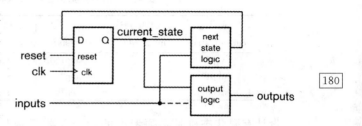

图4.31 有限状态机的电路结构

有限状态机。米利型有限状态机可以用较少的状态实现给定的控制序列,但很可能较难满足时间约束。这是由于被用于计算下一状态的输入到达的延迟所造成的。在提供有限状态机的举例时,我们将识别什么样的有限状态机是米利型的,什么样的是摩尔型的。

在许多有限状态机中,有一个闲置状态。该状态表明系统正等待启动操作序列。当某个输入表明该序列应该启动了,在连续的许多个时钟周期里,有限状态机将遵循状态序列,不断地产生控制数据路径操作的输出值。最终,当操作序列完成后,有限状态机返回到闲置状态。

例4.16 请为例4.15所描述的复数乘法器设计一个有限状态机,该状态机能产生控制运算步骤的序列。在新数据到达数据路径输入的时钟周期期间,若 input_rdy 变为1,则控制序列开始启动。

解决方案 有限状态机需要5个状态,控制序列的每个操作步骤用一个状态表示。依次称这些状态为 step1~step5。我们还需要处理等待输入数据到达的情况。可以考虑用一个单独的 idle(闲置)状态来表示这种情况。在 idle 状态,当 input_rdy 为1时,有限状态机将转移到 step1 状态,开始执行乘法;否则,将继续留在 idle 状态。但这种操作序列浪费了一个时钟周期,因为开始不会执行第一个乘法,必须等到数据到达的周期后,才能开始执行运算。

另一种方法是,把 step1 作为闲置状态。若在给定的时钟周期里,新的数据尚未到达,在这种情况下,只能把 step1 再次作为下一个状态。另一方面,若在该时钟周期里 input_rdy 变为1,表明新的数据已经到达,则在该时钟周期期间,可得到实部的乘积,并可在下一个时钟的正跳变沿把乘积存储起来。于是,转移到 step2,在随后的时钟周期,转移到 step3、step4 和 step5。当 step5 的时钟周期结束时,完整的复数积(实部和虚部)被存储在数据路径的两个输出寄存器中,所以在下一个时钟周期,就可以转移返回到 step1。

总而言之,信号 input_rdy 是这个有限状态机的一个输入信号,而例4.15列出的控制信号作为其输出。状态集合是{step1, step2, step3, step4, step5},其中,step1 作为初始状态。转移函数由表4.2定义。输出函数由表4.1定义。由于输出函数只依赖于当前状态,而不依赖于输入值,所以这个有限状态机是摩尔型有限状态机。

表 4.2 描述复数乘法器有限状态机的转移函数

当前状态 current_state	输入数据到达 input_rdy	下一个状态 next_state	当前状态 current_state	输入数据到达 input_rdy	下一个状态 next_state
step1	0	step1	step3	—	step4
step1	1	step2	step4	—	step5
step2	—	step3	step5	—	step1

设计有限状态机时必须考虑的一个重要问题是：如何对状态值进行编码。我们曾在例 4.16 中简要介绍过，可以把状态当作抽象的值进行编码。正如在第 2 章中曾讨论过的那样，若有限状态机需要有 N 个状态，则表示这些状态的编码至少需要有 $\lceil lb\ N \rceil$ 位。但是，可以用更多的位来表示状态，只要这样做能够使有限状态机的电路更加简单即可。特别需要注意的是，虽然用更多的位来表示状态要使用更多触发器，而且必须用更多的信号线来表示状态信号，但这样做却可以使产生下一个状态的逻辑电路和输出逻辑电路变得更加简单和小巧。就一般情况而言，选择最优状态编码是一个很复杂的数学问题。然而，CAD 综合工具中已融合了选择最优状态编码的方法。因此，可以让工具帮我们作出正确的选择。状态编码遇到的第一个问题是选择代表初始状态的码字。在许多情况下，选择所有位都为 0 的码字作为初始状态的码字是很好的，因为这使我们可以用一个简单的带复位输入的寄存器来实现。若选用别的码字作为初始状态，则该码字必须在系统复位时刻才能被加载到寄存器中。

1. 用 Verilog 为有限状态机建模

由于有限状态机是由寄存器、下一个状态的逻辑和输出逻辑组成的，而我们早已知道用 Verilog 为寄存器及组合逻辑建模的简单方法，所以可以利用 Verilog 语言的这些特性为有限状态机建模。尚未介绍的唯一问题是如何来表示状态的集合，特别当必须以抽象的视角来考虑问题，并把状态编码留给 CAD 综合工具自动去完成时。在 Verilog 中，可以利用参数定义 (parameter definations) 指定一组与二进制码字相关的符号名来表示状态。例如，可以把例 4.16 中的状态参数定义为如下二进制码字：

```
parameter [2:0] step1 = 3'b000, step2 = 3'b001,
                step3 = 3'b010, step4 = 3'b011,
                step5 = 3'b100;
```

上面的语句定义了 5 个参数，这些参数名为 step1～step5，分别对应 000_2～100_2 的码字。在状态机模型的其余语句中，只需使用符号名，而不必使用码字值。CAD 综合工具可以对状态参数重新编码，换言之，可帮助设计者选择另外一套状态编码集合，以便为状态机生成更优化的硬件。

可以用如下语句声明一个变量来表示状态机的当前状态：

```
reg [2:0] current_state;
```

这条语句说明 current_state 是一个位宽为 3 的变量(寄存器)类型的向量,最多可以表示 8 种状态,所以完全可以承担表示 5 个状态的参数值。例如,在过程块里用如下赋值语句:

current_state <= step4;

就可以把 step4 的值赋给变量。

例 4.17 请为例 4.16 中的有限状态机编写 Verilog 模型。

解决方案 我们将把由 Verilog 所表示的控制部分添加到例 4.14 中的复数乘法器的数据路径结构中。所添加的用于表示状态集的参数语句及用于表示当前状态和下一个状态的变量如下所示:

```
parameter [2:0] step1 = 3'b000, step2 = 3'b001,
                step3 = 3'b010, step4 = 3'b011,
                step5 = 3'b100;
reg [2:0] current_state, next_state;
```

添加到模块中的语句为:

```
always @(posedge clk or posedge reset)      // 状态寄存器
   if (reset) current_state <= step1;
   else      current_state <= next_state;
always @*   // 下一个状态的逻辑
case (current_state)
     step1: if (!input_rdy) next_state = step1;
            else            next_state = step2;
     step2:                 next_state = step3;
     step3:                 next_state = step4;
     step4:                 next_state = step5;
     step5:                 next_state = step1;
endcase

always @* begin    // 输出逻辑
a_sel = 1'b0; b_sel = 1'b0;  pp1_ce = 1'b0; pp2_ce = 1'b0;
sub = 1'b0;   p_r_ce = 1'b0; p_i_ce = 1'b0;
case (current_state)
   step1: begin
            pp1_ce = 1'b1;
          end
   step2: begin
            a_sel = 1'b1; b_sel = 1'b1; pp2_ce = 1'b1;
          end
   step3: begin
```

```
                    b_sel = 1'b1; pp1_ce = 1'b1;
                    sub = 1'b1; p_r_ce = 1'b1;
                end
        step4: begin
                    a_sel = 1'b1; pp2_ce = 1'b1;
                end
        step5: begin
                    p_i_ce = 1'b1;
                end
    endcase
end
```

第一个always块是为有限状态机的状态存储所建立的模型。该模型基于一个带异步复位端的寄存器的模板。当复位输入为正时，always块复位，由当前状态变为初始态step1；否则，在时钟的正跳变沿，always块把当前状态更新到由下一个状态逻辑产生的下一个状态。

下一个状态是由第二个always块的组合逻辑产生的，该always块模拟了表4.2的转移函数。该块内的语句是一条case语句，根据变量current_state(当前状态)的值在多个分支项中选择一个项来更新变量next_state(下一个状态)的值。在step1(步骤1)的二选一语句中，使用了嵌套的if语句，以确定是进入step2，还是留在step1，这一选择取决于input_rdy的值。而在所有其他的状态下，只是无条件地依次把下一个状态向前推进1个状态即可。

输出值是由第三个always块的组合逻辑产生的，该always块模拟了表4.1中的输出函数。该块也包括一条case语句，根据变量current_state的值在多个分支项中选择一个项来给输出赋值。在case语句的每一个分支项，并没有给每个输出赋值，而是在case语句之前先给每个输出变量赋一个默认的0值，在分支项中仅对有必要赋值的变量赋值1。这种输出函数的建模风格，通常使always块更简洁，并有助于避免无意引入的锁存器。无意引入锁存器的原因通常是由于在分支语句中遗漏了对某个输出的赋值。

2. 状态转移图

状态转移图(state transition diagram)是有限状态机的抽象图解表示。它使用一个圆圈，或"气泡"，来代表每一个状态。圆圈之间用有方向的弧线表示状态的转移。弧线上可标记引起状态转移的输入值的组合。

为了说明状态转移图，请观察如图4.32所示的有限状态机的状态转移图。该状态机有s1、s2和s3三个状态，每条弧线上都标记了两个输入值a_1和a_2，这两个值是引起转移所必需的。因此，当有限状态机是在状态s1而且两个输入都是1时，在下一个时钟周期，状态机进入状态s3。若状态机的当前状态为s1，且两个输入都是0，则状态机停留在状态s1。若输入为0和1(或1和0)，则状态机从状态s1转移到状态s2。请注意，省略了从s2至s3弧线上的标记。这是一个共同的约定，表示无条件地转移，换言之，当有限状态机在状态 s2 时，不论输入值是什么，下一个状态一定变为 s3。另一个要点是，对每个状态而言，所有可能的输入组合值都是起作用的，并且从某给定状态发出的弧线上不能标记有重复的组合值。

圆圈内也可以标记状态机的输出值。因为摩尔机的输出只取决于当前的状态，所以可以把输出值标记在状态圆圈内，如图 4.33 所示。对每个状态而言，按照顺序标出两个摩尔类型的输出值 x_1 和 x_2。

而米利机的输出，不但取决于当前的状态，还取决于当前的输入值。通常输入条件与那些确定下一状态的条件是相同的，所以通常把米利机的输出标记在弧线上斜杠符的右侧。若当前状态是弧线的源头，而且输入值是那些标记在弧线上斜杠符的左侧的值时，其右侧的值并不意味着在转移时刻输出值立即发生了变化，而只是表示输出值将被驱动到这个值。若在源头状态时输入发生了新的变化，则输出将变化成那些标记着新输入值的其他弧线上的斜杠符右侧的值。

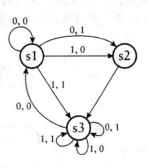

图 4.32 状态转移图

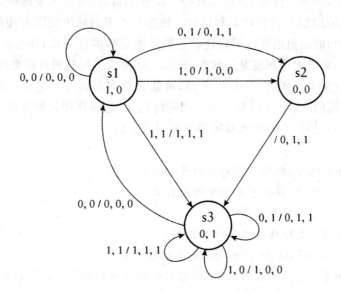

图 4.33 添加了摩尔和米利类型输出值的状态转移图

米利型有限状态机的输出也被标记在弧线上，如图 4.33 所示。在每种情况下，输入值被列在斜杠符"/"的左侧，顺序是 a_1 和 a_2，而输出值被列在斜杠符"/"的右侧，顺序是 y_1、y_2 和 y_3。

例 4.18 请为例 4.16 的有限状态机绘制状态转移图,并请在状态转移弧线上标记输出值,输出值的排列顺序请按照表 4.1 中的输出值出现的次序。

解决方案 状态转移图如图 4.34 所示。当 input_rdy 为 1 时,状态从 step1 转移到 step2;当 input_rdy 为 0 时,状态从 step1 转移回到它本身的状态。所有其他的转移都是无条件转移。因为这是一个摩尔机,输出值都画在表示状态的圆圈中。

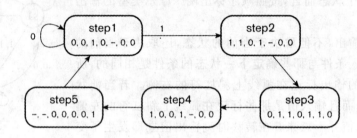

图 4.34 复数乘法器的状态转移图

在许多应用中,状态转移图是一种很有用的表达形式,因为它用图形方式清晰地表达了时序设计的控制过程和步骤。许多 CAD 工具提供图形编辑器,可以方便地输入状态转移图,并可以自动生成 Verilog 代码,进行仿真和综合。状态转移图表示方法不方便的地方在于,有限状态机的输入条件和输出值的标记可以让状态转移图变得混乱不堪,使控制过程的步骤和组织朦胧不清。而且,对于大型和复杂的状态机而言,这种状态转移图可以变得难以处理。在这些情况下,一个写成文本形式的 Verilog 模型,可能会更容易理解。总而言之,由于状态机的状态转移图和状态机的 Verilog 模型包含了相同的信息,选择使用何种方式进行设计,是个人的喜好,或者可由项目的指导方针来确定将要使用的方法。

知识测试问答

1. 在数字电路系统中,数据路径的目的是什么?
2. 在数字电路系统中,控制部分的目的是什么?
3. 什么是控制信号和状态信号?
4. 摩尔型和米利型有限状态机有什么区别?
5. 请为状态集:s0、s1、s2 和 s3 编写 Verilog 参数定义。
6. 在米利型和摩尔型的状态转移图中,它们的输出分别标记在状态转移图的哪个部分?

4.4 由时钟同步的时序方法学

我们已对数字系统有了一个如图 4.35 所示的总体看法。数字系统是由数据路径和控制部分两部分组成的,前者用来存储和转换二进制编码信息;后者用来安排数据路径中的操作步骤。下面依次介绍这两个部分。数据路径包括了若干个可对数据进行操作的组合逻辑子电路,以及可存储数据的寄存器。存储的数据不但可以被反馈到较前面的数据路径级上作为输入,也可以被送到较后面的数据路径级上作为输入。控制部分驱动控制信号,而控制信号则管理组合子电路的操作,以及数据在寄存器中的存储。控制部分也可以使用数据值的状态信息,以确定准备执行什么操作,以及按照什么顺序执行这些操作。鉴于数据在寄存器之间的转移是通过组合逻辑的子电路完成的,所以这种系统通常被称为寄存器传输级(register-transfer level,RTL)。"级"这个字是指抽象的级别,即抽象的程度。"寄存器传输级"比"门级"的抽象程度更高,但比"算法级"的抽象程度更低。

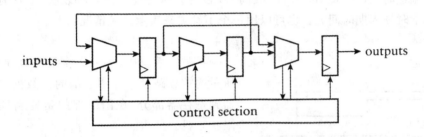

图 4.35 数字系统构造原理示意图

在第 1 章中,我们已认识到把时间划分成离散的时间间隔是管理数字系统复杂时序的关键抽象,还介绍了触发器(和由此组成的寄存器)的一些特殊的时序特性。离散时序的解决方案就是根据触发器的时序特点进行抽象的结果。到目前为止,我们已经见到了一些更复杂的数字系统,可以开始了解离散时序抽象的价值了。它的基础是用一个共同的周期性的时钟信号,驱动所有如图 4.35 所示的寄存器。我们说,这些寄存器在每个时钟的正跳变沿都与时钟同步。组合逻辑子电路在一个时钟的正跳变沿和下一个时钟的正跳变沿之间的间隔内完成操作,该间隔被称作时钟周期(clock cycle)。

这个由时钟同步的时序方法学(clocked synchronous timing methodology),能确保在时钟的正跳变沿时刻,下一级操作所需要的数据由上一级的组合逻辑子电路完成,而且该方法大大简化了从小规模子系统组成大规模系统的方法。

由于寄存器是由触发器并联组成的,所以可以从触发器的时序特性推出寄存器的时序特性。我们将使用如下简化的假设:在某特定寄存器中的所有触发器具有相同的时序特性,任何不同都是可忽略的。因此,可以找出寄存器的建立时间(Setup time,t_{su})、保持时间(hold time,t_h)和时钟至输出的延迟时间(clock-to-output delay,t_{co}),寄存器的这些时序特性参数和触发器的时序特性参数是一样的。将被存储到寄存器中的数据,其输入的所有位,必须至少在时钟跳变沿前的建立时间内和时钟跳变沿后的保持时间内是稳定的。只有这样才能保证,在时钟跳变沿之后,再等待时钟至输出的延迟时间过后,在寄存器的输出端可获得新存入数据的所有位。

这些因素导致我们思考系统路径上(如图 4.36 所示)寄存器到寄存器的时序。Q1 为某个寄存器的输出,该输出被传送到一个组合子电路的输入。D2 是该子电路的输出,又被传送到下一个寄存器的输入。时间参数已经被标记在图 4.37

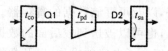

图 4.36 寄存器到寄存器的路径

上。时钟正跳变沿后,Q1 变化到新的储值,直到时间区间 t_{co} 的末尾才稳定在该值。然后,新的值通过组合子电路传播,直到子电路的传播延迟 t_{pd} 结束才稳定在输出 D2。D2 上的值必须在下一个时钟跳变沿之前至少已经稳定了 t_{su} 时间段。所以必然存在一个宽松时间(slack time)t_{slack},其间 D2 没有什么变化。图 4.36 表明,这些时间间隔的总和必须小于时钟周期时间 t_c。也可以用一个不等式来表示这种情况:

$$t_{co} + t_{pd} + t_{su} < t_c \tag{4.2}$$

在数字系统中,另一条重要路径是如图 4.38 所示的控制路径。在图上部的是数据路径的寄存器到寄存器部分,在图下部的是控制部分中的有限状态机。

由组合逻辑子电路产生的状态信号是输出逻辑的输入信号,以及控制部分产生下一个状态的逻辑块的输入信号。由输出逻辑驱动的控制信号管理着组合子电路和目标寄存器的操作(通常从某个组合逻辑子电路来的状态信号会影响其他一些组合子电路的操作,同样也会影响时序操作)。

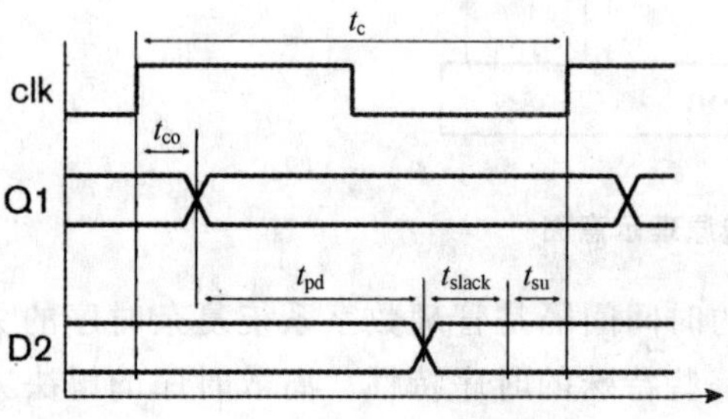

图 4.37 寄存器到寄存器的时序

对这些控制路径的时序分析类似于寄存器到寄存器数据路径的时序分析。只需求出通过组合逻辑子电路和输出组合逻辑的传播延迟总和,就可以推导出如下不等式:

$$t_{co} + t_{pd\text{-}s} + t_{pd\text{-}o} + t_{pd\text{-}c} + t_{su} < t_c \tag{4.3}$$

式中:$t_{pd\text{-}s}$ 是通过组合子电路产生状态信号的传播延迟;$t_{pd\text{-}o}$ 是通过输出逻辑产生控制信号的传播延迟;$t_{pd\text{-}c}$ 是通过组合逻辑子电路改变控制信号,从而影响输出数据的传播延迟。对于不取决于输入的摩尔型控制信号,可以在式(4.3)中,忽略参数 $t_{pd\text{-}s}$。用类似的方式,可以为产生下一个状态值的路径,推导出如下不等式:

$$t_{co} + t_{pd\text{-}s} + t_{pd\text{-}ns} + t_{su} < t_c \tag{4.4}$$

式中:$t_{pd\text{-}ns}$ 是通过下一个状态逻辑的传播延迟。

对系统中所有的寄存器到寄存器和控制路径,必须满足式(4.2)~式(4.4)。由于所有的寄存器的时钟信号是共同的,所以所有路径的时钟周期时间 t_c 是相同的。同样,如果假设在整个系统中所有寄存器都是相同的(如 FPGA 制造工艺中就是这种情况),则所有路径的 t_{co} 和 t_{su} 都是相同的,只剩下由于路径长短不同而引起的传播延迟的不同。

传播延迟最长的路径叫作关键路径(critical path)。它决定在系统中可采用的最短时钟周期。因为所有的操作都必须在时钟周期规定的时间间隔内执行完毕,所以关键路径决定了系统的整体性能。因此,如果需要说明性能问题,则必须确定哪些组合逻辑子电路是在关键路径上,并尝试减少其延迟。在大多数的系统中,关键路径是系统数据路径中寄存器到寄存器的路径。例如,有一个执行算术运算或包括计数器的数据路径,那么进位链可能就是关键路径。另外,如果系统采用米利型有限状态机,且其对应式(4.3)的控制路径是在关键路径上,那么使用等价的摩尔型状态机,就可以避免在控制路径上的状态信号延迟。当然,一旦某关键路径的延迟被减少到低于另一路径的延迟,则另一个路径就成为关键路径了。因此,为了提高系统的性能,在系统设计中必须关注多个数据路径。

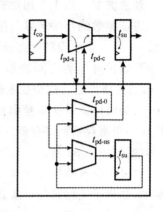

图 4.38 数字系统中的控制路径

根据系统的要求和约束,可以用两种不同的途径来解释式(4.2)~式(4.4)。

一种解释是把传播延迟当作独立的参数予以处理,并确定所得到的最小时钟周期。该系统便可以用大于最小时钟周期的任何时钟周期运行。这种解释适用于对性能要求不太高的系统。

另一种解释是把时钟周期的长短作为独立的参数予以处理,并由此确定系统的传播延迟。我们也许会得到由系统架构师或由市场部门提供的目标时钟周期,要求必须达到或超过这个目标时钟周期。同时,要求所设计的系统必须满足这一目标。在这种情况下,不等式给出了通过组合逻辑的数据和控制路径的传播延迟约束条件。若满足约束条件,还留有大量的宽松时间,则我们可能会试图优化设计,以降低成本,例如,通过使用面积较小的子电路。若不满足约束,则需要将注意力集中在关键路径或普通路径上,以缩短这些路径的延迟。若已设计的系统具有非常多的计算必须经由一个或多个组合逻辑子电路才能完成,则使我们有可能显著地减少关键路径的传播延迟。在这种情况下,可以把计算分成几个小步骤,这些步骤可以按照顺序或并行地完成。完成简单步骤的组合逻辑子电路,应该比原来大的组合逻辑有较小的传播延迟。这样一来,即使从整体上需要更多的步骤才能完成系统计算操作,但时钟周期缩短的事实,可以使我们达到所需的性能目标。

例 4.19 假设已设计了某个系统,该系统中包括一个可以对两个 16 位无符号二进制编码的整数进行乘法操作的乘法器。该系统的运算操作频率必须大于 50 MHz(时钟周期的时间是 20 ns)。我们已经有了一个组合逻辑乘法器,可以完成乘法操作,但乘法器的传播延迟却是 35ns。而对时序乘法器的所有其他数据和控制路径而言,20ns 的时钟周期都已有足够的宽松时间。乘法的结果可以等到操作数到达后的第 20 个周期后才求得。请描述如何利用例 4.4 的时序乘法器,帮助我们满足时序要求。

解决方案 用1个加法器实现的时序乘法器,需要用17个操作步骤,才能完成16位无符号二进制整数的乘法运算。第一步,存储操作数,并把输出寄存器复位至0。在随后的16个步骤中,每一个步骤都对部分积求和。而每步只执行逻辑与和加法操作。因此,操作数寄存器和乘积输出寄存器之间的组合逻辑子电路的延迟将显著小于全组合逻辑乘法器所需要的35 ns的传播延迟。这个延迟的减小应能缩短时钟周期,满足时间约束。

有关时序的进一步考虑是由时钟信号被连接到电路中所有寄存器的方式而引起的。假设,在一条寄存器到寄存器的路径中,时钟信号到目标寄存器是通过一条具有显著延迟的长线连接的,如图4.39所示。时钟正跳变沿到达源寄存器的时刻可能早于到达目标寄存器的时刻。这种现象被称作时钟偏移(clock skew)。如果通过组合逻辑子电路的传播延迟是很小的(例如,如果子电路只是一条直接连接到目标寄存器的很短的连线,那么该子电路的延迟是可忽略的),那么由前一个周期得到的值,在时钟跳变沿后,保持稳定的时间可能小于建立时间,如图4.40所示。在大多数的实现工艺中,保持时间是非常小的,甚至可以是负数,因而减小了出现这个问题的概率。(负的保持时间仅表示该数据可能在时钟跳变沿之前已开始改变。)但是,如果在设计中不注意减少时钟偏移,该电路可能会出现不可靠的操作。由于减少由时钟网络所引起的时钟偏移是非常重要的环节,而且需要用许多缓冲器来驱动数量庞大的触发器时钟输入,见2.1.1小节中所述,所以通常把时钟信号的实现交给CAD工具处理。作为物理设计的一部分,CAD布局布线工具将把时钟缓冲器插入电路,并布置连线,以便尽量减少时钟偏移。在FPGA的制造工艺中,时钟分配专用的缓冲器和线路资源,都已被建于芯片之中了。

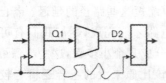 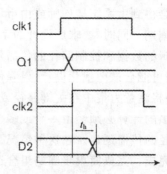

图4.39 有时钟偏移的寄存器到寄存器的路径　　图4.40 由时钟偏移所引起的时序问题

至此,已考虑的时间参数和制约因素只适用于集成电路芯片内的数据路径和控制部分。当把集成电路芯片用作更大系统的组成部分时,还需要顾及输入和输出引脚的影响,引脚通过印刷电路板上的线路把芯片与其他元件连接在一起。芯片的输入引脚有内部缓冲器,可保护芯片免受过多的电压波动和静电放电的影响;输出引脚也有内部缓冲器,以驱动芯片外的比较大的电容和电感。这些缓冲器以及把集成电路芯片连接到封装引脚的相关线路,导致了传播延迟。因此,当分析完整系统的时序行为时,必须考虑引脚和连接线的延迟。可以沿用芯片设计中基于路径分析的相同方法,我们曾用这种方法分析芯片内部的路径延迟。图 4.41 展示了一条寄存器到寄存器之间的路径,这条路径的源头寄存器在一个芯片上,而目标寄存器却在另一个芯片上。这条路径包括输出组合逻辑、输出缓冲器和引脚、印刷电路板布线、输入引脚和缓冲器、输入组合逻辑。这些传播延迟的总和,再加上寄存器的时钟至输出时间和建立时间,必须小于系统的时钟周期。对于高速系统而言,这很可能是一项很难满足的约束条件。在这种系统中,通常避免使用任何由组合逻辑构成的输入或输出。

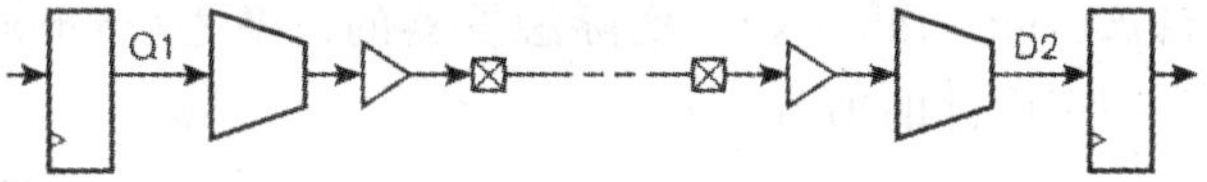

图 4.41　芯片之间的寄存器到寄存器路径

直接连接到寄存器数据输入端的输入通常被称作是被寄存的输入(registered input)。直接由寄存器输出端驱动的输出叫作被寄存的输出(registered output)。高速的设计方法学,往往要求用被寄存的输入、被寄存的输出或两者的结合。若同时使用两者,则用一个完整的时钟周期就可以实现跨芯片的数据传输。

4.4.1　异步输入

应用由时钟产生同步时序的方法时,必须确保到寄存器的输入信号电平在每个时钟的(正/负)跳变沿前后一小段时间区间内保持稳定。而那些由内部电路产生的信号,由于使用共同的时钟信号,所以可以确保满足上述约束。然而,大多数电路不得不处理一些由外部电路(例如由传感器,传感器的输出表示了现实世界的数量或事件)或者由独立的系统(该系统不用共同的时钟)产生的输入。这些信号称作异步输入。由于无法控制这些信号值的改变时刻,所以不能保证这些信号符合对寄存器输入信号的时间约束。

在介绍如何处理异步输入之前,先研究一下寄存器的行为,或更具体地说,研究一下触发器的行为,即当输入值可以在任何时刻改变时,触发器将会如何动作。触发器电路内部有一个可存储 0 或 1 电荷值的带正反馈的组合逻辑。图 4.18 介绍了锁存器中带正反馈的组合逻辑如何存储信号电平的原理。介绍 D 触发器的电路详细地描述了这种能存储跳变沿触发电平的电路结构。为了把已存储的 0 变为 1,或反过来把已存储的 1 变为 0,必须从 D 触发器电路的外部输入一些能量。打一个通俗易懂的比方:考虑一个位于两个凹坑之一的小圆球,两个凹坑之间有一个峰,如图 4.42 所示。球在一个凹坑中,对应的存储值是 0;球静止在另一个凹坑中,其对应的存储值是 1。为了改变存储值,必须提供能量,把球推过峰。在 D 触发器的情况下,当时钟正跳变沿时刻,从 D 输入端采集能量脉冲。若 D 输入为 0,则球被推入为 0 的凹坑;

若 D 输入是 1,则球被推入为 1 的凹坑。

现在若输入的变化接近于时钟的正跳变沿时刻,则采集到的能量不足。举例来说,如果小球位于为 0 的凹坑,而且输入变化为 1,则可能没有足够的能量将小球推入为 1 的凹坑。球可能接近于峰的上方,然后再次回落。这对应到触发器的输出开始出现从 0 至 1 的改变,随后因为能量不足又返回到 0。若能量只够把小球推到峰顶,但不能把它直接推到另一边的凹坑,如图 4.43 所示,则出现一个特别值得注意的情况。在这种情况下,小球在峰顶端晃悠一段时间,然后不确定地落到左边或右边的凹坑。球在峰顶晃悠的时间,和它落下的方向,是难以预料的。这种情形称作亚稳性(metastability)。实际触发器的亚稳态(metastable state)行为取决于触发器内部的电子和物理设计的细节。

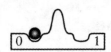　　　　　　　　　　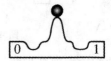

图 4.42　对触发器行为的比喻(球处于凹坑中)　　图 4.43　对触发器行为的比喻(球处于峰顶)

有些触发器在 0 和 1 之间的改变可能会延迟,有些可能会产生振荡,其他有些触发器可能在一段时间内输出呈现无效逻辑电平。问题并非在于触发器的输出出现这些暂时不确定的行为,而在于触发器呈现持续的亚稳状态,如果出现这样情况,等待输出进入稳定状态将遥遥无期。所产生的后果是,不能保证与触发器输出相连接的电路的时序约束能得到满足。

开发触发器行为的数学模型可以帮助我们了解异步输入是如何影响电路操作的。讲解这些模型的细节超出了本书的范围,所以只在这里把结论总结一下。假设一个异步输入的变化频率为 f_1,而系统的时钟频率为 f_2。异步输入被连接到触发器的输入端,等待一段时间 t 后,我们对这个触发器的输出值进行采样。偶尔会出现采样值不正确的情况。这是由于触发器处在亚稳态导致了某种形式的故障。可以用如下数学模型来表示由此引起的平均故障间隔时间(mean time between failures,英文缩写为 MTBF):

$$\text{MTBF} = \frac{e^{k_2 t}}{k_1 f_1 f_2} \tag{4.5}$$

k_1 和 k_2 是由某个特定的触发器通过测量得到的常数。因 MTBF 与频率是成反比的,更高的频率会导致较短的 MTBF,即出现更高的故障频率。然而,更有意义的是 MTBF 是和采样前的时间 t 呈现非线性相关的关系。值 k_2 通常是一个大的正数,所以在采样前的时间 t 很小的增加就能显著地增加 MTBF。

处理异步输入的通常途径是把异步输入连接到一个同步器(synchronizer)上,并在系统的其余部分使用同步器的输出。简单同步器的线路原理如图 4.44 所示。第一个触发器在每个时钟的正跳变沿对异步输入值进行采样。这个值通常在触发器的时钟到输出延迟时间内被传送到触发器的输出;并且,在下一时钟的正跳变沿,第二个触发器对该输出值进行采样。第二个触发器的输出被用在系统其余的部分。在异步输入的变化接近时钟正跳变沿的情况下,第一个触发器很可能进入亚稳态。然而,其输出不是在整个时钟周期内被采样的,这给了触发器用于解决亚稳态的时间。就式(4.5)而言,采样的间隔时间 t 是一个时钟周期 t_c。

只是在最近几年的时间里,器件制造厂商们才对亚稳态现象以及亚稳态对系统可靠性的影响有了彻底的理解。大约十五年前,公开发布的有关触发器亚稳态特性的数据是很难找到的。自从那时以来,器件制造厂商们已改进了器件的行为和所公布的数据。对于大多数采用现代制

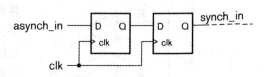

图 4.44 异步输入的同步器

造工艺实现的器件,如图 4.44 所示的简单的同步器足以给出一个远远超过其器件寿命的 MTBF。不过,对那些可靠性是需求的关键,并且有很多个异步输入的应用系统而言,必须研究我们所使用的实现工艺公布的数据,并根据制造商对于同步输入的建议进行设计。

开关的输入和去抖

我们曾提到过,对系统而言,外部信号往往是异步的输入信号。举例说明,这个例子是组成系统/用户界面的开关连接。开关连接可包括按键、滑块、切换开关和旋转开关等。用户可以在随机的时刻改变开关的通/断,因此,不能假设存在有时钟同步信号。同样,用于检测机械动作的微型开关也是异步地改变的。在开关的应用中有一个必须处理的更深入的问题,即开关的去抖。开关是一种包含电气接触的机电设备,它接通和切断电路来响应机械动作。当开关被接通时,开关的电气触点会发生抖动(bounce),从而造成电路一次或多次接通和切断,最后才停在接通的位置。同样,当开关被切断时,也可能发生抖动。若想要避免由开关动作所造成的对系统的干扰,必须对开关的输入进行去抖处理。开关的去抖处理是指在电路刚接通后,必须等待一段时间,才认可接通输入有效。对于大多数开关来说,等到开关稳定所需要的时间约为几个毫秒,所以去抖延迟最长达 10 ms 是很常见的。延迟太长会造成用户注意到开关响应的滞后现象。小于 50 ms 的响应时间,一般很难察觉。

解决开关抖动的方案有许多种,可以说有多少设计工程师,就有多少方案。其中一个简单的方案如图 4.45 所示。这种方案使用一个带负逻辑输入和一个单刀双掷开关的 RS 锁存器。当开关如图所示与上触点接通时,RS 锁存器的复位输入有效,输出 Q 变为 0。当开关切换时,我们假设,当开关与下触点连通之前的瞬间,这个开关是断开的。(有时也被称为"接通前的断开"。)开关的上触点从接通到断开,只是让锁存处在复位状态。第一次抖动发生在开关从断开到与下触点连通的瞬间,置位输入有效时,输出 Q 变为 1。随后的抖动使锁存器处在置位状态。当开关再次切换到上触点时候,开关的行为也是类似的。

虽然上述方案是非常有效的,但存在两个弊端。首先,这个方案需要将两个输入信号连接到数字系统中,而需要表示的信号其实只有一个输入信号。第二,需要一个单刀双掷开关,而

许多低成本的应用只需要一个只有两个触点的单刀单掷开关,按一下开关,两个触点即可连通。单刀单掷开关的去抖电路一般依赖于模拟电路设计技术,并要求在主要数字芯片的外部安装元件。在这里将不讨论这些问题,请参阅 4.6 节列出的供读者进一步阅读的参考书目。而我们将在这里勾勒出如何用全数字化的方式来去除开关的抖动,这种去抖电路可以被设计在数字系统的主电路中。

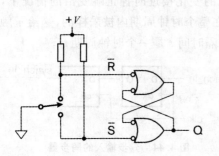

图 4.45 使用一个 RS 锁存器的开关去抖器

图 4.46 展示了如何把简单的单刀单掷(或瞬时接触)开关连接到数字电路作为输入信号的方法。当开关断开时,输入为 1;当开关接通时,输入为 0。开关位置的改变使得输入在 0 和 1 之间切换,直至抖动停止,输入停在最终值上。我们不直接使用系统内接收到的立即输入值,而是分几次对输入信号进行采样,采样间隔时间比开关的抖动时间长。当获得连续两个具有相同输入采样值时,才使用该值,作为开关输入的稳定状态。

例 4.20 请编写按键开关去抖器的 Verilog 模型,去抖采样的时间间隔为 10 ms。假设该系统的时钟频率为 50 MHz。

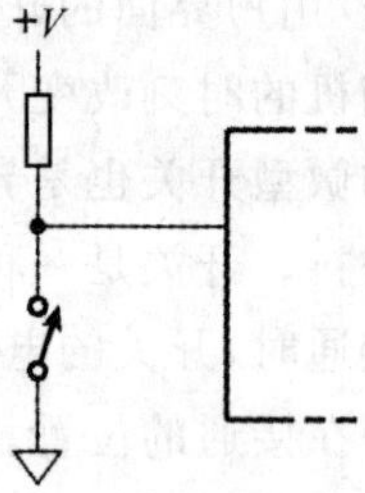

解决方案 模块的定义是:

```
module debouncer ( output reg pb_debounced,
                   input     pb,
                   input     clk, reset );
  reg [18:0] count500000;       // 其值的范围在 0 到 499999 之间
  wire       clk_100Hz;
  reg        pb_sampled;
always @(posedge clk or posedge reset)
    if      (reset)        count500000 <= 499999;
    else if (clk_100Hz)    count500000 <= 499999;
    else                   count500000 <= count500000 - 1;
assign clk_100Hz = count500000 == 499999;
always @(posedge clk)
    if (clk_100Hz) begin
        if (pb == pb_sampled) pb_debounced <= pb;
        pb_sampled <= pb;
    end
```

图 4.46 简单的开关输入连接

```
endmodule
```

第一个 always 块表示递减计数器,它把时钟除以 500 000。always 块后的赋值语句对最终计数进行译码,得到每隔 10 ms 出现的一个采样脉冲。当采样脉冲为 1 时,第二个 always 块比较当前的按键输入值(pb)和先前的采样值(pb_sampled)。若其相同,则该 always 块更新开关的输出,把它变成当前的值;若不同,则输出是不变的。此外,当采样脉冲为 1 时,块用当前值更新采样值。

下面这一点非常重要,请注意,由例 4.20 中的 Verilog 模块综合后生成的去抖电路比图 4.45 所示的简单的去抖器使用了更多的电路,但是例 4.20 中的去抖电路实现起来可能会更便宜。上述方案只需要使用一个简单的单刀单掷开关,而且在集成电路外面只需用一个电阻器和一个输入引脚。若产品的批量比较大,在封装资源的开销和印刷电路板装配费用上的节省是比较显著的,节省下来的费用远大于集成电路内部多用一些电路资源所花费的成本。若应用项目中无论如何都需要包括一个处理器,则也可以考虑在嵌入式处理器上运行的软件中,编写几条语句以实现去抖功能。若处理器有足够的时间,在其任务调度表中,则可安排开关的去抖操作,这也许是更有效地利用资源的策略。在设计中必须从系统整体出发,考虑所有的成本和资源,权衡利弊做出正确的决定,而不是只孤立地考虑某一方面的好处。这些经验是需要通过学习获取的。

4.4.2 时序电路的验证

我们已介绍了由时钟同步的时序电路的设计步骤,以及所用的时间约束,现在可以返回到曾在 1.5 节的设计方法中概述过的设计验证步骤。我们需要考虑功能验证(即该时序电路是否能正确地实现要求的功能)和时序验证(即该电路是否满足时序约束条件)。

在 1.5 节中概述了如何用工具进行静态时序分析来验证时序约束。这里,将使用 Verilog 模型对功能验证进行深入的讨论,以扩展在 2.4 节中介绍的有关组合电路验证的思路。

我们曾见过,在对组合电路进行验证时,需要先把测试信号(案例)施加到待测电路的输入端,然后等待一段时间(即信号在组合电路中的传播延迟时间),才能对电路的输出进行检查。同样,在验证时序电路时,也必须考虑电路的操作需要用一个或几个时钟周期才能完成的事实。我们必须保证,检查输出的程序块与施加测试信号的激励块是同步的,并知道把测试信号施加到待测电路的输入端后,需要等待多少个时钟周期,然后才能检查输出。如果所有的操作可以在相同数目的周期中完成,而且在任何时刻,只允许发生一个操作,那么对这样的电路进行验证,相对比较简单。如果电路的每个操作需要持续几个数目不同的周期才能完成,那么必须检查两方面的问题才能完成验证工作:操作是否已在正确的时间段内完成;正确的结果是否已经产生。若电路中有多个操作可以同时发生,例如,若数据路径被安排成流水线的结构,则必须确保所有已开始的操作都已完成且没有产生任何不合逻辑的谬误结果,才能完成验证工作。

为复杂的时序电路编写测试模型,是一个需要付出相当努力的复杂项目。我们将讨论一些可用于第 10 章的通用技术。现在,将通过为前面介绍过的例子中的电路编写验证模块,来说明基于激励的验证方法。

例 4.21 请为例 4.14 中时序乘法器编写测试模型,并验证该乘法器的计算结果(在操作数精度限制之内)与用 Verilog 实型(real)内置乘法器的运算结果是相同的。

解决方案 本测试模块没有外部接口,所以该模块的定义如下:

```
`timescale 1ns/1ns
module multiplier_testbench;
   parameter t_c = 50;
reg              clk, reset;
reg              input_rdy;
wire signed [3:-12] a_r, a_i, b_r, b_i;
wire signed [7:-24] p_r, p_i;
real real_a_r, real_a_i, real_b_r, real_b_i,
     real_p_r, real p_i, err_p_r, err_p_i;
task apply_test ( input real a_r_test, a_i_test,
                              b_r_test, b_i_test );
   begin
      real_a_r = a_r_test; real_a_i = a_i_test;
      real_b_r = b_r_test; real_b_i = b_i_test;
      input_rdy = 1'b1;
      @(negedge clk) input_rdy = 1'b0;
      repeat (5) @(negedge clk);
   end
endtask
multiplier duv ( .clk(clk), .reset(reset),
                 . input_rdy(input_rdy),
                 . a_r(a_r), .a_i (a_i),
                 . b_r(b_r), .b_i (b_i),
                 . p_r(p_r), .p_i (p_i) );
always begin      // 时钟发生器
   #(t_c/2)       clk = 1'b1;
   #(t_c - t_c/2) clk = 1'b0;
end
```

```verilog
initial begin    //复位发生器
    reset <= 1'b1;
    #(2*t_c) reset = 1'b0;
end
initial begin    // 施加测试向量(案例)
    @(negedge reset)
    @(negedge clk)
    apply_test(0.0, 0.0, 1.0, 2.0);
    apply_test(1.0, 1.0, 1.0, 1.0);
    // further test cases ...
    $finish;
end
assign a_r = $rtoi(real_a_r * 2**12);
assign a_i = $rtoi(real_a_i * 2**12);
assign b_r = $rtoi(real_b_r * 2**12);
assign b_i = $rtoi(real_b_i * 2**12);
always @(posedge clk)    // 检查输出
    if (input_rdy) begin
        real_p_r = real_a_r * real_b_r - real_a_i * real_b_i;
        real_p_i = real_a_r * real_b_i + real_a_i * real_b_r;
        repeat (5) @(negedge clk);
        err_p_r = $itor(p_r)/2**(-24) - real_p_r;
        err_p_i = $itor(p_i)/2**(-24) - real_p_i;
        if (!( -(2.0**(-12)) < err_p_r && err_p_r < 2.0**(-12) &&
              -(2.0**(-12)) < err_p_i && err_p_i < 2.0**(-12) ))
            $display("Result precision requirement not met");
    end

endmodule
```

在上述模块内部,我们实例引用了乘法器模块作为待验证的器件。通过与测试模块中定义的线网和变量连接,该乘法器实例可以接受测试激励,输出响应。

由于乘法器是按照时钟频率操作的,所以需要生成一个时钟信号,以驱动乘法器。本模块中的第一个 always 块就是时钟发生器。该 always 块使用一个表示时钟周期的被称作 t_c 的参数。在模块中使用参数,可以使我们只需要修改参数(如 t_c)的值,就可以改变代码中所有涉及用到该参数(t_c)的语句,而不必逐句考虑由于该参数(t_c)的修改而造成其他数值的改变。该块延迟了半个时钟周期,把时钟信号设置为1,再延迟半个时钟周期的时间,把时钟设置为0。(代码中产生下半个时钟周期的延迟时间被写成(t_c — t_c/2)是为了弥补上半个周期表达式中任何可能出现的四舍五入。)这之后,该 always 块又一次开始重复。我们还需要为待验证器件生成一个复位脉冲。复位信号是由第一个 initial(初始化)块产生的。该 initial 块启动后把 reset(复位)信号立即设置为 1,在延迟了两个时钟周期后,把 reset 信号设置为 0。

第二个 initial 块向待验证器件施加测试向量(输入数据)。该 initial 块使用一个从施加每个测试向量的操作中抽象出来的共同任务。该 initial 块不直接生成定点值,而是生成测试案例的实数型操作数,赋值给变量 real_a_r、real_a_i、real_b_r 和 real_b_i。该 initial 块后的赋值语句使用一个可把实型值转变为整型值的函数 $rtoi,以产生测试整数乘法器所需要的测试向量(案例)值,连接到待验证器件即乘法器实例 duv 的输入端口。扩大 2^{12} 倍是必需的,因为乘法器的每个输入数的二进制小数点,是在从最右位数起的第 12 位。

在激励信号的 initial 块内部,必须确保生成的输入激励信号值能满足该待验证器件的时序要求。操作数的值和 input_rdy 信号,必须在时钟有效(正/负)的跳变沿前就已被建立。当操作进行时,该操作数的值必须在 4 个周期内保持不变。为了满足这些要求,需一直等到复位后时钟的第一个负跳变沿返回到 0 后,才开始操作。使用"@"符号来产生延迟,一直等到所需的事件发生后才开始操作。然后,调用 apply_test 任务,把第一组测试案例(test case)操作数赋值给 apply_test 任务的输入,并把 input_rdy 置 1。接着,apply_test 任务等待下一个时钟的负跳变沿,当负跳变沿来到后,input_rdy 设置为 0。然后该任务等待五个周期,使待验证器件有时间产生输出。随后再次调用该任务,换一组测试案例操作数,重复上述步骤。

用来进行输出检查的 always 块,可以对乘法器产生的结果是否正确进行验证。该 always 块必须与输入激励信号同步,以确保在正确的时间对结果进行检查。进行输出检查的 always 块的运行条件与控制乘法器的有限状态机的条件是相同的。乘法器的控制器有限状态机的条件是 input_rdy 信号在时钟正跳变沿时置为 1。当该情况发生时,该 always 块从变量 real_a_r、real_a_i、real_b_r 和 real_b_i 中读取激励信号的操作数,使用实数乘法操作符,并把乘积存储在变量 real_p_r 和 real_p_i 中,形成复数积。然后,该块等待第五个时钟负跳变沿的到来,当该负跳变沿到来时,待验证的器件已经把存储的乘积存储到输出寄存器中。乘法器生成的乘积可在线网 p_r 和 p_i 变量上得到。用来进行输出检查的 always 块把从线网 p_r 和 p_i 得到的两个乘积转换为实数形式,与保存在 real_p_r 和 real_p_i 中的实部和虚部分别进行比较。使用 $itor 系统函数可将整数值转换为对应的实数值,这个值放大了 2^{24} 倍,所以二进制小数点的位置,应位于从最右位数起的第 24 位的左侧。因实数类型和定点表示法是实数的离散数学逼近,所以完全精确的相等性检测是不可能成功的。因此只对实际乘积与理想乘积差值的绝对值是否在所要求的精度范围之内进行检测。在这种场合,所要求的精度就是输入操作数表示法的精度。

4.4.3 异步时序的方法学

在本节介绍时序方法学的末尾,将简要地讨论另外一些处理时序的方法。虽然由时钟同步的方法能显著地简化电路的设计方法,但在有一些应用中,不能使用由时钟同步的方法学。这是因为,在由时钟同步的设计方法学中,用了两个关键的假设:

① 时钟信号是全局分布的(即是覆盖整个系统的),且具有最小的偏移;
② 寄存器之间的传播延迟不到一个时钟周期。

而在大型、高速的系统中,这些假设是很难成立的。例如,在超大规模的集成电路中,若芯片的时钟频率为几个 GHz,则信号值的改变沿着线路(假设线路的长度延伸到整个芯片)进行传播所花费的时间,可能占一个时钟周期的很大比例,甚至大于一个时钟周期。

一种新兴的解决办法是,将整个系统只用单一全局时钟的假设,改为把系统分为若干个区域,每个区域都有它自己的本地时钟。若需要把信号从一个区域连接到另一个区域,则把它们当作异步输入处理。这种系统时序被称作全局异步-本地同步方法(globally asynchronous, locally synchronous, GALS)。这一方法的好处在于,使得设计者可在每个区域内更方便地对时钟分配和时序约束进行管理。该方法的缺点在于,必须对跨区域的连接进行同步化处理,从而增加了区域之间的通信延迟。系统架构设计师所面对的挑战是要找到一种可以使区域之间通信量最小化或避免对跨区域通信延迟敏感的划分系统的方法。

当复杂设备是由一片或多片集成电路芯片构成的完整电路板或由若干块电路板构成的大系统时,高速时钟信号的分配和时序管理的难度变得非常之大。若想将一个高速时钟分配到大系统中的各个触发器,则是完全不切合实际的。因此,通常将较慢的时钟用于高速芯片的外部,芯片之间的操作是同步于这一较慢的外部时钟。而内部时钟频率通常是外部时钟的几倍,可以使用时钟跳变沿的同步。在高速系统分立的板子通常是不同步的,它们各自有独立的时钟。线路板之间传送的数据被接收线路板当作异步输入处理。

在由时钟同步的系统里,另一个有关时序的问题就是,无论组合逻辑子电路是在还是不在关键路径上,所有寄存器到寄存器的操作都只花费一个时钟周期。原则上,一个时钟周期的宽松时间是被浪费掉的,此时所有的操作全都与动作最慢的操作看齐。我们是有可能设计异步电路的,在异步电路中,已完成的操作可以触发依赖于它的操作。这种电路也被称作延迟不敏感(delay insensitive)电路,因为它们的操作速度与组件和数据所允许的一样快。然而,与时钟同步电路设计技术相比,异步电路的设计技术还远远不够成熟。目前几乎没有什么 CAD 工具能支持异步设计方法学。因此,使用异步电路的产品非常罕见。

时钟同步技术还存在一个问题,即时钟电路消耗大量的功率。即使触发器没有改变其存储的值,但时钟输入在 0 和 1 之间周期性地不断改变涉及晶体管的开关,从而消耗额外的功率。在低功耗要求极严的应用中,如由电池供电的移动设备中,不能这样浪费能源。解决该问题的途径是停止对系统的无效部分提供时钟信号。随着低功耗应用项目的增加,时钟门控(clock gating),正成为一种比较常见的设计技术。异步电路也是一种解决途径,因为其逻辑电平只在数据值变化时改变。如果没有新的数据要操作,则该电路转为静态。有几种使用异步电路的低功率产品已成功地商业化了。推动异步电路设计技术发展的主要因素是低功耗应用,而获得更优良设计性能则是比较次要的因素。

知识测试问答

1. 寄存器传输级这个术语的含义是什么?
2. 请写出适用于寄存器到寄存器路径的必要时序条件。
3. 什么是系统的关键路径?
4. 关键路径的延迟如何影响系统的时钟周期?
5. 如果某系统对时钟周期的要求已经确定,但关键路径的延迟太长,而时钟周期不够长,电路优化的重点应该放在哪里?
6. 时钟偏移(clock skew)这个术语的含义是什么?
7. 为什么在高速系统中必须使用寄存器的输入和输出?
8. 在输入寄存器中若有异步的输入会造成什么问题?
9. 为什么从机电开关输入的信号必须进行去抖处理?
10. 组合电路的测试模块和时序电路的测试模块有什么主要区别?
11. 全局异步-本地同步(GALS)这个术语的含义是什么?

4.5 本章总结

- 寄存器是由触发器组成的存储元件。简单的寄存器可添加时钟使能、复位和预置控制输入信号端以增强其功能。
- 同步控制输入是在时钟有效跳变沿时刻才产生作用的,而异步控制的输入是立即产生作用的。
- 锁存行为是由数字电路的反馈路径产生的。当使能输入为 1 时,透明锁存器让数据通过;而当使能输入为 0 时,存储数据。
- 简单的自由运行的计数器由递增器和寄存器组成。用递减器取代递增器,可使计数器的计数值递减而不是递增。给寄存器添加时钟使能输入信号,允许计数器对是否递增进行控制。给寄存器添加复位输入,可以把计数值清为 0。
- 模为 2^n 的 n 位计数器,可以计数到 2^n-1,然后返回到 0。模 k 递增计数器,即对值 $k-1$ 进行译码,利用译码得到的信号对计数器进行复位的计数器。模 k 递减计数器,即递减到 0,然后又重新加载值 $k-1$ 的计数器。
- 纹波计数器是使用前面的触发器的输出去触发下一个触发器的计数器。它与同步计数器相比较使用较少的电路和功耗,通常可用于对时间约束要求不高,但对功耗约束要求严格的应用场合。
- 通常数字系统由数据路径和控制器两大部分组成。数据路径由用于操作数据的组合逻辑子电路和用于存储数据的寄存器组成。控制器通过在不同的时间段让控制信号使能来安排数据路径中的操作顺序。控制器用状态信号来产生操作必需的控制序列。
- 有限状态机(FSM)具有一组输入、一组输出、一组状态、一个转移函数和一个输出函数。对于给定的时钟周期,有限状态机有一个当前的状态。转移函数根据当前的状态和输入信号值,确定下一个状态。只根据当前状态决定其输出值的有限状态机被称为摩尔型FSM;由当前的状态和输入信号值一起决定其输出值的有限状态机被称为米利型FSM。
- FSM的状态编码可以影响下一个状态和输出逻辑的复杂性。CAD综合工具通常能够对状态编码进行优化处理。
- 状态转移图通过用圆圈表示状态,用有向弧线表示转移方向并在弧线上标记输入条件和输出值,来表示一个有限状态机。摩尔型FSM的状态转移图的输出标记在表示状态的圆圈里,而米利型的输出则标记在弧线上。
- 在寄存器传输级的抽象中,系统的操作被描述成为数据经过组合逻辑电路在寄存器之间的传送。该组合逻辑电路可以对流经的数据进行逻辑操作。
- 由时钟同步的时序方法学需要有一个对所有寄存器而言的共同时钟,并且组合逻辑电路对数据的操作必须在两个时钟跳变沿之间完成。
- 对每条从寄存器的输出到另外一个寄存器输入的路径,时钟至输出延迟加上组合传播延迟和信号建立时间的总和必须小于时钟周期时间。宽松时间(slack time)最少的路径为关键路径。
- 关键路径延迟为时钟周期确定了下界,换言之,设计要求的时钟周期时间为关键路径延迟确定了上界。
- 时钟偏移是指在一个系统中同一个时钟的有效跳变沿到达不同触发器时钟输入端的时间差值。时钟偏移必须被减小到能确保时钟同步电路正常运行。通常由CAD工具来完成时钟分配的工作,以尽量减少时钟偏移。
- 输入的寄存和输出的寄存,减少了芯片间从寄存器到寄存器路径中的组合延迟,从而有助于满足时间约束。
- 异步输入是指那些在时钟有效跳变沿附近不能保证稳定的输入信号。异步输入可在输入寄存器造成亚稳态。必须用同步器才能避免由于亚稳态造成的系统故障。
- 时钟时序电路的测试模块必须确保:当把激励输入施加到待测器件时必须满足时间约束条件,以及必须等到输出都有效后再检查输出是否正确。
- 全局异步-本地同步(GALS)的系统具有本地时钟域,并把时钟域之间的信号连接作为异步输入处理。

4.6 进一步阅读的参考资料

Digital Design：Principles and Practices，3rd Edition，John F. Wakerly，Prentice Hall，2001.

详细地描述了触发器和锁存器，详细地介绍了低电平有限状态机的设计步骤，提供了反馈电路的分析步骤，并详细地讨论了亚稳态和同步器。

CMOS VLSI Design：A Circuits and Systems Perspective，3rd Edition，Neil H. E. Weste and David Harris，Addison-Wesley，2005.

探讨了有关 CMOS 电路设计的许多方面的问题，深入地讨论了触发器和锁存器的设计，并讲解了单相和双相时钟方案。

Asynchronous Circuit Design，Chris J. Myers，Wiley-Interscience，2001.

深入探讨了异步电路的设计理论和实践。

A Guide to Debouncing，Jack G. Ganssle，The Ganssle Group，2004，www.ganssle.com/debouncing.pdf.

提供了消除开关抖动行为的经验数据，并叙述了开关去抖的硬件和软件方案。

Comprehensive Functional Verification：The Complete Industry Cycle，Bruce Wile，John C. Goss and Wolfgang Roesner，Morgan Kaufmann Publishers，2005.

描述了在以激励为基础的验证中，生成激励和检测结果的策略和技巧。

练习题

练习 4.1 请画出由 D 触发器组成的 16 位寄存器的示意图，该寄存器在每一个时钟周期都可以更新存储的值。

练习 4.2 请编写一个 Verilog 模型，该模型描述了一个可存储一个无符号整数值的 12 位寄存器。

练习 4.3 请编写一个流水线电路的 Verilog 模型，该电路计算三个串行的输入流值 a、b 和 c 中的最大值。该流水线分两个阶段：第一阶段，确定 a 和 b 中较大的值，并保存 c 的值。第二阶段，找出 c 和第一阶段已找到的 a 和 b 中较大的值中的较大的值。输入和输出都是 14 位的有符号 2 的补码整数。

练习 4.4 请修改练习 4.1 的示意图，给寄存器添加时钟使能和复位输入，使用带时钟使能和复位输入端的触发器。

练习 4.5 请编写一个 Verilog 模型，描述带时钟使能和同步复位端且能存储一个 16 位 2 的补码的有符号整数值的寄存器。

练习 4.6 请画出流水线复数乘法器的数据路径。这不同于例 4.13 的时序乘法器,该乘法器做的每一个乘法需要 5 个时钟周期,流水线乘法器对每对复数操作数只花费两个周期:一个周期用于 4 个乘法运算,一个周期用于减法和加法运算。乘法器应在每个时钟周期接受新的操作数输入,并在每一个时钟周期产生一个乘积。

练习 4.7 请编写描述峰值检测器的 Verilog 模型,该检测器可在一个由 10 位无符号整数组成的序列中找出最大值。当 data_en 输入为 1 时,在一个时钟周期中,一个新的数到达输入。若新的数大于先前存储的最大值,则最大值被新的数更新,否则,最大值不变。当 reset 控制输入为 1 时,预存的最高值被清为 0。data_en 和 reset 是同步的控制输入。

练习 4.8 请编写一个触发器的 Verilog 模型,该触发器带负逻辑同步时钟使能输入、正逻辑异步预置和复位输入,既有正逻辑又有负逻辑的数据输出。

练习 4.9 假设在如图 4.4 所示的流水线中,我们用透明锁存器取代跳变沿触发的寄存器,其锁存使能输入全部连接到时钟信号。请描述电路将如何操作,并解释该电路是否仍具有流水线功能。

练习 4.10 请画出自由运行计数器的电路图,该计数器的计数可计到第 32 个时钟周期,并每到第 4、第 20 和第 24 个周期,产生一个为 1 的控制信号。

练习 4.11 请为练习 4.10 的计数器编写一个 Verilog 模型。

练习 4.12 请画出用主时钟频率为 20.48 MHz 的计数器,产生一个占空比为 50%,频率正好为 5 kHz 信号的电路图。

练习 4.13 请用类似如图 4.26 所示的十进制计数器的方法,为模 12 计数器设计一个电路。

练习 4.14 请为练习 4.13 中的模 12 计数器编写一个 Verilog 模型。

练习 4.15 请为带同步计数使能、复位和加载使能输入和最终计数输出的 12 位递增计数器编写一个 Verilog 模型。

练习 4.16 如图 4.47 所示的线路图展示了一个与解码器相连接的纹波计数器。请把如图 4.29 所示的时序图扩展,以展示如图 4.47 所示的解码器的输出值,请在波形图中包括当计数器递增时出现的任何杂散脉冲。

练习 4.17 请修改例 4.13 中的复数乘法器的数据路径,使其包括两个定点乘法器组件,而非只有一个定点乘法器组件。请问如何修改例 4.15 中描述的控制序列,才能使其减少执行复数乘法所需要的时间?

练习 4.18 请开发有限状态机,实现经由练习 4.17 修改后的控制序列。请以表格的形式,并使用状态转移图,写出转移函数和输出函数。

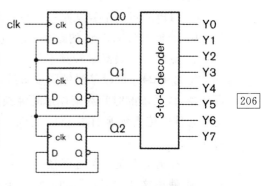

图 4.47 练习 4.16 线路图

练习 4.19 请编写经由练习 4.17 和练习 4.18 修改后的复数乘法器的 Verilog 模型。

练习 4.20 请使用例 4.4 所描述的数据路径,确定时序乘法所需的控制步骤,并为控制部分开发一个有限状态机。假设当控制信号 start 为 1 时,操作数 x 和 y 的值在一个时钟周期有效。产生一个控制信号 done,当乘法完成时 done 为 1。使用一个 4 位计数器对连续积累的步骤进行计数。

练习 4.21 请编写在练习 4.20 中的时序乘法器的 Verilog 模型,其中应包括数据路径和控制部分。

练习 4.22 仲裁器是管理在同一时刻最多只准许一个子系统使用共享资源的一种电路。四路仲裁器如图 4.48 所示。当每个子系统要利用资源时,该子系统把它的请求信号设置为 1。当仲裁器把准许信号设置为 1 后,子系统就能使用共享资源。资源使用完成后,子系统将其请求设置为 0,并等待准许信号为 0,然后才能开始下一次的请求。当一个子系统被准许使用资源时,其他请求必须等待,而有效的子系统不能占先。

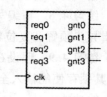

图 4.48 四路仲裁器

a) 请为优先权仲裁器开发有限状态机(FSM),在这个优先权仲裁器中,子系统 0 的优先权最高,而子系统 3 的优先权最低。在仲裁时,若有多个子系统等待分配共享资源,则优先权高的子系统提出的紧急请求将优先考虑,而优先权较低的子系统提出的紧急请求次之。

b) 为轮询(round - robin)仲裁器开发一个 FSM。子系统的请求轮流地得到准许,从 0 开始,然后是 1、2、3,再返回 0。若某个子系统没有提出请求,则被跳过。

练习 4.23 假设某时钟同步系统使用建立时间为 150 ps,时钟至输出延迟为 400 ps 的寄存器。在数据路径上,3 个寄存器到寄存器的路径,分别有 600 ps、900 ps 和 1.3 ns 的传播延迟。请问:

a) 可以通过这个数据路径运行系统的最高时钟频率是多少?

b) 若延迟为 1.3 ns 的路径,经过优化使其路径延迟被减少至 800 ps,则经过优化后的数据路径的最高时钟频率是多少?

练习 4.24 假设某时钟同步系统,使用建立时间为 100 ps,时钟至输出延迟为 200 ps 的寄存器,该系统的时间约束规定时钟频率大于 800 MHz。该系统的数据路径和控制部分组合逻辑元件的传播延迟如图 4.49 所示。控制部分采用米利型的有限状态机(FSM)。请回答下列问题:

a) 找出该系统的关键路径。

b) 使用这样的寄存器和电路是否能满足系统对时钟频率的约束条件?

c) 若把有限状态机改为摩尔型 FSM,关键路径是否会发生变化? 时钟频率的约束条件能否得到满足?

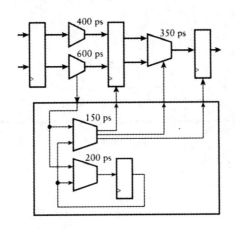

图 4.49　练习 4.24 时钟同步系统

练习 4.25　某个系统在很高的时钟频率下运行,并对频率很高的异步输入信号进行采样。对该系统而言,如图 4.44 所示的简单同步器,可能会出现令人无法接受的平均故障间隔时间(MTBF)。式(4.5)表明,采样延迟增加一倍,会产生不成比例的 MTBF 改善。请设计一个更好的同步器,在交错的时钟正跳变沿对输入进行采样。

练习 4.26　如图 4.45 所示的开关去抖电路使用"断开后再连接"的开关。请问如果用"断开前先连接"的开关,将会发生什么事?所谓"断开前先连接"开关,即是先与新触点连接,然后才断开原触点。

练习 4.27　请编写测试模块,对例 4.20 中描述的开关去抖电路的操作进行验证。

练习 4.28　请编写测试模型,对控制部分如练习 4.20 所述的例 4.4 中的时序乘法器进行验证。

第 5 章
存储器

许多数字系统使用存储器来存储信息。通用计算机中的存储器可以使用半导体存储芯片、磁盘(硬盘)及光盘(CD 和 DVD)等多种形式。本章将只介绍各种半导体存储器,因为在嵌入式专用数字系统中很少使用其他形式的存储器。首先,介绍各种半导体存储器共有的一般概念。然后,将集中精力讲解每种半导体存储器的特点。最后,讨论数据存储的错误处理技术。

5.1 一般概念

在第 4 章曾介绍过寄存器可以用来作为存储二进制编码信息的元件。当需要存储的信息项较少时,或者当需要并行地使用许多信息项时,通常使用独立的寄存器。但是,若必须一个接一个地使用大量的数据项,则可以使用存储器(memory)来存储信息。本节将讨论一些适用于所有存储器类型的一般概念。然后,下一节再针对某些可用于不同设计方案中的存储器类型进行讲解。

在概念上,存储器是一个用于存放数据的寄存器阵列或者可存放数据的单元(locations),每个单元都有唯一的地址(address),地址是用来确定单元位置的一个数值。存储器的地址通常从 0 开始,每过一个单元,地址增加 1,一直到比地址单元的个数少 1 为止。对于大多数存储器而言,存储单元的个数是一个 2 的幂。因此,有 2^n 个单元的存储器,它的地址范围将为 $0 \sim 2^n - 1$,需要一个位宽为 n 的变量来表示地址。若每个单元可存储 m 位编码信息,则存储器所需要的总位数为 $2^n \times m$ 位。

例 5.1 若存储器有 32 768 个单元,且每个单元有 32 位,请问该存储器的总容量有多大? 且该存储器需要多少个地址位?

解决方案 该存储器的总容量为 1 048 576 位,这是 2^{20} 位。因 32 768 = 2^{15},所以存储器需要 15 个地址位。

表示存储器的大小时,通常使用以下的乘数前缀来表示 2 的幂:
Kilo（K）: $2^{10} = 1\,024$
Mega（M）: $2^{20} = 1\,024 \times 2^{10} = 1\,048\,576$
Giga（G）: $2^{30} = 1\,024 \times 2^{20} = 1\,073\,741\,824$

因此,在例 5.1 中提到的存储器,容量为 1 Mbit。请注意,乘数的值接近但略大于十进制中名称相同的乘数值。还要注意,使用一个大写的"K"表示二进制乘数 2^{10},与此相对,小写的"k"表示十进制的乘数 10^3。在上下文中,通常假设使用二进制乘数而不是十进制乘数来表示存储器大小。

若给定某一个容量的存储器,则可以用不同的方式组织它;若存储单元的个数不同,则每个单元的位数也不同。举例说明如下:1 Mbit 的存储器可以如例 5.1 那样,组织成为一个 32 K×32 位的存储器;或组织成为一个 16 K×64 位的存储器,或一个 64 K×16 位的存储器,依次类推。在实际设计工作中,必须根据所需的存储器芯片的容量,以及应用需求来确定存储单元的个数和每个存储单元的大小。

存储器执行的两个基本操作分别为:
① 把一个二进制数据写入某个存储单元;
② 读取某个存储单元中的内容。

对这两个操作而言,需要在输入到存储器的一组信号线上提供写入或读取单元的地址。对写入操作而言,还必须在另外一组输入信号线上提供想写入的数据;而对读操作来说,将由存储器提供一组包含了读取数据的输出信号。用控制信号来控制写入存储单元的操作,控制写操作的信号由数字系统的控制部分产生(数字系统的控制部分内包含记忆元件)。在后面的一节里,将介绍各种不同存储器所要求的特定控制信号。现在,只介绍具有简单控制信号的简单存储器。在图 5.1 中,在存储器图形符号上画出了输入和输出信号。信号 a 是地址,用无符号二进制数编码表示。信号 d_in 和 d_out 分别表示写入的数据和读取的数据。这些信号的编码取决于应用。en(使能)和 wr(写)为控制信号。当 en 为 0 时,存储器只是维持所有已存入的数据。当 en 为 1 且 wr 也为 1 时,存储器把已呈现在 d_in 输入线上的数据写入到地址已呈现在 a 输入线上的那个存储单元中。当 en 为 1 且 wr 为 0 时,存储器通过 d_out 输出线,把地址已呈现在输入线 a 上的那个存储单元中的内容(数据)放到 d_out 输出线上,供用户读取。

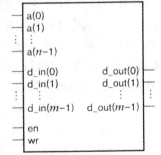

图 5.1 基本存储器的图形符号

例 5.2 请设计一个音频回响效应器。要求该音频回响器具有如下功能:能把由 16 位二进制 2 的补码编码的一串数值所表示的音频信号延迟若干个音频采样间隔。采样频率为 50 kHz。新输入采样值的到达,由输入控制信号 audio_in_en 在一个时钟周期内为 1 表明。该音频回响器必须用输出控制信号 audio_out_en 在一个时钟周期内为 1 来表明该回响输出值已经可用。延迟时间由一个 8 位的无符号输入值决定,该值表示延迟的毫秒数。系统的时钟频率为 1 MHz。

解决方案 通过把音频采样值存储在存储器里,直至需要时才把它们输出,以延迟音频采样值的输出,从而达到产生回响效应的目的。由 8 位无符号输入值可表示的最长延迟为 255 ms。由于采样频率为 50 kHz(即每毫秒有 50 个采样值到达),需要存储的采样值最多达 255×50 个 $= 12\,750$ 个。所以用一个 16 K×16 位,具有 14 位地址(因 16 K $= 2^{14}$)的存储器就足够了。包括存储器和用来计算地址的其他元件的数据路径图如图 5.2 所示。该图标出了每个多位信号的位宽。

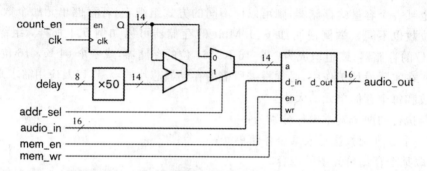

图 5.2 音频回响效应器的数据路径

需要使用一个 14 位计数器来记录每个采样值被存储在存储器哪一个单元。每当一个输入的采样值到来之际,就立即把它存储在下一个可用的存储器单元中,其地址由计数器给出。然后从存储器中读取在 d ms 之前写入(其中 d 是延迟输入的值)的值,并把它提供给输出,然后把计数器加 1,指向存储器中的下一个存储单元。这种现象由如图 5.3 所示的时序图说明。d ms 之前写入的值被存储在由地址计数器提供的当前的存储单元之前的第 $50 \times d$ 个单元。因此,可以计算出它的地址,把 d 乘以 50 得到乘积,并从地址计数器的当前值减去这个乘积(从而得到存储回声数值的单元地址)。计数器将会增加到最高地址值,然后折返回 0,有效地实现模 16 K 的递增计数。

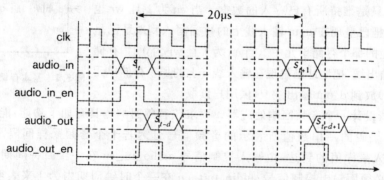

图 5.3 音频回响效应器的时序图

因此,在存储器被写入时,存储器各单元中原内容将由新采样值覆盖。然而,存储器可被写入的单元数目超过最大延迟,所以存储器的许多单元可以不再需要。当执行减法时,可以忽略减法器的借位输出。该减法器将产生模 16 K 的差,并由此为读取存储器某单元中存储的所要求的延迟采样值产生正确的地址。

音频回响效应器的控制序列涉及两个步骤:

① 当采样值到达(由 audio_in_en 为 1 表明)时,把多路选择器置成使用计数器值作为存储器地址,并把存储器的写操作使能。

② 把多路选择器置成使用减法器输出作为存储器地址,并把存储器的读取操作使能,把 audio_out_en 设置为 1,并使计数器在下一个时钟正跳变沿增加 1。

可以用步骤①作为控制这个时序的状态机的空闲状态,只要使用 audio_in_en 产生存储器的写入信号。状态转移函数和输出函数被详细地列在表 5.1 中。

表 5.1 音频回响器控制部分的转移和输出函数

状态	audio_in_en	下一个状态	addr_sel	men_en	men_wr	count_en	audio_out_en
step1	0	step1	0	0	0	0	0
step1	1	step2	0	1	1	0	0
step2	—	step1	1	1	0	1	1

从表 5.1 中可以看出,mem_en 和 mem_wr 信号是米利型输出,因为这两个输出信号既依赖于状态,又取决于 audio_in_en 输入,而其余的控制信号都是摩尔型输出。

制造商能提供容量范围从几 Kbit 到几 Mbit 的半导体存储器,在写本书的时候,市场上已能买到容量高达 2 Gbit 的独立封装存储器。在通常情况下,对于一个给定容量的存储器而言,制造商提供的存储器的数据位宽不尽相同,每个存储单元可由 1、4、8 或 16 位组成。若针对某个具体应用设计一个系统,而该系统中存储器的数据位宽不属于上述四种,则需把几个存储器并行起来使用。例如,若需要在某个应用中使用 16 K×48 位的存储器,则可用 3 片 16 K×16 位的存储器来构造这个存储器。只需把这 3 片存储器对应的地址线和控制信号线连接在一起,而把每片存储器的数据输入和输出信号线作为总数据输入和总输出信号线的一部分,由这三部分并行地拼合在一起,组成总的数据输入和输出信号线,如图 5.4 所示。

把若干个存储器连接在一起,构建一个具有更多存储单元的存储器,其所涉及的工作较多。必须把存储单元的总数分配给若干片存储器。然后,根据地址,安排好哪片存储器的哪个存储单元应该能进行读/写操作,而其他存储器芯片仍可保持不动。在许多应用中,存储单元的总数是一个 2 的幂。假设大型存储器需要的存储单元总数为 2^n,而每片存储器的存储单元数目较少,假设设为 2^k,则所需要的存储器芯片的数量为 $2^n/2^k$。大型存储器最简单的划分方法是把第一个 2^k 个存储单元放在第一片存储器内,把第二个 2^k 个存储单元放在第二片存储器

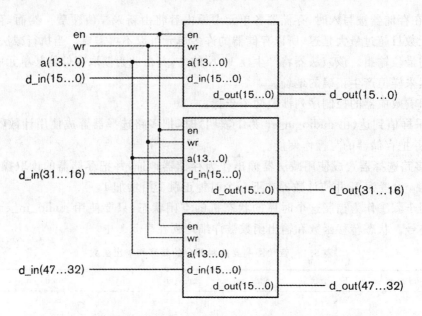

图 5.4 存储器的并行连接（用以组成具有更大位宽的存储器）

内，依次类推。若把存储器芯片分别编号为 0、1、2、…直到 $(2^n/2^k)-1$，则包含地址为 A 的存储单元的芯片编号应为 $[A/2^k]$，这个编号等于地址 A 的最高位 n 减去 k（即 $n-k$）。

可以对在地址线上出现的最高几个（即 $n-k$）地址位进行译码，得到选择信号，使被寻址到的那片存储器使能。在被选定的那片存储器内，存储单元 A 的地址为"$A \bmod 2^k$"。这个地址是由地址 A 的低 k 位表示的。只需把低 k 位地址线连接到每片存储器芯片的地址输入端即可。数据输入信号被连接到每片存储器的数据输入端。而数据输出信号需要由选定的那片存储器来驱动，所以把地址信号的最高几位（即 $n-k$）用作多路选择器的选择信号，从多路选择器的几路输入中选取一路（即某片存储器的输出）作为输出数据。

例 5.3 请使用 4 片 16 K×8 位的存储器，设计一个 64 K×8 位的复合存储器（composite memory）。

解决方案 完整复合存储器的电路图如图 5.5 所示。地址线的第 15 和第 14 位可以被用来在 4 片存储器中选择让某一片存储器的读和写功能使能。这两条地址线也用于控制多路选择器，在读操作中选择让某一片存储器使能，允许其输出数据。

许多制造厂商，通过在每个数据的输出端使用一种被称作三态驱动器的特殊输出驱动器，简化了存储元件的连接，以便于组成更大型的存储器。三态驱动器也可用于总线，允许在一个系统内，由多个数据源提供数据。作为嵌入式计算机系统讨论的一部分，在第 8 章中将更详细地讨论三态总线和其他结构的总线。现在将只关注于三态驱动器在存储器中的应用。

三态驱动器的输出有别于普通元件的输出。普通元件的输出驱动不是高电平，就是低电平。

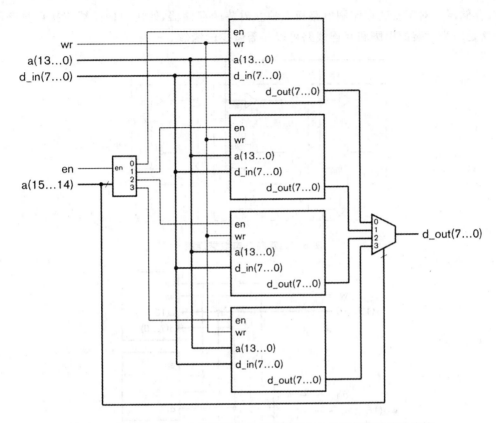

图 5.5　由 4 片 16 K×8 位存储器构成的 64 K×8 位存储器的线路连接

而三态驱动器输出,除了逻辑高/低电平外,还多了一个可以被关掉的状态,即输出处于高阻抗的状态,或称作 hi-Z 状态。(符号"Z"通常在电路中表示阻抗)。因此,三态驱动器有三个输出状态:逻辑低电平、逻辑高电平和高阻抗。由此得名三态驱动器。CMOS 数字元件的输出电路涉及两个晶体管开关,如图 5.6 所示。为了输出逻辑低电平,元件把下面的晶体管接通,把上面的晶体管切断;为了输出逻辑高电平,元件接通上面的晶体管,切断下面的晶体管。三态驱动器也同样可以输出逻辑高/低电平,但可以把两个晶体管都断开,有效地把元件与输出端的连接切断。

若使用带三态数据输出的存储器来构建较大型的存储器,则可节省如图 5.5 所示的输出多路选择器,只需把多片存储器的对应数据输出端连接在一起。当执行读取操作时,只有选定的存储器芯片才有数据输出,而所有没使能的存储器芯片的输出处在高阻抗状态,等价于没有连接。

许多带有三态数据输出的存储器,还把数据输入和输出合并成一组双向的总线,如图 5.7 所示。双向总线使得我们得以构建如图 5.8 所示

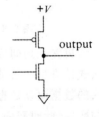

图 5.6　输出级电路

的复合存储器。对于安装在印刷电路板上独立封装的存储器,使用双向总线连接可显著降低成本,这是因为封装的引脚和互连线路可以显著减少的缘故。

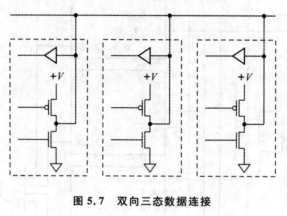

图 5.7 双向三态数据连接

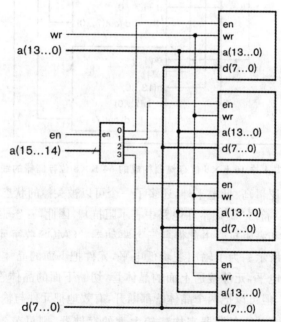

图 5.8 由数据输入/输出共享一条总线的存储器芯片所构建的复合存储器

当更深入地研究嵌入式处理器时,将发现这种双向数据总线类型的存储器能很好地作为嵌入式计算机系统的部件工作(由于存储器读/写操作是独立执行的)。当执行写操作时,用要写入的数据驱动数据信号。选定的存储器芯片把双向数据总线设置为输入状态并接收想要写入的数据(此时双向总线变成输入总线,该存储器芯片禁止所有三态驱动器的活动,以免干扰数据信号的逻辑电平)。当执行读操作时,要确保所有其他连接到数据总线的驱动器都处在高阻抗状态,并允许选定的存储元件把三态驱动器使能。三态驱动器从选定的存储器芯片中读取数据,驱动数据总线(此时双向总线变成输出总线)。

当然,在存储器中是否可以使用三态数据连接,完全取决于电路的制造工艺能否为存储器提供这种连接。安装在印刷电路板上用来构成更大系统的独立封装的存储元件,通常都具有三态数据输出,或三态双向数据输入/输出。此外,必须注意,在 ASIC 和 FPGA 内部的存储器块通常都不用三态数据总线进行连接,这是因为,在芯片内部实现三态总线工艺的过程中还存在着一些设计和验证方面的难题,很难解决。(在第 8 章,将返回来继续探讨这个问题。)因而,在 ASIC 和 FPGA 内部,从单个存储器块中读取的数据必须通过多路选择器才能被读取。

在本节已经介绍了一些方法,可以把许多片小型的存储器连接在一起,形成一个能提供远比单片存储器具有更大位宽或更多存储单元个数的大型存储器。在每种存储器组成方案中,存储器只在一个时刻执行一个操作。而在高性能系统中,可以把多个存储器连接在一起,允许多个操作并行地进行,从而增加了每秒可完成操作的总数。这些方案通常涉及把存储器组织成为若干个库,每个库能并行地与其他库同时执行操作。连续的地址被分配到不同的库,这是因为,在许多系统中,存储单元的访问往往是按顺序排列的。举例说明如下:某系统具有四个库,将指定存储单元 0、4、8、⋯分配给库 0;指定存储单元 1、5、9、⋯分配给库 1;指定存储单元 2、6、10、⋯分配给库 2;指定存储单元 3、7、11、⋯分配给库 3。如果需要对存储单元 4 进行读操作,库 0 将会读取该存储单元。而且库 1、库 2 和库 3 也将为读取操作准备,预取(prefetching)存储单元 5、6 和 7 中的值。等到必须对这几个存储单元进行读取操作时(假设存储单元的访问是按照顺序进行的),这些数据已经可以从存储器获得。本书不再深入讨论这些先进的存储器组织形式。有关计算机组织方面的书籍,尤其是那些专注于高性能计算机的书籍,是进一步获取信息的很好来源。(见 5.5 节供进一步阅读的书目)。

知识测试问答

1. 如果存储器共有 4 096 个位存储单元,而每个数据 24 位,请问该存储器的容量是多少? 需要用多少位的地址线才能对每个存储的数据寻址?
2. 写操作产生什么效果? 读操作又有什么效果?
3. 如何把 4 个 256 M×4 位的存储器连接起来组成 256 M×16 位的存储器?
4. 如何将 4 个 256 M×8 位的存储器连接起来组成 1 G×8 位的存储器?
5. 在题 4 中,编号为几的存储器中包含地址为 $5FC0000_{16}$ 的存储单元?
6. 三态驱动器的三个状态是什么?
7. 具有三态数据输出的存储器是如何简化大型存储器的构造的?

5.2 存储器的类型

本节将介绍制造厂商所能提供的各种不同类型的存储器,其中有些是独立封装的集成电路,也有些是 ASIC 或 FPGA 制造工艺中的资源;将讨论每一种存储器不同于其他存储器的属性,包括其时序特性和成本,并说明如何用 Verilog 语言为其中有些存储器建模。

我们将区分以下两种存储器:

① 既可读,又可写的存储器,被称作随机存取存储器(random access memoey,RAM);

② 只能读取的存储器,被称作只读存储器(read-only memory,ROM)。

之所以用 RAM 这个术语,而不是用读/写存储器这个术语,其主要原因是由历史造成的。在计算机技术发展的初创期,存储器必须按照顺序存取数据,换言之,必须以地址递增的顺序依次获取存储单元中的数据,这是由当初数据存储用的物理介质的性质决定的。后来发明了新的存储器,使用相同的设备可以对这种存储器中的单元进行不必按照地址顺序的读/写,而地址是可以随意变化的,换言之,地址可以是随机的。这在计算机的发展历史上是一个具有重大意义的里程碑,所以 RAM 这个术语一直被沿用至今。

5.2.1 异步静态 RAM

异步静态 RAM 是最简单的存储器类型之一。异步静态 RAM 是异步的,因为它不依赖于时钟信号维持其时序。静态(static)这一术语,表示存储的数据可以无限地一直维持下去,只要存储元件有电源供电即可。以后将要介绍的动态 RAM 与静态 RAM 是不同的。动态 RAM 如果不能周期性地重写已经存储在 RAM 中的数据,将会失去已存储的数据。静态 RAM 是挥发的(volatile),换言之,必须用电源供电才能保持已存储的数据;若停止电源供电,静态 RAM 将丢失数据。因为工程师们喜欢使用缩写,静态 RAM 这一术语通常进一步缩写为 SRAM。

异步 SRAM 的内部使用 1 位的存储单元,这些存储单元类似于在第 4 章中描述的 D 锁存器电路。在存储元件的内部,地址被译码为选择信号,用来选定某个特定的单元组,每个特定的单元组有一个地址。对写操作而言,已选定的锁存单元被使能,输入的数据被存储。对读操作来说,地址将多路选择器使能,多路选择器把选定的锁存单元的输出传送到存储器的数据输出。

异步 SRAM 的外部接口和 5.1 节中介绍的存储器的外部接口非常类似。主要由于历史的原因,大多数厂家使用低电平有效逻辑作为控制信号。此外,由于异步 SRAM 通常只用作独立封装的集成电路,而不用作在 ASIC 或 FPGA 库中的块,它们通常有双向的三态数据输入/输出引脚。图 5.9 显示了一个典型的异步 SRAM 的图形符号。地址输入和数据输入/输出和 5.1 节描述的一样。芯片使能输入($\overline{CE}$)是用来启用或禁用存储器芯片的。通常用选择控制信号来驱动芯片的使能输入,例如,由在复合存储器中的地址译码器来驱动使能信号。写入使能输入($\overline{WE}$)信号如果有效,就执行写操作,否则执行读取操作。输出使能输入($\overline{OE}$)在读取操作期间,控制三态数据驱动器。当在读操作期间,若 $\overline{OE}$ 为低,则驱动器被使能,可以驱动读取的数据到数据引脚。当 $\overline{OE}$ 为高时,驱动器呈现高阻抗状态。

由于异步 SRAM 中的存储单元基本上都是用锁存器实现的,所以异步 SRAM 的时序与 D 锁存器的时序很相似是不足为奇的。执行写操作的信号时序,如图 5.10 的左侧波形所示。对存储器内数据路径的操作安排顺序的控制部分,必须确保在开始写入操作之前,地址已是稳定的,并在整个操作期间地址信号必须保持稳定。否则,在更新其他地址的存储单元时,已存储的数据值会受到影响。控制部分通过驱动芯片使能信号 $\overline{CE}$ 为低电平(有效),以达到选择某个存储器芯片的目的;控制部分通过驱动写使能信号 $\overline{WE}$ 为低电平(有效),以达到允许写操作的

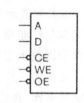

图 5.9 异步 SRAM 的图形符号

目的;控制部分必须通过驱动输出使能信号 $\overline{OE}$ 为高电平(无效),以使在写操作期间,该芯片的三态驱动器是被禁止的。控制部分还必须设置数据路径的控制信号,以允许电路硬件把想要写入的数据放置到数据信号线上。数据被透明地存储在由地址确定的锁存单元内。想要存储的最后数据,必须在 $\overline{WE}$ 信号或 $\overline{CE}$ 信号的正跳变沿前(无论哪个正跳变沿先发生),已经稳定地出现在数据信号上,并已维持了一个建立的时间(t_{su})。数据和地址信号也必须在 $\overline{WE}$ 信号或 $\overline{CE}$ 信号的正跳变沿后,继续保持一段稳定时间(t_h)。

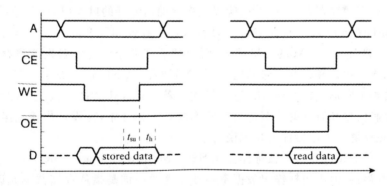

图 5.10 异步 SRAM 的读写操作时序

用于读取操作的几个典型信号的时序与写入操作的几个典型信号的时序是相似的,如图 5.10 的右侧波形图所示。不同处在于,$\overline{WE}$ 信号被维持为高电平(无效),$\overline{OE}$ 信号被驱动为低电平(有效),以便将存储器芯片的三态驱动器使能。虽然,对独立完成的读操作而言,该时序是很典型的,我们也可以只是简单地改变地址值,执行背对背(back-to-back)的读取操作。读取操作本质上是一个组合逻辑的操作,涉及地址译码,以及把那个已被选定的锁存器单元的

值,通过多路选择器送到数据输出端。地址的改变,只是简单地使另一个不同存储单元的值出现在存储器的数据总线上,再经传播延迟后,出现在存储器的输出端。

异步 SRAM 芯片的制造厂商,在器件的说明书中,列出了有关存储器的读/写操作的时序参数。这些参数通常包括地址和数据值的建立时间(t_{su})及保持时间(t_h),以及将三态驱动器接通和断开的延迟。其中还有一个表明存储器芯片性能优劣的参数是**存取时间**(access time),该参数表示从开始读操作到有效数据出现在输出端的延迟。

其他与性能相关的参数是写入周期(write cycle time)和读取周期(read cycle time),这两个参数分别表示完成读/写操作所花费的时间。制造厂商提供的芯片,具有不同的速度等级,运算速度快的芯片其价格通常更高一些。作为一名设计师,我们应该有经济头脑,必须学会权衡性能价格比,在设计中合理地选择适当速度等级的存储器芯片。

虽然异步 SRAM 的概念简单、易懂,其时序行为也很简单,但是,异步操作的事实使之难以在时钟同步系统中使用。在控制信号变为有效之前和之后,地址和数据值必须有一段建立和保持时间,并必须在整个周期保持这两个数值的稳定。这意味着我们必须用多个时钟周期才能完成读/写操作,或必须使用延迟元件以确保在一个时钟周期内维持正确的时序。前一种方法降低了性能,后一种做法违反了在时钟同步方法中固有的假设,使时序设计和分析变得非常复杂。基于这些原因,异步 SRAM 通常只用在性能要求较低的系统中。在这种系统中成本低是一个优点。

5.2.2 同步静态 RAM

由于异步 SRAM 存在着一些缺点,所以很多存储器元件的供应厂商和半导体制造工艺都提供同步 SRAM,又被简称为 SSRAM。SSRAM 内的存储单元和异步 SRAM 内的那些存储单元是一样的。然而,SSRAM 的接口部分,则包括了许多个由时钟触发的寄存器,分别用以存放地址信号、输入数据和控制信号的值,以及在某些情况下的输出数据。在本节中,将以通用的术语,对两种不同形式的 SSRAM 进行描述。若 SSRAM 器件的供应厂商和半导体制造工艺不同,则控制信号和时序的细节也会有所不同。一如往常,在设计中使用某个器件之前,必须认真阅读并理解有关该器件的技术说明书。

最简单的一种 SSRAM 通常被称作直通 SSRAM(flow-through SSRAM)。直通 SSRAM 包括输入数据寄存器,但不包括输出数据寄存器。直通一词是指从存储器单元读出的数据可直接流向数据输出端,并通过数据输出端输出。输入寄存器使我们能够根据时钟同步设计方法产生地址、数据和控制信号值,确保它们在时钟跳变沿的前后稳定。图 5.11 展示了一个直通 SSRAM 的时序。在第一时钟周期中,为了给写操作做准备,我们建立了地址信号(a_1)、控制信号和输入数据(xx)。在接下来的时钟跳变沿瞬间,这些值都被存储到输入寄存器中,使 SSRAM 开始写操作。在第二个时钟周期,数据被存储,并流经到输出。当这些发生的时候,我们建立了地址(a_2)和控制信号,以准备一次读操作。

在下一个时钟跳变沿这些值再次被存储，并在第三个时钟周期期间，SSRAM 完成读取操作。被表示为 $M(a_2)$ 的数据，从存储器流向输出。现在，在第三个周期，把使能信号置为 0。这可防止在下一个时钟跳变沿输入寄存器被更新。这样，以前读取的数据仍被维持在输出端。

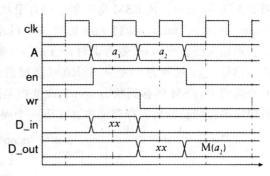

图 5.11 直通 SSRAM 的时序

例 5.4 请设计一个可计算函数 $y = c_i \times x^2$ 的电路，其中 x 是一个二进制编码的输入值，c_i 是一个被存放在直通 SSRAM 中的系数。x、c_i 和 y 都是有符号定点数，该定点数在二进制小数点前有 8 位，二进制小数点后有 12 位。指数 i 也是电路的输入，用 12 位无符号整数表示。当输入控制 start 为 1 时，在时钟周期期间，x 和 i 的值到达输入端。只用一个乘法器，先把 c_i 乘以 x，然后再乘以 x，以尽量减小电路面积。

解决方案 该电路的一个数据路径如图 5.12 所示。4 K×20 位的直通 SSRAM 存储系数。计算始于被存储在该 SSRAM 的地址寄存器中的指数值 i 及被保存在 SSRAM 图形符号下面的寄存器中的输入数据 x。

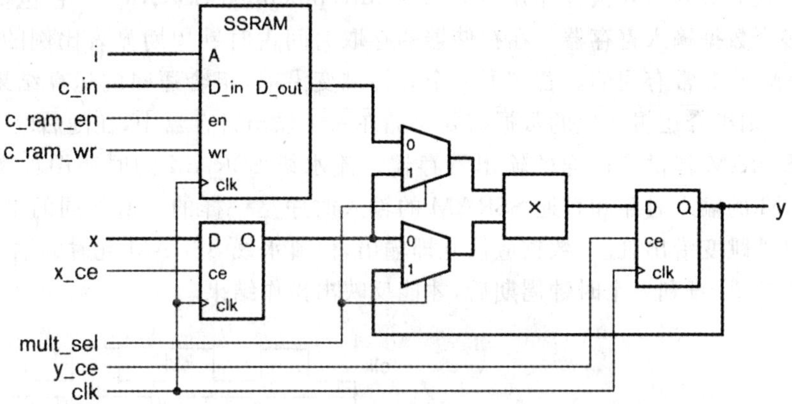

图 5.12 输入值的平方乘以索引系数电路的数据路径

在第二个时钟周期，SSRAM 执行读取操作。从 SSRAM 读取的系数和存储的 x 值相乘，乘积被存储在输出寄存器中。在第三个周期，多路选择器输入的选择信号发生改变，这样使得在输出寄存器的值被再次乘以存储的 x 值，乘积再次被存储在输出寄存器中。

对控制部分来说，需要开发一个能产生控制信号序列的有限状态机。绘制时序图对设计是很有帮助的，时序图能展示数据路径中的计算步骤和每个控制信号什么时候应该有效的情况。时序图如图 5.13 所示，其中包括了每个时钟周期的状态名。控制部分的 FSM 状态转移图如图 5.14 所示。该 FSM 是摩尔型的有限状态机,输出信号列在表示状态的每个圆圈中,以 c_ram_en、x_ce、mult_sel 到 y_ce 的次序排列。在状态 step1 中,保持 c_ram_en 和 x_ce 为 1,以获取输入值。当 start 变为 1 时,c_ram_en 和 x_ce 变为 0,并转移到状态 step2 开始计算。控制信号 y_ce 被置为 1,把从 SSRAM 读取的系数和 x 值的乘积存储在输出寄存器 y 中。在下一周期中,FSM 转移到状态 step3,改变控制信号 mult_sel,再次将中间结果乘以 x 值,并把最终结果存储到输出寄存器 y 中。在下一个周期,FSM 又返回到状态 step1。

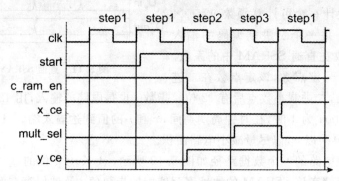

图 5.13 计算电路的时序图

另一种形式的 SSRAM 被称作流水线 SSRAM(pipelined SSRAM)。它包括一个数据输出寄存器和多个数据输入寄存器。在存储器的存取时间占时钟周期显著比例的高速系统中,流水线 SSRAM 是非常有用的。若在下一个时钟跳变沿前,组合逻辑的运算结果尚未呈现在读取数据线上,则组合逻辑产生的数据需要存储在一个输出寄存器中,在随后的时钟周期里使用。流水线 SSRAM 提供了这样的输出寄存器。流水线 SSRAM 的时序图如图 5.15 所示。流水线 SSRAM 的输入时序和直通 SSRAM 的输入时序是一样的。所不同的是,下一个时钟周期开始的时钟跳变沿出现后,数据应该立即输出,但流水线 SSRAM 此时的输出并不能反映读或写的操作结果,直到一个时钟周期后,才能反映出操作结果。

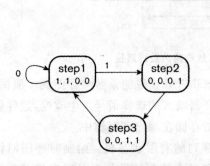

图 5.14 电路控制部分的状态转移图

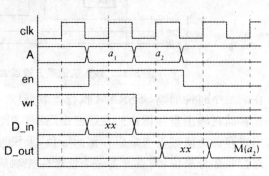

图 5.15 流水线 SSRAM 的时序

例 5.5 假设发现在例 5.4 的数据路径中,SSRAM 的存取时间加上通过多路选择器和乘法器组合逻辑的延迟太长。这将导致时钟频率过于缓慢,从而不能满足设计的性能约束。请问,若把直通 SSRAM 改为流水线 SSRAM,这将对电路设计产生什么影响?

解决方案 改成流水线 SSRAM 后,系数 c_i 的值一个周期后可在 SSRAM 输出获得。为了解决这个问题,可以在控制序列中插入一个周期,用来等待系数 c_i 值的可用。与其浪费这一段时间,不如把这段时间用来进行 x 的值乘以 x 本身,并用在第三个时钟周期执行系数 c_i 与 x^2 的乘法。这一改变要求必须把图 5.12 上面那个多路选择器的输入对换,这样在状态 step2,当 mult_sel 为 0 时,多路选择器选择存储的 x 值;在状态 step3,mult_sel 为 1 时,它选择 SSRAM 的输出。在其他方面,该 FSM 的控制序列不需要做任何改变。

同步静态存储器的 Verilog 模型

本节将说明如何为 SSRAM 建模,才能使 CAD 综合工具可以根据这个模型推断出它是一个 RAM,并使用目标制造工艺中所能提供的合适存储器资源来实现。

在第 4 章中曾介绍过,声明一个 reg 类型的变量,在时钟的正跳变沿,给该变量赋一个新的值,就可以为寄存器建模。我们可以把这种做法加以扩展,用 Verilog 为 SSRAM 建模。我们需要声明一个可以表示存储器中每个存储单元的 reg 类型的变量。编写的方式是声明一个 reg 类型的数组变量,它代表一组值,组中的每个变量都带有一个索引,对应数组中的某个存储单元。例如,为了给一个 4 K×16 位的存储器建模,使用如下的声明语句:

```
reg [15:0] data_RAM [0:4095];
```

上述声明语句指定了一个名为 data_RAM 的变量。这是一个数组类型的变量,具有索引为 0~4 095 个存储单元。每个索引对应一个存储单元,可存放一个 16 位的向量。

一旦声明了表示存储空间的变量,就可以编写一个执行读/写操作的 always 块。该 always 块形式上和寄存器类似。例如,基于以上的变量声明,可用 always 块来描述一个直通 SSRAM。具体语句如下:

```
always @(posedge clk)
  if (en)
    if (wr) begin
      data_RAM[a] <= d_in; d_out <= d_in;
    end
    else
      d_out <= data_RAM[a];
```

在时钟的正跳变沿,always 块检查使能输入,只有当使能输入 en 为 1 时,才执行操作。如果写入控制输入 wr 为 1,则该 always 块使用数据输入 d_in 来更新以地址 a 为索引的变量元素 data_RAM[a]。该块还把数据输入赋值到数据输出,代表写操作过程中发生的直通。若写控制输入 wr 为 0,则该 always 块通过把索引为 a 的变量元素 data_RAM[a]的值赋给数据输出 d_out 来实现读取操作。

例 5.6 请为使用直通 SSRAM(见例 5.4 所描述)的电路编写一个 Verilog 模型。

解决方案 模块的定义包括地址、数据和控制端口,具体代码如下:

```verilog
module scaled_square ( output reg signed [7:-12]  y,
                       input      signed [7:-12]  c_in, x,
                       input             [11:0]   i,
                       input                      start,
                       input                      clk, reset );

wire              c_ram_wr;
reg               c_ram_en, x_ce, mult_sel, y_ce;
reg signed [7:-12] c_out, x_out;
reg signed [7:-12] c_RAM [0:4095];
reg signed [7:-12] operand1, operand2;
parameter [1:0] step1 = 2'b00, step2 = 2'b01, step3 = 2'b10;
reg        [1:0] current_state, next_state;

assign c_ram_wr = 1'b0;

always @(posedge clk)            // c_RAM 直通
    if (c_ram_en)
       if (c_ram_wr) begin
          c_RAM[i]   <= c_in;
          c_out      <= c_in;
       end
       else
          c_out <= c_RAM[i];

always @(posedge clk)            // y 寄存器
    if (y_ce) begin
       if (!mult_sel) begin
          operand1 = c_out;
          operand2 = x_out;
       end
       else begin
          operand1 = x_out;
          operand2 = y;
       end
       y <= operand1 * operand2;
```

```
        end
always @(posedge clk)        // 状态寄存器
    ⋮
always @*                    // 下一个状态逻辑
    ⋮
always @* begin              // 输出逻辑
    ⋮
endmodule
```

该模块声明了定义内部数据路径连接和控制信号的线网和变量；声明了一个代表系数存储器(c_RAM)的数组变量；声明了表示控制部分有限状态机状态的参数，及表示当前状态和下一个状态的变量。

在这些声明语句后，包括了 always 块，以及描述数据路径和控制部分的赋值语句。我们省略了有限状态机细节的描述。这些有限状态机是根据在第 4 章中所描述的模板编写的，可以在与本书有关的网站上获得。第一个 always 块表示系数 SSRAM。它使用输入 i 作为存储在 SSRAM 某单元系数的地址。第二个 always 块表示数据路径和输出寄存器的组合逻辑电路。若 y_ce 变量为 1，则寄存器由组合逻辑电路计算出来的值更新。我们使用中间变量，把计算分为两部分，分别对应于多路选择器和乘法器。请注意，这里是使用阻塞赋值语句来描述这些中间变量的，而并不是用非阻塞赋值语句，因为这些语句并不是表示 y 寄存器的输出。

用 Verilog 语言为流水线 SSRAM 建模所涉及的事情稍微多一些，因为必须表示从存储器到输出寄存器的内部连接，并确保流水线的时序能正确地表达。把前面的 always 块扩展成为 16 位存储器的方案之一的代码如下：

```
reg         pipelined_en ;
reg [15:0]  pipelined_d_out;
    ⋮
always @(posedge clk) begin
    if (pipelined_en) d_out <= pipelined_d_out;
    pipelined_en <= en;
    if (en)
        if (wr) begin
            data RAM[a] <= d_in;   pipelined_d_out <= d_in;
        end
        else
            pipelined_d_out <= data RAM[a];
end
```

在上面这个块中，在时钟跳变沿，变量 pipelined_en 保存使能输入值，以便在下一个时钟跳变沿用它来控制输出寄存器。同样，变量 pipelined_d_out 也在时钟跳变沿把经由存储器的读或写值保存起来,以便在下一个时钟跳变沿,在输出寄存器被使能后,赋值给输出。因为流水线 SSRAM 的一般概念有许多小的不同,很难给出一个通用的样本。若想要给出一个能够被综合工具识别的样本,尤其困难。常用的替代办法是生成一个可以被 CAD 综合工具接纳的存储器电路,并使用该电路的 Verilog 模型。这样,就可以实例引用这个 Verilog 模型作为系统的组件,来构成更大的系统。

5.2.3 多端口存储器

无论在 5.1 节,还是在本节的前部,我们所见到的每一个存储器,都是单端口(single-port)存储器,只有一个读/写数据的端口,即使数据连接可分为输入和输出,也只有一个地址输入。因此,单端口存储器在同一时间只可以实现一次访问(一个写或读操作)。作为对照,多端口(multiport)存储器有多个地址输入,对应于多个数据输入和输出。它可以同时完成许多操作,有多少个地址输入,就能同时执行多少个操作。多端口存储器最常见的形式是双端口(dual-port)存储器,如图 5.16 所示,它可以同时执行两个操作。(请注意,在这里我们所使用"端口"这个术语是指被用来存取存储器的地址、数据和控制连接的结合,有别于 Verilog 的端口)。

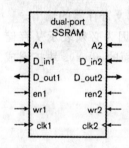

图 5.16 双端口存储器

多端口存储器通常比具有相同数位存储空间的单端口存储器消耗更多的电路面积,因为多端口存储器每个接入端口有单独的地址译码器和数据多路选择器。只有存储器内部的存储单元是在多个端口之间共享的,尽管需要附加布线连接才能访问多个端口。然而,在诸如高性能的图形处理和高速网络连接的某些应用中,有必要为了提高性能而多付出由附加电路面积所增加的成本。假设有一个子系统产生数据,并要存放到存储器中,而另一子系统要读取这些数据并以某种方式来处理这些数据。若使用单端口存储器,则必须把地址和来自于子系统的数据通过多路选择器输入到存储器,而且将不得不安排两个子系统的控制部分,使它们轮流地访问存储器。这将导致两个潜在的问题:首先,若两个子系统把数据写入/读出同一个存储器相加的速率已超过单端口存储器存取连接所允许操作的最高速率,则存储器将成为一个瓶颈;其次,即使平均速率尚未超过单端口的访问容量,若两个子系统需要在同一时刻访问同一个存储器,则必须等待,这可能导致数据的丢失。而每个子系统有了自己独立的数据存取端口就可避免这些问题。

剩下的唯一困难情况是:两个子系统在同一时刻,访问地址相同的某个存储器单元。若两个访问都是读取,则它们可以继续进行。若某一方或双方都是写入操作,则效果将取决于特定双端口存储器的特征。在一个异步双端口存储器中,若同时对同一地址的存储单元进行写入操作和读操作,将会导致在延迟一段时间后,写入的数据反映在读出的端口。若对同一地址的存储单元同时进行两个写入操作,则将产生把一个不可预知的值写入该存储单元。在同步双端口存储器的情况下,并行写入操作产生的效果,取决于在存储器内部写入操作的执行时间。应查询存储元件技术说明书,以了解最后产生的写入效果。

某些多端口存储器,尤其是那些被制成独立封装器件的多端口存储器,提供能对存取端口地址进行比较的附加电路,当出现端口地址竞争时,会出现标记信号。这些多端口存储器也能提供电路,对通道之间的矛盾进行仲裁,确保一个操作完成后,才进行另一个操作。若使用的多端口存储元件或电路模块,不提供这种性能,而应用中可能会产生通道的冲突,则需在设计中包括某种形式的仲裁机制,作为控制部分独立的一部分。另一种办法是:确保子系统总是通过不同的独立端口访问存储器中地址不同的存储单元,例如,确保子系统总是操作存储器中不同区域的数据块。在第9章中将更详细地讨论数据的块处理问题。

例 5.7 请编写一个 Verilog 模型,描述一个 4 K×16 位的双端口直通 SSRAM。其中一个端口允许进行数据的读/写,而另一个端口只允许进行数据的读取。

解决方案 在下面的模块定义中,输入的时钟信号 clk 是两个存储器端口所共有的。输入和输出信号,凡其名称以"1"结尾的,都是存储器允许进行数据读/写操作的那个端口连接;凡其名称以"2"结尾的,都是只允许进行数据读取的那个端口的连接。

```
module dual_port_SSRAM ( output reg [15:0] d_out1,
                         input      [15:0] d_in1,
                         input      [11:0] a1,
                         input             en1, wr1,
                         output reg [15:0] d_out2,
                         input      [11:0] a2,
                         input      [11:0] en2,
                         input             clk );

reg [15:0] data_RAM [0:4095];

always @(posedge clk)                    // 读/写端口
  if (en1)
    if (wr1) begin
      data_RAM[a1] <= d_in1; d_out1 <= d_in1;
    end
    else
      d_out1 <= data_RAM[a1];

always @(posedge clk)                    // 只读端口
  if (en2) d_out2 <= data_RAM[a2];

endmodule
```

上面这个 Verilog 模块与前面介绍过的直通 SSRAM 模型,除了只有两个(每个端口一个)always 块以外,其他地方都非常相似。存储器存储变量的声明是相同的,有的变量被两个 always 块共享。表示读/写端口的 always 块与前面介绍的 always 块完全相同。表示只读端口的 always 块是表示读/写端口的 always 块的简化版本,因为它不需要处理存储变量的更新。

在此模型中,对同时访问相同地址的读和写操作的可能性不作任何特别的规定。在模型仿真期间,两个块中间的这个块或那个块会被首先激活。若表示读/写端口的块被首先激活,更新了存储器的地址单元,则读操作给出更新的值。若表示只读端口的块被首先激活,则读取的单元中保存的仍是更新前的旧值。当模型被综合时,综合工具从它的组件库中,选择一个双端口存储元件。并发读写产生的效果取决于所选择组件的行为。

先入先出存储器(first-in first-out memory,FIFO)是双端口存储器的一个特例。FIFO 被用来对自源头到达的数据进行排队,并依照数据到达的顺序由另一个子系统加以处理。最先进入 FIFO 的数据是最先出来的数据,FIFO 因此得名。构建 FIFO 的最常见方式,是把双端口存储器用作数据存储的循环缓冲(circular buffer)区,双端口存储器的一个端口从源头上接收数据,另一个端口读取数据提供给子系统处理。每个端口有一个地址计数器,用来记录数据已被写入或读取到哪个位置。写入到 FIFO 的数据被存储在地址连续的空闲存储单元。当写地址计数器到达最后的位置后,地址计数器又返回 0。当数据被读取时,读地址计数器递增到下一个可用的地址,当到达最后位置后,读地址计数器也返回 0。若写地址返回后,并追上了读地址,则 FIFO 已满,不能再接受更多的数据。若读地址追上了写地址,则 FIFO 为空,不能再提供任何数据。这个方案,除了读写的地址之间的距离是不固定的以外,其他地方类似于例 5.2 中的音频回响效果单元。因此,FIFO 存储的数据量是根据读/写数据的速率的不同在不断变化着的。FIFO 所需要的存储器大小,就看数据读落后于写的最大数量。确定的最大数量可能很难做到,可能需要评估在应用中出现最坏情况下的数据滞留,可使用数据传输率的数学模型或统计模型以及使用仿真得到这个数据。

例 5.8 请设计一个最多可存储 256 个数据(每个数据为 16 位)的 FIFO,请用 256×16 位的双端口 SSRAM 来存储数据。该 FIFO 应能提供状态输出,如图 5.17 中图符所示,可以表明 FIFO 为空和满的情况。假设 FIFO 为空,则禁止读取 FIFO;若 FIFO 为满,则禁止写入 FIFO;并且读/写端口共享一个时钟。

解决方案 FIFO 的数据路径(如图 5.18 所示)使用 8 位计数器来记录读/写地址。若 FIFO 尚未满(即 full 为 0),则写地址是指在存储器中下一个空闲存储单元的地址;若 FIFO 尚未空(即 empty 为 0),则读地址是指下一个要读的存储单元的地址;当复位信号(reset)为正时,这两个计数器都被清为 0。

当两个地址计数器的计数值相同时,表明 FIFO 为空。当写地址计数器返回 0,并追上读地址计数器时,FIFO 为满,在这种情况下,计数器又一次出现相同的值。因此,地址计数器的计数值相等

图 5.17 具有空和满状态输出的 FIFO 图形

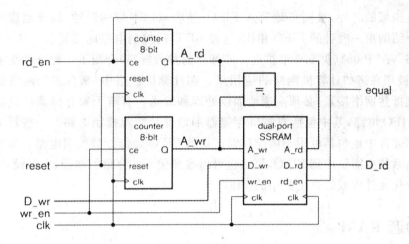

图 5.18 使用双端口存储器的 FIFO 的数据路径

还不足以区分 FIFO 究竟是空还是满。我们可以跟踪 FIFO 中可用的存储单元的数量,例如,通过使用一个独立的递增/递减计数器来记录可用的存储单元的数量,而不是试图比较地址。不过,更简单的途径是跟踪 FIFO 是否为满或空。一个没有并行读操作的写操作,意味着 FIFO 正在被填满。在 FIFO 被逐渐填满的过程中,如果写地址逐渐接近,并最后等于读地址,那么 FIFO 是满的。一个没有并行写操作的读操作,意味着 FIFO 正在被排空。在 FIFO 逐渐被排空的过程中,如果读地址逐渐接近,并最后等于写地址,那么 FIFO 为空。如果写入和读取操作同时发生,在 FIFO 中可用的存储单元的数量维持不变,那么正在填入或正在排空的状态保持不变。可以用有限状态机(FSM)来描述这种行为,如图 5.19 所示。在状态转移图中,转移线的两侧被标记的是写/读使能控制信号 wr_en 和 rd_en 的值。FSM 从排空状态开始。若当前的状态为正在排空,且等价的状态信号为 1,则空状态的输出为 1;若当前的状态是正在写入,且等价的状态信号为 1,则满状态的输出为 1。请注意,因为 FSM 必须有一个时钟来操作,所以这个控制序列取决于 FIFO 的读/写端口之间使用同一个时钟的假设。

FIFO 的一个重要用途是在使用不同时钟频率操作的子系统之间传递数据,即 FIFO 可用于不同时钟域(clock domain)的数据传递。正如在 4.4.1 小节中曾讨论过的那样,若数据的到达是异步的,则必须用本地时钟对到达的数据进行同步处理。若两个时钟域的时钟相位不同,从一个时钟域到达另一个时钟域的数据,可能在接收域时钟的任何时刻发生数值的改变,因此必须视为一个异步的输入。数据的重新同步意味着使数据通过两个或两个以上的寄存器。如果发送域的时钟速度比接收域的快,正在被重新同步的数据,可能会被后来抵达的数据超越。而 FIFO 使我们能够理顺不同时钟域之间的数据流。到

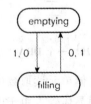

图 5.19 FIFO 有限状态机的状态转移图

达的数据以发送域的时钟,被同步地写入 FIFO,接收域以本域的时钟,同步地读取数据。与例 5.8 中所介绍的单一时钟的 FIFO 相比,这种 FIFO 的控制电路比较复杂一些。Xilinx 公司的产品说明书 XAPP 051(见 5.5 节供进一步阅读的参考资料)介绍了一种可以使用的技术。

FIFO 也被用在诸如计算机网络的应用里。在计算机网络中,来自多个网络的数据在不可预知的时刻抵达网络接点,必须高速地加以处理和发送。有若干家存储器件供应商可提供独立封装的 FIFO 电路,其中包括双端口存储器和地址计数及控制电路。一些较大的 FPGA 厂商提供的库元件中也包括可用于内建存储区块的 FIFO 地址计数控制电路。如果在用其他工艺实现的某系统中需要用到 FIFO,那么也可以参照例 5.8 介绍的途径,自己设计一个,或使用来自于参数化元件库或综合工具中的 FIFO 块。

5.2.4 动态 RAM

动态 RAM(DRAM)是另一种形式的挥发性存储器,DRAM 采用不同形式的存储单元来存储数据。在 5.2.1 小节曾提到,静态 RAM 使用的存储单元与 D 锁存器类似。而动态 RAM 的存储单元使用一个电容器和一个晶体三极管,如图 5.20 所示。因此 DRAM 存储单元,远小于 SRAM 存储单元,所以可以把更多的 DRAM 单元集成在一个电路芯片上,使每位存储空间的成本降低。然而,DRAM 的存取时间大于 SRAM,并且访问和控制电路的复杂程度也比 SRAM 的更大。因此,在选用 DRAM 还是 SRAM 时,必须在成本、性能、复杂性和存储器容量之间权衡。DRAM 通常在计算机系统中用作主存储器,因为它们满足高容量,而成本相对较低的需求。不过,它们也可以用于其他数字系统。SRAM 和 DRAM 之间的选择依赖于每个应用的要求和约束。

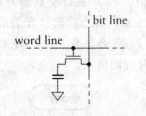

图 5.20 一个 DRAM 存储单元

DRAM 的存储单元中可以存储 1 位为 1 或 0 的数值,这通过单元电容器上有或没有电荷来表示。当晶体管被断开时,电容器与位线(bit line)是互相隔离的,因此,电容器里存储着电荷。

若想把数值(1/0)写入 DRAM 的某个存储单元,则 DRAM 的控制电路必须把位线的电平变为高或低电平,并接通晶体管,由此对电容器进行充电或放电。若想从 DRAM 的某个存储单元读取数值,则 DRAM 的控制电路应预先把位线的电平设置到一个中间电平,然后接通晶体管。由于电容器上电荷和位线上电荷的平衡作用,位线上的电平或略有增加或略有下降,这取决于 DRAM 存储单元的电容器是否被充电或放电。用一个传感器检测并放大该变化,从而决定该单元的存储值为 1 还是为 0。不幸的是,这个过程破坏了已存储在该单元内的数值,所以在读取数值之后,控制电路必须通过把位线电平拉高或拉低到合适的电平,然后断开晶体管,恢复原来存储的数值。完成数值复原所需要的时间必须被加到存取时间里,使

DRAM 完整的读周期明显地长于 SRAM 所需的读周期。

DRAM 单元的另一个属性是，即使晶体管处于断开状态，电容器的电荷也会泄漏。这就是为什么用"动态"这一词来描述 DRAM 的含义。为了补偿电荷泄漏，控制电路必须读取并恢复 DRAM 中每一个单元已经存储的数值，而不能等到电荷衰减得太多。此过程被称为刷新(refreshing)DRAM。DRAM 制造厂商通常指定以 64 ms 为一个周期，刷新每一个存储单元。在 DRAM 中的单元通常被组织成为被称作库的几个矩形阵列，而 DRAM 的控制电路被组织成为一次刷新每个库的一行。由于正在刷新一行时，DRAM 无法执行正常的写入或读取的操作，因此刷新操作必须和读写操作交错地进行。根据不同的应用，有可能每隔 64 ms 把所有的列刷新一遍，或者也可以利用写入和读取之间的时间刷新一行，并确保在 64ms 内所有的行必须被刷新一遍。重要的是当必须进行写入或读取操作并且不能推迟时，必须避免行刷新调度。

从历史上看，DRAM 控制信号的时序曾经是异步的，管理刷新是由 DRAM 芯片外部的控制电路执行的。近年来，制造厂商已改为生产同步动态存储器(SDRAM)，SDRAM 使用输入寄存器，在时钟跳变沿对地址信号、数据和控制信号进行采样。同步和异步 SRAM 之间的差别与此非常类似，采用同步采样输入方法，可以使设计者能更容易把 SDRAM 整合到用时钟同步时序方法设计的系统中。制造厂商也在 DRAM 芯片中包括了刷新控制电路，这也使得 DRAM 的使用变得更加容易。在数据传输速率要求非常高的应用中，由于 DRAM 相对缓慢的存取速度，使得 DRAM 的普及受到限制，近年来，制造厂商为了进一步提高 DRAM 的性能，增加了许多特色。

其中包括：
➤ 在地址连续的前提下，只需提供第一个存储单元的地址而无需为每个存储单元提供具体地址的突发数据读/写能力。
➤ 数据在时钟的正跳变沿和负跳变沿都有这种传输能力(即双数据速率，英文缩写为 DDR，和其后续产品 DDR2 和 DDR3)。

这些特色主要是因为在计算机系统中需要提供高速的突发数据的传输能力而推动的，但这些特色也可以提高非计算机数字系统的数据传输能力。

因为 DRAM 的控制电路比较复杂，所以不详细介绍 DRAM 要求的控制信号和时序。对于大多数制造工艺而言，可以从库中找到 DRAM 控制块，并把外部 DRAM 芯片的引脚与我们所设计的芯片的时序电路连接即可。由 Xilinx 公司提供 SDRAM 控制器就是例子之一，编号为 XAPP134 的技术说明书详细地介绍了这个 SDRAM 控制器。该控制器可以把基于 FPGA 的系统与外部的 SDRAM 存储器芯片相连接，并控制其运行。(见 5.5 节进一步阅读的参考资料。)

5.2.5 只读存储器

至此,我们所看到的存储器都是既可以读取已存储的数据值,又可以随意地更新已存储的数据值。只读存储器(read-only memory,ROM)与此不同,只能读取已存储的数据值。在数据值是常数的情况下,只读存储器非常有用,因为根本没有必要更新已存储的数据值。人们自然会提出这样的问题:刚开始的时候,常数是如何被放置到 ROM 中的呢?回答是:数据可以在 ROM 的制造过程中被固定在电路中,也可以在芯片的制造后,通过编程被固化到 ROM 中。下面将描述几种不同数据固定办法的 ROM。

1. 组合的 ROM

简单的 ROM 是一个组合逻辑电路,每个输入地址对应一个常数值。可以用表格的形式来指定 ROM 的内容,每个地址列一行,地址的右边就是该地址的内容,即数据值。因此,这个表本质上是一个真值表,所以从原理上,可以使用曾在第 2 章中描述过的组合电路设计技术来实现这个逻辑功能。然而,因为每个 ROM 的单元最多需要一个晶体管,所以 ROM 的电路结构通常比以门电路为基础的电路结构要密集得多。其实,对于一个复杂的多输出的组合逻辑而言,用 ROM 来实现该逻辑功能比用逻辑门电路更好。例如,在复杂的有限状态机中,可用 ROM 产生下一个状态的逻辑,或产生输出的逻辑,这是一种很简单的解决办法。

例 5.9 请使用 ROM,设计一个如例 2.16 所描述的那个具有空白输入的七段译码器。

解决方案 该译码器有 5 个输入位:4 位用于表示 BCD 码,1 位用于控制空白显示。该译码器有 7 个输出位:每段用一个输出位。因此,我们需要一个 32×7 位 ROM,如图 5.21 所示。ROM 的内容,见表 5.2 所列。

表 5.2 七段译码器的 ROM 内容

地址	内容	地址	内容
0	0111111	6	1111101
1	0000110	7	0000111
2	1011011	8	1111111
3	1001111	9	1101111
4	1100110	10~15	1000000
5	1101101	16~31	0000000

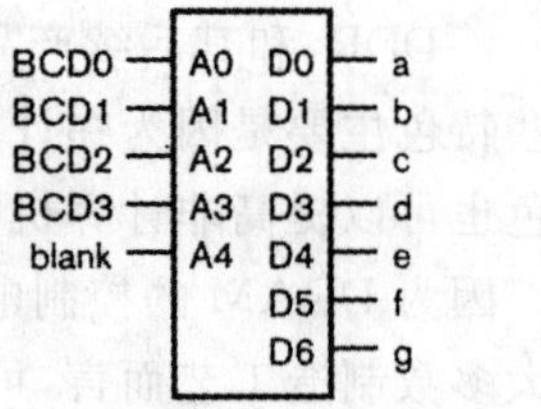

图 5.21 被用作七段解码器的一个 32×7 位的 ROM

例 5.10 请为例 5.9 的七段译码器编写一个 Verilog 模型。

解决方案 该模块的定义如下:

```verilog
module seven_seg_decoder ( output reg [7:1] seg,
```

```verilog
                    input    [3:0] bcd,
                    input    blank );

    always @*
    case ({blank, bcd})
        5'b00000: seg = 7'b0111111;    // 0
        5'b00001: seg = 7'b0000110;    // 1
        5'b00010: seg = 7'b1011011;    // 2
        5'b00011: seg = 7'b1001111;    // 3
        5'b00100: seg = 7'b1100110;    // 4
        5'b00101: seg = 7'b1101101;    // 5
        5'b00110: seg = 7'b1111101;    // 6
        5'b00111: seg = 7'b0000111;    // 7
        5'b01000: seg = 7'b1111111;    // 8
        5'b01001: seg = 7'b1101111;    // 9
        5'b01010, 5'b01011,
        5'b01100, 5'b01101,
        5'b01110, 5'b01111:
                  seg = 7'b1000000;    //"-"表示非法码
        default:  seg = 7'b0000000;    //显示空白(blank)
    endcase

endmodule
```

与例 2.16 一样,在描述组合逻辑的 always 块中使用了一条 case 语句,实现了能反映真值表功能的组合逻辑。然而,在本例中,地址是由 blank(空白)控制和 BCD 码两个输入信号的拼接而成的。然后,该 case 语句,根据输入的不同地址信号(5 位),确定相应的七段 LED 译码器的输出值。综合工具便可根据上述代码推断出,这是一个可以用 ROM 来实现其功能的逻辑电路。

在提供 SSRAM 块的 FPGA 实现工艺中,可以把一个 SSRAM 块用作 ROM。只需要修改描述存储器的 always 块模板,删除更新存储器内容的那部分。可以用一条 case 语句,来确定数据输出,如例 5.10 所示。例如:

```verilog
    always @(posedge clk)
      if (en)
        case (a)
          9'h0: d_out <= 20'h00000;
          9'h1: d_out <= 20'h0126F;
          ⋮
        endcase
```

当该系统接通电源时,存储器的内容被加载到 FPGA 中,作为其编程的一部分。此后,由于数据没有被更新,所以这是常数。请注意,我们已经在此模型中使用十六进制值的 Verilog 符号。符号 9'h1 表示一个位宽为 9 的向量,从值 1_{16} 经由零扩展而得到的一个除了最低位为 1 外,其余 8 位均为 0 的二进制数;符号 20'h0126F 表示一个位宽为 20 的向量,其值为 $0126F_{16}$。

对大型 ROM 而言,直接用这样的 Verilog 的代码写数据是很繁琐的。所幸的是,Verilog 语言提供了一种方法,可以把数据写在一个单独的文件中,在仿真或综合的时候,该文件可以被加载到 ROM 上。使用 $readmemh 或 $readmemb 系统任务,写法如下:

```
reg [19:0] data_ROM [0:511];
 ⋮
initial $readmemh("rom.data", data_ROM);
always @posedge clk)
  if (en)
    d_out <= data_ROM[a];
```

$readmemh 系统任务期望名为 rom.data 的文件内容是一个十六进制数字的序列,以空格或换行符分隔。同样,$readmemb 期望该文件的内容是一个二进制数字的序列。

在上例的文件 rom.data 中可能包含下列形式的数据:

```
00000   0126F   017C0   A0018
10009   2667A   30115   00000
```

这些值从文件中被读取到指定变量的连续的元素上,直至该文件的末尾,或直至变量的所有元素都被加载为止。

2. 可编程的只读存储器

有些 ROM 中的内容是被已制造在存储器件中的。这种 ROM 适合以下应用:需要制造的 ROM 部件数量很大,确信该 ROM 的内容在产品的整个使用寿命中将不再需要改变。在其他应用中,通常希望使用能够不时地对内容进行修改的 ROM 器件,或使用某种形式的小批量生产成本较低的 ROM。可编程 ROM(programmable ROM,PROM)符合这些要求。PROM 被制造成独立封装的存储器单元内容是空白的芯片。在芯片制成后,存储内容再通过编程被固化到 ROM 的存储单元中。这种固化过程可以在该芯片被组装成系统之前,使用特殊的编程设备实现,也可以在该芯片已经安装于最终系统中后,使用特殊设计的电路通过编程实现。

PROM 有很多种形式。早期 PROM 使用可熔断的连接进行存储单元的编程。一旦连接电路的熔丝被烧断,就不能再恢复的,所以编程只能进行一次。这些器件现在基本上已经过时。取代它们的器件是能被擦写的 PROM,我们可以通过紫外光线的照射(被称作 EPROM

对 PROM 进行擦写,也可以使用比正常电源高的电压对 PROM 进行电气擦写(被称作电擦除 PROM,或 EEPROM)。

3. 闪存(Flash Memory)

大多数新的设计都使用闪存作 ROM,闪存属于电擦除可编程 ROM 中的一种。闪存的内部被组织成为如下的形式:闪存中的多个存储块的内容可以一下子都被擦除,然后紧接着再对某个存储块的单元进行编程。闪存的擦除和编程操作,通常可执行几十万次,擦除和编程操作的次数是有限的,超过这个次数,闪存就"磨损了"。因此,闪存不能代替 RAM。

有两种类型的闪存,或非(NOR)闪存和与非(NAND)闪存。或非和与非是指组成闪存存储单元的晶体管组织。这两种类型都被组织成为块(16 KB、64 KB、128 KB 或 256 KB)。在写入闪存之前,必须把所有存储块的内容全都清除干净,然后才能写入。在或非闪存中,可以对闪存的各个存储单元进行次序随机的写入(在每次全都被擦除后)和读取(读取的次数没有任何限制)。

闪存芯片具有与 SRAM 类似的地址、数据和控制信号,读取数据所需要的访问时间与 SRAM 的相差不多,因此闪存芯片特别适合用作:嵌入式处理器的程序存储器,用来存储配置控制系统操作的参数;存储 FPGA 的配置信息。

另一方面,在与非闪存中,存储单元的写和读必须一次一页地进行,一页通常有 2 KB。读取某一存储单元的值必须读取载有该单元的页,然后从页中再选中某一存储单元读出其中的数据,这需要花几微秒。然而,如果需要读取一页中所有的存储单元,那么顺序读取要快得多,这与 SRAM 的访问时间相当。擦除一个块和写一页数据均明显慢于 SRAM 的存取时间。例如,美光科技(Micro Technology)公司制造的 MT29F16G08FAA 16 Gbit 闪存 IC 芯片的技术说明书指出:该闪存 IC 芯片的随机读取时间为 25 μs,顺序读取的时间为 25 ns,1 个块的擦除时间为 1.5 ms,一个页面(2 KB)的写入时间为 220 μs。鉴于与非闪存的不同存取行为,所以它的接口不同于 SRAM 的接口,而且它的控制电路也比较复杂些。与非闪存的优点在于其存储单元密度大于或非闪存的单元密度。因此,与非闪存芯片更适合应用于需要将大量数据以低廉的价格存放的场合。与非闪存最大的应用场合是消费电子产品的存储卡,如数码相机中。它们也用于通用计算机的 USB 存储棒中。

知识测试问答

1. RAM 和 ROM 之间的区别是什么呢?
2. 挥发和非挥发两个术语的含义是什么?
3. 静态 RAM 和动态 RAM 之间的区别是什么?
4. RAM 存取时间的含义是什么?
5. 为什么在设计高速时钟同步电路中很难应用异步 SRAM?
6. 直通 SSRAM 和流水线 SSRAM 之间的区别是什么?

7. 表示存储器所存储的内容必须使用什么类型的 Verilog 变量?
8. 与地址和数据连接复用的单端口存储器相比,多端口存储器有什么优点?
9. 若在同步的双端口存储器中,同时并发地向某个地址的存储单元写入数据,将会发生什么情况,如何分析?
10. FIFO 表示什么?
11. 请问 FIFO 如何实现不同时钟域之间数据的可靠传输?

5.3 错误的检测与校正

尽管我们曾在 2.2.2 小节介绍过如何检测位错误的思路,以及处理这些问题的某些途径,但在大部分的讨论中,还是假设数字电路能正确无误地存储和处理信息。造成存储器中出现位错误的原因是多方面的。有些位错误是暂时性的,这种暂时性的错误被称作软错误(soft errors),涉及某个存储单元的一个位发生了错误的翻转,但存储单元存储数据的能力并没有受到永久性的破坏。在 DRAM 中,软错误通常是由宇宙射线碰撞地球大气层中的原子所产生的高能量中子所造成的。中子与 DRAM 芯片中的硅原子发生碰撞产生电荷流,该电荷流有可能破坏 DRAM 中某个存储单元中的存储电荷或读取电荷。软错误的发生频率,即软错误率(soft-error rate),取决于 DRAM 的制造工艺及 DRAM 芯片的工作环境。因此,不同系统之间的软错误率可以相差非常大。软错误也可以发生在 DRAM 和其他的存储器中,这是由于电气干扰、物理电路的不良设计等其他原因所造成的。

在存储器电路中持续出现的错误,被称作硬错误(hard errors)。硬错误可能是由于制造缺陷或由于长期使用后的电气"磨损"而造成的。受到硬错误影响的存储单元或芯片,将不再能够存储数据。无论该存储单元以前写入的数值是什么,对该单元的读操作将总是输出固定的 0 或 1。

存储器比使用触发器和寄存器存储的逻辑电路更容易受到位错误的影响,这是由于在存储器中存储密度大和数据寿命长的缘故。因此,在存储器电路中,通常都包括某种形式的错误检测,而在一般逻辑电路中添加错误检测电路的则比较少见。错误检测的常用解决途径是使用奇偶校验,我们曾在 2.2.2 小节介绍过。请回忆一下,如何产生奇偶校验位。我们对某个码字为 1 的位进行计数,并确定是奇校验还是偶校验,然后在该码字后添加一个为 1 或 0 的奇偶校验位,以确保为 1 位的总数是偶数(如果选择偶校验)或者是奇数(如果选择奇校验)。在存储器的情况下,使用奇偶校验必须为每个存储器单元添加一个奇偶校验位。当把某个数据写入一个存储单元时,计算奇偶校验位并将其存储在添加的奇偶校验位中。当读到这个地址的存储单元时,检查该数据和对应奇偶校验位,分析该数据加奇偶校验位是否仍具有正确的奇偶性。如果奇偶性是正确的,则假设读取的数据没有出错。否则,将采取适当的操作来处理数据存储中发生的错误。

在 2.2.2 小节曾讨论过,使用奇偶校验检查错误位的方法存在的问题是:它只能够检查出现在存储码字中的一个位的错误翻转。它不能确定哪个位发生了错误的翻转,也检测不到有偶数个位发生错误翻转的情况。若能确定某个位发生了错误的翻转,则可以更正错误,把该位翻回到原来的值,然后继续如常操作。假设位翻转是一个软错误,则可以把更正后的数据写回到存储器中的原存储单元。为了能够确定哪些位已发生了错误的翻转,必须考虑由于有效码字每一位的错误翻转而产生的无效码字。若所有这些无效码字是各不相同的,则可利用无效码字的值,来确定码字中究竟哪个位发生了错误的翻转。

这个问题的解决方案之一是使用某种形式的纠错码(error correcting code, ECC),例如,众所周知的汉明码(Hamming code)。我们将从 1 位纠错汉明码开始讨论,这种 1 位纠错汉明码使我们能够纠正只有 1 位出现错误翻转的码字。若码字有 N 位,则需要添加 ib $N+1$ 个检查位,用于 ECC。举例说明如下:如果原码字有 8 个数据位,那么需要添加 4 个检查位,使纠错码字的总位数变为 12 位。在写入操作期间,根据数据位的值,通过计算得到 4 个检查位,然后把添加了 ECC 位的整个码字写入到存储器相应的存储单元中。

为了说明如何通过计算得到检查位,把原数据码字的 8 位分别标记为 $d_1 \sim d_8$,并且把 ECC 码字的 12 位分别标记为 $e_1 \sim e_{12}$(通常从 0 开始为每一位编号,但为了解释 ECC 码,从 1 开始对码字位进行编号说明起来更为方便些。)。若 ECC 的位的编号正好是 2 的幂次(第 1、2、4、8 位),则该 ECC 位是用作检查位的,而其余的 ECC 位是数据位,数据位按照顺序排列,如图 5.22 所示。如果把 ECC 位的编号写成二进制数,则在编号为 i 个位置上为 1 的检查位,是编号在第 i 个位置中都有一个 1 的那些 ECC 数据位的异或(即奇偶校验)。举例说明如下:检查位 e_2(位编号为 0010_2)是数据位 e_3、e_6、e_7、e_{10} 和 e_{11}(它们的位编号分别为:0011_2、0110_2、0111_2、1010_2 和 1011_2)的异或。因为这几个 ECC 数据位的二进制数表示的编号中至少有两个为 1 的位(否则该 ECC 数据位必将是一个检查位),(译者注:请注意斜体的位),每个数据位至少被包括在两个检查位的计算中。

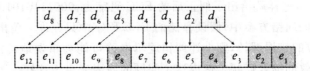

图 5.22　在 ECC 码字中,数据和检查位的分布

当存储器某个存储单元被再次读取时,整个 ECC 码字被读取。可根据读到的 ECC 码字的位,用相关位的异或重新计算出检查位的值,并与从存储器直接读取的检查位进行比较。如果比较的结果为 0000,且重新计算得到的检查位与直接读取的检查位完全匹配,则说明一切正常。但是,如果某个存储的 ECC 位(无论是数据位,还是检查位)发生了翻转,则会产生被称作综合症状(syndrome)的比较结果,这个结果将不是 0000。可以证明比较结果正好是发生错

误翻转的 ECC 码字位的二进制编号。因此,可以使用 syndrome 的值来纠正错误位,把编号为 syndrome 的位翻转回来即可。

例 5.11 请计算对应于 8 位数据码字 01100001 的 12 位 ECC 码字。

解决方案 根据 8 位码字的数据位,用如下异或逻辑计算出的 ECC 码字的检查位:

$e_1 = e_3 \oplus e_5 \oplus e_7 \oplus e_9 \oplus e_{11} = d_1 \oplus d_2 \oplus d_4 \oplus d_5 \oplus d_7 = 1 \oplus 0 \oplus 0 \oplus 0 \oplus 1 = 0$

$e_2 = e_3 \oplus e_6 \oplus e_7 \oplus e_{10} \oplus e_{11} = d_1 \oplus d_3 \oplus d_4 \oplus d_6 \oplus d_7 = 1 \oplus 0 \oplus 0 \oplus 1 \oplus 1 = 1$

$e_4 = e_5 \oplus e_6 \oplus e_7 \oplus e_{12} = d_2 \oplus d_3 \oplus d_4 \oplus d_8 = 0 \oplus 0 \oplus 0 \oplus 0 = 0$

$e_8 = e_9 \oplus e_{10} \oplus e_{11} \oplus e_{12} = d_5 \oplus d_6 \oplus d_7 \oplus d_8 = 0 \oplus 1 \oplus 1 \oplus 0 = 0$

因此,ECC 码字是 011000000110。

例 5.12 请确定在 ECC 码字 110111000110 中是否有一个错误,如果有错,则请纠正它。

解决方案 根据 ECC 码字的数据位,用如下异或逻辑计算出的检查位:

$e_1 = e_3 \oplus e_5 \oplus e_7 \oplus e_9 \oplus e_{11} = 1 \oplus 0 \oplus 1 \oplus 1 \oplus 1 = 0$

$e_2 = e_3 \oplus e_6 \oplus e_7 \oplus e_{10} \oplus e_{11} = 1 \oplus 0 \oplus 1 \oplus 0 \oplus 1 = 1$

$e_4 = e_5 \oplus e_6 \oplus e_7 \oplus e_{12} = 0 \oplus 0 \oplus 1 \oplus 1 = 0$

$e_8 = e_9 \oplus e_{10} \oplus e_{11} \oplus e_{12} = 1 \oplus 1 \oplus 0 \oplus 1 = 1$

该综合症状(syndrome)是 $1010 \oplus 1010 = 0000$。因此,在读的 ECC 中,没有发生错误。

例 5.13 请确定在 ECC 码字 000111000100 中是否有一个错误,如果有错,则请纠正它。

解决方案 根据 ECC 码字的数据位,用如下异或逻辑计算出的检查位:

$e_1 = e_3 \oplus e_5 \oplus e_7 \oplus e_9 \oplus e_{11} = 1 \oplus 0 \oplus 1 \oplus 1 \oplus 0 = 1$

$e_2 = e_3 \oplus e_6 \oplus e_7 \oplus e_{10} \oplus e_{11} = 1 \oplus 0 \oplus 1 \oplus 0 \oplus 0 = 0$

$e_4 = e_5 \oplus e_6 \oplus e_7 \oplus e_{12} = 0 \oplus 0 \oplus 1 \oplus 0 = 1$

$e_8 = e_9 \oplus e_{10} \oplus e_{11} \oplus e_{12} = 0 \oplus 0 \oplus 0 \oplus 1 = 1$

该综合症状是 $1101 \oplus 1000 = 0101$。因此,有一个位在读 ECC 的位 e_5 时发生了错误。把位 e_5 翻转回来,从 0 变到 1,这样就给出了纠正后的 ECC 码字为:000111010100。

请注意,在上面的纠错方案中,假设存储的 ECC 码字中只允许一位出现错误。若 ECC 码字存在两个或更多位的错误翻转,则上述纠错逻辑电路可能会错误地确定某个位发生错误翻转,或者产生一个无效的综合症状。造成这个问题的原因来自于这样一个事实:没有可以用来区分一位和双位错误的足够的无效码字。简单的补救办法是再补充几个检查位。若再添加一个检查位,即对所有的数据进行位异或逻辑运算,则由此产生的 ECC 码字可以使我们能纠正任何 1 位的错误,并检测出但不能纠正任何双位错误。若假设错误的出现是独立发生的,则同时出现双位错误的概率是非常低的,所以这个解决方案完全能满足许多应用的需求。若可靠性和抵御错误的能力有极其严格的要求,则还可以进一步增加检错码的位数,使之能纠正数据传输中出现的多位错误。如何解决这个问题的细节,超出了在这本书的讲解范围,但可以在 5.5 节提供的进一步阅读的参考资料中找到。

在存储器的错误检测和纠正的讨论中,我们最后考虑的问题是所需的存储器的开销。在 8 位码字的 ECC 码字的说明中,我们知道为了纠正 1 位的错误,需要 4 个检查位(存储器的开销为 50%);检测双位错误,需要 5 个检查位(存储器的开销为 63%)。这显然是一个占很大比例的存储器开销,尤其与只检测 1 位的错误,只需一个奇偶校验位的方法比较起来更是如此(奇偶校验位方法的存储器的开销为 13%)。不过,我们注意到,使用汉明码纠正一位错误需要添加 lb N+1 个检查位来处理 N 位的数据,检测双位错误需要添加 lb N+2 个检查位。若为更多位的数据提供错误检查和纠正,则存储开销相对较少,见表 5.3 所列。对于位数比较多的数据码字,提供这种形式的错误检测与纠正,正在变得越来越有吸引力。

表 5.3 增加纠错和检错功能所需要增加检查位的个数及相对的存储开销

数据位数 N	纠正 1 位出错		检测双位出错	
	需要添加的检查位	增加开销/%	需要添加的检查位	增加开销/%
8	4	50	5	63
16	5	31	6	38
32	6	19	7	22
64	7	11	8	13
128	8	6.3	9	7.0
258	9	3.5	10	3.9

还可以使用其他的经过更仔细研究的纠错编码和检测编码方法来替代汉明编码方法。然而,这些方法也需要在数据中添加检查位,所以必须添加存储器的容量和附加电路才能检测和纠正错误。它们的不同处在于,附加电路的存储器开销和复杂性有所不同,可以同时处理的错误数量也有所不同。这一系列技术使我们能够根据设计的需求做出正确的权衡和取舍。这种权衡和取舍取决于设计需求的可靠性要求和其他方面的限制。由于汉明码是最简单的 ECC 编码之一,所以它们被最广泛地应用在需要中等高可靠性的系统中,例如网络服务器计算机。更复杂的 ECC 编码方法被用在诸如航空航天计算机和通信系统等专用的高可靠性要求的系统中。

知识测试问答

1. 请问软错误和硬错误有什么区别?
2. 请问什么因素经常导致 DRAM 出现软错误?
3. 当检测到一个奇偶错误时,请问能采取什么纠错操作?
4. 请问用汉明编码,为纠正 4 位数据码字中的 1 位错误需要添加几个检查位才能做到?为检测双位的错误,需要添加几个检查位才能做到?

5.4 本章总结

- 存储器包含一组存储单元,每个单元有唯一的地址。一个 $2^n \times m$ 位的存储器有 n 位地址,从 $0 \sim 2^n-1$。
- 写操作可把一个数据值写入某个在给定地址的存储单元。读操作可读取存储在某一地址单元中的数据值。控制信号可管理读/写操作。
- 可以并行地连接多个存储元件,以便存储位宽更大的数据值。还可以把多个存储元件连接成为库,并用一个译码器在多个库中选择某个库,以便提供有更多寻址空间的存储单元。
- 在数据输出端具有三态驱动器的存储器简化了库连接。三态总线上每次最多只能有一个组件驱动数据输出;而其余的设备必须把输出设置为高阻抗(hi-Z)状态。
- 挥发性存储器,只有在电源供电时,才能保存数据。非挥发性存储器,在没有电源供电时,仍能保存数据。RAM 这一术语是指一种挥发性存储器,能以任意次序对 RAM 进行读取,也能以任意次序对 RAM 进行写入的操作。ROM 这一术语是指这样一种存储器,ROM 一旦被制造或编程后,只具有被读取的功能,不能写入任何数据。
- 只要提供电源,已经存储在静态 RAM(SRAM)中的数据可以持续保留;而存储在动态存储器(DRAM)中的数据必须定期刷新,才能持续保留。异步 SRAM 的时序不只依赖于一个时钟。同步 SRAM(SSRAM)使用同一个时钟信号对控制信号、地址信号和数据信号进行采样,从而简化了把 SSRAM 纳入时钟同步系统的步骤。SSRAM 包括直通和流水线两种。
- 访问时间(access time)是从开始一个读操作到获得有效数据的延迟时间。周期时间(cycle time)是完成一个读操作或写操作总共花费的时间。
- 多端口存储器,允许数字系统的不同部件对其进行并行的操作。FIFO(先入先出)是一种用作数据排队的双端口存储器。FIFO 的一个重要用途是在不同的时钟域之间传递数据。
- ROM 是可把地址值映射到数据值的组合电路。它可以被用来实现任意的布尔函数。
- 可编程只读存储器(PROM)可以在芯片制造后,通过编程,写入需要保存的数据,供以后读取。在系统操作期间,闪存的内容可被擦除和重新编程,闪存可用于存储配置信息。
- 大气中的中子和其他的影响,有可能导致在已存储在存储器中的数据出现位错误。该错误可能是暂时的(软错误),也可能是永久性的(硬错误)。
- 校验位可以和数据一起被存储,以检测和纠正错误。一个校验位可以检测到 1 位的错误,但不能检测到 2 位的错误。纠错码(例如汉明码)可以纠正 1 位的错误,并检测到 2 位的错误。

5.5 进一步阅读的参考资料

Advanced Semiconductor Memories: Architectures, Designs, and Applications, Ashok K. Sharma, Wiley—IEEE Press, 2002.
描述了一系列存储器件,其中包括 SRAM、DRAM 和非挥发性存储器。

Computer Organization and Design: The Hardware/Software Interface, David A. Patterson and John L. Hennessy, Morgan Kaufmann Publishers, 2005.
有一章介绍了计算机的存储器系统设计,说明交错的电路组织结构是如何提高存储器系统性能的。

Memory Systems: Cache, DRAM, Disk——A Holistic Approach to Design, Bruce Jacob, Spencer Ng, and David Wang, Morgan Kaufmann Publishers, 2007.
包括了 DRAM 技术,以及它在计算机存储器系统中的位置等广泛内容的描述。还介绍了纠错码,其中包括汉明码和更细化的编码方案,以及存储器发生错误的原因和出现错误的频率。

Synchronous and Asynchronous FIFO Designs, Peter Alfke, Xilinx Application Note XAPP051, 1996, http://direct.xilinx.com/bvdocs/appnotes/xapp051.pdf.
介绍了 FPGA 的一种 FIFO 控制方案,在这个方案中,读取和写入时钟的频率和相位是不同的。

Synthesizable High-Performance SD RAM Controllers, Xilinx Application Note XAPP134, 2005, http://www.xilinx.com/bvdocs/appnotes/xapp134.pdf.
是应用技术说明书,介绍了 SDRAM 的操作概述,并描述了可以作为基于 FPGA 设计的一部分而被实现的控制器子系统。

A Nonvolatile Memory Overview, Jitu J. Makwana and Dieter K. Schroder, 2004, http://aplawrence.com/makwana/nonvolmem.html.
描述了非挥发性存储器件的电路结构和操作。

练习题

练习 5.1 某系统需要从摄像机记录一秒钟的视频。该视频数据的构成如下:每秒 25 帧,每帧含有 640×480 个像素,每个像素为 24 位的。请问需要多少个 1 位的存储器才能记录一秒钟符合以上要求的视频信号?

练习 5.2 假设被用来构建存储器的 IC 的位宽为 8,读取数据的周期时间为 6 ns。而应用需要的数据处理速率为 400 MB/s。请问存储器的位宽至少应为多少位,才能满足读取数据的速度性能要求?

练习 5.3 图 5.23 展示了一个表示 512 K×8 位的存储器元件的图形符号。请绘制示意图,展示如何把几个这种组件连接成为一个 512 K×32 位的存储器。

练习 5.4 请绘制示意图,展示如何把几个如图 5.23 所示的组件连接成为一个 1 M×8 位的存储器。

练习 5.5 请绘制示意图,展示如何把几个如图 5.23 所示的组件连接成为一个 2 M×16 位的存储器。

练习 5.6 如图 5.24 所示的符号,表示一个具有三态双向数据输入/输出连接的 512 K×8 位的存储元件。请绘制示意图,展示如何把几个这种组件连接成为一个 2 M×16 位的存储器。

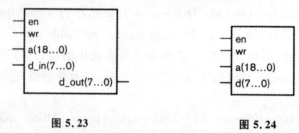

图 5.23   图 5.24

练习 5.7 假设有一个被连接到异步 SRAM 的数据路径,该路径有:① 控制信号 addr_sel,用来选择存储器地址;② 控制信号 d_out_en,可使能存储器的数据三态驱动器。控制部分除了产生这两个控制信号之外,还产生 SRAM 的控制信号,如 5.2.1 小节所述,并如图 5.10 所示。请为写入 SRAM 的操作编写一个控制序列,以确保建立时间和保持时间的约束条件得到满足。请问,若使用您编写的控制序列,则写入操作需要多少个时钟周期才能完成?

练习 5.8 请使用直通 SSRAM,编写描述例 5.4 中电路的 Verilog 模型。

练习 5.9 请使用流水线 SSRAM,编写描述例 5.5 中修改后电路的 Verilog 模型。

练习 5.10 请使用直通 SSRAM,修改例 5.4 中描述的计算 $y = c_i^2 \times x$ 的电路。

练习 5.11 请为练习 5.10 中修改后的电路编写 Verilog 模型。

练习 5.12 请使用流水线 SSRAM 修改例 5.4 和例 5.5 中描述的计算 $y = c_i^2 \times x$ 的电路。

练习 5.13 请为练习 5.12 中修改后的电路编写 Verilog 模型。

练习 5.14 请设计一个电路,计算两个 128 元素的向量的乘积,向量为 a 和 b。换言之,有一个向量 p,计算 $p_i = a_i \times b_i$。元素 a 和 b 存储在各自的直通 SSRAM 中,乘积被写入第三个直通 SSRAM。假设在一个时钟周期期间,控制信号 go 为 1 时,乘法计算开始执行,在一个时钟周期内,若输出控制信号 done 为 1,则表明计算已经完成。

练习 5.15 请为练习 5.14 中描述的电路编写 Verilog 模型。

练习 5.16 请使用流水线 SSRAM(而不是直通 SSRAM)修改练习 5.14 的电路。

练习 5.17 请为练习 5.16 中修改后的电路编写 Verilog 模型。

练习 5.18 请修改例 5.7 的模型,使得该模型能在同时向同一个地址进行并发的写入和读取操作的情况下,读取操作总是能读出:

a) 写入发生之前的原数据值;b) 刚写入的数据值。

练习 5.19 请修改例 5.7 的模型,使得该模型允许通过两个端口写入数据。使用仿真器观察并行写入同一个地址所产生的效果。

练习 5.20 请为一个双端口直通 SSRAM 设计一个仲裁器。仲裁器为每个端口提供了一个 busy(忙)信号,用来表明无法在该端口执行操作。在地址不同的前提下,若两个读取操作并发地执行,或者读取和写入操作并发地执行,则都不会出现任何有效的 busy 信号。在地址相同的前提下,若读取和写入操作并发地执行,则当写入操作进行时,读取端口的 busy 信号变为有效(禁止读);若(对同一地址)并发地执行两个写入操作,则当端口 1 写入时,端口 2 的 busy 信号变为有效(禁止写)。

练习 5.21 请为例 5.8 中描述的 FIFO 编写 Verilog 模型。

练习 5.22 假设某个系统包括:有一个可提供 16 位数据流的源;以及一个能操作该数据流的处理单元,如图 5.25 所示。数据源不断地提供数据值,但间隔时间并不规则,有时数据提供的速度比数据处理的速度快,有时则比较慢。然而,该系统有一个 ready 输出,在一个时钟周期内,输出 ready 为 1 时,表明该数据项已经可用。处理单元有一个输入信号 start 控制数据输入并启动处理;还有一个输出信号 done,当数据项已经被处理了一个周期,输出信号 done 被设置为 1,表明处理已经完成。请展示使用例 5.8 的 FIFO,数据源和处理单元应该如何连接,其中包括任何所需的控制序列。假设当数据源提供新的数据时,若 FIFO 为满,则该数据将被从数据流中删除。

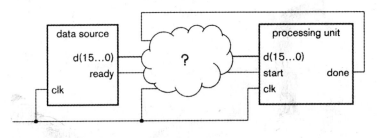

图 5.25

练习 5.23 Micron Technology 公司的型号为 MT48LC128M4A2 的 512 Mbit SDRAM 的技术说明书描述该器件内共有 4 个库,每个库由 8 192 行,4 096 列的 4 位存储单元组成。刷新操作一下刷新 4 个库中的某一行。每个存储单元每隔 64 ms 必须被刷新一次。请问刷新操作间的平均间隔时间是多少?如果数据访问周期为 7.5 ns,请问访问时间占多大比例时,SDRAM 的访问将与刷新操作发生冲突?

练习 5.24　4 位格雷码经由组合逻辑可以转换成为无符号的二进制数，请使用 ROM 来实现这个逻辑，并编写这个组合逻辑的 Verilog 模型。（格雷码的详情请见 3.1.3 小节。）

练习 5.25　请使用 5.3 节中所描述的汉明码，计算对应于 10010110 和 01101001 两个 8 位数据码字的 12 位 ECC 码字。

练习 5.26　请使用 5.3 节所描述的汉明码，确定在下列各 ECC 码字中是否出现一位错误，若有，请确定正确的 ECC 码字和原始数据的值。

a) 100100011010　　b) 000110111000　　c) 111011011101

练习 5.27　请绘制类似于图 5.22 的示意图，展示表示 16 位数据的 ECC 码字中的各个数据位和检查位的分布，并为每个检查位写出其布尔方程。

第 6 章 实现技术和工艺

数字系统的硬件是由在印刷线路板上连接在一起的几片集成电路(IC)实现的。在本章中,将介绍可用于构建数字系统的集成电路的种类,还将讨论集成电路和印刷线路板的某些重要特性。正是这些特性制约了设计性能的提高。

6.1 集成电路

早在集成电路发明之前,数字逻辑电路已有几十年的发展历史了。早期的数字系统是用离散的开关器件(如继电器、真空管和晶体管)搭建的。然而,掌握了在硅晶片表面制造完整电路的技术后,电路的制造成本显著地降低了。集成电路的发明应归功于杰克·科比(Jack Kilby),1958 年,他在德州仪器公司制造出了世界上第一片集成电路。后来,该制造技术又经过几位研发者的改进和细化。20 世纪 60 年代期间,集成电路的市场迅速地成长。随着集成电路变成商品部件,采用 IC 来构建数字逻辑电路很快就得到了普及。

回顾数字集成电路的发展历史,在两方面对我们是有益的。第一个方面,我们有时会遇到处理遗产系统(legacy system)的问题,所谓遗产系统实际上就是多年前设计的系统,目前仍在运转,但需要维修。在这种系统中,老旧过时的器件在市场上已经买不到了,因此必须设计一个新电路来替换它,才能使系统继续运行,因此必须理解旧器件的工作原理和运行的制约条件。第二个方面,必须认识到电路技术还在继续不断地进步,只学会如何使用当前的器件来设计电路是远远不够的。因为在未来的某个时段,这些器件都将被淘汰。所以,需要了解技术的进化演变和发展趋势,这样就能使我们的设计"长盛不衰",不至于很快就被淘汰掉。为了更好地展望未来,了解历史是非常重要的。我们也将考虑影响这些器件和实现工艺近期发展趋势。

6.1.1 集成电路的制造

数字电路的实现是以集成电路(IC)的制造工艺技术为基础的。而 IC 是经由摄影和化学等一系列工艺过程在纯净的硅圆晶片上制造出来的。在一片硅圆晶片上整齐地排列着许多个完全一样的矩形 IC 片芯,它们一起经过制造工艺的每个步骤,然后把它们划分开,每块独立封装后就成了 IC 芯片。因此,通常用硅片(silicon chip)这个名字来表示上面有一个 IC 的小硅片。

在芯片制造的众多步骤中,第一步是用单晶炉拉出圆柱型的单晶硅棒(如图 6.1 左图所示),第二步是把这个单晶硅棒切割成小于 1 mm 厚的硅圆晶片,第三步是把硅圆晶片抛光(如图 6.1 右图所示)。早期的硅圆晶片的直径为 50 mm,自那时以后,制造工艺的改进使得硅圆晶片的直径不断地增大。最近已经能够制造出直径为 300 mm 的硅圆晶片。这使得一次可以制造出更多的芯片,并可减少沿硅圆晶片边上的材料浪费。

图 6.1 单晶硅棒(左图)和硅圆晶片(右图)

在硅圆晶片上制造电路的过程涉及许多步骤,有的步骤是为了改变硅表面某些区域的性质,有的步骤则是在某些区域表面增添一层某种材料。下面列出了几种不同的工艺步骤,可用于对硅圆晶片上的那些被选定的局部区域进行处理:

> 离子植入:把硅圆晶片选定的局部表面暴露在掺杂离子的等离子区,将掺杂离子扩散到硅材料内,由此用可控制的方式改变这些暴露的局部区域的电学特性。

> 蚀刻:用化学方法将已沉积在硅表面最下层的薄膜材料蚀刻掉。这些薄膜材料包括:绝缘材料(如二氧化硅)、半导体材料(如多晶硅)和导体材料(如铝和铜)。

确定硅片上哪些区域将被腐蚀掉的关键是光刻技术(photolithography)。所谓光刻技术其实就是用摄影的方法在硅片的感光表面层上绘制线路图(图 6.2 展示了对薄膜有选择地蚀刻)。在硅片的最上层的表面覆盖了一层阻光薄膜,通过曝光可以使阻光层对化学反应的抵抗能力发生变化。然后,对绘有掩膜的阻光层进行曝光,掩膜有的部分是不透明的,有的部分是透明的,电路不同,掩膜的图案各不相同。曝光后,阻光层对化学反应的抵抗能力发生了变化,究竟是把曝光的区域还是非曝光的区域去掉,取决于阻光层的类型。接着那些被去掉保护层的区域就可以被腐蚀掉,腐蚀完成后,把余下的保护层去掉。

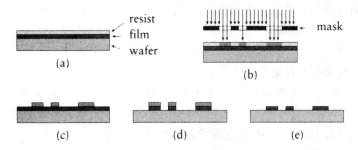

(a) 硅片和覆盖了保护层的薄膜　(b) 通过光掩膜进行曝光处理
(c) 处理后的保护层　(d) 低层薄膜的蚀刻　(e) 保护层的去除

图 6.2　光刻的步骤

在电路的制造过程中需要用几种不同的掩膜，才能形成最终的电路层，如图 6.3 所示。MOS（金属氧化物半导体）晶体三极管位于硅片表面的最底层，在这一层上还包含扩散的掺杂离子和由多晶硅生成的门所组成的沟道区域。连接线在更上面几层，用蚀刻的金属导体形成。一片完整的硅圆晶片上可以包含几百到几千个 IC 电路管芯，管芯的多少取决于每个 IC 电路的大小，如图 6.4 所示。

图 6.3　集成电路内各层的图形表示

图 6.4　一片完整的硅圆晶片
（里面包含着许多个 IC 片芯）

硅圆晶片上的电路一旦被制造出来，就必须对它们逐个地进行测试，以确定究竟哪个 IC 电路管芯没有问题，能正常地工作；而哪个 IC 电路管芯，由于瑕疵而不能正常地工作。个别 IC 电路中出现小的瑕疵的原因有许多，可能是在光刻时，由光线粒子的散射而造成的；也可能是在化学掺杂处理过程中引入的；也有可能是在制造处理过程中，由粒子对硅圆晶片的碰撞而引起的。集成电路制造工厂车间对洁净度的要求十分严格，操作必须在专用的洁净室中进行，必须使用高纯度的化学药剂。尽管洁净度要求是如此严格，但也不能完全避免个别散射粒子撞击和杂质的掺入。一个很小的瑕疵就能造成硅圆晶片上的一个 IC 管芯不能正常工作。IC 的产量是与已经制造完毕并能正常工作的 IC 管芯的数量成比例关系的。在生产过程中一批硅圆晶片是一起完成工艺处理过程的，因此必须把被淘汰的有瑕疵的 IC 管芯的成本摊派到每一个能正常工作的 IC 管芯上。IC 管芯的面积越大，出现瑕疵的概率也就越大。所以设计者必须了解约束 IC 管芯的面积对于降低芯片成本的重要性。

对硅圆晶片上的 IC 管芯进行测试以后，硅圆晶片就被分割成 IC 管芯，然后就可以进行封装。我们将在 6.3 节讲解不同类型的封装。在封装过程中也有可能出现质量问题，所以封装后的芯片还需要再做一次测试。对每个芯片还要按照其最高运行速度，分成不同的等级。性能等级高的芯片可以卖出更高的价格。

制造过程中的许多参数确定了集成电路内部晶体三极管和连线的最小尺寸,也就确定了完整IC芯片的尺寸。其中最重要的一个参数是光刻的分辨率,该参数表示可以准确地绘制出来并能进行加工处理的最小尺寸。集成电路制造技术的许多进步应该归功于光刻术的进步,其中包括了更高分辨率的掩膜和波长更短的光波。制造工艺特性尺寸的缩小带来了许多好处:
① 实现同样功能所需要的芯片面积可以缩小,从而降低了芯片的成本。
② 面积同样大小的芯片中可以包括更多的电路,从而增加了芯片的功能。
③ 电路的延迟时间缩短了,从而提高了芯片的运行速度。

随着制造技术的日趋成熟,工艺特性尺寸以及其他几个工艺参数,随着岁月的变化呈现指数关系的飞速进步。目前,用超短紫外光波进行曝光,可以制造出分辨率为 90 nm 的电路。更进一步改进后,将可以制造出 65 nm 和更精细的 IC 电路。(译者注:2008 年,当本书翻译的时候,65 nm 的半导体工艺在先进的电子工业国家已经开始了大规模的工业化生产。目前,半导体工业界正在进行 35 nm 工艺的准备工作。)这些发展趋势在未来几年中还将继续。在《集成电路工业呈指数曲线的发展趋势》一书中,总结了这个发展趋势(见本书 6.6 节的参考书目)。

6.1.2　SSI 和 MSI 逻辑系列

虽然早期的集成电路都是为了专门的应用而开发的,但在 1961 年,德州仪器公司(Texas Instruments)引进了一组可以用来构造较大逻辑电路的逻辑器件。三年后,该公司引进了 5400 和 7400 系列的 TTL(晶体管-晶体管逻辑)集成电路,这些 IC,在以后的许多年中,成为逻辑设计的基础器件。5400 系列器件曾经是为高可靠性的军事应用而制造的,必须适应很宽的工作温度范围。而 7400 系列器件是为商业和工业应用而设计的。其他许多制造厂商也提供了相应的兼容器件,使得 7400 系列成为了当时的事实标准。

7400 系列的器件是根据其逻辑功能编号的。例如,7400 器件提供四个与非门,7427 器件提供三个或非门,7474 器件提供两个 D 触发器。因为这几种器件只集成了很少几个电路元素,所以它们就被称为小规模集成电路(small-scale integrated,SSI)。随着集成电路制造技术的进步,可以集成更大规模的电路,导致了现在称之为中规模集成电路(medium-scale integrated,MSI)的出现。中规模集成电路的例子有:7490 四位计数器和 7494 四位移位寄存器。其实 SSI 和 MSI 之间的界线不是那么清晰的。例如,7442 二进制编码的十进制码(BCD)译码器,究竟是 SSI 还是 MSI,是很难明确界定的。

制造厂商们除了不断地充实和扩展 7400 系列中可用器件的功能外,还推出了内部电路和电气特性都不相同的该系列的另外一个变种。该变种系列的器件,虽然功耗降低了,但付出的代价是开关速度的降低。该变种系列的器件需要在器件符号里添加一个"L"作为器件标识,例如,74L00,74L74。另外一个变种系列的器件在内部电路中,使用了肖特基二极管来缩短开关延迟,但付出的代价是功耗的增大。该变种系列的器件需要在器件符号里添加一个"S"作为器件标识,例如,74S00,74S74。最受欢迎的一个变种是 74LS00 系列,把低功耗电路和肖特基二极管的优点结合在一起,在功耗和速度之间取得了很好的折中。后来又推出了几个变种:74F00"高速"系列,和 74ALS00"高级低功耗"系列。

TTL 电路存在的问题之一是,它们是用双极型晶体三极管实现的,这种三极管的功耗比较大,甚至不进行开关操作时,也是如此。在前面几章中,已介绍了另外一种使用场效应晶体管的 CMOS 结构。CMOS 晶体管最早的开发与 TTL 的开发差不多是同时进行的。最早的 CMOS 逻辑系列之一是 4000 系列,该系列不但能提供小规模集成电路(SSI),还能提供中规模集成电路(MSI),而且功耗远远低于其他系列。TTL 系列只能用 5 V 电源电压,与此相比,CMOS 逻辑系列可以适应 3~15 V 变化范围很大的电源电压,但是开关速度非常慢,而且逻辑电平也与 TTL 的不兼容。因此,当时的 CMOS 系列没有得到普遍的应用。

20 世纪 80 年代后期,有几家厂商引进了一个新系列的 CMOS 逻辑器件,即 74HC00 系列,该系列与 TTL 器件是兼容的。这一 CMOS 系列提供了相同的功能,但是功耗更低,速度相差不多。后来,在此基础上的改进系列,例如 74AH00 系列,其速度和其他电气性能都有进一步的改进。

CMOS 电路的一个重要特性是其功耗和速度依赖于电源电压。若降低电源电压,并且减小内部电路的几何尺寸,就可以提高 CMOS 电路的速度并降低功耗。这些考虑,使得电子工业界一致同意将电源电压降低到 3.3 V。后来,制造厂商开发了可在较低电源电压下工作的系列:如 74LVC00 系列,其器件的逻辑阈值比较低;74LVT00 系列,其器件的逻辑阈值可与 TTL 器件兼容。制造厂商还开发了该系列的高级变种:如 74ALVC00 系列和 74ALVT00 系列。

由于逻辑器件上述进化步骤所造成的结果,目前有许多种由不同厂商制造的逻辑系列,这些系列的标记用"74"作为前缀,最后面的数字表示逻辑器件的功能,中间夹着一些字母表示是由不同厂商开发的特定变种。每一系列在功耗、速度和逻辑电平阈值等方面有一些不同,各有强项。

不同厂商都为他们自己制造的逻辑器件系列编写了说明书,详细说明了该系列中每个器件的各项技术指标和电气性能。作为设计师,还必须理解应用电路在功耗、速度和兼容性等方面的制约,查阅说明书,从某个合适系列中,选取某个合适的器件来满足这些约束条件。

另一方面,这些系列也在不断的进化中,它们所提供的逻辑功能也在不断地发展和进步。早期的器件(通常标记中的数码比较小的)只提供各种逻辑门,以及简单的组合和时序逻辑,由这些简单的器件来构造复杂的数字系统。然而,在 20 世纪 70 年代期间,集成电路技术已经发展到大规模集成(large scale integration,LSI)的水平,当时已经有能力在一块集成电路芯片上制造一个小型的计算机,微处理器就这样诞生了。在许多嵌入式系统的应用中,选用微处理器来设计系统,而不是用小规模和中规模器件来搭建这样的系统,在价格上已经变得更有竞争力了。7400 系列的器件过去通常被用作胶连逻辑(glue logic),即把大规模集成电路(LSI)器件连接起来的简单逻辑。因此近年来逻辑系列中新添加的功能,更多的是面向胶接和互联功能,例如多位总线的三态驱动器和寄存器。近年来推出的这几个 CMOS 逻辑器件是少数几个我们可能考虑用在新设计上的器件,其他老的 CMOS 和 TTL 逻辑器件只用在旧设备的维修上。在 6.2 节中描述的可编程逻辑器件和专用集成电路几乎已经完全替代了所有其他的逻辑系列。

例 6.1 请用下列器件设计带七段 LED 显示器的四位数字的十进制计数器：

① 2 个 74LS390 双十进制计数器；

② 4 个 74LS47 BCD 到七段译码器；

③ 4 个七段显示器；

④ 任意所需要的逻辑门。

解决方案 74LS390 器件中包含 2 个计数器，其中每个计数器如图 6.5 所示。该器件由时钟信号 CP0 的负跳变沿触发的一位计数器和由时钟信号 CP1 的负跳变沿触发的 3 位除以 5 的计数器组成。十进制（除以 10）的计数器可以用一位计数器对最低位计数，然后把输出 Q0 从外部连接到输入端口 CP1。当 Q0 从 1 变为 0 时，可以使得较高的一位向上计数。计数器的输入 MR 是主复位输入信号，当 MR 为 1 时，强迫计数器的输出变为 0000。

图 6.5 74LS390 器件中十进制计数器的图形符号

可以把 74LS390 十进制计数器逐级联在一起，用每一级的输出作为下一级的时钟。当记录个位数的十进制计数器的输出从 1001 变到 0000 时，必须使记录十位数的十进制计数器增加 1，以此类推，一直到百位、千位。十进制的进位只发生在该级十进制计数器的输出从 Q3 和 Q0 都是 1 变为都是 0 时。所以用与门来产生较高一位的十进制计数器的时钟，如图 6.6 所示。

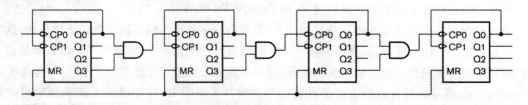

图 6.6 4 个 74LS390 十进制计数器级联成为一个四位数计数器

74LS47 器件如图 6.7 所示。从 A 到 D 的输入信号表示的是 BCD 码的二进制值。A 是最低位，D 是最高位。从 a 到 g 的输出表示的是驱动七段显示器阴极的低电平有效信号。当灯的测试输入信号 LT 为低电平时，所有的段都被点亮。因为在本应用中不需要用该信号，所以使输入信号 LT 总是为高电平。行波-空白输入(RBI)和行波-空白输出(RBO)被用来关掉任何输入，使得数码显示 0 值。当译码器的输入 RBI 为低电平且 BCD 的值为 0000 时，所有的 LED 段全部关断，RBO 变为低电平。我们将最高数位(千位)译码器的 RBI 接到低电平，把该译码器的输出 RBO 与下一位(百位)译码器的输入 RBI 连接起来，以此类推，组成链路(个位数译码器除外，因为个位数总有数字显示)。

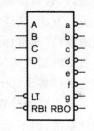

图 6.7 74LS47 BCD 到七段译码器的图形符号

该计数器完整的电路见图 6.8 所示。用 3 个与门将 2 个 74LS390 器件作如图 6.6 所示的连接。这 3 个与门可以用四与门器件 74LS08 中的 3 个与门来实现。每个计数器的输出驱动 74LS47 译码器，该译码器再驱动七段 LED 显示器。为了限制流经每段 LED 的电流，必须使用电阻器。电阻器的电阻值取决于所需的显示亮度。有关电流与亮度关系的资料可以在由制造厂商提供的技术资料中找到。若假使 2 mA 电流就足够了，而译码器的输出电流为 2 mA 时，逻辑低电平为 0.4 V，而在 LED 段两端的电压降为 1.6 V，所以需要通过电阻产生的电压幅度为：5.0 V－1.6 V－0.4 V＝3.0 V，而此时的电流为 2 mA，因此选用 1.5 kΩ 的电阻就可以了。

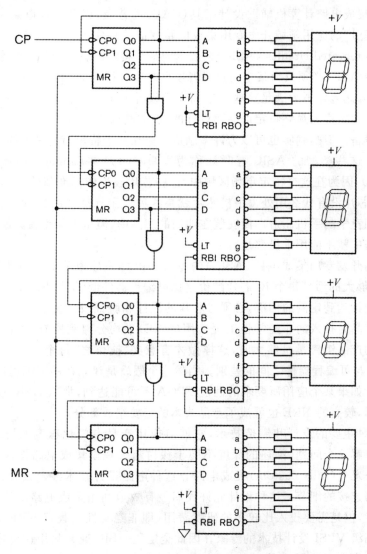

图 6.8　带 LED 显示器的四位数计数器的完整电路

6.1.3 专用集成电路

集成电路开发技术在大规模集成技术基础上的进一步发展,导致了超大规模集成电路(VLSI)的出现。到时,人们已很清楚,工业界很快就会把所有可以加在"LSI"前面以表示最高级别的形容词全都用光。因此,VLSI这个术语的含义更多地是指集成电路的设计方法,而不是指芯片中晶体管的个数。目前这个术语通常是指集成电路的详细设计,而不是系统级设计。目前,超大规模集成电路计算机辅助设计工具(CAD)的普及,以及集成电路制造服务业的成长,已经使得为宽广的应用领域开发专用集成电路变成了现实。我们用专用集成电路(application-specific integrated circuits,ASIC)来表示为某个特定的应用而定制的集成电路。

这并不是说 ASIC 必须只为某个用户或者项目制造。相反,ASIC 是被设计用来满足一组特定的需求的,因此包含了为满足这些需求而专门设计的电路。也许这个 ASIC 芯片确实是专门为某制造厂商生产的最终特定产品而设计的,例如便携式音响、玩具、汽车、某款军事设备或者工业机械设备。但是确实也可以为许多制造厂商在某个特定市场区域的某类产品设计一款 ASIC 芯片。这些类型的 ASIC 有时被称为专用标准产品(application-specific standard products,ASSP),因为在这个特定市场区域中,这些芯片被当作标准部件,而在这个特定市场区域之外,这些芯片没有什么用处。手机芯片就是这种专用标准产品(ASSP)的一个例子,该芯片被多家互相竞争的手机制造厂商安装在他们的产品中,但是不能用在其他场合,例如汽车的自动控制电路中就不能用手机芯片。

为某个产品开发专用集成电路(ASIC)的主要理由之一是为某个应用开发定制芯片(若 ASIC 投片量足够大的话),每个 IC 芯片的价格比可编程器件低(例如 FPGA)(见 6.2 节)。但是为了使芯片设计达到定制的档次,必须对芯片的设计和验证投入更多开发费用和努力。我们必须把开发产品时投入的非经常性工程费用(NRE)平均分摊到所有卖出去的产品上。因此只有当设计的产品销售量足够大时,这样做才有意义,换言之,每个芯片平均分摊的 NRE 必须小于 ASIC 与可编程器件之间的差别。当然这个假设是建立在用可编程器件是可以实现的基础之上的。如果某个应用所要求的性能 FPGA 不可能达到,那么 ASIC 或者 ASSP 便是我们唯一的选择,较高的 NRE 也就成了产品成本的必要组成部分。

ASIC 有两种主要的设计和制造技术,它们对应用产品专门化程度的要求是有差别的。本节将简要地讲解这个问题,阐述的深度不同于探讨超大规模集成电路设计的高级参考书。第一种技术是全定制(fully custom)集成电路。这种电路设计技术涉及设计 ASIC 芯片中所有晶体管和线路连接的细节。这种设计允许我们最有效地利用集成电路芯片上的硬件资源,达到较高的性能,但是需要投入比较多的研发费用(即非经常性工程费 NRE),而且设计团队里需要有掌握高级 VLSI 设计技术的专家。因此全定制 ASIC 通常只用在出货量非常大的产品上,例如,消费类电子产品中使用的 CPU 和集成电路。第二种技术是标准单元(standard cell)集成电路。这种电路设计技术涉及从一个库中选取基本单元（例如各种逻辑门和触发器）来组成电路。这些基本单元早已由 IC 制造厂商或者 ASIC 厂商设计好，并放在基本器件库中，综合工具在设计过程中从库中选取器件来实现电路。这种用标准单元的 IC 设计方法的价值在于显著地节省了 ASIC 设计初期投入的研发费用（NRE）。这是因为设计基本单元库的成本可以平均分摊到许多 ASIC 设计上。这种方法的缺点是所设计的 ASIC 不是那么紧凑，性能也不如全定制的 ASIC 好。

知识测试问答

1. 在集成电路制造过程中光刻术的含义是什么？
2. 在硅圆晶片上的 IC 管芯的面积和瑕疵密度如何影响 IC 的价格？
3. 74LS47 器件名中的"L"和"S"各表示什么意思？
4. 胶连逻辑（glue logic）这个术语的含义是什么？
5. ASIC 和 ASSP 这两个术语各表示什么？
6. 为某用户即将安装在一个新办公大楼的安保系统设计一个专用的集成电路（ASIC）芯片是否值得？为什么值得？为什么不值得。
7. 同样，为汽车发动机的控制系统设计一个专用集成电路（ASIC）芯片是否值得？为什么值得？为什么不值得。

6.2 可编程逻辑器件

小规模 SSI、中规模 MSI 系列的器件和专用集成电路 ASIC 芯片都具有固定的功能，其功能是由芯片内部的逻辑电路所确定的。而可编程逻辑器件（programmable logic devices，PLD）在制造后可以通过编程，使其具有不同的逻辑功能。本节将考察当前普遍使用的 PLD 到 FPGA 的进化过程。

6.2.1 可编程逻辑阵列

最早取得成功的 PLD 系列之一是 20 世纪 70 年代后期由 Monolithic Memories 公司生产的，这种 PLD 产品被称作可编程阵列逻辑（programmable array logic，PAL）器件。这些器件虽然是早期 PLD 进化过程中的产品，但在许多应用中使用起来却比较简单。该系列中一个简单的具有代表性的产品是 PAL16L8，其电路如图 6.9 所示。该器件有 10 条用于输入的引脚，2 条用于输出的引脚，还有 6 条既可以用作输入也可以用作输出的引脚。因此该器件总共可以有 16 个输入和 8 个输出（因此称为"16L8"）。图 6.9 所示的每个输入端的符号表示的是一个门，这个门是缓冲器和反相器的组合。因此，垂直信号上载有所有输入信号和它们的反相信号。在虚线框内的区域是该 PAL 的可编程与阵列（programmable AND array）。在阵列中的每条水平信号线表示这些输入信号的一个 p 项,该 p 项由这条水平信号线末端的与门符号表示(回想 p 项,或称作乘积项,实际上是许多输入信号的逻辑与,见 2.1.1 小节)。在尚未编程的状态,在每个垂直和水平交叉点上有一条称作可熔连接(fusible links)或熔丝的线路将这两条交叉线路连接起来。对 PAL 器件的编程可以把某些交叉点的熔丝烧断,烧断交叉线路的连接,同时保留某些交叉点的熔丝。这是在 PAL 器件被插入最后系统之前,通过特定的编程仪器实现的。

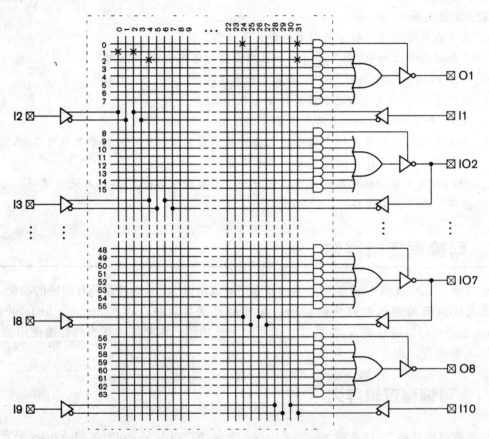

图 6.9　PAL16L8 器件的内部电路

在如图 6.9 所示的线路图上,垂直线与水平线交叉处画"×"的地方表示未被烧断的熔丝。而没有画"×"的交叉处表示交叉信号线已经不再连接。所以,编号为 0 的水平信号线与编号为 24 和 31 的垂直信号线连接,而这两条垂直线分别与编号为 8 的输入信号 I8 和编号为 10 的输入信号 I10"非"连接。有几个 p 项被连接到反向三态输出驱动器的使能控制信号。其他的 p 项被连接到 7 输入的或门。所以通过烧断不需要的熔丝,可以将每个输出信号配置成为输入信号的与或非函数,其中最多可以包含 7 个 p 项(乘积项)。在如图 6.9 所示的电路中输出 O1 实现的逻辑函数为 $\overline{I1 \cdot I2} + I3 \cdot \overline{I10}$。

通过对 PAL 器件(例如 PAL16L8)的编程,可以实现各种不同的组合逻辑功能。其他的 PAL 器件也可以包括寄存器,允许实现简单的时序逻辑。例如,PAL16R8 器件的输出电路如图 6.10 所示。从寄存器输出的反馈信号,连接到可编程的与阵列,可用来实现有限状态机。即使电路非常简单,所需要的只是几个门和触发器,若把这几个独立封装的器件合并在一起由一片 PAL 芯片来实现,则在价格和可靠性方面也具有较大的优势(若电路复杂,则优势就更显著了)。通常用 HDL(硬件描述语言)描述的布尔方程来表示将在 PAL 中实现的逻辑功能。随后,用综合工具将布尔方程描述的模块转换成门级电路描述的模块。此时仍可以使用用于验证布尔方程模块的原测试模块,对转换后生成的门级电路模块做进一步的验证。最后,使用物理设计的 CAD 工具将门级电路模型转换成为熔丝图(fuse map)。所谓熔丝图其实就是一个文件,编程仪器可以用该文件来确定哪些熔丝应该被烧断。如果想要实现的逻辑功能太复杂,PAL 器件上的资源不足以表达这样复杂的逻辑,那么需要使用一个规模更大的器件,或者把逻辑功能划分成几大块,分别由几个器件来实现。

开发 PLD 技术的制造厂商们逐渐认识到在一个 PLD 系列中,提供的普通器件种类少一些,却能为设计者提供更大的方便,而当器件的结构确定后,并非衍生的种类越多越好。较早期系列的大多数衍生器件,其主要差别在于器件的输出是否能提供反相器或者非门,是否能提供寄存器,输出是否可以反馈回来作为输入信号。作为对照,普通阵列逻辑(generic array logic, GAL)器件提供输出逻辑宏单元(output logic macro-

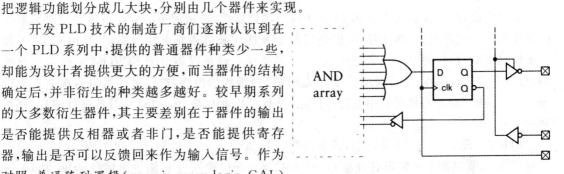

图 6.10　PAL16R8 带寄存器的输出电路

cell, OLMC)代替了 PAL 输出电路中的或门、寄存器和三态驱动器的组合。每个 OLMC 包括了电路元素和可编程多路选择器,允许对输出功能进行设置,作为该 GAL 器件的一部分可进行编程。由 Lattice 半导体公司生产的 GAL22V10 器件的内部电路如图 6.11 所示,图 6.12 展示了 OLMC 电路中的每个细节。该 OLMC 内有来自于与阵列的 p 项(乘积项)输入,该与阵列的结构和 PAL 的与阵列相同。p 项的个数为 8(某些段)~16(其他段)。或门的输出连接到 D 触发器,该触发器有与器件中其他 OLMC 块共享的时钟输入信号、异步复位信号和同步置位信号。其中两个多路选择器的选择输入信号是由器件的编程所设置的。四输入多路选择器允许输出信号可在下面四种情况中选择一种作为输出:寄存器输出(反相的和不反相的)、组合逻辑的输出(反相的和不反相的)。两输入多路选择器允许经由寄存器的或者无寄存器的组合逻辑反馈,或者若输出驱动变为高阻态时,从器件引脚直接输入。通过适当的编程,GAL 器件的功能可以与任何一个 PAL(包括我们在这里讲解的 PAL16L8 和 PAL16R8)器件相似。

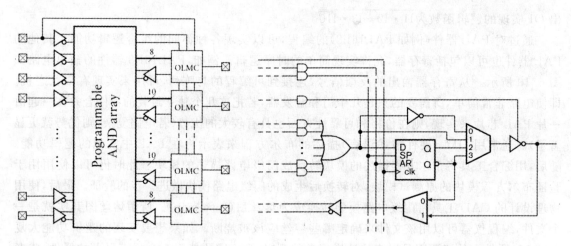

图 6.11 GAL22V10 器件的内部电路结构　　图 6.12 GAL22V10 器件的输出逻辑宏单元

在现代设计中,我们通常会用 PLD(例如 GAL 器件)来做简单的胶连逻辑和相对简单的时序逻辑。当使用 PAL 器件时,我们会用布尔表达式来描述要求的功能,并且用 CAD 工具来确定对 PAL 器件的编程。早期的 GAL 系列器件电路是以类似于 EPROM 的技术为基础的,可以对它进行编程,并可以用紫外光线擦除已经编程的内容,擦除后还可以再次对它进行编程。当前的 GAL 器件可以用电进行擦除,并且可以在现场(in situ)对器件进行编程,产生新的电路。

例 6.2 设计一个优先编码器,该编码器有 16 个输入信号 I[0:15];1 个四位的编码输出信号 Z[3:0];以及 1 个输出有效信号 valid,只要有任何输入为 1,则输出信号 valid 为 1。输入信号中 I[0] 的优先权最高,I[15] 的优先权最低。用 GAL22V10 器件来实现该设计。

解决方案 译码器的布尔表达式用 Verilog 表达如下:

```
assign win [0] = I[0];
assign win [1] = I[1] & ~I[0];
assign win [2] = I[2] & ~I[1] & ~I[0];
   :
assign win [15] = I[15] & ~I[14] & ~I[13] … & ~I[0];
assign Z[3] = win [15] | win [14] | win [13] | win [12] | win [11] |
              win [10] | win [9] | win [8];
assign Z[2] = win [15] | win [14] | win [13] | win [12] | win [7] |
              win [6] | win [5] | win [4];
assign Z[1] = win [15] | win [14] | win [11] | win [10] | win [7] |
              win [6] | win [3] | win [2];
assign Z[0] = win [15] | win [14] | win [11] | win [9] | win [7] |
```

win[5] | win[3] | win[1];
assign vaild = I[15] | I[14] | I[13] | ⋯ | I[0];

每个 win 元素可以用 GAL"与"阵列中某一行的 p 项来实现。因此,每个 Z 输出是 8 个 p 项的或。因为 GAL22V10 器件中每个 OLMC 至少有 8 个 p 项的输入,所以上面每个输出元素 Z 的布尔表达式将由器件"与"阵列中某段的 OLMC 来实现。

输出有效信号 vaild 是 16 个输入信号的或。因此输出信号 vaild 可由器件中具有 16 个 p 项的"与"阵列中的某两段和有 16 个输入的 OLMC 来实现。然而我们可以用德摩根定理(2.1.2小节)把输出有效 vaild 信号的表达式改写为如下形式:

assign vaild = ~(~I[15] & ~I[14] & ~I[13] & ⋯ & ~I[0]);

经由上述 valid 表达式变换后,把或运算转变成为非与逻辑运算,因此就可以只用一个乘积项来实现 16 个项的或运算。这样处理后,我们就可以在 GAL"与"阵列中的任何段上,实现 vaild 输出信号,而不必再在"与"阵列的段中寻找 16 个输入的或门。由这个转换提供的灵活性可减少对器件输出引脚选择的制约,从而简化较大电路中的器件连接。

6.2.2 复杂可编程逻辑器件

随着集成电路技术的进步,PLD 也在不断改进,这就导致了所谓的复杂可编程逻辑器件(complex programmable logic devices,CPLD)的出现和发展。我们可以把 CPLD 认为是把许多个 PAL 结构合并在一起,用一个可编程的连线网络把它们互相连接起来,如图 6.13 所示(这是一个 CPLD 组织结构的示意图,实际的电路结构随不同制造厂商的不同器件而有所不同)。每个 PAL 结构由一个"与"阵列和许多个嵌入式宏单元(图中用 M/C 标记)组成。这些宏单元内包含或门、多路选择器和触发器,在 FPGA 编程时,把宏单元与器件内的其他元件连接时,允许我们在采用组合逻辑的连接(或门)或经由寄存器的连接,带或不带逻辑反相器,是否对触发器进行初始化等等之间进行选择。从本质上看,这种宏单元就是如图 6.12 所示的简单宏单元的扩展形式,但是没有直接连接到外部引脚。相反,这些引脚都被连接到 I/O 块,这些 I/O 块可以确定由哪个宏单元的哪个输出来驱动哪个引脚。用来将 PAL 结构互相连接起来的网络允许每个 PAL 使用从其他 PAL 反馈的信号,也允许使用从外部引脚输入的信号。

现代各种复杂的可编程器件(CPLD)可提供比简单 PLD 更多的电路资源,而且编程方法也不相同了。现代 CPLD 通常不用 EPROM 技术,而用 SRAM 单元存储用于控制与-或逻辑阵列连接的配置位,并选择多路选择器的输入。配置数据被存储在 CPLD 芯片中的非挥发性闪存(flash RAM)中,当电源接通时,闪存中的数据随即被传送到 SRAM 中。CPLD 芯片上提供了专用的独立引脚,用于向闪存写入配置数据,甚至于当 CPLD 芯片已被连接到最终系统时也可如此操作。因此,用 CPLD 实现的设计能够随时使用最新的配置数据,通过对 CPLD 重新编程来更新电路结构。

制造厂商提供了许多种类型的 CPLD,每一种类型的 CPLD,其内部 PAL 结构的个数和输入/输出引脚的个数都不相同。规模大的 CPLD 可以包含几万个等效门和几百个触发器,可以构成相当复杂的电路。对于简单的 PLD 器件而言,也许用人工的方法进行编程还是可实现的,而对 CPLD 器件而言,用人工的方法直接对器件进行编程,则是完全不现实的。因此我们将用 CAD 工具,把用 HDL 描述的模

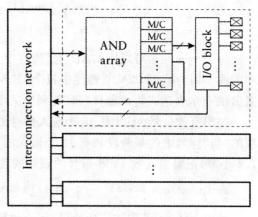

图 6.13 CPLD 的内部组织结构

型,综合成为设计的电路,并把已经设计的电路映射到 CPLD 的资源上。

6.2.3 现场可编程门阵列

正如在上一节中所读到的那样,半导体厂商的制造技术完全有能力提供更大的可编程器件,在一个芯片中制造许多个重复的 PAL 结构。但是,CPLD 结构扩展的上限究竟可以到多大呢?

对大型设计而言,把设计完的电路映射到 CPLD 芯片的资源中变得相当的困难,由此导致了 CPLD 芯片提供的资源不能充分利用的后果。因为这个缘故,制造厂商转向另外一种可编程电路结构,这种结构的基础是用比较小的编程单元来实现逻辑和存储功能,同时结合了芯片内部各逻辑单元之间互相连接的网络,而这种网络是可编程的。人们把这种结构命名为现场可编程门阵列(field-programmable gate array,FPGA),这是因为 FPGA 可以被认为是由许多门阵列组成的芯片,这种芯片的电路结构,可通过"在现场"编程,把已在工厂中确定的互连结构的电路重新改写。假设器件中的电路是比较复杂的,我们并不指望设计师自己用手工去实现电路,而是依靠制造厂商提供的 CAD 工具,通过自动综合把设计师用 HDL 描述的模块转换成逻辑电路,然后再映射到物理器件,自动地进行布局布线,若有必要,设计师则可做一些干预。自从 FPGA 被引入以来,在功能和性能方面已有长足的进步,目前已成为设计电路实现的主要技术之一,特别当要求的产量尚未达到专用集成电路所要求的赢利底线时,更是如此。

目前市场上可以买到的大多数 FPGA 器件,其内部构造和组织的示意图大体上如图 6.14 所示,其中包括:

➢ 由许多逻辑块组成的阵列,通过编程每个逻辑块可以实现一些简单的组合逻辑和时序逻辑功能;

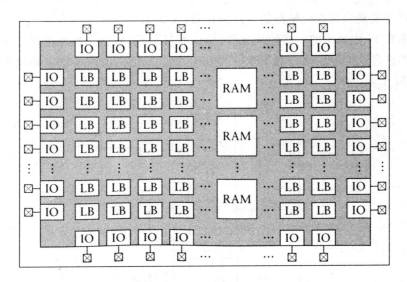

图 6.14　FPGA 的内部组织：逻辑块(LB)、输入/输出块 IO、
嵌入的 RAM 块(RAM)和可编程的互连(用灰色表示)

➤ 许多输入/输出(I/O)块，通过编程可以把这些 I/O 块配置成带寄存器的或者不带寄存器的输入/输出，以实现不同的电平、加载和时序指标；

➤ 嵌入的 RAM 块；

➤ 可编程的互连块。

最近推出的 FPGA 还包括了时钟发生和分配的特殊电路。不同厂家推出不同的系列的 FPGA，其中专用的结构、组织和块的命名各不相同。

在许多 FPGA 器件中，逻辑块内部的基本元素是宽度为 1 位的异步 RAM，这些 RAM 元素组成了一个查找表(lookup table, LUT)。查找表的地址输入被连接到逻辑块的输入。根据逻辑块的输入组合便可以确定输出应该是 LUT 中的某个元素的值，只要使该元素的值对应于该输入组合时布尔函数的值即可。所以确定输入和输出逻辑关系的方式与在 5.2.5 小节中曾经讨论过的方式非常相似。所以只要通过编程对 LUT 的内容进行设置，就能实现任何输入的布尔函数。该逻辑块也包含一个或者多个触发器，以及各种可以用来选择数据源的多路选择器和用于把数据和相邻逻辑块连接起来的其他逻辑。

为了更清楚地说明这个问题，图 6.15 展示了 Xilinx Spartan-Ⅱ FPGA 中一个逻辑块内部的一小段电路。该逻辑块包含两段这样的电路，还有少量的附加逻辑。每段电路由两个四输入的 LUT 组成，每个 LUT 可以通过编程实现任何四输入的逻辑函数。进位和控制逻辑由以下电路组成：

➤ LUT 的输出；

➤ 实现加法器和乘法器的异或门和与门；

➤ 可以用来实现快速进位链路的多路选择器(见 3.1.2 小节)。

没有在图 6.15 中画出的一些附加元件,允许通过编程,将各个信号求反。在进位和控制逻辑块内部的许多连接可以通过对 FPGA 的编程予以设置。该逻辑块内部包含了可存储编程位的 SRAM 单元。

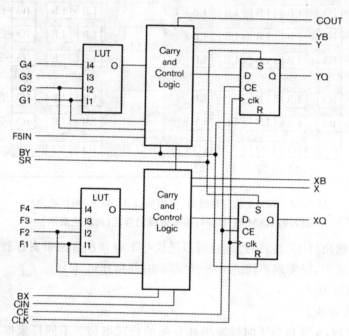

图 6.15　FPGA(Xilinx Spartan-Ⅱ)逻辑块中的一小部分电路

与基于 LUT 的逻辑块相对照,有些 FPGA 具有颗粒更细的逻辑块,因而能够实现相对比较复杂的逻辑功能(函数)。例如:型号为 Actel ProASIC3 的 FPGA,其逻辑块内包含的门、多路选择器和开关,正好足够实现几个三输入组合逻辑函数,或者一个带置位和复位端的触发器。正因为每个逻辑块很小或比较小,所以当 CAD 软件把设计映射到 FPGA 资源时,会发现这个任务比较容易完成,而逻辑块中也不会留下一部分没有办法使用的资源。然而对某个给定的设计而言,将会需要更多的逻辑块,因此逻辑块之间的互连线也会更加密集。而这种情况会给 CAD 软件的布局布线任务造成较多的困难。

FPGA 内的输入/输出(I/O)块的典型电路结构如图 6.16 所示,FPGA 器件的生产厂家不同、型号不同,其 I/O 块的电路结构也有所不同。通过编程,可以对多路选择器的通路选择信号进行设置,从而确定 LUT 的组合结果究竟是经由寄存器输出呢,还是直接输出。FPGA 的输出引脚是由三态驱动器驱动的,如图 6.16 所示,图中最上面的那个触发器和多路选择器可以对三态驱动器的高阻抗状态进行控制。中间那个触发器和多路选择器驱动输出值。该输出驱动器是可编程的,允许对输出的逻辑电平(标准 5 V TTL、低电压 TTL,或者其他)进行选择,并可以对输出的电压变化率(slew rate,压摆率)进行控制,我们将在 6.4 节中讨论为什么对压摆率的控制是很重要的。FPGA 的输入缓冲器也同样是可编程的,允许对输入信号的阈值电压和其他电气指标进行选择。上拉(pull-up)或者下拉(pull-down)电阻也是可编程的,允许设计者对是否需要连接这些电阻和电阻值的大小进行选择。所有这些电气性能指标都可经由编程改变,这样做的理由是为了让 FPGA 能适应范围更宽广的系统。在这些系统里,可以在芯片之间使用不同的信号标准,兼容不同的驱动电路,加载到 FPGA 可能连接的不同引脚。

FPGA 内部的 RAM 块可为该 FPGA 电路处理的信息提供存储空间。正如我们将看到的那样,当更详细地考虑嵌入式计算机系统时,许多应用要求数据按照逐块或者逐位(数据流)的模式输入到系统中,并且一次就能处理大块的数据。在处理阶段之间,FPGA 内的 RAM 块可以用来存储这样的大块数据。当嵌入式处理器是用 FPGA 内的固件实现时,FPGA 内的 RAM 块也可以为程序指令和处理器操作数据提供存放的空间。典型的现代 FPGA 可提供同步的静态 RAM(SSRAM)块,通过编程可把 SSRAM 设置成 flow-through 模式(译者注:即数据在地址有效后的第一个时钟上升沿送出)或者 pipelined (流水线)模式,该 SSRAM 有两个访问端口,通过编程可以把访问端口设置成只读(ready-only)

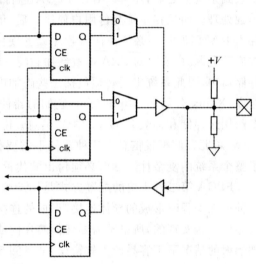

图 6.16 FPGA I/O 块的典型电路结构示意图

或者读/写(read-write)模式。RAM 块的每一块都不大,但是可以把它们连接起来组成一个很大的 RAM。每一块 RAM 都可以通过编程,在设置地址空间的大小和数据位宽之间,应该根据应用要求,作出正确的权衡(译者注:若设置的地址空间大,则数据位宽必须缩小,反之则数据位宽可以扩大,因为每块 RAM 的物理大小是确定的,可以存储的位数是确定的)。例如,在 Xilinx Spartan-3 FPGA 中,每个 RAM 块总共可以存储 18 Kbit,通过编程可以把它设置成为 6 种模式:$16K \times 1$ bit、$8K \times 2$ bit、$4K \times 4$ bit、$2K \times 9$ bit、$1K \times 18$ bit 和 512×36 bit。(9 bit、18 bit、36 bit 的组织可以为每个字节提供一个奇偶校验位,或者提供一个可以忽略的附加位)。在 Spartan-3 系列型号不同的 FPGA 中,RAM 块的数量为 4~104。其他厂家的 FPGA 也提供与此类似的存储器能力和组织。

通过 FPGA 中的可编程开关,可以把该 FPGA 中的各种不同逻辑块、输入/输出块和 RAM 块互相连接在一起。通过编程,可以把某个块的给定输入或者输出连接(或者不连接)到经过该块的连接线。逻辑块之间的互连由短线和长线混合组成,也可能用中长度的连线,这取决于不同的 FPGA。短线连接就近的逻辑块,而长线连接距离比较远的逻辑块,或者连接分布在FPGA各处的许多个逻辑块。确保在综合分析工具处理的基础上,通过编程把FPGA中与设计部件对应的多个逻辑块的资源互连起来,最终实现设计目标,这是CAD工具集中布局布线(place and route)工具的任务。

1. 两种不同配置方式的FPGA

第一种配置方式是用RAM单元存储配置信息。这种方式的优点在于,当FPGA芯片已安装到系统中之后,还可以对该FPGA进行配置。在制造过程中,也不需要对其进行任何的单独处理。而且在系统交付用户使用之后,仍旧可以对系统进行升级,只需要把新的配置数据存入RAM即可,不必替换任何芯片或者硬件。若配置信息被存储在挥发性的SRAM中,每次启动电源时,必须对SRAM重新加载配置信息。因此配置信息必须存储在独立的非挥发性存储器中,因此系统中还必须包括一些附加电路来管理配置数据的加载。两个主要的FPGA厂商,Xilinx公司和Altera公司,它们的器件都使用SRAM,并提供专用的flash RAM器件,专门用来存储和加载FPGA的配置信息。其他一些厂商,例如Actel公司,使用非挥发性flash RAM单元存储配置信息。这种器件不需要任何外部器件来存储和加载配置信息,因此降低了整个系统的复杂性。然而必须付出的代价是最高的运行速度有所降低。

FPGA第二种主要的配置方式是用反熔丝(antifuse)来配置器件。反熔丝,顾名思义,是一种可在编程时形成的导体连接,形成的连接正好与被烧断的情况相反。因为编程是通过形成导体连接实现的,所以不需要任何芯片内或者芯片外的存储器。而且这种类型的芯片在受到辐射的情况下不容易产生软错误,请参阅5.3节。然而这种类型的器件,在被安装到最终系统之前,必须单独地对其进行编程。这就需要额外的制造工序和处理,增加了系统产品制造过程的成本。

2. 平台(Platform)化的FPGA

我们应该清楚地知道,目前集成电路技术还在继续不断地发展和进步。这个发展趋势对FPGA而言,也是同样的。随着FPGA内的电路变得越来越密集,运行速度越来越快,把FPGA用于需要具有相当高计算性能的应用,也逐渐变为现实。这一类应用包括音频和视频处理、信息的加密和解密等。为了改进FPGA在这一类需要高计算能力应用中的可用性,制造厂商们在最近推出的规模较大的FPGA产品中,已经添加了一些专用电路,这些专用电路包括处理器核、计算机网络发送器/接收器和算术电路。这样的FPGA通常被称作平台化的FPGA,其含义是该芯片所起的作用类似一个完整的平台,在这个平台上可以实现很复杂的应用。嵌入式软件可以在FPGA内的处理器核上运行,而指令和数据则存储在其RAM块之中。网络连接可以被用来与其他计算机和设备通信,而可编程逻辑和专用的算术运算电路可以被用于这一类应用所需要的高性能数据变换。在FPGA外部只需要极少量的电路,因此系统的整体成本显著地降低了。

3. 结构化的 ASIC

最近，制造厂商们已开发了一种新的被称作结构化的 ASIC 的集成电路，这种电路界于 PLD 和标准单元 ASIC 之间。结构化的 ASIC 是一个由基本逻辑元素组成的阵列，与 FPGA 类似。但是它不是可编程的，没有可编程的内部连接。而且逻辑元素通常非常简单，只包含一些可以组成逻辑门和触发器的晶体管。

通过加载配置信息，FPGA 可以变成用户专用的电路或系统，而结构化的 ASIC 工艺制造技术必须为用户的专用芯片设计顶层和最上面的几个金属互连层。因为最底层的逻辑元素层，和最下面的几个金属互连层是固定的，所以设计专用芯片时投入的精力和非经常性工程费用(NRE)的开销远低于使用标准单元 ASIC 工艺时的开销。而且因为结构化的 ASIC 不是通过编程实现的，而是在设计和制造的过程中实现专用集成电路的，所以其性能非常接近于用标准单元 ASIC 工艺技术制造的集成电路。许多业界的观察家预测，结构化的 ASIC 将在未来几年中，在复杂的中等批量和大批量的应用中得到普及和推广。

知识测试问答

1. 可编程门阵列器件与固定功能的器件有什么不同？
2. 熔丝图是指什么？
3. 如果图 6.9 中的"×"是画在 (56, 28)、(57, 0)、(57, 7) 和 (58, 30) 交叉处，则所实现的逻辑函数将是什么？
4. 假设图 6.12 所示的输出逻辑宏单元(OLMC)被用来表示一个有限状态机的状态位 S2。对每个多路选择器，哪一个输入信号会被选取用来使 S2 用作输出，并反馈回去用于计算下一个状态的函数。
5. 允许系统中的 PLD 可以被重新编程的好处是什么？
6. FPGA 中逻辑块和 I/O 块的用途是什么？
7. FPGA 中还包括哪些其他块？
8. 如果 FPGA 使用可挥发的 SRAM 存储其配置信息，那么配置信息如何被存储和加载到 FPGA 中呢？
9. 反熔丝的含义是什么？
10. 平台 FPGA 和简单 FPGA 的差别是什么？

6.3 集成电路的封装和印刷线路板

裸露的 IC 管芯不能组成一个完整的数字系统。IC 管芯必须予以封装，才能与其他 IC 芯片和器件连接。这些连接还包括了与用户交互的输入和输出显示，以及与其他系统连接电缆的接插件。把 IC 管芯封装在芯片的外壳之中有几个作用：① 可以保护管芯免受潮湿和空气中的灰尘污染；② 提供电气连接；③ 散热。

集成电路的封装形式有许多种，每一种都有其不同的物理、电气和热力学的特性。封装的选择取决于许多因素，其中最主要的是需要引出连接的个数和产品运行的环境。

在封装的内部，IC管芯被粘合在封装空腔的底部。用很细的金线把IC管芯边上凸起的焊点(Pad)逐个连接到封装引线框架(见图6.17)，而封装引线的金属框架是与外部引脚连接在一起的。然后将空腔封上以保护IC管芯和连接线。随着集成电路技术的发展，最大引脚数和芯片的运行速度都在不断地提高。对于引脚数目很多、速度性能要求很高的芯片，用焊接线连接引脚的方法会造成机械连接的问题，产生信号的延迟，从而使信号的波形变差。最近IC电路行业采用管芯翻转(flip-chip)封装技术，可解决这个问题。集成电路管芯上这些凸起的连接点被覆盖上导电的金属材料形成一个个凸起的焊点(bump)，如图6.18所示。IC管芯被翻过来覆盖并固定在封装的衬底上，使得这些焊点直接与衬底上的连接点接触，而这些连接点直接连接到封装的外部引脚。

图6.17 带有连接到封装引线框架结合线的正在封装的IC管芯

图6.18 采用翻转芯片技术封装的IC管芯内的凸焊点的连接

系统中的其他器件和已封装的IC器件一起被安装在印刷线路板上(printed circuit board，PCB)。印刷线路板由玻璃纤维层或者金属连线的其他绝缘材料隔离层组成。玻璃纤维板上附着一层导电的铜箔，使用类似于集成电路制造工艺过程中的光刻技术，把不需要的铜箔部分蚀刻掉，使其变成电路。把几层电路像三明治那样叠合起来，在不同的层面中钻出通孔，通孔的表面附着一层导电的铜箔，把不同层面上需要连接的线路连接起来，这种层间的连接通孔称作vias。完整的印刷线路板包含产品所需要的所有电路的连接。

有一种通孔(through-hole)PCB形式的印刷线路板，如图6.19所示。这种PCB包括了附加的镀有金属的通孔，集成电路封装的引脚可以插入这些通孔。焊锡(一种熔点很低的合金)被熔化后流入通孔，形成芯片引脚与PCB连线的电气连接。用这种制造形式的PCB产品需要IC芯片具有插入型(insertion-type)的封装，如图6.20所示。双列直插式(Dual in line，DIP)封装具有两行间距为0.1英寸的引脚。这是最早引入的封装形式之一，曾被广泛地用在小规模和中规模集成电路中，但现在已经很少有人使用这种形式的封装。这种形式的封装比较大,能提供的引脚数目有限,在实际应用中,有 48 个引脚的双列直插式封装就是最大的了。集成电路需要更多引脚的器件可以采用引脚阵列分格式(Pin-grid array,PGA)封装,这种形式的封装可以有 400 个以上的引脚。然而这种封装已经被更新的封装技术所替代,目前主要用于如计算机 CPU 之类的集成电路器件,可以插放在一个插座上,可以被拔走。通孔型印刷线路板的优点之一在于它们可以用手工安装,因为器件的大小是可管理的。这种形式的 PCB 对于批量比较小的产品,比较合适,因为建立这种 PCB 制造流程的运行成本比建立自动组装成本要低。但是 IC 器件引脚的数目越来越多的发展趋势已使这种通孔型 PCB 技术的应用范围逐渐缩小了。

图 6.19 通孔 PCB

图 6.20 插入型 IC 的封装:DIP(左图)和 PGA(右图)

图 6.21 表面贴装的 PCB

第二种形式的 PCB 是表面贴装(surface-mount)的 PCB,如图 6.21 所示。之所以称为表面贴装是因为器件被贴装在 PCB 的表面,而不是插入线路板的通孔中。表面贴装的优点是对批量大的 PCB 产品,其制造成本比较低廉,线路板的尺寸可以做得更小,电路的密度可以做得更大。表面贴装的 IC 封装有许多个引脚或者连接点,可以直接与 PCB 上的凸起的金属焊接点接触。每个引脚与 PCB 上的焊接点在焊锡熔化后形成电路连接点。表面贴装的 IC 封装有许多种不同的形式,图 6.22 展示了其中的一些形式。四方型扁平式封装(quad flat-pack,QFP)沿着器件的四边有许多引脚,适用于有 200 条左右引脚的器件。引脚之间的间隔为1~0.65 mm,分别对应于引脚数目比较少的器件和引脚数目大的器件。细距(fine pitch)QFP 封装的引脚数最多可多达 400 条引脚,引脚间隔距离降低到只有 0.4 mm。因为引脚非常细巧,这种封装不适合用手工进行处理和组装。目前引脚数目大的最常用封装是球栅阵列式(ball grid array,BGA)封装。根据封装的尺寸和引脚的间距，BGA 封装可以容纳多达 1 800 条引脚的 IC 管芯。更多引脚的 BGA 封装也正在研究开发之中。

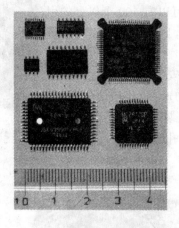

图 6.22　表面贴装的 PCB：QFP(左图)和 BGA(右图)

图 6.23　多芯片模块

最近工程师们一直在开发可用于空间受限的高密度封装技术。手机就是一个很好的例子，在手机的开发中，缩小尺寸和减轻重量是市场关注的重要因素。为了解决这两个问题，我们并不是采用每个 IC 单独封装，再把几个单独封装的器件组装在 PCB 上的方法，而是采用多芯片模块(multichip modules, MCM)的方法，即把几个裸管芯粘结在陶瓷衬底上，如图 6.23 所示，互连线路、无源元件(电阻和电容)也被印刷或者用锡焊固定在陶瓷衬底上，然后用一个带有与 PCB 连接引脚的外包装，把粘接在衬底上的管芯和无源元件组成的完整模块，封装在一个外壳中。即使模块中的管芯密度很高，也能通过构建三维立体模块的方法，而不是在二维表面上平铺的方法，来实现高密度封装。例如，芯片堆叠(chip stacking)其实就是把两个或者更多的管芯在垂直方向上堆叠在一起。在层叠相邻的芯片层之间，可以用金属接触建立线路连接，而在平铺的芯片之间和封装的器件之间可以用焊接的线路连接。有几家闪存制造厂商正在用这些技术研发体积很小的高密度存储器。随着高性能移动设备的增加，我们期待着高密度封装技术继续不断地发展进步。

知识测试问答

1. 管芯翻转(flip-chip)封装技术与以前的封装技术有什么不同？
2. 表面贴装(surface-mount)的 IC 封装与插入类型的封装有什么差别？
3. 印刷线路板(PCB)上的通孔(via)是什么？有什么作用？
4. 对于一片有 1 200 条引脚的集成电路器件，应该采用哪一种类型的封装？

6.4 互连和信号完整性

在第 1 章中介绍数字抽象时,曾把信号从逻辑低电平变化到逻辑高电平的过程描述成是瞬间完成的。我们曾强调这样描述只是实际物理现象的抽象而已,真实信号逻辑电平的改变需要时间,沿着信号线传播也需要时间。我们已经把电路中信号从源头到目的地的传播看作是一个简单的过程。而实际上,这个传播过程存在着许多复杂的因素,特别当信号源和目的地处在 PCB 上的不同 IC 芯片上的时候更是如此。信号的改变必须从源驱动器开始传播,经过 IC 管芯的固定引线,到信号源的 IC 管芯的引线框和封装的引脚,再沿着 PCB 的铜箔线路,通过封装的引脚、IC 管芯的引线框,到目的 IC 管芯的固定引线,最后到达接收器。沿着这条路径,存在着好几个可能产生信号失真和引入噪声的因素。

信号完整性(signal integrity)这个术语的含义是指信号失真和噪声可以被减少到什么程度。如果使用市场上可以买到的现成集成电路 IC 或者可编程逻辑器件 PLD 芯片,那么没有办法控制 IC 封装内部的路径。必须假设 IC 和封装的设计者已经为信号完整性做出了最大的努力。另外如果想用专用集成电路 ASIC 来实现设计,那么必须对 ASIC 芯片内部的信号完整性负责。尽管本节讨论的许多思想适用于 ASIC 设计,但是因为信号完整性是一个复杂的研究领域,所以还是把有关这一领域的课题放到阐述超大规模集成 VLSI 设计的高级参考书中讨论。无论在哪一种场合,用现成的 IC 或者 ASIC,都必须考虑印刷线路板 PCB 上的信号完整性问题。

信号值的变化使得流过 PCB 铜箔线路上的电流发生变化。这使得铜箔线路周围的电磁场发生变化。电磁场的传播确定了信号改变沿铜箔线路的传递速度。在普通的 PCB 材料中,最大的传播速度大约是真空中光传播速度的一半。因为光在真空中的传播速度是 3×10^8 m/s,可以用 150 mm/ns 作为信号沿 PCB 铜箔线路传递所产生延迟大小的经验判据。对于低速设计和小 PCB 而言,这么一点总路径延迟是微不足道的。然而对高速设计,特别对于关键路径的信号而言,这么一点延迟也是很显著的。两个关键点时钟信号和并行总线的布线是需要注意的。如果时钟信号的布线通过长度不同的路径到达不同的 IC,就可能引入时钟的歪斜,非常类似于曾经在 4.4 节讲述过的情况。同样,如果在一组并行总线中的多条信号线沿着长度不同的路径布线,那么总线各条信号线上的变化,就不会同时到达,因此接收端的接收器在数据采样时,就有可能采集到不正确的数据。遇到这种情形时,就有必要调整系统的时序,增加 PCB 上某几条铜箔线路的长度,使其与其他线路的传播延迟匹配。用于 PCB 布局布线的 CAD 工具能够半自动地帮助设计者完成这种线路延迟匹配的调整。

PCB 设计中最主要的信号完整性问题是地弹(ground bounce),当一个或者多个输出驱动器开关逻辑电平时,会出现地弹问题。在开关切换期间,驱动器输出级的两个晶体三极管在一瞬间被接通,此时,就有瞬间电流从电源流向地。在理想情况下,电源应该能无失真地提供这个瞬间电流。但是在实际电路中,无论电源电路或者接地电路中都存在电感,如图 6.24 所示。

这个电感可能使电源中产生尖峰电压,因此在 IC 的地线上也会出现相应的尖峰电压。这也会造成其他输出驱动器产生尖峰电压,在用同一条地线和电源线的接收端,很可能造成虚假的信号变化。这个尖峰电压也会造成 IC 上接收器的逻辑阈值电压的瞬间改变,使这些接收器错误地判读信号的变化。当多个驱动器并行地切换信号值的时刻,这个效应特别明显(例如当并行总线的值突然改变的时刻),因为此时瞬间电流特别大。

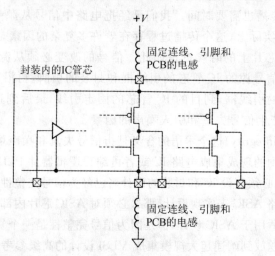

图 6.24　固定连线、封装引脚以及 PCB 与电源和地线连接中的电感

(译者注:地弹是指在信号高速变化时由于封装的寄生电感所引起的地电平扰动,造成芯片地和系统地瞬间不一致的现象。同样,如果是由于封装寄生电感引起的芯片和系统电源的扰动,就称为电源反弹。)

为了减少地弹效应,可以采取许多措施。第一,可以在整个印刷线路板的电源线和地线之间的许多关键位置上安装旁路电容器(bypass capacitors)。这些电容器持有可以迅速地供应驱动器切换电平所需的电荷。常用的经验规则是在每个 IC 芯片封装旁的电源线和地线之间连接一个旁路电容器。其电容值通常为 $0.01 \sim 0.1~\mu F$。第二,可以在 PCB 上用两个独立的层,分别用作电源层和地线层,如图 6.25 所示。这样做可以使得电流从电源流出,经过 IC,再从地返回的路径上的电感降低。这样做还有一些其他的好处待以后再讲。第三,可以限制电压变化率(slew rate)并限制输出驱动器的驱动电流。这些措施限制了电流的变化率,从而限制了变化产生的电感效应。诸如现代 FPGA 这样的器件,具有可编程的驱动器,允许设计者选择电压变化率和驱动电流的限制。当然,电压变化率的降低意味着信号从一个逻辑电平转变到另外一个逻辑电平需要更长的时间,说明如图 6.26 所示。因此,限制电压变化率会增加信号通过电路的传播时间,从而需要降低时钟频率。这就是数字系统需要在运行速度和避免噪声干扰之间做权衡的一种情况。第四,还可以用 6.4.1 小节讨论的差分信号作为一种手段使系统具有更强的抗地弹(ground bounce)噪声干扰的能力。

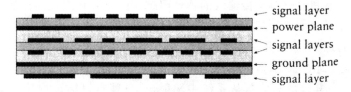

图 6.25　带地线层和电源电压层的多层(PCB)的剖面图

对电压变化率很高的信号而言,有关信号完整性问题还必须考虑传输线效应所引起的噪声干扰。当逻辑电平的转换时间等于或者小于沿信号路径的传播延迟时,电平的转换将会受到路径驱动和接收端反射的影响。对于该效应的完整分析需要知道路径的特性阻抗,也需要知道驱动器的源阻抗和接收器的终端阻抗。信号在传递的过程中可能会出现部分位丢失、正过冲(overshoot)、负过冲(undershoot)、振荡等现象(如图 6.27 所示),这些现象取决于这三个阻抗值之间的关系。如果信号线不只是从驱动器到接收器的简单线路连接,而是沿着传送路径连接着多个接收器,那么情况就会变得比较复杂。PCB 的布局情况,例如通孔的大小和位置,路径的分叉等,也会引入这些现象。

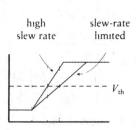

图 6.26　限制信号的电压变化率所产生的效应(信号需要花更长的时间才能达到其阈值电压 V_{th})

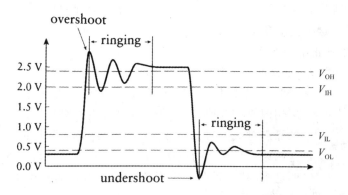

图 6.27　正过冲和负过冲 V_{OH}、V_{IH}、V_{IL}、V_{OL} 以及发送线上的振荡效应

管理传输线效应的主要设计技术涉及印刷线路板(PCB)的合理布局,以及 PCB 线路准确的终端匹配电阻。在 PCB 上的两个地平面或两个电源平面之间,通过一段控制长度的特定尺寸的铜箔线路,我们可以创建一条具有可控特性阻抗的带状(stripline)传输线。在那些传输线效应不那么关键,不至于影响传输的地方,可以只在一个平面上布线,创建一条微带(microstrip)传输线。对于关键信号,布局布线时必须注意避免把多个接收器沿着一条 PCB 铜箔线路

放置,也必须注意避免在接收端把多个接收器合并成组。最后,还必须添加阻值合适的终端匹配电阻,以确保驱动器和接收器与传输线的特性阻抗相匹配。在现代高性能器件中,包括FPGA器件中,在IC芯片上的驱动器中已经包括了终端匹配电阻。而在许多其他场合,可能需要在靠近IC引脚的地方,添加几个离散匹配电阻。

正如以前曾经提到的那样,信号逻辑电平的高速变化会产生电磁场,在PCB的铜箔线路上到处传播。有一些电磁场的能量从系统中辐射出去,就有可能影响其他电子系统,产生干扰。这种不需要的耦合被称为电磁干扰(electromagnetic interference,EMI)。政府和其他的机构制定了规范,对电子系统在不同环境下可以辐射的EMI量做出了限制,因为过量的EMI会造成麻烦(例如,干扰电视机的接收)或者产生安全隐患(例如,干扰飞机的导航)。来自于"捣乱者"PCB铜箔线路的电磁场会影响近旁的线路,在"受害者"线路上引起串扰(crosstalk)。两条线路离得越近,平行的长度越长,产生的串扰就越明显。应用适当的PCB设计技术,有助于另外几个信号完整性问题的改善,例如布线时注意把线路轨迹尽可能地靠近地平面或者电源平面,这样可以减少EMI和由电磁场引起的串扰。限制信号电压的变化率也可以减少辐射的能量,从而减少EMI和串扰。

差分信号

到目前为止,我们已讨论的保持信号完整性的技术都是以减少由信号线引入的干扰量为基础的。另外一种称作差分信号(differential signaling)的技术是以减少系统对于外界干扰敏感性思想为基础的。这种技术在发送信号S时,不是采用传统的发送一连串信息比特流的方法,而是采用同时发送正信号S_P和它的反相信号S_N两串比特流的方法。在接收端,检测两条信号线之间的电压差,根据差值来判读信号比特。若S_P−S_N为正,则所接收到的S信号为1;若S_P−S_N为负,则所接收到的S信号为0。这种安排可以用图6.28说明。该差分信号解决方案背后的假设是由感应引入的噪声对S_P和S_N这两条信号线都是相同的。当在接收端检测这两条信号线间的电压差时,这种共模噪声可以互相抵消。为了说明这个问题,假设由这两条信号线引入的噪声电压都为V_N。在接收端,检测到的两条信号线间的电压差为:

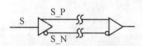

图6.28 差分驱动器和接收器原理示意图

$$(S\_P + V_N) - (S\_N + V_N) = S\_P + V_N - S\_N - V_N = S\_P - S\_N$$

为了使上式所表示的共模噪声感应的假设成立,差分信号必须在PCB上沿着平行的路径布线。虽然这样做看起来好象会使这两条信号线之间引入串扰,但是实际情况是这两个信号是互相反相的,所以两跳线同时发生变化,因此串扰效应也可以互相抵消。

除了能很好地抑制共模噪声之外,若噪声容限已经确定,则差分信号还具有减少所需的电压摆动幅度的优点。即使S_P和S_N每个信号的开关值在V_{OL}和V_{OH}之间,在接收端检测到

的差分摆动是在 $V_{OL}-V_{OH}$ 和 $V_{OH}-V_{OL}$ 之间,(译者注:电压摆动值 $=(V_{OL}-V_{OH})-(V_{OH}-V_{OL})=2(V_{OL}-V_{OH})$。)因此检测到的电压摆动幅度是每个信号电压摆动幅度的两倍。减小电压摆动幅度可以带来许多好处,其中包括开关电流的减小,地弹的减小,EMI 的减小和与其他信号串扰的减小。因此差分信号的使用,对高速电路的设计是非常有益的。

知识测试问答

1. 信号完整性这个术语的含义是什么?
2. 沿着典型印刷线路板上铜箔线路,信号变化的传播速度有多快?
3. 在数字系统中,地弹(ground bounce)是由什么引起的?
4. 在印刷线路板上,旁路电容应该安装在哪里?
5. 限制输出驱动器的电压变化率(slew rate)为什么能改进信号的完整性?
6. 什么设计技术可以被用来减轻诸如信号正过冲、负过冲和振荡等传输线效应?
7. 什么是 EMI 和串扰(crosstalk)?
8. 差分信号为什么能提高抗干扰能力?
9. 对一个 2.5 V 低电压差分信号(LVDS)的输出,规定的 V_{OL} 和 V_{HL} 分别为 1.075 V 和 1.425 V。在接收器端所见到的差分电压的摆动幅度是多少?

6.5 本章总结

> 集成电路制造工艺技术的进步,特别是光刻技术的进步,使得 IC 的速度和密度不断地得到提升,而且这个发展趋势仍在继续进行之中。

> 已制成的 IC 中能正常运行的芯片所占的比例对芯片的成本有着显著的影响。缩小 IC 管芯的面积可以缩小 IC 芯片中出现瑕疵的概率。

> 74xx00 系列的小规模集成电路(SSI)和中规模集成电路(MSI)器件曾经是早期和传统数字系统中的主要器件。市面上有若干种 74xx00 系列,它们的速度、功耗和逻辑阈值等指标不完全相同。对新的设计而言,74xx00 系列器件大部分已被可编程逻辑器件所取代。

> 专用集成电路(ASIC)是为特定应用场合而设计的集成电路。应用指定的标准产品(ASSP)是为特定市场领域而设计的 ASIC。在这两种场合,高昂的 NRE(即非经常性工程费用,也就是开发投片费用)使得 ASIC 和 ASSP 只能用于批量很大的产品,或者对技术性能要求非常高的某些应用中。

> 在全定制的 ASIC 中,IC 电路的具体细节也是为用户专门设计的。而在标准单元的 ASIC 中,IC 电路是由综合工具,利用库中现成的逻辑门和触发器单元自动生成的,因此可以减少 NRE。

> 可编程逻辑器件(PLD)是标准部件,该部件可以在制造后,通过编程实现设计者想要的电路功能。

- 可编程阵列逻辑(PAL)器件是简单的 PLD,可实现简单的组合逻辑或时序逻辑功能。普通阵列逻辑(GAL)器件包括了可编程的宏单元,而不是固定功能的输出逻辑。
- 复杂可编程逻辑器件(CPLD)是由许多个 PAL 结构组成的,其中还有一个内部连接网络,把这些 PAL 结构整合成为一个集成电路。CPLD 通常被用于较大规模的组合和时序逻辑电路的设计。
- 现场可编程门阵列(FPGA)由许多个逻辑块、存储器块和输入/输出块阵列,以及可编程互连网络所组成。逻辑块实现简单的组合和时序功能。平台 FPGA 还包括了处理器核、算术运算电路和其他复杂的功能块。
- IC 管芯被嵌入到封装中,并且被组装到印刷线路板(PCB)上形成一个完整的数字系统。通孔型和表面贴装型 PCB 使用不同封装类型的芯片。
- 信号完整性是指数字信号失真的最小化,信号失真是由寄生电容和电感产生的。其影响包括产生信号的偏移、地线电平的地弹、传输线效应(信号的正过冲、负过冲和振荡)、电磁干扰(EMI)和串扰。精心设计的 PCB 可以减轻以上这些负面效应。
- 差分信号涉及同时发送同一个信号的正信号和它的反相信号,并在接收器中接收这两个电压的差值。差分信号能抑制共模干扰,改进信号的完整性。

6.6 进一步阅读的参考资料

Exponential Trends in the Integrated Circuit Industry,Scotten W. Jones,IC Knowledge LLC,2004,http://www.icknowledge.com/trends/Exponential2.pdf.
  很好地总结了许多参数值随着岁月的变迁所发生的指数型的变化,以及这些参数之间的关系。

Introduction to Integrated Circuit Technology,3rd Edition,Scotten W. Jones,IC Knowledge LLC,2004,http://www.icknowledge.com/misc_technology/IntroToICTechRev3.pdf.
  扼要地介绍了涉及集成电路制造、封装和测试的步骤。

Digital Logic Pocket Data Book,Texas Instruments,Inc.,2002,http://focus.ti.com/lit/ug/scyd013/scyd013.pdf.
  包含了 74xx00 系列的小规模、中规模和总线接收器器件的技术说明书。

CMOS VLSI Design: A Circuits and Systems Perspective,3rd Edition,Neil H. E. Weste and David Harris,Addison-Wesley,2005.
  一本讲解 CMOS 超大规模集成电路设计的高级参考书。

Signal Integrity Issues and Printed Circuit Board Design,Douglas Brooks,Prentice Hall,2003.

介绍了印刷线路板和元器件的基本电学特性,其中包括传播延迟、电磁干扰、发送线、串扰和电源的解耦问题。作者的网页 http://www.ultracad.com 上提供了无数有关这些话题的文章。

High-Speed Digital Design:*A Handbook of Black Magic*,Howard Johnson,Prentice Hall PTR,1993.
涵盖了与高速数字电路设计有关的模拟电路行为方面的问题,其中包括信号完整性问题。

练习题

练习 6.1 74LS85 器件是一个 4 位可级联的比较器,用于无符号二进制整数的幅值比较。电路的细节见德州仪器公司的《数字逻辑袖珍数据手册》(见 6.6 节参考书目)。请用 4 个 74LS85 器件,并允许添加任意多个所需的逻辑门电路,设计一个 16 位的幅值比较器。

练习 6.2 假设某公司正在对某个复杂的新设计究竟是采用 ASIC 实现,还是采用 FPGA 实现做决定。两种不同的实现方案,估计的非经常性工程费用 NRE(即投入的开发费用)分别列于表 6.1 中。

表 6.1 ASIC 和 FPGA 的 NRE 对比

NRE 成本组成	ASIC	FPGA
职员工资	$ 2 500 000	$ 2 000 000
基础设备投入	$ 1 500 000	$ 1 000 000
消耗材料和服务	$ 750 000	$ 100 000

每片 ASIC 芯片的制造成本为 $ 15.00,而每片 FPGA 芯片的购买和编程成本为 $ 25.00。如果生产批量为 100 000 片,哪一种实现方案更加划算?如果生产批量分别为 200 000 片和 500 000 片,情况是否会有所变化?请问两种方案同样划算时,每片芯片的生产成本是多少?

练习 6.3 在图 6.9 的拷贝图上画出用 PAL16L8 器件实现下列 Verilog 赋值语句的熔丝位置。

a) assign O8 = I1 ? ~I9 | I10 : 1'bz ;
b) assign IO2 = ~(I1 & ~I2) | (~I1 & I3 & ~I8) ;
c) assign IO7 = (I1 & ~I2) |(~I3 & I10) ;

练习 6.4 请描述如图 6.12 所示的 GAL22V10 器件的输出逻辑宏单元(OLMC)应该如何编程,才能仿真下面列出的输入/输出电路。

a) PAL16L8 的 IO2   b) PAL16L8 的 O1
c) PAL16L8 的 I1   d) PAL16R8 的一个输出

第 7 章
处理器基础

本章将把讲述的重点放在嵌入式系统上,并介绍几种常用的处理器。还将描述处理器操作的方式,并举例说明组成嵌入式软件程序的指令是如何执行的。也将讲解如何用二进制编码的形式表示程序指令和数据,并把它们存储在存储器中。最后还将考察处理器与存储元件之间的连接方式。

7.1 嵌入式计算机的组织

在1.5.1小节,曾经介绍过嵌入式系统的概念。所谓嵌入式系统就是系统组件中包括了一个或者多个计算机的系统。系统中的计算机程序运行并执行系统规定的任务。与通用的个人计算机不同,嵌入式系统中的计算机只支持系统所要求的特定操作,完成规定的任务。本节将介绍嵌入式系统的某些通用属性,以及它们所包含的处理部件。对这些处理部件是如何设计的,不作任何探讨;但就这些属性和处理部件而言,这确实是一个很有意义的研究领域。而在本书中,只把这些部件当作一些可以用来构建数字系统的黑盒子组件来对待,不研究电路组件内部的细节。

被嵌入到数字系统中的计算机通常包含如图7.1所示的部件。中央处理单元(CPU)被嵌入到数字系统中作为集成电路的一部分时,通常称作处理器核(processor core),处理器核这个部件可按照程序对数据进行处理,处理的类型包括曾经在第3章中描述过的算术运算;它也可以对逻辑条件进行运算和判断,根据判断条件的不同可在几种操作之间作出选择。在7.2节中,我们将更详细地描述程序编写的方式。同时说明程序是用二进制形式编码的,并存储在如图7.1所示的指令存储器中,只要能把这些讲解清楚就可以了。程序操作所需要的数据也被编码成二进制数据,保存在数据存储器中。在这两种情况中,存储器是使用第5章描述的那几种存储器元件实现的。而通用计算机

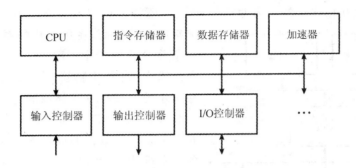

图 7.1 嵌入式计算机的组成部件

(例如个人计算机)通常把指令和数据存放在同一个存储器中。嵌入式计算机通常把这两种数据分开存放。(这种安排存储器的方式通常被称为哈佛结构(Harvard archecture)，这是根据提出原创思想的研究院的名称命名的。传统的办法是用同一个存储器，既存放指令，又存放数据，这种结构叫做冯·诺依曼结构(von Neumann archecture)，也是根据提出原创思想者的名字命名的。)为什么要把指令和数据分两部分存放呢，这是因为在系统的制造期间，嵌入式计算机的指令通常都是固定的(或者只是很偶然地需要在现场更新)，而且存放指令所需要的存储器数量也是预先就已经知道的。因此通常将指令存放在 ROM 或者闪存元件中。这一点不同于通用的计算机，在通用计算机中，一条或多条程序需要在不同的时刻启动，并且并行地运行，存放指令需要的存储器数量也是无法预知的。

图 7.1 所示的输入控制器、输出控制器和输入/输出(I/O)控制器允许计算机获取需要处理的数据(输入)，并递交处理的结果(输出)。在许多嵌入式系统中，输入的数据来自于采集物理属性(例如温度、位置、时间等)的传感器。同样，输出数据能使执行部件产生物理效应，例如控制杆的位移、电机的转动、材料的加热等等。输入和输出控制器也能处理用户接口，由开关、按钮、旋钮等部件组成的接口可用作输入，由指示灯、LCD 显示屏等部件组成的接口可用作输出。对于复杂的用户接口，也可以使用诸如键盘、鼠标或者显示屏等常用于通用计算机的设备作为用户接口。无论在什么场合，输入/输出控制器的任务就是把由 CPU 能处理的二进制数据和其对应的物理属性和效应之间进行转换。我们将在第 8 章中描述如何做到这一点，以及 CPU 如何访问和存取二进制表示的数据。

图 7.1 所示的加速器是一个专用的电路。这个电路被专门设计来实现特定的处理任务，其运行速度远高于用 CPU 所能达到的运算速度。并非所有的嵌入式系统都包括加速器。系统中究竟是否应包括可加快某些操作的加速器，取决于应用的功能和性能的需求，同时还需要考虑成本和其他约束条件。在第 9 章中，将更详细地讨论加速器，将通过一个视频图像边沿检测加速器的例子来进一步说明加速器的设计问题。

图 7.1 中的最后一个部件是这些部件之间的相互连接。我们用总线(bus)这个术语

来表示组成这种互相连接的信号集合。图 7.1 所展示的只是一条总线可将所有的部件连接起来。然而,在更细化的系统中,可能画出多条总线分别表示 CPU 与存储器之间的总线和与输入/输出控制器之间的总线。有的系统甚至还把连接指令存储器和连接数据存储器的总线分开,因为许多高性能的处理器可以在存取上一条指令数据的同时并行地读取下一条指令。系统中如果包括了加速器,则加速器与 CPU 之间的连接可能使用与存储器相同的总线,也可以独立使用一条专用总线。图 7.2 展示了多总线的高性能嵌入式系统的一种组织结构。在本章中,我们将把关注的重点放在总线与 CPU 和存储器之间的连接上,而把总线与输入和输出控制器及总线与加速器之间的连接推迟到以后几章再讲解。

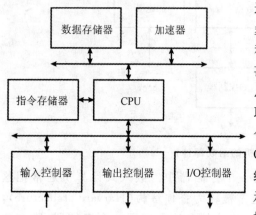

图 7.2 多总线的高性能嵌入式计算机的组织

微控制器和处理器核

应用场合不同,嵌入式系统采用的 CPU 的大小和性能也有很大的差别。某些应用系统只需要使用单片微处理器即可,系统的封装中只有一片 CPU,没有别的。被通用个人计算机采用的大多数 CPU 也有适合嵌入式应用的版本。英特尔(Intel)公司的奔腾(Pentium)系列的 CPU 和飞思卡尔半导体(Freescale Semiconductor)公司的 PowerPC 就是这样的例子。其他还有一些微处理器是专门为嵌入式应用而设计的。在上述两种场合,都必须提供存储器和 I/O 控制器作为印刷线路板上的独立芯片才能组成应用系统。而单片微控制器,它的芯片封装内不但有 CPU 还有指令和数据存储器,以及 I/O 控制器等,包括了应用系统所需的一切。许多微控制器厂商还提供一系列芯片,每一种芯片的 CPU 都相同,但内存的大小不同,选用的 I/O 控制器不同。在某些微控制器系列中,CPU 相对比较简单,只能处理 8 位或者 16 位的数据,性能也相对较低。而另外一些系列的 CPU 则比较复杂,可以处理高达 32 位的数据。CPU 与片上存储器以及 I/O 控制器的结合使得这些单片微控制器非常适用于范围很广的价格敏感的低性能场合。

使用固定功能的微处理器或者微控制器的另外一种办法是把 CPU 固化到 FPGA 的器件中。这样做的优点是输入/输出控制器可以根据应用需求而专门定制,而 I/O 控制器仍可以与 CPU 放在同一个封装内。在 FPGA 中的 CPU 可用能嵌入到可编程制造工艺中的固定功能块来实现。Xilinx 公司制造的 Virtex-Ⅱ Pro 和 Virtex 4 两种 FPGA 采用了这个方案,可以在 FPGA 中包括一个或者多个 PowerPC 的处理器核。另外一种办法是可以借助于软核

(soft core)用 FPGA 的编程资源来实现 CPU。FPGA 厂商为用户提供了可以在 FPGA 上实现的处理器软核，这样用户可以把该处理器软核作为他们自己系统的一部分在 FPGA 上实现。例如，Xilinx 公司提供的 MicroBlaze 核，Altera 公司提供的 Nios-II 核，Actel 公司提供的 ARM 核都是这一类处理器核。这几个处理核都是性能相当高的中央处理器，可以处理 32~64 位数据。对比较简单的应用设计，用一个可以处理 8 位数据的小软核就足以完成任务，这样消耗的 FPGA 资源很少，可以用价格低廉的 FPGA 器件实现。Xilinx 公司提供的 PicoBlaze 软核就是这样一个例子，类似于在 7.2 节中我们将介绍的处理器软核 Gumnut。

如果想要在专用集成电路 ASIC 上实现设计，也能把 CPU 和专为用户设计的存储器控制器和输入/输出控制器整合在一起。有好几家厂商可以提供能集成到 ASIC 芯片中的处理器核设计。ARM 公司提供的 ARM 核、IBM 公司提供的 PowerPC 核、MIPS 技术公司提供的 MIPS 核是几个被用户广泛采用的可用于 ASIC 集成的 CPU 核。如果可以在 ASIC 上实现专为用户定制的设计，当然也可以根据客户的需求专门定制 CPU 本身。Tensilica 公司就是一家可根据用户程序运行的要求而提供定制 CPU 的企业。他们的解决方案涉及程序运行分析，其中只关心程序运行对 CPU 提出的需求，他们也允许对 CPU 进行扩展，添加用户专用的可以执行某些特定操作的硬件。

最后提到的解决方案是使用一个或者多个数字信号处理器（digital signal processor，DSP）。DSP 是一些专用的处理部件，这些部件经过优化，特别适用于处理数字信号（诸如声频、视频或者从传感器来的数据流等）。许多信号处理的应用需要对数量巨大的数据进行高速的定点或者浮点的算术运算。普通的 CPU 也许不能满足性能方面的需求。

尽管如此，这一类应用通常仍需要用一个普通的 CPU 进行诸如与用户交互以及系统总体协调之类的其他操作。因此，DSP 通常与普通的 CPU 结合起来组成异类多处理器系统。现代手机就是这一类系统很好的例子。提供信号处理功能的另外一种途径是在传统的 CPU 上添加专用的信号处理硬件和指令来扩展其性能。ARM 公司和 MIPS 公司所提供的某些处理器核包括了一些 DSP 功能的扩展。Tensilica 公司的处理器核也能为用户进行类似的信号处理功能的扩展。因为数字信号处理是一个高端的话题，我们将把探讨 DSP 核和嵌入式多处理器的问题推迟到高级的参考书中，供感兴趣的读者学习。

知识测试问答

1. 嵌入式计算机的主要部件是什么？
2. 为什么嵌入式计算机通常把存放指令的存储器和存放数据的存储器分成两部分？
3. 微处理器和微控制器的区别是什么？
4. FPGA 中的软核处理器的含义究竟是什么？

7.2 指令和数据

CPU 所执行的功能是由程序确定的，而程序是由一系列指令组成的。每条指令只规定了程序中简单的一个执行步骤，例如从存储器中取出一小段数据，或者把两个数据相加。某CPU 的指令列表被称作该 CPU 的指令集。通常使用的指令集结构(ISA)这个术语是指：程序员可以见到的 CPU 指令集与该 CPU 其他方面的结合。不同厂商提供的 CPU，其指令集有相当明显的差别。所以为某种 CPU 开发的指令序列，将不能在不同厂商提供的 CPU 上运行。当为某个具体应用开发程序时，通常使用诸如 C、C++或者 Ada 等高级语言进行编程，然后用一个称为编译器(complier)的软件工具把程序转换成为执行同样操作的指令系列。除了允许我们使用高级抽象进行编程之外，只要用不同的编译工具就可以将程序移植到指令集完全不同的 CPU 中。然而，当我们正在开发某个嵌入式系统时，其中的 CPU 与我们所设计的电路必然会出现相互作用，通常需要逐条监视 CPU 所发出的指令，以完成程序的测试和调试。在这样的层次理解 CPU 如何表示和处理每一条指令是十分重要的。接下来我们就在这个层次上描述 CPU 的操作，而把用高级语言进行编程的讨论放到参考资料中，供读者自学参考。

程序中的指令被编码成二进制数据存储在地址连续的指令存储器中。CPU 通过下面几个步骤的不断循环，执行程序：

① 从指令存储器中读取下一条指令；
② 对读取的指令进行译码确定进行的操作；
③ 执行程序。

为了跟踪下一步究竟读取哪一条指令，CPU 内部必须有一个专用的被称作程序计数器的寄存器(PC)，这个寄存器是用来存放下一条指令地址的。在指令读取阶段，CPU 利用存放在程序计数器寄存器的地址，从指令存储器中读取相应的指令，然后把程序计数器寄存器中的内容(即指令地址值)加 1。在指令译码阶段，由 CPU 指定执行指令操作需要哪些资源。简单的 CPU，其译码阶段的操作比较简单，而规模较大的 CPU，其译码阶段的操作则比较复杂，通常涉及对资源冲突和数据可用性的检查，而且需要等待资源的释放。在指令执行阶段，CPU 激活相应的内部资源来完成指令规定的操作。这个操作涉及设置控制信号使多路选择器提供执行指令所需的操作数和算术运算硬件，并完成要求的操作，同时允许寄存器存放操作结果。在简单的 CPU 中，这三个步骤通常是按照顺序进行的，一个步骤完成后，再执行下一个步骤，当指令执行阶段结束后，CPU 又一次启动读取指令的步骤。而比较复杂的高性能 CPU，通常把这些步骤重叠起来，一气呵成，然而这些步骤看上去似乎是按顺序完成的，产生的结果也是相同的。在 CPU 的设计中，我们可以采用的并行执行几条指令的技术包括了流水线(pipelining)和超标量(superscale)执行技术，在 7.5 节关于计算机体系结构的参考资料中有更深入的描述。

指令操作的数据被编码成为固定位宽的二进制数。最小的数据项通常是 8 位，被称作一个字节(byte)。字节通常被用来表示一个无符号整数,或者有符号的整数,或者一个字符。简单的 CPU 只可以操作位宽为 8 的数据,所以这一类 CPU 被称为 8 位 CPU。较大的 CPU 不但可以处理 8 位的数据,还可以操作字(word)长为 16 位或者 32 位的数据,所以这一类 CPU 分别被称为 16 位或者 32 位 CPU。

不管 CPU 可操作数据的位宽是多少,数据存储器通常总是以每个地址存储 8 位数据的形式组织的。16 位或者 32 位数据被存储在两个或者四个连续的地址中。不同的 CPU,其内存中 16 位或者 32 位数据字的字节安排顺序是不同的,如图 7.3 所示。小头在前(little endian)的 CPU 把低字节存放在低地址,高字节存放在高地址。而大头在前(big endian)的 CPU,其数据存放在内存中的次序正好与此相反。("little endian"和"big endian"这两个术语源自于 Jonathan Swift 所著的《格里佛游记》(*Gulliver Travels*),在这个故事里,两个国家的人民因为他们早餐的鸡蛋究竟应该先打开哪一头而发生战争。Danny Cohn 在 7.5 节引用的文章中曾采用这两个术语,在那篇文章中他主张这两种字节顺序都是可以接受的,只要前后保持一致即可。)某些 CPU 要求 16 位数据必须被存储在偶数地址的内存中,32 位数据必须被存储在 4 的整数倍地址的内存中。而有一些 CPU 则没有这些限制,允许 16 位和 32 位数据存储在任何地址的内存中。

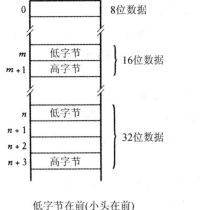
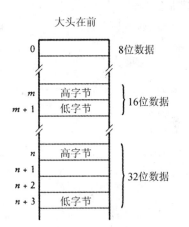

图 7.3　数据字的字节安排

7.2.1　Gumnut 处理器的指令集合

与其试图讲解各种 CPU 的不同指令集合,还不如只讲解一种相对比较简单的,却包含了一些最重要概念的 CPU 指令集合。本节中将要讲解的 CPU 是一种 8 位的 CPU 软核,由作者本人开发,它的名字叫 Gumnut。(Gumnut 是澳大利亚桉树的小种子豆荚。起这个名字的含义是:豆荚虽然很小,却可以长成大树。)本书的附录 D 提供了有关 Gumnut 处理器核更详细的信息和文件,可用于 FPGA 设计。完整 Gumnut 处理器的指令集列于表 7.1。一种被称作汇编代码的助记符可用来表示指令。用软件工具可以把由汇编助记符表示的程序指令翻译成为可加载到指令寄存器的二进制编码序列,这个翻译工具被称作汇编器。

Gumnut 处理器核有一个指令存储器,用 12 位地址线寻址,其寻址范围最高达 4 096 条指令;还有一个用 8 位地址线寻址的 256 字节的数据存储器。当 CPU 复位后,程序计数器寄存器被清为 0,然后开始读取—译码—执行周期,从指令存储器的地址 0 中读取第一条程序指令。在 CPU 内部有 8 个通用的寄存器,名字分别为 r0~r7,这些寄存器可以保持由指令操作的数据。寄存器 r0 是特别的,它被用硬线连接到地,即取 0 值,对该寄存器的任何更新都不起作用。该 CPU 还有两个一位的条件码寄存器,被称作 Z(0) 和 C(进位)。这两个条件码寄存器的置 1 或者清 0,取决于某几条指令的操作结果,因此可以通过对这两个条件的测试来确定程序的走向。

表 7.1 Gumnut 处理器指令集

指 令	描 述
算术和逻辑指令	
add $rd, rs, op2$	rs 和 $op2$ 相加,把结果放入 rd
addc $rd, rs, op2$	rs 和 $op2$ 相加(带进位),把结果放入 rd
sub $rd, rs, op2$	rs 减去 $op2$,把结果放入 rd
subc $rd, rs, op2$	rs 减去 $op2$(带进位),把结果放入 rd
and $rd, rs, op2$	rs 和 $op2$ 进行逻辑与,把结果放入 rd
or $rd, rs, op2$	rs 和 $op2$ 进行逻辑或,把结果放入 rd
xor $rd, rs, op2$	rs 和 $op2$ 进行逻辑异或,把结果放入 rd
mask $rd, rs, op2$	rs 和 $op2$ 的非进行逻辑与,把结果放入 rd
移位指令	
shl $rd, rs, count$	rs 的值左移 $count$ 位,把结果放入 rd
shr $rd, rs, count$	rs 的值右移 $count$ 位,把结果放入 rd
rol $rd, rs, count$	rs 的值循环左移 $count$ 位,把结果放入 rd
ror $rd, rs, count$	rs 的值循环右移 $count$ 位,把结果放入 rd
存储器和输入/输出指令	
ldm $rd, (rs) \pm offset$	从存储器加载到 rd
stm $rd, (rs) \pm offset$	从 rd 存入存储器
inp $rd, (rs) \pm offset$	从输入控制器输入到 rd
out $rd, (rs) \pm offset$	从 rd 输出到输出控制器

续表 7.1

指 令	描 述
分支指令	
bz ± *disp*	若 Z 为 1,则转移
bnz ± *disp*	若 Z 为 0,则转移
bc ± *disp*	若 C 为 1,则转移
bnc ± *disp*	若 C 为 0,则转移
跳转指令	
jump *addr*	跳到 *addr*
jsb *addr*	跳到地址为 *addr* 的子程序
其余杂项指令	
ret	从子程序返回
reti	从中断返回
enai	中断使能
disi	中断禁止
wait	等待中断
stby	进入低功耗待命模式

其中 rd 和 rs 是寄存器,$op2$ 是寄存器($rs2$)或者立即值($immed$),$count$ 是移位或者循环移位的计数,$disp$ 是从下一条指令地址算起的偏移量,$addr$ 是跳转目标地址。

1. 算术和逻辑指令

算术和逻辑指令对存储在 CPU 通用寄存器和存储在目标寄存器 rd 中的 8 位数据进行操作。对每一条指令,其中一个值取自于源寄存器 rs,而另外一个值 $op2$ 则来自于第 2 个源寄存器 $rs2$ 或者立即值($immed$)。立即值是直接由指令确定的值(作为指令的一部分),而不是存储在寄存器或者存储器中的值。例如下面的指令中:

    add r3, r4, r1

把存储在寄存器 r4 和 r1 中的当前值相加,把计算结果放到寄存器 r3 中。同样,下面的指令:

    add r5, r1, 2

把立即值 2 和在寄存器 r1 中的当前值相加,把计算结果放到寄存器 r5 中。请注意:目的寄存器可以与源寄存器相同,例如下面的指令:

    add r4, r4, 1

把寄存器 r4 中当前值增加 1,把计算结果放到寄存器 r4 中,更新原来的值。

加法指令和减法指令都把数据值当作 8 位无符号整型数处理。addc 指令包括 C 条件码的值作为进位位,而 subc 指令包括了 C 条件码的值作为借位位。这个组中的所有指令都修改 Z 和 C 位的值。本组所有指令都按照如下规则设置 Z 位:若指令的计算结果为 0,则把 Z 置为 1;若指令的计算结果为非 0,则把 Z 清为 0。若 add 和 addc 指令做加法运算时出现进位,则置 C 为 1。若 sub 和 subc 指令做减法运算时出现借位,则置 C 为 1,其余的逻辑指令都把 C 清为 0。以后将会看到如何把条件码位用于分支指令。

例 7.1 编写一小段指令计算表达式 $2x+1$ 的值,假设 x 的值在 r3 中,计算结果放在 r4 中。

解决方案 x 乘以 2 可以用 x 的值加上自己的值来表示。所以相应的指令段为:

```
add r4, r3, r3
add r4, r4, 1
```

例 7.2 编写一小段指令,检查 r2 寄存器中的数,当该数最低四位的值为 0101 时,则把 Z 位设置为 1。

解决方案 检查寄存器的值是否等于 0101,可以把这个寄存器值减去 0101,然后把结果放在寄存器 r0 中。不必关心计算结果值,只要观察 Z 位是否已被置为 1,就可以知道计算结果是否为 0。但是寄存器 r2 中存放字节的高四位可能包含有 1 的位,我们对此并不感兴趣,所以在做减法之前需要把它们都清为 0。可以采用与 00001111 进行逻辑与的操作,把高四位清 0。所以完成这个检查任务的指令段为:

```
and r1, r2, 0x0F
sub r0, r1, 0x05
```

上面指令中"0x"标记是 Gumnut 处理器汇编代码标记,表示其后面的数字是十六进制数字。因此 0x0F 表示二进制值 00001111,0x05 表示二进制值 00000101。

2. 移位指令

移位指令移位或者循环移位取自于通用寄存器 rs 的 8 位值,并把移位的结果存放在寄存器 rd 中。移位或者循环移位的位数由指令中记为 count 的值指定。例如下面的指令:

```
shl r4, r1, 3
```

读取寄存器 r1 中的当前值,向左移 3 位,然后把结果存放到寄存器 r4 中。左移位或者右移位指令把由移位空出的位全都填上 0。而循环左移位或者右移位指令则把移位出去的位值填入空出的位。若指令操作的结果为 0,则所有这些指令都把 Z 置为 1;若指令操作的结果为非 0,则所有这些指令都把 Z 置为 0。这些指令都把 C 位设置为被移位后字节的末位值。

例 7.3 编写一小段指令把 r4 中的值乘以 8,不考虑可能的溢出。

解决方案 回想 3.1.2 小节的内容,若把一个无符号的二进制数左移 k 位,就可以得到该无符号数乘以 2^k 算得的值。因为 $8=2^3$,所以 r4 乘以 8 的指令为:

```
shl r4,r4,3
```

3. 存储器和输入/输出指令

  Gumnut 处理器访问数据存储器和访问 I/O 控制器使用不同的指令。在第 8 章中,将详细讨论 I/O 控制器的操作。现在,只是简单地指出 I/O 控制器具有几个可以控制其操作的寄存器,而这些寄存器可以被 CPU 读取和写入。与存储器的每个存储单元都有自己的地址一样,每个 I/O 控制器寄存器也有自己的地址。Gumnut 处理器用 8 位地址来确定 I/O 控制器的寄存器的指令,不同于用 8 位地址来确定数据存储器具体存储单元的指令。所以说:Gumnut 处理器对数据存储器的存储单元和对 I/O 控制器的寄存器具有独立的地址空间。这一点不同于许多其他 CPU 的指令集,许多 CPU 的 I/O 控制器的寄存器的寻址空间只是其存储器寻址空间的一部分。在这种类型的指令集中,我们通常说 I/O 控制器寄存器是映射到存储器的(memory mapped)。

  对 Gumnut 处理器所有的存储器和 I/O 指令而言,想要访问的地址都是由 rs 中的当前地址加上在指令中指定的偏移量,经计算所得到的。ldm(从存储器加载)指令用计算得到的地址从数据存储器中读取保存的数据,然后把读到的值放到寄存器 rd 中。stm(数据写入存储器)指令把从寄存器 rd 读到的值写到经由计算得到地址所对应的数据存储器的存储单元内。inp(输入)和 out(输出)指令完成类似的操作,指令 inp 是读取,而指令 out 是写到 I/O 控制器对应的寄存器中,寄存器的具体地址也是指令中的当前地址加上偏移量经由计算得到的。这些指令中没有一条指令会影响 Z 和 C 位。下面是一条指令的举例:

```
ldm r1,(r2)+5
```

把 r2 的当前值和偏移量 5 相加,得到存储器地址。然后读取这个地址所对应的存储器值,把读到的值放到寄存器 r1 中。同样,指令:

```
stm r1,(r4)-2
```

把从 r1 读取的值存入由 r4 当前值减去 2 得到的地址所对应的存储器中。

  如果想要访问一个特定的地址,可以用 r0 来代替寄存器 rs。请回想一下,r0 的内容总是 0,所以它的内容与指令中指定的偏移量相加总是等于偏移量。在这种场合,通常把偏移量解释为无符号的 8 位地址。Gumnut 汇编工具允许隐含地指定"r0",只要在指令中省略这一项,只写地址值即可,举例说明如下:

```
inp r3,156
```

这条指令读取 I/O 控制器寄存器(地址为 156)中的值,然后把这个值放到寄存器 r3 中。同样,若寄存器中的内容正好是想要访问的地址,则可以把偏移量设置为 0。Gumnut 汇编工具允许隐含地指定偏移量为 0,只要在指令中省略偏移量这一项即可,举例说明如下:

```
out r3, (r7)
```

例 7.4 编写一段指令，把一个 16 位的无符号整数存入内存。低字节的地址存放在 r2 中，高字节的存放地址是低字节地址的下一个地址。

解决方案 因为 Gumnut 处理器算术运算指令只能操作 8 位数据，所以需要做两次加法，第 2 次做加法的时候还需要处理第 1 次加法后产生的进位。

```
ldm r1, (r2)
add r1, r1, 1
stm r1, (r2)
ldm r1, (r2)+1
addc r1, r1, 0
stm r1, (r2)+1
```

因为 ldm（加载）和 stm（存储）指令都不影响 C 位，所以从第一次加法产生的进位被保留在 C 位的信息中，可以被 addc 指令使用。

4. 分支指令

分支指令使我们可根据条件作出判断，改变正常的执行流程。前面曾提到过 CPU 遵循"取指令—指令译码—执行指令"的循环，不断地执行存放在指令存储器连续地址中的指令。在 CPU 中用一个程序计数器(PC)来跟踪下一条指令的地址，读取指令后就把 PC 寄存器的值增加 1。分支指令通过修改 PC 的值来修改程序的执行流程。每种形式的分支都测试条件，若条件为真，则加一个有符号的 8 位偏移量到 PC 上。这个偏移量由指令指定，表明下一条指令将从当前指令地址算起，在向前或者向后多少个地址的指令存储器中读取（偏移量为 0 是指分支后的指令，因为在读取该分支指令后，PC 已经增加了 1）。若条件为假，则 PC 不变，继续按顺序执行。两种分支指令分别允许对 Z 和 C 条件码位中的某一个进行测试，看其是已被设置为 1，还是仍旧为 0。因为这两个条件测试位在执行算术、逻辑和移位指令后有可能发生变化，所以经常在编写分支指令之前，有意识地用这两条指令之一对数据值做一些测试比较。而在其他一些场合，因为在数据操作中会偶然发生我们必须处理的副作用，所以需要用条件码做某些判断。

例 7.5 假设在地址为 100 的数据存储器中的值表示时间间隔的秒数。编写一段指令把该值增加 1，若加 1 后的值超过 59，则把该值设置为 0。

解决方案 下面列出的指令段是解决上述问题的方案之一：

```
ldm r1, 100
add r1, r1, 1
sub r0, r1, 60
bnz +1
add r1, r0, 0
stm r1, 100
```

头两条指令把值加载进 r1,并加 1。sub 指令从加完后的新值减去 60,不保留减法运算的结果(用 r0 作为保存结果的寄存器)。但是 Z 条件码在减法后可能发生变化。若新值是 60,则减法的结果是 0,所以 Z 被设置为 1,否则 Z 被清为 0。若 Z 为 0,则分支指令向前跳过一条指令。被跳过去的 add 指令,只有在增加后的值为 60 时才执行,执行后把 60 改写为 0。在所有情况下,最后一条指令都能执行,把最后的计算结果值放回到地址为 100 的存储器中。

5. 跳转指令和其余杂项指令

第一种跳转指令 jmp 通过把 PC 寄存器中的地址设置为 jmp 指定的地址,从而无条件地转到 jmp 指定的新地址执行下一条指令,突破了按指令顺序执行的惯例。

例 7.6 编写一段指令,测试 r1 是否为 0。若 r1 为 0,则将地址为 100 的数据存储器中的内容清 0;若 r1 不为 0,则将地址为 200 的数据存储器中的内容清 0。假设指令段的起始地址为指令存储器的地址 10。

解决方案 题目所要求的指令段需要根据 r1 是否为 1 来从两种操作中选取一种执行。因为指令在指令存储器中必须按顺序存放,所以必须在指令段中把这两种不同的操作安排妥当。必须在第一种操作的结束处无条件地转移到一个地址以避免执行第二种操作。题目所要求的指令段如下所示:

```
10: sub r0, r1, 0
11: bnz +2
12: stm r0, 100
13: jmp 15
14: stm r0, 200
15: ...
```

第二种跳转指令 jsb 比简单的无条件跳转指令稍微复杂一些。jsb 跳转指令允许执行子程序(subroutine),所谓子程序其实就是一段可以完成某些想要的操作的指令,我们可以从该程序的不同位置启动子程序。启动子程序的执行被称作子程序的调用。jsb 跳转指令通常与子程序中的 ret 指令配合使用,ret 指令可以把子程序返回到调用它的地方。子程序的指令执行顺序如图 7.4 所示。指令逐条地执行,直到遇到 jsb 跳转指令,此时 jsb 指令把已经增加的 PC 值(即返回地址)保存在一个内部寄存器中,然后把 PC 值更新到 jsb 指令指定的子程序的入口地址,使得子程序的指令得以执行。最后子程序执行到 ret 指令,ret 指令将保存在内部寄存器中的返回地址存入 PC 寄存器。因此程序继续执行紧跟在 jsb 指令后面的那条指令。程序中可以包括几个调用同一个子程序的 jsb 指令。在每次调用后保存的返回地址就是紧跟在 jsb 指令后面那条指令的地址。这就使得程序能返回到正确的地方继续执行,而不用考虑子程序究竟是从哪里被调用的。

子程序中的指令可以包括 CPU 指令集中的任何指令。这就使得子程序中有可能包含 jsb

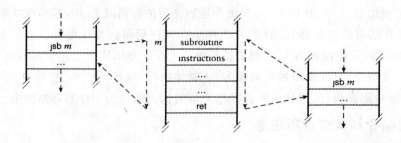

可以在程序的不同地方调用子程序,每次调用子程序后,便返回紧跟在 jsb 指令后面的那条指令,继续执行。

图 7.4　子程序调用的执行流程

指令调用一个子-子程序,子-子程序可以再包括一个 jsb 指令,调用一个子-子-子程序,可以这样依次类推下去。当子-子-子程序返回时,应该返回到子-子程序中紧跟在 jsb 指令后的那条指令,继续执行;当子-子程序返回时,应该返回子程序中紧跟在 jsb 指令后的那条指令,继续执行。为了能做到这一点,CPU 必须要有多个寄存器来保存返回地址,只用一个寄存器是不够的。实际上 CPU 需要用一个由寄存器组成的压入式堆栈(push-down stack),如图 7.5 所示。每次执行 jsb 指令时,这个 jsb 指令的返回地址随即被压入堆栈。当执行 ret 指令时,所用的返回地址就是堆栈最上面的那个返回地址,这个地址就从该堆栈中弹出。Gumnut 处理器有一个返回地址堆栈,可以保存 8 个地址入口,这对大多数程序而言已经足够了。

图 7.5　压入返回地址的堆栈

例 7.7　假设一个应用程序并行地跟踪多个时间间隔。请对例 7.5 所示的指令段做修改,使它变成为一段子程序。这段子程序把存储在存储器某地址单元中的秒数增加 1,存储器的地址存放在 r2 寄存器内。请展示如何调用这段子程序增加地址 100 和 102 中的值。

解决方案　可以把例 7.5 的指令段改写成如下形式的子程序:

```
ldm r1, (r2)
add r1, r1, 1
sub r0, r1, 60
bnz +1
add r1, r0, 0
stm r1, (r2)
ret
```

假设子程序的第一条指令存放在指令存储器地址为 20 的单元,则调用子程序的指令段如下所示:

```
add r2, r0, 100
jsb 20
add r2, r0, 102
jsb 20
```

其余一些杂项指令用于处理中断。中断是对由 I/O 控制器产生的事件作出响应的一种途径。中断使能指令允许 CPU 对中断事件作出响应,而中断禁止指令则阻止 CPU 对中断事件作出响应。当 CPU 响应中断事件时,CPU 保存原本马上要执行指令的地址,转而开始执行被称作中断处理器(interrupt handler)的特殊子程序。中断处理器程序结束时用一个从中断返回的指令 reti,这个指令不同于从一般的子程序返回的指令 ret。等待指令 wait 暂停程序的执行,一直等到中断发生后再继续执行,而待命指令 stby 使 CPU 进入低功耗的待命状态。这两种指令的不同处在于,用 wait 指令进入的等待状态,响应中断非常迅速;而用 stby 指令进入的待命状态,响应中断需要一段电源的预热时间。我们将在第 8 章的输入/输出部分更深入地探讨中断处理的细节。

7.2.2　Gumnut 汇编器

正如前面曾提到过的那样,程序可以用汇编语言编写,然后用汇编器将程序编译成用二进制代码表示的指令序列。在本书的补充材料中,有一份"gasm 用户指南"资料,详细地介绍了这种汇编语言,以及如何使用该汇编器的知识。在这里描述几个关键点,借助于例 7.8 所示程序说明如下:

例 7.8　一段汇编程序。

```
;决定 value_1 和 value_2 两个数值中哪一个更大的程序
                text
                org 0x000             ;复位后程序从这里开始
                jmp main
;数据存储器的安排
                data
value_1:        byte 10
value_2:        byte 20
result:         bss  1
;主程序
```

```
                        text
                        org 0x010
        main:           ldm r1, value_1           ;加载数值
                        ldm r2, value_2
                        sub r0, r1, r2            ;比较两个数值
                        bc value_2_greater
                        stm r1, result            ;value_1 比较大
                        jmp finish
        value_2_greater: stm r2, result           ;value_2 比较大
        finish:         jmp finish                ;空循环
```

我们已经见过包含注释的 Verilog 模型。在 Verilog 语言中,注释是用"//"起头的字符串对代码的某几行做一些简单的说明。也可以在汇编语言的程序中编写注释行。在例 7.8 用";"字符起头的行就是注释行,注释行最长可以扩展至本行的结束。在汇编语言中注释行特别重要,因为每条指令只完成一个非常简单的步骤,所以必须用注释行对一段指令的意图做一些说明,以便于读者理解。

汇编器不但可以使我们指定存放在指令存储器中的那些指令,还能指定存放在数据存储器中的内容。通过 text 和 data 两个预编译指令(directive)汇编器就可以知道,由 text 指定的那部分代码只能使用指令存储器,由 data 指定的那部分代码只能使用数据存储器。

预编译指令并不是 CPU 指令,它只是告诉汇编器在翻译程序代码的时候应该如何处置代码。不需要为每条指令和数据项指定地址,汇编器在编译的时候会从地址 0 起,随着指令和地址项的逐条编译而自动地增加地址。在汇编器中用了一个地址计数器(location counter)自动地跟踪每条指令和数据项编译后的地址。我们可以用 org(英文"origin"的缩写,表示起始点)预编译指令命令汇编器修改当前存储器的地址计数器值。举例说明如下:在例 7.8 中,位于 text 下面的预编译指令"org 0x010"告诉编译器,以下指令的机器代码将从地址 010_{16} 起开始排列。

在数据段中,有两条可以用来指定数据存储器初始内容的预编译指令。预编译指令 byte 可用来指定存储器中一个字节(8 位)的内容。而预编译指令 bss("block starting with symble"的英文缩写,中文意思是"用符号起头的块")在存储器中保留了指定字节个数的内容没有进行初始化的存储空间。在这三条预编译指令前我们可以用标记来表示这几个字节在存储器中的起始地址。汇编器可以为我们计算出具体的地址。因此在程序中可以用标记来代表指令地址。举例说明如下:在例 7.8 中,ldm 指令用标记 value_1 和 value_2 分别把数据存储器相应地址中存放的初始值加载到 r1 和 r2 寄存器,stm 指令把比较大的那个值存放到用 result 做标记的保留存储区中。

用标记的优点在于,当程序改写时,不必重新计算地址值,因为汇编器会根据改写后的程序,在编译时自动地计算出新的地址值。

在文本段内,这些指令集合在一起形成了程序。每一条指令都可以添加标记,而标记指令可以被分支指令和跳转指令引用。因为汇编器可以计算出由标记代表的指令地址,所以当程序改写后,不必人工计算分支指令的偏移地址,或者更新指令中引用的地址。

关于例 7.8 中的程序需要注意的最后一点是:程序任务一旦被完成,程序就不会停止执行。Gumnut 处理器指令集中没有包括任何停止指令。相反,在程序的末尾添加一个忙碌循环(busy loop)。这条忙碌循环语句只由一个跳转到自己的 jmp 指令组成,不做任何有用的工作。在嵌入式系统中忙碌循环是很常见的,因为我们通常不想让嵌入式计算机停止工作(除非我们关掉电源)。另外一种办法是使 CPU 指令或者部件暂时停止操作,直到需要时才恢复工作,例如响应一个输入/输出事件时才恢复某些操作(在 Gumnut 处理器中,可以使用 wait 或者 stby 指令)。由于暂停(suspending)状态消耗的功率通常远小于活动状态,具有节能的好处。因此,在使用电池作为电源和其他功耗敏感的应用中,在处理器处于待命状态时,设计者往往喜欢让它进入暂停状态。

7.2.3 指令编码

程序中的指令是信息的一种表现形式,因此与任何其他信息一样,可以用二进制数字对其进行编码。倘若我们想要把所有可能的指令全部列出,即把对任何寄存器、地址、立即数值等可以进行的所有操作全部包括在内一起考虑,我们确实是可以想出一个位数最少的指令编码方案的。但是这样做指令译码就会变得非常复杂,这将使得 CPU 内部的指令译码电路必须有较大的规模,因此速度就会变慢。因此,指令集的编码通常采用的办法是把指令码字分成不同的段,每个段对应于指令的不同区域进行编码。最基本的码区是操作码(opcode)区,该区域的码指定将要执行的操作,并隐含码字中其余区域的安排。通过将区域安排得简单并有规律,可以使得指令译码电路变得简单,因此运行速度就更快一些。

图 7.6 展示了 Gumnut 处理器的指令编码,我们用它作为说明。(附录 D 描述了所有指令编码的细节)。每个指令码字长 18 位。最左边的几位与功能码(fn)组成了操作码。在指令字的一个独立区域,用一个 3 位的二进制数字对那些需要指定寄存器号的指令进行编码。同样那些指定立即数、偏移量或者位移的指令用指令字中最右边的 8 位区域中的二进制数值表示立即数。

在这几种指令的格式中,有几个码字位尚未用到。虽然这可能浪费了指令存储器中的几个存储空间,但是为了编码的简洁和随后译码的简洁,这一点付出完全是值得的。前面曾经提到过,把用文本描述的汇编语言指令翻译成二进制的机器代码是汇编器的任务。反过来,如果想要测试内部嵌有 Gumnut 处理器的设计,则必须对由二进制编码的机器指令进行反汇编。所谓反汇编,其实就是确定这些二进制机器代码所对应的究竟是嵌入式 CPU 指令集中的哪几条指令。

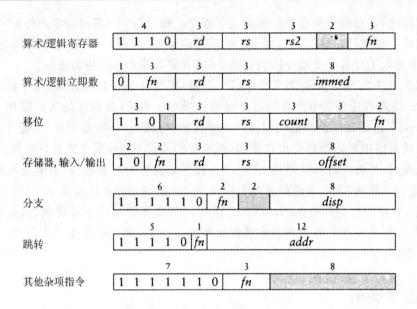

图 7.6 Gumnut 处理器的指令编码及指令码字内部各区域的安排和大小

例 7.9 假设指令 addc 操作的功能码是 001,请问下面指令的二进制表示是什么?

addc r3, r5, 24

解决方案 这条指令是一个算术/逻辑立即数指令,所以最左位必须为 0,并且功能码为 001。目的寄存器 r3 被编码为 011,源寄存器 rs 被编码为 101,立即数为 00011000。因此完整的指令字为:0 001 011 101 00011000,或者用十六进制表示为:05D18。

例 7.10 十六进制指令字 3ECFC,表示的是什么指令?

解决方案 这个指令字的二进制表示为:111110110011111100。所以左边的 6 位为 111110,表明这是一个分支指令。功能码 11 表明这是一个没有进位才分支的 bnc 指令。接着的两个码位为 00,是无关码位,不管什么场合都不用考虑。右边的 8 位,是偏移量 −4 有符号数的 2 的补码,因此码字 3ECFC$_{16}$ 对应的指令应该是"bnc −4"。

7.2.4 其余的 CPU 指令集

与其他种类的 CPU 相比,Gumnut 处理器的指令集虽然比较简单,但是 Gumnut 指令集仍包含了所有的基本要素,对编写实际的嵌入式程序而言,也已相当完善。它的指令集类似于由 Xilinx 公司提供的 8 位 CPU 软核 PicoBlaze 的指令集。这两种处理器与其他常用的 8 位 CPU 核和微控制器最显著的不同点在于其所有的指令的长度都是相同的(18 位)。而且指令的长度不是 8 的倍数(PicoBlaze 和 Gumnut 核指令集的码字均为 18 位。Xilinx FPGA 存储器块的位宽是可以由用户自己配置的,位宽 18 是其允许的位宽配置之一)。由 Intel 公司和其他厂商生产的 8 位微控制器 8051 采用了与 Gumnut 和 PicoBlaze 核不同的位宽方案。8051 原先只是一个独立的微处理器,后来逐渐演变成芯片上带有各种不同数量存储器和 I/O 控制器的微控制器。其指令集是从通用的 CPU 继承下来的,在这个指令集中,指令和数据分享一个地址空间。因为 8051 微控制器的存储器的位宽是 8,即一个字节,所以指令是 8 位(一个字节)的整数倍。操作码放在第一个字节。对某些指令而言,第二个和第三个字节中包含了指令的其他信息,例如地址和立即数值。

8051 与 Gumnut 和 PicoBlaze 处理器核的另一个显著不同点在于,8051 的指令集包含一个远比 Gumnut 和 PicoBlaze 大得多的操作指令表。我们把带有这种指令集的 CPU 称为复杂指令集计算机(complex instruction set computer,CISC),而把 Gumnut 和类似的 CPU 称为精简指令集计算机(reduced instruction set computer,RISC)。在 8051 上可以用一条指令表示的许多操作,在 Gumnut 上不得不用两条或者三条指令才能完成。然而指令集的复杂性使得 CPU 读取指令和对指令译码的实现变得非常困难。为了提高性能的许多重要的 CPU 内部设计技术也很难在复杂指令集系统上实现。因此(还有其他一些原因),导致 RISC CPU 的发展趋势目前已占据统治地位。

至此,我们提及的 CPU 都属于 8 位的 CPU,因为它们都只对 8 位数进行操作。如果在嵌入式系统中主要的信息都是用 16 位、32 位或者 64 位数据来表示的,那么用 8 位处理器就会非常麻烦。

由于用 8 位指令来处理 16 位、32 位或者 64 位数据的操作,需要的指令数目非常庞大,因此很可能不能满足处理速度的性能要求。所以必须用别的方法,换言之,使用能对更大的数据直接进行操作的处理器。目前大多数广泛用于 FPGA 和 ASIC 设计的处理器核通常都是 32 位或者 64 位的 RISC CPU。这些 CPU 具有 32 位或者 64 位的寄存器,可以在这种位宽的寄存器上对数据进行算术和逻辑操作。它们可以在寄存器和存储器之间加载和存储 8 位、16 位、32 位和 64 位宽的数据。指令被译码成固定位宽(通常为 16 位和 32 位)的指令字。更大、更高性能的 CPU 包括了既可以对定点整型数据也可以对浮点数据进行操作的指令。这一类型的 CPU 包括前面曾经提及的 PowerPC、ARM、MIPS 和 Tensilica 核。

知识测试问答

1. CPU 指令集的含义是什么?
2. CPU 执行程序时反复执行的三个步骤是什么?
3. CPU 如何跟踪下一条将执行哪一条指令?
4. 小头在前(little endian)和大头在前(big endian)这两个术语的含义分别是什么?
5. 汇编器的作用是什么?
6. 下面 Gumnut 指令段中的每条指令的作用是什么?

    addc r2, r3, 25

```
shr r1, r1, 3
ldm r5, (r1) + 4
bnz -7
jsb do_op
ret
```

7. 下面这条 Gumnut 指令的二进制指令字是什么？

```
bnc +15
```

8. 十六进制指令字 05501 表示的是哪一条 Gumnut 指令？

7.3 与存储器的接口

CPU 与指令存储器和数据存储器的连接方式不但取决于 CPU 的制造工艺，还取决于存储器的制造工艺。在大多数嵌入式系统中，指令存储器是用 ROM、或非闪存（NOR flash memory）、SRAM 或者它们的组合来实现的。用或非闪存实现指令存储器使我们有可能在现场更新嵌入式软件。数据存储器通常用 SRAM 实现。在典型的情况下，CPU 和存储器各自拥有一组 CPU/存储器的连接信号，把它们连接起来是我们的工作。如果这两组信号是兼容的，那么连接工作就相对比较简单。然而，这两组信号通常是分开进行设计的，或者按照不同的协议进行设计的。在这种情况下，需要添置一些胶连逻辑（glue logic）来完成这个接口。

CPU 与存储器接口的最简单例子之一是 FPGA 内部嵌入的 8 位处理器核与存储器之间的接口。这个处理器核包含可以直接与 FPGA 内部的存储器块接口信号连接的接口信号。

例 7.11 Gumnut 处理器核的存储器接口信号可以用如下 Verilog 模块来定义：

```
module gumnut ( input              clk_i,
                input              rst_i,
                output             inst_cyc_o,
                output             inst_stb_o,
                input              inst_ack_i,
                output [11:0]      inst_adr_o,
                input  [17:0]      inst_dat_i,
                output             data_cyc_o,
                output             data_stb_o,
                output             data_we_o,
                input              data_ack_i,
                output [7:0]       data_adr_o,
                output [7:0]       data_dat_o,
                input  [7:0]       data_dat_i,
```

```
    ...);
endmodule
```

请展示如何在嵌入式系统的 Verilog 模型中把该 Gumnut 处理器核与一个 $2\,K\times 18$ 位的指令存储器和 256×8 位的数据存储连接起来。

解决方案 在 5.2.2 小节和 5.2.5 小节曾介绍过同步静态随机存取存储器 SSRAM 和只读存储器 ROM。该模块的端口可以与用 FPGA SSRAM 块实现的直通模式的 SSRAM 和 ROM 的控制信号连接。在描述嵌入式系统的 Verilog 模块中,增添必要的线网和变量定义,实例引用 Gumnut 处理器,通过 Gumnut 实例的接口,把这些线网和变量与两个表示指令存储器和数据存储器的 always 块的信号连接。该模块的代码如下:

```verilog
module embeded_gumnut;
    reg [17:0] inst_ROM [0:2047];
    reg [7:0]  data_RAM [0:255];
    wire           clk_i;
    wire           rst_i;
    wire           inst_cyc_o;
    wire           inst_stb_o;
    reg            inst_ack_i;
    wire[11:0]     inst_adr_o;
    reg [17:0]     inst_dat_i;
    wire           data_cyc_o;
    wire           data_stb_o;
    wire           data_we_o;
    reg            data_ack_i;
    wire [7:0]     data_adr_o;
    wire [7:0]     data_dat_o;
    reg [7:0]      data_dat_i;
    :
    gumnut CPU (.clk_i(clk_i),         .rst_i(rst_i),
                .inst_cyc_o(inst_cyc_o), .inst_stb_o(inst_stb_o),
                .inst_ack_i(inst_ack_i),
                .inst_adr_o(inst_adr_o), .inst_dat_i(inst_dat_i),
                .data_cyc_o(data_cyc_o), .data_stb_o(data_stb_o),
                .data_we_o (data_we_o), .data_ack_i(data_ack_i),
                .data_adr_o(data_adr_o), .data_dat_o(data_dat_o),
                .data_dat_i(data_dat_i), ...);

initial $ readmemh("inst_ROM.dat", inst_ROM);
    always @(posedge clk)              //指令存储器
```

```verilog
        if (inst_cyc_o && inst_stb_o) begin
            inst_dat_i <= inst_ROM[inst_adr_o[10:0]];
            inst_ack_i <= 1'b1;
    end
    else
            inst_ack_i <= 1'b0;

    always@(posedge clk)                //数据存储器
        if(data_cyc_o && data_stb_o)
            if (data_we_o) begin
                data_RAM[data_adr_o]    <= data_dat_o;
                data_dat_i              <= data_dat_o;
                data_ack_i              <= 1'b1;
        end
        else begin
                data_dat_i              <= data_RAM[data_adr_o];
                data_ack_i              <= 1'b1;
        end
        ⋮
endmodule
```

请注意代码中 Gumnut 处理器核的指令地址的端口宽度为 12 位,而 2 K×18 位的指令存储器只需要使用 11 位宽的地址。在本设计中,只是简单地把 Gumnut 处理器核的地址的最高位留着,不予连接。因此,在 Gumnut 处理器核的指令存储器的地址空间中,指令存储器的每个存储单元会出现两次:一次出现在最高地址位为 0 时,另外一次出现在最高地址位为 1 时。通常每个存储单元只能用一个地址寻址,所以我们忽略另外一个虚假地址。

单片微控制器,例如基于 7.2.4 小节中描述的 8051 单片机,内部有少量的片上指令和数据存储器。然而,许多这一类型的单片机,把若干个芯片引脚用于连接外部存储器的接口信号,可以对片外添加的存储器寻址。因为把单片机的引脚用于连接外部存储器,可用于输入/输出引脚的数目就减少了。所以通常采用时分复用的方法,使存储器接口的引脚在不同的时间间隙实现不同的功能。这样做,使得微控制器与外部存储器的连接变得非常复杂。

为了更好地说明这个问题,我们将阐述如何扩展 8051 微控制器存储器的寻址空间。8051 微控制器可访问的指令存储器空间高达 64 KB,可访问的数据存储器的空间也高达 64 KB。然而,在 8051 芯片上只有 256 字节的数据存储器,以及 4 KB 到 16 KB 的指令存储器。该芯片有两个 8 位的输入/输出端口 P0 和 P2,还有一些控制信号,这些端口和控制信号可以被用来连接外部存储器。图 7.7 展示了如何把这些端口和信号用来连接芯片外部的 128 K×8 位的异步静态 RAM,在这个异步 SRAM 中地址低的 64 KB 被用来存放指令,而地址高的 64 KB 被用来存放数据。P2 提供地址的高字节;通过时分复用,P0 有时提供地址低字节,有时提供指令和数据字节。因为通过 P0 传送的信息是双向的，三态驱动器被用在微控制器的内部，也被用于存储器的数据引脚。

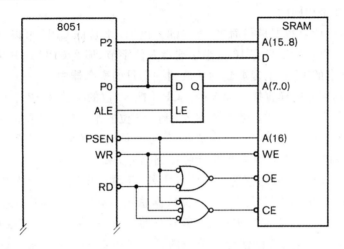

图 7.7　8051 微控制器和外部的指令/数据存储器之间的连接

当 8051 微控制器通过 P0 端口输出地址低字节时，地址锁存使能信号 ALE 有效。用一个 8 位锁存器，在剩下的存储器访问周期内，保持住这低 8 位地址。在读指令期间，程序存储使能信号 $\overline{PSEN}$ 有效（即变为逻辑低电平）。在其他时间，包括数据的存取期间，程序存储使能信号无效（即变为逻辑高电平）。

因此，可以直接利用信号 $\overline{PSEN}$ 作为地址的最高位，用它来区分外部存储器数据总线端口 D 上的信号究竟是指令还是数据。8051 在读取数据期间，$\overline{RD}$ 有效（即变为逻辑低电平），在写数据期间，$\overline{WR}$ 有效（即变为逻辑低电平）。用 $\overline{WR}$ 直接控制存储器写使能 $\overline{WE}$ 信号。然而，还需要少量的胶连逻辑来驱动芯片使能信号 $\overline{CE}$ 和输出使能信号 $\overline{OE}$。可以在一个很小的可编程阵列逻辑 PAL 元件中一起实现地址锁存器和少量的胶连逻辑。

可以存取 16 位、32 位或者 64 位数据的微控制器和处理器核通常需要位宽大于 8 位的数据存储器，即使地址的位宽只有 8 位，也是如此。这使得 CPU 可以在一次读/写操作中，就能得到完整的数据字。常用的方法是使数据存储器的宽度为一个字，组成字的字节地址也已有安排。图 7.8 展示了在宽 32 位的存储器中字节地址的安排。根据 CPU 是大头在前还是小头在前，确定位宽为 32 位的字的最高字节究竟是存放在字内的最低地址上还是放在最高地址上。大多数 32 位的 CPU 都保证 32 位数据字的存放地址总是 4 的整数倍。这样做可以使得对存储器中 32 位字的存取只需要一次读/写操作即可完成，而不必对存储器中的字分两次读/写操作才能完成。如果此时数据字的宽度为 64 位，分

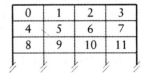

图 7.8　在宽度为 32 位的存储器中字内的字节安排

成两个相邻的32位字,那么就需分两次进行读/写操作,才能完成64位字的存取。同样,CPU确保16位半字的存储地址是2的整数倍,而且CPU确保64位双字的存储地址是8的整数倍,这样做的理由都是相同的。

从数据存储器中读取数据是很简单、直接的。例如,32位的CPU可以读取包含要求数据项的32位字。如果要求的项只有16位半字或者8位字节,那么CPU通常从相应的存储器数据信号中提取所要求的项,并把提取到的项放到一个目的寄存器中。

写一个32位的字是同样直接和简单的。CPU把32位的字放在32个存储器的数据信号总线上,然后存储器完成写操作。若需要写入一个16位的半字或者8位的字节,则比较麻烦,因为必须确保在写存储器的过程中,对应的32位存储单元中其他不需要写入的字节不会受到影响。CPU通常提供四个独立的写字节使能控制信号,来代替一个写32位字的使能控制信号,或者除了一个写32位字的总使能控制信号之外,还再提供四个写字节使能控制信号。当写8位字节的时候,CPU把字节值放到32位数据总线中对应存储器中该字节的8条数据信号线上,同时使相应的一个写字节使能控制信号有效。然后,存储器就完成写操作,在已确定地址的32位存储单元内,只有已使能字节的内容才能被这8条数据线上的信号值更新。同样,当写16位半字时,CPU把半字值放到32位数据总线中对应存储器半字的16条数据信号线上,同时使相应的两个写字节使能控制信号有效。然后,存储器就完成写操作,在已确定地址的32位存储单元内,只有已使能半字的内容才能被这16条数据线上的信号值更新。

例7.12 Xilinx MicroBlaze 32位微处理器核与一个32 K×32位的数据存储器连接,如图7.9所示。(图中AS表示"地址选通"信号,每次访问存储器时,AS信号有效。)请描述下面的5个存储器操作是如何进行的:
> 从地址00F00读取一个字;
> 从地址00F13读取一个字节;
> 写一个字到地址1E010;
> 写一个字节到地址1E016;
> 写一个半字到地址1E020。

解决方案 ① 从地址00F00读取一个字:该地址是4的倍数。Write_Strobe为0,所以4个SSRAM存储器元件都进行读操作,由Data_Read信号线提供32位的数据。

② 从地址00F13读取一个字节:该地址比4的倍数多3,所以读取的字节在字内部的偏移为3。Write_Strobe为0,所以4个SSRAM存储器元件都进行读操作,由Data_Read信号线提供32位的数据。而CPU只从Data_Read[24∶31]读取所需的字节。

③ 写一个字到地址1E010:该地址是4的倍数。Write_Strobe为1,所以4个SSRAM存储器元件都进行写操作,存储器从Data_Write信号线上得到32位的数据。

④ 写一个字节到地址1E016:该地址比4的倍数多2,所以想要写的字节在字内部的偏移为2。CPU在Data_Write[16∶23]上提供字节数据。Write_Strobe和Byte_Enable[2]为

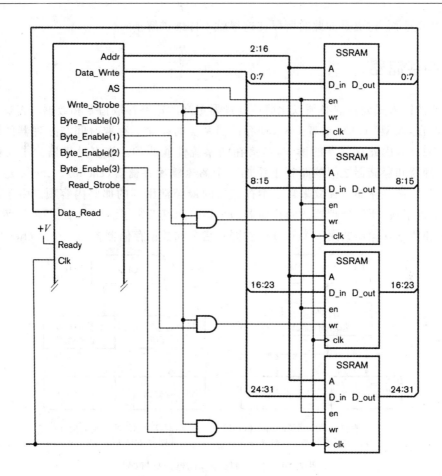

图 7.9 Xilinx MicroBlaze 处理器核与 32 位数据存储器的连接

1，其余的 Byte_Enable 为 0。被连接到 Data_Write[16：23]上的存储器元件执行写操作。其余的 SSRAM 存储器元件执行读操作，但是从 SSRAM 存储器读出的由 Data_Read[0：7]、Data_Read[8：15]和 Data_Read[24：31]提供的数据忽略不计。

⑤ 写一个半字到地址 1E020：该地址是 4 的倍数，所以想要写的半字在字内部的偏移为 0。CPU 在 Data_Write[0：15\]上提供半字数据。Write_Strobe、Byte_Enable[0]和 Byte_Enable[1]均为 1，其余的 Byte_Enable 为 0。被连接到 Data_Write[0：7]和 Data_Write[8：15]上的存储器元件执行写操作。其余的 SSRAM 存储器元件执行读操作，但是从 SSRAM 存储器读出的由 Data_Read[16：23]和 Data_Read[24：31]提供的数据忽略不计。

某些嵌入式系统需要使用数据存储量非常大的存储器。在这一类系统中，使用动态存储器（DRAM）比使用静态存储器（SRAM）更合适，因为 DRAM 的每一位数据的存储成本比较低廉。正如在 5.2.4 小节中曾提到的，控制 DRAM 相对比较复杂，特别对现代的高性能同步和 DDR DRAM 而言,更是如此。所以在这里就不详细讲解了。

高速缓冲存储器

高性能的嵌入式处理器必须以比简单处理器更高的速率存取指令和数据。对这种高性能的处理器而言,大型 SRAM 或者 DRAM 存储器系统的存储器存取时间与处理器的时钟周期比较是非常长的,因此存储器的读/写是潜在的系统性能瓶颈。许多处理器为了突破这个瓶颈,就在处理器和存储器之间的路径上添加一个高速缓冲存储器(cache)。cache 是一个小的高速的存储器,这个存储器存放来自于主存储器的最经常用到的那些内容项。由于那些内容项的存取变得很快,所以处理器访问存储器的平均时间就缩短了。图 7.10 展示了两种可能的组织:指令和数据存储器共用一个 cache(左图);指令和数据存储器各用一个 cache(右图)。

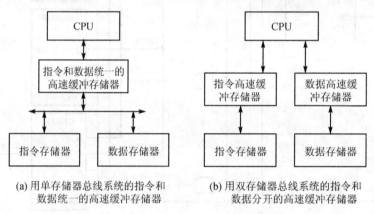

(a) 用单存储器总线系统的指令和数据统一的高速缓冲存储器

(b) 用双存储器总线系统的指令和数据分开的高速缓冲存储器

图 7.10 带高速缓冲存储器的处理器

cache 的操作是根据局部性原则(principle of locality)预测的。局部性原则涉及关于程序访问存储器时所观察到的两个重要现象。第一个现象是:小部分指令和数据的存储器访问操作却占据了给定时间间隔中绝大部分的存储器访问时间。第二个现象是:存储在最近被访问过的存储单元的相邻单元中的项(数据或者指令)下一次最有可能被访问到。为了利用这些观察到的规律,可以把主程序所占据的存储区分成几个固定大小的块,通常被称为行(lines),然后在某个时刻把整个行从主程序区拷贝到 cache 存储区中。当处理器请求访问给定的存储区时,cache 检查在高速缓冲存储区中是否已经包含有被请求数据或指令行的拷贝。如果 cache 存储区已经包含拷贝的行,则该 cache 存储区已经被击中(hit),被击中的存储区可以很快地响应处理器的请求。如果 cache 存储区中没包含拷贝的行,则该 cache 存储区没被击中(miss)。随后,该 cache 便从主程序区把包含请求项的行拷贝到 cache 存储区中。一旦 cache 中被拷贝的请求项可以使用了,处理器就能进行请求的访问。相邻的项被拷贝到该 cache 中的这个事实,意味着接下去的处理器请求很可能导致该 cache 的击中。随着系统操作的进行,越来越多的行被拷贝到该 cache 存储区中,这样就降低了没被击中的几率。当 cache 存储区已被拷贝行填满时,某些已拷贝的行必须被新进来的行所替代。理想情况下,该 cache 应该替换最近刚被用过的行。因为跟踪曾被用过的行的历史是很复杂的,大多数 cache 使用近似的方法来确定哪一行应该被替换。在稳定状态,cache 通常可以使处理器请求没被击中几率达到 1% 上下的数量级。因此从处理器的角度观察到的平均存取时间基本上等于 cache 存储区的存取时间。

对带 cache 存储区的系统而言,绝大多数对主存储器的存取是以整行为单位进行的,而不是以单独的存储单元为单位进行的。因为在主存储器操作期间,处理器一直处在等待状态,所以使得 cache 行的存取尽可能地快,对于缩短处理器的等待时间是很重要的。有许多高级的技术,可以用来提高数据的传输速率,即存储器带宽(memory bandwidth)。这些技术罗列如下:

- 宽存储器(Wide memory):用足够多的存储器芯片,使得整个 cache 行的存取可以一次完成。随后,该行可以在一个时钟周期内通过宽总线从存储器传送到 cache 存储器内,或者用几个时钟周期,通过窄总线传送。
- 突发传输(Burst transfer):CPU 发出想要访问的存储器内某行的第一个地址。随后,存储器执行从第一个地址开始的一系列连续地址的存取操作。这个技术节省了除第一个地址之外的其余地址的传送时间。
- 流水线(Pipelining):存储器系统被组织成流水线,所以存储器操作的不同阶段可以重叠。例如,流水线的阶段可以是地址传送,存储器存取,和把读取的数据返回到 CPU。因此存储器系统可以将三个存储器操作并行地进行,每个时钟周期就可以完成一个存储器的存取。
- 双数据率(Double data rate,DDR):数据既可以在时钟的上升沿也可以在时钟的下降沿传送,而不是只可以在时钟的上升沿才能传送数据。因此,跟本技术的名称含义一样,将数据传送的速率提高了一倍。

把这些技术和其他许多技术结合起来使用,可以组成有足够带宽的存储器系统,使得处理器和 cache 能以最小的等待时间操作。关于这个话题的详细讨论超出了本书的范围。本书 7.5 节列出的论述计算机组织和体系结构的参考书中讲述了这个话题。

知识测试问答

1. 何时我们可能会用到胶连逻辑把存储器和 CPU 连接在一起?
2. 在 8051 微控制器中,为什么数据信号和低 8 位地址信号复用同一组引脚?
3. 与 32 位 CPU 连接的数据存储器的位宽通常是多少位?
4. 为什么 32 位 CPU 为它的数据存储器提供 4 个独立的字节使能信号?
5. 在程序访问存储器时所观察到的哪两个现象定义了局部性原则?
6. 高速缓冲存储器(cache)被击中(hit)或者没被击中(miss),这二者的含义是什么?
7. 在 cache 没被击中期间,发生了什么?
8. 存储器带宽(memory bandwidth)的含义是什么?

7.4 本章总结

- 计算机系统通常包含一个中央处理单元(CPU)、指令和数据存储器、输入/输出(I/O)控制器,还有可能包括专用的加速器。这些部件通过一条或者多条总线互相连接在一起。
- 微处理器是一个单片的 CPU,它能够用于通用的计算机或者嵌入式计算机。微控制器是一个单片的计算机,其内部包含 CPU、存储器、I/O 控制器。数字信号处理器(DSP)是一个专门用来处理从已数字化信号来的数据流的 CPU。
- 在微控制器中的微处理器和 CPU 的规模可以从简单的 8 位款式到复杂的 32 位和 64 位款式,这里的款式指的是在一次操作中可以处理的数据的位宽。
- 能以预先已设计好的核和软核的形式来实现 CPU。
- CPU 的指令集是其指令系统,通常包括算术和逻辑指令、存储器和输入/输出指令、分支和跳转指令以及其他一些杂项指令。
- 小头在前(little endian)的 CPU 存储多字节数据时把低字节放在低地址上,高字节放在高地址上。而大头在前(big endian)的 CPU 存储多字节数据时,用相反的次序存储字节。
- 指令被编码成二进制数。但是在开发程序时,通常用汇编语言或者高级语言编写程序,然后用一个翻译工具(即汇编器或者编译器)将其翻译成为二进制编码的机器指令。
- 指令和数据存储器通常用存储器接口信号直接连接到 CPU。与 8 位、16 位和 32 位 CPU 配套的存储器的数据位宽通常分别是 8 位、16 位和 32 位。
- 用于高性能 CPU 的存储器能够用许多技术来改进存储器的带宽,这些技术包括突发传送、流水线和双数据速率(DDR)操作。

7.5 进一步阅读的参考资料

On Holy Wars and a Plea for Peace, Danny Cohen, Internet Engineering Note 137, 1980, available at http://www.rdrop.com/~cary/html/ endian faq.html.
这是最早采用"小头在前"和"大头在前"这两个术语来表示字节次序的一篇论文。

Computer Architecture: A Quantitative Approach, 4th Edition, John L. Hennessy and David A. Patterson, Morgan Kaufmann Publishers, 2007.
包括了高级存储器组织的讨论。本书也描述诸如 caches 之类的,可用于高性能 CPU 以减少存储器访问延迟的技术。

Computers as Components: *Principles of Embedded Computing System Design*, Wayne Wolf, Morgan Kaufmann Publishers, 2005.

是一本论述嵌入式系统设计的比较高级的参考书, 涵盖了 CPU 和 DSP 指令集、嵌入式系统平台和嵌入式软件设计。

Multiprocessor Systems-on-Chips, Ahmed Jerraya and Wayne Wolf, Morgan Kaufmann Publishers, 2004.

讲述包含多个处理器核的嵌入式系统的硬件、软件和设计方法学。

Engineering the Complex SOC: *Fast, Flexible Design with Configurable Processors*, Chris Rowen, Prentice Hall, 2004.

用 Tensilica 处理器作为例子, 讲述基于可扩展处理器的系统芯片 (SOC) 的设计方法。

ARM System-on-Chip Architecture, *2nd Edition*, Steve Furber, Addison-Wesley, 2000.

描述 ARM 指令集, 若干个 ARM 处理器核和一些用 ARM 核的嵌入式应用的例子。

Power Architecture Technology, IBM, http://www.ibm.com/developerworks/power.

描述 PowerPC 体系结构和处理器核的网络资源。

See MIPS Run, *2nd Edition*, Dominic Sweetman, Morgan Kaufmann Publishers, 2006.

描述 MIPS 体系结构、指令集和编程。

练习题

练习 7.1 假设某嵌入式系统内包含两个处理器核, 它们与 32 位宽的双端口存储器连接, 可用于两个处理器之间的数据分享。处理器 1 是"小头在前", 而处理器 2 是"大头在前"。请用十六进制数 1234(16 位) 和 12345678(32 位) 来说明为什么数据不能被两个处理器正确地分享。这个问题应该如何解决?

练习 7.2 请编写一段 Gumnut 处理器的指令, 计算表达式 $2(x+1)$ 的值, 假设 x 的值存放在寄存器 r2 中, 计算结果放到寄存器 r7 中。

练习 7.3 请编写一段 Gumnut 处理器的指令, 计算表达式 $3(x-1)$ 的值, 假设 x 的值存放在寄存器 r2 中, 计算结果放到寄存器 r7 中。

练习 7.4 请编写一段 Gumnut 处理器的指令, 将存放在寄存器 r1 中值的第 0 位和第 1 位清 0, 其他位保持不变, 把计算结果存放到寄存器 r2 中。

练习 7.5 请编写一段 Gumnut 处理器的指令, 将存放在寄存器 r4 中的值乘以 18, 不考虑乘积可能产生溢出。提示: $18=16+2=2^4+2^1$。

练习 7.6 请编写一段 Gumnut 处理器的指令, 将存放在寄存器 r3 中的值加 1, 然后模以 60。若结果是 0, 则将存放在寄存器 r4 中的值加 1, 然后模以 24。

练习 7.7 请编写一段 Gumnut 处理器的指令,测试存放在地址为 10 的存储器中的 8 位值是否等于 99。若等于 99,则地址为 11 的存储器中的值被设置为 1;否则地址为 11 的存储器中的值清 0。

练习 7.8 请编写一段 Gumnut 处理器的指令,测试存放在 r3 寄存器中的值是否等于 1,而且输入寄存器 r7 是否也等于 1。若是,则输出寄存器 r8 被设置为十六进制值 3C。

练习 7.9 请编写一段可在 Gumnut 处理器上运行的子程序,把存放在连续地址存储器中的值全都清 0。首地址由寄存器 r2 提供,地址个数由寄存器 r3 提供。并请编写调用该子程序的主程序,把从地址 196 开始的 10 个连续地址中的存储器的值全部清 0。

练习 7.10 请编写一段可在 Gumnut 处理器上运行的完整程序,该程序可以求出存放在存储器中一系列 8 位数的平均值,并把计算结果存放到存储器的某个地址中。先把这 8 个整数初始化为 2、4、6、…、16。用一个 16 位寄存器来存放求平均值时由加法得到的和值,再用移位指令实现除以 8 的计算。

练习 7.11 请编写一段可在 Gumnut 处理器上运行的完整程序,该程序可以监视存放在输入控制寄存器 r10 中的值。当该值从 0 变成非 0 时,该程序把一个 16 位的计数器递增 1,并把计数值写到输出控制寄存器 r12(低字节)和 r13(高字节)。该程序应永远不终止运行。

练习 7.12 用附录 D 中的信息,确定下列 Gumnut 指令的二进制编码:
a) sub r3, r1, r0   b) and r7, r7, 0x20   c) ror r1, r1, 3   d) ldm r4, (r3)+1
e) out r4, 10   f) bz +3   g) jsb 0x68

练习 7.13 下面列出的 18 位的十六进制数值分别表示哪个 Gumnut 处理器指令?
a) 009C0   b) 38227   c) 3353D   d) 24AFD   e) 3EA02
f) 3C580   g) 3F401

练习 7.14 请修改图 7.7 所示的设计,为该 8051 处理器提供独立的指令存储器和数据存储器:64 K×8 位的 ROM 用作指令存储器,64 K×8 位的异步 SRAM 用作数据存储器。ROM 除了不需要写使能信号$\overline{WE}$之外,其他控制信号线都与 SRAM 的相同。

练习 7.15 假设有某个高速缓冲存储器(cache),若被击中,可在 5 ns 内响应处理器的请求;否则存储器的存取时间还要在 5 ns 的击中响应时间上再加上 20 ns。若 cache 没有被击中的几率分别为 5%、2% 和 1% 时,请问从处理器核的角度观察,读取指令平均需要多少时间?

练习 7.16 假设某个指令宽度为 32 位的 CPU 具有 16 字节行的指令 cache。地址指向的是存储器中的字节。该指令 cache 启动时是空的。然后,按照下列的地址读取指令:0、4、8、92、96、100、4、8、12、16。对每次读取,请确定该指令 cache 是否被击中或者没被击中。假设在执行这段指令期间,没有任何行被替换。

第 8 章
接　口

第 7 章介绍了输入/输出(I/O)控制器的概念,该控制器把能感受真实世界物理特性并产生相应输出的设备与嵌入式计算机系统连接起来。本章将描述一系列用于嵌入式系统的设备,并展示它们是如何被嵌入式处理器和嵌入式软件访问的。

8.1 输入/输出设备

带嵌入式计算机的数字系统普遍地存在于我们的生活之中。我们与许多这样的数字系统直接互动。有些系统是我们用在各种活动(例如通信、娱乐和信息处理)中的工具。这些数字系统必须具有人机接口设备,以使我们能够对它们进行控制和操作,并接收它们的响应。另外一些数字系统,可以自主地操作或间接地接受我们的控制。这一类系统的例子包括:工业控制系统、遥感设备和电信基础设施。这些系统必须能把感受并影响物理世界状态的设备和相互之间能进行通信的设备与控制计算机和人机接口设备结合在一起。

数字系统通过传感器接收现实世界的物理信息。输入传感器(或转换器)可以感知某些物理属性,产生与该属性对应的电信号。若该属性本质上是一个连续信号,例如温度或压力,则传感器便能提供与该物理属性有对应关系的连续模拟信号。由于数字系统只能处理离散信息,因此需要一种称为 A/D 转换器的电路将模拟信号转换成数字编码的信号。有些输入传感器,可将接收到的连续信号直接转换成离散的数字信号。在 3.1.3 小节所描述的轴角传感器就是这样一个例子,它可以直接输出旋转角度的编码。

另一方面,输出变送器可以把电信号转换成物理效应。有些变送器可以把模拟电信号转换成本质上是连续变化的物理属性。例如,扬声器造成空气压力的连续变化,从而使我们可听到声音。如果在数字系统中使用这种变送器,需要一个数字/模拟转换电路,把编码的数字信号转换成模拟信号。有一些输出变送器可以直接使用数字信号。这种变送器通常只有一位数字信号,可使物理属性在两个值中选取一个。例如,这种变送器可以使机械部件在两个位置之间做切换(开/关)。这种从电信号到机械动作的转换器通常被称为执行器。

在本节的其余部分将描述一些可能会在嵌入式系统中遇到的输入和输出设备。然后,在下一节,将展示如何使用输入和输出控制器将这些设备连接到嵌入式计算机。

8.1.1 输入设备

许多数字系统中包含各种形式的由机械操作的开关作为输入设备。这些开关包括由人手操作的按键和拨子开关,以及由机械或其他物体的物理移动操作的微型开关。检测打印机中是否还有打印纸存在的微型开关就是后面那种开关的例子。在 4.4.1 小节中,讨论了如何将开关作为输入连接到数字系统的问题,并特别关注机械接触点多次来回弹跳以及如何处理的问题。

1. 按键和键盘

按钮开关也被用在键盘上,例如,电话、保安系统控制台、自动柜员机和其他应用场合都使用按键。原则上,正如我们先前所描述过的那样,可以把键盘上的每个按键开关作为一个独立的按钮开关,将其连接到数字系统。但是,这样做将需要大量的信号线和防止按键开关触点反跳的电路,尤其是对一个大型的键盘而言更是如此。更常见的方法是将这些按键开关安排成

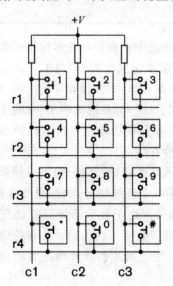

图 8.1 被安排成扫描矩阵的按键开关阵列

为一个矩阵(如图 8.1 所示),然后通过扫描该按键开关矩阵,找出连接的触点。当所有的按键开关都断开时,所有的列线(c1~c3)电平都被电阻拉高。当一个按键开关接通时,按键所在列线被连接到按键所在的行线(r1~r4)。通过将某一行线变为低电平,其余的行线仍为高,来扫描该按键矩阵,检查是否有任何一列线为低。比如,如果键 8 被按下,只有当 r3 为低电平时,c2 才能变为低电平。如果在给定行有多个按键在同一时间内被按下,当行线为低电平时,则所有相应的列线都将变为低电平。因此,可以用这种方法来确定哪个键已被按下,这与我们为每个按键开关使用单独的连接可以取得同样的效果。

这种办法提出了一个问题,即如何依次将行线变为低电平。我们可以用一个计数器,再加上一个可存储计数值和列线值的电路,使得嵌入式软件可以访问这个电路。然而,这需要将处理器与计数值的变化同步,以便使软件在合适的时刻读到这两个值。一个比较简单的解决方案

是提供两个寄存器,使得处理器可以将变低电平的行号写入其中一个寄存器,另一个寄存器用来记录处理器所读的列号,如图 8.2 所示(关于如何将这两个寄存器连接到该处理器的考虑见 8.2 节)。因为每个按键开关都是机械开关,按动时接触点会发生弹跳。因此,需要运用类似于为单个开关所设计的抗触点弹跳技术。运行于处理器的嵌入式软件需要反复扫描矩阵。当它检测到的某个按键被按下时,必须检查该按键是否接通了一段时间(例如 10 ms)。同样,当它检测到的某个按键被释放时,必须检查该按键是否释放了一段时间。扫描反复的次数必须足够多,以防止误读按键接触点的反跳,但扫描此时也不能太多,以免引入可察觉的按键反应延迟。

在使用小键盘的小规模数字系统中,检测按键触点反跳的工作量只占整体系统功能的一部分。我们尽可以放心地把键盘管理任务与主(或者唯一的)处理器程序合并。而在其他一些大系统中,将键盘管理任务以及其他可能的输入/输出任务交给次要的处理器来负责是比较合适的。这一想法合乎逻辑的延伸,可以用通用计算机键盘来说明。通用计算机键盘需要对 80~100 个按键组成的开关矩阵进行扫描。大多数键盘内嵌入了一个专用的处理器,其全部工作由检测按键压下、处理按键的连压(即前面按

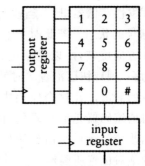

图 8.2 带输出寄存器(驱动行线)和输入寄存器(驱动列线)的按键阵列

的键尚未释放时,又按下新的键)以及将键盘信息传送给连接的计算机三部分构成。

2. 旋钮和位置编码器

在历史上,可旋转的旋钮通常被用于电子设备的用户界面,用户可通过旋钮的转动角度给设备提供具有连续性质的信息。音响设备的音量控制旋钮或灯具调光器的亮度控制旋钮是常见的例子。在模拟电子电路中,旋钮通常控制可变电阻器或电位器。随着数字系统的引入,旋钮的许多应用已经被开关所取代。例如,音响设备的音量控制已经改为由两个按钮控制,按动一个可增加音量,按动另一个则可减小音量。然而,这种形式的控制并不如旋钮直观(或容易使用)。因此,在多种应用场合中目前使用数字形式的旋钮。

正如我们曾在 3.1.3 小节中讨论过的那样,数字旋钮的输入方式之一是使用轴角编码器。这种方式的好处在于旋钮的绝对位置被作为输入提供给系统。但是,一种更简单的输入设备使用了一种增量式编码器,以确定方向和旋转的速度。若起始位置或绝对位置并不重要,则增量式编码器是一个很好的选择。增量式编码器,还可以被用在用户界面以外的应用,假如提供绝对位置并非必要,则可以用作旋转位置的输入。增量式编码器也可以用于旋转速度的输入。

增量式编码器的工作原理是产生两个相位相差 90°的方波信号,见图 8.3 上图的波形。这两个信号可以使用机电接触产生,或用带 LED 和光敏晶体管的光电编码盘产生,见图 8.3 中图和下图。当轴沿着逆时针方向旋转时,产生 A 和 B 两个输出信号,其中 A 信号领先 B 信号

相位 90°。当轴沿着顺时针方向旋转时,也产生 A 和 B 两个输出信号,但 A 信号落后 B 信号相位 90°。A 和 B 信号频率的高低变化,反映了轴旋转速度的改变。

使用与增量式编码器连接的旋钮的简单解决方案涉及检测其中一个信号的正跳变沿。假设当系统开始运行时,旋钮在一个特定的位置。用立体声音响设备的音量控制旋钮举例。在系统开始运行时,旋钮的位置是上次使用时最后设置的(这当然需要这个立体音响设备把音量设置存储在非挥发性存储器里)。当检测到 A 信号的正跳变沿时,检查 B 信号的状态。若此时 B 信号为低,则可知旋钮已沿着逆时针方向旋转,所以递减代表旋钮位置的储值;若此时 B 信号为高,则旋钮已沿着顺时针方向旋转,所以递增代表旋钮位置的储值。在这个应用中,使用增量式编码器而不使用绝对值编码器是有道理的,因为音量也可能受遥控器的控制而改变。音量是由旋钮位置的变化确定的,而不是由旋钮的绝对位置所确定。

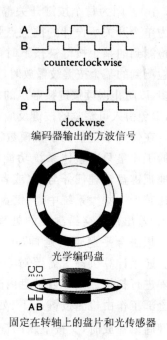

图 8.3 增量式编码器的工作原理

3. 模拟输入

感知连续物理量的传感器有很大的差别,但它们都依靠一些产生电信号的物理效应,电信号的大小取决于我们所关注物理量的大小。大多数传感器所产生的信号电平很小,必须加以放大,才能被转换成数字形式。传感器和传感器所依靠的效应包括:

> 话筒(即麦克风)。这是我们日常生活中最常见的传感器,在诸如电话、录音机及照相机等数字系统中都可以见到它们的存在。话筒有一片可在声压波的作用下发生振动的膜片。例如,在驻极体话筒中,话筒的膜片成为电容器的一个电极。电容的另外一个电极是固定的,在制造期间就嵌入了永久的电荷。在声音压力的作用下,膜片振动时,也就是电容的两个电极之间的距离发生着变化,于是在电容两极之间就产生了一个可检测到的随着声压的变化而变化的电压。把这个电压放大便形成模拟的输入信号。

> 测量加速度和减速度的加速度计。例如,用于汽车安全气囊控制器上的一种普通加速度计内安装有制造在硅芯片上的一个微小悬臂梁。悬臂梁和悬挂该梁的表面形成了电容器的两个电极。由于芯片的加速(或在安全气囊的应用中更重要的是减速),悬臂梁接近或远离表面,于是电容便发生相应的变化,该电容的变化被用于产生相应的模拟信号。

> 液体流量传感器。流量传感器有许多种类型,其测量原理各不相同。有一种类型的流量传感器使用温度敏感的电阻。两个匹配的电阻用电流自行加热。其中一个电阻器

被放置在液体流中,液体流可将该热敏电阻冷却,冷却的程度取决于流量。由于电阻值随温度而变化,可根据两个电阻之间的阻值差别推算出流量。根据检测到的电阻差值,可以得到一个模拟输入信号。其他形式的流量传感器可根据旋转的叶片、在文氏约束中感受的压力以及检测到的杂质超声回波的多普勒频移来推算流量。不同形式的传感器适合于不同的应用场合。

▶ 毒气检测传感器。毒气检测传感器也有许多种类型,其工作原理各不相同,适用于不同的场合。利用紫外光线对空气样本进行电离的光照电离探测器,就是一个例子。空气中的毒气离子被吸引在具有潜在电压差的两个电极板上。提供了一条电荷通路,使得电荷可以通过毒气离子在电极板之间放电。电荷通路中的电流强度取决于大气样本中毒气的浓度。将这个由传感器检测到的电流放大就可形成模拟输入信号。

4. A/D 转换器

我们以前曾提到过:来自于传感器的模拟输入信号必须转化为数字形式,才能用数字电路和嵌入式软件对它们进行处理。A/D 转换器(缩写为 ADC)的基本元件是一个比较器,见图 8.4,它只检测输入电压("+"端)是否高于或低于参考电压("-"端),并分别输出 1 或 0。

A/D 转换器中结构最简单的类型是闪烁型(Flash) ADC,(译者注:又称全并行 A/D 转换器。)说明如图 8.5 所示。具有 n 位输出的转换器由 2^n-1 个比较器构成。这些比较器将输入电压与来自于分压器的参考电压进行比较。对于给定的输入电压 $V_{in}=kV_f$,其中 V_f 是满刻度

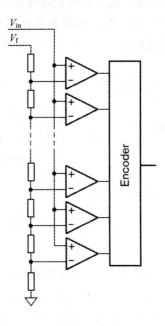

图 8.4 比较器的图形符号　　图 8.5 闪烁型 A/D 转换器

电压,而 k 是 0.0 和 1.0 之间的小数,当输入电压 V_{in} 输入到每个比较器的"＋"端后,立刻与每个比较器的"－"端的相应参考电压进行比较:若高于相应的参考电压,则输出为 1;若低于相应的参考电压,则输出为 0。所有比例为 k 的比较器输出为 1,其余的比较器输出为 0。(译者注:原文此处为"比例为 k 的比较器其参考电压大于 V_{in},因此输出为 1,其余的比较器其参考电压小于 V_{in},因此输出为 0。"译者认为作者此处说反了,并且讲解的方式不容易理解,所以部分内容译者根据自己的理解重新编写过。)然后把比较器的输出连接到编码器电路,便可以把比较器的输出转换成定点二进制格式的数字信号。闪烁型 A/D 转换器的优点是,能以非常快的速度将输入的模拟电压转换成数字信号。高速闪烁型 A/D 转换器每秒可以完成几千万到几亿个样本的转换,所以适合将高带宽信号转换成数字信号,如那些来自于高清晰度视频摄像机、无线电接收器、雷达等设备的模拟信号;不利因素是需要大量的比较器,因此在实际工作中只适用于位数较少的 A/D 转换器。普通闪烁型 A/D 转换器可产生 8 位的输出数据(我们说,这种类型的 A/D 转换器具有 8 位分辨率)对应于被转换信号的定点格式的精度。

对那些变化速度比较缓慢的信号,可以用一个逐次逼近的 A/D 转换器,如图 8.6 所示。在它的内部用 D/A 转换器(缩写为 DAC)在几个时钟周期时间内逐次逼近输入信号。为了说明逐次逼近的 A/D 转换器是如何工作的,先考虑一个产生 8 位输出的转换器。当起始信号 start 有效时,逐次逼近寄存器(英文缩写为 SAR)被初始化为二进制值 01111111。这个值被提供给 D/A 转换器,它产生第一个近似值,该模拟量刚好比满刻度的电压值的一半小一点。比较器将该模拟近似值与输入的模拟电压值进行比较。若输入电压较高,则比较器输出为 1,表明有一个更好的大于上述 D/A 转换器的模拟输出逼近值。若输入电压较低,则比较器输出为 0,表明有一个更好的小于上述 D/A 转换器的输出的模拟逼近值。

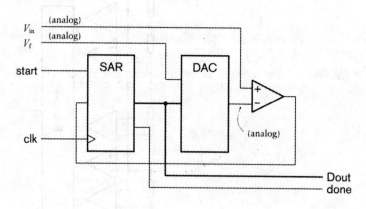

图 8.6 逐次逼近型的 A/D 转换器(对模拟信号做了标记,其余都是数字信号)

比较器的输出被存储在逐次逼近寄存器(SAR)的最高位,其余位被移到一个地方,这就给出了下一个逼近值 d_7 0111111,这个值根据 d_7 的不同可能是满刻度值的 1/4,也可能是满刻度值的 3/4。在下一个时钟周期内,下一个逼近值经由 D/A 转换器转换得到,然后与输入电压进行比较,产生下一个最高位,得到一个更精确一些的逼近结果值即 $d_7d_6011111$。这个过程连续重复了几个时钟周期,每个周期更加逼近一个位。当所有的位被确定后,SAR 便启动完成信号 done 的输出,表明已经可以读出完整的转换结果。

逐次逼近型的 A/D 转换器与闪烁型 A/D 转换器相比,其优点在于所需要的模拟元件显著地减少,只需要一个比较器和一个 D/A 转换器即可。这些元件的精确度可以制造得非常高。例如,通常可以得到分辨率为 12 位的逐次逼近型 A/D 转换器。逐次逼近型 A/D 转换器的缺点在于,需要更多的时间对模拟值进行转换。若对输入信号变化大于 A/D 转换器的分辨率,而 A/D 转换器所用的原理是逐次逼近的,则需要对输入信号进行采样和保持。为此,在电路中需要增加一个电容器,在很短的采样区间内对电容器充电,在逐次逼近的转换期间维持电容器电压不变。逐次逼近的 A/D 转换器的另一个缺点在于,实现起来需要大量数字电路。不过,这项功能可以在嵌入式处理器上实现,需要的只是一个输出寄存器,来驱动 D/A 转换器,还需要从比较器来的一个输入位。顺序逐次逼近的转换过程可以变成嵌入式软件的一部分。

除了闪烁型和逐次逼近型 A/D 转换器以外,还有其他形式的 A/D 转换器,每种类型的 A/D 转换器都有其自身的优点和缺点。在选择 A/D 转换器类型的时候,必须根据具体应用所需要的分辨率、转换速度以及其他因素等指标来决策。在实际工作中,为了确保能正确地将模拟信号转换成数字形式,往往需要将输入的模拟信号过滤。关于这些内容的考虑超出了本书的范围。有关这一方面的更多详细资料可以在 10.7 节中列出的讲述数字信号处理的参考书上找到。

8.1.2 输出设备

最常见的输出设备是显示"通/断"或"真/假"信息的指示灯。举例说明如下:指标灯可显示某个模式或操作是否有效,系统是否忙碌,故障是否发生。指示灯的最简单形式是一个发光二极管(LED)。这是成本低、可靠性高、用数字电路容易驱动的输出设备,如图 8.7 所示。当从驱动输出的电压低电平时,电流流过 LED,使其发光。电阻可以限制电流,以避免输出驱动器或 LED 过载。选择电阻值可以用来确定电流的大小,以控制 LED 的亮度。当驱动器的输出是高电平(即接近电源电压)时,LED 两端的电压降低于其阈值电压,所以没有电流流过 LED,因此,不能点亮 LED。也可以换一种说法:将 LED 和电阻连接至地面,允许输出高电压把 LED 点亮;而将 LED 和电阻连接至电源电压,则允许输出低电压将 LED 熄灭。然而,设计用来驱动 TTL 逻辑电平的输出电路,在输出低电平时,能很好地吸收流经 LED 由电源供应的电流;而输出高电平时,并不需要驱动器供应电流。因此,如图 8.7 所示的电路是较常见的连接 LED 的电路。

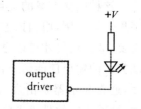

图 8.7 用于 LED 指示灯的输出电路

例 8.1 确定将 LED 连接到 3.3 V 电源的上拉电阻值。当流过发光二极管的正向电流为 2 mA,管压降为 1.9 V 时,该 LED 能发出足够强的亮光。

解决方案 假设输出驱动器的低电压接近 0 V,电阻两端的压降必须为 3.3 V−1.9 V= 1.4 V。用欧姆定律可以推出,若需要产生 2 mA 的电流,则电阻应是 1.4 V/(0.002 A)= 700 Ω,所以选用最接近的标准电阻值 680 Ω。

1. 显 示

在 2.3.1 小节中曾经介绍过七段显示器,并展示了如何将一个二进制编码的十进制数译码(BCD)来驱动七段显示器。在许多应用中,有几种不同的数字显示方式。例如,闹钟一般用 4 个数字来表示时间(小时和分钟分别用 2 个数字表示)。虽然我们可以为单个数字建立解码和驱动电路,但这样做将需要很多输出驱动电路、封装引脚和互联的信号线。为了降低电路成本,通常将显示同一个数字的若干个 LED 的阳极或阴极连接在一起,然后扫描数字。在这种场合,将显示每个数字的 8 个 LED 的正极连在一起,如图 8.8 所示。除上述七段显示数字的 LED 以外,还有一个显示小数点(DP)的 LED。四位数字的输出连接,如图 8.9 所示。当 $\overline{A0} \sim \overline{A3}$ 变为低电平时,4 个晶体三极管分别导通,每个晶体三极管控制一个数字,所以 4 个数字都可以显示。通常这 4 个晶体三极管会被安置在集成电路的外部,因为集成电路不能产生足够多的电流来直接驱动多达 8 个的 LED。

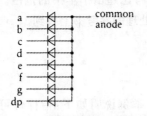

图 8.8 共阳极七段数字显示器中 LED 段的连接

为了一起显示 4 个数字,可以将 $\overline{A0} \sim \overline{A3}$ 轮流变为低电平。当 $\overline{A0}$ 为低时,显示最低位数字,此时将表示最低位数字的信号 $\overline{a} \sim \overline{g}$ 和 $\overline{dp}$ 驱动,有的信号为高电平,有的为低电平,分别表示不同的数字。当 $\overline{A1}$ 为低电平时,显示下一位的数字,此时将表示下一位的信号 $\overline{a} \sim \overline{g}$ 和 $\overline{dp}$ 驱动,依次类推。当最高位显示完毕后,扫描循环又回最低位数字。如果显示循环的速度足够快,由于每个数位可以有 25% 的点亮时间,而我们的眼睛又可以把这种闪烁变得平滑,所以感觉 4 个数字位都显示出来了。

这种扫描方案的优点在于,数字的每一段的每个脉冲只需要一条信号线。以驱动四位数字显示器为例,用扫描方案只需要 12 条信号线即可完成任务,而用单个数字分别驱动方案,则需要 32 条信号才可以显示四位数字。根据不同的应用,可以用计数器或移位寄存器来轮流驱动数位的输出使能信号,再用一个 8 宽的多路选择器轮流选取显示的输出数字段信号。然而,通常显示器是由嵌入式处理器控制。在这种情况下,只需为数位和段输出提供输出寄存器,让嵌入式软件管理输出的顺序即可。

例 8.2 为如图 8.9 所示的可显示四位数字的七段显示器编写多路选择器和解码器的 Verilog 模型。该电路有 4 个二进制表示的十进制(BCD)输入。只有最左侧数位的小数点亮,而其余数位的小数点都不亮。系统时钟频率为 10 MHz。

解决方案 表示该电路的模块有输入端口和输出端口,输入端口为 clock(时钟)、reset(复

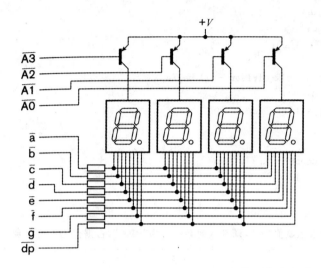

图 8.9 4 个七段数字显示器的连接

位),输出端口为 BCD 码数码段输出和 LED 正极输出。数码的第 7 段输出驱动小数点部分,第 6～0 段输出分别驱动信号线 g～a。所有输出信号都使用低电平有效逻辑。该电路必须包括一个多路选择器,轮流地选取每一个数位的 BCD 码。在对该 BCD 数字解码驱动七段显示器阴极的同一时刻,使该数位显示器的阳极有效(即与电源连接)。既然可依靠视力的惯性来避免感觉到闪烁,所以需要对这些数字显示器反复地进行扫描,循环频率必须足够才能避免闪烁,50 Hz 频率可以避免闪烁,因此是可接受的。我们可以通过将 10 MHz 时钟分频到 200 Hz,启动一个二位的计数器来选择数位。实现该设计的模块见下面所列出的 Verilog 代码:

```
//-----------------------------------------------------
module display_mux ( output reg [3:0] anode_n,
                     output     [7:0] segment_n,
                     input      [3:0] bcd0, bcd1, bcd2, bcd3,
                     input            clk, reset );

parameter clk_freq       = 10000000;
parameter scan_clk_freq  = 200;
parameter clk_divisor    = clk_freq / scan_clk_freq;
reg       scan_clk;
reg [1:0] digit_sel;
reg [3:0] bcd;
reg [7:0] segment;

integer count;
// 将主时钟分频得到扫描时钟
always @(posedge clk)
```

```verilog
    if (reset) begin
        count <= 0;①
        scan_clk <= 1'b0;
    end
    else if (count == clk_divisor - 1) begin
        count <= 0;①
        scan_clk <= 1'b1;
    end
    else begin
        count <= count + 1;①
        scan_clk <= 1'b0;
    end
```
//--
// ①原文此句为阻塞赋值"=",译者认为必须改为"<=",否则代码不可综合。
//--

```verilog
//每个扫描周期递增数字计数器
always @(posedge clk)
    if       (reset)        digit_sel <= 2'b00;
    else if (scan_clk)      digit_sel <= digit_sel + 1;

// 选择BCD数字的多路选择器
always @*
    case (digit_sel)
        2'b00: bcd = bcd0;
        2'b01: bcd = bcd1;
        2'b10: bcd = bcd2;
        2'b11: bcd = bcd3;
    endcase

// 使数字显示器的阳极有效
always @*
    case (digit_sel)
        2'b00: anode_n = 4'b1110;
        2'b01: anode_n = 4'b1101;
        2'b10: anode_n = 4'b1011;
        2'b11: anode_n = 4'b0111;
    endcase

// 选定数字的七段译码器
always @*
    case (bcd)
        4'b0000: segment[6:0] = 7'b0111111; //0
        4'b0001: segment[6:0] = 7'b0000110; //1
        4'b0010: segment[6:0] = 7'b1011011; //2
```

```
            4'b0011:segment[6:0] = 7'b1001111;  //3
            4'b0100:segment[6:0] = 7'b1100110;  //4
            4'b0101:segment[6:0] = 7'b1101101;  //5
            4'b0110:segment[6:0] = 7'b1111101;  //6
            4'b0111:segment[6:0] = 7'b0000111;  //7
            4'b1000:segment[6:0] = 7'b1111111;  //8
            4'b1001:segment[6:0] = 7'b1101111;  //9
            default:segment[6:0] = 7'b1000000;  // " - "
        endcase
    // 只有十进制数位的最高位的小数点被点亮
    always @* segment[7] = digit_sel == 2'b11;
    // 段输出是负逻辑
    assign segment_n = ~segment;

endmodule
//------------------------------------------
```

第一个 always 块是时钟分频器,产生用于选择数字位的 200 Hz 时钟。它将变量 scan_clk 设置为 1,以生成一个频率为 200 Hz 的主时钟。第二个 always 块实现了一个二位计数器,每个扫描时钟 scan_clk 周期,变量 digit_sel 递增 1。下面两个 always 块使用 digit_sel 信号选择 BCD 数字,并启动显示器相应数位的阳极。其余的 always 块和赋值语句将选定的数字解码,驱动显示器的数字段阴极。

有些系统使用液晶显示器(LCD),LCD 可替代 LED。LCD 的每个小段都是由位于两个光学极化滤光器之间的液晶材料组成。液晶能对入射的光线进行极化,且这种极化取决于极化的角度,以允许滤光器让光线通过或阻挡其通过。通过在液晶小段的前面和后面的电极施加电压,液晶可以被强制扭曲或恢复常态,从而改变了其极化的轴心。

通过改变电压,可以使组成液晶的小段变成透明的或不透明的。因此,液晶需要有可见光环境才能被看见。在光线较暗的条件下,必须有背光,这是 LCD 的一个主要缺点。其他缺点包括:机械强度不够,比较脆弱,正常运行的温度范围较小。但 LCD 显示器相比于 LED 有几个明显的优点,即在明亮环境光条件下的可读性好,具有非常低的功耗,很容易根据用户要求的形状制造相应的显示器。

七段显示器对那些只需要显示少量数字信息的应用程序是很有用的。然而,复杂的应用,往往需要显示字母、数字或图形信息,因此需要利用液晶面板作为显示器。这一类面板有从小型的只显示几个文本字符的面板,一直到可显示很大的文本或多达 320×240 点像素图像的大型面板。除了面板的大小之外,系统通常使用与普通 PC 机同一类型的显示面板。由于 PC 机显示面板的输出涉及的内容远比基于段的简单显示面板要多,所以必须具有更复杂的控制机制。我们将在 8.2 节继续探讨显示面板的控制问题。

2. 机电执行器和阀门

能产生机械性效应且形式最为简单的机电执行器之一是电磁线圈,如图 8.10 所示。当没有电流流经该电磁线圈时,弹簧将电磁铁弹离电磁线圈。当电流流过电磁线圈时,电磁线圈成为电磁铁,电磁力克服弹簧的弹力将电磁铁吸入线圈。在数字系统中,可以用由数字输出信号驱动的晶体管来控制电磁线圈中的电流,如图 8.11 所示。在该电路中电磁线圈必须并连一个二极管来吸收感性负载电流被突然切断时,电感两端所出现的尖峰电压脉冲。

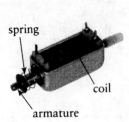
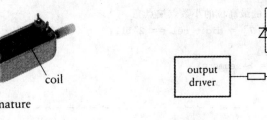

图 8.10　电磁线圈执行机构　　图 8.11　由数字输出控制的电磁线圈

由电磁线圈产生的直接机械效应是电磁铁的直线位移。可以添加一些杠杆等机械零件将这个效应应用于许多场合,使我们可以控制多种机械系统的操作。因此由数字控制的电磁线圈被广泛地应用于制造业和其他工业。

基于电磁铁的重要设备有两大类,第一类是电磁阀。可以把电磁铁与阀门的机械部件连接起来,电磁铁的移动可以打开或关闭阀门,从而调节流体或气体的流量。这为我们提供了控制化学反应过程和基于液体或气体的其他反应过程的手段。更重要的是电磁液压阀(可控制液压油的流量)和气动电磁阀(控制压缩空气的流量),它们可以被间接地用来控制液压或气动机械的动作。这一类机器可以产生远比电动机械更大的力量。所以电磁阀是将小功率的数字电子控制信号转变成大功率的机械动作的重要部件。

基于电磁铁的第二大类设备是继电器。在这些设备中,电磁铁与一套电触点连接在一起,于是可以用数字信号控制继电器的操作,接通或断开外部电路。使用继电器有两个方面的理由。第一,需要操作的外部电路的电压和电流超过数字电路允许的范围。例如,家庭自动化系统通常需要使用继电器来启动主电源为空调设备供电。第二,继电器可以为控制电路和被控制电路之间提供电气隔离。被控制的电路往往有很大的工作电流,因而需要使用独立的地线,这一点非常重要,否则数字控制等弱电信号会受到感应噪声的显著影响。

3. 电动机

电磁铁可以操纵机械在两个方向的位移。在许多应用中需要机械以不同的速度向各个方位运动。针对这些应用,可以应用各种电动机,包括步进电机及伺服电机。这两种电动机都可以用来驱动轴的旋转以控制位置或速度。可以用齿轮、螺杆和类似的机械部件将轴的旋转运动转换成线性运动。

步进电机是可以用数字系统控制的两种电机中比较简单的那一种。步进电机简化的工作原理如图 8.12 所示。步进电机的转子由安装于电机轴的永磁转子组成，围绕着转子的是由若干个线圈组成的定子，当电流流经定子中的某个线圈时，该线圈就形成电磁极点。图 8.12 表明，按照顺序控制流经线圈的电流，转子就被吸引到下一个角度的位置，转子就这样一步一步地绕着圆周旋转。只要来自于负载的反扭矩不是特别大，定子的电磁吸力便可将转子吸引到位。对流经定子线圈电流的顺序、方向和大小加以控制，就可以调节步进电机的旋转方向和速率。

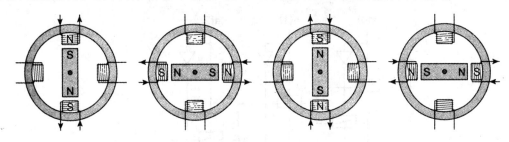

图 8.12　步进电机的工作原理

实用的步进电机，其定子由更多的电磁极组成，因此步进电机才能有更精细的角度分辨能力。线圈连接的安排也有不同，以允许更精细的步进控制。在实际应用中，流经线圈电流的开关是由数字电路的输出控制的晶体管操作的，而且电流的流动方向也可以由数字电路控制。由于步进电机可以由电流的通/断开关进行操作，所以步进电机适用于数字控制。

伺服电机与步进电机不同，它可以连续地旋转。伺服电机本身可以是一个简单的直流电动机，但对电机所施加的外部电压决定了该电机的转速，且外部电压的极性决定了电机的旋转方向。电机的"伺服"功能涉及到使用反馈，以控制电机的位置或转速。如果对控制位置感兴趣，可以在电机的轴上安装位置传感器。然后，用伺服控制器电路对实际测到的位置和想要到达的位置进行比较，由此为该伺服电机产生驱动电压，该电压的大小取决于位置的偏差。如果对控制速度感兴趣，可以在转轴上安装转速传感器，再次用比较电路对实际转速和想要的转速进行比较，产生电机的驱动电压。在这两种场合，都可以用数字电路或嵌入式处理器作为伺服控制器。我们需要用 D/A 转换器来产生电机的驱动电压。可以利用各种不同的位置传感器或转速传感器，其中包括曾在 3.1.3 小节和 8.1.1 小节中讨论过的位置编码器。

实际的伺服控制涉及相当复杂的计算方法，因为需要对电机、变速箱和其他机械部件的非理想特性进行补偿，并处理系统机械负载的影响。本书将不讨论这些影响的任何细节。

4．D/A 转换器

D/A 转换器与 A/D 转换器正好相反。D/A 转换器可把一个二进制编码的数字转换成与该数字成正比的模拟电压量。可以利用该电压来控制诸如前面所述的伺服电机、扬声器等模拟输出设备。

D/A 转换器最简单的形式之一是电阻串分压型 D/A 转换器(R-string DAC),如图 8.13 所示。类似于闪烁型 A/D 转换器,电阻串分压型 D/A 转换器也包含一个由精密电阻器组成的分压器。二进制编码的数字输入被用来驱动由模拟开关组成的多路选择器,以选择对应于编码数值的电压。选定的电压被放入缓冲器,使用单位增益模拟放大器驱动最后的输出电压。这种形式的 D/A 转换器对于位数较少的输入数据工作良好,因为有可能找到匹配的电阻,以达到良好的线性转换关系。但是对于位数很多的输入数据,所需要的电阻器个数和开关个数与输入数据的位数成指数关系。因此,这个方案对超过 8~10 个输入位的 D/A 转换器变得不切实际。

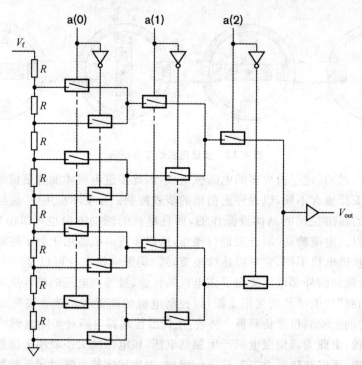

图 8.13　电阻串分压型 D/A 转换器原理

另一个数/模转换方案基于电阻网络电流的求和。这种解决方案的说明如图 8.14 所示,有时这种方案也被称为 $R/2R$ 梯形网络型 D/A 转换器。若输入位是 1,则由该输入位控制的开关把电阻 $2R$ 与基准电压 V_f 连接;若输入位为 0 则电阻 $2R$ 与地面连接。虽然对 $R/2R$ 梯形网络型 D/A 转换器的分析超出了本书讲解的范围,但我们还是能够看到,当输入位为 1 时,开关与电阻 $2R$ 连接,流入运算放大器输入节点的电流是有二进制权重的。若这些开关与地连接(输入位为 0),则没有电流流入运算放大器的输入节点。流入运算放大器电流的叠加(即总电流)是与输入的二进制编码成正比例关系的。因此为了维持运算放大器输入端的虚拟地电平,该运算放大器的输出电压是与输入的二进制编码成比例关系的。

正如 A/D 转换器有多种各有优缺点的类型一样，D/A 转换器有也有类似的各种类型。可以为某特定场合的应用选择一款合适的转换器，以满足其特定的成本、性能和其他约束条件。更多细节可以在论述数字信号处理的书籍中找到，请参阅 10.7 节列出的参考书目。

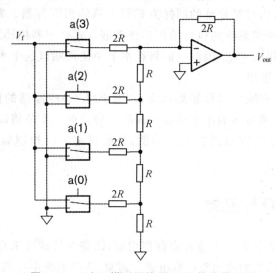

图 8.14　$R/2R$ 梯形网络型 D/A 转换器原理

知识测试问答

1. 传感器是什么？什么是执行机构？
2. 为什么数字系统需要 D/A 转换器？
3. 在如图 8.1 所示的由 6 个按键组成的键盘中，如何分辨哪一个按键已被按下？
4. 在如图 8.3 所示的增量式编码器中，假设在 B 为 1 期间，A 从 0 变为 1，请问转轴正在向哪个方向旋转？
5. 在分辨率为 8 位的闪烁型 A/D 转换器中需要多少个比较电路？
6. 如何才能减少由七段 LED 组成的可显示多个数码的显示屏所需的连接线？
7. 电磁线圈和继电器之间有什么区别？
8. 识别可以用数字系统控制的两种电机。
9. 若某个应用场合需要 12 位的 D/A 转换器，那么究竟是选择电阻串分压型 D/A 转换器还是选择 $R/2R$ 梯形网络型 D/A 转换器呢？为什么？

8.2　I/O 控制器

有了传感器、A/D 转换器和 D/A 转换器，就可以构建数字系统。在这个数字系统中包括了能把已转换成数字的输入信息加工处理，产生输出信息的集成电路。然而，对于嵌入式计算机而言，为了利用输入信息，还需要有一些组件，以便嵌入式软件能够从中读取输入信息，写入输出信息。为了处理输入信息，还必须提供输入寄存器，以便放置数字化的输入信息，并能以处理器读取内存某地址的同样方式读取输入寄存器。为了处理输出信息，还需要提供输出寄存器，以便处理器以写入内存某地址的同样方式写入该输出寄存器。寄存器输出的数字信号被连接到输出变送器转换成系统的执行动作。许多嵌入式处理器把输入和输出寄存器视作其端口。既然这是一条常用的术语，因此我们将在本书中使用端口这个术语，但必须注意避免与Verilog模块的端口发生混淆。

在实际工作中，输入和输出寄存器都是输入/输出（I/O）控制器的部件。I/O控制器在软件的控制下，管理输入传感器和输出变送器方面的处理任务。本节将以一些简单的，只包括传输数据必需的输入和输出寄存器的控制器为例，开始讨论 I/O 控制器。以后，将进一步考虑更高级的控制器。

8.2.1 简单的 I/O 控制器

形式最简单的控制器仅由一个输入寄存器组成，该寄存器捕获来自于输入设备的数据，或者仅由一个为设备提供数据的输出寄存器组成。通常，数字系统中有若干个输入/输出寄存器，所以需要选择从哪一个寄存器读取，或写入哪一个寄存器。这个任务类似于选择想要访问的存储器位置，因此可以用同样的方式来解决这个问题，换言之，给每个寄存器提供一个地址。当嵌入式处理器需要访问某个输入或输出寄存器时，先由 I/O 控制器提供寄存器的地址。通过对地址进行译码，可以选择想要访问的寄存器，通过使能控制信号，只允许从该寄存器读取或写入。

正如在第 7 章所提到的那样，有些处理器使用内存映射的 I/O，换言之，这种处理器把输入/输出寄存器的地址与内存地址统一管理，在访问内存位置和输入/输出寄存器时，使用相同的加载指令和存储指令。可以利用与处理器连接的地址译码电路来识别究竟是正在访问内存呢，还是正在访问 I/O 寄存器，并为内存芯片或访问的寄存器提供使能信号。其他处理器，例如在第 7 章描述的 Gumnut 处理器，内存和 I/O 寄存器具有各自独立的地址空间，具有特定的指令对 I/O 寄存器进行读取和写入。这些特定指令提供了不同的控制信号，可以把存储器访问和 I/O 寄存器访问区分开。

例 8.3 下面的 Verilog 模块定义了由 Gumnut 处理器核提供的连接 I/O 寄存器的信号说明。

```
module gumnut ( input     clk_i,
                input     rst_i,
                ⋮
                output    port_cyc_o,
                output    port_stb_o,
```

```
            output       port_we_o,
            input        port_ack_i,
            output [7:0] port_adr_o,
            output [7:0] port_dat_o,
            input  [7:0] port_dat_i,
                   ⋮  );
endmodule
```

模块的输出 port_adr_o 是端口地址，port_dat_o 是由输出指令(out)写入的数据，port_dat_i 是由读取指令(inp)读取的数据，port_cyc_o 和 port_stb_o 表明端口的读取或写入的操作将要执行，port_we_o 表明该操作是写入，port_ack_i 表明选定的端口已准备好，并已确认读取或写入操作已经完成。

开发一个如图 8.2 所示的键盘矩阵控制器，展示如何将控制器连接到 Gumnut 处理器核。使用的输出端口地址 4 为矩阵行输出寄存器，输入端口地址 4 为矩阵列输入寄存器。

解决方案　控制器的左侧连接到 Gumnut 处理器核的 I/O 信号，控制器的右侧连接到键盘矩阵的行和列信号，如图 8.15 所示。我们从 Gumnut 处理器核对端口地址进行译码得到控制器外部的选通控制信号 stb_i。

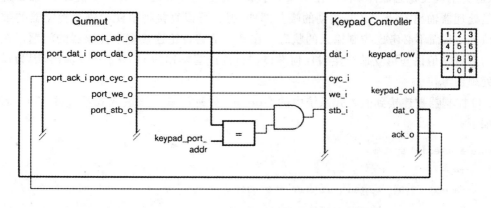

图 8.15　Gumnut 处理器核与键盘控制器之间的连接

控制器的 Verilog 模块定义如下：

```
module keypad_controller ( input            clk_i,
                           input            cyc_i,
                           input            stb_i,
                           input            we_i,
                           output           ack_o,
                           input      [7:0] dat_i,
```

```verilog
                        output reg [7:0]     dat_o,
                        output reg [3:0]     keypad_row,
                        input     [2:0]      keypad_col );

    reg [2:0] col_synch;
    always @(posedge clk_i)       // 行寄存器
        if (cyc_i && stb_i && we_i) keypad_row <= dat_i[3:0];
    always @(posedge clk_i) begin // 列同步器
        dat_o       <= {5'b0, col_synch};
        col_synch   <= keypad_col;
    end

    assign ack_o = cyc_i && stb_i;

endmodule
```

第一个 always 块表示键盘行输出寄存器,存储驱动键盘行的输出值。第二个 always 块表示键盘列输入寄存器。由于按键开关在任何时候都有可能改变,我们需要把输入与时钟同步,以避免出现亚稳态故障(曾经在 4.4.1 小节讨论过这个问题)。在这个设计中,假设键盘控制器是处理器输出 port_dat_o 驱动的唯一部件,因此可以直接把值赋给键盘控制器的数据输入端口 dat_i,而不必考虑控制输入的状态。在 8.3 节将讨论连接多个控制器的问题。在结构体内的最后赋值语句可立即产生对任何端口进行读或写操作的 port_ack_o 输出,因为没有必要使处理器等待。

I/O 控制器被连接到嵌入式系统中的 Gumnut 处理器核。该嵌入式系统的 Verilog 模块概要如下:

```verilog
module embedded_system;
    wire ...
    parameter [7:0] keypad_port_addr = 8'h04;
    wire            keypad_stb_o;
    gumnut processor_core
        (.clk_i(clk), .rst_i(rst), ...,
         .port_cyc_o(port_cyc_o),       .port_stb_o(port_stb_o),
         .port_we_o(port_we_o),         .port_ack_i(port_ack_i),
         .port_adr_o(port_adr_o),       .port_dat_o(port_dat_o),
         .port_dat_i(port_dat_i), ...);

    assign keypad_stb_o = port_adr_o
                          == keypad_port_addr & port_stb_o;
```

```
keypad_controller keypad
    (.clk_i(clk),
     .cyc_i(port_cyc_o), .stb_i(keypad_stb_o),
     .we_i(port_we_o), .ack_o(port_ack_i),
     .dat_i(port_dat_o), .dat_o(port_dat_i),
     .keypad_row(keypad_row), .keypad_col(keypad_col) );

endmodule
```

将 Gumnut 处理器的 I/O 端口地址与分配给键盘控制器寄存器的值进行比较,得到键盘控制器的选通信号值,把该值赋予选通信号线网 keypad_stb_o。数据的输入和输出信号和其他控制信号在处理器核和键盘控制器之间直接连接。

虽然简单的 I/O 控制器只有暂存输入和输出数据的寄存器,但是功能更多一些的 I/O 控制器还需要若干个寄存器,以便允许嵌入式处理器来管理 I/O 控制器的操作。这一类寄存器包括控制寄存器和状态寄存器。处理器可以把参数写入控制寄存器来管理传感器/变送器的操作方式;处理器也可以读取状态控制器的状态。在 I/O 控制器中通常需要可控制操作顺序的寄存器,因为必须把 I/O 控制器的操作与嵌入式软件的运行同步。因此,需要把只用于输入设备的可读寄存器和只用于输出设备的可写寄存器组合起来。

例 8.4 在 8.1.1 小节介绍了逐次逼近的 A/D 转换器。由 A/D 转换器产生的二进制编码值表示了输入模拟量的大小(用占满刻度参考电压 V_f 的比例表示)。我们还提到,在转换过程中若输入的模拟电压有可能发生改变,则需要使用采样保持电路。请为该逐次逼近的 A/D 转换器设计一个可以与 Gumnut 处理器核连接的控制器。该控制器有一个控制寄存器,寄存器的内容可以控制 A/D 转换的操作。位 0(D0)和位 1(D1)可以用来在 4 种电压中选取一种作为满刻度参考电压。

当把 1 写入位 2(D2)时,输入的模拟电压 V_{in} 保持并开始进行转换;当把 0 写入位 2 时,则模拟电压暂停输入。该控制器还有一个状态寄存器和一个输入数据寄存器。当转换完成时,状态寄存器的位 0 变为 1,否则仍旧为 0。该状态寄存器其他位均为 0。输入数据寄存器可以保存转换后的数据。

解决方案 控制器电路如图 8.16 所示。控制寄存器启用时,在端口写操作期间,当端口地址的最低位为 1 时,控制寄存器随即被使能。不对端口多余的地址位进行译码。寄存器的位 0 和位 1 用于控制模拟开关的通断,在 4 个电压($V_f\_0 \sim V_f\_3$)之中选择一个作为 A/D 转换器的参考电压。该寄存器的位 2 控制采样保持元件,并发出 A/D 转换器的启动信号。端口地址的最低位还被用来在 A/D 转换器的数据值和 A/D 转换器已完成状态信号之间做选择。因此,当处理器执行地址为 0 的端口读时,处理器读取的是 A/D 转换后所得到的数据;当它执行地址为 1 的端口读时,处理器读取的是转换已完成的状态。

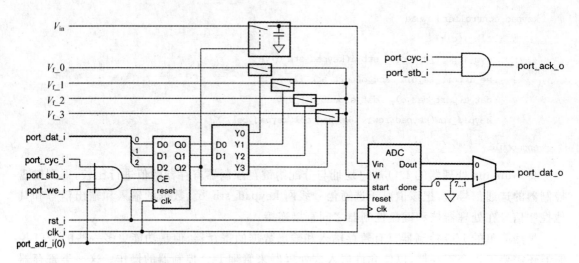

图 8.16 逐次连续逼近 A/D 转换器控制器的原理电路

8.2.2 自主管理的 I/O 控制器

前面章节中介绍过的简单 I/O 控制器，通常只涉及无顺序的操作，或只有响应处理器访问的一些简单顺序。而复杂的 I/O 控制器，能自主地进行操作，控制输入或输出设备。例如，伺服电机控制器，若在输出寄存器中设置了伺服电机想要到达的位置，则控制器能独立地计算实际位置和想要到达的位置之间的差值，补偿机械的超前和滞后值，根据计算结果驱动电机的旋转。只有通过处理器在输出寄存器中更新想要到达的位置，并由处理器读取输入寄存器中监测到的实际位置值，计算出差值，处理器才能与 I/O 设备之间发生良性的互动。在某些情况下，若自主管理的控制器在嵌入式软件的运行过程中检测到一个值得关注的事件，例如，发现一个错误条件，则控制器必须通知处理器。在 8.5.2 小节将讨论中断作为处理这种事件的一种手段。

在 I/O 控制器中提供自主管理能力的原因之一是使得处理器能并行地执行其他任务。虽然控制器增添一部分自主控制电路会增加其成本，但这样做可以提高系统的整体性能。这样做的另一个原因是确保在接到处理器的操作命令后，I/O 控制设备的动作能足够快。如果该设备需要很高速度的数据传输率，或者需要控制动作的延迟非常小，则小型嵌入式处理器的功能未必能达到这样的要求。使 I/O 控制器具有更强的能力可能比提高处理器的性能或者响应速度是一种更好的办法。

为了更好地说明具有自主管理能力控制器，让我们回到曾在 8.1.2 小节中提到过的，作为复杂数字系统输出设备的液晶显示面板。LCD 面板由液晶像素的矩形阵列组成。在 LCD 显示屏的一侧，将各像素电极连接成排，在另一侧将各像素电极连接成列。在某个时刻，当电压被施加到某一行时，这些列电极被设置为相同或相反的电压来激活选定行的某个像素。用这样的方法，LCD 显示屏被一行接一行地进行扫描，连续地刷新像素状态。这种方法与动态存储器必须刷新的办法非常类似。

由于管理和刷新 LCD 显示屏需要大量的操作，所以制造商通常把显示器和控制器结合成为一个 LCD 液晶显示模块提供给用户。显示控制器是一个自主的数字子系统，其内部包含存储显示信息的存储器和刷新显示屏的电路。嵌入式计算机把显示控制器当作一个专用的输出控制器，只需为它提供更新的存储信息即可。在图形液晶显示模块中，存储的信息由显示的图像组成，每个像素与每一位对应。在字符液晶显示模块中，存储的信息由代表字符的二进制代码组成。显示控制器负责将表示字符的二进制代码译码成与字符对应的图像。

下面举一个液晶显示模块的具体例子：ASI-D-1006A-DB-S/W 模块是由全岸工业公司(All Shore IndustriesInc.)生产的 100×60 像素的 LCD 显示屏，其中包括一片精工爱普生(Seiko Epson Corp.)公司生产的 SED1560 控制器芯片。该模块被设计成可以与 8 位微控制器连接，例如在第 7 章中曾经提到过的那种 8051 微控制器。图 8.17 展示了如何进行连接。该控制器芯片内部具有可以存储 LCD 显示屏上将显示图像的数据的存储器。该芯片还提供了一个控制寄存器，微控制器可以向这个控制寄存器写入编码命令，还有一个状态寄存器和一个可访问显示存储器的数据输入/输出寄存器。微控制器向控制芯片发出命令，对 LCD 显示屏进行配置，并把像素数据加载到内存。然后，该控制芯片可以根据放在其存储器中的像素数据自主地承担起显示屏的扫描任务，以便微控制器放下扫描管理任务，转而去执行其他任务。

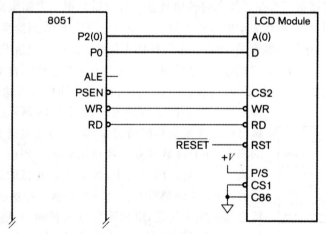

图 8.17 一个连接到 8051 微控制器的 LCD 模块

正如上面提到的那样，使用自主管理的控制器适用于必须以很高的数据率传送输入或输出数据的设备。我们经常需要把大量的数据写入存储器（在输入数据的场合）或从存储器中读取（在输出数据的场合）。若数据传输完全由程序来完成，即由程序控制在存储器和控制器寄存器之间反复地执行数据复制的任务，则该数据传送任务必将消耗处理器的一大部分时间。

在高速自主控制器中普遍采用的一种办法是使用直接内存访问(DMA),即控制器从内存读取数据或将数据写入内存,不需要处理器的干预。处理器只需要给控制器提供起始内存地址(把地址写到控制寄存器),然后控制器便自动地执行数据的传输任务。可以把以这种方式进行数据传送的控制器认为是一种能加快执行输入/输出操作的加速器。由于其他形式的加速器也使用 DMA 数据传输,我们将在第 9 章再更详细地讲解 DMA。

知识测试问答
1. I/O 控制器的输入寄存器有什么作用?输出寄存器有什么作用?
2. I/O 控制器的控制寄存器有什么作用?状态寄存器有什么作用?
3. 若嵌入式处理器使用内存映射的 I/O,则在访问内存和 I/O 寄存器时,将如何把它们区分开?
4. 为什么输入设备的控制器中具有处理器可以写入的寄存器?
5. 自主管理的 I/O 控制器与简单的控制器相比有什么优点?

8.3 并行总线

正如我们已看到的,数字电路是由各种相互连接的元件组成的。每个元件执行某种操作或者存储数据。相互连接被用来在元件之间传递数据。若数据是用二进制编码的,则需要用几条并行的信号线连接,每条信号线表示编码的 1 位。迄今为止,我们已看到的很多互连都是简单的点对点连接:即一个元件作为数据源,另外一个元件作为目的地。在其他情况下,从单一的源头,可以将数据连接到多个目的地,以便让每一个目的地的元件都可以接收来自源头的数据。

在有些系统中,尤其是含有处理器核的嵌入式系统中,并行连接可将编码数据从多个源头传送到几个不同的目的地。如图 8.18 所示的这种连接结构叫做总线。在最简单的情况下,总线只是传送数据的多条信号线的集合,而安排数据源头和目的地顺序则由一个独立的控制器完成。在更复杂的总线中,数据来源和目的地的管理是自动进行的,每个传送都有它自己的控制器。在这种情况下,总线控制器之间必须多沟通,以同步数据的传输。总线控制器之所以能这样做,是因为使用了控制信号,控制信号是总线结构的组成部分。

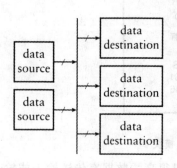

图 8.18 概念性的总线连接结构

虽然如图 8.18 所示的总线结构展示了总线连接结构的总体思想,但总线真实的结构却不可能直接用图 8.18 所示的构造来实现。由于总线信号线可以被多个数据源共用,但某一段时间内只能由其中一个数据源提供数据。到目前为止我们讲过的大部分电路元件,只是在其输出端产生逻辑低电平或逻辑高电平的元件。若一个数据源输出低电平,而另一数据源又输出高电平,则由此在总线上产生的冲突会导致两个元件之间产生很大的电流,很有可能损害元件。针对这个问题有几个解决方案,下面将逐个对它们进行考察。

8.3.1 总线的复用

解决方案之一是使用多路选择器在多个数据源之间做选择,如图 8.19 所示 。多路选择器根据总线控制器产生的控制信号选择驱动总线信号的数据源。如果总线有 n 个数据源,则需要为在该总线上传送的编码数据的每一位配置一个 n 输入的多路选择器。根据数据源的个数和集成电路芯片上元件和信号的安排,多路选择器可以用单个 n 输入的多路选择器实现,也可以用分布在晶片内的多个子多路选择器实现。举例说明如下:若某总线有 5 个数据源,其中 2 个分布在芯片的一侧,而其余 3 个分布在芯片的另一侧,若用毗邻的 2 个数据源的 2 输入多路选择器和毗邻的 3 个数据源的 3 输入多路选择器,则总线的线路连接就可以简化。3 输入多路选择器的输出就可以连接到接近数据目的地的 2 输入多路选择器。

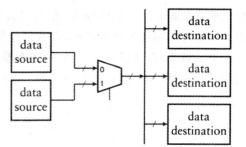

图 8.19 用多路选择器在多个数据源中选择一个数据源的总线

总线多路选择器分成子多路选择器的一个极端形式为多路选择器完全分布式结构,如图 8.20 所示。数据信号被连接成一条链路,将所有的数据源连接起来,然后传送到目的地。每个多路选择器不是将相关数据源连接到链路上(当多路选择器的选择输入是 1 时),就是从上一个数据源转发数据(当多路选择器的选择输入为 0 时)。这种分布式多路选择器结构的优点是降低了布线的复杂性。对链路所经过的电路块中的一组信号进行连接,这种结构往往比较容易布线,而试图将几个数据源来的信号连接到一个中枢多路选择器进行布线则比较困难。

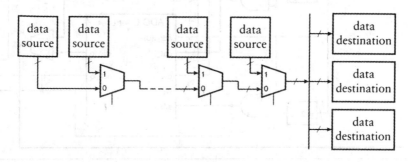

图 8.20 分布式多路选择器总线结构

使用多路选择器设计总线的一个例子是 Wishbone 总线。总线上的信号及其时序在标准文件中做了详细的规定,请参阅本书 10.7 节所列的参考资料。

Gumnut 处理器核为每一条指令、数据和 I/O 端口的连接使用了一种形式简单的 Wishbone 总线结构。以"_o"为后缀的信号是元件的输出信号,以"_i"为后缀的信号是输入信号。当想要把多个以"_o"为后缀的信号,连接到一个以"_i"为后缀的信号时,必需使用多路选择器。

例 8.5   如何使用分布式多路选择器在以 Gumnut 处理器为核心的嵌入式系统中将例 8.3 中的键盘控制器和例 8.4 中的两个 A/D 转换器以及其他元件连接起来。

解决方案   Gumnut 处理器核是端口地址和控制信号的唯一来源,也是输出数据信号的唯一来源,所以对这些信号并没有必要使用多路选择器。而对多个控制器而言,它们每一个都提供输入数据和产生响应(ack)信号,所以对多个控制器而言,每一个都需要分布式多路选择器。可以对端口地址进行译码,以得到控制器的选通信号和多路选择器的选择信号。当端口地址是 0 或 1 时,选择第一个 A/D 转换器;当端口地址是 2 或 3 时,选择第二个 A/D 转换器;当端口地址是 4 时,选择键盘控制器。电路的连接如图 8.21 所示。

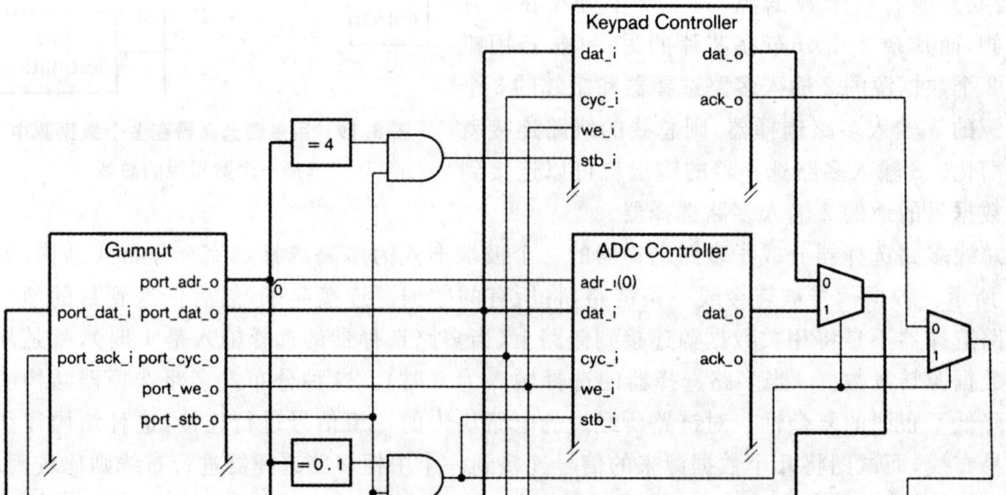

图 8.21 两个 A/D 转换器和键盘控制器与 Gumnut 处理器的连接(用分布式多路选择器实现)

例 8.6 为例 8.5 的嵌入式系统编写一个 Verilog 模块。
解决方案 该模块的定义如下：

```verilog
module embedded_system_ADC_keypad;

wire …

parameter [7:0] ADC0_port_addr    = 8'h00,
                ADC1_port_addr    = 8'h02,
                keypad_port_addr  = 8'h04;

wire ADC0_stb_o, ADC1_stb_o, keypad_stb_o;
wire [7:0] ADC0_dat_o, ADC1_dat_o, keypad_dat_o,
           ADC0_dat_fwd, ADC1_dat_fwd;
wire   ADC0_ack_o, ADC1_ack_o, keypad_ack_o,
       ADC0_ack_fwd, ADC1_ack_fwd;

gumnut   processor_core
    (.clk_i(clk),                  .rst_i(rst), …,
    .port_cyc_o(port_cyc_o),       .port_stb_o(port_stb_o),
    .port_we_o(port_we_o),         .port_ack_i(ADC1_ack_fwd),
    .port_adr_o(port_adr_o),       .port_dat_o(port_dat_o),
    .port_dat_i(ADC1_dat_fwd), …);

assign ADC0_stb_o = ( port_adr_o & 8'hFE)
               == ADC0_port_addr & port_stb_o;
assign ADC1_stb_o = ( port_adr_o & 8'hFE)
               == ADC1_port_addr & port_stb_o;
assign keypad_stb_o = port_adr_o
               == keypad_port_addr & port_stb_o;

keypad_controller keypad
            (.clk_i(clk),
             .cyc_i(port_cyc_o),
             .stb_i(keypad_stb_o),
             .we_i(port_we_o),
             .ack_o(keypad_acko),
             .dat_i(port_dat_o),
             .dat_o(keypad_dat_o)…);

ADC_controller  ADC0 (.clk_i(clk),
             .cyc_i(port_cyc_o),
             .we_i(port_we_o),
             .adr_i(port_adr_o[0]),
```

```
              .dat_o(ADC0_dat_o),
              .rst_i(rst),
              .stbi(ADC0_stb_o),
              .ack_o(ADC0_ack_o),
              .dat_i(port_dat_o), …);

assign ADC0_dat_fwd = ADC0_stb_o ? ADC0_dat_o : keypad_dat_o;
assign ADC0_ack_fwd = ADC0_stb_o? ADC0_ack_o : keypad_ack_o;

ADC_controller ADC1 ( .clk_i(clk),    .rst_i(rst),
              .cyc_i(port_cyc_o),   .stb_i(ADC1_stb_o),
              .we_i(port_we_o),    .ack_o(ADC1_ack_o),
              .adr_i(port_adr_o[0]),.dat_i(port_dat_o),
              .dat_o(ADC1_dat_o), …);

assign ADC1_dat_fwd = ADC1_stb_o ? ADC1_dat_o : ADC0_dat_fwd;
assign ADC1_ack_fwd = ADC1_stb_o ? ADC1_ack_o : ADC0_ack_fwd;

endmodule
```

在 Gumnut 处理器核的实例引用语句后面的第一组赋值语句表示的是端口地址译码器。它们把从处理器核发出的端口地址与 A/D 转换器和键盘控制器的基础地址进行比较。对选通 A/D 转换器而言,其端口地址不需要最低位,所以与十六进制数值 FE 相"与"清除最低位。

A/D 转换器实例引用语句后面的赋值语句表示的是图 8.21 右侧的几个多路选择器。第二个 A/D 转换器的多路选择器的输出被连接返回到 Gumnut 处理器核的 port_dat_i 和 port_ack_i 输入端口。

8.3.2 三态总线

避免总线竞争的第二个解决方案是使用三态总线驱动器。我们在第 5 章中作为探讨连接多个存储元件的一部分曾介绍过三态驱动器。我们曾经说过,可以切断三态驱动器的输出,使输出呈现高阻抗,或变为 Z 状态。三态的驱动器的图形符号如图 8.22 所示。当使能输入为 1 时,三态驱动器的行为类似于一个普通的输出,可以输出逻辑低或逻辑高电平。当使能输入为 0 时,驱动器把它的输出级的晶体管切断,使其进入高阻抗状态。

可以将每个数据输出源通过三态驱动器连接到总线,这样就可以实现具有多个数据源的总线。可以为由数据源输出的二进制编码数据的每个位提供一个驱动器,并将来自于同一个数据源的驱动器的使能输入信号全部连接起来,如图 8.23 所示。这样就可以用数据源的输出值来驱动总线,或者将总线与数据驱动源隔离,以使总线的所有位都处于高阻抗状态。总线控制器可以选择由哪个数据输出源来控制总线,只需把被选中的数据源的驱动器的使能输入设置为1,而把所有未选中的其他数据源的驱动器的使能输入设置为0即可。

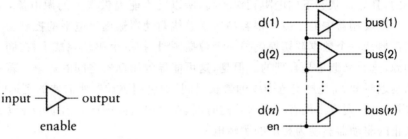

图 8.22 三态驱动器的图形符号　　　　图 8.23 三态驱动器的并行连接

三态总线最主要的优点之一是显著减少了所需要的布线量。所有数据源和目的地之间如果通过总线进行数据交流,则对二进制编码数据而言,每个位,只需要一根连接线即可。但是,也存在一些需要考虑的问题。首先,因为总线将所有的数据源和目的地连接在一起,因此总线通常都比较长,而且驱动器的电容和输入负载会比较重。因此,总线的线路延迟会比较大,从而使高速数据传输变得困难。此外,线路需要驱动的电容大,意味着需要更强大的输出级电路,从而增加了芯片的面积和功耗。

第二个问题是设计数据源选择控制电路比较困难。总线控制器必须禁止所有其他数据驱动源的输出,才能启动某个数据源以驱动总线。我们在设计总线控制器时,必须考虑到禁止和启动驱动器所需要的时间。这一点见图 8.24。当某驱动器的使能输入变为 0 时,必须等待 t_{off} 时间段的延迟后,驱动器才能与总线完全脱离。同样,当某驱动器的使能输入变为 1 时,必须等待 t_{on} 时间段的延迟后,驱动器才能为总线提供有效的逻辑高或逻辑低电平。在总线没有驱动的这一段时间内,总线的电平是浮动的,图 8.24 中的虚线表明在这一段时间内总线的逻辑电平在低电平和高电平之间浮动。因为在这一段时间内,总线信号没有驱动源,总线中每条信号线的电平都是浮动的,没有确定的电压。

让总线的逻辑电平随意浮动,在某些设计中有可能引起开关问题。在这种场合,总线信号可能就在总线接收端输入信号开关电压的阈值附近浮动。少量的噪声电压就有可能使总线接收端误入频繁的开关状态,造成总线接收端虚假的输入数据变化并消耗不必要的电能。如图 8.25 所示,在总线上添加一个弱保持器(weak keeper),就可以避免浮动逻辑电平对总线信号的干扰。

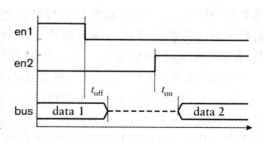

图 8.24 三态禁止和使能的时序

弱保持器由两个对总线信号提供正反馈的反相器组成。当总线由总线驱动器强制驱动为逻辑高或逻辑低电平时，正反馈可以维持该强制的逻辑电平，即使总线驱动的强制驱动被禁止时，正反馈的两个反相器仍旧可以维持该逻辑电平。驱动总线的反相器输出电路中的三极管是很小的，其导通状态下的电阻相对较高，所以既不能提供很大的源电流，也不能泄漏很大的电流。所以反相器中的三极管很容易接受总线驱动器输出级电平的控制。

当需要从一个数据源切换到另一个数据源时，把一个驱动源禁止，在同一时刻启动另外一个驱动源，这看来似乎是合理的。但是，这可能导致驱动器之间的竞争。若禁止驱动源工作所需要的延迟时间 t_{off} 是规定范围内的最长时间，而启用驱动器所需要的延迟时间 t_{on} 是规定范围内的最短时间，则将出现有一段重叠的时间，在这段时间内已经启动的驱动器的某些位可能被已经禁止的驱动器驱动为相反的逻辑电平。

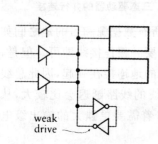

图 8.25 能维持合法逻辑电平的总线保持器

这段由延迟产生的重叠时间虽然只能维持很短一段时间，不可能马上毁坏电路，但是，它确实消耗了额外的电能，产生更多的热耗散，最终将导致电路运行寿命的缩短。由于总线控制器的时钟偏移，有可能加剧重叠产生的恶果。若产生使能信号的触发器接收到的时钟信号较产生禁止信号的触发器早一些，则出现重叠机会将会增加，即使三态驱动器的开关延迟保持其正常值也会如此。考虑了这些因素后，在设计三态总线的控制器时，最安全的途径是让总线在不同的数据驱动源之间做切换时，中间添加一小段空闲时间。传统的保守做法是先把发送数据驱动源禁止，等到下一个时钟周期到来时再将新的数据驱动源使能。更加节省时间的途径是延迟使能信号的上升沿的到来，例如使用图 8.26 的电路，来避免驱动器之间的重叠。为了得到所需要的延迟，需要增添若干对反相器。不过，这种方法需要非常小心地注意时序分析，以确保总线控制器在预期的操作条件范围内能有效地工作。

设计三态总线的第三个问题是关于由 CAD 工具所提供的支持。并非所有的物理设计工具都提供能有效地设计三态总线所需要的时序和静载荷分析手段。同样，能把制造后可以进行电路测试的线路结构自动融入到设计中的工具，并不一定能正确地处理三态总线的设计。

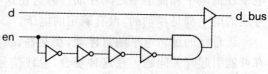

图 8.26 可延迟总线使能信号上升沿的电路

若所使用的工具不支持三态总线，则必须采用人工的方法来完成和验证我们的设计。

最后一个问题是并非所有的电路制造工艺都能提供三态驱动器。例如，许多 FPGA 器件在内部连接上并不提供三态驱动器，只允许三态驱动器用在与其他芯片连接的外部接口上。如果想要设计一个可用不同制造工艺实现的电路，只要对这个设计稍微做一些修改，就可以用其他制造工艺实现，那么最好的方法是避免使用三态总线。

总之,假设选择的电路制造工艺允许使用三态驱动器,而且所用的 CAD 工具套件也支持三态总线的设计与分析,则三态总线可以显著降低布线的复杂性,但会使设计的性能有所降低,并且设计的复杂性也有所增加,所以需要在这两者之间权衡。对那些没有严格性能要求的设计,三态总线是一个不错的选择。在印刷电路板上各个芯片之间需要互相连接的场合,通常选用三态总线。由于这个原因,FPGA 芯片在它的输出引脚上可提供三态驱动器。

三态驱动器的 Verilog 建模

三态驱动器的建模有两个方面的问题:① 高阻抗状态的表示;② 驱动器使能和禁止的表示。在前面的章节中,已经使用单个位的 Verilog 线网和变量值来表示单个位的逻辑电平。可以采用对线网和变量赋予 Z 值来表示高阻抗状态。在电路的 Verilog 模型中,可以给三态驱动器的输出赋 Z 值来表示禁止其输出。因此给输出赋 0 值或 1 值表示将三态驱动器再次使能。

关于用 Verilog 为三态驱动器建模的问题还有几点需要说明:① 可以用大写或小写的 Z 字母表示高阻值。因此,1'bZ 和 1'bz 是相同的。② 只能从字面上写的 Z 值作为二进制、八进制或十六进制数值的组成部分,如 1'bz、3'oz 和 4'hz。在八进制数中,Z 表示 3 个高阻抗位,而在十六进制数中,Z 表示的 4 个高阻抗位。③ Verilog 允许使用关键字 tri 而不是用 wire 来表示连接到三态驱动器输出的线网。因此,可以在模块中编写以下声明语句:

tri d_out;

或者下列端口声明语句:

module m (output tri a, ⋯);

除了使用不同的关键字外,tri 类型线网的行为与 wire 类型线网的行为完全一样。关键字 tri 只在设计文件中说明我们的设计意图而已。请注意,对于被赋予 Z 值的变量没有一个相应的关键字来表示。因此,我们继续使用关键字 reg 来表示。

例 8.7 用 Verilog 声明语句为输出线网 d_out 编写三态驱动器模型。该驱动器由线网 d_en 控制,当该信号使能时,驱动器的输入值 d_in 直接输出到输出线网 d_out。

解决方案 可以用如下赋值语句编写三态驱动器模型:

assign d_out = d_en ? d_in : 1'bZ;

对多位总线而言,可以利用其中包含元素值为 Z 的向量。虽然可以对向量的每个元素分别指定 0、1 和 Z 值,但通常给向量的赋值只包含 0 和 1,以表示这是一个已使能的驱动器,或给向量赋一个所有元素为 Z 的值,以表示这是一个已禁止的驱动器。根据 Verilog 隐含的向量值位宽扩展定义规则,若想把某向量值最左边的那一位扩展为 Z,则涉及到 Z 元素的扩展。因此可以写 8'bz 得到 8 个元素都是 Z 值的一个向量。

例 8.8 由德州仪器公司制造的 SN74x16541 是一片双 8 位总线缓冲/驱动器芯片,其封装适合安装在印刷电路板系统上。该芯片的内部电路如图 8.27 所示。请为此芯片编写 Verilog 模型。

解决方案 可以把 8 位输入和 8 位输出分别用向量端口来表示,把输入使能信号用 1 位的端口来表示。模块的定义如下:

```
module sn74x16541 ( output tri [7:0] y1, y2,
                    input      [7:0] a1, a2,
                    input      en1_1, en1_2, en2_1, en2_2 );
   assign y1    = (~en1_1 & ~en1_2) ? a1 : 8'bz;
   assign y2    = (~en2_1 & ~en2_2) ? a2 : 8'bz;
endmodule
```

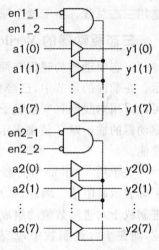

图 8.27 SN74x16541 器件的内部电路

模块内部的每一条赋值语句表示该元件 2 个输出端口之一(8 位)。赋值语句中的条件判断可以确定 8 位三态驱动器是使能还是禁用。通过给驱动器的输出赋一个所有位都为 Z 值的向量,这个驱动器就被禁止。请注意:在输出端口的声明语句中,使用关键字 tri,以表明输出端口可以被赋予 Z 值。

当三态总线有多个数据源时,我们的 Verilog 模型包含了多条给总线赋值的语句。Verilog 程序必须解决最终究竟由哪条赋值语句完成了对总线的赋值。如果有一条赋值语句将总线赋值为 0 或 1,则所有其他赋值语句必须将总线赋值为 Z。只有这样,这条 0 或 1 的赋值语句才能驱动总线成为总线的值。这相当于一个驱动器被启用,而所有其他的驱动器全部被禁止的正常情况。如果一个驱动器将总线赋值为 0,而另一个驱动器却将总线赋值为 1,则必然产生冲突。然后 Verilog 将使用表示不确定值的特殊符号 X,作为总线最后的值,因为此时总线上的值是未知的,即不知道真实的总线电路上所产生的逻辑电平究竟是低还是高,或是无效。根据 Verilog 模型描述 X 值接收目的地的不同,在输出端口可能产生不确定的值,也可能产生值为 0 或者为 1 的任意值。

就理想的情况而言,Verilog 总线模型应该包括检查未知输入值的验证测试语句。如果对总线的所有赋值为 Z,则最后的信号值就是 Z,这相当于总线处于浮动状态(即与所有驱动源断开)。因为值 Z 不能代表一个有效的逻辑电平,所以接收到输入信号值为 Z 的数据接收端其 Verilog 模型应该产生输出值为 X 的信号,并报告检测到错误的输入条件。

关于 Z 值和 X 值,必须认识到的关键点是:Z 和 X 并不表示真实物理电路的逻辑电平。把输出赋为 Z 值,表示的其实是一个符号性质的器件,CAD 综合工具把这个器件解释为三态输出驱动器。给输出赋 X 值表示的其实是一个用于仿真的符号性质的器件,在仿真出现无法确定有效输出值的场合,传达出现错误的情况。可以编写测试总线是否出现 Z 值或 X 值的

Verilog 语句,但这种语句只能出现在测试模型中才有意义,例如,在一条 if 条件声明语句中,用它来验证总线的所有驱动器已被禁止或有没有发现总线冲突。因为,根据我们的数字抽象,物理电路中的信号只有 0 或 1,实际的数字元件不能感受任何其他的电平。

若需要在测试模型中检测 Z 值或 X 值,应使用那些与我们曾使用过的不同的相等和不相等操作符号。在 Verilog 语言中的"=="操作符,称为逻辑相等操作符,表示硬件等价性的操作。只要有一个操作数是 Z 或 X,则逻辑相等操作的结果就为 X,因为在实际电路中这两者是否相等是不知道的。同样,"!="操作符,称为逻辑不等操作符,表示硬件的不等价操作,只要有一个操作数是 Z 或者 X,则逻辑不等价操作的结果就返回 X。举例说明如下:表达式"1'b0==1'bX"和"1'bZ!=1'b1"的操作结果都是 X。若想要对 Z 和 X 值进行检测,则必须利用"==="和"!=="操作符,这两个操作符分别被称为 case 相等和 case 不相等操作符。这两个操作符执行精确的比较,包括 X 和 Z 值的比较在内。因此,"1'b0===1'bX"的操作结果为 0(假),而"1'bZ!===1'b1"的操作结果为 1(真)。请注意:只能在二进制、八进制或十六进制数中用字母 X 表示不确定的位值;用 Z 表示高阻抗值;用大写字母和用小写字母表示的 X 和 Z 的含义完全相同。

例 8.9 假设 Verilog 模块包括下列声明和赋值语句:

```
tri[11:0] data_1, data_2, data_bus;
wire sel_1, sel_2;
...
assign data_bus = sel_1 ? data_1 : 12'hz;
assign data_bus = sel_2 ? data_2 : 12'hz;
```

请编写一段测试代码来验证该总线所有信号元素的值都是合法的逻辑电平,或者验证所有的驱动器都被禁止。

解决方案 不幸的是,Verilog 语法并不提供在向量中清楚地测试 X 或 Z 值的操作。但是,可以利用缩减异或操作符"^"的属性来回答这个问题。该操作符可以对一个向量进行缩减异或操作,即对该向量的所有位逐一进行异或操作,得到 1 位的运算结果。如果所有的位为 0 或 1,则结果是 0 或 1;如果其中有任何位为 X 或 Z,则运算结果是 X,因此,测试代码可以写为:

```
if (((^data_bus) === 1'bx && databus !== 12'hz)
    $display("Invalid value on data_bus");
```

请注意,条件的第一部分,包括所有元素都是 Z 的情况,所以需要分别检查这种情况。

8.3.3 漏极开路总线

(译者注:漏极开路总线是一种利用外部电路来驱动信号的总线,可显著减小 IC 内部的驱动电流。当 IC 内部的 MOSFET 导通时,总线信号的驱动电流是从外部的 V_{CC} 流经外部电阻所产生的。)

避免总线竞争的第三种解决方案是使用漏极开路的驱动器,如图 8.28 所示。每个驱动器将晶体管的漏极与总线信号连接。当某个晶体管接通时,把与该晶体管对应的总线信号,拉到逻辑低电平。当所有的驱动晶体管断开时,终端电阻把该总线信号拉到逻辑高电平。若多个驱动器企图输出逻辑低电平,则这些驱动器晶体管则平均分享电流负载。如果发生总线信号冲突,一个或一个以上的驱动器企图输出逻辑低电平,而其他驱动器企图将逻辑电平拉高,则企图输出逻辑低电平的驱动器获胜,该总线信号变为逻辑低电平。有时候,这种总线被称为线与总线(wired-AND bus),因为只有当所有的驱动器输出 1 时,该总线信号才为 1。而只要有一个驱动器输出 0,则该总线信号就为 0。线与功能源自于所有驱动器晶体管的漏极连接在一起。在使用双极型晶体管,而不使用 MOSFET 晶体管时,也可以使用这种形式的总线驱动器。在这种情况下,将一个晶体管的集电极连接到总线信号,如图 8.29 所示。这样的驱动器被称作集电极开路驱动器。

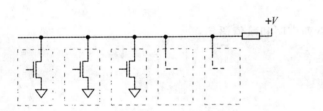

图 8.28　漏极开路总线结构　　　　图 8.29　集电极开路总线驱动器

由于每个总线信号都需要一个上拉电阻,所以漏极开路总线或集电极开路总线通常被安装在集成电路的外面。举例说明如下:漏极或集电极开路电路可用于把许多集成电路芯片连接在一起的总线上,或者用于把若干块印刷电路板的信号连接在一起的背板总线上。在集成电路内部实现上拉电阻将占用相当大的芯片面积并且消耗大量的电能。因此,通常在集成电路芯片内部使用多路选择器或三态总线。如果需要用漏极开路连接所形成的逻辑与功能,可以用有效的门电路来实现。

用 Verilog 为漏极开路和集电极开路连接的电路建模

可以声明关键词为 wand(wired-AND,简称线与)的特殊类型线网来为漏极开路和集电极开路驱动器建立模型。例如:

wand bus_sig;

若给一个 wand 类型的线网赋了值 0,则表示已将某个驱动器的输出晶体管接通了。若给这个 wand 类型的线网赋了值 1,则表示已将某驱动器的输出晶体管断开了。在对一个 wand 类型的线网做解析时,只要有一个驱动器给某个 wand 类型的线网赋了 0 值,则其他驱动器对该线网的赋值都不起任何作用。但是,若所有驱动器的输出晶体管全部断开,则输出为1,该线网的最终输出值也就为1。请注意:总线的上拉电阻在模型中并没有明确声明;上拉电阻的作用是隐含在 wand 类型的线网声明语句中,而 wire 类型的线网声明,则没有这个上拉电阻。

8.3.4 总线协议

在大多数设计项目中,子系统的设计往往是由团队的不同成员来承担的。有些子系统可能需要从外部采购,有些则采用现成的组件。若子系统是通过总线互相连接的,则使用具有相同时序要求的统一总线信号可简化子系统之间的连接,否则,必需设计专门的接口逻辑才能把这些子系统连接起来。为了给独立设计部件的连接提供方便,制订了一些公用的总线协议。有些协议已被收录为行业标准和国际标准,而另一些简单的协议只是由供应商们一致同意并共同推出的。总线协议的技术指标包括兼容元件互连信号的清单,还包括执行各种不同总线操作时的信号时序和时间参数值的描述。

总线的规格和协议各不相同,取决于其预期的用途。有些协议是想用于在印刷线路板上把各个独立的芯片连接起来,或者把多块印刷线路连接成为一个系统,这种场合,可使用有多个数据源信号的三态驱动器。这一类协议例子包括 PCI 总线和 VXI 总线协议,前者适用于在个人计算机系统中连接添加的线路卡,后者适用于把测量仪器连接到控制电脑。其他的一些协议想在集成电路芯片内部把多个子系统连接在一起。这些协议有独立的输入和输出信号,允许使用多路选择器或开关电路进行连接。这一类协议的例子包括了由 ARM 公司制订的 AMBA 总线协议、由 IBM 制订的 Core-Connect 总线协议,以及由 OpenCores 国际组织制订的 Wishbone 总线协议。在传输地址和数据的并行信号个数和操作速度方面各种总线各不相同。有一些协议打算用于高速数据传输,提供了在第 7 章中曾提到的那些技术,例如突发传输和流水线技术。

本节将描述相对较简单的由 Gumnut 处理器核采用的 I/O 总线协议。在本章前面的几个例子中,已经介绍了有关总线技术指标的几个方面。在这里我们将把总线指标有关的所有方面都提取出来。在例 8.3 中定义的 Verilog 模块描述了用于 Gumnut 处理器核的 Wishbone I/O 总线,在图 8.21 中,展示了该 Gumnut 处理器核电路图符中的一部分 Wishbone I/O 总线信号。这些信号总结如下:

- port_cyc_o:表明 I/O 端口操作序列正在进行中的"周期"控制信号。
- port_stb_o:表明 I/O 端口操作正在进行中的"选通"控制信号。
- port_we_o:表明操作是 I/O 写端口的"写使能"控制信号。
- port_ack_i:表明 I/O 端口应答该操作已经完成的状态信号。
- port_adr_o:8 位 I/O 端口地址。
- port_dat_o:由 out 指令写入到编址的 I/O 端口的 8 位数据。

▶ port_dat_i：由 inp 指令从有地址的 I/O 端口读出的 8 位数据。

当 Gumnut 处理器核执行一个 out 指令时，它执行端口写操作。操作的时序如图 8.30 所示。信号的改变与系统时钟同步。该 Gumnut 处理器核开始写操作由 port_adr_o 信号和 port_dat_o 信号驱动，前者由 out 指令计算得到地址，后者从 out 指令的源寄存器发出数据。Gumnut 处理器核把 port_cyc_o、port_stb_o 和 port_we_o 控制信号设置为 1，表明写操作的开始。

嵌入了 Gumnut 处理器核的系统，对端口地址进行译码，选择一个 I/O 控制器，把编址的输出寄存器使能，来存储数据。若编址的控制器能在第一时钟周期内更新其寄存器，则它在该周期内把 port_ack_i 信号设置为 1，如图 8.30(a) 所示。在下一个时钟的上升沿，该 Gumnut 处理器核可见到 port_ack_i 已变为 1，并通过驱动 port_cyc_o、port_stb_o 和 port_we_o 返回 0，完成该操作。另一方面，若编址的控制器动作缓慢，不能在一个周期内更新输出寄存器，这时 port_ack_i 仍旧保持为 0，如图 8.30(b) 所示。该 Gumnut 处理器核可见到在时钟周期的上升沿 port_ack_i 仍旧为 0，这个操作将延伸到下一个周期。只要控制器需要更新它的寄存器，该控制器仍可以保持 port_ack_i 为 0。最终，当控制器准备完毕，它驱动 port_ack_i 变成 1，完成整个操作。这种形式的同步，涉及选通信号和确认应答信号，往往被称为握手信号。

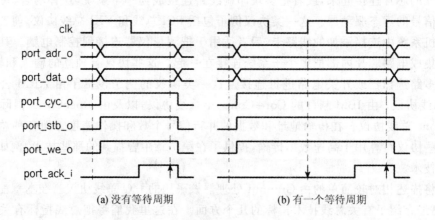

(a) 没有等待周期　　　　　(b) 有一个等待周期

图 8.30　Gumnut 处理器 I/O 写操作的时序

该 Gumnut 处理器核执行 inp 指令时，即执行端口读操作。如图 8.31 所示的操作时序类似于端口的写操作。该 Gumnut 处理器核通过驱动带有已算出地址的 port_adr_o 信号，驱动 port_cyc_o 和 port_stb_o 信号为 1，保留 port_we_o 信号为 0 来启动端口读操作。该系统再次对地址进行译码，选择一个 I/O 控制器，把已编址的输入寄存器使能，输出 port_dat_i 信号。控制器在提供了数据后马上驱动 port_ack_i 信号为 1，无论在时钟的第一个周期（如图 8.31(a) 所示），或在下一个时钟周期都行（如图 8.31(b) 所示）。一旦见到 port_ack_i 变为 1，Gumnut 处理器核就把数据从 port_dat_i 信号传送到在 inp 指令中定义的目的地寄存器。然后，通过驱动 port_cyc_o 和 port_stb_o 信号返回 0,完成端口的读操作。

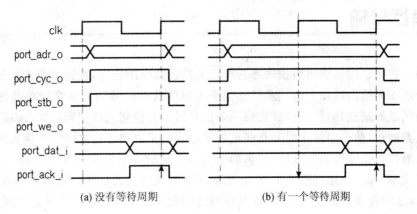

图 8.31 Gumnut 处理器 I/O 读操作的时序

乍看起来,似乎 port_cyc_o 和 port_stb_o 信号显得重复多余。然而 Wishbone 总线规范还定义了一些其他操作,在这些操作中,这两个控制信号的独特作用是非常明显的。虽然 Gumnut 处理器核不使用这些操作,但为了保持与 Wishbone 总线规范的兼容性还是包含这些信号。为了能与大量的第三方组件兼容,相比之下,增添几条信号线所付出的成本是微不足道的。

知识测试问答

1. 如果一个系统需要连接多个数据发送源和接收目的地,为什么不能只如图 8.18 所示的那样把它们直接互相连接起来呢?
2. 为什么在使用多路选择器的总线系统中把集中的大的多路选择器分解成许多小的多路选择器,并把它们分散布局在芯片四周更合适呢?
3. 三态总线是如何避免总线信号的逻辑电平竞争的?
4. 为什么必须避免总线信号的浮动?
5. 什么是弱保持器(weak keeper)?
6. 如果在禁止一个三态总线驱动器的同时将下一个驱动器使能,那么将可能出现什么问题? 如何避免这些问题呢?
7. 编写 Verilog 赋值语句表示一个用于 8 位总线的三态总线驱动器。
8. 若两个三态驱动器被同时使能,而且驱动的逻辑电平正好相反,则在 Verilog 语言的 wire 类型线网上将产生什么结果?
9. 连接若干个漏极开路驱动器的一个信号为什么被称作线与(wired - AND)连接呢?
10. 编写表示一条漏极开路总线的 Verilog 声明语句。
11. 什么是总线协议?

8.4 串行传输

本书中一直用二进制编码数据的并行传输来描述数据的传送,在这种类型的传送中,每一条信号线传送编码数据的每个位。虽然这似乎可以使我们以最快的速率传输数据,但也有一些缺点。最明显的缺点是,每个位就需要一条信号线。对位宽大的编码数据,连接线路就占用了大量的电路面积,使电路的布局和布线更加复杂。就扩展到芯片之间的连接而言,并行传输需要更多的触控板驱动器和接收器、更多的引脚和更多的印刷电路板铜箔线路。所有这些都会增加系统成本。此外,还有附带的效应,诸如由于连接所需的额外空间增大了信号传递的延迟、平行布线之间存在着的交叉干扰,以及信号之间偏差造成的问题。处理这些问题增加了系统的成本和复杂性。本节将描述传送二进制编码数据的另外一种方案。该方案就是所谓的串行传输,之所以称为串行传输,是因为只用一条信号线在某一时刻只传送 1 位,串行地把一个数据的多个位,一位接一位地传送到接收端。

8.4.1 串行传输技术

为了使数据可以在并行和串行形式之间互相转换,可以利用本书的 4.1.2 小节介绍的移位寄存器。在发送端,把并行数据加载到移位寄存器,用移位寄存器最后一位的输出驱动信号。将移位寄存器中的内容每隔一个时钟周期移位一次不断连续地驱动信号线上数据位。在接收端,在信号线上随着每个位值的到达,把它移位进入移位寄存器。当所有位全部到达后,完整数据的码字以并行的形式呈现在移位寄存器中可供使用。有时会使用串行器/解串行器,或用 serdes 这个术语表示以这种方式使用的移位寄存器。串行传输的优点是,只需要一条信号线,就可以传输数据。因此,减小了电路面积,降低了连接的成本。此外,如果有必要,可以提供优化的信号路径,可以使信号位以极其高的速率传送。目前使用的某些串行传输标准的传输速率已超过 10 Gbit/s。

例 8.10 展示如何将一个 64 位的数据字在系统的两部分之间串行地传输。假设发送器和接收器都属于同一时钟域,并且数据准备发送的时钟周期内该信号的起始值被设置为 1。

解决方案 在发送端,需要一个带并行加载控制的 64 位移位寄存器,该寄存器的最低位有一个输出端。在接收端,也需要一个 64 位的移位寄存器,该寄存器有一个输入位和并行的数据输出。线路连接如图 8.32 所示。该图还展示了串行发送序列的控制部分。当启动脉冲发生时刻,控制部分使接收器的时钟使能信号 rx_ce 变成有效,在连续 64 个周期内把串行数据移位进入移位寄存器。接着控制部分发出脉冲 rx_rdy,表明接收数据已经收到。一次发送的时序图如图 8.33 所示。可以用一个计数器和一个简单的有限状态机来实现这个控制逻辑。

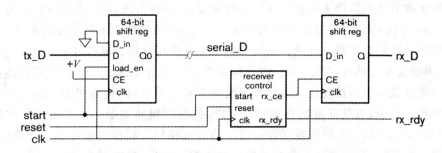

图 8.32 在一个时钟域内的 64 位数据的串行发送

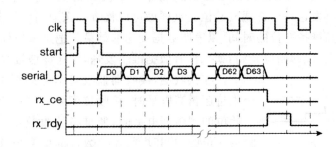

图 8.33 串行接收器控制信号时序图

当以串行形式传送数据时,必须说明的一个重要问题是发送位的次序。在原则上,位的次序可以是任意的,只要发送器和接收器一致即可。如果不一致,接收器就会以反向的位序来解释发送的数字。在例 8.10 中,最先发送最低位,因此接收器的移位寄存器在移位后,把发送数据的最低位放置在移位寄存器的最高位上,而把发送数据的最高位放在移位寄存器的最低位上。幸亏在系统的串行发送中通常都遵循指定位序的标准,而不必自行决定串行的位序。

另一个重要问题是发送器和接收器之间的同步。若只用数据位来驱动信号,则没有依据可以判断数据位什么时候结束,下一个数据位什么时候开始。这种形式的串行数据发送叫做非归零(non-return to zreo,NRZ)形式的串行通信,说明如图 8.34 所示,图中展示了用 NRZ 码串行地发送二进制数 11001111 的信号逻辑电平,在这个串行信号中最高位最先发送。在这种情形下,假定当没有位发送时,信号的逻辑电平为 0。在图 8.34 中,已经画出了时间刻度,表明其中每一位发生的时间间隔。然而,这个信息是隐含的,而不是随着数据一起清晰地发送到接收器的。若接收器,因为某种原因,把数据每位之间的间隔误认为是原来的两倍长,则接收器收到的数据将变成 10110000。为了避免出现这个问题,必须同步发送器和接收器,这样接收器才能确保在发送器驱动数据信号位值期间对其每个位进行采样,收到正确的接收数据。

图 8.34 二进制数值 11001111 的串行发送

有三种基本方法可以用来同步发送器和接收器:第一种方法:用一条独立的信号线发送时钟信号。在例 8.10 中曾经见过这个方法。第二种方法:通过传达串行码字起始的信令,并依靠接收器跟踪每个位的间隔。这种方法最早起源于电传打字机。电传打字机曾经是计算机的终端设备,由键盘和电动打字机组成。电动打字机通过串行发送线与远程计算机连接。这种串行发送的更新版本仍旧被现代个人计算机的串行通信端口用于与某些设备的连接。

在第二种方法中,当没有数据发送时,信号保持在逻辑高电平。当发送数据准备完毕后(发送过程如图 8.35 所示),最先发送最高位。信号被拉到逻辑低电平持续一个位的时间,以表明数据发送的开始,我们把这称为起始位。过了起始位后,数据被发送,每个数据位持续一位的时间。数据位发送完毕后,在信号受到感应噪声干扰的情况下(尽管图 8.35 并没有画出),发送器还可以再发送一个奇偶校验位。这样做可以检查发送期间可能出现的错误。最后把该信号线驱动为高维持一位的时间,以表明数据发送的结束。把这一位称作停止位。然后,可以发送下一个数据,以起始位开始,如果没有数据准备发送,则让该信号线维持逻辑高电平。

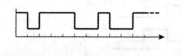

图 8.35　二进制数值 11100100 的串行发送(带起始位和停止位)

在接收端,接收器监视着信号的逻辑电平。当信号线维持逻辑高电平时,接收器闲置。当接收器检测到一个起始位的逻辑低电平时,便准备接收数据。接收器一直等到第一位的中间时刻,才把数位的信号值移入接收器的移位寄存器中。然后再等待下一个数据位的中间时刻,逐位将数据移入接收器的移位寄存器中。最后一位收到后,完整的数据就可以用了。接收器利用停止位的时间返回到闲置状态。

请注意,发送器和接收器必须对信号位的持续时间有完全一致的定义。通常这个时间是预先规定好的,有的在制造的时候就已经确定,有的可以通过编程确定。发送器和接收器通常具有各自独立的时钟,这两个时钟都比串行位速率快好几倍。发送器用这个时钟发送数据,而接收器用自己的时钟来确定接收到的数据,用起始位的发生来同步发送器和接收器。如图 8.36 所示的波形图说明了这个问题,图中发送器和接收器的时钟稍微有些不同,相位也没有任何关系。假设两个时钟的差别不是特别大,规范采样时间的细微漂移并不会影响发送数据的正确接收。

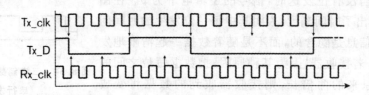

图 8.36　用发送器和接收器时钟的串行数据的采样和生成

在历史上,计算机元件制造厂商曾提供一种叫做通用异步接收/发送器,或者叫做 UART 的元件,用作串行通信接口。在计算机上运行的软件可以为串行比特率和其他参数编程。目前,在远程设备通过串行通信接口连接到数字系统的某些应用中,UART 仍然很有用。例如带有以低比特率发送数据的远程传感器的仪表系统可以用由 UART 管理的串行接口发送数据。

第三种实现串行发送器和接收器同步的方案涉及在同一条信号线上把时钟信号与数据结合起来。这样可避免必须与时钟紧密同步的需求,因为当每个数据位到达接收器的时候都带有标记。下面将描述的曼彻斯特编码(Manchester encoding)就是这种方案的范例。曼彻斯特编码以非归零码形式,在给定的时间间隔中,发送每个数据位。然后曼彻斯特编码不是用 1 或者其他逻辑电平来表示每个数据位的,它是用在位间隔中间从低电平到高电平的跳变来代表 0;用从高电平到低电平的跳变来代表 1 的(也可以在发送器端将表示逻辑 1 和 0 的跳变作正好相反的定义,只要发送器端和接收器端的定义一致即可)。为了能在位间隔的中间产生跳变,在位间隔的开始必须给信号设置一个合适的逻辑电平。二进制数 11100100 的曼彻斯特编码值如图 8.37 所示,其中最高位最先发送,位间隔由发送器的时钟定义。

既然数据的曼彻斯特编码与发送器的时钟是同步的,数据信号中带有时钟的信息,因此接收器就一定能够从接收到的信号中恢复发送时钟和数据。之所以能做到这一点是因为应用了一种被称为锁相环(phase-locked loop, PLL)的电路之故。所谓 PLL 其实是一个其相位能与参考时钟对齐的振荡器。用曼彻斯特编码的系统通常连续发送一系列编码的 1,然后再发送一个或者多个数据字。对这样一个序列的编码就可以给出一个与发送器时钟匹配的信号。为了给出能用于确定发送数据位间隔的时钟,接收器的锁相环锁住信号。这个过程见图 8.38 所示。

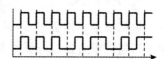

图 8.37　二进制 11100100 的曼彻斯特编码

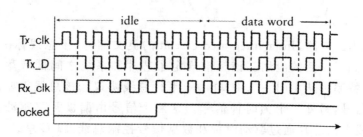

图 8.38　用锁相环的发送和接收时钟的同步

在数据传输中用曼彻斯特编码相比于非归零编码的主要优点在于,曼彻斯特编码包含了足够多的可以迫使时钟同步的跳变信息,因而没有必要再用一条独立的时钟信号线。其缺点是发送带宽是非归零编码的两倍。然而对许多应用而言，带宽并不是致命的缺点。曼彻斯特编码已经被广泛地用在许多串行传输的标准中，其中包括原始的以太网（Ethernet）标准。在概念上类似，但涉及更多技术的其他一些串行编码方案目前日益得到广泛的应用。

8.4.2 串行接口标准

对于主要考虑对象是距离和成本的那些应用而言，串行传输比并行传输有许多优点，因此，已开发了许多串行传输标准。这些标准覆盖了串行接口的两大领域：输入/输出设备与计算机之间的连接及计算机之间组成网络的连接。因为大部分数字系统都包含嵌入式计算机，因此也就包括用于组件连接的标准接口。这样做的好处在于避免了根据草图还要对部件之间的连接进行设计的必要，而且可以利用按接口标准制造的现成器件。因此，可以降低开发和构建系统的成本，也减少了设计不能满足需求的风险。

下面介绍了几个连接 I/O 设备的串行接口标准：

1. RS-232

该标准最早定义于 20 世纪 60 年代，当初的目的是把带调制器的计算机电传打字机终端和串行通信设备通过电话线与远程计算机连接。后来该标准被用来直接连接计算机与终端设备。因为大多数计算机包含几个 RS-232 连接端口，所以 RS-232 连接曾经被作为连接计算机的便利途径而归入输入/输出设备范畴而不只是终端设备。

诸如鼠标和各种测量设备等用户接口设备就是一些很好的例子。RS-232 接口的串行传输使用非归零编码，带有用于同步的起始位和停止位。通常先发送数据的最低位，最后发送最高位。尽管大部分 RS-232 接口目前已经被更现代的标准接口所替代，但有些设备，例如销售终端的条型码识别器和工业测量设备，仍在使用 RS-232 接口。

2. I^2C

I^2C 即内部集成电路，Inter-Integrated Circuit 的英文缩写，该总线标准由 Philips 半导体公司定义，得到了广泛的应用。该标准规定了芯片和系统之间低带宽（根据不同的操作模式，传输比特率可从 10 k～3.4 Mbit/s）串行总线协议。该总线需要两个信号，一个为非归零编码信号，另外一个为时钟信号。这两个信号由漏极开路驱动器驱动，允许任何连接到该总线上的芯片通过驱动时钟和数据信号控制总线。I^2C 总线标准规定了驱动总线信号线的特定逻辑电平顺序，仲裁哪个设备可以取得总线控制权并进行各种总线操作。I^2C 总线的优点在于它的简单性，以及在没有很高性能要求的应用实现中的低成本。I^2C 总线被广泛地应用于许多现成的消费产品和工业控制芯片中，作为嵌入式微控制器控制芯片操作的一种手段。Philips 半导体公司还开发了相关的 I^2S（即 Inter-IC Sound，内部集成电路音频)总线标准,用于编码音频信号在芯片(例如 CD 机内部芯片)之间的的串行传输。

3. USB

USB 即通用串行总线,Universal Serial Bus 的缩写,该总线标准由 USB 实现者论坛(这是由总线标准发起者成立的一个非盈利性协会)定义。USB 已经变成 I/O 设备与计算机连接的最普通的接口。USB 总线利用修改的非归零编码信号在一对差分信号线上传输。不同配置的 USB 支持的串行传输比特率分别为:1.5 Mbit/s、12 Mbit/s 和 480 Mbit/s。USB 标准定义了一系列与主机控制器通信的设备特征。相当多的设备都带有 USB 接口,专用数字系统把 USB 主机控制器包括在内便可以连接各种现成的设备,因此可以带来很大的好处。我们可以从厂商提供的元件库中得到能与 ASIC 和 FPGA 设计连接的 USB 接口模块。

4. FireWire

FireWire 是另一种由 IEEE 标准 1394 定义的高速总线。虽然 USB 最初是为低带宽设备的数据传输而开发的,但后来逐渐发展成为高带宽设备的数据传输协议。

而 FireWire 刚着手开发就是本着高速(400 Mbit/s)总线的目标。FireWire 标准还有一个改进版本,定义的传输速率高达 3.2 Gbit/s。FireWire 的连接用了两个差分信号线对,一对用于传输数据,另外一对用于传输同步信号。与 USB 类似,在 FireWire 总线上可以完成极其丰富的一系列总线操作,在各种不同的设备之间高速地传送数据信息。FireWire 总线协议假设任何连接到该总线上的设备都能够取得该总线的操作控制权,而 USB 总线协议还必须有一个主机控制器。因此由 FireWire 和 USB 提供的操作存在着一些差别,这些差别分别适用于各自的应用方向。FireWire 在需要高速传送大块数据的应用场合,例如传输从摄像机来的视频数字流领域,已经取得了最大的成功。

例 8.11 设计一个可以将嵌入式 Gumnut 处理器核与一个远程温度传感器连接起来的接口。温度传感器是 Analog Device(模拟器件)公司生产的带 I^2C 接口的 AD7414,该器件还有一个可以连接到报警指示灯的报警输出。

解决方案 在开放的核知识库(见 8.7 节的参考资料)中,有一个与 Wishbone 总线兼容的 I^2C 控制器元件。可以利用这个元件,而不需要从草图开始重新设计一个新的 I^2C 控制器。该控制器的左侧与 Gumnut 处理器核的 Wishbone I/O 总线连接,把 Wishbone 总线信号转换成 I^2C 总线的接口信号与温度传感器连接起来。我们把传感器的报警输出信号与 LED 指示灯连接起来。该传感器允许嵌入式软件设置报警温度的阈值,超过该设置值,报警灯就点亮。系统设计如图 8.39 所示。由于应用了串行 I^2C 总线,所以温度传感器就可以只用两条电线与控制器连接,比用并行总线连接明显节省了系统成本。

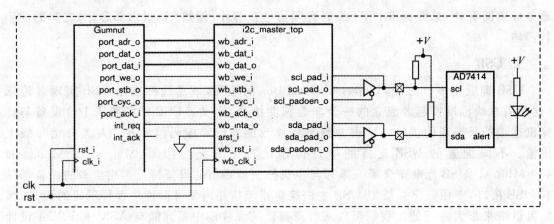

图 8.39　一个用 I^2C 串行总线的温度测试系统

知识测试问答

1. 串行数据传输与并行传输相比有什么优点？
2. 在发送或者接收时，如何进行并行数据和串行数据之间的互相转换？
3. 什么因素决定了数据位的发送顺序？
4. 非归零(NRZ)发送的含义是什么？
5. 串行发送的起始位和停止位的目的是什么？
6. 曼彻斯特编码如何表示 0 位和 1 位？
7. 为什么采用标准的串行接口标准，而不采用自行开发的用户接口？
8. 把电机控制器或把数字视频摄像机信号连接到嵌入式系统，哪一种连接适合用 I^2C 总线完成，哪一种连接适合用 FireWire 总线完成？

8.5　I/O 软件

我们已经介绍了输入和输出的硬件，现在让我们把注意的重点转到相应的嵌入式软件。我们已经知道 Gumnut 处理器核中的 out 指令可启动端口写的操作，更新 I/O 控制器中的输出寄存器；inp 指令可启动端口读的操作，从输入寄存器中读取数据值。在 Gumnut 处理器核中运行的嵌入式软件必须使用 out 和 inp 指令作为管理输入和输出设备任务的一部分，才能实现系统所要求的功能。

因为 I/O 设备与现实世界相互发生作用，所以嵌入式软件必须能够在事件发生时及时作出响应，或者使事件在合适的时刻发生。嵌入式软件和普通计算机程序的主要区别之一是处理实时行为。嵌入式软件必须能够及时地对检测到的事件作出相应的反应。嵌入式软件也必须有能力跟踪时间,以至于它能在特定的时刻或者在有规律的间隔时间内完成任务。本节将介绍嵌入式软件与输入/输出事件同步的基本机制。

8.5.1 巡回检测

最简单的输入/输出同步机制叫做巡回检测(polling)。巡回检测涉及软件不断地重复检查控制器中的状态输入,看一看是否有事件发生。若发现有事件发生,软件就执行必要的任务来处理该发生的事件。若存在多个控制器,或者软件必须对多个事件作出响应,则软件轮流地检查每个状态输入,作为忙碌循环的一部分,一旦发现事件发生,就立即作出响应。

例8.12 某工厂自动化系统包括一个基于嵌入式 Gumnut 处理器核的安全监测子系统。该处理器核有若干条来自于多台机器的报警输入信号,这些报警输入信号可表明发现的各种不正常的操作条件。这些报警信号都是通过一个控制器与处理器核连接的。该控制器有两个输入寄存器,其地址分别为 16 和 17。这两个寄存器的每个位表示一个报警输入,位为 0 表示正常,位为 1 表示报警。该处理器核还有一个连接到 A/D 转换器的温度传感器。转换后的温度值可以在地址为 20 的输入寄存器上读取,温度值被表示为一个 8 位无符号整数,以℃为单位。当温度高于 50 ℃时,出现不正常的情况。处理器核有一个地址为 40 的输出寄存器。若把 1 写入该输出寄存器,则报警铃声响起;把 0 写入该输出寄存器,则表示报警解除。在嵌入式软件中开发一个巡回检测循环来监视输入信号,若发现任何异常情况时,则启动报警铃。

解决方案 巡回检测循环必须反复读取输入寄存器。若发现报警输入位为 1,或若发现温度值大于 50 ℃时,则报警铃输出位必须被设置为 1;否则,必须清除为 0。程序代码如下:

```
alarm_in_1:     equ 16          ; 输入寄存器 alarm_in_1 的地址
alarm_in_2:     equ 17          ; 输入寄存器 alarm_in_2 的地址
temp_in:        equ 20          ; 输入寄存器 temp_in 的地址
alarm_out:      equ 40          ; 输出寄存器 alarm_out 的地址
max_temp:       equ 50          ; 允许的最高温度

poll_loop:      inp  r1, alarm_in_1
                sub  r0, r1, 0
                bnz  set_alarm  ; 设置 alarm_in_1 的一个或者多个位
                inp  r1, alarm_in_2
                sub  r0, r1, 0
                bnz  set_alarm  ; 设置 alarm_in_2 的一个或者多个位
                inp  r1, temp_in
                sub  r0, r1, max_temp
                bnc  set_alarm  ; temp_in > max_temp
                out  r0, alarm_out  ; 清除 alarm_out
```

```
                    jmp   poll_loop
    set_alarm:      add   r1, r0, 1
                    out   r1, alarm_out   ; 设置 alarm_out 位 1 为 1
                    jmp   poll_loop
```

巡回检测有一个好处是很容易实施,除了 I/O 控制器的输入和输出寄存器之外,并不需要添加任何电路。但是巡回检测需要处理器核不断地循环操作,即使没有事件需要响应也必须如此循环。而且如果处理器正在忙于处理一个事件,巡回检测的方式使得处理器不能对另外一个事件立即产生响应。因为这些原因,所以巡回检测通常只能用于不需要有很快响应时间前提下的非常简单的控制应用。

8.5.2 中　断

也许使嵌入式软件与 I/O 事件同步的最常用方法是通过中断的应用而实现的。处理器执行某些背景任务,当一个事件发生时,检测到事件发生的 I/O 控制器请求中断处理器。处理器随即停止正在进行的工作,保存程序计数器以便以后恢复程序的继续执行,然后开始执行中断处理程序(interrupt handler)或者中断服务程序(interrupt service routine),从而对事件作出响应。当中断处理程序执行完毕后,处理器恢复保存的程序计数器,继续执行被中断的程序。在某些系统中,如果没有什么背景任务需要执行,处理器就可进入低功耗的待命状态,若检测到中断,便从待命状态直接进入中断服务。这样做的好处在于节省了处理器活动时的耗能,尽管对于中断的响应可能会有一些延迟(因为处理器从待命状态恢复到全功率工作状态需要一些时间)。

不同的处理器提供不同的 I/O 控制器中断请求机制。某些处理器只提供非常简单的机制,例如下面将要简短介绍的 Gumnut 处理器核的中断处理机制。而有些处理器提供比较复杂的中断处理机制,例如允许不同的控制器可以指定不同的中断处理优先权,因此优先权高的事件可以中断对优先权低事件的服务,但是反过来却不允许。还有一些处理器允许控制器选择由处理器执行的中断服务程序。然而,对大多数系统的中断机制而言,存在着许多共同点,总结如下:

① 处理器必须有一个输入信号,控制器可以将中断请求信号通过这个信号输入到处理器中。对于老式的微处理器和微控制器而言,中断请求信号通常是用外部电阻上拉的低电平有效信号驱动。每个控制器用一个漏极开路或者源极开路的驱动器连接到中断请求信号,把信号拉低请求中断。因此该信号值是每个控制器的中断请求信号值的线或(wired-OR)运算结果。对那些设计来与片上 I/O 控制器连接的处理器核,该中断请求输入信号通常由多个有源门(active gates)驱动,这些有源门形成了由若干个控制器中断请求信号组成的或逻辑。

② 当处理器正在执行某些关键区域的指令期间,它必须具有阻止中断执行的能力。中断处理程序与嵌入式软件其他部分程序之间共享信息的更新指令就是这样的例子。如果处理器正处在更新某个共享信息的过程中,正常程序突然被中断了,则此时中断处理程序所见到的是

一个部分更新的信息,表示的很可能是一个非法的不正确数据。所以处理器通常有禁止中断(disabling interrupts)和使能中断(enabling interrupts)的指令和手段来管理中断的执行。

③ 当中断发生时,处理器必须有能力保存有关正在执行程序的足够信息,以便在中断服务程序执行完毕后能恢复原来程序的运行。至少应该能保存程序计数器的值。因为处理器在执行完当前的指令后,在开始执行下一条指令前,响应中断,程序计数器中保存着程序的下一条指令地址。该地址中的指令就是中断执行完毕后应恢复执行的那条指令。处理器必须提供一个寄存器或者某种其他存储器保存程序计数器中的计数值。若中断服务程序修改了处理器中的其他状态信息,例如条件码的位等,必须将它们保存好,以便恢复原程序的继续执行。

④ 当处理器响应中断后,它必须禁止其他中断的执行。既然中断响应涉及在寄存器中保存已被中断的程序状态,若中断服务程序自己又被中断,则保存的程序状态信息会被改写,于是至少在中断响应的初始阶段,必须阻止中断服务程序的再中断。

有些处理器允许由程序读取存有状态信息的存储器。这就允许中断服务程序把保存在寄存器的状态信息拷贝到存储器保存。然后,中断服务程序可以再次恢复中断的使能,允许中断服务程序自己又被另外一个事件中断,以便处理器处理另一个事件。我们把这种中断称作嵌套的中断(nested interrupt)处理。当从中断服务程序已进入再中断服务程序后,再中断服务程序必须再次禁止中断,以便在寄存器中保存原中断服务程序的状态信息,再中断服务程序执行完毕后便能恢复被中断的原中断程序。原中断程序恢复执行后,需要从存储器中读取保存的原程序信息到寄存器,当原中断程序执行完毕后,恢复程序的执行。

⑤ 处理器必须有能力确定中断服务程序的第一条指令的地址。做到这一点最容易的办法是把中断服务程序存放在固定的地址空间上,确定该程序的入口地址。另外一种办法是由中断控制器提供一个向量,用来形成中断服务程序入口地址的值,或者是内存地址表的索引。

⑥ 最后,处理器必须有一条指令可以让中断服务程序返回到被中断的程序。从中断服务程序返回需要恢复进入中断服务程序时保存的程序计数器值和其他保存的状态。

Gumnut 处理器核具有上述 6 个共同点,包括所期待的嵌套中断处理。该处理器有一个输入信号 int_req,控制器可以驱动 int_req 信号为 1,请求中断。该处理器的指令集中包括 disi(中断禁止)和 enai(中断使能)两条指令。当处理器核响应中断时,它将程序计数器的值和专用内部寄存器中的 Z 和 C 条件码位的值保存起来,并禁止再次发生中断。中断服务程序的第一条指令位于指令存储器的地址 1,所以该处理器只要把这个为 1 的地址加载到程序计数器中就可以开始执行中断服务程序。

最后,Gumnut 指令集还包括了从中断服务程序返回的指令 reti。返回指令 reti 恢复保存的程序计数器值及 Z 和 C 条件码位的值,重新使能中断。程序从被中断的地址处重新开始恢复执行。

对产生中断请求信号的输入/输出控制器也有一些要求。当事件发生时,I/O 控制器必须使处理器的中断请求信号有效。然而处理器可能不会立即响应。I/O 控制器必须使中断请求信号保持有效,否则请求信号就会被忽略。在有些系统中,对发生的事件没有作出响应可能是一个致命的错误。处理器通常对中断请求信号有一个应答(acknowledge)机制,换言之,处理器表明已经注意到事件的发生,并且中断服务程序已经被启动。若存在多个可以发出中断请求信号的I/O控制器,则处理器必须对每个请求信号分别作出应答,以避免没有一个请求被忽略。一旦某个请求信号被应答了,则控制器必须使中断请求信号无效;否则一个事件可能引发多次响应。在某些情况下,这种多次响应可能与忽略事件一样糟糕。

Gumnut处理器核提供了一个简单的中断应答机制,当处理器响应中断请求时,输出中断应答信号int_ack为1,维持一个时钟周期。若Gumnut系统只有一个可以请求中断的控制器,则该控制器可以用int_ack来清除其中断请求状态。

例8.13 设计一个从传感器输入8位二进制编码的输入控制器。输入值可以从一个8位的输入寄存器读取。当输入值发生变化时,该输入控制器会中断嵌入式的Gumnut处理器核。该控制器是本系统中唯一的中断源。

解决方案 该控制器包含一个可存储输入值的寄存器。既然需要检测该值的改变,那么还需要一个寄存器来存放前面一个输入值(上一个时钟周期输入的值)。若发现当前值与原来的值不同,则将中断请求状态位设置为1。既然系统中只有一个中断源,那么就可以用来自于处理器核的int_ack信号清除状态位。该控制器的线路图见图8.40所示。

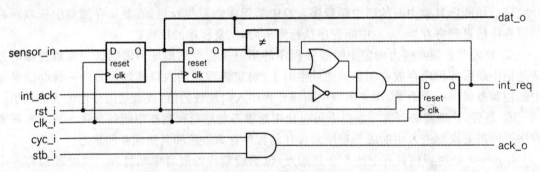

图8.40 一个带中断请求逻辑的输入控制器电路

例8.14 为例8.13的输入控制器编写一个Verilog模型。

解决方案 该模块定义包括输入/输出总线的端口,加上中断请求和应答连接,Verilog代码如下:

```
module sensor_controller( input         clk_i, rst_i,
                          input         cyc_i, stb_i,
                          output        ack_o,
                          output        reg [7:0] data_o,
                          output        reg int_req,
                          input         int_ack,
                          input         [7:0] sensor_in );
```

```
reg [7:0] prev_data;
always @(posedge clk_i)        //数据寄存器
  if (rst_i) begin
    prev_data <= 8'b0;
    dat_o     <= 8'b0;
  end
  else begin
    prev_data <= dat_o;
    dat_o     <= sensor_in;
  end
always @(posedge clk_i)        //中断状态
  if (rst_i) int_req <= 1'b0;
  else
    case( int_req)
      1'b0: if (dat_o != prev_data) int_req <= 1;
      1'b1: if (int_ack)            int_req <= 0;
    endcase
assign ack = cyc_i & stb_i;
endmodule
```

上面程序中第一个 always 块表示两个寄存器,其中一个寄存器存储传感器的当前值,另外一个存储传感器的上一个值。第二个 always 块表示中断请求和应答逻辑。本质上这个 always 块是一个小的有限状态机,int_req 表示状态编码。int_req 为 0 的状态,没有中断请求。然而若当前值与上一个值不同,则 int_req 被设置为 1。int_req 的输出值被用于向处理器发出的中断请求信号。即使当前值与前面的值不再有改变,int_req 继续保持 1。最后当处理器响应中断请求,把 int_ack 设置为 1 后,int_req 才被清为 0。

例 8.15 写出传感器的控制器中断的中断服务程序的 Gumnut 汇编代码。假设数据寄存器的读取端口地址为 0。

解决方案 中断服务程序的代码如下：

```
               data
saved_rl:      bss      1
               text
sensor_data:   equ      0              ;传感器数据的地址
                                       ;输入寄存器
               org      1
               stm      r1, saved_rl
               inp      r1, sensor_data
               ...                     ;处理数据
```

```
        ldm        r1, saved_r1
        reti
```

中断服务程序需要使用处理器的寄存器 r1，因为必须把来自被中断程序的任何值保存在寄存器 r1 中。数据存储器地址 saved_r1 被保留着用于这个目的。我们用 org 这个指令来确保做到这一点。中断服务程序中的指令首先保存 r1 的内容，然后从控制器的输入寄存器中读取新的值。接着中断服务程序执行处理数据的指令。最后中断服务程序恢复被保存的值到 r1，然后用指令 reti 来恢复被中断的程序。

若在一个基于 Gumnut 处理器核的系统中，有几个可以请求中断的控制器，该中断服务程序必须能确定哪一个控制器已提出请求，以便处理器执行已提出请求的控制器要求的响应程序。在这样的系统中，每个控制器必须在一个状态寄存器中提供状态信息，该信息可以表明该控制器是否提出了中断请求。而且 int_ack 信号不足以区分哪一个请求已被应答。而处理器必须执行某些其他动作以应答该中断。我们可以在读取状态寄存器的同时，用它的附带效应应答并清除某个控制器的中断请求。另外为了对中断请求作出应答，还需要对控制寄存器进行写操作。

8.5.3 定时器

正如曾经提到过的那样，许多实时嵌入式系统必须在规定的时间间隔内完成所需的动作。对这些系统而言，必须有某种形式的定时器。我们曾经在第 4 章中展示过如何用计数器从系统时钟导出一个周期信号。可以用这样的信号作为时基：即每个时基周期表示嵌入式系统中的一个时间单位。我们也曾经展示过如何用一个可预置计数值的递减计数器作为时间间隔定时器。实时系统中的时间间隔定时器通常被用来为处理器在可编程的某个多时基周期时刻产生中断。该间隔定时器的作用如同 I/O 控制器，通常被称为实时时钟（real-time clock），通过编程可以设置该实时时钟所带的输出寄存器，来改变时间间隔。然后，该定时器的中断服务程序就能执行任何所需要的周期性操作。

例 8.16 为 Gumnut 处理器开发一个实时时钟控制器的 Verilog 模型。该控制器的时基为 10 μs 来自于 50 MHz 的系统时钟，一个 8 位的输出寄存器可以用来为计数器加载数值。对输出寄存器的写操作可以加载计数器。当计数器被减至 0 时，该计数器又一次被输出寄存器中的值加载，然后请求中断。该控制器有一个用于读当前计数值的输入寄存器。该计数器还有 1 位的输出控制寄存器；若该寄存器的第 0 位为 0，则来自于该控制器的中断都被屏蔽；若该寄存器的第 0 位为 1，则来自于该控制器的中断都被使能。该计数器还有一个状态寄存器，当计数器被减至 0 时，状态寄存器的第 0 位变为 1，且计数器被重新加载，计数器不为 0 的其他时刻，状态寄存器的第 0 位为 1，该状态寄存器的其他位都读作 0。读该状态寄存器有一个附带的作用，即对请求的中断发出一个应答信号，并把状态寄存器的第 0 位清 0。计数器的输出和输入寄存器都位于端口基地址，而控制和状态寄存器对端口基地址的偏移量为 1。

解决方案　控制器模块的定义具有输入/输出总线的端口,把 stb_i 端口用作已译码的端口基地址。程序代码如下:

```verilog
module real_time_clock ( input           clk_i,          //50 MHz 时钟
                         input           rst_i,
                         input           cyc_i, stb_i, we_i,
                         output          ack_o,
                         input           adr_i,
                         input    [7:0]  dat_i,
                         output   [7:0]  dat_o,
                         output          int_req );

parameter clk_freq          = 50000000;
parameter timebase_freq     = 100000;
parameter timebase_divisor  = clk_freq / timebase_freq;

reg [7:0] count_value;
reg       trigger_interrupt;
reg       int_enabled, int_triggered;
integer   timebase_count;
reg [7:0] count_start_value;

always @(posedge clk_i)            // 计数器
    if (rst_i) begin
        timebase_count     <= 0;
        count_start_value  <= 8'b0;
        count_value        <= 8'b0;
        trigger_interrupt  <= 1'b0;
    end
    else if (cyc_i && stb_i && !adr_i && we_i) begin
        timebase_count     <= 0;
        count_start_value  <= dat_i;
        count_value        <= dat_i;
        trigger_interrupt  <= 1'b0;
    end
    else if (timebase_count == timebase_divisor - 1) begin
        timebase_count <= 0;
        if (count_value == 8'b00000000) begin
            count_value        <= count_start_value;
            trigger_interrupt  <= 1'b1;
        end else begin
            count_value        <= count_value - 1;
            trigger_interrupt  <= 1'b0;
        end
    end
end
```

```verilog
    else begin
        timebase_count        <= timebase_count + 1;
        trigger_interrupt     <= 1'b0;
    end
always @(posedge clk_i)              // 控制寄存器
    if (rst_i)
        int_enabled <= 1'b0;
    else if (cyc_i && stb_i && adr_i && we_i)
        int_enabled <= dat_i[0];
always @(posedge clk_i)              // 中断寄存器
    if (rst_i || (cyc_i && stb_i && adr_i && !we_i))
        int_triggered <= 1'b0;
    else if (trigger_interrupt)
        int_triggered <= 1'b1;
assign dat_o = !adr_i ? count_value : {7'b0, int_triggered};
assign int_req = int_triggered & int_enabled;
assign ack_o = cyc_i & stb_i;
endmodule
```

第一个 always 块用来表示时基分频器,间隔计数器和计数器输出寄存器。变量 timebase_count 被用来将频率为 50 MHz 的时钟信号分频得到 100 kHz 的时基。变量 count_start_value 用来存储计数器输出寄存器的值。计数值用变量 count_value 表示。变量 trigger_interrupt 是一个用于管理中断请求的内部控制变量。在复位时这几个变量都被清为 0。当地址的最低位为 0,并执行端口写操作时,被写入的数据将变量 count_start_value 更新,计数器也再次被清为 0。在其他时钟周期里,计数器递减。当时基计数器达到其最终计数值时,又返回 0,然后 count_value 递减。当 count_value 到达 0 时,计数器再次从 count_start_value 寄存器加载,变量 trigger_interrupt 被置为 1。

第二个 always 块用来表示带中断使能位的控制寄存器。在复位时,控制寄存器的中断使能位被清为 0。在不复位的其他时钟周期里,当地址的最低位为 1,并执行端口写操作时,该控制寄存器的位被写入端口的数据更新。

第三个 always 块用来表示只有一位的状态寄存器,用于判决中断事件发生。当 trigger_interrupt 变量为 1 时,变量 int_triggered 被置为 1,即此时计数值 count_value 达到 0 后又被再次加载。

最后三条赋值语句执行其余所需的功能。对 dat_o 的赋值可以在计数值或者中断状态位之间选择一个,选出的值可供端口读操作。当触发事件已经发生,且中断请求已经使能时,对 int_req 的赋值会引起一个中断请求。对 ack_o 的赋值实现控制器对总线操作的响应,以表明该控制器已经准备好,没有延迟。

例 8.17 假设 Gumnut 系统包括一个如例 8.16 所示的实时时钟控制器,该控制器的几个寄存器的端口起始基地址为 16。编写在 Gumnut 处理器上运行的,每 2 ms 调用子程序 task_2ms 的汇编代码。在每次调用之间,该程序处于低功耗模式。该子程序不应该作为中断服务程序的一部分而被调用,因为在执行该子程序期间,必须允许其他的中断。

解决方案 汇编代码如下所示:

```
;;;------------------------------------------
;;;程序复位:跳到主程序
            text
            org     0
            jmp     main
;;;------------------------------------------
;;;端口地址
rtc_start_count:    equ     16          ;数据输出寄存器
rtc_count_value:    equ     16          ;数据输入寄存器
rtc_int_enable:     equ     17          ;控制输出寄存器
rtc_int_status:     equ     17          ;控制输入寄存器
;;;------------------------------------------
;;;中断服务程序
            data
int_rl:     bss     1                   ;中断服务程序寄存器的存放处
            text
            org     1
int_handler:    stm     rl, int_rl      ;保存寄存器
check_rtc:      inp     rl, rtc_status  ;检查 RTC 中断
                sub     r0, rl, 0
                bz      check_next
                add     rl, r0, 1
                stm     rl, rtc_int_flag ;告诉主程序
check_next:     …
int_end:        ldm     rl, int_rl      ;恢复寄存器
                reti
;;;------------------------------------------
;;; init_interrupts:启动 2 ms 周期性的中断等
            data
rtc_divisor:    equ     199             ;把 100 kHz 分频到 500 Hz
rtc_int_flag:   bss     1
            text
init_interrupts:    add     rl, r0, rtc_divisor
                    out     rl, rtc_start_count
```

```
                    add    r1, r0, 1
                    out    r1, rtc_int_enable
                    stm    r0, rtc_int_flag
                    ...                           ;其他的初始化工作
                    ret
;;;----------------------------------------------------------------
;;;mainprogram
                    text
main:               jsb    init_interrupts
                    enai
main_loop           stby
                    ldm    r1, rtc_int_flag
                    sub    r0, r1, 1
                    bnz    main_next
                    jsb    task_2ms
                    stm    r0, rtc_int_flag
main_next:          ...
                    jmp    main_loop
```

这段代码被分成几个独立的段和子程序。每段程序处理程序中的一部分工作。第一部分处理系统复位时的主程序启动,其指令段的起始地址为 0,并且只是跳转到主程序。第二部分定义用于实时时钟控制器中的寄存器的符号标记。参照这些标记可以使代码比较容易读懂。

子程序 int_interrupts 对实时时钟控制器进行初始化,把值 199 加载到控制器的输出寄存器。这使得控制器的计数器从 199 减至 0,然后又从 199 重新开始;由此把时基分频 200,得到周期为 2 ms 的时间间隔。该子程序也通过向控制寄存器写入 1 来设置该控制器的中断使能位,然后清除内存中的 rtc_int_flag 地址。这个地址被中断服务程序用来表明已发生 2 ms 中断的主程序。该子程序接着处理其他初始化工作,然后才返回调用它的程序。

中断服务程序被存放在指令地址为 1 的内存中。在响应中断的时刻,中断服务程序检查系统中的控制器来确定中断源,启动实时时钟控制器。若该控制器的状态寄存器不是 0,则中断服务程序把 rtc_int_flag 置为 1,向主程序表明,它应该执行 2 ms 的任务。然后中断服务程序检查其他中断源,返回被中断的程序。

该主程序通过调用子程序对控制器和中断进行初始化开始,然后使能中断的接收。然后进入低功耗模式,直到中断的发生。在从中断服务程序返回的时刻,主程序检查存放 rtc_int_flag 标志的地方。若 rtc_int_flag 标志为 1,则实时时钟中断已经发生,所以主程序按照要求,调用 task_2ms 子程序,然后清除 rtc_int_flag 标志为 0。接着主程序就执行可能已经发生的其他中断所要求的任何处理。当这件工作完成后,又返回主程序,等待下一次中断。

例 8.17 中的代码是实时执行程序(real-time executive)的基本形式,换言之,这是一段对中断和定时器事件做出响应,安排并调度任务执行的控制程序。微处理器、微控制器和嵌入式处理器核的供应商通常为他们的产品提供更复杂的实时操作系统(Real-Time Operating System, RTOS)。也有一些第三方供应商可提供在各种不同处理器上运行的 RTOS。一个 RTOS 通常包括可执行程序，一起提供的还包括可管理其他资源(诸如存储器、输入/输出通信和专用的处理资源)的软件。使用实时执行程序或者 RTOS 的好处在于软件工程师门可以专注于自己系统的软件与其他系统软件不同处的开发，并可以重复使用已被证明为正确的可以处理嵌入式软件共同机制的代码。本书不再进一步详细地探讨实时编程的问题。有关这方面的问题，读者可以参阅列在 8.7 节的参考资料。

知识测试问答

1. 在处理实时行为中，嵌入式软件需要做什么？
2. 巡回检测如何与带输入/输出事件的嵌入式软件同步？
3. 比较巡回检测与其他输入/输出同步方案的优缺点。
4. 在接收到一个中断后，处理器执行哪些动作？
5. 当处理器正在关键区域执行任务时，它是如何阻止中断的？
6. 处理器在完成中断服务程序后，如何确定从哪条指令起恢复程序的执行？
7. 什么是中断向量？
8. 当中断请求被应答后，为什么控制器必须将该中断请求关闭？
9. 在嵌入式系统中实时时钟的目的是什么？
10. 由实时执行程序完成的是什么操作？

8.6 本章总结

- 传感(变送)器使得数字系统能与物理世界相互作用。传感器产生物理属性的电性能表示。输出变送器，包括执行器，产生物理效应。
- 输入设备包括开关、键盘、操纵杆、位置译码器和模拟传感器。
- A/D 转换器产生模拟信号的二进制编码表示。A/D 转换器包括闪烁型和连续逼近型。
- 输出设备包括：指示灯、七段 LED 和 LCD 显示器、电气/机械执行器和阀门、电机和模拟输出设备。
- D/A 转换器产生与二进制编码成正比的模拟信号。D/A 转换器包括 R 网络和 $R/2R$ 梯形网络。
- I/O 控制器包括输入寄存器和输出寄存器，这些寄存器为嵌入式处理器存取 I/O 数据提供了暂存的空间。它还可以包括用于该控制器管理的控制和状态寄存器。
- 自主管理的控制器可以在处理器执行其他任务的同时并行地完成 I/O 操作。
- 总线可以与多个数据源和多个数据目的地连接。并行总线对译码数据的每一位使用一条信号线。
- 多路复用总线使用多路选择器在某个时间段只选取一个数据源。多路选择器可以是集中在一起的,也可以是分布到每个数据源的,这取决于系统布线的复杂程度。
- 三态总线用高阻抗状态来避免竞争,允许多个数据源与多个目的地之间的直接连接。三态总线通常不用在芯片内部。在 Verilog 模型中用 Z 值为高阻抗状态建模。
- 漏极开路和集电极开路的驱动器允许线与(wired-AND)连接,在 Verilog 模型中,这种连接用 wand 型的线网建模。
- 总线协议规定了执行总线操作所用的信号,以及信号值的顺序和时序。
- 串行总线在一条导线上发送位序列。移位寄存器被用于在并行传输和串行传输之间做转换。
- 为了确定每一发送位的间隔,串行传输要求发送器和接收器之间必须同步。
- 在嵌入式处理器上运行的实时软件必须能够响应 I/O 事件,并且密切跟踪时间,以便处理器完成调度的或者周期性的操作。
- 用软件通过巡回检查 I/O 控制器可以确定是否有事件发生。
- 中断对控制器而言是一种给处理器发出通知的机制。处理器执行中断服务程序对发生的事件做出响应,然后恢复被中断的任务。处理器包括了管理中断的指令。
- 定时器或者实时时钟发出周期性的中断,使得嵌入式系统可以按照时间表和按周期执行任务。

8.7 进一步阅读的参考资料

Industrial Electronics:*Applications for Programmable Controllers*,*Instrumentation and Process Control*,*and Electrical Machines and Motor Controls*,3rd Edition,Thomas E. Kissell,Prentice Hall,2003.
  一本全面描述在工业环境下常用输入和输出设备的参考书,可用于与数字控制系统接口的各种传感(变送)器和电子线路的设计。
Standard LCD Graphic Modules,Allshore Industries,www.allshore.com/lcd_displays/lcd_graphic_modules.asp.
  提供了曾在本书 8.2.2 小节描述过的型号为 ASI-D-1006A-DB-_S/W 的 LCD 模块和 Seiko Epson 公司型号为 SED1560 的控制器集成电路的说明书。
Understanding Digital Signal Processing,Richard G. Lyons,Prentice Hall,2001.
  一本介绍数字信号处理理论的书。
WISHBONE System-on-Chip(*SoC*)*Interconnection Architecture for Portable IP Cores*,

Revision B. 3，OpenCores Organization，2002，www. opencores. org/projects. cgi/web/wishbone/wbspec_b3. pdf.

有关本书所用的 Wishbone 总线的技术指标说明文件。

开放核(OpenCores)的网站地址为:www. opencores. org。

从网站上的 FAQ(即经常提问的问题)栏目上得到关于 OpenCores 的解释如下:"开放核是一个对硬件开发有兴趣的人们组成的松散团体,其思想潮流类似于自由软件运动"。该网站积累许多免费的可重用的 IP 核设计,其中有许多是与 Wishbone 总线兼容的。

Real-Time Concepts for Embedded System，Qing Li，Caroline Yao，CMP，2003

嵌入式系统实时编程的实践指南。

练习题

练习 8.1 计算器的键盘安排如图 8.41 所示。请说明在扫描矩阵中如何安排这些按键开关。

练习 8.2 设计一个可以把 Gumnut 处理器与练习 8.1 描述的键盘连接起来的键盘控制器。该控制器必须包括一个能驱动行扫描信号的输出寄存器和一个能接收列输出信号的输入寄存器。

练习 8.3 开发一个 Gumnut 处理器程序,该程序使用练习 8.2 所描述的键盘控制器对计算器的键盘进行扫描。当某个键被按下时,该程序应该能调用一个名为 do_key 的子程序来响应该按键被按下情况的发生(只需要包括子程序的调用,不必包括子程序中的指令)。假设该控制器的输出寄存器的端口地址为 0,输入寄存器的端口地址为 1,并忽略开关的弹跳。

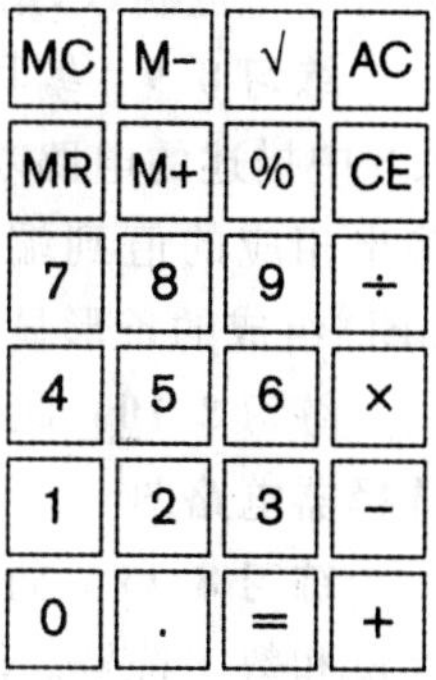

练习 8.4 说明例 8.13 所描述的输入控制器如何修改才能被用于带增量式编码器的音量控制旋钮。

图 8.41

练习 8.5 编写一个 Gumnut 中断服务程序,该程序能够响应由练习 8.4 的增量式编码器输入所产生的中断。该中断服务程序可以随着旋钮的顺时针方向或逆时针方向的旋转分别递增或者递减存储在存储器中的值。值的大小被限制在 0~100。

练习 8.6 开发一个用于 A/D 转换器的 8 位逐次逼近的寄存器(SAR)(请参阅图 8.6)。

练习 8.7 开发一个用逐次逼近方法完成 A/D 转换的 Gumnut 子程序,在寄存器 r1 中返回一个 8 位的转换结果。Gumnut 处理器被连接到一个输出数据寄存器、一个输入状态寄存器、一个 8 位的 D/A 转换器和一个比较器,如图 8.42 所示。输出寄存器的写入端口地址为 8,输入状态寄存器的读取端口地址为 8,并且在最低位提供比较器的输出值,其他位被用连线接 0 电平。

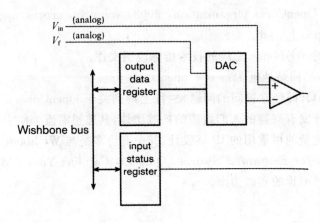

图 8.42

练习 8.8 某些数字音响设备使用由一行 LED 指示灯组成的条形显示器来表示声音信号的强度。假设声音的强度与信号幅度的对数成正比,我们就可以通过找到用于表示声音幅度的无符号二进制数中的最左边的一位,算出应该点亮哪一个 LED。假设已给定一个 8 位的无符号二进制数,请设计一个可以驱动 8 个共阳极的 LED 条形显示器的电路。

练习 8.9 编写一个可以在 Gumnut 处理器核上运行的子程序,该子程序可以实现练习 8.8 中描述的电路功能。该子程序读出存放在 r2 寄存器中的 8 位无符号二进制幅度值,然后输出相应的值到端口地址为 28 的 8 位寄存器,该寄存器的每一位被连接到由 8 个共阳极 LED 组成的条形显示器的每个发光二极管的负极上。

练习 8.10 画出与例 8.2 中 4 个七段显示器电路相对应的显示多路选择器电路图。

练习 8.11 如图 8.43 所示的一个十六段的 LED 显示器,可以显示字母和数字符号。画出该显示器的译码器和驱动器电路图,编写其 Verilog 模型,然后驱动一个十六段的共阳极 LED 显示,假设给出 6 位字符码的输入。使用 64×16 位的 ROM 对输入译码。在本练习中,不必确定 ROM 的内容。

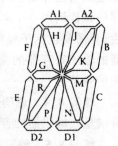

图 8.43

练习 8.12 修改例 8.2 的多路选择器/译码器电路,以提供 8 个字符的数字和字母的扫描显示,有 8 个 6 位字符码的输入。用练习 8.11 描述的 ROM 对字符码译码。

练习 8.13 设计一个可以驱动 8 个电磁铁线圈的输出控制器。该控制器必须有一个 8 位的输出寄存器,并须连接到由 Gumnut 处理器核所使用的 Wishbone 总线。

练习 8.14 ST 微电子公司生产的型号为 L298 的集成电路是一个双全桥驱动器,该驱动器可以用来驱动如图 8.12 所示的步进电机。L298 芯片与电机之间的简化连接线路如图 8.44

所示。确定使步进电机顺时针或者逆时针旋转时给 L298 芯片输入的二进制值序列。

练习 8.15 假设练习 8.14 描述的步进电机驱动器,通过端口地址为 8 的一个六位输出寄存器被连接到 Gumnut 处理器核,输出寄存器的第 0～5 位分别连接到 in1、in2、ena、in3、in4 和 en_b。编写一个可以在 Gumnut 处理器核上运行的子程序,使步进电机顺时针或者逆时针旋转 1/4 圈(90°)。提示:该子程序将跟踪步进电机控制信号的当前状态。在存储器中用一个地址保存步进电机的当前状态。

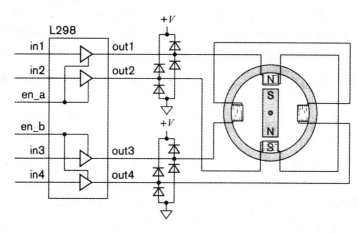

图 8.44

练习 8.16 画一个示意图展示如何把下列部件连接起来构成一个手提录音机:话筒、话筒放大器、扬声器、扬声器放大器、A/D 转换器、D/A 转换器、处理器核、指令存储器、数据存储器、按钮开关。该录音机的按钮有:录音、放音/暂停、停止、快速向前和快速退回。

练习 8.17 画一个类似于图 8.19 和图 8.20 的示意图,展示两个数据源、两个数据目的地,以及数据源和数据目的地都用两个多路选择器部件的总线连接。

练习 8.18 修改图 8.21,删除第二个 A/D 转换控制器。

练习 8.19 改写例 8.6 的 Verilog 模型,删除第二个 A/D 转换控制器。

练习 8.20 改写例 8.8 的 Verilog 模型,使其变为:若使能输入为 Z 或者 X,则输出为 X。

练习 8.21 设计一个串行输出控制器用于与 Gumnut 处理器核的连接,Gumnut 处理器使用 Wishbone 总线。该输出控制器可将写入数据寄存器的每个 8 位数据字节用非归零(NRZ)编码串行发送出去,带一个起始位和一个停止位,如图 8.35 所示。发送的比特率为 9 600 bit/s,由此推导出系统时钟的频率为 39.321 600 MHz(= 9 600×4 096)。当停止位发出后,该串行输出控制器将中断请求输出信号置位。当 Gumnut 发出的中断应答信号 int_ack 为 1 时,该中断请求输出信号被复位。

练习 8.22 编写可在 Gumnut 处理器上运行的子程序,该子程序用练习 8.21 描述的串行输出控制器发送数据字节。假设数据寄存器的端口地址为 24,且该系统中无其他中断源。

该子程序应在待机状态等待,直到该控制器的中断表明发送已经完成,该子程序才返回。

练习 8.23 改写练习 8.22 的子程序,使得该子程序在把发送字节写入数据寄存器后就返回。这样做可以使得处理器在该控制器发送字节期间,继续完成其他工作。请跟踪该控制器是否忙碌,以避免发送正在进行期间再次对该子程序的调用不会重写数据寄存器。

练习 8.24 编写练习 8.21 描述的串行输出控制器的 Verilog 模型。

练习 8.25 在 OpenCore(开放 IP 核)的库中有一个名称为 uart16550 的 UART 核,该核使用 Wishbone 总线(请参阅 http://www.opencore.org/projects.cgi/web/uart16550/overview)。开发一个系统的 Verilog 结构模型。该系统包括一个 Gumnut 处理器核、指令和数据存储器,以及一个 UART 核的实例。

练习 8.26 画一个类似于图 8.37 的示意图,展示二进制数 01100101 和 11110000 的曼彻斯特编码。

练习 8.27 设计一个电路,该电路的输入信号为:发送时钟和非归零(NRZ)串行数据信号(如图 8.33 所示);产生的输出为:曼彻斯特编码的串行信号。

练习 8.28 展示如何把例 8.11 所描述系统扩展为连接 4 个 AD7414 传感器的系统。

练习 8.29 一个 Gumnut 系统包括一个可显示 4 个数字的七段显示器,线路连接如图 8.45 所示。正极数据寄存器的端口地址为 128,负极数据寄存器的端口地址为 129。为例 8.17 描述的 task_2ms 子程序编写 Gumnut 汇编代码,用来对显示器进行扫描。要显示的 BCD 数字存储在标记为 display_data 的存储器的 4 个字节中。每次调用该子程序,驱动一个选取的数字。因此扫描完 4 个数字,需要连续 4 次调用该子程序。

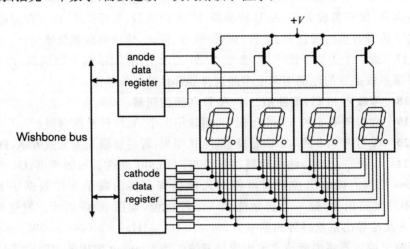

图 8.45

第 9 章

加速器

在 7.1 节中,作为介绍嵌入式计算机组成的一部分,曾提到组成嵌入式系统中的一个可选的部件——加速器。若系统必须高速执行某些操作,而执行的速度已超出嵌入式软件在处理器核上可能达到的速度,则需要设计专用的定制硬件,才能使系统以要求的高速执行这些操作。本章将更详细地讨论加速器,并探讨加速器和嵌入式处理器是怎样相互作用的。

9.1 一般概念

用数字系统执行的许多操作是由一系列步骤组成的。如果简单的嵌入式处理器核完成一个操作,它将按照顺序执行一系列的步骤,每个步骤用到一个或多个处理器指令。处理器执行指令的速度确定了执行该操作所花费的时间下限。提高操作性能的关键是并行,即同一时刻可执行多个步骤,这样完成该操作总共花费的时间就可以减少。因为每个器件在每个时刻只能执行一个步骤,所以并行所付出的代价就是为了能并行地执行多个步骤,必须添加一些元件。然而,在顺序执行不能满足性能需求的情况下,使用并行的硬件往往比用更快(而且更贵)的处理器,具有更高的性能和更低的功耗,因而是一个更好的选择。

在处理器核的内部,可以添加硬件实现并行处理。正像在第 7 章看到的,处理器不断地重复取指令、对指令译码,然后执行指令。许多处理器核采用各种不同的技术来并行地完成这些步骤。例如,在处理器对刚才取到的指令进行译码,并正在执行更前面取到的指令的同时,取入一条新的指令。高性能的处理器能一次取多条指令,对它们同时进行译码,并且用多个执行单元来并行执行尽可能多的指令。

为了达到指令级并行而采用的这些技术和其他技术在有关计算机体系结构方面的书籍里有更详细的描述(请参考 9.5 节的参考资料)。虽然这些技术可以使性能相对简单的处理器核提高2倍甚至20倍,但是性能的提高是以明显增加的复杂性、芯片面积和功耗为代价的。若某应用要求更高的性能,或不能接受高性能处理器对芯片面积和功耗的要求,则定制的硬件加速器往往是一个更好的选择。

可以在多大程度上提高性能取决于能够在多大程度上进行并行处理,换言之,取决于可在同一时刻执行的步骤数目。许多应用包括对一些有规律性和具有重复性结构的数据进行操作,而且在这些操作中计算步骤可以独立地执行。例如,音频数据是一系列顺序规则的采样值。控制音量的操作只包括把每个采样值乘以增益值。如果同时得到几个采样值,那么它们可以并行地乘以增益值。同样,摄像机的视频数据由一系列帧图像组成,每一帧都是图像元素(像素)矩阵。许多图像处理操作可以并行处理一帧里的多个像素点。有些操作,若涉及结构不够规则的数据,或者是数据到达的时间间隔不够规则,则提高处理速度就比较困难了。

在一些应用中,能够在多大程度上采用并行处理仅仅限于给定时刻所能得到的数据量。这指的是那些数据中每个元素可以单独处理,而且数据元素之间互不影响的操作。音量控制就是这样一个例子。然而,其他操作中的相互依赖性限制了并行处理的应用。比如,一些对音频信号流的处理操作包括把连续的采样值进行组合以得到结果信号流所需要的值。滤波就是这样,它包括把几个连续采样值组合后产生输出信号流中的一个值。因此,在得到所有需要的输入数据以前,不可能完成处理,产生输出结果。而且,作为处理过程的一部分,中间结果也必须计算出来,最终结果只有在所有中间结果都被计算出来后才能得到。

总之,可以通过复制硬件资源,并行地执行操作步骤来提高处理的速度,而速度的提高程度受制于数据依赖性和数据的可用性对并行处理的限制。实际加速器的设计涉及用足够的并行处理来满足性能要求,但也不要过多地应用并行处理,因为那样会增加不必要的成本和功耗。

为了确定并行处理有多大的发挥空间,通常从系统所要执行的处理操作的抽象描述开始。这可以采取用高级语言(诸如计算机编程语言或者其他一些形式化符号)的形式来表达和描述算法。这种描述确定了要处理的数据,以及它们是如何组织的,还有将要执行的处理步骤和顺序。然后,要确定算法核心(kernel),即找到最重要的、费时最多的和重复处理的那部分算法。这部分算法核心才是设计硬件加速器最好的地方。因为算法中费时最多部分的性能提高所带来的加速效果最为显著。而算法的其他部分可以在嵌入式软件中完成。

可以量化由加速算法核心处理所带来的性能改善。假设一个系统花费一定时间 t 来执行算法,比例 f 是执行算法核心所占的时间比例。剩下的时间 $(1-f)$ 是用来执行除算法核心以外的那部分代码的。因此有:

$$t = ft + (1-f)t$$

如果加速器能把算法核心的处理速度提高到原来的 s 倍,则算法核心的处理时间就缩短到原来的 $1/s$,但其他的处理时间并未受到影响。因此这个算法总的运行时间被减少到:

$$t' = \frac{ft}{s} + (1-f)t$$

总体性能的提高比例是原来的处理时间除以减少后的时间：

$$s' = \frac{ft + (1-f)t}{\frac{ft}{s} + (1-f)t} = \frac{1}{\frac{f}{s} + (1-f)}$$

这个公式表达的是 Amdahl 法则,是以 Gene Amdahl 的名字命名的,他是并行计算的先驱之一。它表示加速处理核心算法所带来的整体性能的提高在很大程度上依赖于原运行时间里算法核心执行所占的时间比例。如果所占的比例很小,即使提速的比例很大,造成的总体效果也不显著。另一方面,若某算法核心所占比例很大,则它的加速就会造成显著的总体效果。

例 9.1　假设在嵌入式处理器上运行的算法可以分成不同的部分,执行每一部分所花费的时间可以估算出来,而该算法可分成两个核心,一个占总时间的 80%,而另一个只占总时间的 15%。若用一个硬件加速器,我们可以将第一个算法核心的运行速度提高到原来的 10 倍,或者将第二个算法核心提高到原来的 100 倍,试问对哪个算法核心使用硬件加速器能对总体性能的提高产生更好的效果？

解决方案　对第一个算法核心进行加速处理所带来的总体性能提升为：

$$\frac{1}{\frac{0.8}{10} + (1-0.8)} = \frac{1}{0.08 + 0.2} = 3.57$$

对第二个算法核心进行加速处理带来的总体性能提升为：

$$\frac{1}{\frac{0.15}{100} + (1-0.15)} = \frac{1}{0.0015 + 0.85} = 1.17$$

因此,即使第二个算法核心提高的运算速度是第一个的 10 倍,而第二个算法核心在原来总运行时间里所占的比例较小也意味着进行加速处理也只能带来些微的性能改善。而对第一个算法核心进行加速处理将会产生更显著的效果。

在算法核心里,需要确定执行计算步骤的顺序。要确保能得到数据以便按顺序处理,并且中间结果能够在后续步骤需要前计算出来。除了这些约束以外,运算步骤是可以潜在地并行执行的。我们最终需要确定哪些步骤需要并行执行来满足性能要求。然后再确定加速器的结构,即描述并确定各个处理模块和它们之间的数据流动。

硬件加速器中主要采用两种结构方案来实现并行处理。第一种只是简单复制一份执行指定步骤的硬件元件,以便不同的数据元素可以在复制产生的相同硬件元件上各自独立地进行处理。与只用单个硬件元件相比,通过元件复制所能达到的速度提高,实质上取决于元件被复制的份数。这个结构适用于可以对不同数据元素独立进行处理的一些应用场合。

第二种实现并行结构的方案是把一个大的计算步骤划分成一系列小的步骤,然后在流水线中按序执行,如图 9.1 所示。（在前面的 4.1 节,曾介绍过流水线的概念。）流水线的每一级并行地执行简单的操作步骤,每一级对不同的数据元素或者对前面各级产生的中间结果进行操作。对于给定的数据元素,流水线计算所花费的时间和非流水线器件链所花费的时间基本上是相同的。然而,假若每个时钟周期都能在流水线的输入端提供数据,在其输出端接收数据,则流水线在每个周期就可以完成一次运算。因此,和非流水线链相比,流水线所能带来的性能提高实质上取决于流水线的级数。这种方案适用于这样一些应用场合:复杂的处理步骤可以被分解成为简单的处理顺序,即每个步骤只依赖于前面步骤的运算结果。在某些涉及独立的复杂计算的场合,可以应用多条流水线,同时利用两种方案,以提高处理的性能。

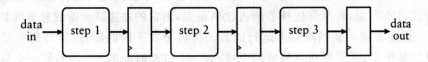

图 9.1　加速器的流水线组织

从算法描述到加速器结构的系统分析,是在系统设计流程早期完成的。它通常是由有经验的系统设计师完成的,融入了他们的创造性和在以前系统设计中积累的经验。自动完成这种分析被证明是具有挑战性的工作。除了非常少的领域外,早期的高级综合工具并不成功。近来,新一代工具开始浮现,并且在很广泛的领域内表现出良好的前景,尤其在音频、视频和其他的信号处理领域。随着这种技术的成熟,我们可以期待高级综合工具在设计方法学中将会有更广泛的应用。在第 10 章设计方法学的讨论中,将回到结构分析和其在设计流程的位置这一主题。

许多涉及加速器的系统所处理的数据是输入/输出数据。在这类系统中,I/O 控制器必须在设备和嵌入式系统之间高速传递数据。一旦数据被存储在内存中,它就可以被加速器处理,处理的结果同样存储在内存中。如果对这些数据存储器的访问是由处理器作为中介完成的(即在软件的控制下在内存和寄存器之间复制数据),那么数据传输速度可能会很慢。然而,可以允许控制器和加速器进行直接内存访问(DMA),也就是在内存中自主存取数据。I/O 控制器或者加速器也可以不由处理器来发起内存访问,而直接发起对内存的访问,提供要求的地址,激活存储器控制信号。

一方面因为处理器和任何 DMA 方式的子系统必须共享对内存的访问通路,另一方面内存同一时刻只能执行一次访问,因此需要确保处理器访问和 DMA 访问是错开的。必须在系统中设置一个仲裁器(如图 9.2 所示)来确保子系统能够轮流访问内存。每个主设备(I/O 控制器、加速器、处理器)当需要访问内存时,激活一个请求信号给仲裁器。仲裁器基于提前确定的策略在它们中决定谁能够访问内存,给相应的子系统发出访问内存的准许信号。该子系统然后进行访问,而内存则作为从设备来响应。任何其他发出请求信号的主设备必须等待。当获得批准的主设备完成对内存的访问后,便停止它的请求。仲裁器然后给另一个子系统发出准许信号。不同的应用场合可以用不同的策略来对多个访问请求进行管理,而这种策略则取决于主设备能否允许等待,允许等待多久。有些应用采用循环策略,即主设备严格地按照顺序获得批准。其他一些系统可能要求部分主设备比其他主设备拥有更高的优先权,以满足处理速度的要求。

在许多应用中,有待加速器处理的数据按照有规律的模式(pattern)被安排在内存中,或占用相邻的内存块,或者占用按规则间隔开的内存区域中。加速器的工作就是一块一块地处理数据。在加速器处理一个或多个块的同时,系统的其他部分可能在处理其他的块。举一个例子说明:处理静态和视频图像的几种算法把一帧图像分割成 8×8 或者 16×16 的像素块,然后独立地处理每个块。同样,常用于音频数据编码的 MP3 格式代表音频帧中的时间间隔,可独立地对各音频帧进行处理。

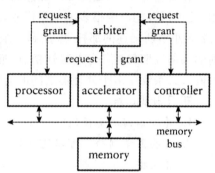

图 9.2 带存储器总线仲裁器的多主系统

块处理加速器的数据通路主要由两部分组成。第一部分按照直接存储器访问(DMA)的方式在内存中读写数据。这一部分电路包括自动生成存储地址的电路,即根据处理器放入寄存器中的起始地址,并利用计数器产生 DMA 所需的后续地址的电路。数据通路的第二部分对数据进行所需的计算。加速器的控制部分安排数据通路的操作顺序,并使操作和处理器同步。根据计算操作和总线协议复杂程度的不同,数据通路和操作顺序的安排可能是由一个有限状态机完成的,也可能每次计算操作是由独立的互相影响的状态机来完成的。

块处理加速器处理存储在内存毗邻区域的数据块,而其他形式的加速器则可以处理从某些数据源按顺序到达的数据流。因此,两种形式的加速器是互补的:块处理与空间上的位置排列有关(即存储在内存中的数据),数据流处理与时间顺序(即按时间间隔到达的数据)有关。提供给流加速器处理的数据可能来自高速的输入设备,或者流水线中别的加速器。数据也能以流的方式从内存中取出,提供给输出设备或者别的加速器。

流处理加速器最常见的应用领域之一是数字信号处理(DSP)。一个或多个信号从连续的模拟信号转变为由周期间隔采样值组成的数据流。处理操作包括滤波、混合、放大/衰减、以及时域和频域间的转换。DSP 的一些应用领域包括音频和视频处理,无线电和雷达信号处理,传感器数据分析等。若想了解数字信号处理的数学基础和计算技术,请参阅本章 9.5 节列出的参考资料。

虽然已经提供了加速器存取数据的手段(在内存中或通过数据流的连接),还需要提供一种途径让嵌入式软件可以控制加速器的操作。这项工作可能包括提供数据,例如计算中用到的参数;也可能包括加速器和系统中其他活动的同步操作,例如来自于 I/O 控制器数据的到达,或者其他 I/O 事件的发生。一般情况下,这是由加速器内的输入/输出寄存器来完成的。然后嵌入式软件能够与加速器互动,这种互动的方式和嵌入式软件与其他自主管理的 I/O 设备的互动方式是非常相似的。例如,加速器中可以包括地址寄存器和用来存放内存数据长度的寄存器,这样有利于控制将要执行的操作,也有利于表示状态。嵌入式软件可以向这些寄存器中写入数据来发起某个操作,并在操作完成时依靠来自加速器的中断信号得知。

在某些应用中,处理器和加速器是有可能在不是那么严格同步的情况下进行工作的。例如,处理器可能产生很多项工作任务,需要加速器去执行,并把每项任务的描述信息(如我们在5.2.3 小节所描述的那样)添加到一个先入先出队列(FIFO)中。加速器可以通过从 FIFO 队列的头部读取每件任务的描述信息,准备好以后,才接受这项任务。FIFO 队列也可用于大规模嵌入式系统中多个处理器之间的通信。

知识测试问答

1. 并行如何改善性能?
2. 哪些因素制约了可以达到的并行操作?
3. 算法描述了哪些方面?
4. 为什么对算法核心进行加速是最好的办法?
5. 如果某流水线有 4 级,并且每个时钟周期都接受新的输入,与非流水线器件链相比,速度提高多少倍?
6. 什么是直接内存访问方式(DMA)?
7. 在多任务系统中,仲裁器的任务是什么?
8. 块处理加速器和流处理加速器的区别是什么?
9. 嵌入式软件和加速器是如何相互作用的?

9.2 案例研究:视频边缘检测

本节将用视频图像边缘检测加速器作为例子,展示加速器设计中几方面的问题。真实加速器的设计是非常复杂的,本书只是介绍加速器的设计原理,为了不被具体细节所累,我们在这两者之间做了某种程度的折中。

边缘检测是分析视频图像场景的重要部分,而且应用于诸多领域,像安全监控和计算机图形学等。它包括确定一幅图像在哪些区域上亮度发生突变。这些区域通常发生在物体的边缘。对边缘的后续分析能用于识别该物体到底是什么。

为了说明这个例子,假设有 640×480 像素的单色图像,每个像素用 8 位表示,按行存储在内存中,并且每一行里从左到右连续的像素点占据着内存中连续的存储单元。像素值是无符号整数,范围为 0(黑色)~255(白色)。我们将会采用一种相对简单的算法,叫做 Sobel 边缘检测法。它的机理是计算 x 和 y 方向亮度信号的导数值并且寻找导数中的最大值和最小值。这些区域就是亮度变化最剧烈的区域。Sobel 检测法通过一个叫做卷积的过程来估计每个像素点每个方向上的导数值。这包括把中心像素点和它8个最近像素点每个乘以一个系数后相加。该系数通常用一个3×3的卷积表来表示。分别用于计算x和y方向导数值的Sobel卷积表G_x和G_y如图9.3所示。我们可以想象出一幅导数图像,它是通过把每个卷积表对齐覆盖到原始图像的连续像素点上由计算得到的。把每个卷积表中的系数乘以它下面对应像素点的亮度值,然后把这9个乘积加起来得到计算导数图像所需要的两个偏导数D_x和D_y。理想情况下,可以这样计算导数图像像素点的幅度:

$$|D| = \sqrt{D_x^2 + D_y^2}$$

然而,因为我们感兴趣的只是找到幅度的最大值和最小值,按照下式进行估算就足够了:

$$|D| = |D_x| + |D_y|$$

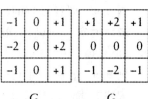

图 9.3 Sobel 卷积表

这种近似值是起作用的,因为开平方和平方函数都是单调的(也就是,它们随着自变量的增加而增加,随着自变量的减小而减小)。因此,实际幅度的最大值、最小值和估计幅度的最大值、最小值发生在图像的同一个地方。相比计算平方和平方根函数,计算估计幅度需要的硬件资源少得多。我们对图像的每个像素位置重复计算估计幅度。注意到环绕图像边缘的那些像素点并没有一个完整的相邻像素组,所以需要单独处理它们。最简单的方法就是把导数图像中边缘像素点的值$|D|$设置为0。因为那是一种相对直接的方式,并且不消耗任何时间,可以在软件中完成。

例 9.2 把Sobel边缘检测算法用伪代码的形式更正式地表达出来,也就是,用一种与计算机编程语言类似的表示法。

解决方案 我们将要用一种类似于Verilog的伪代码。令O[row][col]表示原始图像的像素点,D[row][col]表示导数图像的像素点,row的范围为0~479,col的范围为0~639。同时令Gx[i][j]和Gy[i][j]表示卷积表,其中i和j的范围为−1~+1。该算法是:

```
for( row = 1; row< = 478; row = row + 1 )   begin
    for(col = 1; col< = 638; col = col + 1)   begin
        sumx = 0;    sumy = 0;
            for( i = −1; i< = +1; i = i + 1)   begin
                for(j= −1; j< = +1; j= j+1)   begin
                    sumx = sumx + O[row + i][col + j] * Gx[i][j];
                    sumy = sumy + O[row + i][col + j] * Gy[i][j];
                end
            end
        D[row][col] = abs(sumx) + abs(sumy)
    end
end
```

例 9.3 求在计算 Sobel 卷积中表示每个像素点中间值和最终值所需要的位数。

解决方案 每个像素用 8 位无符号数表示。给定卷积表中的系数值后,部分积的范围为 $-510\sim+510$。因此,部分积应该用 10 位有符号数表示。求出每个 D_x 和 D_y 的值需要把各自的 9 个部分积相加。然而,由于系数值的特点,结果值的范围为 $-1\,020\sim1\,020$,可以用 11 位表示。然后需要把两个绝对值相加,产生的 $|D|$ 的范围为 $0\sim2\,040$,也可以用 11 位表示。因为后续的边缘检测操作步骤只涉及确定哪个导数图像像素点超过了特定阈值,我们并不需要保持结果有 11 位的精确度。相反,用 8 位值来衡量结果是更方便的,因为它们可以像原始图像一样用同样的格式回送到内存中。

例 9.4 假设视频的帧速为每秒 300 帧,计算必须以多快的速度计算 Sobel 卷积。

解决方案 每帧图像包括 $640\times480=307\,200$ 个像素。因为每秒有 30 帧,必须以每秒 $307\,200\times30=9\,216\,000$ 个像素的速度对像素点进行处理,换言之,大约每秒 1000 万个像素。

例 9.5 鉴别出能获得所要求的计算性能的并行结构方案。

解决方案 既然计算只需要原始图像的像素值,因此求解每个导数像素所必须的计算可以各自独立地进行。因此,可以按照要求同时对尽可能多的像素进行计算。图 9.4 展示了图像的每个导数像素由数据的从属关系得到计算结果的全过程。这张图展示了每个操作步骤所需要的数据,从原始图像的顶部像素开始,通过独立操作的过程得到中间结果,最后求出底部的导数像素。我们已经省略了系数值是 0 的部分积,因为它们对结果没有任何贡献。观察这幅图,我们看到可以并行地计算所有的部分积,因为每个部分积只依赖于原始像素值和常量系数。然后可以并行地把两组各 6 个部分积加起来,再并行地计算两个绝对值,把它们加起来最后得到(原始图像某个像素的)导数像素值。

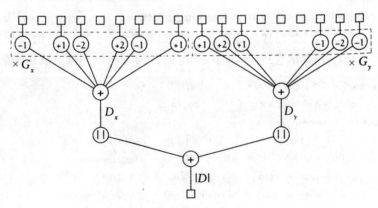

图 9.4 计算导数像素的数据从属图

包括边缘检测加速器在内的视频系统的顶层框图如图 9.5 所示。视频输入来自摄像机的 I/O 控制器,它把连续的视频图像保存在内存中。在处理器上运行的软件控制加速器,对给定的帧进行处理,得到相应的导数图像。

例 9.6 假设存储原始图像和导数图像的内存是 32 位宽,并且每一个 8 位字节是单独编址的。视频图像是按照每个像素一个字节存储的。一帧里一行的像素从左到右依次存储在连续的地址内存空间中,并且各行从上到下,一行接一行存储。每次内存读写需要花费 20 ns,即需要 100 MHz 系统时钟的两个周期。问内存存取数据的速度是否足够快?

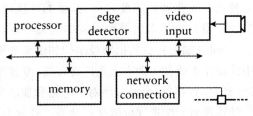

图 9.5 含有边缘检测加速器的视频系统

解决方案 前面的分析指出,摄像机以大约每秒 1000 万个像素的速度到达,即每 100 ns 收到一个像素。如果视频输入控制器用一次单独的写操作把每个像素点存储到内存中,它就会消耗可用内存带宽的 20%。更好的办法是控制器把 4 个像素值合起来,用一次写操作来存储这些像素,这样就可以把对内存带宽的占用减少到 5%。

边缘检测加速器必须以输入像素到达的同样速度计算出导数像素值,换言之,每 100 ns 输出一个导数像素值。因此,假定每四个导数像素合成一个 32 位的值,则把计算出的导数像素值写入内存又消耗内存带宽的 5%。计算每个像素需要从原始图像中取出 8 个像素值。一个天真的想法是一次只读取一个像素,分多次读取,并且计算后续像素的导数值时再次照此方法读取。这个方案完成每个像素的计算需要进行 8 次读取,占用 160% 的内存带宽。显然这是不现实的。

因为内存中每个 32 位字包括了 4 个相邻的行像素,每次读取 32 位字,包含了尽可能多的像素,可减少所需要的带宽。对于一半的像素位置,只需要读 3 次(当每行的 3 个像素点落到同一个字中时),对于另外一半像素位置,需要读 6 次(当每行里的 3 个像素点跨越了字边界时)。所以总的来说,计算每个像素的导数值需要 4.5 次读操作,需要 90% 的内存带宽。这个方案还是不可行。

请注意,原始图像的像素,一旦被读取,就可以用来计算该像素的后一列、本列和前一列中 3 个像素的导数,这样可以进一步减少所占的内存带宽。所以,可以把原始图像的像素存储在加速器中用于计算多个像素的导数,而不是等到需要计算那些像素的导数值时再去读取。可以把它存储起来用于计算左一列、本列、右一列的像素。每计算 4 个像素,只需要读取 3 个字,即只需要 15% 的内存带宽。假若剩下 75% 的内存带宽足以完成系统的其他操作,则计算 4 个像素所需的 15% 内存带宽再加上把视频输入存入内存所需的 5%,以及把像素导数值写入内存所需的 5% 带宽,因此这个方案是可行的。

若需进一步减少由边缘检测所消耗的带宽,则可在加速器中加入小块内存来存储从主存中读取的一整行。这可以让每个像素只被读取一次,把读取像素所要求的带宽减少到只有 5%。视频输入和边缘检测将总共只占用 15% 的可用带宽。

在边缘检测器例子的开发过程中,将采用这样的方法:从原始图像中读取三行,每行 4 个相邻的像素,把这些像素值存储在寄存器中,而不是把整行的像素值存储到内存中。我们将设计加速器来处理整块的数据,这样的数据块包括原始图像的三整行,可用于形成导数图像中的一整行。正像我们将要看到的,块的处理过程包括三个阶段:起始阶段、重复计算时序阶段和完成阶段。为了求出导数图像中的每一行,需要不断地重复执行这些阶段。

Sobel 加速器的数据路径结构如图 9.6 所示。它实质上是一个这样的流水线,先从原始图像中读取像素值存入图右上角的寄存器,流过左侧 3×3 的乘法器阵列,然后向下流过加法器到达 Dx 和 Dy 寄存器,再通过绝对值电路和加法器到达 |D| 寄存器,最终进入图左下角的寄存器。然后计算得到的像素导数值从寄存器写到内存中。(尽管一个从右到左的数据流和通常情况是相反的,但在本例中,有助于保持像素的位置安排和原图像一致。)上面是在假设流水线一开始就充满数据的情况下描述流水线的操作的。然而实际情况并非完全如此,所以下面要讨论的是:在图像行的起始处流水线是如何启动的,在图像行的结尾处流水线中的数据又是如何排出的。

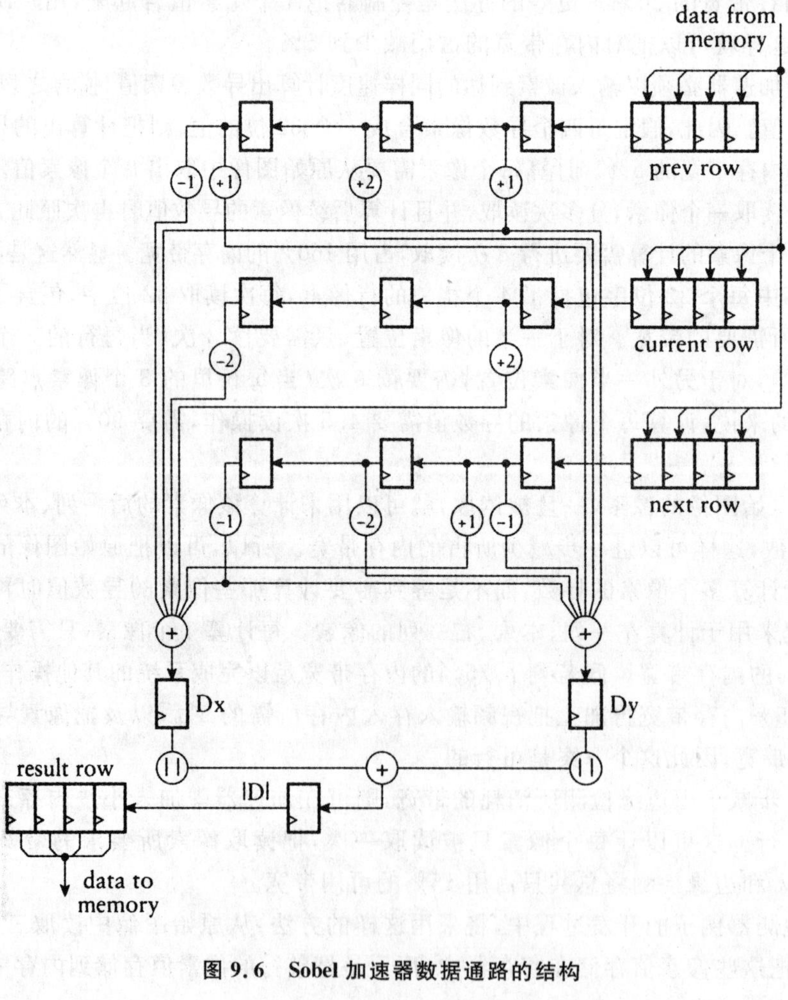

图 9.6 Sobel 加速器数据通路的结构

流水线按照每四个像素值一组的形式产生给定行的像素导数值。加速器从内存中的上一行、本行、下一行各读取 4 个像素点到如图右上角所示的 3 个 32 位寄存器中。每个寄存器包括 4 个 8 位像素值寄存器。在接下来的 4 个时钟周期里，像素值依次左移（每次一个像素值）到乘法器阵列中。阵列中的每个单元包括一个像素值寄存器和一个或两个用于把存储的像素值乘以一个常量系数的电路。因为系数都是 -1、$+1$、-2 或者 $+2$，这些电路并不是完整的乘法器。相反，乘以 -1 仅仅是一个取反电路，乘以 $+1$ 是一个直通连接而没有任何电路，乘以 -2 是把取反电路的结果左移，乘以 $+2$ 仅仅是一个左移。在每个时钟周期，硬件电路阵列提供了求一个像素导数值所需要的部分积，部分积加起来后存储到 Dx 和 Dy 寄存器中。同样，在每个时钟周期，计算出前一个像素值的 Dx 和 Dy 的绝对值，加起来后存储到 |D| 寄存器中。作为结果的像素导数值左移到结果行寄存器中。当寄存器中 4 个结果像素值都准备好后，随即被写入到内存中去。

进入稳态后，在处理一行的过程中，在加速器移入新的像素值到加法器阵列 Dx, Dy 和 |D| 寄存器中去之前，需要把像素值从结果寄存器写到内存中；否则，上一次计算结果就会被覆盖掉。在写了 4 个像素值后，加速器可以通过流水线再压入 4 个像素值，再空出读寄存器，填写结果寄存器。然后它可以把那些结果像素值写入内存，再读入 3 组各 4 个像素点，重复这个过程。假设有一个 Wishbone 总线连接 32 位宽的数据信号和一个如前所述的 100 MHz 的时钟，则时序如图 9.7 所示。因为加速器是内存总线的主设备之一，它也必须要求总线的使用权来读写，等待总线仲裁器的访问批准。假设仲裁器给加速器足够高的优先权，这样加速器可以使用它所需要的内存带宽。

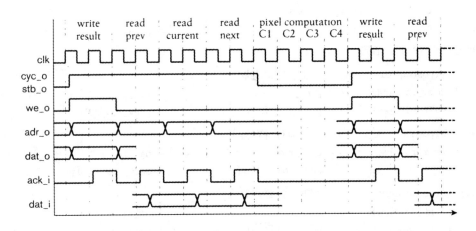

图 9.7　流水线中像素读写操作和计算的时序

既然已经考虑了处理一行像素过程中的稳定状态，还需要考虑在一行开始处发生的情况——流水线中的寄存器中没有有效的数据。所以像在稳态中那样开始处理一行，但忽略前两次重复过程中的写操作。之后,结果寄存器就包含有效的数据了,所以可以在每次的重复过程中加入写操作。注意到在前 4 个计算周期后,有效数据已经进入到流水线中 Dx 和 Dy 寄存器中。在第二次 4 个计算周期后,有效数据已经进入到最右侧的 3 个结果像素值寄存器中。最左侧的结果像素值寄存器里仍然是无效数据。然而,这组 4 个像素值是应该写到导数图像行起始处的。正如之前提到的,最左边的位置没有一组完整的相邻像素点,所以并不为它计算一个值,而将在后面依靠嵌入式软件把那个像素值清 0。

当已经到达了一行的结尾时,需要排出流水线中的数据。因为一行里像素点的个数是 4 的整数倍(640=160×4),每次总是可以读到包含 4 个像素值的完整组。在读完最后那组后,可以正常执行 4 个计算周期。这给了 4 个需要写入的结果像素值,再加上 3 个仍在流水线中的像素值。把这 4 个结果像素值写入内存,忽略读操作,再执行 4 个计算周期排出流水线中的数据,并把最后的像素值移到结果寄存器中要求的位置,再完成最后一次写操作,这样就结束了这一行。请注意,这样做在暂存计算结果的像素寄存器的最右位设置了一个无效值。这对应于一行中最右边的那个像素的值,该像素没有完整的相邻像素组。我们又一次将依靠嵌入式软件把那个像素值清 0。

例 9.7 编写 Verilog 寄存器传输级代码来描述图 9.6 的数据通路。

解决方案 定义 Sobel 加速器模块的 Verilog 代码如下:

```verilog
//计算数据通路信号
reg              [31:0]  prev_row, curr_row, next_row;
reg              [7:0]   O[-1:+1][-1:+1];
reg signed       [10:0]  Dx, Dy, D;
reg              [7:0]   abs_D;
reg              [31:0]  result_row;

//可进行计算的数据通路

always @(posedge clk_i)        //上一行寄存器
    if (prev_row_load)     prev_row         <= dat_i;
    else if(shift_en)      prev_row[31:8]   <= prev_row[23:0];

always @(posedge clk_i)        //当前行寄存器
    if (curr_row_load)     curr_row         <= dat_i;
    else if ( shift_en )   curr_row[31:8]   <= curr_row[23:0];

always @(posedge clk_i)        //下一行寄存器
    if (next_row_load)     next_row         <= dat_i;
    else if ( shift_en )   next_row[31:8]   <= next_row[23:0];

function [10:0]      abs ( input signed [10:0] x);
    abs = x >= 0 ? x : -x;
endfunction
```

```verilog
    always @(posedge clk_i)    //计算流水线
      if ( shift_en )     begin
         D = abs(Dx) + abs(Dy);
         abs_D <= D[10:3];
         Dx <=   - $ signed({3'b000, O[-1][-1]})           //-1 * O[-1][-1]
                 + $ signed({3'b000, O[-1][+1]})           //+1 * O[-1][+1]
                 - ( $ signed({3'b000, O[ 0][-1]})         //-2 * O[ 0][-1]
                    <<1)
                 + ( $ signed({3'b000, O[ 0][+1]})         //+2 * O[ 0][+1]
                    <<1)
                 - $ signed({3'b000, O[+1][-1]})           //-1 * O[+1][-1]
                 + $ signed({3'b000, O[+1][+1]});          //+1 * O[+1][+1]
         Dy   <=   $ signed({3'b000, O[-1][-1]})           //+1 * O[-1][-1]
                 + ( $ signed({3'b000, O[-1][ 0]})         //+2 * O[-1][ 0]
                    <<1)
                 + $ signed({3'b000, O[-1][+1]})           //+1 * O[-1][+1]
                 - $ signed({3'b000, O[+1][-1]})           //-1 * O[+1][-1]
                 - ( $ signed({3'b000, O[+1][ 0]})         //-2 * O[+1][ 0]
                    <<1)
                 - $ signed({3'b000, O[+1][+1]});          //-1 * O[+1][+1]
         O[-1][-1]   <=   O[-1][0];
         O[-1][ 0]   <=   O[-1][+1];
         O[-1][+1]   <=   prev_row[31:24];
         O[ 0][-1]   <=   O[0][0];
         O[ 0][ 0]   <=   O[0][+1];
         O[ 0][+1]   <=   curr_row[31:24];
         O[+1][-1]   <=   O[+1][0];
         O[+1][ 0]   <=   O[+1][+1];
         O[+1][+1]   <=   next_row[31:24];
      end

    always   @(posedge clk_i)      //结果行寄存器
       if(shift_en)   result_row   <= {result_row[23:0],abs_D};
```

模块中前 3 个 always 块表示 3 个寄存器组(译者注:每个寄存器组由 4 个 8 位的寄存器组成),从内存中读取的每组 4 个像素值被加载到这 3 个寄存器组中。因为这些寄存器通过内存的连续读操作来加载数据,所以每个寄存器组有一个单独的控制信号来控制数据的加载。因为它们都并行地把一个像素值移出寄存器进入流水线中,所以它们可以共享一个移位控制信号。

下一个 always 块表示加速器的计算流水线。该块在控制信号 shift_en 控制下所赋值的信号表示流水线寄存器。信号 O 是一个 3×3 的像素值阵列,下标对应于原始像素行列号与由寄存器值计算出来的导数像素行列号的差值。例如,下标为 [-1][+1] 的元素包含的是所计算的像素的前一行和下一列的像素值。元素值是由每个输入寄存器最左边 8 位向左移入阵列的。Dx 和 Dy 值由阵列元素值计算出来。在每种情况下,值的大小被调整为 11 位,并被转换为有符号数,正像之前在分析计算精确度要求时讨论的那样。乘以 2 由逻辑左移一位来完成,乘以一个负系数是由减法而非加法完成。由模块中定义的绝对值函数求出的 Dx 和 Dy 的绝对值相加后,再由 11 位按比例缩回 8 位以得到最终的像素导数值。

剩下的 always 块表示一个 32 位的寄存器,该寄存器把 4 个 8 位的导数像素值拼接成一个由 32 位组成的字,一次写入内存。像素值在 shift_en 信号控制下被移入该寄存器。

前面曾提到块处理加速器必须有产生地址和处理数据的电路。Sobel 加速器也需要这样的电路来计算从原始图像中读取像素值的地址,并计算像素导数写入导数图像所需的地址。我们将会提供一个寄存器,以便嵌入式软件可以把原始图像和导数图像在内存中的基地址写入该寄存器。地址产生电路可以用该寄存器中由软件设置的基地址自动地产生像素地址。我们将要求所有的地址是按字排列的,也就是说,它们都是 4 的整数倍。这意味着地址的最低两位总是 00,因此不必明确规定每个像素的存储地址。

例 9.8 假设一幅图像在内存中的基地址为 B,请推导出计算图像的第 r 行第 c 列的像素值地址的表达式。行列都从 0 开始编号。

解决方案 图像尺寸是 480 行,每行 640 个像素。第 r 行的起始地址是:

$$B + r \times 640$$

该行 c 列的像素点位于地址

$$B + r \times 640 + c$$

可以把表达式 $r \times 640 + c$ 看作基地址的地址偏移量。

例 9.9 假设内存的大小是 4 MB,组织成 1 M×32 位。请为 Sobel 加速器设计能自动选通存储地址(数据通路)的电路。

解决方案 自动选通存储地址需要两个基地址寄存器:O_base 用于原始图像;D_base 用于导数图像。因为像素值按四个一组存储,地址的最低两位总是 0,所以不需要在地址寄存器中按每个像素的地址存储。

有几种方案可以得到读/写地址,包括采用图像行和列的计数器。然而,对像素相对基地址的偏移值进行计数,就可以避免乘以 640 的操作,如图 9.8 所示。

对于原始图像,从偏移值 0 开始计数,依次加 1 以便于从内存中读一组四个像素值。把偏移值和基地址加起来形成前一行的像素组地址。把它加上 640/4 形成当前行的读地址,再加上 1 280/4 形成下一行的读地址(假设两种情况下地址的最低两位都是 00)。对于导数图像,从偏移值 640/4 开始计数,依次加 1 形成每次的写地址。图中的多路选择器选择适当的计算地址来驱动内存地址总线。

（译者注：图像的像素点总共有 480 行 640 列，加上 640/4 后的地址与原地址正好差了一行的位置；加上 1 280/4 后的地址正好差两行的位置。根据这两个地址从内存中读取的像素值正好就是用 Sobel 卷积表计算当前像素导数值所需要的当前和下一行像素位置的像素值。）

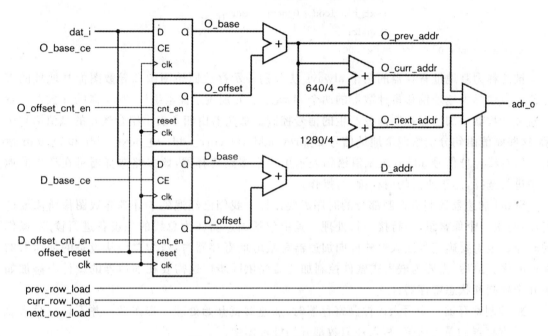

图 9.8　地址产生电路的数据通路

例 9.10　编写寄存器传输级的 Verilog 代码，描述如图 9.8 所示的地址产生电路。

解决方案　Sobel 加速器模块定义中的地址生成电路的代码如下：

```
//地址发生器
always    @(posedge     clk_i)            // O 基地址寄存器
    if    (O_base_ce)    O_base    <= dat_i[21:2];
always    @(posedge     clk_i)            // O 地址偏移量计数器
    if    (offset_reset)             O_offset    <= 0;
    else  if    (O_offset_cnt_en)        O_offset    <= O_offset + 1;
assign    O_prev_addr = O_base + O_offset;
assign    O_curr_addr = O_prev_addr + 640/4;
assign    O_next_addr = O_prev_addr + 1280/4;
always    @(posedge     clk_i)            // D 基地址寄存器
    if    (D_base_ce)    D_base    <= dat_i[21:2];
always    @(posedge     clk_i)            // D 地址偏移量计数器
    if    (offset_reset)             D_offset    <= 0;
```

```
        else    if    (D_offset_cnt_en)    D_offset    <= D_offset + 1;
assign D_addr = D_base + D_offset;
assign    adr_o[21:2] = prev_row_load ? O_prev - addr :
                        curr_row_load ? O_curr - addr :
                        next_row_load ? O_next - addr :
                        D_addr;
assign adr_o[1:0]    =    2'b00;
```

被注释为基地址寄存器的两个 always 块分别表示存放原始图像和导数图像基地址的寄存器。被注释为地址偏移量计数器的两个 always 块分别表示像素组读/写所需的计数器。寄存器和计数器由加速器控制部分产生的信号控制。加法器由四条表示组合逻辑的赋值语句表示，这些赋值语句分别给四个地址信号 O_prev_addr, O_curr_addr, O_next_addr 和 D_addr 赋值。给总线地址信号 adr_o 的赋值语句表示了一个多路选择器，该多路选择器可在产生的地址中进行选择，用于所需的内存读/写操作。

Sobel 加速器还剩下控制部分的时序需要设计。我们已经遇到了计算导数图像所需要的时序：每次一个像素组，一行接一行处理。其中包括加速器作为总线的主设备进行读/写操作的时序。也需要确定当嵌入式软件向加速器写基地址寄存器时，作为总线从设备的加速器的响应时序。最后，需要为嵌入式软件控制加速器提供同步。这需要在加速器的设计中添加如下几个控制和状态寄存器：

> 控制寄存器。当写入该控制寄存器时，加速器就开始处理一幅图像。并不计较写入该寄存器的是什么值，写入任何数都开始处理图像。
> 第 0 位是中断使能位的控制寄存器。
> 状态寄存器。其第 0 位是 done 标志位（即完成标志位），当处理器处理完一幅图像时，随即将该位设置为 1。其他位读为 0。当 done 标志位为 1，且中断使能位为 1 时，加速器便发出中断请求。读取 done 标志位还有一个附带作用是中断应答，并将 done 标志位清 0。

为简化总线接口，将把这些寄存器映射到 32 位地址总线的相邻地址。完整的寄存器地址映射如表 9.1 所列。

表 9.1 Sobel 加速器的寄存器

寄存器	偏移值	读/写	寄存器	偏移值	读/写
中断控制	0	只写	开始	4	只写
原始图像基地址	8	只写	导数图像基地址	12	只写
状态	0	只读			

例 9.11 为加速器总线的从设备接口（slave interface）编写 Verilog 模型代码。

解决方案 总线从设备操作的时序如图 9.9 所示。总线的读/写操作都是在 cyc_i 和 stb_i 为 1 的一个周期内发起的。在这两种情况下,加速器都通过在下一个周期把 ack_o 设置为 1,在其后的一个周期把 ack_o 又置为 0 来响应。必须对输入的总线地址进行译码,才能得到加速器的选通信号,用较低的地址位来决定读/写哪个寄存器。对于写操作,用组合逻辑产生了时钟使能信号。在对起始寄存器地址进行写操作的情况下,由于没有真实的寄存器,得到的控制信号 start 被加速器的控制部分用于启动计算时序。对于读操作,返回给处理器的数据在总线上形成。唯一真实的寄存器是状态寄存器,处理完成后状态寄存器的第 0 位置 1,其他位(第 1 ~第 31 位)都是 0。对于其他寄存器偏移量,只返回全 0。加速器数据输出总线 dat_o 的驱动源,由多路选择器在读操作值和结果行寄存器值之间做选择。描述这些的模型代码如下:

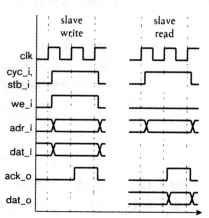

图 9.9 从设备总线的读/写操作时序

```
// Wishbone 从设备接口
assign      start          = cyc_i && stb_i && wei_i && adr_i == 2'b01;
assign O_base_ce           = cyc_i && stb_i && wei_i && adr_i == 2'b10;
assign D_base_ce           = cyc_i && stb_i && wei_i && adr_i == 2'b11;

always @(posedge clk_i)            // 中断使能寄存器
    if (rst_i)
        int_en <= 1'b0;
    else if (cyc_i && stb_i && wei_i && adr_i == 2'b00)
        int_en <= dat_i[0];

always @(posedge clk_i)            // 状态寄存器
    if (rst_i)
        done <= 1'b0;
    else if (done_set)
        // 当最后一次写入被响应时,就会发生 done_set 标志被置 1 的情况,因此不符合状态
        // 寄存器的读状态
        done <= 1'b1;
    else if (cyc_i && stb_i && wei_i && adr_i == 2'b00 && ack_o)
        done <= 1'b0;

assign int_req = int_en && done;

always @(posedge clk_i)                    // 生成应答 ack 输出
```

```verilog
        ack_o <= cyc_i && stb_i && !ack_o;

    // Wishbone 数据输出多路选择器
    always @*
        if (cyc_i && stb_i && !we_i)
            if (adr_i == 2'b00)
                dat_o = {31'b0,done};      // 状态寄存器读
            else
                dat_o = 32'b0;             // 其他寄存器读作 0
        else
            dat_o = result_row;            // 用于主设备写
```

例 9.12 导数图像的计算必须按照确定的步骤进行，请设计能操纵计算步骤的控制器。

解决方案 可以用一个有限状态机来安排计算的操作步骤。因为大部分的计算过程是重复执行的，所以可以用计数器来跟踪计算的过程。可以用一个计数器来确定已经完成了多少行的计算，从第 0 行起一直增加到第 477 行；再用另一个计数器来确定已经完成了多少列的计算，从第 0 列起一直增加到第 159 列（译者注：(159+1)×4 = 640）。控制计算步骤的有限状态机的状态转移图如图 9.10 所示，其中只显示了状态和转移条件，以避免状态转移图显得过于混乱。同样，也没有显示从一个状态回到原状态的转移。在这里假设：若一个给定的状态转移条件为假（即不成立），则该有限状态机就保持原状态，直到下一个时钟周期。

该有限状态机的初始状态为 idle（空闲）状态。当处理器对 start 寄存器写入数据时，start 信号变为 1（有效），有限状态机启动读操作和第一行计算的初始时序。这个过程包括读取最初三组原始图像的像素值，然后执行四个计算周期。完成后，该有限状态机进入了一个循环，在这个循环里，它再次读取三组原始图像的像素值，执行四个计算周期，然后写一组由计算得到的像素值。正像我们在观察该有限状态机输出函数时所看到的那样，列计数器在每次写操作后加一。在最后一次计算周期结束时，若此时列计数器不是 158，则该有限状态机继续循环；若此时列计数器是 158，则进入一个状态，在该状态中开始排出流水线中的数据。排出流水线中的数据包括一个把倒数第二组结果写入的状态、四个计算周期和一个把最后一组计算结果写入的状态。行计数器在这最后一次写操作后加一。若此时行计数器的计数值不是 477，则该有限状态机回到下一行的初始时序；若此时行计数器的计数值是最终的计数值 477，则回到空闲状态。

该有限状态机的输出函数如表 9.2 和 9.3 所列。为让图表读起来简单一些，把控制信号输出为 0 的表格项留作空白，只列出表格项为 1 的情况。有些控制信号是摩尔型输出，只取决于当前状态，见表 9.2。其他控制信号为米利型输出，见表 9.3。正如曾经说明的那样，这些信号由输入条件和当前的状态共同决定其值。正像在状态转移图中那样，在表 9.3 中也不列出表格项为 0 的情况，在那些情况下，米利型的输出为 0。

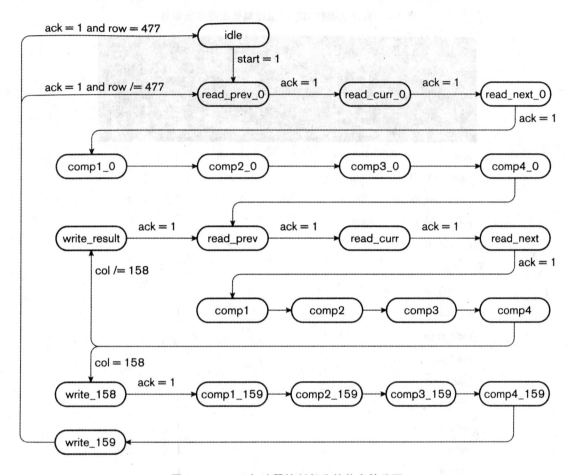

图 9.10 Sobel 加速器控制部分的状态转移图

例 9.13 为 Sobel 加速器的控制部分编写一个 Verilog 模型。

解决方案 控制部分的代码包括该控制有限状态机的内部信号、行列计数器和控制信号的声明：

```
parameter [4:0]   idle          = 5'b00000,
                  read_prev_0   = 5'b00001,
                  read_curr_0   = 5'b00010,
                  read_next_0   = 5'b00011,
                  comp1_0       = 5'b00100,
                  comp2_0       = 5'b00101,
                  comp3_0       = 5'b00110,
                  comp4_0       = 5'b00111,
```

表 9.2 有限状态机的摩尔型控制输出的输出函数

CURRENT STATE	offset_reset	row_reset	col_reset	prev_row_load	curr_row_load	next_row_load	shift_en	cyc_o	we_o
idle	1	1	1						
read_prev_0		1	1				1		
read_curr_0					1		1		
read_next_0						1	1		
comp1_0							1		
comp2_0							1		
comp3_0							1		
comp4_0							1		
read_prev				1			1		
read_curr					1		1		
read_next						1	1		
comp1							1		
comp2							1		
comp3							1		
comp4							1		
write_result								1	1
write_158								1	1
comp1_159							1		
comp2_159							1		
comp3_159							1		
comp4_159							1		
write_159								1	1

表 9.3　有限状态机的米利型控制输出的输出函数

CURRENT STATE	CONDITION	row_cnt_en	col_cnt_en	O_offset_cnt_en	D_offset_cnt_en	done_set
idle	start = 1					
read_prev_0	ack_i = 1					
read_curr_0	ack_i = 1					
read_next_0	ack_i = 1			1		
comp1_0	–					
comp2_0	–					
comp3_0	–					
comp4_0	–					
read_prev	ack_i = 1					
read_curr	ack_i = 1					
read_next	ack_i = 1			1		
comp1	–					
comp2	–					
comp3	–					
comp4	col /= 158					
comp4	col = 158					
write_result	ack_i = 1		1		1	
write_158	ack_i = 1		1		1	
comp1_159	–					
comp2_159	–					
comp3_159	–					
comp4_159	–					
write_159	ack_i = 1 and row /= 477	1			1	
write_159	ack_i = 1 and row = 477				1	1

```
                    read_prev       = 5'b01000,
                    read_curr       = 5'b01001,
                    read_next       = 5'b01010,
                    comp1           = 5'b01011,
                    comp2           = 5'b01100,
                    comp3           = 5'b01101,
                    comp4           = 5'b01110,
                    write_result    = 5'b01111,
                    write_158       = 5'b10000,
                    comp1_159       = 5'b10001,
                    comp2_159       = 5'b10010,
                    comp3_159       = 5'b10011,
                    comp4_159       = 5'b10100,
                    write_159       = 5'b10101;
reg [4:0] current_state,next_state;
reg [9:0] row;              //范围为 0～477;
reg [7:0] col;              //范围为 0～159;
wire O_base_ce,D_base_ce;
wire start;
reg   offset_reset,row_reset,col_reset;
reg prev_row_load, curr_row_load, next_row_load;
reg shift_en;
reg row_cnt_en, col_cnt_en;
reg O_offset_cnt_en, D_offset_cnt_en;
reg int_en, done_set, done;
```

控制部分用于确定行列计算过程的两个计数器,分别用下面两个 always 块表示:

```
always @(posedge clk_i)         //Row connter
    if (row_reset)              row <= 0;
    else if (row_cnt_en)        row <= row + 1;
always @(posedge clk_i)         //Column counter
    if (col_reset)              col        <= 0;
    else if (col_cnt_en)        col        <= col + 1;
```

接下去的模块中还包括了表示有限状态机的两个 always 块,在前面的章节中曾介绍过描述有限状态机的技术。状态寄存器用下面的 always 块表示:

```
always @(posedge clk_i)         //State register
    if (rst_i)    current_state        <= idle;
```

```verilog
        else        current_state          <= next_state;
```

最后一个 always 块把状态转移函数和输出函数结合在一个块里。这个块也包括行和列计数器值和它们最终计数值进行比较的表达式,而不是用独立的组合声明语句进行比较。由于这个有限状态机与前面描述过的那些有限状态机相比有些大,所以把这些方面的问题组织在一个 always 块内,使得该 Verilog 模型显得更加紧凑,容易理解。

```verilog
always @* begin              //有限状态机的组合逻辑部分
    offset_reset     = 1'b0; row_reset      = 1'b0;
    col_reset        = 1'b0;
    row_cnt_en       = 1'b0; col_cnt_en     = 1'b0;
    O_offset_cnt_en  = 1'b0; D_offset_cnt_en = 1'b0;
    prev_row_load    = 1'b0; curr_row_load  = 1'b0;
    next_row_load    = 1'b0;
    shift_en         = 1'b0; cyc_o          = 1'b0;
    we_o             = 1'b0; done_set       = 1'b0;
    case (current_state)
idle: begin
        offset_reset = 1'b1; row_reset = 1'b1;
        col_reset = 1'b1;
        if (start) next_state = read_prev_0;
        else       next_state = idle;
end
read_prev_0: begin
        col_reset = 1'b1; prev_row_load = 1'b1;
        cyc_o     = 1'b1;
        if (ack_i) next_state = read_curr_0;
        else       next_state = read_prev_0;
    end
    read_curr_0: begin
        curr_row_load = 1'b1; cyc_o = 1'b1;
        if (ack_i) next_state = read_next_0;
        else       next_state = read_curr_0;
    end
    read_next_0: begin
        next_row_load = 1'b1; cyc_o = 1'b1;
        if (ack_i)    begin
            O_offset_cnt_en = 1'b1;
            next_state = comp1_0;
        end
```

```verilog
        else next_state = read_next_0;
    end
comp1_0: begin
    shift_en = 1'b1;
    next_state = comp2_0;
    end
    ⋮
comp4: begin
    shift_en = 1'b1;
    if (col == 158)    next_state = write_158;
    else               next_state = write_result;
    end
write_result: begin
    cyc_o = 1'b1; we_o = 1'b1;
    if(ack_i)      begin
        col_cnt_en = 1'b1; D_offset_cnt_en = 1'b1;
        next_state = read_prev;
    end
    else next_state = write_result;
        end
write_158: begin
    cyc_o = 1'b1; we_o = 1'b1;
    if(ack_i)      begin
        col_cnt_en = 1'b1; D_offset_cnt_en = 1'b1;
        next_state = comp1_159;
    end
    else next_state = write_158;
    end
    ⋮
write_159: begin
    cyc_o = 1'b1;we_0 = 1'b1;
    if(ack_i)      begin
        D_offset_cnt_en = 1'b1;
        if (row == 477) begin
            done_set = 1'b1;
            next_state = idle;
        end
        else begin
            row_cnt_en = 1'b1;
```

```
                next_state = read_prev_0;
            end
        end
        else next_state = write_159;
    end
    endcase
end

assign stb_o = cyc_o;
```

我们已经开发了构建 Sobel 加速器需要的全部硬件，剩下的部分是用来控制加速器工作的嵌入式软件。正如在介绍这个例子时提到的那样，视频边缘检测有着广泛的应用领域。所以与其为每个具体的应用重新设计一个新的控制软件，还不如开发一个能适用于多种类似应用的可重用的软件组件。开发一个能提供一系列操作的驱动程序，使得应用程序能够从抽象的视角来理解加速器，就可以圆满地完成以上任务。

每个应用程序都可以把这个驱动程序当作完成其所需功能的软件元件集合的一部分。例如，识别视频图像中物体的应用程序可以把边缘检测应用于视频流的每一幅图像，接着把边缘分组，再和边缘图片库进行对比。在一个完整的应用程序中，这些软件的开发和硬件的开发一样重要。更完整的策略可以在关于嵌入式系统软件开发的书中找到(请参阅本书的 9.5 节)。

知识测试问答

1. 若图像像素值只用 6 位而不用 8 位表示，则表示 D_x、D_y 和 $|D|$ 的值需要几个位？
2. 某给定图像的像素导数值 $|D|$ 是否可以和 D_x、D_y 的值并行地计算出来？为什么行？或者为什么不行？
3. 若内存读写时间从两个周期增加到四个，是否还有足够的内存带宽可用于视频输入和边缘检测？
4. 为什么在计算图像像素的导数值时，不计算图像的每一行最左边和最右边的像素？
5. 嵌入式软件是如何发起一幅图像的处理过程的？它如何确定处理过程到什么时候可以结束？
6. 在上一幅图像的处理任务尚未完成时，若软件试图发起对图像的处理，将会发生什么？
7. 控制 Sobel 加速器计算顺序的有限状态机是米利型、摩尔型，还是混合型有限状态机？

9.3 加速器的验证

本书始终都强调验证作为设计方法学一部分的重要性。因为加速器是比较复杂的，在设计过程中，验证特别重要。必须确保已完成的加速器设计将会正确地对所有合法的输入数据进行操作,并且会与嵌入式处理器准确地配合和互动。因为所有可能的数据值和操作顺序组合的空间如同天文数字般巨大,对设计进行无遗漏的验证是不现实的。可行的办法是,必须先制订可以覆盖多种操作条件的验证计划。在第 10 章中将对设计方法学进行更详细的讨论,然后再回到验证覆盖的问题。其间,将展示一种更简单的途径,可以对 9.2 节描述的 Sobel 加速器进行以仿真为基础的验证。

验证复杂加速器的方法之一是独立地验证其操作的不同方面。比如,可以采用一种"分而治之"的策略,逐个地验证 Sobel 加速器下述几个方面的问题:

➤ 从设备总线的操作;
➤ 计算时序;
➤ 主设备总线操作;
➤ 地址的产生;
➤ 像素的计算。

显然,加速器的每个方面都必须正确地工作,因为加速器是作为一个整体在工作。然而,每次只验证一个方面比试图一次验证所有的方面要简单得多。在验证了从设备总线的各种操作都能正常运行后,可以用这些总线操作来发起计算过程。然后,检查计算是否能根据设计好的步骤进行,与主设备总线操作的配合是否正确无误,暂时先不考虑实际的地址和像素值。然后确保能生成正确的地址,最后检查像素值的计算是否正确。验证流处理加速器与上述过程是类似的,但还要验证这个加速器和待处理的数据源是否能正确地配合。

为了完成这个验证过程,必须构建一个测试平台,该平台可以模拟带有加速器的嵌入式系统的行为。若有一个已验证的嵌入式处理器模型,则可以把它加到测试平台中,编写小的测试程序在其上运行。测试程序把参数写入加速器中的寄存器,对其进行设置并启动操作。另一方面,若不能获得处理器模型,则必须编写处理器的总线功能模型,即能执行预先确定的总线操作时序,但不实际执行任何处理器指令的模型。我们的测试平台也需要有存储器和总线仲裁器的模型。这个存储器模型,像处理器模型一样,没有必要具有全部的功能,而只要具有总线的读/写操作功能即可,只要能按照预先确定的规则产生读取的数据,可以不考虑数据的写入。这些简化使得我们可以把精力集中在加速器的验证上,以可控的方式建立测试案例。

例 9.14 开发一个可对 Sobel 加速器进行验证的测试平台,该平台包含一个具有总线功能的处理器模型。该处理器模型能通过程序命令加速器对一幅存储在地址为 008000_{16} 的原始图像进行计算,并把计算生成的图像像素的导数值存入地址为 053000_{16} 的内存中。该处理器模型必须每 10 μs 读一次状态寄存器,直到 done 标志位(完成标志位)被设置为止。该测试平台还必须包括能赋予加速器优先权的总线仲裁器,以及具有总线功能的存储器,该存储器对读操作返回 0,并抛弃写入的数据。

解决方案 该测试平台的构建可参照如图 9.2 所示的通用系统模型。加速器是待验证的设计,仲裁器和具有总线功能的处理器还有存储器组成了测试平台的剩余部分。我们还加入了时钟和复位信号发生器。测试平台模块定义的要点如下：

```verilog
`timescale 1ns/1ns
module testbench
    parameter         t_c                        = 10;
    parameter [22:0]  mem_base                   = 23'h000000;
    parameter [22:0]  sobel_reg_base             = 23'h400000;
    parameter         sobel_int_reg_offset       = 0;
    parameter         sobel_start_reg_offset     = 4;
    parameter         sobel_O_base_reg_offset    = 8;
    parameter         sobel_D_base_reg_offset    = 12;
    parameter         sobel_status_reg_offset    = 0;
    reg        clk, rst;
    wire       bus_cyc, bus_stb, bus_we;
    wire [3:0] bus_sel;
    wire [22:0] bus_adr;
    wire       bus_ack;
    wire [31:0] bus_dat;
    wire       int_req;
    wire       sobel_cyc_o, sobel_stb_o, sobel_we_o;
    wire [21:0] sobel_adr_o;
    wire       sobel_ack_i;
    wire       sobel_stb_i;
    wire       sobel_ack_o;
    wire [31:0] sobel_dat_o;
    ⋮
    always begin            // 时钟发生器
        clk = 1'b1; #(t_c/2)
        clk = 1'b0; #(t_c/2)
    end
    initial begin           // 复位发生器
        rst = 1'b1;
        #(2.5*t_c)    rst = 1'b0;
    end
    sobel duv ( .clk_i(clk),           .rst_i(rst),
                .cyc_o(sobel_cyc_o),   .stb_o(sobel_stb_o),
                .we_o (sobel_we_o),
                .adr_o(sobel_adr_o),   .ack_i(sobel_ack_i),
```

```
                    .cyc_i(bus_cyc),           .stb_i(sobel_stb_i),
                    .we_i(bus_we),             .adr_i(bus_adr[3:2]),
                    .ack_o(sobel_ack_o),
                    .dat_o(sobel_dat_o),       .dat_i(bus_dat),
                    .int_req(int_req) );
    ⋮
endmodule
```

时钟发生器 always 块用参数 t_c 确定了时钟周期时间,产生频率为 100 MHz 的时钟信号。参数 mem_base 和 sobel_base 定义了存储器的基地址(000000_{16})和 Sobel 加速器寄存器的基地址(400000_{16})。其他参数定义了控制寄存器和状态寄存器相对基地址的偏移值。接下去,测试平台列出了表示总线地址、数据和控制信号的 wire 类型的线网。这些 wire 类型的线网信号是从系统中不同的源设备经由多路选择器选择出来的。该测试平台还声明了专用于连接 Sobel 加速器的线网。在模块中,加速器被实例引用为待验证的设计(duv),并与该线网连接。

为处理器总线功能模型编写的测试平台代码如下:

```
reg                cpu_cyc_o, cpu_stb_o, cpu_we_o;
reg     [3:0]      cpu_sel_o;
reg     [22:0]     cpu_adr_o;
wire               cpu_ack_i;
reg     [31:0]     cpu_dat_o;
wire    [31:0]     cpu_dat_i;
    ⋮
task bus_write ( input [22:0] adr, input [31:0] dat );
    begin
        cpu_adr_o = adr;
        cpu_sel_o = 4'b1111;
        cpu_dat_o = dat;
        cpu_cyc_o = 1'b1; cpu_stb_o = 1'b1; cpu_we_o = 1'b1;
        @(posedge clk); while (!cpu_ack_i) @(posedge clk);
    end
endtask
initial begin         // 处理器总线功能模型
    cpu_adr_o = 23'h000000;
    cpu_sel_o = 4'b0000;
    cpu_dat_o = 32'h00000000;
    cpu_cyc_o = 1'b0; cpu_stb_o = 1'b0; cpu_we_o = 1'b0;
    @(negedge rst);
    @(posedge clk);
```

```verilog
                // 把 008000(hex)写到 O_base_addr 寄存器
                bus_write(sobel_reg_base
                            + sobel_O_base_reg_offset, 32'h00008000);
                // 把 053000 + 280(hex)写到 D_base_addr 寄存器
                bus_write(sobel_reg_base
                            + sobel_D_base_reg_offset, 32'h00053280);
                // 把 1 写到中断控制寄存器(中断使能)
                bus_write(sobel_reg_base
                            + sobel_int_reg_offset, 32'h00000001);
                //写到启动寄存器(不考虑数据值)
                bus_write(sobel_reg_base
                            + sobel_start_reg_offset, 32'h00000000);
                //写操作的结束
                cpu_cyc_o = 1'b0; cpu_stb_o = 1'b0; cpu_we_o = 1'b0;
                begin: loop
                    forever begin
                        #10000;
                        @(posedge clk);
                        //读取状态寄存器
                        cpu_adr_o = sobel_reg_base + sobel_status_reg_offset;
                        cpu_sel_o = 4'b1111;
                        cpu_cyc_o = 1'b1; cpu_stb_o = 1'b1; cpu_we_o = 1'b0;
                        @(posedge clk); while (!cpu_ack_i) @( posedge clk);
                        cpu_cyc_o = 1'b0; cpu_stb_o = 1'b0; cpu_we_o = 1'b0;
                        if(cpu_dat_i[0]) disable loop;
                    end
                end
            end
```

处理器等到系统复位完成后,随即执行所要求的总线写操作时序,对加速器进行初始化。对于由任务 bus_write 描述的每个总线操作,处理器给地址、数据和控制信号赋恰当的值,然后等待加速器确认已完成操作。在完成对 start 寄存器的写操作后,处理器进入一个循环,它等待 10 μs 后,和时钟进行一次同步,然后读加速器的状态寄存器。当加速器确认完成读操作时,处理器检查 done 标志位是否为 1。若为 1,则处理器退出循环,完成测试。

存储器总线功能模型的测试平台代码如下:

```verilog
wire              mem_stb_i;
wire [3:0]        mem_sel_i;
reg               mem_ack_o;
reg [31:0]        mem_dat_o;
```

⋮
```
always begin                           // 存储器总线功能模型
    mem_ack_o = 1'b0;
    mem_dat_o = 32'h00000000;
    @(posedge clk);
    while (!(bus_cyc && mem_stb_i)) @(posedge clk);
    if (!bus_we)
        mem_dat_o = 32'h00000000;      // 代替读取的数据
    mem_ack_o = 1'b1;
    @(posedge clk);
end
```

存储器一直等待,直到信号 bus_cyc 和 mem_stb_i 都为 1,这表示需要进行存储器操作。若 bus_we 为 0,则进行读取操作,故从存储器的输出读取的数据为 0。在写操作的情况下,存储器不对输入数据进行任何操作。在这两种情况下,存储器都把确认信号设置为 1,在下一个周期随即把这个信号清 0,完成操作。

测试平台仲裁器在某种程度上比测试平台的其他器件要复杂些。它把信号 sobel_cyc_o 和 cpu_cyc_o 分别用作 Sobel 加速器和处理器的请求信号,并产生 sobel_gnt 和 cpu_gnt 作为批准(grant)信号。当任一请求信号变成有效时,仲裁器便发出相应的批准信号。若两个请求信号在同一个周期变成有效,则仲裁器授予加速器优先权,发出加速器的批准信号,而不发出处理器的批准信号直到加速器的请求被撤销为止。因为批准信号输出不仅仅取决于请求信号的输入值,还取决于请求信号值以前的历史情况。仲裁器必须由时序电路采用有限状态机来实现。状态转移图如图 9.11 所示。该有限状态机是一个米利型状态机,因为它允许在相应的请求信号变为有效的同一个周期就发出批准信号。

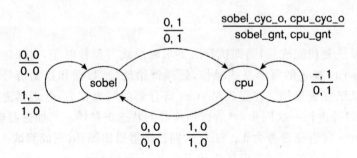

图 9.11 测试平台仲裁器的状态转移图

仲裁器的测试平台代码如下:

```
parameter sobel = 1'b0, cpu = 1'b1;
```

```
reg arbiter_current_state, arbiter_next_state;
reg sobel_gnt, cpu_gnt;
    ⋮
always @(posedge clk)           // 仲裁器有限状态机寄存器
    if (rst)
        arbiter_current_state <= sobel;
    else
        arbiter_current_state <= arbiter_next_state;
always @*                       // 仲裁器逻辑
    case (arbiter_current_state)
        sobel: if (sobel_cyc_o) begin
                    sobel_gnt <= 1'b1; cpu_gnt <= 1'b0;
                    arbiter_next_state <= sobel;
                end
                else if (!sobel_cyc_o && cpu_cyc_o) begin
                    sobel_gnt <= 1'b0; cpu_gnt <= 1'b1;
                    arbiter_next_state <= cpu;
                end
                else begin
                    sobel_gnt <= 1'b0; cpu_gnt <= 1'b0;
                    arbiter_next_state <= sobel;
                end
        cpu:   if (cpu_cyc_o) begin
                    sobel_gnt <= 1'b0; cpu_gnt <= 1'b1;
                    arbiter_next_state <= cpu;
                end   else if (sobel_cyc_o && !cpu_cyc_o) begin
                    sobel_gnt <= 1'b1; cpu_gnt <= 1'b0;
                    arbiter_next_state <= sobel;
                end else begin
                    sobel_gnt <= 1'b0; cpu_gnt <= 1'b0;
                    arbiter_next_state <= sobel;
                end
    endcase
```

测试平台代码剩下的部分表示总线多路选择器和从设备选择逻辑：

```verilog
wire    sobel_sel, mem_sel;
  :
// 总线主设备多路选择器和逻辑
assign bus_cyc = sobel_gnt ? sobel_cyc_o : cpu_cyc_o;
assign bus_stb = sobel_gnt ? sobel_stb_o : cpu_stb_o;
assign bus_we  = sobel_gnt ? sobel_we_o  : cpu_we_o;
assign bus_sel = sobel_gnt ? 4'b1111 : cpu_sel_o;
assign bus_adr = sobel_gnt ? {1'b0, sobel_adr_o} : cpu_adr_o;
assign sobel_ack_i      = bus_ack & sobel_gnt;
assign cpu_ack_i        = bus_ack & cpu_gnt;

// 总线从设备逻辑
assign sobel_sel   = (bus_adr & 23'h7FFFF0) == sobel_reg_base;
assign mem_sel     = (bus_adr & 23'h400000) == mem_base;

assign sobel_stb_i     = bus_stb & sobel_sel;
assign mem_stb_i       = bus_stb & mem_sel;
assign    bus_ack = sobel_sel ? sobel_ack_o :
                    mem_sel   ? mem_ack_o :
                    1'b0;

// 总线数据多路选择器
assign    bus_dat = sobel_gnt && bus_we || sobel_sel && !bus_we
                    ? sobel_dat_o :
                    cpu_gnt && bus_we
                    ? cpu_dat_o :
                    mem_dat_o;
```

来自仲裁器的批准信号确定由哪个源设备提供总线控制信号和地址信号。仲裁器的批准信号也被用来选通返回主设备的确认信号，这样正在等待使用总线的主设备就不会接收来自于响应已激活主设备总线操作的从设备确认信号。总线从设备逻辑对地址进行译码并决定哪个从设备被选中。选择信号为选通信号开门，从激活的主设备转到被选中的从设备，把被选中的从设备确认信号经由多路选择器送到 bus_ack 信号上。总线数据多路选择器根据哪个主设备是有效的，哪个从设备被选中，总线操作是读还是写，来确定 bus_data 信号的数据源。

可以对例 9.14 的测试平台进行仿真，以验证 Sobel 加速器正确地响应了从设备总线操作，并在正确的地址上执行了主设备总线操作。我们必须观察总线的控制信号和地址信号的值,以及加速器内部信号的值。图 9.12 显示了由处理器总线功能模块对加速器进行初始化的过程中总线信号的仿真波形。图 9.13～图 9.15 显示了加速器内部信号在处理一行开始时的波形(图 9.13)、在稳态处理过程中的波形(图 9.14)及在处理一行结束时和下一行开始时的波形(图 9.15)。最后,图 9.16 展示了整幅图像处理完成时的内部信号。

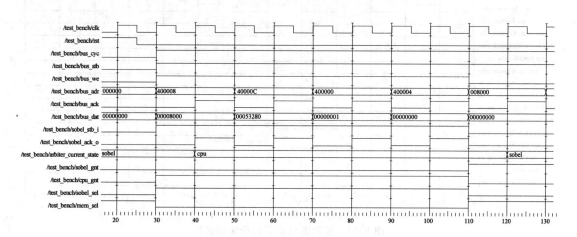

图 9.12　对 Sobel 加速器进行初始化时的总线操作波形

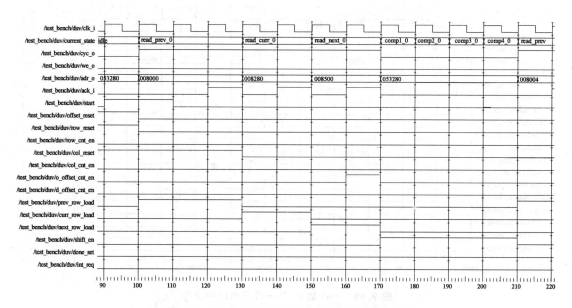

图 9.13　在行处理开始时的加速器内部信号波形

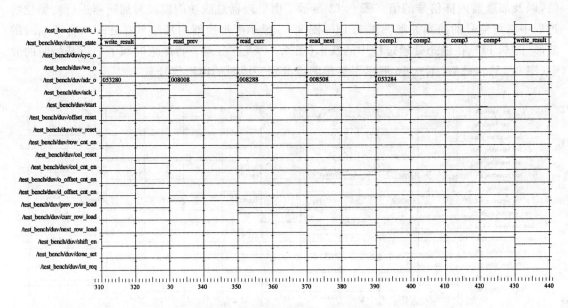

图 9.14 在稳态情况下的行处理波形

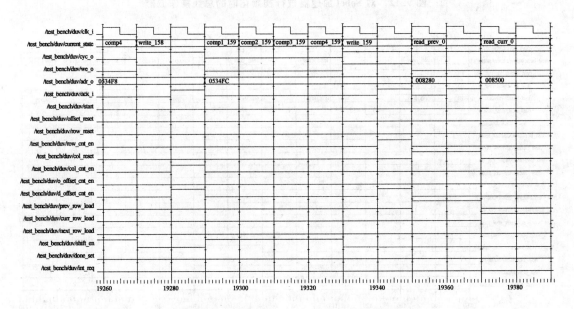

图 9.15 一行结束,下一行开始时的波形

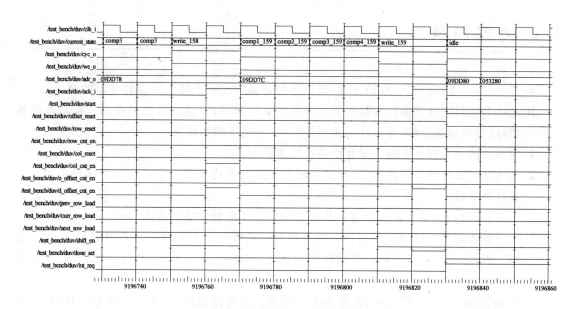

图 9.16　图像处理完成时的波形

虽然这里展示的验证结果能给我们树立设计正确的信心,但这样的验证过程绝对不是完整的。例如,它并没有显示计算产生了算法所要求的正确结果,也没有显示控制时序对于加速器和其他总线主设备所有可能的相互作用都是正确的。假设考虑数据值和总线设备之间相互作用方式的排列组合的个数,为基于仿真的验证创建测试案例来覆盖所有的情况几乎是不现实的。因此,我们必须求助于更完善的验证技术,比如,受约束的随机测试生成(constrained random test generation)、覆盖分析(coverage analysis)和基于属性的形式化验证(property-based formal verification)。在第 10 章将返回到验证这个主题,但仍然为有兴趣的读者提供了几本关于验证的高级参考书(请参阅 9.5 节所列出目录)。

知识测试问答

1. 对加速器设计采用穷举测试验证是否可行?为什么可行?或为什么不可行?
2. 总线功能模型是什么?
3. 假设在 Sobel 加速器测试平台上有仲裁器,若加速器和处理器在同一个时钟周期内都请求使用总线,将会发生什么情况?
4. 当处理器已被批准使用总线时,若加速器也要求使用总线,将会发生什么情况?
5. 本测试平台是否能对像素导数值计算的正确性进行验证?

9.4 本章总结

- 并行,即一次执行多个处理步骤,可以使加速器完成一个操作所需的时间减少。
- 加速器通过硬件资源的复制和流水线操作实现了并行,这使得我们必须权衡成本和性能(以及功耗和性能)对设计的重要性,从而做出正确的抉择。
- 可达到的并行程度受制于计算中数据的依赖度。
- 加速器的设计涉及算法分析,确定由硬件完成的算法核心。算法的其他部分可由嵌入式软件完成。
- Amdahl法则量化了由加速算法核心部分所带来的总体速度提升。
- 加速器和高速I/O控制器可以采用直接存储器访问方式(DMA)向存储器写入/读出数据,而不需要处理器干预。在这种控制器里,由地址发生器为DMA方式计算存储器地址。
- 总线仲裁器可在任何时候,裁决由哪个总线主设备控制总线,访问哪个总线从设备,诸如存储器和I/O控制器中的寄存器。
- 块处理加速器处理存储在存储器中的数据块。许多视频和静止图像的处理应用是面向块处理的。
- 流处理加速器可以处理来自于源设备按照顺序到达的数据块。数字信号处理(DSP)通常采用面向流处理的加速器。
- 加速器内部包含可由嵌入式软件设置的控制和状态寄存器。
- 采用穷举仿真对加速器进行验证通常是不现实的。可以对操作的每个方面进行独立的验证,但完整的验证计划必须包括其他形式的验证。

9.5 进一步阅读的参考资料

Computer Architecture:A quantitative Approach,4th Edition,John L. Hennessy and David A. Patterson,Morgan Kaufmann Publishers,2007

一本关于计算机结构的高级教科书,深入探讨了指令级并行的问题。

Parallel Computer Architecture:A Hardware/Software Approach,David E. Culler and Jaswinder Pal Singh,Morgan Kaufmann Publishers,1999.

一本深入探讨并行计算的书。尽管本书的关注点集中于并行计算机,许多原理也可应用于硬件加速器的体系结构。

Understanding Digital Signal Processing，Richard G. Lyons，Prentice Hall，2001
一本介绍数字信号处理(DSP)理论的书。

Computer as Components：Principles of Embedded Computing System Design，Wayne Wolf，Morgan Kaufmann Publishers，2005.
一本关于嵌入式硬件和软件设计的书，内容包括对加速器的讨论，以及作为学习案例的视频处理加速器的设计。

Embedded Software Development with eCos，Anthony J. Massa，Prentice Hall，2003.
一本描述可配置的嵌入式操作系统(eCos)的书，包括硬件抽象层。

Comprehensive Functional Verification：The Complete Industry Cycle，Bruce Wile，John C. Goss and Wolfgang Roesner，Morgan Kaufmann Publishers，2005.
一本详细讲解功能验证策略和技术的书。

练习题

练习 9.1 在计算机图形学的应用中，表示空间某点位置一个三维矢量可以通过乘以一个 3×3 的矩阵进行转换：

$$\begin{bmatrix} P'_x \\ P'_y \\ P'_z \end{bmatrix} = \begin{bmatrix} a_{11} & a_{12} & a_{13} \\ a_{21} & a_{22} & a_{23} \\ a_{31} & a_{32} & a_{33} \end{bmatrix} \begin{bmatrix} P_x \\ P_y \\ P_z \end{bmatrix}$$

确定计算中的数据依赖性，并由此确定可以利用的最大限度的并行操作。

练习 9.2 设计一个流水线结构，它可以用所有可利用的并行操作来执行练习 9.1 所描述的计算。假设在每一个时钟周期有一个新的输入向量到达，并能得到一个结果。

练习 9.3 如果某算法核心可加速 100 倍，并且这个核心在加速前占用 90% 的执行时间，总体的性能提高是多少？

练习 9.4 对于一个占执行时间 90% 的算法核心，为达到总体性能提高 5 倍，要求算法核心的执行速度提高多少？

练习 9.5 假设有两种选择来加速一个占用系统执行时间 80% 的算法核心。选择一是把核心加速 100 倍，系统成本提高 2 倍。选择二是把核心加速 200 倍，成本提高 4 倍。相比原系统，每种选择的性能价格比是多少？

练习 9.6 用 Sobel 卷积表计算图 9.17 中每个 3×3 图像块中心像素点的近似导数值。数值代表像素点亮度。

255	255	255		0	0	0		255	223	191		0	63	127
255	255	255		127	127	127		255	223	191		63	127	191
255	255	255		255	255	255		255	223	191		127	191	255

图 9.17

练习 9.7 考虑一个低性能版本的 Sobel 加速器,它处理的视频图像帧速为 15 帧/秒,大小为 320×240 像素,每像素 8 位。重复例 9.6 的分析,为这个版本的加速器确定一个内存访问策略。

练习 9.8 在例 9.6 中,我们提到可以通过在小的存储器中存储多行像素点来减少 Sobel 加速器消耗的存储器带宽,这样每个像素值只需要从存储器中读取一次。修改图 9.6 以表示用两个行存储器如何达到这种效果。

提示:假设某存储器可以在一个周期内读取并且修改一个地址的内容,读取的数据提供在数据输出端,新存入的数据来自数据输入端,这样可简化设计。用某些制造工艺实现的存储器元件可以按照这种方式操作。

练习 9.9 为一个采用 Sobel 加速器的边缘检测应用编写嵌入式软件的伪代码概要(注意:不用写详细的代码)。假设视频输入控制器有一个用于存储将要获得的下一帧图像的存储器基地址的寄存器,并在获得下一帧后,中断处理器的操作。然后必须用软件启动加速器执行边缘检测。当加速器完成操作后,软件必须执行一个后检测分析(post-detection)的子程序。软件必须在存储器中保存 3 幅图像:一幅从摄像机获得的图像,一幅正在由加速器处理的图像和一幅正在执行后检测分析的图像。

练习 9.10 修改存储器总线功能模型的代码,以便在读取原始图像中的位置时提供一幅合成图像(也就是一幅人工构造的图像)。该合成图像应该在黑色背景中央包含一个 320×240 的白色矩形。

提示:利用读操作的存储器地址来决定访问的位置是否在图像中。若在图像中,则由地址计算行列号。若行列在矩形内,则存储器必须返回白色像素值;否则,返回黑色像素值。

练习 9.11 计算用 Sobel 边缘检测法检测练习 9.10 所描述的合成图像得到的由像素导数值组成的图像。

练习 9.12 编写一个检查器的 always 块,加入到使用练习 9.10 修改过的存储器总线功能模型的测试平台中。该检查器必须验证由 Sobel 加速器写入存储器的像素导数值与练习 9.11 通过计算得到的值是一致的。

第 10 章 设计方法学

到目前为止,我们已经把数字设计技术的各个方面完整地讲述了一遍,现在让我们回到曾在第 1 章中介绍过的设计方法学这个话题。如果研读过本书,又参加过实验室项目的设计,那么就已经有能力把关于设计和验证的思想应用到实际工作中去。在本章将进一步扩展这个思想,然后,更深入地考虑与数字系统设计有关的更大的课题。

10.1 设计流程

在设计方法学的入门讨论中,我们曾经说过:实际的数字系统设计是一项十分复杂的工作,通常需要一个设计小组,由许多个设计师共同来承担。为了更好地管理设计本身的复杂性,并使设计小组多个成员之间能协调地工作,我们曾强调采用系统化步骤来进行设计的重要性。我们曾介绍过设计方法学的概念,也就是把设计过程、验证过程和芯片制造准备的过程整理成规范化的设计步骤和方法。对于本书中已经介绍过的相对较小的项目而言,系统化的设计方法已经能带来许多好处。对于大型的实际工程项目而言,明确地指定设计方法学,并严格地按照该方法学完成设计的全过程,是绝对不可缺少的。许多项目失败了,不是因为技术问题,而是因为缺少对设计过程本身的控制。

在整个电子行业,虽然电子设计的许多方面已有标准化的规范,但设计方法学目前还没有标准的规范。实际上,由于设计项目之间有显著的差别,所以建立标准化的设计方法规范非常困难。而且设计师们所使用的成套设计工具发展非常迅速。因此每个机构往往基于自己手头上的设计项目类型,来定义他们自己的设计方法学,根据不同的项目自己来改进设计方法学。

第 1 章中介绍的设计方法学样板把设计流程分成几个阶段:① 功能设计;② 综合;③ 物理设计。每个阶段包括验证的步骤以确保设计符合需求,满足约束条件。图 10.1 展示了设计流程的各个要素，包括分层的硬件/软件协同设计，最后结合成一张完整的流程图。设计过程的最终产品是可以用于芯片制造的一套数据文件。生产出来每个芯片经过测试后，便可以提交给最终用户使用或通过市场销售。我们也曾经为嵌入式系统的设计琢磨、改进了设计流程，以便包括嵌入式软件的设计和验证。对许多复杂的系统而言，硬件只是所提交软件的运行平台，系统的绝大部分功能是由软件完成的。在这样的系统中，软件开发占系统开发工作量的绝大部分。

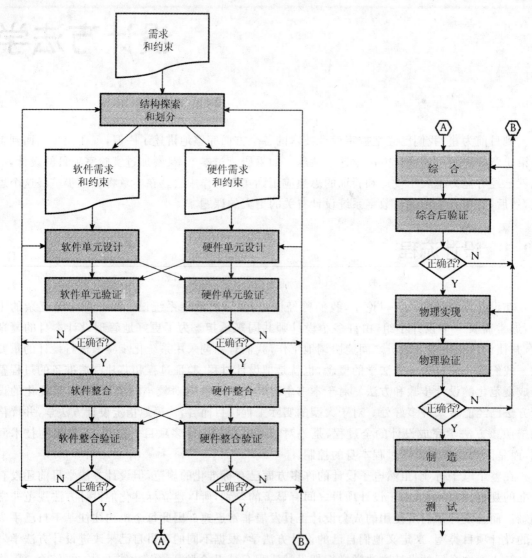

图 10.1　包括硬件/软件协同设计在内的样板设计流程

设计方法学的关键是建立一套支持设计方法学的电子设计自动化(EDA)工具。对所有的设计工作而言,确保物理样机系统的设计正确无误,并能满足约束条件几乎是不可能做到的。但是,如果先设计一个能用 EDA 工具分析的虚拟样机模型,并琢磨着改进这个虚拟样机,那么通过这样的途径,就有可能确保最后生成的物理样机系统的设计正确无误。在本节的最后部分,将更加深入地探索这种设计方法学的各个阶段,努力使我们创建的模型、所进行的分析类型以及我们使用的 EDA 工具几乎完全一致。我们将先假设一个线性的设计流程,从设计概念开始,一直到物理实现为止。在下面的小节中将考虑设计优化过程如何使得我们再返回到设计流程的初始阶段,造成一个设计迭代,从而改进设计流程。

10.1.1 体系结构的探索

数字系统的设计和制造必须满足一定的功能需求,并且必须遵循各种约束条件。除非该系统是在原设计的基础上做一些微小的修改,否则,要满足一定功能需求的设计,其方案的选择空间是很大的。在这些可能选择的设计方案中,有些不符合约束条件,所以就不能选;有些符合约束条件,所以就可以从这些方案中选择一款作为设计方案。选择时通常要考虑一项或若干项我们想要寻求优化的指标,诸如:成本、性能、功率消耗或者可靠性等。当然,在尚未着手设计并付出相当的努力之前,没有资料可供分析,从而无法确定哪个候选方案最好,不但能满足需求,还能符合约束条件。很清楚,我们不想对每个候选方案都完整走一遍设计流程后,才确定最后的设计方案;相反,只想在抽象的层面上对候选方案的相关特性值做出估算,得到足够的信息后,就可以确定设计方案。估算值不需要 100% 准确,只需要有足够的精度以确保候选方案能满足需求和约束,并允许各个候选方案之间可以进行比较即可。我们使用**体系结构探索**或者**设计空间探索**这两个术语来表示抽象建模和设计候选方案的分析。这两个术语起源于探索系统可以选用的体系结构空间的概念。

体系结构探索的一个重要方面是如何将系统的功能划分成几大块,分配给系统的各个组件。**划分**(Partitioning)本质上是分而治之策略的应用。若准备设计的系统需要涉及许多处理步骤,则可以把这个系统按处理步骤划分成许多组件,每个组件完成处理工作的一个步骤。这些组件与其他组件相互作用,最后完成了系统的全部任务。当在抽象层对体系结构进行探索时,不需要将组件转化为物理部件,就能进行结构空间的探索。此时可以考虑用逻辑划分,即将系统分割成多个逻辑部件,每个逻辑部件执行对应的处理步骤。这种形式的划分也叫做功能分解。也可以考虑在系统中包括某些类型的物理部件,以及逻辑划分如何被映射到物理划分。物理划分可以包括处理器内核、加速器、存储器和输入/输出控制器。还有一个重要问题是硬件/软件的划分。在 9.1 节中曾经作为加速器讨论的一部分,讲述过这个问题。给定的逻辑部件可以映射为专用的执行逻辑部件功能任务的硬件部件。别的逻辑部件可以映射为在实时操作系统控制下,在处理器内核上运行的软件程序。

举一个系统划分的例子：这是一个道路运输监视系统,该系统可检查从该国甲地开到乙地的货车之间的间隔时间是否太短。(在作者的家乡澳大利亚布置了这样的系统。)在高速公路的每个车站路口的门架上都安装了电视摄像机,录下从路口门架下通过的每辆货车的视频图像分析识别其车牌号码,将通过的时间和车牌号码记录下来。该信息被发送到信息处理中心记录下来,并与来自于其他车站的信息进行比较。图10.2上图展示了该监视系统假设的功能分解示意图。该示意图由许多逻辑组件块组成,其中包括了摄象机视频输入组件、噪声滤波组件、图像边沿检测组件、形状检测组件、车牌检测组件、车牌号码字符识别组件、记录组件、网络接口组件、系统控制组件以及诊断和维护任务组件等。这个逻辑结构可以映射为如图10.2下图所示的物理结构。在这种情况下,物理组件中包含了一个具有视频处理加速器的嵌入式处理器核以及从第一个组件一直到形状检测的物理组件。而车牌检测、识别和记录,系统控制,以及诊断和维护任务组件被映射到能在处理器核中运行的软件任务。

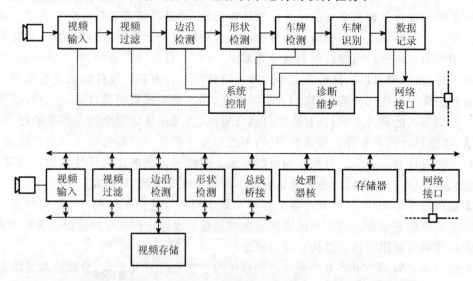

图10.2　运输监视系统的逻辑划分(上图)和物理划分(下图)

正如在9.1节中曾经提到过,体系结构的探索和划分通常由系统设计专家来完成。在设计流程的早期所做的决策对以后设计的成功和顺利有非常重要的影响。然而不幸的是,体系结构的探索和划分很难由 EDA 工具自动完成。系统设计师通常只能依赖专门的系统模型,使用诸如 C 或者 C++ 等编程语言来表示算法,然后用电子制表软件和数学建模工具来分析系统特性。该阶段工作中最有价值的资产是系统设计师的经验,应充分利用系统设计师在以前项目中积累的经验为新的设计项目服务。尽管如此,体系结构探索和划分自动化工具的研究近年来一直是很活跃的研究领域,我们应该期望目前尚不完善的工具能逐步得到改进走向成熟。

然而,无论使用系统的方法还是凭借专用的手段对设计体系结构进行探索和划分,所得到的结果都是该系统高层次的指标。对于系统中的每一个组件,指标描述了：想要执行的功能、与其他组件的连接、系统执行时必须遵循的约束条件。这些指标也可以用语言来描述。这种描述指标的语言,其形式与统一建模语言(UML)有些类似,既可以用于执行,也可以用于仿真。这样一种可执行指标比用自然语言(例如英语)编写的指标更精确,所以会有更多的好处。而且,执行的指标可以回答并解释,诸如某个组件在某个环境条件下,将会输出什么样的信号等问题。可执行的指标可以被用作设计流程中下一步骤的输入。

10.1.2　功能设计

下面将讨论功能设计,这是本书的主题。体系结构的指标已经把完整的系统分解成多个物理组件,每个物理组件由一个或者多个逻辑划分实现。正如第1章中提到的,体系结构设计是自顶向下设计过程中的顶层。可以把每个组件分解成多个子组件,于是就能把它们作为多个单元来设计和验证这些子组件。这项工作,还可能需要继续分解,一直到每个单元的复杂性在可以管理的范围内为止。

在着手将组件分解成子组件之前,可以先开发该组件的行为模型,以系统级与寄存器级中间的抽象程度来描述其功能。该行为模型可能包括算法的描述,而该算法可能是由没有详细时钟周期时序的组件实现的,也可能只是一个总线功能模型而已。编写行为模型的目的在于:在组件具体实现之前,就可以对其进行功能验证。一旦功能验证通过,就可以用同一个测试平台,在相同的测试案例下,对具体实现的模型进行验证。在第9章中曾经讨论过Sobel边沿检测加速器,这是说明该问题的极好例子。例9.2介绍了该算法的伪码描述。可以基于该算法开发边沿检测的行为模型。虽然行为模型读/写像素的次序和时序可能不同于具体实际模型,但从给定的原始图像用两种不同模型所检测到的边沿图像应该是相同的。

为了实现给定的组件,可以采取多种途径。一条途径是:使用在前几章中讲过的设计技术,进一步提炼、细化高层次模型,以设计一个新的实现。另外一条途径是:如果可以找到合适的可以重复使用的组件,则重复使用以前完成的系统、组件库中已经有的或者销售商卖的组件。通常使用知识产权(即IP)这个术语来表示这样一种可以重复使用的组件,因为它们构成了有价值的无形资产。重用最明显的好处是节省设计时间。而且,若一个IP块是专门开发用于重用的,则作为一个元件,它已通过彻底的验证,所以在验证时可以节省大量的人力。即使一个IP块不完全符合我们系统的需求,可能需要做一些修改才能用于系统,那也比从头开始设计新的IP块要省力得多。若一个IP块的功能正好符合需求,但接口或者时序有一些不符,则可在这个IP外面再包上一层可以处理这些差别的电路。若一个IP块的功能几乎与所需要的功能一样,而且可以提供源代码,则也许只需要做很小的修改,就能使这个IP符合需求。

在没有可重用IP块可用,必须从设计草图开始实现某个组件的环境下,仍应该考虑重用的概念。应该想到,这个新设计的组件是否有可能在以后的设计中用到。在这种场合,应该多花一些精力,以确保该组件的设计指标考虑周详,在各种操作条件下其功能都已得到验证,以及使用和实现该 IP 的文档编写得完整准确。这样，开发该组件所花费的努力将在今后的项目中得到补偿。

另一个实现组件的办法是使用核生成器（core generator）。这是一个 EDA 工具，可以根据设置的核函数参数，自动地生成 IP 组件模型。核生成器可自动地生成常用的 IP 组件，诸如存储器、算术单元、总线接口、数字信号处理和有限状态机。图 10.3 所展示的是一个典型的核生成器窗口。该窗口图形是由 Xilinx 公司提供的 FPGA 核生成器工具产生的。（Xilinx Core Generator 是连接到 Xilinx 公司网页的 ISE 工具套件的一部分。）这个窗口图形展示了可自动生成的核函数的种类。对于每个核函数，控制生成的 IP 核的参数是可以通过窗口设置的。如图 10.4 所示的窗口说明了如何指定参数以生成内容可寻址的存储器 IP 核。该工具可以自动地为指定的函数生成一组设计文件，包括可以做行为仿真的 HDL 源代码，以及完成物理设计所需的网表文件。不但基于 FPGA 的设计可以使用核生成器，基于 ASIC 的设计也可以使用核生成器。在这两种场合，使用自动生成的核都可以显著地节省设计和验证所花费的精力，因此这种办法是非常值得考虑的。

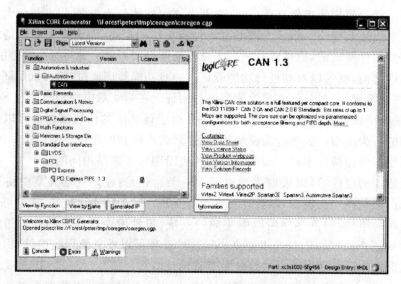

图 10.3　Xilinx Core Generator 展示核函数目录的窗口

贯穿全书，我们展示了如何用 Verilog 硬件描述语言来设计组件。Verilog 语言与计算机编程语言有许多共同的地方，这两种语言的设计过程管理也有许多共同的考虑。特别需要注意的是 Verilog 模型的编写形式，这一点非常重要。模型的代码必须容易理解，而且在模型的整个生命周期中，便于维护。许多设计机构编码规范，以确保模型代码的质量。某些 EDA 厂商也提供代码风格检查工具，有时候把这种工具称作 lint 工具（lint 这个名称来自于 Unix 中检查 C 程序风格的 lint 程序），可以用来验证代码是否符合一套规则。

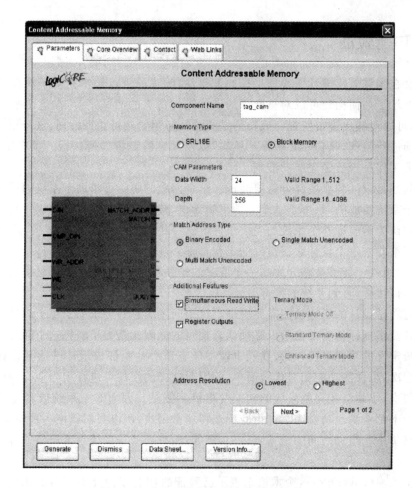

图 10.4　为生成的核指定参数的对话窗口

硬件模型的开发与软件开发相同的另一个方面是必须要有修订管理,也称作源代码控制。通常一个组件模型的代码由若干个设计师合作共同完成,在开发的过程中需要不断地修改代码。修订管理软件通过维护代码的版本库,帮助他们协调工作。一般情况下,设计师们只编写修改他们自己的代码。当他们完成了一个修改后,他们必须把修改后的代码存入修改库。其他几个设计师定期更新修改库把自己新修改的代码存入。通常由不同设计师所做的修改影响代码的不同部分,所以这些修改能自动地合并起来。在修改发生冲突的地方,设计师们必须用手工的方法协调解决。某些 EDA 厂商的 EDA 工具套件包括一些有专利的修订管理工具。而有些 EDA 厂商使用源代码开放的工具,诸如,并行版本系统(CVS),或者最近的子版本(Subversion)工具。本书的作者已使用过这两种工具,无论对软件开发、数字系统开发,还是其他项目的开发,都取得了很好的效果。

10.1.3 功能验证

本书一直在强调数字设计中验证工作的重要性,阐述的重点集中在基于仿真的功能验证上。我们也展示了如何构建可以对被验证的设计进行仿真的测试平台,在这个平台上还包括一些检查器,可以对输出进行监视。成功的系统验证必须要制订验证计划,该计划规定设计的哪些部分必须进行验证,其功能必须得到核实,以及规定验证将如何进行。没有验证计划,就没有确定验证工作是否已经完成的准则。

第一个问题是设计的哪些部分需要验证。这个问题的解答可求助于系统的层次分解。由于系统是由子系统组成的,每个子系统必须正确无误,整个系统才能正确无误。因此验证每个子系统可以被认为是验证整个系统的先决条件。这一论据可以重复递推下去,这就导致了从底向上的验证策略。每个设计底层组件的工程师都必须验证自己设计的组件是否满足功能需求。然后,这些组件才能够被整合为高一个层次的子系统,对子系统还要再做一次验证。重复执行这样的验证过程,直到系统的顶部。

第二个问题是设计的哪些功能需要验证。这个问题的解答可求助于每个组件的技术指标说明书。设计技术指标说明书之所以必须认真编写的原因就是为了解答这个问题。如果一个组件没有清晰定义的功能说明,那么我们也就不能有信心地验证该组件已达到设计需求。在较低的设计层次,组件的功能相对比较简单,所以对这样的组件可进行相当全面的验证。而在较高的设计层次,子系统和完整系统的功能变得极其复杂。因而对子系统或者完整的系统是否在所有情况下都能满足功能需求进行验证变得非常困难,所以我们就换一种验证的途径,把验证的关注点集中在组件之间的交互响应上,例如,检查通信子系统是否严格地遵守通信协议的规定。

我们用覆盖率(coverage)这个术语来表示已验证的功能在设计中所占的比例。代码覆盖率这个术语在历史上一直被用作表征设计代码质量优良的程度。它意味着在设计的仿真期间,程序代码中至少执行过一遍的代码行所占据的比例。使用代码覆盖率的好处在于:可以很容易地测算出覆盖率,但是覆盖率不能给出一个可靠的指标以表明所有要求的功能均已实现并正确无误。因此应该用另外一个术语功能覆盖率来表明功能实现的情况,即使功能覆盖率的量化计算比较困难也值得这样做。功能覆盖率的统计包括下面四个方面的数据:已被验证的不同操作所占的比例,已被应用的数值范围所占的比例,已被访问的寄存器和状态机的状态所占的比例,已被应用的值和操作序列所占的比例。现在已经有覆盖率计量工具供设计师选用,允许在仿真期间对模型内部的信号和存储器的值进行监视。这些工具有助于识别已经验证和尚未验证的操作条件。

验证计划中的第三个问题是怎样进行验证。可以用多种技术进行验证。贯穿本书,我们用许多例子说明了如何通过仿真经由针对性的测试途径来验证。有针对性的测试涉及将特定的一系列测试案例施加到待验证的设计,然后检查施加每个测试案例后的输出。这个途径对比较简单的组件是非常有效的,简单组件只需要很少几种测试激励即可完成验证工作。然而对很复杂的组件而言,达到有效的功能覆盖率是不可能的,所以必须用其他方法来补充有针对性的测试。另一个已得到认可的途径是受约束的随机测试方法。这种方法涉及能随机生成输入数据的测试案例发生器,允许输入数据的值在设置的约束范围内随机地变化。专用的验证语言(诸如 Vera 和 e)包括了一些语言特性,可以指定约束,随机地生成数据值,可用作待验证设计的输入激励。最近类似的特性也被包括进 SystemVerilog 语言,这是 Verilog 语言的扩展。尚未发布的 VHDL 硬件描述语言的新版本,也计划包括类似的特性。

无论有针对性的测试还是受约束的随机测试,均需要检查器。该检查器能确保待验证设计对每个所施加的测试案例产生正确无误的输出。作为自顶向下设计过程的一部分,若已经开发了某个组件的行为模型,那么用这个行为模型,实现该组件寄存器传输级模型的检查器任务就可以得到简化。可以创建一个测试平台来检查行为模型与 RTL 模型在功能上是否存在差别,见图 10.5。用同一个测试案例发生器给两个待验证设计的实例(一个是行为模型,另一个是 RTL 模型)提供相同的测试激励。然后,检查器做一些必要的时序上的调整,比较两个实例的输出。

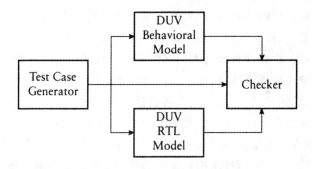

图 10.5 把行为模型的输出和它细化后的 RTL 模型的输出做出比较的测试平台

有针对性的测试和受约束的随机测试均是基于仿真的验证技术。基于仿真的验证固有的缺点是不可能达到 100% 的覆盖率。对穷举仿真而言,可能的输入案例和序列的数目实在太大,所以不可能完全覆盖。另一方面,形式化验证(formal verification)允许完整的验证,彻底检查组件是否符合技术指标说明。这个技术指标说明被收录在一个或者许多个断言属性中,这些属性用诸如 PSL 之类的属性说明语言(property specification language)描述(见 10.7 节的参考资料)。PSL 语言可以用作诸如 VHDL 或者 Verilog 硬件描述语言的辅助语言。最近版本的 VHDL 允许将 PSL 既可作为设计的一部分,也可作为测试平台的一部分,嵌入到 VHDL 模型中。作为 Verilog 语言扩展的 SystemVerilog 语言具有类似于 PSL 语言的特性,可以用来表示技术指标说明的属性,这是描述指标属性的另一条途径。

属性可以如布尔表达式一样简单,只与设计中的某些信号值有关。属性通常涉及暂时表达式,这种表达式可以被用来描述随时间变化的信号序列。例如,某属性可以被规定为:一个选定信号变为1(有效),在下一个时钟,有一个使能信号随即变为1(有效),在三个时钟周期内,有一个应答信号变为1(有效),在接下来的时钟里,所有这三个信号都变为0(无效)。形式化验证工具执行状态空间的探索以验证这些断言的属性。该工具无遗漏地彻底检查所有可能的输入序列值,在所有的时钟周期中检查设计中信号的结果值,检查那些断言属性在所有的时钟周期中是否能保持住。若找到某个属性不能保持住,则该工具就用输入序列构造一个导致失败的反例。属性也能被用来表达关于输入到组件的信号的假设,这些假设能帮助形式化验证工具限制其不得不探索的可能值空间。

形式化验证的强大在于它能提供断言所持有的非常严格准确的证明。然而其完整性只能与被验证的属性一样好。如果这些属性不能覆盖所有的功能需求,那么形式化验证并不能达到完整的功能覆盖。而且,编写能够完全准确地概括技术指标说明书的属性是非常困难的。在许多使用形式化验证方法的机构中,编写属性的任务由专门的验证工程师们负责,他们与设计工程师并肩工作。更困难的任务是:状态空间的探索存在计算强度巨大的难题,所以数量巨大的复杂断言的验证是很难处理的。也许有必要把形式化验证限制在设计的一部分或者完整功能集的一个子集内,而用其他技术来完成其余部分的验证。

虽然属性是形式化验证的必要部分,属性也能被用于基于仿真的系统验证。实际上,属性可以被用来生成检查器,在仿真期间和测试属性是否能保持住的过程中,检查器可以监视在这些属性中提及的信号值。生成这种检查器的方法之一是自动地将属性翻译成可以与功能模型一起仿真的HDL(硬件描述语言)模型。另外一种方法是:支持属性语言的仿真器可以在仿真期间直接解释属性,在这种情况下,该检查器就隐含着对应的属性。用属性进行验证途径的优点是:因为属性是从想要验证的技术说明书中抽象出来的表达形式,因此属性通常比用HDL模型表达的检查器更抽象、更简炼。而且,在初试阶段基于仿真的验证完成后,属性还可以再一次用于形式化验证。于是,技术指标说明书就可以被表示为具有唯一性的属性,而不再是具有潜在不一致解释的表达形式。

硬件/软件的协同验证

在嵌入式系统中,许多系统功能是由与硬件互动的软件来执行的。为了验证系统的功能,需要验证软件,以及它与硬件的互动。从原理上,如果已具有处理器的硬件模型,以及存有指令和数据的存储器,那么就可以在硬件模型上进行仿真,对软件进行验证。可以把指令加载到指令存储器,然后开始仿真。处理器的操作(取指令、执行指令、读/写输入/输出控制器和加速器寄存器),本应该可以在处理器的硬件模型进行仿真,但因为每条处理器指令的仿真涉及硬件操作的无数次细节的仿真,所以这种办法存在仿真运行速度非常慢的问题。虽然这种仿真方法在系统某些方面的验证中(例如,在处理器的中断请求和服务时序细节的验证中),还是很有用的或者是很必要的,但是硬件仿真用于系统级验证却非常困难。

幸运的是有办法让硬件/软件的协同仿真运行得很快。方法之一是认识到软件和硬件的开发通常由不同的人完成。让软件开发小组在设计过程的尽可能早的阶段开始验证，以缩短完成系统设计的总时间。这样做的关键是把软件设计分成两个层次来进行。低层软件的开发有赖于硬件，而应用层的开发可借助于低层软件使其与硬件隔离。低层软件有时候被称作硬件抽象层（HAL）或者被称作板级支持包，（译者注：原文为：Board Support Package 英文缩写为 BSP，是介于主板硬件和操作系统软件之间的一层，属于操作系统的一部分，主要目的是支持操作系统，使之能够更好地运行于硬件主板。）而处理器是印刷线路板上的器件，它包含了为输入/输出控制器编写的驱动器程序和中断服务子程序、存储器管理代码等。硬件抽象层可以为应用层的软件调用提供与硬件交互的抽象接口。

嵌入式软件划分成这样两层，其应用层代码的开发和验证就不再需要等待硬件设计的完成。而软件验证工具可以模拟由硬件抽象层提供的操作。例如，最后完成的系统包括一个输出的显示屏，该验证工具可以在开发者计算机的屏幕上显示一个虚拟屏幕的窗口。软件开发者就可以着手编写对模拟抽象层的调用软件，在他们自己的主计算机上运行和调试自己编写的软件。用这种方法，软件能以接近实时的速度运行；缺点是缺少与硬件交互的细节，这有可能造成软件中存在的时序问题不能及时发现。

对嵌入式软件的更详细的验证，可以使用指令集仿真器（Instruction Set Simulation, ISS）来完成。指令集仿真器不是先把软件编译成机器码，然后把机器码下载到宿主计算机的存储器上再执行软件，而是使用已编译完的存放于目标嵌入式处理器中的指令。然后执行这些指令进行仿真，但是并不对目标处理器的硬件的详细操作进行仿真。在指令集仿真器上进行的软件仿真，其运行速度介于在宿主计算机上的自然执行速度和在目标处理机硬件模型上的执行速度之间。而且，因为仿真是在指令集仿真器上进行的，所以该工具可以对软件进行详细的分析和调试。而且，该平台（指令集仿真器）所支持的每个层面也是可以进行硬件仿真的，所以在硬件设计完成之前就可以对硬件和软件指令进行验证。

一旦硬件设计小组开发了可以与嵌入式软件互动的硬件模型，就能进行硬件和软件的协同仿真（co-simulation）了。这项工作通常涉及指令集仿真器和硬件模型仿真器之间的合作和协调。这两个仿真器并行地运行，当处理器进行总线读/写操作时互相进行通信。起先，至少硬件模型不需要使用全功能行为模型或者 RTL 级模型。只要使用总线功能模型就足可以验证硬件抽象层代码是否能正确地读/写寄存器。随着更详细的硬件模型可以使用，它们就能代替总线功能模型。因此，在软件控制下的硬件模型的操作细节就这样得到了验证。因为协同仿真远比在真实的处理器上运行软件要慢得多，我们一般只运行一小段嵌入式软件以进行这种类型的验证。虽然软件/硬件协同仿真运行得非常慢，但最终还是有必要用协同仿真将嵌入式应用软件从头开始运行以进行全面的验证。

10.1.4 综合

完成数字系统的功能设计和验证以后,设计流程中的下一个步骤就是综合,换言之,把功能设计进一步具体细化为门级网表(gate-level net list)。对于大多数设计而言,综合工作基本上可以由 RTL 综合工具自动地完成。若设计非常复杂,性能要求非常高,而且最后要制造成为专用集成电路(ASIC),那么在这种情况下,也许有必要为用户专门设计某些子系统的具体电路。但是本书中不介绍这个过程,建议读者参阅 10.7 节列出的关于专用集成电路的参考书。本书讲解的重点放在 RTL 代码的自动综合上,特别强调基于 FPGA 的设计。

RTL 综合,正如其名字所包含的意义一样,是从已细化到寄存器传输级的设计模型开始着手处理的。这意味着并非所有符合语法的硬件描述语言(VHDL 或者 Verilog)代码都是可以综合的。许多语法只能用于编写描述行为的测试模块,这种行为风格的代码是不能综合成为等价的门级电路的。大多数 RTL 综合工具并不能解释许多从原则上看来是符合语法的可综合代码。综合工具要求 RTL 模型必须用硬件描述语言的可综合子集来编写,而且代码的风格必须符合蕴涵硬件结构的特定模板。例如,大多数综合工具要求时序电路的硬件必须用 always 块来描述。用沿触发的寄存器必须用符合本书所描述的 always 块的模板结构来编写。在 always 块中通常不允许使用事件延迟,虽然从原理上看,许多这样的块蕴涵着合理的硬件结构。规定这些限制的理由大部分是由于历史的原因和开发经费不够所造成的,也关系到开发综合工具的技术背景。早期的综合工具对 HDL 源代码只进行相对简单的模式识别,以确定这段代码究竟蕴涵着哪一种结构的硬件电路。后来人们把对综合工具开发的关注点集中在如何提高和优化综合后电路的质量上,而不是扩展可综合成电路的不同风格输入代码的种类。而且,几乎没有什么用户要求取消这些已规定的对可综合代码风格类型所做的限制,因为有了这些规定,设计者才能将大部分的设计代码综合成电路,顺利地完成设计工作。

不同综合工具可以综合的语法子集有所不同,所以开发可在不同综合工具之间移植的 RTL 模型是非常困难的。为了帮助设计师开发可移植的模型,IEEE 定义了两个可综合代码风格的标准子集,一个为 VHDL 语言定义(即 IEEE 标准 1076.6),另外一个为 Verilog 语言定义(即 IEEE 标准 1364.1)。这两个标准的最初版本(1076.6—1999 和 1364.1—2002)定义了可跨越多种工具移植的子集,即本质上的"最小共用"子集。本书的附录 C 列出了可综合的 Verilog 子集,本书中的 RTL 模型基本上都是遵照该子集编写的。2004 年发布的《VHDL 可综合子集标准 1076.6—2004》把 1999 年发布的子集做了实质性的扩展,包括了更多的"原则上"可以综合的结构。更多的工具厂商接受了部分扩展的子集(若不是全部接受的话)。我们应该期望工具厂商们能在未来工具的开发中满足这个扩展的标准。同时我们必须参阅所用的每种工具的说明书来决定编写可综合代码时哪些语法和风格可以用,哪些不可以用。

综合工具处理过程的第一步是进行模型的分析,检查代码是否与要求的可综合风格一致。

它也进行某些设计规则的检查,诸如检查没有连接的输出,没有驱动的输入,由多个驱动造成的不确定信号。第二步是为该模型推断硬件结构,这一步骤涉及下面三项工作:
> 分析连线和变量的声明语句以确定表示数据所必须的位数和编码;
> 分析表达式和赋值语句来识别组合电路元件,诸如加法器和多路选择器,并且识别输入、输出和中间信号的连接;
> 分析 always 块,识别时钟和控制信号,然后选用合适的触发器和寄存器。

对于推断出来的每个硬件元件,综合工具确定从技术库中选用合适的原语电路元件加以实现。这是一个在已经实现的器件库中,为该设计收集可用元件的过程。对于专用集成电路设计而言,技术库通常作为 ASIC 厂商设计套件的一部分而提供给设计师,换言之,最终将由技术库的提供厂商来制造该专用集成电路。对于 FPGA 的设计而言,技术库通常嵌入在由FPGA 厂商提供的工具中。技术库中的元件通常包括几个(2~4 个)输入的反相的或者不反相的门,小的多路选择器,进位链元件和触发器。

把设计翻译成库元件的过程是由我们规定的综合约束所指导的。这样的约束包括对时钟周期的范围和传播延迟。我们将返回到 10.2 节中的约束话题,作为设计优化讨论的一部分。综合工具使用约束条件在几种可互换的方案之间做选择。例如,从 RTL 代码中我们推导出实现需求功能可用两种不同的结构,其中一种方案:门的个数较少,但连接的层次较多,因此延迟就比较大;而另一种方案:门的数目较多,但连接的层次较少,因此延迟就比较小。若约束条件规定总的延迟比较小是综合的目标,则工具就选择后面一种方案。在做这样一种基于时序的选择时,综合工具使用简单的连线模型基于连线的平均长度和负荷来确定连线的延迟,因为在这个阶段真实的布局和连线已经完成了。

虽然大多数设计都依赖综合工具来实现,但是还是有许多场合需要直接实例引用以前已完成的专用模块(即 IP 模块)。可以直接实例引用 IP 核发生器所创建的组件,这一点在10.1.2小节中曾讨论过。核(IP)发生器不但可以创建仿真模型,还可生成针对目标制造工艺经过优化的电路组件。对设计进行综合时,需要实例引用技术库中现成的组件,这些组件都经过优化并且已经实现。工具不同,配置和实例引用技术库中现成的参数化 IP 的方法就不同,这需要查阅技术文档才能知道。

正如在第 1 章中曾提到的那样,设计综合后的下一个步骤是时序验证。所谓时序验证是在对 RTL 级 HDL 模型的功能验证后,对由综合工具生成的门级电路模型再一次进行验证,检查生成的门级模型是否符合时序约束。我们将返回 10.2 节讨论时序分析这个话题。我们也要对生成的门级模型进行功能仿真,以确保其符合功能需求。这样做看起来似乎没有必要,因为我们期望综合工具能忠实地将由 RTL 级 HDL 描述的设计转化为实际门级电路模型,而RTL 模型已由 RTL 仿真验证过。然而有两个很好的理由说明为什么必须进行门级仿真。第一个理由是:技术库中的元件模型是用门级模型表示的,而且具有估计的时序参数。门级仿真使我们能在考虑元件时序参数的前提下进行功能验证,检查设计是否符合功能需求。时序仿真可以暴露在 RTL 仿真时不容易被发现而实际上却存在的时序错误。第二个理由是：编写 RTL 模型代码的风格和方式有许多种，在 RTL 仿真时，不同的描述方式其行为有所不同，综合后产生的硬件电路也各有差别。例如，若我们在一个 Verilog 的 always 块的事件列表中忽略了异步控制信号，则该 always 块的仿真行为将不同于由综合工具生成的寄存器电路模型的行为。在这种场合，综合工具应该发出报警信息，但是在一个复杂的设计中工具通常会发出许多这样的报警信号，这种信号很可能被忽略。对综合后的设计进行仿真，确认硬件模型的行为与 RTL 模型是一致的，这是正确使用 EDA 工具进行检查的好方法。

10.1.5 物理设计

设计流程的最后一个阶段是物理设计。在物理设计中，把门级设计进一步转换为由 ASIC 元件构成的电路安排，或者转化成可配置 FPGA 中对每一个元件编程的文件。虽然 EDA 工具在实现 ASIC 和 FPGA 两种器件的物理电路时所用的技术有所不同，但在这两种器件的物理实现中还是有许多步骤是相同的。

ASIC 器件的物理实现，在其基本形式方面，由版图规划、布局和布线三个步骤组成。第一步，版图规划：涉及确定划分后设计中的每一块被安置在芯片的什么部位。有许多因素可以影响版图规划。相互之间有大量连线的块，应该尽可能互相靠近，因为这样做可以缩短连线的长度和减少连线的拥挤。同理，与外部引脚相连的块应该尽可能靠近芯片的边沿。这些块的位置也确定了芯片的布局和外部引脚的位置。这些块，应该尽可能安排成一个接近正方形的形状，因为形状将影响芯片封装的大小。正方形的芯片比长方形的芯片更容易封装。版图规划还涉及电源的安排、地线引脚和内部互连，以及更重要的整个芯片内的时钟信号的分布和连接。最后，版图规划还涉及留下放置块之间互连线的通道。为 ASIC 芯片做高质量的版图规划是一件很具挑战意义的工作。EDA 工具提供了图形化工具可以帮助设计师在可视的环境下完成版图规划，可以重新安排每个分块，确保无论何时，版图规划总可以灵活修改，通过分析不同的版图规划方案，来确定每个方案的优缺点。

ASIC 的版图规划确定以后，就可以着手进行布局和布线了。这一阶段的工作涉及设计综合后芯片中每个单元(cell)的位置安排(布局)和为每对连接找到相应的路径(布线)。主要目标是确定所有单元的位置，并将所有需要连接的单元连起来(并非一定能实现的!)，尽可能地缩小芯片的面积和缩短关键信号的延迟。在第 6 章中讨论过的有关信号完整性的许多问题在这个阶段也有所表现。布局布线的结果是生成一套可发送到芯片制造工厂的文件，也能生成基于元件和连线的实际位置的详细时序信息。可以用这些资料得到设计的更精确的门级仿真模型。最后详细的时序仿真可以用来检查所完成的设计是否符合时序约束要求。设计细节所涉及的工作量往往非常巨大，非人工所能承担，因此布局布线工作大部分由 EDA 工具自动完成。Smith 在他的论 ASIC 的书中，全面地综述了 EDA 工具用到的技术(见 10.7 节的参考书目)。

而FPGA的物理设计涉及如何使用预制芯片上的可编程资源来实现综合后的设计问题。FPGA芯片的设计师原本曾想使用ASIC设计技术来完成FPGA的物理设计,但FPGA与ASIC的物理设计过程是完全不同的两回事,因此在尚未企图用ASCI物理设计过程对FPGA进行物理设计之前就放弃了这个念头。

FPGA的物理设计也是从版图规划开始的,但是对FPGA的布局约束远远超过对ASIC的布局约束。在FPGA的构造中,如果电路块安排得合适,就能减少长距离的连接线,这不但使布线工作能较快地完成,而且生成的电路速度也更快;也能简化与输入/输出块和它们相关引脚的连接。对许多规模较小的基于FPGA的应用项目而言,布局规划由厂商提供的EDA工具自动地完成就已经足够了。然而对规模较大的设计而言,如果把设计安放到给定的FPGA中去时发生困难,那么就只好企图改进布局规划,或者用一个更大的FPGA。FPGA布局规划工具提供了许多类似于ASIC规划工具的特性,因为许多关于布局规划的考虑都是相同的。

在FPGA设计进行到布局布线过程之前,还需要完成一个叫做映射(mapping)的中间步骤。这个步骤涉及将综合后设计中的每个被实例引用的库元件与FPGA中特定的资源逐一对应起来。例如门和多路选择器的实例应该与FPGA中的查找表对应,触发器元件的实例与FPGA逻辑块提供的特定触发器对应。还有代表特定FPGA资源的元件,诸如进位链电路和RAM块,也在这个阶段与设计中引用的实例逐一对应起来。最后的结果是用逻辑块、输入/输出块、FPGA特定的资源与由综合工具使用的库元件逐一对应起来,实现了设计中引用实例在FPGA中的具体化。

FPGA的布局和布线寻求达到的目标与ASIC的几乎完全相同,换言之,在FPGA中寻找与设计实例相对应的电路块来构成设计,将它们连接起来构成一个整体电路,而且使所占用的FPGA面积尽可能地小,关键信号的延迟尽可能地短。与版图规划类似,本阶段的工作最好也留给由FPGA厂商提供的工具自动完成。若想要改进布局或布线,则可以通过对布局和时序设置约束条件来实现,而不要试图直接去修改版图。FPGA布局布线阶段的最后结果是生成一个可确定FPGA将如何配置的位文件(bit file)。在FPGA内由设置了内部时序参数的逻辑块和它们之间的互连可以构成一个完整的设计,我们也可以为这个设计产生详细的时序信息,然后运行最后的时序仿真,以验证所完成的设计已满足时序约束。

在简化的设计流程中,我们通常是等到完整的功能设计和综合阶段的工作完成后,才开始着手物理设计。而在实际的工业设计流程中,物理设计这项工作与设计开始阶段的许多工作是互相交织在一起的。例如,目前物理设计这项工作正逐渐地融入到综合工具之中,允许综合工具在多种不同的布局布线方案中选择合适的方案,布局布线方案会影响芯片的面积和电路的时序。归根到底,若能理解物理设计问题是如何影响最后实现的芯片质量的,则就可站在更好的位置上,在设计流程的早期,做好设计的折中和权衡工作。

知识测试问答

1. "体系结构探索"这个术语的含义是什么？
2. 系统的逻辑划分和物理划分之间的区别是什么？
3. 识别用系统高层次技术指标说明书描述的信息。
4. 元件的行为模型是什么？其目的是什么？
5. 使用可重用的 IP 块来实现组件的好处是什么？
6. 列出可用核(core)生成器实现的若干种功能模块。
7. 若几个设计师合作开发模型的代码，用什么工具可以协调他们所做的修改？
8. 验证计划覆盖设计流程的哪些方面？
9. 描述代码覆盖率和功能覆盖率的差别。为确保设计正确无误，哪个覆盖率更重要一些？
10. 简单地概述受约束的随机测试。
11. 说出形式化验证和基于仿真的测试各自的优缺点。
12. 嵌入式软件的硬件抽象层是什么？
13. 指令集仿真器是什么？
14. 为什么 RTL 综合工具只接受硬件描述语言的一个子集合。
15. 用于综合工具的技术库是什么？
16. 为什么应该进行由综合工具生成的电路的门级仿真？
17. 简单地描述什么是版图规划、布局和布线。

10.2 设计的优化

在前面一节中描述了设计流程，假设在设计流程的每个阶段该设计都满足约束条件。在大多数设计项目中，这样的理想情况并不多见。相反，需要对设计进行一些优化，即做一些权衡和折中，使某个指标稍微降低些，从而使得另外一个指标得以提高。而且，如果发现在设计流程的某个阶段期间，没有切实可行的优化可做，那么必须重新审查前一阶段的设计，考虑修改以前曾做出的设计选择。因此，实际的设计流程不是线性的，即不是从设计概念开始顺着流程一路过来，直到最后的实现；相反，设计过程往往需要多次反复，随着设计流程的进展，"后端"实现详细的反馈信息告诉我们：必须在设计的"前端"阶段做一些修改才能达到设计要求。

本节将考虑设计的三个要素：面积、速度和功耗。这三个要素往往约束着设计的性能，因此常常想要对它们进行优化。在设计流程的每个阶段，我们所做的每个决策都会影响这三个要素。许多其他的决策也会影响系统的其他方面，所以必须在这些要素之间做一些权衡和折中。在设计流程的起始阶段，应进行设计的体系结构探索和划分，这个阶段的工作通常对设计性能的影响最大。在可考虑的范围内选择，就可以很容易地使得设计的某个要素产生一个数量级的差别。例如，若在选用高度并行的体系结构或者选用顺序体系结构之间做一个比较，则可以期望选用并行结构将具有很显著的高速性能，但面积更大，价格更贵。若我们唯一考虑的只是缩小面积，则会选择顺序结构；但是这样做就不能满足速度性能的要求。一旦进入设计流程的下一个阶段，通常不可能在这样的程度上来影响设计的性能。若性能的细微调整不足以解决问题，则必须返回到设计的起始阶段做更实质性的修改。

10.2.1 面积优化

正如以前曾指出的那样，线路的面积将显著地影响芯片的成本。对于制成芯片的电路，电路芯片成本的一部分必然由硅圆晶片上芯片占有的面积所分摊。若芯片的面积较大，则分摊的硅圆晶片制造费用也越大。而且，因为芯片是长方形状的，而硅晶片是圆形的，所以芯片面积越大，硅圆晶片边沿上的材料浪费也就越大，因此每个芯片分摊的硅圆晶片成本不只是每个芯片占硅圆晶片面积的比例。而且更糟糕的是这种比例关系是非线性的。若芯片面积越大，则芯片制造中出现瑕疵的概率就越大，这使得芯片不能正常工作，就更增加了制造成本。因为在硅圆晶片制造出来后，不能正常工作的芯片必须淘汰，所以能正常工作的芯片，必须承担已淘汰芯片的制造和测试费用。把所有这些相关因素加在一起，导致最终芯片的成本与其面积的平方成正比。另外，在 6.3 节中曾介绍过芯片还必须封装。面积大的芯片，需要一个大的封装，其价格自然就比小的封装贵不少。而且芯片之所以大，意味着里面包含的晶体三极管多，于是耗能就多，自然发热就多，所以必须有更好散热途径。这些因素也导致了封装成本也不是与芯片的面积成线性比例关系的。对那些需要在印刷线路板上使用多块封装芯片实现的电路而言，系统的成本由于同样的原因，也与芯片的面积休戚相关。印刷线路板在制造和安装期间也会出现瑕疵，从而发生故障，而且 PCB 必须有一个外壳保护或者安装在一个盒子中。无论做芯片设计还是做 PCB 设计，对其制造、封装和测试成本的控制大大超越了我们作为一个设计师的能力。于是只能通过间接管理设计面积来降低芯片的成本。

在 10.1.5 小节曾经描述过物理设计阶段的版图规划步骤。版图规划的目标之一是找到一个合理的块的安排，缩小块所占的面积。作为体系结构探索的一部分，至少能在初级的水平上做某些版图规划。考虑如何将划分后的设计块安排到芯片内时，可以把一些占面积大、不现实的候选体系结构方案淘汰掉，选用占面积较小的方案。在划分阶段，必须估计芯片所需要的引脚个数，因为这将影响版图规划。特别当引脚个数很多的时候，衬垫环所需要的面积就有可能把整个芯片的面积都占据了，因此必须考虑使用引脚较少的结构。在设计项目的早期做好这些决策，将能有效地避免浪费设计时间，不至于到设计快完成时，才发现不能将设计完的电路放入芯片规定的面积中。当然，为了尽早完成版图规划，必须能估计在划分后的设计中每个块所需要的面积。可以使用这些估计作为后续设计步骤的面积预算。当进入物理设计阶段时，最后可以核实这个估计是否正确。若估计与实际需要相差太大，则还需要重新再做版图规划。

在设计流程的功能设计阶段，可以通过选择不同的组件来影响电路的面积，这些组件无论是实例引用的结构模型还是隐含结构的用 RTL 代码描述的模型。在第 3 章中曾经讨论过一个例子：不同形式的加法器和乘法器的电路复杂程度各不相同，因此占用的电路面积也不同。必须付出的代价是：面积小的传播延迟大，或完成运算所需要的时钟周期个数多，所以要根据设计需求做出权衡。如果直接引用由核发生器生成的 IP 实例电路块，那么可以影响整个电路的面积。也可以选择用最小的位宽来表示数据，例如在第 9 章中曾做过的 Sobel 边沿检测器的设计，可以将电路面积降至最小，因为数据的位宽小，处理数据的组件也可以缩小，组件之间必须的连接线也可以减少。

在综合阶段，可以通过设置综合工具上的约束项来影响电路的面积。一个更灵活的标准是，可以指定综合工具使用有利于面积优化而不利于缩短延迟时间的综合策略；也可以指定综合工具使用增添电路结构的策略来提高电路的速度性能，而不反复使用同一个电路构造，即用牺牲设计的芯片面积换取速度性能。在层次结构的设计中，可以指示综合工具让它能跨越块的边界进行优化，将不同块中的组件结合起来以缩小所占用的面积。在实现的芯片构造中有一些特定的资源，例如 RAM 和 ROM 是不能由综合工具自动地生成的，在这种场合，可以为综合工具提供一些线索，以便使用专用资源来实现芯片构造中的特定部分。各种不同类型的综合工具在如何编写编译指令和指定资源线索细节方面有所不同。大多数工具允许以属性的形式把这些细节说明嵌入到 RTL 代码中，也可以编写包含技术指标说明的独立约束文件。通常后面这种方式更受欢迎，因为在代码中嵌入属性的方法会使得模型的代码在其他设计中的可重用性变差。

最后在物理设计阶段，可以通过对电路的版图规划、布局和布线进行干预来影响线路面积。但是在这个阶段，除了能进行一些细微的调整外，不能很容易地改变所用元件的种类和数量、元件之间的连接或者数量。这就是为什么在设计流程早期所做的决策对设计有显著影响。

10.2.2 时序优化

时序优化的目的是确保设计能满足性能的需求(约束)。性能和时序本质上是互为倒数的两个物理量。通常认为性能是表示每单位时间可以完成的操作个数的术语。性能的倒数是完成每个操作所花费的时间。我们的目标是使每一秒钟能完成的操作个数尽可能多，或者反过来说，使完成每个操作所需要的时间尽可能少。在设计流程的体系结构探索阶段，可以通过应用并行结构，限制设计所涉及数据的位宽，对性能产生最大的影响。很清楚，增加并行度是与缩小面积和降低功耗有冲突的，因为实现并行结构需要增加资源扩大芯片面积和增加功耗。正如已经提到过的那样，我们必须做出权衡，为了只需要使用刚好能够达到性能指标的并行度即可,没有必要使用更多的并行度,以免造成浪费。

当随着设计流程的步骤往下进行时,所关注的重点会从考虑设计性能的提高所带来的好处逐渐转移到时序。这是一件很有意义的事情,因为在较低的抽象层次,关注的重点往往是执行操作的单个电路模块的设计。通常试图为这个模块找到一个符合其他约束条件且可以在最短的时间内完成所需操作的电路。

作为分析待选体系结构性能工作的一部分,必须估计设计可以达到的时钟频率。换言之,由于系统外部也需要时钟信号,所以在指定时钟频率时,必须留有余地。再换一种说法,即所用的时钟周期必须大于信号传递到设计流程下一级所需要的时间。在 4.4 节关于时序电路的讨论期间,我们已经看到,时钟周期约束了组合电路经由寄存器传输级路径的传播延迟。这条路径包括了从电路块的输入经过组合逻辑到寄存器的输入,以及从寄存器的输出经过组合逻辑到电路块的输出。若几个电路块是由几个不同的设计师各自所完成的,则我们必须确保从电路块内寄存器输出的组合路径到达另外一个电路块内寄存器的输入必须满足时序约束。为了实现这一点,方法之一是给每一个电路块,规定一个时间预算,即为每个电路块指定最大的时钟到输出的延迟,并规定输入到时钟的建立时间。任何偏离时间预算的情况必须得到设计师们的一致同意,记录成文档,仔细地加以验证。这种方法的常见例子是每个电路块的输出必须经由寄存器,本质上是将时钟到输出的时间预算限制在寄存器输出延迟的范围内,而且把输入到时钟的时间预算最大不超过一个时钟周期。在一个大规模的高速设计中,其中块内的连线延迟可能很显著,对电路块的输入也有可能需要使用寄存器来寄存。

在设计流程的功能设计阶段,可以通过组件的选择来影响时序。这类似于在功能设计阶段通过设置参数来影响芯片的面积,只是面积和时序的优化是互相矛盾的。更经常的做法是:使用综合编译指令,提示综合工具对具体电路的时序性能进行优化,然后对综合后产生的电路进行分析,以验证是否满足时序需求(约束)。若不能满足需求,则重新改写编译指令,并提示综合工具再重新综合一遍。若经过几次反复,设计仍旧不能满足时序需求,则必须返回设计流程的最初阶段,在更高的抽象层次,对设计进行较大的修改。

对综合后的设计进行分析一般采用静态时序分析工具。该工具对技术库中的每个元件以及简单的线-负载模型,使用时序估计。因为在这个阶段,还没有对设计进行布局和布线,所以由连线长度所引起的延迟只能依靠估计。而且,每个库元件的传播延迟和每条连线上的负载会随设计最后与哪种工艺的元件对应而有所不同。然而,在设计的这个阶段,所用的估计足以指导优化。静态时序分析工具,基于在 4.4 节中描述的时序模型,将连续寄存器之间组合电路和连线的延迟时间累加在一起。由此得到设计中的关键路径,从而可确定是否满足时钟周期的约束。

在物理设计阶段,可以通过修改元件和连线的位置对时序做细微的调整。但是因为安排元件和连线的位置是计算量非常巨大的过程,人工的办法不可能比 EDA 工具自动完成做得更好。所能做的只是控制布局布线计算工作量的大小,所付出的代价是完成布局布线工作可能需要花费更多一些时间。一旦物理设计完成后,就有可能提取元件和连线精确的延迟值。于是便可以再次使用静态时序分析工具,来验证完成的设计是否满足时序约束。如果还不能满足时序约束,那么还需要返回设计流程的最初阶段以改进电路的时序性能。

例 10.1 综合和实现 9.2 节描述的 Sobel 加速器设计。所用的器件为 Xilinx XC3S200-5 Spartan-3 FPGA,所用的时钟频率为 100 MHz(即时钟周期为 10 ns)。

解决方案 首先扼要地介绍一下 Xilinx ISE 工具套件。

关于如何使用 Xilinx ISE 工具的详细资料可以在由 Xilinx 公司提供的文档上找到。首先创建一个项目,指定目标器件和所包括的 Verilog 模块的源代码。然后用约束编辑器创建一个包含时钟约束的约束文件,见下面的代码:

```
NET "clk_i" TNM_NET = "clk_i";
TIMESPEC "TS_clk_i" = PERIOD "clk_i" 10 ns HIGH 50 % ;
```

接下来,用默认的选择项启动综合工具。由工具产生的综合报告包括一个综合后的时序报告,见图 10.6。由该工具综合后生成电路的时钟周期只能达到 14.174 ns,所以时钟约束不能满足需求。该报告同时指出了最长延迟的路径,该路径起始于存储 Verilog 代码中名为 O 的数组变量的一个位的触发器,结束于储存 Dx 变量一个位的触发器。该路径经过了若干个实现加法器和减法器的查找表和进位链元件,为原始图像的两个像素产生像素 Dx。假设涉及许多次加法和减法,这条路径成为关键路径是毫不奇怪的。

```
Timing constraint: Default period analysis for Clock 'clk_i'
  Clock period: 14.174ns (frequency: 70.552 MHz)
  Total number of paths / destination ports: 169373 / 623
----------------------------------------------------------------
Delay:                  14.174 ns(Levels of Logic = 20)
Source:                 O < -1 > _1_0(FF)
Destination:            Dx_10(FF)
Source Clock:           clk rising
Destination Clock:      clk rising
Data Path: O < -1 > _1_0 to Dx_10
                        Gate    Net
Cell: in->out  fanout   Delay   Delay   Logical Name (Net Name)
----------------------------------------------------------------
   FDE:C-> Q      3     0.626   1.066   O < -1 >_1_0 (O < -1 >_1_0)
   LUT2:I0 -> O   1     0.479   0.000   Msub_addsub0000_lut < 0 > (N68)
   MUXCY:S-> O    1     0.435   0.000   Msub_addsub0000_cy < 0 > (Msub_addsub0000_cy < 0 >)
   MUXCY:CI-> O   1     0.056   0.000   Msub_addsub0000_cy < 1 > (Msub_addsub0000_cy < 1 >)
```

图 10.6 Sobel 加速器初次综合后的时序报告

MUXCY:CI -> O	1	0.056	0.000	Msub_addsub0000_cy<2>	(Msub:addsub0000_cy<2>)
MUXCY:CI -> O	1	0.056	0.000	Msub_addsub0000_cy<3>	(Msub_addsub0000_cy<3>)
MUXCY:CI -> O	1	0.056	0.000	Msub_addsub0000_cy<4>	(Msub_addsub0000_cy<4>)
XORCY:CI -> O	1	0.786	0.851	Msub_addsub0000_xor<5>	(_addsub0000<5>)
LUT2:I1 -> O	1	0.479	0.000	Msub_addsub0001_lut<5>	(N96)
MUXCY:S -> O	1	0.435	0.000	Msub_addsub0001_cy<5>	(Msub_addsub0001_cy<5>)
XORCY:CI -> O	1	0.786	0.851	Msub_addsub0001_xor<6>	(_addsub0001<6>)
LUT2:I1 -> O	1	0.479	0.000	Madd_addsub0002_lut<6>	(N117)
MUXCY:S -> O	1	0.435	0.000	Madd_addsub0002_cy<6>	(Madd-addsub0002_cy<6>)
XORCY:CI -> O	1	0.786	0.851	Madd_addsub0002_xor<7>	(_addsub0002<7>)
LUT2:I1 -> O	1	0.479	0.000	Msub_addsub0003_lut<7>	(N148)
MUXCY:S -> O	1	0.435	0.000	Msub_addsub0003_cy<7>	(Msub_addsub0003_cy<7>)
MUXCY:CI -> O	1	0.056	0.000	Msub_addsub0003_cy<8>	(Msub_addsub0003_cy<8>)
XORCY:CI -> O	1	0.786	0.976	Msub_addsub0003_xor<9>	(_addsub0003<9>)
LUT1:I0 -> O	1	0.479	0.000	_addsub0003<9>_rt	(_addsub0003<9>_rt)
MUXCY:S -> O	0	0.435	0.000	Madd_add0001_cy<9>	(Madd_add0001_cy<9>)
XORCY:CI -> O	1	0.786	0.000	Madd_add0001_xor<10>	(_add0001<10>)
FDE:D		0.176		Dx-10	

Total   14.174ns (9.580 ns logic, 4.594 ns route)
                       (67.6% logic, 32.4% route)

图 10.6 Sobel 加速器初次综合后的时序报告(续)

下面继续沿着设计流程前进,到达布局布线阶段,来考察一下后端的工具是否能提高估计的时钟频率。使用默认的布局布线(PAR)工具设置确实会有某些改进,但改进得不够多。布局布线后的静态时序分析报告表明,时钟周期是 12.865 ns。该报告还包括了如何进一步提高时钟频率的几个建议,其中包括改变综合和布局布线的设置,选用对提高时钟频率更有效率的设置,并且对多个布局布线方案进行实施,以探索更好的物理布局布线。即使做了这些努力之后,工具也只能把时钟周期缩短到 12.025 ns。所以为了能达到更大的改进,必须返回到设计流程的初期进行体系结构上的修改。

因为关键路径是从寄存器 O 到寄存器 Dx 之间的一段电路,可以想办法缩短这一段路径的延迟。到寄存器 Dy 的路径也与之类似,所以我们对到寄存器 Dx 一段电路所做的任何修改都可以照搬到 Dy 的路径,以避免其变成关键路径。这两条路径都是由六个操作数的加法和减法运算器组成的(如图 9.6 所示)。在例 9.7 所示的 Verilog 模型中,只是将这些运算简单地表示为一系列的加法和减法操作。如果回顾一下编写可综合风格 Verilog 模型的指导原则,就可以想起,把一连串算术运算分组操作是个好办法。例如,若有以下表达式:

a+b+c+d

则综合工具可能生成一连串加法器,如图 10.7 左图所示。经由这个电路的延迟是三个加法器的延迟。另外一种方案,若用括号把表达式分成如下形式:

(a + b) + (c + d)

则综合工具可能生成一个加法器树,如图 10.7 右图所示。这个电路结构产生的延迟只有两个加法器的传播延迟。如果所涉及的操作数比较多,那么链状结构与树状结构之间的延迟差别将会更加显著。

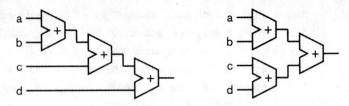

图 10.7　链状结构(左)与树状结构(右)连接的加法器

可以参照下面的 Verilog 代码,用流水线方式的 always 块来重新编写例 9.7 代码中对应的语句,以测试综合工具是否确实用这种流水线方式来处理算术表达式。

```
Dx <= ( - $ signed({3'b000, O[-1][-1]})           // -1 * O[-1][-1]
       + $ signed({3'b000, O[-1][+1]})            // +1 * O[-1][+1]
       - ( $ signed({3'b000, O[0][-1]})           // -2 * O[0][-1]
           <<1)
       + ( ( $ signed({3'b000, O[0][+1]})         // +2 * O[0][+1]
           <<1)
       - $ signed({3'b000, O[+1][-1]})            // -1 * O[+1][-1]
       + $ signed({3'b000, O[+1][+1]}) );         // +1 * O[+1][+1]
Dy <= ( $ signed({3'b000, O[-1][-1]})             // +1 * O[-1][-1]
       + ( $ signed({3'b000, O[-1][0]})           // +2 * O[-1][0]
           <<1)
       + $ signed({3'b000, O[-1][+1]}) )          // +1 * O[-1][+1]
       - ( $ signed({3'b000, O[+1][-1]})          // -1 * O[+1][-1]
       + ( $ signed({3'b000, O[+1][0]})           // -2 * O[+1][0]
           <<1)
       + $ signed({3'b000, O[+1][+1]}) );         // -1 * O[+1][+1]
```

在上面一些地方做了修改以后,在综合和布局布线工具中设置最大优化选项,可以把综合后估计的时钟周期缩短至 9.515 ns,布局布线后的时钟周期缩短至 9.864 ns。这正好满足了对时序的要求,还留有 1.4% 余量。在实际设计工作中,我们愿意留有更大的余量,因此还要不断改进代码以缩短路径延迟。若上述算术表达式的重新分组仍旧不能满足需求,则可以把一部分的计算操作转移到 Dx 和 Dy 寄存器后面的路径，那里有更多的余地。

10.2.3 功率优化

随着数字系统越来越复杂，系统的功率消耗指标已经变得越来越重要。特别对依靠电池驱动的便携式设备（例如手机、个人数字助理和便携式媒体播放器）更是如此。电路的功耗直接影响电池充一次电能使便携式设备维持多长时间的运行，或者设备需要使用多大的电池。即使在固定的由电源供电的设备中，电路的功耗也非常重要。电路的功耗转变为热量，这些热量必须通过芯片和系统的封装才能散发到周围空间。处理这些多余热量的散发必然会提高系统的成本，所以使功耗尽可能降低是使设备成本降低的一部分。

曾经在 10.2.1 小节中介绍过缩小电路面积的许多途径，这些途径也能帮助降低功耗，因为规模大的电路通常包含有更多的晶体三极管，而每个管子都要消耗电能。降低功耗的方法之一是在系统运行期间，若发现系统的某个电路块在一段时间内闲置，没有实质性的动作，则在这段空闲时间内把供电电源切断。某些笔记本电脑采用这种办法来降低功耗，例如当计算机与网络电缆不连接时，便切断网卡的供电电源。在某些仪器应用中，嵌入式微控制器可能只需要工作很少一段时间，采集输入数据，然后输出确定的控制设置即可。在其余时间，便可以切断微控制器的供电电源。有若干种商用微控制器芯片为这个目的专门设计了一个待命模式，当有信号输入时，该微控制器芯片可以从待命模式"醒过来"响应输入信号。最近设计的处理器内核也包括功率管理特性，允许处理器运行在不同的功率级别，其中包括完全切断处理器内核电源，以及控制系统其他元件的功率级别。

虽然切断系统某些暂停电路块的供电可以显著地降低系统的平均功耗，但实现这个目标并不容易。特别遇到与某些暂停电路块连接的其他部分还必须继续工作的情况，此时，接口信号必须被禁止，以避免必须继续保持活动部分会出现假性的活动，而实际却停止了工作。而且当某个电路块一旦恢复供电，还需要等待许多个时钟周期，才能恢复该块的正常操作。这样的延迟会影响系统的性能，所以这种降低功耗的技术也只能用在允许延迟的场合。

在 MOS 电路中，数字系统采用的降低功耗的技术绝大部分考虑功耗发生在晶体三极管的开关变化阶段。而且与电路连接的扇出负载越大，高低电平之间的切换所消耗的电能也越大。第 1 章曾讨论过这些问题，在那里介绍了动态功耗问题。在时钟同步的数字系统中，有许多触发器，所有的触发器都由全局时钟触发的。由于每个触发器都由若干个晶体三极管组成的，在时钟跳变时刻，尽管存储在触发器中的数据没有发生变化，这些三极管的状态也要发生变化。这些三极管也要消耗电能，但却没有对电路的计算结果产生任何影响。若系统的性能要求不是恒定的，换言之，在一段时间内系统需要高性能，而在另一段时间内系统的性能低一些也可以接受。遇到这种情况，可以降低时钟频率来减少动态功耗。这就需要时钟信号源的频率是可以调整的。我们经常需要在嵌入式计算机的实时操作系统的管理下控制时钟的频率。这种系统的时钟发生器必须可在程序控制下调整频率。

CMOS系统中，另一种常用的减少功耗的途径是门控时钟。这是指用控制电路将存储值不需要改变的那一部分电路的时钟信号切断。我们已经见过如何使用时钟使能信号来控制单个触发器或者寄存器的活动，但是这些元件仍旧受时钟信号变化的影响，即使时钟的使能输入为0时也如此。使用门控时钟，当时钟信号被禁止后，元件就见不到时钟信号的跳变了，如图10.8所示。图中时钟信号有两个时钟周期被门禁止，在此期间元件没有动态功耗。

用门控时钟不是像在时钟信号通路上插入一个与门那样简单。因为与门有延迟，所以经过与门输出的时钟沿就会与没有经过与门的时钟沿有偏差，这使得满足时序约束变得非常困难。而且因为门控信号通常是由时钟控制部分生成的，所以简单天真的方案很可能造成门控的时钟信号上出现毛刺，如图10.9所示。这个毛刺很可能造成与门控时钟连接的触发器的不可靠触发。而且如果控制信号上出现毛刺，例如由于通过产生控制信号的组合逻辑的路径延迟不同所产生的毛刺，这些毛刺也可能传送到门控时钟上。解决这个难题的方法是不能用RTL模型来表达门控时钟，而是应该在物理设计期间用时钟插入工具，作为功率优化来实现门控时钟。有几种时钟综合工具可以进行这一类功率优化。

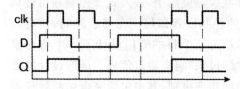

图10.8 带门控时钟的触发器的时序图

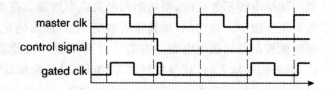

图10.9 由于设计存在问题使门控时钟上出现毛刺

随着其他参数的优化，需要进行电路设计分析，以确定功率约束是否满足电路的最终要求，实际功耗将取决于时钟频率，以及相对于时钟频率的信号值变化频率。功率分析工具可以根据对这两个频率的估计来估算出电路的功耗。做这一类估计的好办法是在电路模型的仿真期间监视信号值。然后该工具就可以将获得的数据与来自于技术库中的功耗数据相结合，并可加载互连的信号模型。

知识测试问答

1. 如果想使系统的性能有重大的改进，应该把关注点集中在设计流程的初期还是较后的阶段？
2. 为什么电路的面积与芯片成本的关系是非线性的？
3. 在设计流程的功能设计阶段，如何影响电路的面积？
4. 搞清楚在体系结构探索阶段，可以考虑的改进系统性能的手段。改进性能需要权衡什么问题？
5. 时序预算如何帮助设计小组满足时序约束？
6. 指定综合时序约束的目的是什么？

7. 静态时序分析工具如何验证综合后的设计和布局布线后的设计？
8. 如果时序约束不能满足，必须做什么？
9. 简单叙述降低功耗的两种技术。
10. 为什么不能在 RTL 模型的代码中实现门控时钟？如何更好地实现门控时钟？

10.3 为测试而专门添加的设计

已经描述的设计流程从体系结构的探索开始，一直延续到 ASIC 制造设计文件或者 FPGA 编程文件的递交为止。一旦芯片制造完毕，就必须对它们进行测试，以确保芯片能正确无误地工作。有许多原因造成芯片成品不能正常运行，其中包括硅圆晶片制造和封装过程中出现的问题。有些问题使得整批次的芯片不能运行，而有些只是个别芯片出现故障。制造后进行测试的目的是找出有故障的芯片，把有问题的芯片淘汰掉，不提供给用户。理想的情况是能明确造成故障的原因和位置，并记录下来，从而调整生产过程，使以后的生产中不再出现质量问题。

对于 ASIC，开发芯片的测试电路是芯片设计工作全过程的一部分。而对于 FPGA，测试开发是作为实现 FPGA 构造的开发全过程的一部分。被用作最后设计实现目标的 FPGA 器件作为制造工作的一部分，早在出厂前已经被测试过。但是 FPGA 仍必须被插入印刷线路板作为大系统的一部分，此时 FPGA 本身作为系统制造的一部分必须加以测试。在许多系统中，有故障的印刷线路板并不丢弃，只是把有故障的芯片替换掉，修理好的印刷线路板还需要再重新测试一遍。

对简单的电路，测试只是涉及在芯片的输入端施加测试案例，然后验证芯片是否产生正确的输出即可。这类似于在设计阶段的验证工作。然而验证的并非是设计是否满足功能需求，而是验证制造的芯片是否跟设计的要求一致。尽管如此，产生了同样的可行性问题。随着可能的输入值和可能的输入序列数目的增加，测试芯片在所有场合都能正确运行变得不可行。可用于测试的时间远少于设计的验证时间，因为有几千至几百万片芯片必须逐片地进行测试。而且测试必须使用测试设备，施加实际输入值，测量输出值。这样的设备是昂贵的资源，所以必须尽量少用。

通过在芯片中添加一些电路来改进系统的可测试性，便可以缩短系统的测试时间，降低测试费用。这样的线路包括了在系统特定的操作模式下，可观察芯片内部节点，或者可自动完成测试的电路元件。用一个术语 DFT（design for test）表示这种改进可测试性的设计技术。在本节的余下部分，将介绍旨在定位故障的特定测试案例的开发方法。然后将考察在设计中添加硬件改进可测试性的两条途径。

10.3.1 故障模型和故障仿真

作为设计流程的一部分,我们需要开发一组测试向量(或称 test patterns)。所谓测试向量,其实就是施加到电路的输入端可用于暴露电路故障的一组输入值。思路是这样的:施加每个测试向量(或者一小组有序的向量)应该使电路产生给定的输出。如果电路产生的输出不同于给定的输出值,那么该电路就存在着故障。测试向量选得好就能在电路中确定故障的位置。

为了想办法暴露故障的位置,需要考虑电路中发生故障的类型。可依靠故障模型来发现故障。故障模型是由故障造成的后果的抽象。使用故障仿真器来检测故障。所谓故障仿真器就是能在电路模型的某个给定位置上注入一个故障,然后对电路模型进行仿真操作,并能检查出该注入故障是否使电路模型产生输出错误的一种仿真器。故障仿真器施加测试向量,直到在仿真结果中检测到不正确的输出,表明该注入的故障已经被检测到。如果所有的测试向量都已经施加过,但并没有检测到不正确的输出,那么这一组测试向量不能检测注入的故障。该仿真器不断地重复对注入电路中其他位置和其他故障的仿真。一旦所有的故障都已经被仿真过,则测试向量的故障覆盖率(fault coverage,即被检测到的故障比例)就能被确定下来。理想情况下,故障覆盖率应达到100%,但对大规模的设计而言,达到100%的故障覆盖率是不现实的。在选择测试向量时,可以使用自动测试向量发生器(ATPG)。这是一个 EDA 工具,可以用来分析电路,寻找并创建尽可能达到100%测试覆盖率的最小测试向量集。

常用的简单故障模型是粘连(stuck-at)模型。在这种类型的模型中,电路中门的输入或者输出与 1 或者 0 粘连在一起,因而不能在 0 和 1 之间转换。这一类型的故障可能是由与电路的地线或者电源线短路所引起的。图 10.10 说明了这样的故障,在该电路中,与门的一个输入被粘连到 1。该电路对某些输入组合(例如 b=1 或 c=1)在粘连点的值是一致的,电路的输出也不会出现异常,我们也检查不出任何错误。但是该电路对其他某些输入组合(例如 b=0 或 c=0)在粘连点的值应该正好与粘连值 1 相反才对。是否能检查出错误,将取决于粘连点和电路输出点之间的那一部分逻辑电路。在图 10.10 所示的电路中,如果 a=0,电路的输出值与粘连点的值无关,所以不能发现粘连故障。但是如果 a=1,粘连点的值将被传送到电路的输出点,所以就可以发现这个故障。就一般情况而言,检查故障涉及向被测试电路施加一组输入值,使得从故障点到输出点的路径变得敏感,所施加的输入组合值必须将粘连点驱动至与粘连值相反的值,才能检查出错误。如果电路中某节点上的故障可以导致输出值的错误,则该节点是可观察的。如果电路的输入组合可以使该电路中某值变为一个给定的值,则该节点是可控制的。电路中节点的可观察性和可控制性决定了该电路的可测试性。

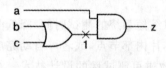

图 10.10 带有一个与 1 粘连故障的电路

其他的故障模型考虑了门的晶体三极管电路,并涉及晶体三极管粘连 0 或者粘连 1。这样就可以检查出用粘连故障模型不能充分表达的故障。举例说明如下:假设门的输出驱动电路如图10.11所示,有一个故障使得上面的晶体三极管与电源短路。当该门应该输出高电平时,该门的输出是正确的。但是当该门应该输出低电平时,上下两个晶体三极管都导通。这就形成了分压电路,输出的逻辑电平就界于合法的高电平和低电平之间,变成不合法电平。这样一个不合法逻辑电平如何传递到电路的其余部分,将取决于与这个分压电路相连接的逻辑门的输入阈值,因此不能只靠检查输出值就能确定电路的故障点。测试这一类故障的途径就要依靠测量从电源流出的稳态电流(I_{DDQ})值,若稳态电流值有显著的增加,则可能某个逻辑门的两个三极管都导通了。其他还有

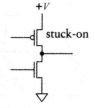

图 10.11 门电路的输出驱动器

几个故障模型,包括桥接(bridging)故障(即表示信号线间短路连接的故障)、延迟故障(即电路的传播延迟长于正常范围的故障)以及储存单元故障。

10.3.2 扫描设计和边界扫描

本书已从 RTL 的视角讲解了可以在寄存器之间传送数据的由组合电路组成的数字系统。上一节讲述的故障模型和故障检测技术能很好地检测组合电路的故障,但是很难将这些技术应用于寄存器和储存单元故障的检测。当寄存器深埋在数据路径中时,检测其故障是一个很复杂的问题,因为寄存器电路远比组合电路难以控制和观察。

扫描设计技术通过把许多个寄存器连接起来,修改成一个叫作扫描链的很长的移位寄存器,巧妙地解决了这个问题,如图10.12所示。测试向量在测试模式输入控制下,可以通过移位逐位进入由寄存器组成的可控制的扫描链。储存的值可以移出寄存器以便于观察。而且寄存器链便于控制和观察寄存器之间的组合逻辑块,可以逐块测试每一块组合逻辑,这个过程由将测试向量逐位移入由寄存器组成的扫描链开始,直到每块的测试向量到达该块的输入寄存器。然后可以将该扫描系统进入一个时钟周期的正常操作模式,把每个块的输出存入输出寄存器。还需要给系统的外部输入施加测试向量,观察系统的外部输出,以测试任何的组合输入和输出电路。最后将结果值从寄存器链逐位移出。控制这个过程的测试设备把输出值与期望的结果比较,来检测电路是否存在故障。这个过程不断重复执行,直到所有的测试向量都已经施加到所有的组合逻辑块,或者直到发现一个故障为止。

这种形式的 DFT 既有许多优点也有许多缺点。主要的优点是增加了被测试电路的可控制性和可观察性。添加的 DFT 电路使得很高的故障覆盖率变得切实可行,特别对大规模电路更是如此。可以减少组合逻辑的测试向量生成问题,这项工作大部分可以由 ATPG(自动测试向量发生器)自动地完成,以达到100%的故障覆盖率。而且将寄存器修改为具有移位功能的寄存器也可以自动地完成,方法之一是按常规的电路设计和综合方法,即可产生带触发器的门级电路以实现可用于 DFT 的寄存器。接着,作为物理设计的一部分,物理综合工具可以把

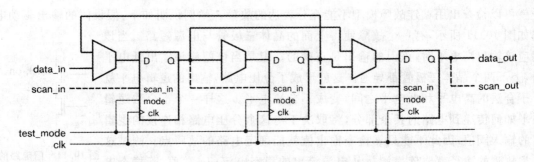

图 10.12　扫描链路中修改后的寄存器连接

这些触发器做一些修改,增加一个移位模式,如图 10.13 所示。该电路按照正常方式布局。在最后布线阶段,相邻的触发器互相连接形成了一个移位寄存器链。这样做减少了布线开销和与其他信号线连接的接口。DFT 工具添加测试逻辑会导致布局的改变,而 DFT 工具可以为此提供补偿,使输入测试向量的次序和扫描链输出位的次序保持不变。

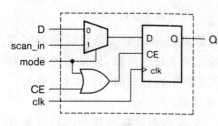

图 10.13　用于扫描链路的改进触发器

扫描设计的最大缺点是花费比较大,无论电路面积和延迟都必须增加。修改后的触发器增加了一些辅助线路,包括一个输入多路选择器可在正常输入和扫描链前面的那个触发器输出之间做选择。扫描链电路需要增加芯片面积 2%~10%。添加的多路选择器使得到触发器输入的组合逻辑路径上的延迟有所增加。若该路径是关键时序路径,整个系统的性能将受到影响。扫描设计的另外一个缺点是:与某些其他 DFT 技术比较,扫描链电路非常长。把测试向量移入和把结果向量移出寄存器组成的扫描链需要花费很大一部分测试时间,因此系统的测试不能全速地进行。所花费的时间可以通过将扫描链分成几段,并行地移入测试向量和移出结果向量。但是每个扫描链需要各自独立的输入和输出引脚,所以我们必须在测试时间和测试引脚的开销之间做适当的权衡。

用增加硬件来提高可测试性时,有一个问题必须考虑,即测试硬件本身也会出现故障。在扫描链中如果出现故障,就会阻止触发器按照移位寄存器的要求正确地移位,而且扫描链的连接线也可能出现故障。很幸运,我们可以很方便地测试扫描链是否存在故障。只需要在扫描链中插入 0 和 1 组成的序列,逐位地移入扫描链,最后从扫描链中移出。如果在期望的时间内,从扫描链中移出的序列与输入的序列完全一致,则可知扫描链没有任何故障。然后就可以着手进行系统内部电路的测试。

可以把扫描设计的概念推广到印刷线路板(PCB)的测试,线路板上有多个互相连接的芯片,这种 PCB 的测试技术被称作边界扫描(boundary scan)。这种测试技术的思路是在每个芯片的外部引脚上都连接一个触发器组成扫描链。在对印刷线路板做测试的时候,测试设备将测试向量逐位移入芯片周边的扫描链触发器。当扫描链触发器被加载时，测试向量即被施加到芯片的输入引脚。然后扫描链触发器对芯片的输出采样并保存在触发器中，最后将这些输出采样值逐位移到测试设备。于是测试设备就可以验证芯片之间的所有连接，包括芯片的内部连线（bonding wire）（译者注：bonding wire 是半导体芯片中被用来连接 IC 硅片上的铝电极和 LEAD 电极的连接线。）、芯片外封装的引脚以及 PCB 的铜箔线路是否完好无损。不同的测试向量可以用来测试不同种类的故障，包括线路连接的断裂、与电源或地平面的短路以及两条连线（接点）之间的粘连等故障。

边界扫描技术的成功促使以建立边界扫描元件和协议标准为宗旨的联合测试行动小组（JTAG）在 20 世纪 80 年代的诞生。JTAG 这个术语现在已经成为基本和广义形式的边界扫描的同义词，不仅支持单个芯片的自动测试，也支持包含多个芯片的印刷线路板（PCB）的自动测试。国际电气和电子工程师协会已经为 JTAG 标准即 IEEE Standard 1149.1 的成熟进行了多年的标准化管理工作。

JTAG 标准规定每个元件必须具有由下列连接组成的测试访问端口（TAP）：
- 测试时钟（TCK）：为测试逻辑提供时钟信号。
- 测试模式选择输入（TMS）：控制测试操作。
- 测试数据输入（TDI）：测试数据和指令的串行输入。
- 测试数据输出（TDO）：测试数据和指令的串行输出。

还有一个可选择的测试复位输入（TRST）端口，但该测试端口在实际测试中用得不广泛。图 10.14 展示了自动测试设备与 PCB 上器件的测试访问端口之间的典型连接方式。图 10.15 展示了每个元件内部的测试逻辑。TAP 控制器管理着测试逻辑的操作。有许多寄存器用来保存测试数据和指令，器件内核和外部引脚之间插入了边界扫描单元链。典型的边界扫描单元如图 10.16 所示。在几个输入控制信号的管理下，数据可以直接流过，输入数据也可以被捕获，输出数据也可以被驱动，测试数据也可以移位进入。元件的输入和输出引脚每个只需要一个单元。三态输出引脚需要两个单元：一个控制和观察数据，另外一个控制和观察输出使能。双向引脚需要三个单元，因为它们是三态输出和输入的组合。

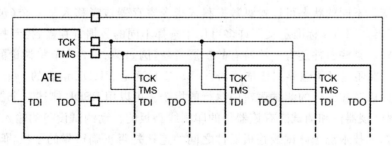

图 10.14　自动测试设备与带多个 JTAG 测试访问端口的系统的连接

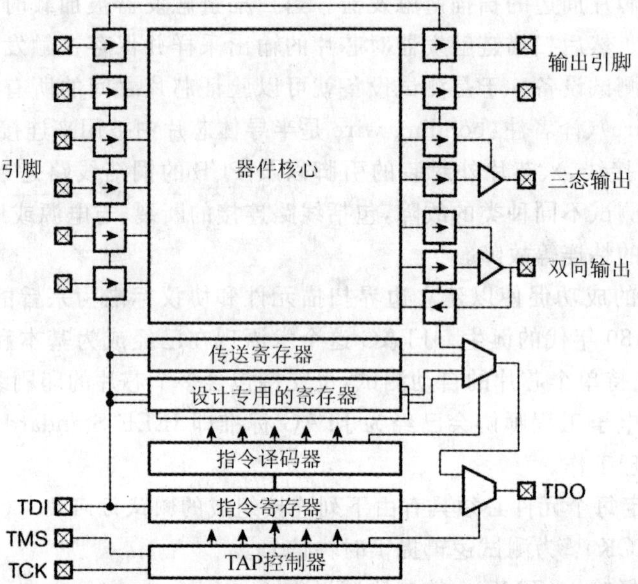

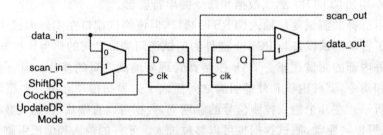

图 10.15 带 JTAG 边界扫描寄存器链的器件的体系结构

图 10.16 用于一个输入/输出引脚的 JTAG 边界扫描单元

  测试访问端口控制器的操作如同简单的有限状态机,根据测试模式 TMS 输入值的不同,控制状态的改变。不同的状态可以操纵数据移入指令寄存器或者移入某一个(包括在扫描链中的)数据寄存器。JTAG 标准定义了许多可用于选择不同的数据寄存器、控制扫描链模式等操作的指令格式。某些器件还有一些特有的扩展指令,例如 10.3.3 小节将讨论的内建自测试模式。JTAG 标准还定义了边界扫描描述语言(BSDL),这是 VHDL 语言的一个子集,用于指定引脚、寄存器,以及在元件的测试逻辑中执行的指令。可以用 BSDL 描述一个器件和一套测试向量,作为测试该器件和测试嵌有该器件的印刷线路板的自动测试设备的输入。

  虽然边界扫描技术源于测试线路板器件之间的连接是否正确可靠的手段,但 JTAG 边界扫描单元一直被设计来允许对器件内核进行测试。这些边界扫描单元可以被配置为从封装输入引脚中将输入器件内核的信号分隔开。测试数据就可以被移位进入与内核输入连接的触发器单元,然后将测试数据输入器件内核。器件内核的输出值可以被采样存入与输出引脚连接的触发器单元,然后通过移位将内核的输出值送到自动测试设备。因此JTAG体系结构解决了两个问题:在线测试系统中的器件及在线测试器件之间的连接。由于JTAG结构的灵活性使得这个标准得到了广泛的应用,借助于市面上买得到的EDA工具,可以在设计流程的不同阶段在设计中插入测试逻辑。JTAG标准也已经被推广到支持ROM的在线编程,并且支持对可编程逻辑器件包括FPGA的在线配置。

10.3.3 内建自测试

目前我们所考虑的DFT解决方案都依赖于在系统的设计期间开发测试向量,并对已制成的器件施加测试向量进行测试。虽然扫描设计和边界扫描技术改进了器件的可测试性,但是将测试向量移入器件,把测试结果移出器件仍旧需要花费大量的时间。而且器件不能以全速进行测试,因为系统每个时钟周期的操作所需要的测试向量必须通过许多个时钟周期才能移位进入相应的输入端。

用内建自测试(BIST)技术可以避免这些问题,该技术涉及添加能产生测试案例(test pattern)和分析输出响应的测试电路。在系统中添加了BIST后,自动测试设备的作用减少到只需要启动测试操作、核对是否成功地完成测试操作,若测试失败,则保存由BIST电路产生的诊断信息。BIST的优点之一是:由于它被嵌入在系统内,所以可以全速产生系统的测试向量。这将显著缩短系统的测试时间。BIST硬件电路也能产生多个周期的测试序列,这使得BIST有可能暴露用其他技术很难发现的那一类故障。当然,缺点是需要花费比较大的硅片面积。但是由面积增加的开销,因为测试成本的降低,可以得到很好的补偿。还有一个优点是BIST硬件在系统运行的生命周期内一直可以使用,可以用于系统的现场测试。许多用户曾报告有过这样的经历:他们自己一直没有意识到系统存在故障,直至服务工程师到达进行系统维修后才发现有问题。具有BIST硬件和冗余元件的系统,有能力通过网络连接向服务中心报告故障,看来这些用户的报告是真实可信的。

在设计BIST硬件电路时,需要考虑的两个主要问题:①如何产生测试案例;②如何分析输出响应以确定系统是否存在故障。其难点是想出能解决上述两个问题的电路,该电路的规模不能太大,而且也不会对系统的正常性能产生负面的影响。

产生测试案例最常用的方法是伪随机测试案例发生器(pseudo-random test pattern generator)。与真实的随机序列不同,伪随机序列从一个称作种子(seed)的点起不断地重复前面的序列。尽管如此,这种序列具有和真实的随机序列类似的统计特性。而伪随机序列可以用一个很简单的称作线性反馈移位寄存器(linear-feedback shift register,LFSR)的硬件结构产生。图10.17展示了一个能产生由四位值组成序列的LFSR。把四个触发器预先设置为1111作为测试序列的种子,该LFSR产生的伪随机序列的起始值便是1111。每隔一个时钟周期该

LFSR 产生的序列值如图 10.17 所示。该序列包括了除 0000 之外的所有可能的四位二进制数值。在大多数应用中把 0000 也包括在内是最理想的。很幸运,我们可以对 LFSR 做一些修改,把它变成一个完整的反馈移位寄存器(complete-feedback shift register,CFSR),如图 10.18 所示,该 CFSR 产生(包括 0000 在内的)所有可能的四位值。可以设计类似的电路来产生其他长度的伪随机序列。在 LFSR 内放置异或门的位置取决于 LFSR 的特征多项式(请参照 LFSR 操作依据的数学理论)。对该理论的探讨超出了本书的范围。

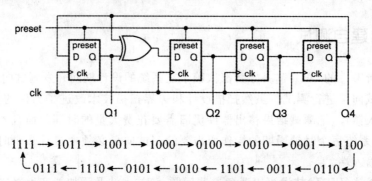

图 10.17　用于产生伪随机序列测试向量的四位 LFSR

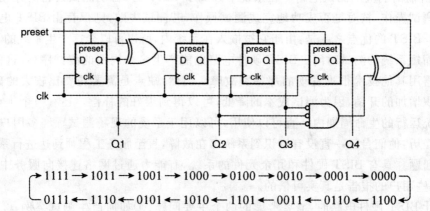

图 10.18　用于产生伪随机序列测试向量的四位 CFSR

分析电路产生测试案例的输出响应提出了更多的问题。在大多数情况下,储存正确的输出响应与电路的实际输出进行比较是不现实的,因为储存正确数据所需要的硬件会远多于被测试电路的硬件。必须想办法压缩期望的输出响应和电路的实际输出响应。尽管必须添加额外的电路才能压缩电路的输出,但这样做,可以减少储存器和比较电路的硬件,从成本核算来看,还是划算的。有若干种方案可以压缩输出响应,但是最常用的方案还是签字分析(signature analysis)。签字分析技术与使用 LFSR 产生测试案例密切相关。这两者的数学理论背景是相同的。签字寄存器形成了对输出响应序列的总结,该总结被称为签字(signature)。稍许有些不同的两个序列,很可能具有不同的签字。图 10.19 举例说明了一个多输入签字寄存器 (multi-input signature register,MISR),该 MISR 的四个输入来自于被测电路,另外还带有一个四位的签字。

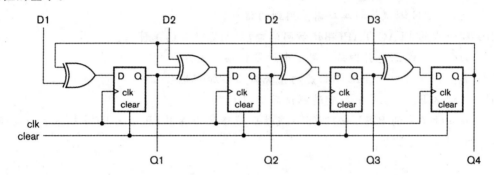

图 10.19 一个四位输入的 MISR(其四位输入来自于被测电路)

用线性反馈移位寄存器 LFSR 产生测试向量的内建自测试 BIST 和分析响应的签字寄存器,这两个测试电路的使用需要在没有故障的情况下,对电路进行逻辑仿真。既然由 LFSR 产生的序列是取决于种子的,就可以用输入值的序列进行仿真。可根据从仿真得到的输出值计算期望的签字值,保存签字值,以便在测试期间使用。当 BIST 电路被启动时,无论是在制造测试期间由自动测试设备 ATE 启动的,还是在系统运行期间由系统内的测试控制器启动的,LFSR 产生测试向量,而多输入签字寄存器 MISR 计算实际电路输出的签字值。接着 ATE 或者测试控制器把计算所得的签字值移出 MISR,然后与期望的签字值进行比较。若这两个签字值相等,则没有发现故障(虽然仍旧有可能存在实际上没有检查到的故障);若两个签字值不等,则必定存在故障。

本节介绍了有关 BIST 的一些基本概念。实际上,BIST 和因为测试必须添加设计的技术已经发展得非常复杂,远比上面介绍的复杂得多。在电子设计行业中有整个一个环节是完全为了测试而存在的,这些厂商提供了一系列的软件和测试设备。为测试而添加必要电路的设计技术(DFT)位于设计行业和测试行业之间的接口上。在许多重要的电子设计项目中,设计工程师和测试工程师在整个设计过程中互相交流,以确保系统在制造过程中是可测试的,而且若有需要的话,在已经部署的操作期间也是可测试的。

知识测试问答

1. DFT 这个术语的含义是什么?
2. 故障仿真器的作用是什么?
3. 描述粘连模型和如何识别由该模型所表示的电路故障。
4. 可控制和可观察电路的含义是什么?

5. 测试 I_{DDQ} 电流是如何检测晶体三极管的粘连故障的?
6. 为了使电路具有扫描链,必须对电路做哪些修改?
7. 说出扫描设计与用外部引脚测试相比的优点和缺点。
8. 边界扫描如何提高基于印刷线路板系统的可测试性?
9. 说出 JTAG 测试访问端口需要用到的信号。
10. 组件中的 JTAG TAP(测试访问端口)控制器的目的是什么?
11. 为什么双向三态引脚必须用三个边界扫描单元?
12. 具有内建自测试(BIST)功能的系统必须添加哪些电路?
13. 为什么 BIST 在系统的制造测试后仍旧有用?
14. 在基于签字的 BIST 中,LFSR(线性反馈移位寄存器)和 MISR(多输入签字寄存器)的用途是什么?

10.4 非技术性问题

我们已经讨论了与数字系统设计有关的所有技术问题,这也是本书的宗旨所在。但是这些技术问题并非是必须考虑的唯一方面。最后还要讨论几个有关设计项目的非技术问题作为本书的结束。在某些情况下,最好的技术方案,未必是全面考虑时所应该选择的最好方案。

电子产品像大多数产品一样有它的生命周期。产品设计只是生命周期中的一个阶段。在产品开始设计之前,需要进行市场调研和财务建模。在设计完成以后,制造设备和原料供应渠道,以及买卖和销售布局渠道都必须建立起来。根据产品的不同,有的需要产品维护或者修理,有的需要用户服务。在产品的生命周期内,已设计的产品也许需要重新设计以满足需求的改变,也有可能在其他产品中重复使用。最后产品逐渐过时,市场萎缩,不再继续生产和维护。

有许多不同的财务模型可以用来估算产品生命周期内的收入。一般情况下,产品的收入在其生命周期的初期通常达到高峰,以后逐渐减少直到产品过时为止。为开发非连续工程(non-recurring engineering,NRE)产品投入的资金以及其他前期投入,必须能从收入中赚回。若产品针对的是一个竞争性很强的市场,尽早进入该市场,会对产品的利润产生关键性的影响。如果进入市场比较晚,则必须与竞争者分享市场份额,产品的利润必然降低,甚至可能变成无利润可言。因此上市时机(time-to-market)对设计项目而言是一个非常重要的非技术因素。对许多消费类产品而言,例如手机、多媒体播放器等,产品的生命周期是非常短暂的,只能在较短的一段时期内保持畅销,产生足够多的销售利润。因此对这一类产品的设计,上市时机的压力是非常大的。

在许多其他工业部门,产品的生命周期很长。例如军用系统和通信系统的基础结构设备。对这些产品而言,产品的可靠性和可维护性等属性是非常重要的。例如,在这种情况下,考虑销售厂商的品牌以及是否能为购买的系统部件提供长期可靠的服务也许超过技术方面的考虑。这种使用期很长的产品，通常必须在其整个生命周期内得到维护和维修的支持。因此在设计阶段必须考虑除了电路设计技术问题之外的更多其他问题。必须考虑编写设计技术文档，联络支持服务的提供者，开发支持计划、步骤和文件。

数字系统设计中必须考虑的另外一个重要因素是电路实现技术正在不断地快速进步。新一代芯片技术，可以在同样面积的片芯上容纳更多的晶体三极管，每个储存芯片中可以存储更多的位，并且具有更高的时钟频率。若一个复杂系统的设计过程延续了18个月，当设计产品进入制造阶段时，新一代制造工艺技术已经可以使用了。用上一代工艺技术所制造的设计将使得最终产品在性能和功能上不如竞争厂商的产品。因此在开始设计项目时，必须注意技术的发展趋势，规划确定合适的工艺技术来制造未来的产品。

本书中，作者一直提醒读者，数字系统的设计是一个复杂的任务。对比较小的设计而言，由几个人组成的设计小组就可以进行产品的定义，编写技术指标说明书，进行详细设计、验证和制造。即使这样，使用有系统的设计方法学可以减少产品开发项目脱离轨道的风险。对比较大的设计而言，通常必须组成较大的设计团队，团队的不同成员具有项目不同方面的专业知识。实际上，较大的设计团队通常由负责设计方法学不同方面的小组构成，分别负责结构定义、详细设计、验证、测试开发，以及与制造厂商联络。让团队的每个成员理解他们工作项目的整体结构和内容是非常重要的。在项目的进展中，保持良好的沟通和信息交流是至关重要的。好的项目管理是设计产品成功的根本。

知识测试问答

1. 说出产品生命周期中的几个主要阶段。
2. 为什么对某些产品而言，上市时机（time-to-market）非常关键？
3. 对生命周期很长的产品而言，除了产品的技术设计以外，通常还需要做哪些工作？
4. 如果某系统产品是为竞争的市场而设计的，在设计过程开始时，所采用的技术是当前的技术，那么将来制成的产品会面临什么风险？

10.5 总　结

我们已完成了有关数字系统设计基础的探讨。我们从数字逻辑、门和触发器等基本元件开始讲述，展示了如何在电路中应用这些元件以满足给定的功能需求。由于大多数现代数字系统的功能需求十分复杂，我们只好求助于抽象原理作为管理复杂性的手段。特别是借助于层次构造的方法，先用基本元件构建块，然后再用这些块构成系统。用这种手段，我们曾有能力到达完整嵌入式系统的层次，其中包括处理器、存储器、输入/输出控制器和加速器，而没有被其中所涉及的几百万个晶体三极管互相之间连接的细节而吓倒。在整个学习过程中，我们也注意了现实世界中实际数字电路所引起的具体问题和所造成的制约。我们展示了规范的设计方法学如何有助于克服困难,如何在满足约束条件的同时,也满足功能需求。

本书中的数字系统的学习为今后学习多个领域的课程打下了坚实的基础。在硬件方面,大规模半导体集成电路设计涉及多种技术的学习和研究。硅集成电路上的电路元件和系统的设计技术通常从 CMOS 数字电路开始,然后扩展到模拟电路、射频(RF)和模拟/数字混合系统。而且微电子机械系统(MEMS)和微流体力学正在日益变得重要,特别在数字系统与现实世界之间的接口方面,更是如此。在硬件和软件之间的接口方面,数字设计导致了计算机组织和计算机体系结构的研究,因为计算机正是一种特定的数字系统。嵌入式系统也取决于这个接口,因为硬件和软件实现之间的权衡是一个很重要的方面。在软件方面,操作系统和编译器设计的研究得益于对计算机硬件功能的更深入的理解。最后电子设计自动化工具本身也为更高级的研究开拓一个很有意义的课题,并成为成功的数字系统设计方法学的关键。

基于数字系统的集成电路技术自从发明以来一直在继续不断的发展中。摩尔定律反映了集成电路技术的发展规律,描述了同样面积的 IC 芯片上可容纳的晶体管数目随时间按照指数关系增长。尽管在这 40 多年内有过一些预报说是这种或那种情况有可能阻止 IC 技术的进步,但自 20 世纪 60 年代起到现在为止一直保持符合该规律的发展步伐。根据《半导体国际技术路标》(见 www.itrs.net),该文件预测了未来 15 年内几种新一代的 IC 制造技术,反映出半导体工业界仍旧相信摩尔定律将继续保持正确。最先进的制造工艺技术从 2007 年的 65 nm 技术,经过 45 nm、32 nm、22 nm,于 2019 年将达到 16 nm。设计者所面临的最主要的挑战之一是如何充分利用在一个片芯上可使用的、数目如此巨大的晶体管,而且制造这样的芯片在经济上还必须是可行的。许多评论者预测,除了用户数量特别巨大的应用项目外,专用集成电路将在所有其他项目中逐渐变得不经济。而针对不同等级的客户平台将日益普及,大多数设计者会涉及这类客户平台的专门化。这种专门化的工作可以通过嵌入在平台中的可编程芯片工艺,也可以通过布置芯片上最后一层金属连接线来完成客户定制。当然未来究竟如何发展还有待于观察,预测变得更加困难,因为在发展的道路上不断出现新的分支,并且许多有争议的新技术出现的概率也在不断增加。不过,无论发生什么情况,数字系统的设计将永远是一个令人兴奋、值得努力奋斗的事业。

10.6 本章总结

➤ 设计方法学将设计步骤、验证步骤和产品制造准备的步骤整理成规范的过程。它涉及虚拟样机的开发,以支持设计的分析和优化。

➤ 体系结构的探索是在高抽象层次上对不同的设计方案进行仿真和评估的过程。为了后续的细化,必须把系统划分成几个部分。逻辑划分是根据功能将系统分割成几个部件，而物理划分则是根据物理硬件将系统分割成多个部件。逻辑功能将被映射到物理划分上。
- 功能设计将划分细化到这样一个层次，从这个层次起实现的功能是可以被综合成电路的。组件可以通过 IP 的重用或者通过核生成器(core generators)实现。
- 功能验证确保已经细化的设计满足功能需求，并且能用仿真和形式化验证进行功能验证。功能覆盖率是已验证的功能所占的比例。
- 硬件/软件协同仿真是在硬件模型可供使用之前，使用指令集仿真器和硬件仿真器代替硬件模型来测试软件。软件和硬件可以用协同仿真一起测试。
- RTL 综合工具将 HDL 模型细化为由技术库中元件组成的受时序和面积约束的门级电路。
- 物理设计涉及安排电路块的版图布局，门级单元的布局和布线。
- 在设计流程中，设计可以在不同的阶段优化。我们寻找优化的主要参数是面积、时序和功耗。这项任务通常需要权衡利弊，根据需要做一些折中。
- 针对测试的设计可提高产品的可测试性能，降低测试成本。测试涉及对电路的输入端口施加一系列测试向量，验证电路产生的输出是否符合预期的要求。
- 故障模型表示电路中瑕疵所产生的效应，可以被故障仿真器用来确定一组测试向量的故障覆盖率。
- 电路的可测试性可以通过添加测试硬件电路而得以提高。扫描设计涉及修改寄存器使其成为移位寄存器，将输入的测试向量移位进入电路，而将输出的结果移出电路。包括在 JTAG 标准中并由该标准指定的边界扫描支持器件和印刷线路板的在线测试。
- 内建自测试(BIST)为器件添加自动测试电路，可用于器件的制造测试和现场测试。
- 各种不同的非技术问题会影响设计过程，其中包括商业和生命周期等问题的考虑。

10.7 进一步阅读的参考资料

The ASIC Handbook, Nigel Horspool and Peter Gorman, Prentice Hall PTR, 2001.
  详细地讲述了 ASIC 的设计流程，包括技术和非技术方面的探讨。
Application-Specific Integrated Circuits, Michael John Sebastian Smith, Addison-Wesley Professional, 1997 (see also http：//www-ee.eng.hawaii.edu/%7Emsmith/ASICs/HTML/ASICs.htm).
  一本讲述 ASIC 技术和设计方法学的书。
Surviving the SOC Revolution: A Guide to Platform-Based Design, Henry Chang et al., Kluwer Academic Publishers, 1999.

一本研究设计方法学基本原理的书,定位于经由基于平台的途径来解决嵌入式系统的设计问题。

Winning the SoC Revolution,Grant Martin and Henry Chang(editors),Kluwer / Springer,2003.

是《如何在 SOC 变革下生存》(*Surviving the SOC Revolution*)一书的后续,其中包括商业项目设计方法学几个案例的研究,还包括有关设计的非技术方面问题探讨。

Handbook on Electronic Design Automation of Integrated Circuits,Louis Scheffer,Luciano Lavagno,and Grant Martin(Editors),CRC,2006.

全面综述了用于集成电路设计的自动化算法、工具和方法学。

Reuse Methodology Manual for System - On - A - Chip Designs,3rd Edition,Michael Keating,Russell John Rickford,and Pierre Bricaud,Springer,2006.

一本讲述创建可重复使用的 ASIC 设计的设计方法学的书。

Comprehensive Functional Verification:*The Complete Industry Cycle*,Bruce Wile,John C. Goss,and Wolfgang Roesner,Morgan Kaufmann Publishers,2005.

详细研究功能验证的策略和技术以及它们在设计流程中的位置。

Writing Testbenches Using SystemVerilog,Janick Bergeron,Springer,2006.

介绍了许多功能验证的特性,这些特性已被添加到 Verilog 语言中成为 SystemVerilog 语言的一部分,并且展示了在验证过程中如何利用这些特性。

Verification Methodology Manual for SystemVerilog,Janick Bergeron,Eduard Cerny,Alan Hunter,and Andy Nightingale,Springer,2005.

讲述了用分层次的途径对复杂数字系统进行验证的方法学。

UML for SoC Design,Grant Martin and Wolfgang Miiller(editors),Springer,2005. A collection of the main contributors of the UML and SoC workshop at the 2004 Design Automation Conference.

介绍可执行的统一建模语言(UML)方案,为进行 FPGA 综合和 SystemC 仿真所做的 UML 翻译,以及 UML 专用的 SoC 方法学。

A Practical Introduction to PSL,Cindy Eisner,Dana Fisman,Springer,2006.

讲述 PSL 语言(即属性说明语言),包括 PSL 语言在基于仿真的和形式化验证中的应用,并谈到几个方法学问题。

The e - Hardware Verification Language,Sasan Iman,Sunita Joshi,Springer,2004.

全面、详细地讲述了 e 硬件验证语言(HVL),以及 e 硬件验证语言在验证环境实现中的应用。

The Art of Verification with Vera,Faisal Haque,Jonathan Michelson,Khizar Khan,Verification Central,2001.

覆盖了 Vera 测试台工具元素和 OpenVera 语言,用例子展示了如何应用它们来验证不同类型的设计。

Assertion-Based Design, Harry D. Foster, Adam C. Krolnik, and David J. Lacey, Springer, 2004.

讲述了方便验证的设计方法,这种方法应用了 OVL(开放验证库)函数表示的断言,以及属性说明语言(PSL)和 SystemVerilog 表示的断言。

A Designer's Guide to Built-In Self Test, Charles E. Stroud, Kluwer Academic Publishers, 2002.

一本全面论述内建自测试(BIST)理论和实践的参考书,包括了故障模型、测试案例的生成、签字分析,以及基于扫描的设计。

附录 A
知识测试问答答案

第 1 章

1.2 节

1. 是用二进制数表示的值 0 和 1。
2. 若双输入与门的一个输入值是 0 和另外一个是 1,则输出是 0。若两个输入都是 0,则输出是 0,若两个输入都是 1,则输出是 1。
3. 若双输入或门的一个输入值是 0 和另外一个是 1,则输出是 1。若两个输入都是 0,则输出是 0,若两个输入都是 1,则输出是 1。
4. 多路选择器可以根据选择输入的值,在两个输入之间做选择,输出的值等于被选中的那个输入值。
5. 组合电路的输出只取决于输入的当前值,而时序电路的输出取决于输入的当前值和过去曾输入过的值。
6. 触发器可以存储一个位的信息。
7. 上升沿这个术语是指时钟信号从 0 变到 1 的跳变。而下降沿这个术语是指时钟信号从 1 变到 0 的跳变。

1.3 节

1. 表示逻辑低电平的 TTL 输出电压的最大值为 0.4 V,表示逻辑高电平的 TTL 输出电压的最小值为 2.4 V。表示逻辑低电平的输入阈值电压的最小值为 0.8 V,表示逻辑高电平的输入阈值电压的最大值为 2.0 V。无论逻辑高电平还是逻辑低电平,其噪声容限为 0.4 V。
2. 扇出这个术语是指由某个给定输出驱动的输入的个数。
3. 元件的传播延迟是指在输入端逻辑电平的变化引起输出端产生相应变化所需要的时间。
4. 器件扇出数的最小化,可减少输出的电容负载,因而缩短了信号的传播延迟。
5. 是的,导线确实会增加电路的延迟,因为信号的变化从输出传递到另外一个部件的输入确实是需要一段时间(非 0 量)的。
6. 被存储的值必须在时钟的上升沿到来之前提前一段时间间隔呈现在数据的输入线上,这段时间间隔就是建立时间。被存储的值必须在时钟的上升沿到来之后,在一段时间间隔内维持这个数据值不变,才将此数据存入寄存器,这段时间间隔称为保持时间。时钟至输出时间是指从时钟的上升沿算起到存储的数据出现在寄存器的输出端所需要的时间间隔。
7. 有静态和动态两个功耗源。静态功耗是由流过已断开晶体三极管的漏电流所消耗的电能。动态功耗是当输出开关进行逻辑电平切换时,由负载电容的充电和放电而消耗的电能。
8. 与 IC 面积不成正比。

1.4 节

1. Verilog 模块定义了电路的输入和输出,以及电路的实现。
2. Verilog 模块不但为每个端口指定了名字,而且还指定每个端口对本模块而言,是输入端口还是输出端口。
3. 用许多互相连接的元件来描述电路的模型是结构模型,用由电路完成的功能来描述电路的模型是行为模型。
4. 功能验证涉及确保设计完成所要求的功能。时序验证涉及确保设计满足时序约束条件。
5. 方法之一是把模型解释为可以用仿真器执行的程序。另外一种方法是形式化验证,这种方法用数学方法证明设计属性的正确性。
6. 综合涉及自动地把抽象级别高的设计模型转换并细化为抽象级别低的结构模型。

1.5 节

1. 所谓设计方法学是指包括设计、验证和产品制造准备在内的系统化的设计和制造准备过程。设计方法学规定了设计承担的任务、每个任务要求和产生的信息、任务之间的关系，包括互相依赖关系和时序，以及所用的计算机辅助设计工具。
2. 设计方法学使得设计过程更加可靠和可预测，因此减少了产品的设计风险和成本。
3. 我们必须回到前面的阶段纠正错误。
4. 所谓"自顶向下的设计"涉及开发数字系统的总体组织，以设计满足需求，接着，设计并验证每个子系统和子-子系统，最后把它们整合为一个完整的系统并加以验证。
5. 两种不同的实现工艺分别为：现场可编程门阵列(FPGA)和专用集成电路(ASIC)。
6. 所谓嵌入式系统其实就是一种数字系统，在这个系统中，一个或者多个计算机被嵌入到电路中，成为电路的一部分，并且被编程来实现所要求的部分功能。
7. 软/硬件协同设计是指一起设计嵌入式系统的硬件和软件的实践活动。

第 2 章

2.1 节

1. 逻辑表达式 $f = a \cdot \bar{b} + \bar{c}$ 的真值表为：

a	b	c	$a \cdot \bar{b}+\bar{c}$	a	b	c	$a \cdot \bar{b}+\bar{c}$
0	0	0	1	1	0	0	1
0	0	1	0	1	0	1	1
0	1	0	1	1	1	0	1
0	1	1	0	1	1	1	0

2. 这两个表达式的真值表为：

a	b	$\overline{a \cdot b}$	$\bar{a}+\bar{b}$
0	0	1	1
0	1	1	1
1	0	1	1
1	1	0	0

因为这两个表达式对 a 和 b 的所有组合值都具有相同的值，所以这两个表达式相等。

3. 积之和是指与或逻辑的布尔表达。与或逻辑的含义是先把输入变量或变量的非连接到与门的输入端，几个这样的与门输出连接到一个或门的输入，该或门的输出就是所谓的积之和。

4. 该与或非门的真值表为：

a	b	c	d	$\overline{a \cdot b + c \cdot d}$	a	b	c	d	$\overline{a \cdot b + c \cdot d}$
0	0	0	0	1	1	0	0	0	1
0	0	0	1	1	1	0	0	1	1
0	0	1	0	1	1	0	1	0	1
0	0	1	1	0	1	0	1	1	0
0	1	0	0	1	1	1	0	0	0
0	1	0	1	1	1	1	0	1	0
0	1	1	0	1	1	1	1	0	0
0	1	1	1	0	1	1	1	1	0

5. 缓冲器可以用来降低输出的负载，当输出必须驱动下一级逻辑门的很多个输入时，其负载是很重的。

6. 缩小后的真值表为：

a	b	c	f_1
0	—	—	0
0	0	—	0
1	1	0	1
1	1	1	1

7. 用无关符（—）标记的好处在于为我们提供了电路优化的更大空间。我们也许有能力找到两种候选的电路，它们都可以为我们确实关心的输入组合产生符合需求的输出，但是对我们并不关心的输入组合产生不同的输出。若其中一种电路比另外一种电路能更好地满足约束条件，则我们就会选择这种电路，而接受无关组合所产生的任何输出。

8. 对偶方程为：$\overline{a \cdot (b+c)} = (\overline{a}+\overline{b}) \cdot (\overline{a}+\overline{c})$。在写对偶方程式时，我们必须注意使用操作符的次序。

9. assign f = (a & ~b) | ~c ;

10. 应该让 CAD 工具根据约束条件和我们选择的制造工艺,自动地综合和优化电路,因为 CAD 工具通常比我们用手工的方法做得更好。

2.2 节

1. 5 位编码最多可以有 $2^5=32$ 个码字。
2. 所需要的最少位数为 $[lb\ 12]= 4$ 位。
3. 每周有 7 天,所以我们需要用 7 位的独热码:
   星期一:(1000000),星期二:(0100000),星期三:(0010000),
   星期四:(0001000),星期五:(0000100),星期六:(0000010),
   星期日:(0000001)。
4. wire [0:7] w;

   我们也可以用降序排列位索引号:

   wire [7:0] w;

5. assign w = 8'b00000000 ;

6. 在独热码中一位的错误翻转总是产生非法码。若某一个为 0 的位翻转成为 1,则生成的码字中就有两个为 1 的位,对独热码而言,这是非法码。若某一位的 1 翻转成为 0,则生成的码字中就没有为 1 的位,对独热码而言,这也是非法码。

7. 在每个合法的奇纠错码字中,值为 1 的位数总是奇数。若某一位从 0 错误地翻转为 1,为 1 的位数便增加了 1 位,则值为 1 的位数变成了偶数。同样若某一位从 1 错误地翻转为 0,为 1 的位数便减少了 1 位,则值为 1 的位数也变成了偶数。无论在哪种情况,只要通过检测是否出现了偶数个为 1 的位,就可以检测是否出现错误。

8. 不可以,奇偶校验不能用于纠正位的错误翻转。虽然我们可以知道有一个位发生了错误的翻转,但我们没有办法确定究竟是在哪一位发生的。因此我们无法确定没被破坏的原始码应是什么。

2.3 节

1. $y_4 = a_2 \cdot a_1 \cdot a_0$
2. intruder_zone[2] = 0, intruder_zone[1]= 1, intruder_zone[0] =1,
   这个码为 011,它代表 4 区,因此该输出是不正确的。
3. 我们就不能区别发现小偷侵入 1 区的情况和没有发现小偷侵入的情况。
4. 优先编码器按优先权的次序将输入排队。若某给定输入信号为 1,且没有更高优先权的输入为 1,则编码器输出与该输入对应的码字,而不考虑优先权较低的输入位是否为 1。
5. BCD 码 0101 代表的是十进制数 5。
6. BCD 码 0011 对应的七段编码是 1001111(数字 3)。
7. 多路选择器可以让我们在两个或两个以上的数据输入之间作出选择。输出的数值等于被选中的那个输入的数据。选择是由独立的选择输入信号决定的。
8. 因为有 6 个输入,从中只选取 1 个,所以需要 $\lceil lb\ 6 \rceil = 3$ 个选择输入位。
9. 可以使用 5 个位宽为 1 的 2 选 1 多路选择器。两个输入数据的相应位使用一个位宽为 1 的 2 选 1 多路选择器,所有多路选择器的选择位连接在一起。
10. 该信号应该是逻辑高电平,表明"门是关着的"语句不成立(为假)。
11. 为了启动电动机,我们需要在 Verilog 语句中给线网 motor_on_N 赋 0 值。

2.4 节

1. 测试平台模型的作用是给被验证的设计提供输入信号值,然后检查输出信号值是否正确。
2. ♯1 s = 4'b0101;
3. 当 always 块执行到最后一条语句后,它将等待列在敏感列表中的事件发生。
4. 此时待验证设计的输出尚未对输入信号的改变做出响应。因此待验证设计此时仍保持着输入改变前已经产生的输出信号。
5. 若电路十分简单,只需要一个或者两个门即可满足要求,则在这种场合下,适合用独立包装的单个门来实现逻辑电路。例如,某电路只需要把几个现成的集成电路芯片的几个信号连接起来,稍微做一些改动即可,此时就适合用独立的逻辑门来实现这样的改动。
6. PLD 是一种可编程的逻辑器件,即内部包含许多个逻辑门的电路,而这些门电路之间的连接是可以通过编程实现的。

第 3 章

3.1 节

1. 数 x 可以用 n 位的 $x_{n-1}, x_{n-2}, \cdots, x_0$,用如下的表达式来表示:
$$x = x_{n-1}2^{n-1} + x_{n-2}2^{n-2} + \cdots + x_0 2^0$$

2. n 位无符号二进制数可以表示的数的范围为：$0 \sim 2^n - 1$。

3. 因为 $8\,191 = 2^{13} - 1$，需要 13 位的向量来表示 x。所以声明语句为：

    wire [12:0] x ;

4. 用八进制：01 011 101 => 135_8
   用十六进制：0101 1101 => $5D_{16}$

5. 10010011 => 000010010011 这个 12 位数表示的数值和原来的相同。
   10010011 => 010011 这个 6 位数表示的数值和原来的不相同了，因为一个（最高）有效位 1 被截掉了。

6.
   ```
     0 1 0 0 1 0 1 0
     0 1 1 0 0 0 0 0
     0 1 0 0 0 0 0 0 0
     ───────────────
     1 0 1 0 1 0 1 0
   ```
   因为进位输出的最高位为 0，所以上面的加法运算没有产生溢出。

7. 在行波加法器中，每一位置的进位输入来自于较低位的进位输出。因此在最坏的情况下，进位必须经过加法器每一位的传播，才能得到求和值的最后结果。而在超前进位加法器中，每一位置的进位输入只需要用操作数的位和输入加法器的进位就可以确定。因此，得到求和值最后结果的延迟小于最坏情况下的行波加法器的延迟。

8. 我们可以依赖 Verilog 语言隐含的操作数扩展产生进位位，把和值赋值给进位以及结果线网的拼接：

    assign {c_out, s3} = s1 + s2 ;

9.
   ```
     0 1 0 0 1 0 1 0
   − 0 1 1 0 0 0 0 0
     1 1 1 0 0 0 0 0 0
     ───────────────
     1 1 1 0 1 0 1 0
   ```
   该减法确实产生了下溢，因为借位比最高位多出了 1 位。

10. 用控制信号使第二个操作数的每一位求反。具体做法是把控制信号（高电平）作为一个输入，第二个操作数的每一位作为异或门（XOR）的另外一个输入，这两个信号异或产生的输出就把第二个操作数的每一位求反。而且控制信号还被连接到该加法器的进位输入。

11. assign smaller = a < b ;

12. 因为 $16 = 2^4$，所以逻辑左移 4 位就可以完成这个乘法；所谓逻辑左移 4 位，就是把该无符号二进制数向左移动 4 位，右面填补 4 个 0 位。只要逻辑右移 4 位就可以完成这个除以 16 除法；所谓逻辑右移 4 位，就是把该无符号二进制数向右移动 4 位，截掉最右面的 4 位。在左面再填补 4 个 0 位。

13. 两个 n 位无符号二进制数的乘积需要 $2n$ 位。
14. 格雷码通常可以用来避免机电位置传感器所产生的不正确的位置值。当一个码的多个位同时发生变化时,经常会出现码位值出现瞬间突变的情况。而格雷码的相邻码之间,只有一位发生变化。

3.2 节

1. 2 的补码有符号二进制表示法最左边位的权重为负数(-2^{n-1}),而无符号二进制表示法最左边位的权重为正数($+2^{n-1}$)。
2. 用 12 位 2 的补码表示的有符号二进制数值的范围是 $-2^{11} \sim +2^{11}-1$,即 $-2\,048 \sim +2\,047$。
3. 因为 $512 = 2^9$,所以我们需要用 10 位向量表示这个数。说明语句如下:
   wire signed [9:0] x ;
4. 01110001 => 000001110001。这个 12 位二进制数所表示的数值与原来的数值完全相等。
   01110001 => 110001。这个 6 位二进制数所表示的数值与原来的数值不等,因为被截掉的位不同于符号位。
   11110011 => 111111110011。这个 12 位二进制数所表示的数值与原来的数值完全相等。
   11110011 => 110011。这个 6 位二进制数所表示的数值与原来的数值完全相等,因为被截掉的几个位都等于结果值的符号位。
5. $\overline{11110010}+1=00001101+1=00001110$,所以 11110010 表示的是 -14_{10}。
6. 被减去的操作数在成为加法器的输入之前先求反,并且该加法器的进位输入被设置为 1。
7. 因为 $16=2^4$,所以逻辑左移 4 位就可以完成这个乘法;所谓逻辑左移 4 位,就是把该无符号二进制数向左移动 4 位,右面填补 4 个 0 位。只要算术右移 4 位就可以完成这个除以 16 的除法;所谓逻辑右移 4 位,就是把该无符号二进制数向右移动 4 位,截掉最右面的 4 位。在左面再填补 4 个原来的符号位。

3.3 节

1. 数 x 可被表示为 $x_{m-1}, \cdots, x_0, x_{-1}, \cdots, x_{-f}$,其值可用如下表达式表示:
$$x = x_{m-1}2^{m-1} + \cdots + x_0 2^0 + x_{-1} 2^{-1} + \cdots + x_{-f} 2^{-f}$$
2. 该数所表示的范围为:-2^{m-1} 到 $2^{m-1}-2^{-f}$。

3. 小数点前需要 9 位，小数点后需要 4 位，所以 Verilog 声名语句为：

   wire [8:-4] x;

4. assign s3 = s1 - s2;

5. 该乘积需要 28 位：小数点前 10 位，小数点后 18 位。

3.4 节

1. $4.5_{10} = 100.1_2 = 1.001_2 \times 2^2$，该浮点数格式的指数被表示为 $2 + 2^4 - 1 = 17$，即 10001。尾数被表示为只用小数点后的位。这个数是正数，所以符号位为 0。浮点表示为 0100010010000000。

2. a) 0000000000000000 表示 +0.0。

   b) 0111100000000000 表示 +无限大。

   c) 0100010000000000 具有偏置指数 8，所以实际指数为 $8 + 1 - 2^3 = 1$。所以这个数为：$+1.1_2 \times 2^1 = 11_2 = 3$。

3. 表示该数据所需的最小指数位宽为 e，使得 $2^{2^{e-1}} > 100$；换言之，$2^{e-1} \geqslant 7$ 或者 $e = 4$。4 个十进制有效数字的精度，至少需要位宽为 $4/0.3 \approx 14$ 位的尾数。

第 4 章

4.1 节

1. 该 always 块对应于一个时钟正跳变沿。在时钟的正跳变沿，该块把输入数据值拷贝到数据输出。

2. 我们把这种安排称为流水线（pipeline）。

3. 时钟使能输入可以控制寄存器更新存储数据的时间。寄存器只有在 CE 输入信号为 1 时，在时钟正跳变沿时刻，更新已存储的值。若 CE 输入信号为 0 时，寄存器保持已经存储的值不变。

4. 当异步复位变为 1 时，触发器或者寄存器立即复位到 0；而当同步复位变为 1 后，必须等到时钟的正跳变沿到达后，触发器或者寄存器才能复位到 0。

5. 移位寄存器允许被寄存的数据向一个方向移位。

6. 透明这个术语是指，当锁存使能输入为 1 时，输入的数据被直接传送到输出端的事实。

7. 这将隐含地表示输出将维持以前的值,所以必须有锁存器硬件的存在才能保持原值。因此该电路变为时序电路,而不是组合电路。

4.2 节

1. 示意图为:

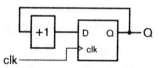

2. 最大的计数值为 2^n-1。超过最大计数值后计数值变为 0。
3. 把最后计数值 $k-1$ 译码后的信号线连接到同步复位端即可。因此当计数到达 $k-1$ 后,再往前计一个数,计数值就变成为 0。
4. 十进制计数器就是模 10 计数器。该计数器从 0 逐个增加到 9,再增加一个又变成为 0。
5. 时间间隔定时器是一个计数器,该计数器的时钟输入是一个周期为 t 的周期信号。该计数器被加载了一个为 k 的数值。经过 $k\times t$ 的时间间隔后,计数器计数到最终的计数值。时间间隔到期后,最终的计数输出信号可以被用来触发一个活动。
6. 因为积累的延迟时间可能超过时钟周期。在这种场合,可能会出现一些时钟周期,在这些时钟周期期间,计数器在时钟周期结束之前,不能达到正确的计数值。

4.3 节

1. 数据路径含有组合逻辑电路,这些组合逻辑电路可实现数字系统和存储中间数据的寄存器所要求的基本操作。
2. 控制部分的用途是产生控制序列,换言之,确保数据路径在正确的时间,按照正确的次序,执行所规定的操作。
3. 控制信号管理数据路径元素的操作:选择想要执行的操作,且使能寄存器。状态信号表明某些关注的条件是否为真,例如数据是否为某个值,或者输入数据是否已经可用。
4. 在米利型有限状态机中,输出函数不但取决于当前的状态,还取决于输入值。若在一个时钟周期期间,输入值发生了变化,输出值也可能受输入值变化的影响发生变化。而在摩尔型有限状态机中,输出函数只取决于当前的状态,不受输入值变化的影响。
5. parameter s0 = 2'b00, s1 = 2'b01, s2 = 2'b10, s3 = 2'b11;
6. 在米利型的状态转移图上,输出被标记在弧线上。而在摩尔型的状态转移图上,输出被标记在表示状态的圆圈之中。

4.4 节

1. "寄存器传输级"是指我们观察数字系统的抽象级别,在这个级别中,我们的观察重点集中在数据经由组合逻辑子电路在寄存器之间所发生的转移。
2. $t_{co}+t_{pd}+t_{su}<t_c$。
3. 关键路径是从寄存器输出到寄存器输入之间具有最长传播延迟的路径。
4. 关键路径的延迟确定了系统的最短时钟周期时间。因为所有操作必须在时钟周期规定的时间内完成,所以关键路径确定了整个系统的性能。
5. 我们必须把优化的努力集中在关键路径或一般路径上,努力缩短它们的延迟。
6. 时钟偏移这个术语是指,同一个时钟的跳变沿到达不同的寄存器时,出现时间偏差的情况,这是由于分配时钟信号的连接线延迟有所不同而引起的。
7. 使用有寄存器的输入和输出不但可以避免时钟周期必须容纳由组合逻辑子电路引起的延迟,而且可以避免经由外部引脚和连接导线引起的延迟。
8. 在紧靠时钟有效跳变沿附近发生变化的异步输入信号,可能会造成输入寄存器的亚稳态。
9. 我们必须去除来自于开关的抖动,以避免系统由于响应开关的动作而产生的虚假启动。
10. 组合逻辑的测试模块只需要对待测试的组合块施加所有的测试向量(案例),并检查输出的结果是否正确即可,而时序电路的测试模块必须在施加测试向量(案例)时,同步地比较电路的输出结果。必须确保正确的结果出现在正确的时间,且按照正确的次序,而且在其他时间里也没有出现虚假的结果。
11. 在整个芯片或者系统中不是只用一个全局时钟信号,而是把系统划分成几个区域,每个区域都有自己的本地时钟。当把一个区域的信号连接到另外一个区域时,这些信号就被当作异步信号处理。

第 5 章

5.1 节

1. 该存储器的容量为 $4\,096\times24=98\,304$ 位。该存储器需要 $\mathrm{lb}\,4\,096=12$ 个地址位。

2. 写操作把一个呈现在数据输入信号线上的数据存入到某个存储器单元中,该存储单元的地址呈现在地址信号线上。读操作读取地址呈现在地址信号线上的某个存储器单元中的数据值,并用读取的数据值驱动数据输出信号线。

3. 我们可以把四个 256 M×4 位存储器的相应地址和控制信号线连接起来成为共同的地址线和控制信号线,四组数据输入和输出线仍旧各自保持独立,拼接成 16 位的输入和输出数据线。如图 A.1 所示。

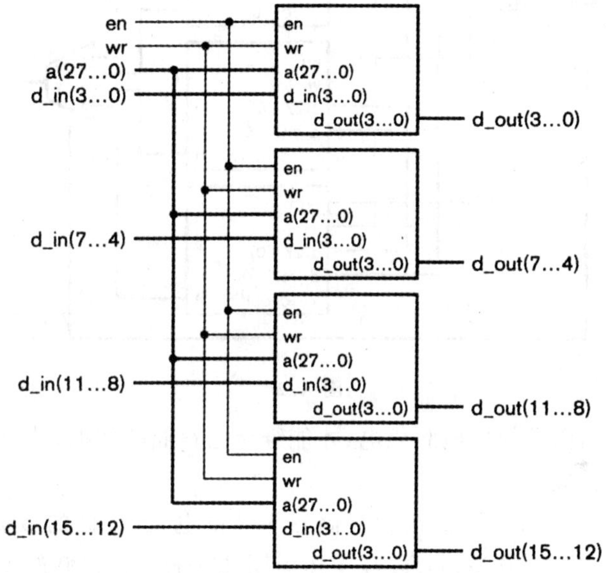

图 A.1

4. 我们将用一个 2 到 4 译码器把两个地址位译码成四个存储器的使能信号,再用一个 4 选 1 的多路选择器从存储器的四路数据输出中选取一路数据输出,如图 A.2 所示。
5. 该存储单元应该位于编号为 0 的器件中。
6. 三态驱动器的三个状态分别为:逻辑低电平、逻辑高电平和高阻抗。
7. 我们可以省略输出多路选择器,只需要把这些存储器元件的数据输出线连接在一起。而且原来分开的数据输入和输出线可以合并成为双向的数据总线。

5.2 节

1. RAM 可以完成数据读取和写入的两种操作,而 ROM 只能完成数据读取的操作。ROM 中的数据可以在器件的制造过程中,固化在器件中,也可以在 ROM 器件制造完成后,通过编程固化在器件中。

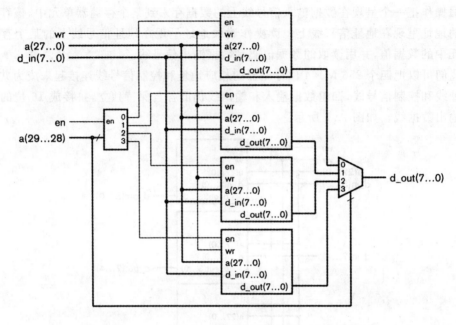

图 A.2

2. 挥发性的存储器必须使用电源供电,才能维持已存储的数据,若电源停止供电,则已存储的数据就会丢失。

3. 在静态 RAM 中,只要电源继续为存储器元件供电,已存储的数据将无限期地保存下去。而在动态 RAM 中,除非读/写操作周期性地刷新已存储的数据,否则存储的数据将会丢失。

4. RAM 存取时间的含义是从读操作的开始算起到输出端出现有效数据为止的延迟时间。

5. 在控制信号有效的前后,地址和数据值需要建立和保持,并在整个时钟周期内保持这两个值的稳定,这意味着我们必须用多个时钟周期才能完成操作,或者用延迟元件来确保一个时钟周期内的正确时序。

6. 直通 SSRAM 在输入端有寄存器,但是在输出端没有寄存器。而流水线 SSRAM 不但在输入端有寄存器,而且在输出端也有寄存器。

7. 存储器的存储可以用一个数组变量来表示,每个数组元素表示一个存储单元。

8. 多端口存储器可以在同一时刻完成多个存储器的访问操作,以提供更高的整体访问速率,并且允许多个独立的子系统无竞争地独立访问存储器。

9. 我们应该参阅该存储器元件的技术说明书,理解说明书上各个参数的含义才能分析出现的情况。

10. FIFO 是中文"先进先出"的英文缩写,表示数据被写入和读出存储器的次序。
11. FIFO 使我们可以在不同时钟域之间顺利地传送数据流。到达的数据按发送时钟的节拍被同步地写入 FIFO 之中,接收域以自己时钟的节拍,同步地读取数据。

5.3 节

1. 软错误是暂时性的,只牵涉到存储器单元中某一位的瞬间错误翻转,对该单元存储数据的能力没有永久性的影响。而硬错误则是存储器电路中的永久性故障。受硬错误影响的存储单元或者芯片失去了存储数据的能力。
2. 在 DRAM 中,软错误通常是由宇宙射线与地球大气层中的原子碰撞产生的高能中子所引起的。中子与 DRAM 芯片中的硅原子发生碰撞,产生了能够破坏 DRAM 单元中电荷读取和存储的电流。
3. 因为奇偶校验并不能告诉我们究竟是哪一位发生了错误的翻转才造成奇偶校验出错的,所以我们没有任何可纠正错误的手段。
4. 为了纠正 4 位数据码字中的 1 位错误,且能检测出其中的 2 位错误,每个 4 位数据码字需要添加:lb 4+2=4 个检查位。

第 6 章

6.1 节

1. 光刻术是指通过照相技术在物体的表面上绘制精细的图案,把曝光/未曝光的区域分别进行不同化学蚀刻处理的技术。
2. 集成电路管芯的面积越大,IC 的价格越高。瑕疵密度越高,IC 的成本越高,因为有缺陷的 IC 管芯必须被丢弃,而那些丢弃的 IC 管芯的成本必须分摊到每个留下的无缺陷、无瑕疵的好的 IC 管芯的成本中。
3. "L"表示低功耗器件,"S"是指使用肖特基二极管(Schottky diodes)工艺制造的延迟比较小的开关器件。
4. 胶连逻辑(glue logic)这个术语是指把几个大规模集成电路器件连接起来的简单逻辑电路。
5. ASIC 表示专用集成电路,而 ASSP 表示专用的标准集成电路产品。
6. 为该用户所需要的安保系统专门设计一个 ASIC 也许是不值得的,因为需要的系统产品数量非常有限。很高的研究开发费用(NRE,非经常性开支)必须分摊到数目有限的系统产品上,因此每个系统产品的成本就很高。也许开发一个基于 FPGA 的系统更合适些。

7. 为汽车发动机的控制系统设计一个专用集成电路(ASIC)芯片很有可能是值得的,因为这个 ASIC 芯片的产量是有可能变得非常大的。ASIC 每片的制造成本有可能小于可编程器件的成本。由于 ASIC 的产量很大,所以研发费用(NRE)可以被平均分摊到每个芯片上,这使得每个芯片的成本可以低于 FPGA 芯片。

6.2 节

1. 固定功能的器件所执行的功能是由器件内的逻辑电路确定的,而可编程逻辑器件的功能可以在芯片器件制造完成后,通过编程改变的。
2. 熔丝图是指一个可以对可编程器件进行编程的文件。编程设备用这个文件便可以确定在可编程阵列逻辑器件(PAL)中的哪些熔丝应该被烧断,哪些熔丝应该被保留,从而生成确定的逻辑功能。
3. 输出端口 O8 实现的逻辑函数为 $\overline{I2 \cdot \overline{IO2} + I10}$,还带一个输出使能的控制信号 I9。
4. 状态位 S2 将会被存储在触发器中,4 选 1 多路选择器将选择输入 3,从触发器得到 S2 的反相值,然后再次反相,因此在输出端口得到 S2。2 选 1 多路选择器将会选择输入 0,把 S2 的反相值反馈到"与阵列"。缓冲器/反相器既可为该"与阵列"提供 S2,也可为该"与阵列"提供 S2 的反相值。
5. 系统在交付使用后,还可以通过在 PLD 中存储新的配置信息,进行系统的更新升级,而不必更换芯片或者其他硬件。
6. FPGA 中逻辑块和 I/O 块可以通过编程实现简单的组合或者时序逻辑功能。I/O 块也可以通过编程设置成为有寄存器的和没有寄存器的,也能通过编程实现不同的电平、负载和时序指标。
7. FPGA 中还包括嵌入的 RAM 块和可编程的内部互连网络。近年推出的 FPGA 中还包括专用的时钟发生器和时钟分布电路。
8. 配置信息必须被存储在一个独立的非挥发性的存储器中,在系统中还需要添加一些电路,以便管理配置信息的加载。
9. 反熔丝的含义是导电的连接,这种连接是在编程期间形成的,而不是被烧断后形成的。
10. 平台 FPGA 所起的作用是一个完整的平台。在这个平台上设计者可以实现复杂的应用。在平台上包括了一些专用的电路,例如一个或者几个处理器核、计算机网络的接收器/发送器及算术电路。而简单 FPGA 只包括基本的逻辑块、嵌入的存储器和 I/O 块。

6.3 节

1. 在管芯翻转的封装中，集成电路的连接焊盘被覆盖上一层导电材料，形成一个个隆起。IC 管芯被翻过来，面朝下固定在封装的衬底上，使隆起的连接焊盘直接与封装衬底的连接点接触，而这些连接点直接与封装的外部引脚连接。而以前的办法是 IC 管芯面朝上固定在封装的空腔内，管脚连接是用很细的金属线从管芯的焊盘连接到封装的引线框架上实现的。
2. 插入型封装具有多个引脚，这些引脚被设计成可以插入印刷线路板上的孔。熔化的焊锡流入 PCB 上的孔，形成了引脚和 PCB 铜箔线路之间的连接。而表面贴装的封装也具有引脚或者连接点，这些引脚或连接点直接与 PCB 上的金属焊盘连接。在每个引脚和焊盘之间涂上焊膏，熔化后便形成连接。
3. 印刷线路板上的通孔(via)是钻穿 PCB 各层的小通孔，而且小通孔的内壁覆盖着一金属层，形成了各层之间的电气连接。
4. 最有可能采用的封装是球格阵列(BGA)封装。

6.4 节

1. 信号完整性这个术语是指在信号路径上信号的失真和噪声影响被最小化的程度。
2. 沿着典型印刷线路板上铜箔线路，信号变化的传播速度大约是 150 mm/ns。
3. 地弹(ground bounce)是由一个或者多个输出驱动器的开关逻辑电平引起的。在开关期间，驱动器输出级的两个晶体三极管瞬间同时连通，暂态电流从电源流向地。电源和地线连接的电感使集成电路内部的电源和地线上出现一个电压尖峰干扰。
4. 旁路电容应该安装在尽可能靠近每个集成电路封装的电源和地之间。
5. 限制输出驱动器的电压变化率(slew rate)可以减小由于电平突然变化所引起的电感效应。
6. 通过合适的布局布线以及 PCB 线路的终端匹配，可以减少传输线效应。例如，我们可以把 PCB 线路设计成为(夹在两个地层间的)带状传输线或者(下面为地层的)微带传输线。
7. EMI 是由于逻辑电平开关所引起的，从系统向周围辐射的电磁场所造成的干扰。串扰(crosstalk)是由 PCB 相邻线路电磁场辐射感应所造成的干扰噪声。
8. 当使用差分信号时，由感应引起的噪声在两条差分信号线(信号 S_P 和它的反相信号 S_N)上是相等的。因此当接收器接收两条信号线的电压差时，它们所受到的共模噪声干扰被互相抵消掉了。

9. 差分电压的摆动幅度在 1.075 V−1.425 V=−0.35 V 和 1.425 V−1.075 V=+0.35 V 之间,因此摆动幅度为 0.7 V。

第 7 章

7.1 节

1. 嵌入式计算机的主要部件包括:中央处理单元(CPU,通常被称作处理器核);指令存储器;数据存储器;输入、输出,以及输入/输出控制器;还可能有一个或者几个加速器;还有一条或几条总线将这些部件连接在一起。
2. 嵌入式计算机中的指令通常是固定不变的,在系统的制造期间,所需要的指令存储器的数量也是预先知道的(只在偶然的情况下,需要在现场进行程序的更新升级)。因此,我们通常把程序指令存放在 ROM 中,或者存放在闪存元件中,同时提供一个独立的 RAM 存放程序运行中的数据。
3. 微处理器的封装中只有一个 CPU,而微控制器的封装中包括了一个 CPU、指令和数据存储器,以及输入/输出控制器。
4. 所谓"软核处理器"就是利用 FPGA 中的可编程资源实现的 CPU。

7.2 节

1. CPU 指令集就是包括了处理器全部指令的表。
2. CPU 执行程序时反复执行的三个步骤是:
   a) 从指令存储器取出下一条指令;
   b) 对这条指令译码以确定将执行什么操作;
   c) 执行操作。
3. CPU 有一个被称作程序计数器(PC)的寄存器,下一条指令的地址保存在这个寄存器中。
4. 这两个术语是指存储器中一个字中字节的次序。小头在前(little endian)的 CPU 把包含低有效位的字节放在存储器单元的低地址中,把包含高有效位的字节放在高地址中。而大头在前(big endian)的 CPU 存储字节的次序正好与小头在前的 CPU 相反。
5. 汇编器的作用是把用汇编语言编写的程序翻译成为二进制编码的指令,然后把它加载到指令寄存器中。
6. addc r2, r3, 25:将存放在寄存器 r3 中的值和立即数 25 相加,然后把结果存放到寄存器 r2 中。

shr r1, r1, 3：将存放在寄存器 r1 中的值右移 3 位,然后把结果放回寄存器 r1。

ldm r5,（r1）+4：将从存储器读取的值存放到寄存器 r5 中。读取数值的存储器地址是通过将存放在 r1 中的数值与偏移量 4 相加后求得的。

bnz −7：若 Z 条件码位为 0,则偏移值 −7 被加到 PC 值,使得程序跳转到另外一个分支去执行。否则程序将继续按照顺序执行。

jsb do_op：在存储器中的下一条指令的地址被压进保存返回地址堆栈。然后用标号 do_op 表示的地址被放入程序计数器 PC,使得控制转移到那个地址。

ret：返回地址堆栈最顶部的那个地址被拷贝到 PC,然后返回地址堆栈通过一入口弹出。使得控制从子程序返回到主程序继续执行。

7. 指令"bnc +15"是一条分支指令,所以从第 17 位到第 12 位为 111110,第 11 到为第 10 位为 11 表示分支条件。从第 7 位到第 0 位以 2 的补码的形式对偏移值编码,即 00001111。第 9 到第 8 位没有用,所以不用考虑它们是什么值。因此这条指令的二进制编码为:11111011 − −00001111。假设把两个无关位设置为 0,则用十六进制表示的指令编码为:3EC0F。

8. 先把十六进制指令字 05501 改写成二进制指令字,得到:

000101010100000001

因为第 17 位为 0,所以这个指令是带一个立即操作数的算术/逻辑指令。从第 16 位到第 14 位为 001,表示执行的操作功能是 addc。从第 13 位到第 11 位为 010,表示该指令的目的寄存器为 r2,第 10 位到第 8 位为 101,表示源寄存器为 r5。从第 7 位到第 0 位为 00000001,表示立即数为 +1。因此该指令为"addc r2, r5, +1"。

7.3 节

1. 若 CPU 和存储器之间的互连信号不兼容,则须用胶连逻辑实现这个接口。
2. 让数据信号和地址信号复用封装的引脚目的是让更多的引脚可用于输入和输出。
3. 与 32 位 CPU 连接的数据存储器的位宽通常是 32 宽的,因此可在一次读/写操作中就可完成整个数据字的存取。
4. 独立字节的使能信号,其用处是允许修改位宽为 32 字中的某个字节值,而存储器中相应地址中该字的其他字节值仍旧可保持不变。
5. 第一个观察到的现象是在给定的时间区间内,一小部分指令和数据的访问却占用了绝大部分的存储器访问时间。第二个观察到的现象是下一次最有可能访问的地址是那些与刚访问过的存储器地址邻近的存储器单元。
6. 当处理器需要访问给定的存储区域时,cache 检查其内部是否已包含了请求项的拷贝行。所谓 cache 被击中,是指已检查到其内部包含了请求的拷贝行的情况,因此允许该 cache 立即满足处理器的请求。所谓 cache 没有被击中,是指尚未检查到其内部包含请求的拷贝行的情况。

7. 在 cache 没有被击中期间,cache 将从存储器中把包含请求项的行拷贝到 cache 存储器中。当可以在 cache 存储器中使用请求项时,处理器便可以处理所请求的访问。
8. 存储器带宽(memory bandwidth)这个术语是指写入或者读取存储器内容的数据传输速率。

第 8 章

8.1 节

1. 传感器是输入变换器,它把感受到的某个物理属性转换成与该物理属性相对应的电信号。执行器是一个电气到机械的输出变送器,它把电气信号转换成机械部件从一个位置到另外一个位置的位移。
2. 如果输入变换器所感受到的某物理属性,就其本质而言,就是一个连续的模拟信号,那么该输入变换器所能提供的信号通常只是与该物理属性相关的连续模拟信号。因为数字系统只能处理离散的数字信息,所以必须把连续的模拟信号转换成离散的编码数字信号。
3. 在某个时刻只驱动 r2 行变为低电平,然后测量 c3 列的电平,若此刻 c3 列变为低电平,则编号为 6 的键必定已经按下,因为只有 c3 列与 r2 行连接起来,此刻 c3 列才会变为低电平,否则编号为 6 的键并没有被按下,由于上拉电阻的作用,此刻 c3 仍为高电平。
4. 转轴正在向顺时针方向旋转。
5. 8 位的闪烁型 A/D 转换器中需要 255 个比较器。
6. 我们可以把每个数字的所有 LED 的正电压端全部都连接在一起,这样可以轮流地激活每个数字;并把每个数字的 7 个 LED 段的相对应的负电压端分别连接在一起。想要使某个数字的某一段点亮必须在该 LED 段的负端有负电压输入,而且在 LED 数字正端有正电压存在。因此,连接线的个数为 7(用于七段显示)加上数字的个数(用于每个 LED 数字的共同阳极)。
7. 电磁线圈使电枢产生可直接利用的机械位移。而继电器使电枢产生电气接触的开/关变化,由此导致外部大电流通路的改变,从而产生更大的电效应。
8. 这两种电机分别为步进电机和伺服电机。前者提供由一系列小步构成的旋转,后者提供连续的旋转。
9. 我们应该选择使用 R/2R 梯形网络型 D/A 转换器,因为电阻串分压型 D/A 转换器需要的电阻数目实在太大了。

8.2 节

1. 输入寄存器允许嵌入式软件从输入设备中读取输入信息,而输出寄存器允许嵌入式软件把输出信息写到输出设备中去。
2. 控制寄存器允许嵌入式软件提供参数对传感(变换)器的操作方式进行设置,而状态寄存器允许嵌入式软件读取控制器的状态。
3. 我们可以使用地址译码器来识别正在访问设备的是存储器还是输入/输出寄存器,并且根据需要将存储器芯片或者某个合适的寄存器使能。
4. 若输入控制器的操作是按顺序进行的,则我们必须同步控制器的操作与嵌入式软件的执行。该控制器可能具有允许嵌入式软件启动输入序列的控制寄存器。
5. 自主管理的输入/输出控制器允许处理器并行地执行其他任务。这提高了系统的整体性能。而且自主管理的 I/O 控制器与带简单 I/O 控制器的处理器相比较,具有更高的数据传送速率,或者用更少的延迟时间完成控制操作。

8.3 节

1. 若一个数据源的驱动为低电平,而另一个数据源的驱动为高电平,则引起的冲突将在这两个元件之间产生很大的电流,从而有可能损坏这两个元件。
2. 把多路选择器分成许多个小的多路选择器可以使芯片内部的电路布线变得简单容易。
3. 在总线上,每个时刻最多只能有一个驱动源被使能,只有它才被允许发出高电平或者低电平信号,这样做就可以避免总线竞争。所有其他的驱动源都必须被禁止,此时它们的驱动器都已被设置为高阻抗状态。
4. 总线信号有可能浮动到接近总线目的地输入开关的阈值电平。总线上由感应引起的少量噪声电压有可能引起输入频繁地进入开关状态,从而在数据目的地内部造成虚假的数据变化,并消耗不必要的功率。
5. 弱保持器由两个给总线信号提供正反馈的反相器组成。当总线在某个总线驱动器的操纵下强制进入逻辑低电平或逻辑高电平。即使强制产生逻辑电平的驱动器被禁止后,这个正反馈电路也能使总线保持在原有的逻辑电平。
6. 若被禁止驱动器的切断延迟 t_{off} 在其范围内为最大,而使能驱动器的接通延迟 t_{on} 在其范围内为最小,则有可能产生一小段重叠时间,在这一小段时间内,刚使能的驱动器的某几位可能正在把刚被禁止的驱动器的对应位驱动到相反的逻辑电平。虽然这一小段重叠时间并不可能立即损坏电路,但是它确实增加了电源的消耗和热耗散,最终会缩短电路的工作寿命。我们只要在由不同信号源驱动总线时,在驱动源切换之间,增加一小段空闲时间(margin of dead time)就可以避免这个问题。

7. assign d_out = d_en ? d_in : 8'bZZZZZZZZ;

8. 将产生不确定的值 X。在 Verilog 语言中用 X 表示不知道的逻辑电平。

9. 这样的信号被称作线与(wired-AND)连接,这是因为只有当所有驱动器的输出都为 1 时,总线信号才变为 1,若其中有任何驱动器的输出为 0 时,则总线信号就变为 0。

10. wand bus_sig;

11. 总线协议是有关元件互相连接的信号,以及实现总线不同操作的信号时序的详细技术规范的说明书。

8.4 节

1. 串行传输使用的信号线、驱动器和接收器都比较少,因而所需要的线路面积比较小,布局布线可以大大简化。芯片之间连接所需的硅片衬垫、芯片封装引脚和印刷线路板上的铜箔线路也可以节省很多。这些显著地降低了产品的成本。串行传输的第二个优点是可以避免串扰(交叉干扰)和信号波形的歪斜。

2. 我们可以在每个发送和接收端,使用移位寄存器。移位寄存器有时候也被称为串行器/解串行器(serializer/deserializer)或者 serdes。

3. 从原理上,数据位的发送次序是随意的,只要发送器和接收器双方协调一致即可。通常,系统中的串行传输都遵循指定位发送顺序的标准。

4. 在非归零(NRZ)信号的传输中,我们用连续的数据位值来驱动串行信号。在这种信号序列中没有任何信息可以表明某一位的结束和下一位的开始。

5. 起始位表明传输的开始,使接收器可以与发送器同步。停止位表明数据传输的结束。

6. 曼彻斯特编码在给定的时间间隔中发送每一个数据位。在位间隔中,信号从低电平变为高电平表示 0,从高电平变为低电平表示 1。(只要发送器和接收器双方一致同意,反过来表示 0/1 也可以。)我们必须在位间隔的起始就设置正确的信号逻辑电平,只有这样,我们才能根据此电平来确定信号间隔中的逻辑电平是从 1 变为 0,还是从 0 变为 1。

7. 若采用标准的串行接口规范,我们可以直接从市场上采购到符合标准的器件,完全没有必要从草图开始自行开发与用户的接口。因此可以显著地节省开发费用和系统构建的成本,同时减少不能满足设计需求的风险。

8. 因为嵌入式系统与电机控制器的连接信道所需要的带宽较窄,所以使用 I^2C 总线即可。因为与数字视频摄像机的连接信道必须有很大的带宽,所以必须使用 FireWire 总线。

8.5 节

1. 嵌入式软件需要能够检测到事件的发生,并及时做出响应。它也必须能够跟踪时间,以便在特定的时刻或在规定的时间间隔内,采取行动。
2. 巡回检测涉及嵌入式软件对控制器输入的状态信号重复地进行检查,看是否有事件发生。若有事件发生,则该软件立即执行必要的任务对发生的事件作出响应。
3. 巡回检测的优点在于它非常容易实现,除了 I/O 控制器的输入寄存器和输出寄存器以外,不需要任何其他附加电路。巡回检测的缺点在于处理器核必须不断地活动,才能维持巡回检测继续有效,即使没有发生需要响应的事件也是如此,所以功耗比较大。若处理器正忙于处理另外一个事件,则巡回检测不能对已发生的事件立即作出及时的响应。
4. 处理器完成正在执行的指令后,停止继续执行下一条指令,保存程序计数器的值,以便中断后恢复原指令序列的执行,然后开始执行中断处理程序,或者中断服务子程序,响应该事件。
5. 处理器通常具有中断禁止和使能指令。处理器可以在进入关键区域之前,执行禁止中断指令,然后执行指令,在关键区域的处理工作完成后,再执行中断使能指令,开启中断响应功能。
6. 当中断发生时,处理器必须把程序计数器的值保存在一个寄存器或某个存储单元之中。当中断任务完成后,处理器可以用保存在该地址的程序计数值恢复主程序的执行。
7. 中断向量是一个可以被用来形成中断处理程序入口地址的值,或者是一个指向存储器中中断处理程序入口地址表的指针(索引)。
8. 控制器必须禁止中断请求信号是为了避免对一个事件作出多次响应。
9. 实时时钟可以在可编程的若干个时钟基础上为处理器产生一个中断。然后用定时器的中断处理器可以完成任何所需周期的动作。
10. 实时执行可以对响应中断事件和定时器事件的不同任务实现调度。

第 9 章

9.1 节

1. 并行机制可以在同一时刻同时执行多个操作步骤,因此可以用较少的时间完成全部操作。
2. 数据的依赖性和可用性是制约并行机制的主要因素。
3. 算法描述了数据的处理过程,包括数据是如何组织的,以及每个数据处理步骤的执行顺序。
4. 因为算法核心是算法执行过程中花费时间最多的部分,对这一部分进行加速处理能取得最好的效益,换言之,能最显著地减少执行所需的时间。
5. 速度提高了四倍,因为流水线可以在每个时钟完成一个操作,而非流水线链路每四个时钟周期才能完成一个操作。
6. DMA 是输入/输出控制器或者加速器与存储器之间,自动地高速传输数据的过程,整个传输过程不需要处理器进行干预。
7. 在多任务系统中,仲裁器确保主设备能轮流地访问存储器。
8. 块处理加速器(根据安排)对存储器中相邻的块或者有规律间隔的块逐一进行处理。而流处理加速器则按照顺序处理从某个数据源到达的数据流。
9. 通常,嵌入式软件与加速器的相互交流,是通过加速器中的输入和输出寄存器进行的,非常类似于与自主输入/输出控制器之间的交互。而软件也许使用 FIFO 队列与加速器进行相互交流,两者之间若需要具有较严格同步的情况下,更是如此。

9.2 节

1. 若用 6 位像素,则部分积的范围为 $-126 \sim +126$。因此,部分积必须用 8 位的有符号数表示。为了得到每个 Dx 和 Dy,需要把 9 个部分积相加在一起,求出和值。然而,计算得到的和值范围为 $-252 \sim +252$,必须用 9 位二进制数字表示。然后我们需要把两个绝对值相加,得到范围为 $0 \sim +504$ 的 |D|,这个数值可以用 9 位二进制数字表示。
2. 像素的导数值 |D| 不能用 Dx 和 Dy 值并行地计算出来,因为在计算导数值 |D| 时,需要用 Dx 和 Dy 值作为输入。换言之,|D| 的值依赖于 Dx 和 Dy 值。
3. 若把读取和写入时间扩大一倍,则存储器的带宽就缩小为原来带宽的一半。由此造成的结果为:视频输入将消耗 10% 的带宽,把像素读入加速器将消耗 30% 的带宽,把算出的像素值写入存储器又消耗 10% 的带宽,总共需要消耗 50% 的带宽。因此有足够的带宽进行这些操作。然而,为满足嵌入式系统的需求,余下的 50% 带宽可能不够用。

4. 每一行最左边和最右边的像素不具备完整的相邻像素;因此我们不能用这个卷积罩来计算这些边界点的导数。

5. 嵌入式软件发起对某一幅图像的处理过程是通过向启动寄存器(Start Register)的写入而开始的,该启动寄存器的地址等于加速器的输入/输出寄存器的映射地址加 4。当处理完成时,在偏移地址为 0 的状态寄存器中的完成标志位(第 0 位)被设置为 1。该嵌入式软件根据读取这一标志位的值来判断处理过程是否已经完成。当完成标志位变成 1 时,该嵌入式软件也能允许中断被触发。

6. 当软件通过写入启动寄存器来启动处理过程时,在写入访问期间,启动信号被设置为 1。该信号使得正处于空闲状态的有限状态机开始产生控制序列。当某幅图像正在被处理的时候,有限状态机已不处于空闲状态,所以它不会对启动信号产生任何响应。因此,若此时软件对启动寄存器进行写操作,则不会产生任何效果。若处理器还向基地址寄存器中的任何一个写入数值,则新写入的数值将被用来产生早已在进行中的操作地址,从而破坏了操作。因为这些原因,所以软件必须等待一幅图像处理完毕,然后再启动另外一幅图像的处理。

7. 该有限状态机是一个混合型的 FSM,因为输出信号 O_offset_cnt_en、D_offset_cnt_en 和 row_cunt_en 不但取决于当前状态,还取决于 FSM 的输入,而其他输出只取决于当前状态。

9.3 节

1. 采用穷举测试对加速器设计进行验证是不可行的,因为所有可能的数据值和可操作的序列空间必须用一个巨大的天文数字才能表示。

2. 总线功能模型是一个可进行总线操作的模型,但在这个模型中没有具体的由实际电路模型执行的(诸如处理器执行指令或者存储器执行读/写操作等)内部操作,而只有用行为表示的总线操作模型。

3. 若在同一个时钟周期内,有两个总线请求信号同时有效,则仲裁器优先处理加速器的请求,发出批准信号,而把发给处理器的批准信号置为无效,一直等到加速器的请求无效后,才批准处理器的请求。

4. 若处理器已被批准并正在使用总线,若此时加速器请求使用总线,则仲裁器将把加速器的批准信号置为无效,一直等到处理器的请求信号无效后,才把加速器的批准信号置为有效。

5. 不能,本测试模块只对加速器的功能进行测试运行,并没有进行正确性的验证。

第 10 章

10.1 节

1. "体系结构探索"这个术语是指,为系统建立抽象的模型,分析比较设计(用抽象模型表示的)不同方案优缺点的任务。
2. 逻辑划分是根据系统处理的不同阶段,把系统划分成几个部分。它们是系统的功能子模块。而物理划分则是各个逻辑划分所映射的物理组件。物理划分包括处理器核、加速器、存储器和输入/输出控制器。
3. 对系统中的每个组件,高层次技术指标说明书描述了每个组件的功能、与其他组件的连接,以及在实现过程中的约束条件。
4. 组件的行为模型其实就是以系统级和 RTL 级之间的中间抽象级别表示的功能描述。行为模型可以包括由组件执行的算法描述,但没有逐个周期的详细时序,或者只是一个总线的功能模型。行为模型的用途是允许在考虑实现细节之前,对组件的功能进行全面的验证。
5. 使用可重用 IP 块的好处包括节省设计时间、减少验证的投入。
6. 可用核生成器实现的几种功能模块如下:存储器、算术单元、总线接口、数据信号处理和有限状态机等。
7. 设计师们可以利用版本管理工具(也称为源代码控制工具)来协调他们所做的修改。
8. 验证计划说明设计的哪些部分将需要验证,想要验证的功能是什么,如何进行验证。
9. 代码覆盖率是指,在设计的仿真期间至少已经被执行过一次的代码行所占的比例,而功能覆盖率是指,已经被验证过的功能所占的比例。功能覆盖包括,诸如已经被验证的各种不同的操作、已经被施加的数值范围、已经被访问的寄存器和状态机的状态等几个方面。为了确保设计的正确性,功能覆盖比代码覆盖更加重要。
10. 受约束的随机测试涉及能产生随机输入数据的测试案例发生器,而所允许的随机输入数值的范围是有约束的。
11. 形式化验证允许完整的验证组件是否满足技术指标要求,因为形式化验证中的断言可以为技术指标所表达的内容提供严格的证明。与形式化验证做对照的是基于仿真的验证,在基于仿真的验证中,若进行穷举仿真,可能的输入案例和序列的数目是非常巨大的,因而是不现实的。但是形式化验证的完整性取决于被验证的属性。若这些属性不能覆盖所有的功能需求,则形式化验证也不能达到完整的功能覆盖。而且编写出既完全又准确反映技术指标要求的属性是非常困难的。更大的困难还在于可探索状态空间的计算强度问题,因此验证数量巨大的复杂断言可能是很困难的。
12. 硬件抽象层是嵌入式软件依赖于硬件的较低层次。它包含驱动器代码和输入/输出控制器的中断服务子程序、存储器管理代码等。它提供可以被更高的应用层调用的抽象接口。
13. 指令集仿真器仿真指令的执行,但是没有仿真目标处理器硬件操作的细节。
14. 硬件描述语言的许多语法特色只适用于高级行为建模,以及编写测试模块,这些模块是不能综合成等价的门级电路的。由于 RTL 综合工具的发展历史,所以接受从原则上可综合的那些语法,组成了一个可综合的子集。
15. 技术库是为设计选定的实现工艺中可使用的基本元件的集合。
16. 进行门级仿真有两个理由。第一个理由是:门级仿真使我们能够进一步验证设计在考虑了技术库元件的延迟后,是否仍能满足功能需求。第二个理由是:我们编写的 RTL 模型的代码风格不同,RTL 仿真的行为有可能与综合后硬件的行为不同。对综合后的设计进行仿真,可以使我们确认硬件的行为与 RTL 设计的行为是一致的,这说明我们已正确地用 EDA 工具完成了硬件逻辑电路的设计。
17. 版图规划涉及设计划分成若干块后,确定每一块究竟放置在芯片的什么位置上。布局涉及在综合后的设计中确定每个元件的位置。布线涉及为每个连接找到一条路径。

10.2 节

1. 我们应该关注最初阶段的工作,因为这个阶段对设计成败的影响最大。
2. 首先,芯片是方形的而硅圆晶片是圆形的,芯片的面积越大,硅圆晶片边上的材料浪费就越大,所以每个芯片的硅圆晶片的成本并不只是芯片面积与硅圆晶片面积简单的比例关系。第二点,对任何给定的芯片,芯片面积越大,出现瑕疵的可能性就越大,因此有故障的芯片个数就多。因为硅圆晶片制造完成后,不能正常工作的芯片必须被丢弃,所以留下的能正常工作的芯片必须分摊有故障的芯片的制造和测试成本。第三点,大芯片比小芯片需要较大较贵的封装。第四点,面积大的芯片通常晶体三极管的个数比面积小的多,因而消耗更多的电能,产生的热量必须想办法耗散,这又增加了封装的成本。
3. 在设计流程的功能设计阶段,我们可以通过组件的选择影响电路的面积。选择比较小的位宽来表示数据也可以缩小线路的面积,因为处理这些数据的元件面积可以缩小,而且元件之间互相连接的线路也可以减少。
4. 在体系结构探索阶段,我们可以通过应用并行,改进系统性能,但受到所涉及数据之间存在互相依赖性的限制。我们也许需要在采用并行电路结构与考虑面积和功率之间权衡得失作出折中,因为实现并行结构需要占用更多面积资源,消耗更多的电能。
5. 时序预算指定由小组成员设计的每一个电路块的最大的时钟到输出的延迟和输入到

时钟的建立时间。时序预算帮助我们确保从一个块的寄存器输出到另外一个块的寄存器输入的组合逻辑路径的延迟能满足时序的约束。

6. 指定时序约束使得综合工具可以对详细设计的时序进行优化,然后分析经过综合后得到的电路以验证时序约束是否已经得到满足。
7. 对已综合的设计而言,静态时序分析器,把由综合器生成的电路元件模型与技术库的元件模型逐个对应起来,得到延迟参数,并与简单的线负载模型结合,然后再进行时序估算。静态时序分析工具把经由组合逻辑电路与连续的寄存器之间的连接线的延迟累加起来,经过计算得到该设计中的关键路径,然后判断由逻辑元件构成的电路模型是否能满足时钟约束条件。对已完成布局布线的设计而言,静态时序分析工具使用更具体的库元件和从更接近实际的具体电路中提取更精确的电路延迟值,再次对电路的时序进行更具体的分析。
8. 如果时序约束不能满足,我们必须返回设计流程的早期阶段,来改进电路的时序。
9. 降低功耗的第一种技术是:找出在系统操作期间,仍留在空闲状态的系统块,在空闲周期期间,把这些系统块的电源关掉。第二种可用的技术是:若对系统的性能要求不是一个常量,则在对性能要求低的时候,可降低时钟频率,以减少动态功耗。第三种技术是:门控时钟,即把存储值不需要改变的那部分电路的时钟信号关掉。
10. 若在 RTL 模块中使用门控时钟,将导致由综合工具引入的时钟偏斜和毛刺。用功率优化工具来实现门控时钟是比较合适的,在物理设计阶段,通过时钟插入工具,便可以实现由门控时钟实现的低功耗电路。

10.3 节

1. DFT(Design for test)的含义是企图改进可测试性的设计技术。
2. 故障仿真器可用来模仿在电路的某个给定位置产生给定故障的电路操作。这种仿真器对电路施加测试向量,直到出现不正确的输出结果,表明已检查出电路中存在某个故障。若所有的测试向量都已经施加完毕,但仍没有出现错误的结果,则说明在测试向量中,仍旧留有不能被检查出来的故障。
3. 粘连模型表示一种电路故障,这种故障出现在门电路的输入或者输出端,使得输入和输出信号不能在 0 和 1 之间改变,只能固定在 0 或者 1。这种故障是由电路与地线或者电源线短路引起的。
4. 所谓某个节点是可控制的是指:输入值的组合,是否可以使该节点的逻辑值发生改变。所谓某个节点是可观察的是指,该节点上出现的故障,是否能使输出结果出现错误。
5. 在 CMOS 电路中,晶体管总是以互补的形式成对地出现的,在同一时刻若一个晶体管接通,则另一个晶体管应该断开。若在某一对晶体管中,某个晶体管出现了粘连故障,则当另外一个晶体管连通时,会使得从电源流出的电流 I_{DDQ} 显著增大。通过测试电流 I_{DDQ} 是否过大,可以检查出集成电路的晶体管中是否存在粘连故障。

6. 电路中的寄存器必须被修改成可连接成为一条长链的移位寄存器。
7. 优点包括增加了可控制性和可观察性,使得高的故障覆盖率成为现实,通过把寄存器修改成为移位寄存器长链,提高了自动可测试性的能力。缺点是无论电路面积和电路的延迟都有所增加,因此芯片总开销提高了。
8. 边界扫描通过允许对印刷线路板(PCB)上的器件连接进行测试,提高了基于 PCB 系统的可测试性。边界扫描需要在每个芯片的外部引脚上包括一个扫描链触发器。测试设备把测试向量逐位移入扫描链,然后驱动向量到芯片的外部输出引脚。然后,扫描链触发器,对外部输入信号采样,然后已采样的值被移出测试设备。因此该测试设备就能验证芯片之间的所有连接,包括该芯片的绑定连接线、封装引脚和 PCB 线路,都可以在线无损地测试到。
9. JTAG 测试访问端口有四个基本信号,一个可选信号:测试时钟信号(TCK),该信号为测试逻辑提供时钟信号;测试模式选择信号(TMS),该信号控制测试操作;测试数据输入信号(TDI),该信号为测试数据和指令的串行输入信号;测试数据输出信号(TDO),该信号为测试数据和指令的串行输出信号;可选择的测试复位输入信号(TRST)。
10. 组件中的 JTAG TAP 控制器管理测试逻辑的操作。
11. 一个双向三态引脚需要用一个边界扫描单元存放数据,另外一个存放输出使能控制信号,第三个用于存放输入信号。
12. BIST 需要添加能产生测试案例并能分析输出响应的测试电路。
13. BIST 在系统的运行生命周期内仍旧有用,是因为它还可以被用作系统的现场测试。
14. 线性反馈移位寄存器(LFSR)被用来产生作为测试案例的伪随机序列。多输入签字寄存器(MISR)产生一个输出响应序列的总结,该总结被称作签字(signature)。

10.4 节

1. 产品生命周期中的主要阶段包括:市场调查和财务模型、产品的设计、产品的制造、销售和市场开拓、产品的维护,产品的过时和淘汰。
2. 产品进入市场比较晚,使得竞争者已经占有了大部分的市场份额,可以获得的利润显著地减少了,很可能使该产品无任何利润可言。
3. 对生命周期很长的产品而言,设计阶段还应该包括设计文档的编写,联络产品的技术支持服务者,开发产品的支持计划、步骤和文档。
4. 在设计过程的开始阶段,若采用当前流行的技术进行设计,则所开发的新产品,在产品的性能和功能方面,很有可能不如竞争者采用尚未普及最新技术开发的新产品。

附录 B

电子电路入门

在第1章中曾经描述了基本数字逻辑的抽象。在这个基本数字逻辑的抽象中,假设两个离散的(高/低)电平之间的切换是瞬间完成的。我们也曾提到在数字电路的设计中必须严格地遵循某些原则,才能应用这些抽象;否则用于构建数字电路的元件的非理想属性将变得很显著,就不能忽略,从而违反了抽象的基础。在设计数字系统时,对元件和电路的非数字或模拟属性的深刻理解是十分重要的,因此在设计中,应努力设法避免违反数字逻辑抽象的原则。本附录总结了在数字电子学的讨论中,有可能遇到的关于模拟电子元件和电路的基本知识。

B.1 元 件

我们可在基础的层次上,用电气和电磁场等技术术语来介绍电子电路和元件。物理学家们通常使用麦克斯韦尔(Maxwell)方程来描述电磁场的特性,然而这个层次的描述太接近电磁现象的物理本质了(即抽象程度太低了),不适用于本书内容的讲述,所以我们将从电压(V)和电流(I)这两个感兴趣的基本物理量出发,开始讲解电子电路的基本知识。我们将把电子电路描述成为由电路元件通过导线互相连接起来组成的电路系统,然后分析该电路系统中不同位置的电压和电流。本节将把讲述的重点放在元件上,B.2 节再对电路进行讲解。

可以把元件认为是一个具有两个或者多个连接端或引脚的物理实体。电流能够流进或者流出这些引脚,而这些引脚之间存在着电压差。我们将考虑各种不同元件,其引脚电压与电流之间的关系是各不相同的。正如在系统总体的描述中,可以为组成系统的每个模型(模块)做标记一样,也可以为电路中的元件做标记。对每种不同的元件,都可以用数学模型来描述该元件的电流与电压之间的关系。我们将用相对简单的模型来描述这些电路元件,在这些模型中,只对数字设计者感兴趣的属性进行高度的概括,而忽略那些与电路功能行为关系不大的细节。

B.1.1 电压源

常数电压源是首先要介绍的最简单的元件之一。用图型符号表示的电压源如图 B.1 所示。该电压源的正极(用符号"+"标记)和负极(用符号"-"标记)之间的电压差是一个常数。电压源通常被用来为数字电路的运行提供能源,有些电源是由电池组供电(电池组的图形符号如图 B.1 所示)的,有的电源是由连接到主电源的供电单元供电的。在本书所用的电源符号如图 B.1 右侧的图形所示,顶上的符号表示由正电压供电,底下的符号表示与地信号 0V 相连接。因为电压都是相比较而存在的,所以把地电平标记为 0 V 其实是名义上的。其他的电压都是相对于这个参考电压,经过测量而得到的。

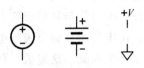

图 B.1 电压源(左图)、电池(中图)、电源供电(右上图)和地(右下图)的图形符号

不管流过电源电极的电流变化大小,理想电压源的两个电极之间的电压差,总是维持在一个不变的常量。而实际使用的电压源,只有在规定的电流范围内,才能保持稳定的电压差。即在规定的电流范围内,电压差可以基本稳定在指定的范围内。然而,一旦电流超出了规定的范围,则电源的供电电压将会降低,甚至造成电源本身的损坏。在系统设计时,必须把从电源输出的电流控制在规定的范围内,并且留有一定比例的余量,以避免可能出现的问题。

B.1.2 电阻

电阻(如图 B.2 所示)是一个电路元件,电阻两端的电压降与流过该电阻两端的电流成正比例线性关系。这个线性比例关系可以用欧姆定理来表示:

$$V = IR \tag{B.1}$$

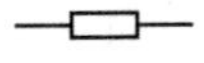

图 B.2 电阻的图形符号

对于理想的电阻而言,电阻值(resistance) R 是一个常数。而实际上,电阻值会稍微受到温度和其他因素的影响,但是在数字电路的设计中,通常忽略这些微小的影响。在实际数字电路中常用电阻值的范围通常为 $1\,\Omega \sim 1\,\mathrm{M}\Omega$。

因为在电阻上有电流流过,并产生了电压降,所以就消耗电能。电阻消耗的电能转换成热量,其功率等于电流和电压降的乘积:

$$P = VI = I^2 R = V^2/R \tag{B.2}$$

产生的热量必须通过电阻散发出去,否则电阻就会过热,最后烧毁。在电子电路中可使用的电阻有许多种不同类型,其耗散功率可为 $100\,\mathrm{mW} \sim 10\,\mathrm{W}$。

关于电阻中电流与电压之间的关系有一点非常重要,值得关注,即电阻上电流与电压之间的关系是与时间关联的。在任何给定的瞬间,电阻两端的电压只取决于该瞬间流过该电阻的电流。反之亦然,即在任何给定的瞬间,流过电阻的电流只取决于该瞬间施在该电阻两端的电压。这一点源于电阻并不能存储能量,只能传输能量的事实。

B.1.3 电容

电容(如图 B.3 所示)是一种可以存储能量的元件,而不是一种把能量以热量的形式耗散的元件。电容器与其图形符号类似,从概念上讲,它是由两片中间有绝缘体隔离的金属薄板组成的。由电荷组成的电流把电荷从一块金属薄板传送到另外一块金属薄板,在这两块板之间形成了一个电场。这造成了两块金属板之间的电压差,因此在电容的两极之间也存在一个电压差。电容的电压和被存储的电荷之间存在着如下的关系:

$$Q = CV \tag{B.3}$$

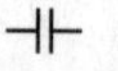

其中常数 C 是以法拉(Farads)为单位表示的电容值。因为通常我们感兴趣的只是电路,而并非电容所存储的电荷,所以我们花一点时间推导出以下方程,其中 I、Q 和 V 都是时间的函数。

图 B.3 电容的图形符号

$$I = \frac{dQ}{dt} = C\frac{dV}{dt} \tag{B.4}$$

这个方程展示了电容器的行为是动态的,换言之是与时间相关的。例如,不能简单地只靠测量电容器两端的电压来确定流经该电容器的电流,必须知道电压的变化有多快。与时间相关的行为是造成数字电路延迟的主要原因。然而,电容器存储能量的事实,也允许我们把它用作存储元件,在数字系统有需要的地方,电容器可以提供与时间相关的行为。

实际应用的电容器其电容值通常从几个皮法拉(picoFrads,1 pF=10^{-12} F)到几千个微法拉(microFrads,1 μF=10^{-6} F)之间。在数字电路中常见的电容器绝大部分都集中在上述范围中较小的那一头,无论是在电路中我们经过仔细考虑后有意添加的电容器,或者是由于电路中相邻导体之间产生的杂散电容的值,都是很小的。

B.1.4 电感

电感(如图 B.4 所示)是另外一种可以存储能量的元件,但是存储的形式是磁场。正如图形符号表示的那样,螺旋状线圈是电感的形式之一。即使是有电流流过的直线也产生磁场,如图 B.5 左图所示。螺旋状线圈把磁场集中起来,如图 B.5 中图所示。缠绕在理想的环形导磁磁芯上的线圈可把磁场完全地约束在导磁磁芯内,见图 B.5 右图所示(而实际的导磁磁芯,多少有很小一部分磁场的泄漏)。

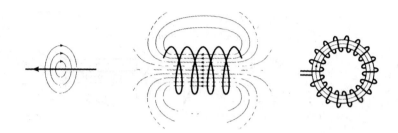

图 B.4 电感的图形符号　　　　**图 B.5 截流导体周围的磁场**

若流经电感的电流是恒定的,则磁场的强度不会发生变化,而且电感两端的电压差为 0。当电流发生变化时,磁场就随着变化。磁场的变化在电感的两端会产生感应的电动势(电压差),这个电动势的方向是对抗引起磁场改变的电流的。电感的电压和电流之间的关系如下式所示:

$$V = L \frac{dI}{dt} \tag{B.5}$$

上式中 V 和 I 是时间的函数,而 L 是一个被称作电感(inductance)的常数,其单位为亨利(Henries)。因此,电感的行为,与电容的行为类似,也是动态的。实际电子电路中常用的电感器的电感值通常在几个微亨(microHenries, $1\ \mu H = 10^{-6}\ H$)到几个毫亨($1\ mH = 10^{-3}\ H$)之间。然而,在数字电路中所遇到的大多数电感都是寄生电感,而并非是在设计中有意添加的。在第 6 章中曾讨论过数字电路的寄生电感效应问题。

B.1.5　MOSFETs(金属氧化物半导体场效应晶体三极管)

近些年来几乎所有的数字电路都是用金属氧化物半导体场效应晶体三极管(metal-oxide semiconductor field-effect transistors,MOSFETs)工艺在硅圆晶片表面制造的。在制造过程中,先在硅片上选定的一些区域加入掺杂物质的原子,然后再在硅片表面生成很薄的一层材料。生成的 n 沟道 MOSFETs 结构及其电路符号,如图 B.6 所示。因为硅材料是元素周期表中第四族元素,所以纯净的硅材料与相邻的原子之间用四个键形成了一个规则的晶格(crystal lattice)。n 区域是已掺杂或者注入(doped or infused)了元素周期表中第五族元素原子的那些区域。这些区域的原子比硅原子多出一个或者多出几个价电子(valence electron),因此 n 型材料具有多余的电子。而 p 区域是一个已掺杂了元素周期表中第三族元素原子的区域,该区域的原子比硅原子少了一个价电子。因此,p 型材料中有一些对应于丢失晶格键的"空穴"(holes)。栅极(gate)氧化物是由硅二氧化物组成的很薄的一层绝缘体,该栅极(gate)是由多晶硅(polysilicon)材料组成的导电层。而与 n 型材料的源极和漏极的导电接触通常由金属组成的,现代制造工艺中通常采用铜作导电接触材料。

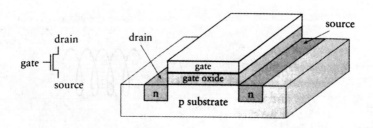

图 B.6 MOSFETs 的图形符号(左图)和 n 沟道 MOSFETs 的结构(右图)

当栅极电压与衬(基)底的电压相等时,在源极和漏极之间没有电流可以流过。但是当栅极被施加正电压之后,电子被吸引流向栅极,若栅极电压大于阈值,则将有足够多的电子被吸引流向栅极,随即在栅极氧化层下面形成一个 n 型的沟道。这个沟道可以在源极和漏极之间形成电流。请注意由于栅极氧化层的绝缘作用,在栅极与源极、漏极和衬(基)底之间并没有任何电流流过。

也可以在硅圆晶片上制造 p 沟道 MOSFETs,其图形符号如图 B.7 所示。p 沟道 MOSFETs 与 n 沟道 MOSFETs 的构造是类似的,只不过其衬底是用 n 型材料制造的,而其源极和漏极区域是用 p 型材料制造的。在 p 沟道 MOSFETs 中的阈值电压,相对于衬底电压而言,是负电压。当栅极施加负电压之后将排斥电子,可以反过来想,即有很多空穴将被吸引到栅极氧化层下面,当有足够多的空穴被吸引流向栅极后,在栅极氧化层下面就形成一个 p 型的沟道,这个沟道可以在源极和漏极之间形成电流。

图 B.7 p 沟道 MOSFETs 的图形符号

在互补型 MOS(CMOS)数字电路中,既用 n 沟道 MOSFETs 又用 p 沟道 MOSFETs,但把 n 沟道 MOSFETs 的衬底材料与地连接($V_{SS}=0$ V),而把 p 沟道 MOSFETs 的衬底材料与正电压供电电源连接(V_{DD})。这两个晶体三极管共用一个栅极,若栅极电压接近 V_{SS} 值,则 n 沟道三极管断开(在源极和漏极之间未形成导通电流),而 p 沟道三极管接通(在源极和漏极之间形成导通电流)。相反,若栅极电压接近 V_{DD} 值,则 n 沟道三极管接通(在源极和漏极之间形成导通电流),而 p 沟道三极管断开(在源极和漏极之间未形成导通电流)。

理想的晶体三极管在断开时,其源极和漏极之间似乎是完美无缺的绝缘体;而在接通时,又似乎是完美无缺的导电体。而在实际环境中,即使晶体三极管在断开的时候,尽管电阻非常高,但还不是无穷大,所以还是有一点儿导通的。而且更重要的是即使晶体三极管已经导通,其电阻非常小,但还不能绝对地等于 0。正是这个很小的电阻与其他元件的导通电阻结合在一起,再加上寄生电容和电感,使得数字电路出现在第 1 章和第 6 章讨论的不理想的情况。

MOSFETs 的另外一个重要属性是栅极电容。栅极和衬底是两个导体,它们之间用一层很薄的绝缘体隔离开。这正是我们描述电容的结构。栅极电容会对数字电路的操作产生曾在第 1 章中介绍过的某些负面效应,但这正好是我们之所以能够构建曾在第 5 章中介绍过的某类型存储器的原理。

B.1.6 二极管

在 B.1.5 小节中曾介绍利用硅晶片中 n 型和 p 型区域来组成 MOSFETs。若把硅片中的 n 型区域和 p 型区域紧紧靠在一起,制造出一个硅器件,便可形成了一个晶体二极管,如图 B.8 所示。对一个理想的二极管而言,若阳极对阴极的电压为正,则二极管处于正向偏置(forward biased)状态,所以它就如同导体一样,允许电流通过。若阳极对阴极的电压为负,则二极管处于反向偏置(reverse biased)状态,所以它就如同绝缘体一样,禁止电流通过。

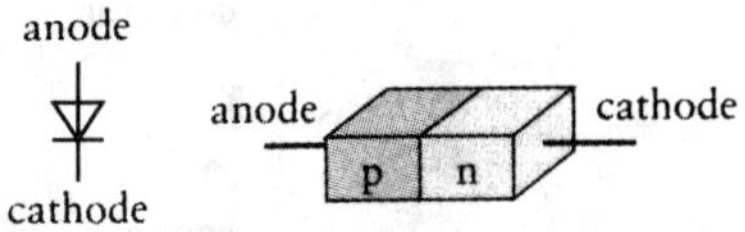

图 B.8 二极管的图形符号(左图)和它的硅结构(右图)

在实际电路中,二极管的行为要比两状态的理想模型复杂一些。二极管的实际电流/电压的关系与图 B.9 所示的曲线很接近。随着正向电压的增加,电流呈现指数关系的增长。就数字电路中所能见到的电压范围而言,可以把该电路行为近似地认为是一个阈值为正 0.7 V 的开关。当阈值低于 0.7 V 时,流过二极管的电流非常小,此时该二极管近似于一个绝缘体;当阈值大于 0.7 V 时,电流立刻变得非常大,此时该二极管近似于一个导体。

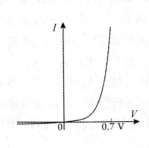

图 B.9 二极管的 I/V 特性

二极管两个状态的行为是由 p 型和 n 型硅半导体材料之间狭窄的结合区域的电学效应而产生的。在数字 IC 制造过程中,在硅二极管中通常注入的搀杂元素是周期表中第三族中的硼元素和铝元素,以及第五族中的磷元素,在这类硅二极管中,消耗的电能变为热量散发到周围的环境中。然而如果在硅二极管中把注入的搀杂元素改为其他元素的组合,则某些能量可以光子的形式被发射到周围的环境中去。这一类型的二极管被称作发光二极管(light-emitting diodes,缩写为 LED)。LED 发射的光波长范围从红外线一直到可见光谱的蓝色光,波长取决于制造发光二极管时所用的材料。对某些 LED 而言,其衬底材料并不是硅晶体材料,而是用第三族以及第五族元素结合起来制造的晶格材料。在 LED 中,阈值电压通常大于 0.7 V,对那些能发出高能量短波长光波的 LED,其阈值电压最高可以达到 3 V 或 4 V。

B.1.7 双极型晶体三极管

在 B.1.6 小节曾见过在硅晶体中 n 型材料和 p 型材料之间的结点可以形成一个二极管。如果把三层这样的材料叠合在一起,便组成了一个三明治,就可以形成一个双极型晶体三极管(bipolar transistor)。图 B.10 展示了一个 NPN 型的晶体三极管,在这个三极管中,一层 p 型材料夹在两层 n 型材料之间。

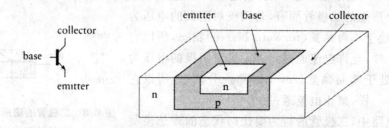

图 B.10　NPN 型双极型晶体三极管的图符(左图)和它的硅结构(右图)

该晶体三极管的三个端口被分别称作基极(base)、发射极(emitter)和集电极(collector)。在理想的 NPN 晶体三极管中,流过发射极和集电极之间的电流与流入基极的电流是成正比例关系的,比例因子通常在 100 左右。这个比例关系使得晶体三极管可以被用作放大器。然而,在数字电路的应用中,我们通常只让三极管工作在被称作饱和(saturation)的工作区域。在那种情况下,若没有基极电流存在,则三极管就断开(即没有发射极到集电极之间的电流);若有足够的基极电流存在,则三极管就接通(即发射极到集电极之间的路径允许电流通过)。这种情况类似于 MOSFETs,但是控制双极型三极管通/断的是电流,而不是电压。

也可以把一层 n 型材料夹在两层 p 型材料之间,组成一个 PNP 晶体三极管。PNP 晶体三极管的图符见图 B.11 所示。在 PNP 晶体三极管中,发射极和集电极之间的电流是由流出基极的电流所控制的。因此,PNP 晶体管正好与 NPN 晶体管互补。

图 B.11　PNP 型双极型晶体三极管的图符

在数字电路的应用中,双极型晶体三极管与 MOSFETs 相比较,其主要优点在于,当三极管单独封装时,双极型晶体三极管更耐用、更结实一些,不容易被静电放电损坏。因此,双极型晶体三极管经常被用于连接数字系统外部的输入/输出元件。

B.2 电路

我们已经知道如何识别数字系统中所用到的元件,现在将描述用导线将它们连接在一起的电路效应。理想的导线是一个完美的导体,可以把导线认为是一个两端永远具有相同电压的双端元件。然而,通常把导线认为是电路中与其他元件的连接点,则更为简单一些,导线使得电压两个连接点之间的电压相等,并可以把它们的电流连接起来。

把电路(circuit)定义为许多个元件接线端之间的互相连接。图 B.12 展示了一个电路的例子,该电路包含了若干个具有两个和三个接线端的元件。把每个由两个或两个以上接线端连接在一起的点称作节点(node)。请注意,接线端不必被连接到同一个物理点。把由线路连接起来的若干个连接线,当作一个节点。把通过一个节点从一个节点到另外一个节点的连接线称作分支(branch)。对有两个连接端的元件而言,该元件本身就构成了一个分支。对有三个连接端的元件而言,存在着三个分支,一个分支位于每对接线端之间。最后把通过分支封闭路径构成的电路称作回路(loop)。

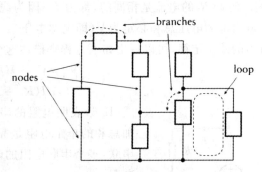

图 B.12 由互相连接的元件组成的电路
(其中有节点、分支和回路)

B.2.1 基尔霍夫(Kirchhoff)定律

可以通过分析电路来确定流过每个分支的电流(the branch current)和每个分支两端的电压差(the branch voltage)。若电路中所有分支的电流和电压是恒定的常数,则该电路的行为是静态的。然而,通常分支电流和电压是与时间相关的,在这种情况下,该电路的行为是动态的。在本节中,我们将了解两条有关电路行为的定律,这两条定律允许我们来构建有关分支电流和电压的方程系统。然后,可以通过解这些方程来确定电路的行为。若电路的行为是静态的,则这些方程只是代数方程;若电路的行为是动态的,则可能不得不求解微分方程。

第一条定律,即基尔霍夫电流定律(KCL)告诉我们,流出任何节点的电流,必定与流入该节点的电流相等;换言之,电流的总和必定为 0。这条定律给我们的直觉是,在电路的每个节点上不能出现任何累积的电荷。

第二条定律,即基尔霍夫电压定律(KVL)告诉我们,围绕电路上任何封闭回路中的每个分支电压的总和必定为 0。在这里这条定律给我们的直觉是,若想从电路路径中的某个给定节点出发,确定另外某个给定节点的电压,则可以把从给定的起始节点起到那个给定节点为止的每个分支电压累加起来,即可求得。当从起始节点起,又返回到起始节点时,应该已累加了与起始节点相同的电压值,因为同一节点域的电压是相等的。

B.2.2 电阻、电容和电感(R、C、L)的串联和并联

假设把电压源,按照如图 B.13 所示的形式,与两个电阻 R_1 和 R_2 连接,则我们说,这两个电阻是按串联(in series)的方式连接的。因为流入和流出每个节点的电流总和为零,所以流经电阻 R_1 和 R_2 的电流是相同的,都为 I。因为绕着封闭回路累加的电压为零,所以这施加在两个电阻上的电压总和必定为 V(即电源电压)。回忆一下曾在 B.1.2 小节中讨论过的描述电阻行为的欧姆定律,可以写出如下方程来描述这个电路:

$$V = V_1 + V_2 = IR_1 + IR_2$$
$$= I(R_1 + R_2) \tag{B.6}$$

式(B.6)表明电阻的串联,其电路行为与电阻值等于两个单独电阻相加总和的单个电阻是完全相同的。以上分析可以扩展到多个电阻的串联:多个串联电阻的电路行为等同于阻值等于这些电阻之和的单个电阻:

$$R = R_1 + R_2 + R_3 + \cdots \tag{B.7}$$

因为两个电阻上的电压总和等于 V,所以两个电阻之间节点的电压只是 V 的一部分,可用下式表示:

$$V_2 = V \frac{R_2}{R_1 + R_2} \tag{B.8}$$

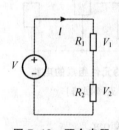

图 B.13 两个电阻串联的电路

因为这个缘故,所以有时也把电阻的串联称为电压分压器(voltage divider)。

可以对如图 B.14 所示的由两个并联电阻组成的电路进行类似的分析。在两个电阻并联的场合,每个电阻两端的电压都为 V,因为这两个电阻都是包含电阻和电压源回路的一部分。因为流入每个节点的线网电流必定为 0,所以电流 I 被分裂成 I_1 和 I_2 两部分。因此可以写出如下方程:

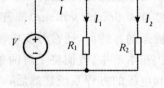

图 B.14 两个电阻并联的电路

$$I = I_1 + I_2 = \frac{V}{R_1} + \frac{V}{R_2}$$
$$= V\left(\frac{R_1 + R_2}{R_1 R_2}\right) \tag{B.9}$$

换言之,电阻的并联,其电路行为与电阻值为如下表达式的单个电阻是相同的:

$$R = \frac{R_1 R_2}{R_1 + R_2} \quad \text{或} \quad \frac{1}{R} = \frac{1}{R_1} + \frac{1}{R_2} \tag{B.10}$$

可以把多个电阻的并联一般化,并联后的总电阻可用如下表达式表示:

$$\frac{1}{R} = \frac{1}{R_1} + \frac{1}{R_2} + \frac{1}{R_3} + \cdots \tag{B.11}$$

对电阻的串联和并联电路进行分析以后,可以对电容和电感进行类似的分析。在电容串联的情况下,我们注意到同样的电流流经所有的串联电容,因此每个电容上累积的电荷 Q 数量是相同的(等于电流的积分)。电容的串联可以用下式表示:

$$V = \frac{Q}{C} = V_1 + V_2 + V_3 + \cdots = \frac{Q}{C_1} + \frac{Q}{C_2} + \frac{Q}{C_3} + \cdots \tag{B.12}$$

上式等号两边被除以 Q 后,可得到如下表达式,根据此表达式可计算出串联电容的等价总电容:

$$\frac{1}{C} = \frac{1}{C_1} + \frac{1}{C_2} + \frac{1}{C_3} + \cdots \tag{B.13}$$

对并联的电容而言,每个电容两端的电压都为 V,因此电流根据并联电容的个数被分成多个分支。把这些电流积分就可以得到并联电容的电荷之和,换言之,并联电容的总电荷量可用下式表示:

$$Q = VC = Q_1 + Q_2 + Q_3 + \cdots = VC_1 + VC_2 + VC_3 + \cdots \tag{B.14}$$

上式等号两边除以 V,就可以得到如下式所示的并联电容的等价电容值:

$$C = C_1 + C_2 + C_3 + \cdots \tag{B.15}$$

根据同样的原理,可以推导出如下式所示的串联电感的等价电感值:

$$L = L_1 + L_2 + L_3 + \cdots \tag{B.16}$$

而并联电感的等价电感值可用下式得到:

$$\frac{1}{L} = \frac{1}{L_1} + \frac{1}{L_2} + \frac{1}{L_3} + \cdots \tag{B.17}$$

B.2.3 电阻电容(RC)电路

数字电路中的许多不理想效应来自于电路元件中的电阻和电容的组合。这些阻容元件通常不是在设计时有意识地添加到电路中去的,而是由于实际器件中的晶体三极管、连线和封装的属性所引起的。我们先看一个由电阻和电容串联组成的简单电路,该电路如图 B.15 所示,电路的电压驱动源在低电压(0 V)和高电压(V)之间切换。让我们分析这样一个电路。假设在刚开始的时候,即时间 $t=0$ 时,电容上没有积累的电荷,所以 V_C 等于 0,而且电源开关也处在 0 状态。KVL 和 KCL 两个定律告诉我们此时 V_R 也等于 0,而且电流 I 也等于 0。

现在假设在 $t=0$ 时刻,电源开关切换到电压 V。因为电容上此时并没有任何电荷,所以 V_C 仍旧是 0,所以整个电压 V 出现在

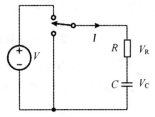

图 B.15 电阻和电容串联的电路

电阻的两端。这使得电流流动,开始对电容充电。随着时间的推延,V_C 逐渐增加,而 V_R 逐渐减小。可以用以下步骤推导出电压与时间之间的关系,首先写出表示电阻和电容上电压之和必须等于电源电压的方程式如下:

$$V = V_R + V_C = IR + V_C \tag{B.18}$$

而上式中:

$$I = C\frac{dV_C}{dt} \tag{B.19}$$

把式(B.19)代入式(B.18)并重新排列得到如下的一阶微分方程:

$$RC\frac{dV_C}{dt} + V_C - V = 0 \tag{B.20}$$

对上述微分方程的求解,可以得到如下式所示的表示 V_C 的时间函数:

$$V_C(t) = V(1 - e^{-t/RC}) \tag{B.21}$$

图 B.16 展示了当 $V=5.0$ 和 $RC=0.001$ 时,V_C 电压随时间变化的曲线。电压 V_C 逐渐逼近电源电压值 V,经过一段由 RC 给定的时间间隔后,V_C 可达到电源电压值 V 的 63%。通常把这段时间间隔称作该电路的时间常数(time constant)。

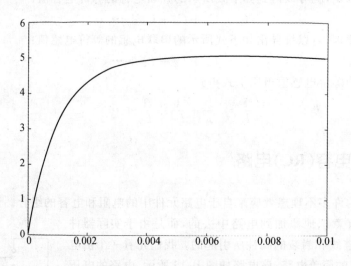

图 B.16 从电源经过电阻向电容充电时,电容两端电压的变化曲线图

通过假设初始电压为 0 V 来简化上述的分析。一般情况下,若电容两端的初始电压是 V_0,当驱动电压从 V_0 变化到 V 时,电容两端的电压可由以下函数给定:

$$V_C(t) = V + (V_0 - V)e^{-t/RC} \tag{B.22}$$

因此,若驱动电压周期性地在 0 V 与 V 之间切换,则电容器两端将出现如图 B.17 所示的电压波形。

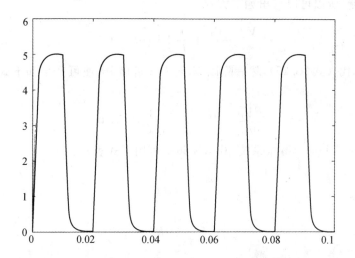

图 B.17 驱动电压做周期性开关切换时,电容器电压的波形图

B.2.4 电阻-电感-电容(RLC)电路

尽管认为理想的线路是纯的导电体,但是实际线路,特别是比较长的线路都存在着极微小的电感(即非零的电感)。这个微小的电感与不同元件中的寄生电容和电阻结合在一起,会导致一些曾经在第 6 章中讨论过的信号完整性问题。

通过考虑如图 B.18 所示的电阻、电容和电感的串联电路,就能理解产生信号完整性问题的电路效应。而在实际电路中,电阻可能是由晶体三极管产生的电阻效应,电容可能是被连接到某个元件输入端的晶体管的门电容,而电感可能是连接元件线路所产生的微小串行电感。

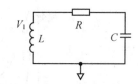

图 B.18 串联的 RLC 电路图

在电阻两端的任何一个节点上,考虑 KCL,就可以开始分析这个 RLC 电路。对于电阻右侧的节点,流过电容和电阻的电流总和必定为零,所以可以写出如下方程:

$$C\frac{dV_C}{dt} + \frac{V_C - V_L}{R} = 0 \tag{B.23}$$

重新安排上式,用 V_C 来表示 V_L,就可以得到如下方程:

$$V_L = RC\frac{dV_C}{dt} + V_C \tag{B.24}$$

对于电阻左侧的节点,流过电感和电阻的电流总和必定为零。通过对式(B.5)的积分可以确

定流过电感的电流，所以可以写出如下方程：

$$\frac{V_C - V_L}{R} + \frac{1}{L}\int_{-\infty}^{t} V_L \mathrm{d}\tilde{t} = 0 \tag{B.25}$$

接着，把式（B.24）代入式（B.25），然后除以 C，再对 t 求微分，便可产生如下式所示的求 V_C 的二阶微分方程：

$$\frac{\mathrm{d}^2 V_C}{\mathrm{d}t^2} + \frac{R}{L}\frac{\mathrm{d}V_C}{\mathrm{d}t} + \frac{1}{LC}V_C = 0 \tag{B.26}$$

这个形式的方程描述了一个谐振系统，其谐振频率可用下式表示：

$$\omega_0 = \frac{1}{\sqrt{LC}} \tag{B.27}$$

而阻尼因子：

$$\alpha = \frac{1}{2}\frac{R}{L} \tag{B.28}$$

如果 $\alpha < \omega_0$，那么我们说这是一个欠阻尼（即阻尼因子还不够大）的电路。从一个非零的初始状态，电压 V_C 出现正弦型的振荡，其振荡幅度呈现指数型的衰减。如果 $\alpha = \omega_0$，那么我们说这是一个临界阻尼（即阻尼因子不大，也不小，正好合适）的电路。电压 V_C 可在最短的时间内衰减到 0。最后，如果 $\alpha > \omega_0$，那么我们说这是一个过阻尼（即阻尼因子太大）的电路。电压 V_C 可衰减到 0，但是需要比临界阻尼电路花费较长的时间才能稳定。这三种情况的说明如图 B.19 所示。

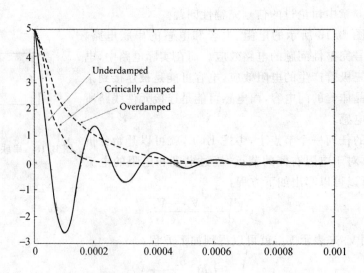

图 B.19　RLC 电路欠阻尼、临界阻尼和过阻尼的行为

在实际系统中,一般关注的是 RLC 电路对驱动电压变化的响应。驱动电路如图 B.20 所示。电压源表示从系统的某一部分的输出,用来驱动系统的另外一部分,用作该部分的输入。V_C 被测量的节点表示输入。可以用求 V_C 的微分方程(见式(B.29)),对该电路进行类似的分析:

$$\frac{d^2 V_C}{dt^2} + \frac{R}{L}\frac{dV_C}{dt} + \frac{1}{LC}V_C = \frac{1}{LC}V \tag{B.29}$$

上述电路的行为取决于时间函数 V。对于数字电路的分析而言,考虑 V 是一个阶跃函数,从 0 跳变到某个给定的电平,或者从某个给定的电平跳变到 0。从正电平跳变到 0 的阶跃响应行为,如图 B.19 所示,因为该场合 $V=0$。这表明在电容器上会出现电压的下过冲,产生远低于最后稳定的电平,并在最后稳定电平的上下发生振荡。同样,对从 0 跳变到正电平的阶跃响应,也有可能在产生远高于最后稳定电平的上过冲,并在最后稳定电

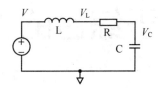

图 B.20 由电压源驱动的 RLC 电路

平的上下发生振荡。增加电阻值可以有效地阻止过多的振荡,但必须付出的代价是延长了到达最后稳定电平所需的时间。减少寄生电容和电感可以提高系统的谐振频率,使电路具有更快的响应速度。

B.3 进一步阅读的参考资料

Foundations of Analog and Digital Electronic Circuits,Anant Agarwal and Jeffrey H. Lang,Morgan Kaufmann Publishers,2005.

CMOS VLSI Design:A Circuits and Systems Perspective,3rd Edition,Neil H. E. Weste and David Harris,Addison-Wesley,2005.

附录 C
用于综合的 Verilog

本书从头到尾，一直用 Verilog 语言对正在设计的数字电路进行描述，还用 Verilog 语言编写可对设计进行验证的测试模块（平台）。我们的设计方法学专门介绍了如何使用综合工具把用寄存器传输级（RTL）抽象描述的 Verilog 设计模块，转换成为门级实现。用于编写 RTL 设计的 Verilog 语言风格与用于编写测试模块（平台）的 Verilog 语言风格是不同的，这是因为测试模块中的许多语句不必用硬件来实现。绝大多数的 RTL 综合工具只能接受用 Verilog 语言的一个子集所编写的 Verilog 代码，该子集中的语句是完全可以用硬件来实现的。而测试模块（平台）中的 Verilog 代码，更类似于一般编程语言所编写的代码，因此可以使用 Verilog 语言的所有语法来编写测试模块。

在本附录中，描述了被绝大多数 RTL 综合工具所认可的 Verilog 语言的一个子集。贯穿全书的举例中，我们一直沿用这个子集来描述各种设计。大多数综合工具所接受的语言子集要比本书介绍的更大一些。但是如果用某个工具认可的那些语法特性来编写代码，那么这个代码也许用其他工具就不能进行综合，因此代码的可移植性就不好。

C.1 数据类型和操作

在本书中，我们一直坚持用一位的线网和变量来表示一位的信号；用向量线网和变量来表示多位的信号。这两种类型的数据可以被各种综合工具所接受。可以对这两种类型的数据值进行以下各种操作例如逻辑操作（"&&"、"||"和"!"）、按位操作（"&"、"|"、"~"等）、移位操作（"<<"、">>"等）、条件操作（"… ? … : …"）、拼接操作（"{…,…,…}"）、位选和部分位选。这些操作都可以用综合工具来实现。

本书也描述了实数类型。综合工具通常并不支持使用实数值和实数操作。因为实现实数操作的硬件远比实现整数操作的硬件复杂得多。硬件通常是按顺序执行的,因而系统内部组织结构必须根据应用的需求而有所改变。虽然综合工具也许能很灵活地实现某些特定的应用,但对许多其他应用而言,只能期望使用库元件来实现浮点运算,或者由生成器工具来创建相应的元件。

C.2 组合逻辑功能

组合电路,我们曾在第 2 章中讨论过,可用一个或者多个输入值来确定每个输出值。Verilog 语言允许我们在模块内部使用连续赋值语句(continuous assignment statement)来表示这样的行为。每条这样的赋值语言给代表组合逻辑块输出的目标线网赋值。

赋值语句的形式如下:

assign *target* = *expression*;

在上面的语句中,target(目标)是一个线网名,expression(表达式)表示由组合电路完成的功能。在 expression 中,包括了输入线网和变量的名,并用我们曾在 C.1 节中提到的操作符产生它们的组合值。在 expression 中,绝对不能引用 target 线网,因为这样写意味着该电路中必定存在着一个反馈回路,因而该电路也就不再是组合电路。而且,我们必须注意,千万不能在多条赋值语句中产生隐含的非直接反馈,例如下面的语句就产生了隐含的非直接的反馈:

assign s1 = a & b & S2;
assign s2 = c | S1;

还能用以下语句识别执行连续赋值语句的特定条件:

assign *target* = *condition* ? *expression* : 1'bz;

综合工具将把上述语句推断为一个三态驱动器,如图 C.1 所示,其输入被连接到根据表达式推断而生成的逻辑,它的使能输入信号被连接到根据条件而推断生成的逻辑。在目标为向量的情况下,高阻值 1'bz,将被一个高阻向量值 8'bzzzzzzzz 所代替。

在某些场合,也许用 always 块比用一组连续赋值语句能更方便地表示组合逻辑。适合用 always 块表示组合逻辑的典型场合是:① 多个具有多输出的组合逻辑块,这些输出都受相同的或类似的条件控制;② 逻辑表达式实在太复杂,若把该大表达式分解成为多个比较小的子表达式,则比较容易理解。

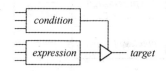

图 C.1 由赋值语句(把 1'bz 作为另一个选择)推断出来的硬件电路

为了使综合工具能根据 always 块中的语句推断出组合逻辑,必须遵循一些编程规则。首先,该 always 块的格式必须按照如下格式编写：

> always @(*event_list*)
>   *statement*;

上述格式中的事件列表(event_list)必须列出该组合逻辑的所有输入信号。这样做可以确保每当其中任何一个输入信号值发生变化时，该always块就能确定输出的新值。若在该always块中读到一个没有被列在事件列表中的输入信号，则综合工具通常会发出一个警告信息。为了确保不至于在事件列表中漏掉任何输入信号，我们可采用一个非常简单的方法，即用"@*"来代替@(event_list)，"@*"表示"在该块中读到的所有输入"。这是我们所推荐的表示方法，但Verilog语言最近几年发布的新版本才具有这样的功能，因此可能并不是所有的综合工具都能支持这样的描述。

在always块中的语句也可以是包含嵌套赋值的条件语句，例如case条件语句或者if条件语句。下面是这种形式always块的一个例子：

```
always @*
   case (select_expression)
      choice_1: target = expression_1;
      choice_2: target = expression_2;
         ⋮
      choice_n: target = expression_n;
   endcase
```

若选择值是明晰的，并包含了选择表达式的所有可能值，则综合工具便可以根据上述语句，推断出如图C.2所示的多路选择器电路。

由选择表达式推断出的组合逻辑的输出被连接到多路选择器作为该多路选择器的输入。每个赋值表达式将被综合成为一个组合逻辑，该组合逻辑的输出被连接到多路选择器作为多路选择器的某一路数据输入，该多路选择器究竟选择哪一路作为输出，则由相应的选择值确定。选择值也是表达式，但是这些选择值必须不涉及任何输入，它们通常只是一些字面值。

用if条件语句，经综合产生的逻辑，可用如下形式的always块加以说明：

```
always @*
   if      (condition_1) target = expression_1;
   else if (condition_2) target = expression_2;
      ⋮
```

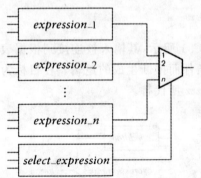

图C.2　由选择赋值语句推断出的硬件

         else   target = *expression_n*;

在上面的代码中,每个表达式和条件都意味着组合逻辑。表达式逻辑的输出被连接到由条件逻辑控制(驱动)的裁决(选择)逻辑,如图 C.3 所示。由于条件是被一个接一个地进行测试的,直到找到一个为真的条件为止,因此裁决(选择)逻辑必然存在着优先级别,即在条件赋值语句中出现较早的条件比出现较晚的条件有更高的优先级别。因此,根据 if 条件语句推断出的逻辑的传播延迟可能与推断出的裁决(选择)元件的传播延迟的总和一样长。

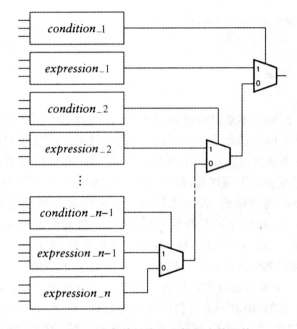

图 C.3 由条件赋值语句推断出的硬件

当然,综合工具可以对生成的逻辑电路进行优化处理,如果这些条件是互斥的,则综合器可以只生成一个多路选择器来实现赋值语句。

若组合逻辑块具有多个输出,则可以在 always 块中包括多条赋值语句。在这种情况下,必须把多条赋值语句放在由关键字 begin 和 end 构成的语句块中,使它们成为一个句组。这种形式的语句块如下:

always @(*event_list*) begin
    statement_1;
    statement_2;
     ⋮
    statement_n;
end

这种形式的好处在于允许提取复杂表达式中的共同部分,把它赋值给中间变量。例如,可以把下面的用连续赋值语句表示的组合逻辑,改写成用 always 块表示的组合逻辑。

```
assign s1 = (c*a) + (b<<4) + offset1;
assign s2 = (c*a) + (b<<4) + offset2;
```

可以声明一个变量来表示表达式中的共同的部分,然后用如下的语句表示这个组合逻辑:

```
reg [17:0] base;
 ⋮
always@(a,b,c,offset1,offset2) begin
    base = (c*a) + (b<<4);
    s1 = base + offset1;
    s2 = base + offset2;
end
```

在上述例子中,变量 base 不是组合逻辑块的输入。它只是一个中间变量值,因为每次该 always 块被激活时,变量 base 被赋予一个新的值,该值只用于后续语句中表达式的读取。因为这个缘故,变量 base 不必被包括在事件列表之中(尽管把它包括在事件列表中也不算是错误)。请注意,在这里必须使用阻塞赋值(即使用普通的等号"=",而不是使用带左箭头的等号"<=")对中间变量 base 进行赋值,因为我们需要在后续语句的表达式中读取刚赋的 base 值。若我们用非阻塞赋值(即使用带左箭头的等号"<=")对变量 base 赋值,则刚赋的数据值,不会被变量 base 接受,必须等到该 always 语句块结束后,变量 base 才接受新赋予的值。因此在该赋值语句后面的两个表达式中,只能使用变量 base 的旧值。

关于使用 always 块来表示组合逻辑还有一点必须引起注意,即在 always 块中被赋值的输出信号必须是变量类型的,绝对不允许使用线网类型的。因此,这些输出信号必须被声明为 reg 或者 integer 数据类型,而绝对不允许使用 wire 数据类型。假如我们在一个 always 块中,对某个给定变量,使用统一的赋值操作符,则可以选择使用阻塞或者非阻塞赋值符,对这个输出变量进行赋值。优先选择的是阻塞赋值操作符,因为阻塞赋值所实现的功能与给中间变量赋值是一致的。

在表示组合逻辑的 always 块中的语句必须是简单的赋值语句或者控制流(control-flow)语句(即 if 语句和 case 语句)。在控制流语句中的所有表达式和条件必须隐含组合逻辑的功能。若确实使用了控制流语句,则必须确保在 always 块中,所有可能数据路径上的每个变量都已被赋值;否则,在电路中将出现不能对某些输入值的组合产生新输出的现象,这意味着该电路保存了以前存储的数值。在这种情况下,这个 always 块没有表现出组合逻辑的行为,而表现出一个电平敏感锁存器的行为。

由综合工具推断出来的电路具有取决于门电路延迟的传播延迟。这个延迟取决于该电路的最终布局布线和选定的技术库。我们在 Verilog 代码中所指定的任何延迟,对综合后的电路不产生任何影响。因此，在可综合的 always 块的描述中，通常不应编写如下的语句：

　　♯10 s = a + b;

综合工具将忽略赋值语句中指定的延迟，有的综合器会发出一个警告。通常只是在测试模型（平台）中，描述激励发生器时才使用带指定延迟的赋值。

C.3 时序电路

　　正如在第 4 章中讨论过的一样，绝大多数时序系统都使用由时钟沿触发的时序。对 RTL 综合而言，我们根据很少几个标准样板，用 always 块描述了那些（由触发器和寄存器构成的）系统中的存储单元。某个 always 块究竟是表示触发器还是寄存器，分别取决于由该块指定的输出信号是一位的信号，还是由多位信号组成的向量。

　　形式最简单的触发器或者寄存器，在每个时钟周期都更新其输出。可以用如下的标准样板来表示这样的寄存器：

```
always @ (posedge clock)
    target <= input;
```

综合工具推断出上述语句块所表示的是一个在每个时钟的正跳变沿都用输入信号值对目标变量进行更新的寄存器。若想让综合工具推断出是一个负跳变沿触发的寄存器，则只需要把上述 always 块中的 posedge 改为 negedge 即可。

　　更常使用的是带控制信号的寄存器。若控制信号是同步信号，换言之，控制信号在时钟的正跳变沿时刻才起作用，则我们先用 if 语句，测试这些控制信号，而事件列表中只包括时钟信号。下面的 always 块表示了一个带同步复位信号和时钟使能信号的寄存器：

```
always @ (posedge clock)
    if(reset)              target <= 0;
    else if (clock_en)     target <= input;
```

另一方面，若控制信号是异步的，则我们把控制信号包括到事件列表中。对正逻辑控制信号而言，用 posedge 事件表达式，并测试该控制信号是否为 1。对负逻辑控制信号而言，我们用 negedge 事件表达式，并测试该控制信号是否为 0。下面的例子表示了一个带异步负逻辑复位和异步正逻辑预置位的触发器：

```
always @ (posedge clock, negedge reset, posedge preset)
    if(~reset)          target <= 0;
    else if (preset)    target <= 1;
    else                target <= input;
```

可以在一个寄存器中把同步和异步控制信号结合起来。可以在事件列表中包括时钟和异步控制输入的事件表达式,然后再测试同步的控制条件。这可以用下面的例子加以说明,该例子中的 always 块带异步复位和同步时钟使能信号:

```
always @ (posedge clock, posedge reset)
    if(reset)               target <= 0;
    else if (clock_en)      target <= input;
```

RTL 设计通常涉及连接到寄存器输入端的组合逻辑。虽然我们可以把连续赋值语句和 always 块分开,分别表示组合逻辑和寄存器的模型,但将两者结合起来描述 RTL 设计通常更清楚一些,也容易理解。根据上面描述的样板,用 always 块为寄存器建模,而组合逻辑则可用 always 块中赋值语句等号右侧的表达式建模。例如,下面的 always 块表示了一个组合逻辑的乘法器,该乘法器被连接到一个带有同步控制信号(clock_en)的输入寄存器。

```
always @ (posedge clock)
    if(reset)               target <= 0;
    else if(clock_en)
                            target <= a * b;
```

在表示寄存器的 always 块内部使用 if 和 case 条件语句,可以把这个原理扩展应用到表示多路选择器和其他更复杂的组合逻辑电路上。例如,下面的代码表示了一个输出来自于多路选择器的寄存器:

```
always @ (posedge clock)
    if(reset)               target <= 0;
    else if (clock_en)
        case(select_expr)
            choice_1: target <= expression_1;
            choice_2: target <= expression_2;
            ⋮
            default: target <= …;
        endcase
```

带组合逻辑寄存器的两个特别案例是计数器和移位寄存器,它们两个内部都包括由其输出作为其输入的组合逻辑函数。计数器只是简单地递增或者递减其输出,例如:

```
always @ (posedge clock)
    if(reset)                target <= 0;
    else if (count_en)       target <= target + 1;
```

而移位寄存器的输入信号,则来自于输入信号和其输出移位后的信号拼接:

```verilog
always @ (posedge clock)
    if(reset)            target <= 0;
    else if (shift_en)   target <= {data_in, target[3:1]};
```

若某个 RTL 设计中包括了几个寄存器,它们都由同一个时钟一起触发,而且控制信号也都相同,则可以把它们编写在同一个 always 块中,例如:

```verilog
always @ (posedge clock)
    if(reset) begin
        target_1 <= 0;
        target_2 <= 0;
    end
    else if (clock_en) begin
        target_1 <= expression_1;
        target_2 <= expression_2;
    end
```

综合工具可以推断出所需要的寄存器个数,以及每个寄存器的输入信号取自于综合器生成的相应组合逻辑块的输出。该组合逻辑块是比单独组合逻辑模块更为简洁的模型。

有限状态机

在第 4 章中曾经介绍过有限状态机(FSM),并且描述过如何把 FSM 用于时序数字系统的控制部分。我们用参数(parameter)定义为该 FSM 指定每个状态,例如:

```verilog
parameter [1:0] state1 = 2'b00, state2 = 2'b01,
                state3 = 2'b10, state4 = 2'b11;
reg [1:0] current_state, next_state;
```

每个参数表示 FSM 的一个状态。综合工具可以利用参数值或者选择别的二进制编码来表示状态值,以便对综合器生成的硬件进行优化。

FSM 通常用存储当前状态的寄存器和表示下一个状态和输出函数的组合逻辑实现。可以用前面介绍过的样板,编写三个独立的 always 块来表示这些元素,具体代码如下:

```verilog
always @(posedge clock)
    if(reset) current_state <= initial_state;
    else current_state <= next_state;
always @*            //下一个状态的逻辑
    case (current_state)
      state1: if (condition_1)        next_state = state_value;
              else if (condition_2) next_state = state_value;
```

```verilog
                  ⋮
            else                         next_state = state_value;
    state2: ⋯
    endcase
always @*        //输出逻辑
    case (current_state)
        state1: begin
                    moor_output_1 = value; moor_output_2 = value; ⋯
                if (condition_1) begin
                    mealy_output_1 = value; mealy_output_2 = value; ⋯
                end
                else if (condition_2) begin
                    mealy_output_1 = value; mealy_output_2 = value; ⋯
                       ⋮
                end
                else begin
                    mealy_output_1 = value; mealy_output_2 = value; ⋯
                end
            end
        state2: begin
                   ⋮
            end
    endcase
```

通常，表示组合逻辑的两个块可以合并成为一个 always 块，特别是当控制米利型输出的条件与控制状态转移的条件一致时。合并后表示组合逻辑的 always 块如下面的代码所示：

```verilog
always @*        //有限状态机的逻辑
    case (current_state)
        state1: if (condition_1)    begin
                    next_state = state_value;
                    mealy_output_1 = value; mealy_output_2 = value; ⋯
                end
                else if (condition_2)    begin
                    next_state = state_value;
                    mealy_output_1 = value; mealy_output_2 = value; ⋯
                       ⋮
                end
                else begin
                    next_state = state_value;
```

```
                    mealy_output_1 = value; mealy_output_2 = value;…
                end
                moor_output_1 = value; moor_output_2 = value;…
                end
        state2: begin
                    ⋮
                end
    endcase
```

在某些设计中，FSM 的输出是摩尔型的只在一个或两个状态中有效。在这种场合，输出函数可以用简单的连续赋值语句表示，而不必使用 always 块，例如：

```
assign moor_output_1 = current_state == state1;
assign moor_output_2 = current_state
                       == state3 || current_state == state4;
```

C.4 存储器

综合器能很方便地把 RTL 级的 Verilog 代码转换成组合逻辑和时序电路，但却不能很好地支持存储器的综合。大多数 ASIC 的设计中都会用到存储器元件，因为在 ASIC 设计中存储器电路必须根据用户的要求而定制，所以这些存储器元件通常是由存储器元件发生器生成的，或者是从 IP 厂商提供的库中挑选出来的存储器元件。另外，在大多数规模较大的 FPGA 内部，已经构建了一些现成的存储器块，综合工具能够把相应的 Verilog 代码转换成指定 FPGA 内部的现成存储器块。在开始设计之前，必须查阅准备使用的 FPGA 工具的文档，以便了解如何才能编写利用现成存储器模块的正确代码。本节将简明扼要地描述与大多数 FPGA 综合工具兼容的可转换成存储器的代码样本。

可以用数组类型的变量来表示存储器中的数据。必须声明该变量，指定地址值的范围和保存在每个地址的数据类型，例如：

```
reg[15:0] data_ram[0:2**18-1];
```

上述语句描述了一个具有 2^{18} 个存储单元的存储器，每个单元可以存储 16 位数据。这个存储器接着被用 always 块描述为可实现读取和写入操作。例如，为了描述一个直通型 SS-RAM，可以用如下形式的 always 块：

```
always @(posedge clock)
    if(enable)
        if(write) begin
```

```
            data_ram[address] <= data_in; data_out <= data_in;
        end
    else
        data_out <= data_ram[address];
```

描述只读存储器(ROM)则简单得多,因为只需要描述读取操作即可。对于 ROM(原文错,原文此处为 RAM)而言,可以用数组变量来保存数据值,例如:

```
reg [11:0] data_rom[0:128];
```

对 ROM 的读取操作非常简单,只用如下的一条连续赋值语句即可实现:

```
assign data_out = data_rom[address];
```

上述语句表示了一个由组合逻辑实现的 ROM,在这种 ROM 中,只读存储器的输出是地址的函数。而倘若该 ROM 用 FPGA 中的同步存储器块来实现,则可用以下形式的 always 块来描述该 ROM:

```
always @(posedge clock)
    if(enable) data_out <= data_ram[address];
```

剩下的所有语句全都是为该 ROM 指定数据值的语句。可以用一个 initial 块语句来实现这个目的,见下面的代码所示:

```
initial begin
    data_rom[0] = 12'h000; data_rom[1] = 12'h021;
    data_rom[2] = 12'h1B3; data_rom[3] = 12'h7C0;
    ⋮
end
```

然而这样为 ROM 赋值,对于规模很大的 ROM 而言是非常麻烦的,可以在 initial 块中,分别用系统任务 $readmemh 或者 $readmemb 从文件中读取十六进制或者二进制数据,具体代码见下面所示:

```
initial $readmemb("file_name", data_rom);
```

以"file_name"命名的文件中必须已存有一系列数据,这些数据以十六进制或者二进制数据的格式(根据不同的系统任务)记录在文件中,每个数据之间用空格或换行符分隔开。数据值被从文件中读入指定变量的连续单元中,一直读到文件结束,或者读到所有的变量元素都被加载为止。

附录 D

Gumnut 微控制器核

本附录是一份有关 Gumnut 微控制器核的完整参考资料，在第 7 章中曾介绍过 Gumnut 微控制器核。在本附录中将提供 Gumnut 微控制器核指令集的细节和连接存储器和输入/输出控制器的总线接口。有关 Gumnut 汇编器和汇编语言的文档可在相关的网页上找到。

D.1 Gumnut 指令集

Gumnut 微控制器核内有一个最多可保存 4 096 个 18 位指令的指令存储器（用 12 位地址）和 256 个字节的数据存储器（用 8 位地址）。当 Gumnut 微控制器内的 CPU 被复位时，CPU 的程序计数器 PC 被清为 0，并且开始执行指令。在该 CPU 内部有 8 个通用寄存器，被依次命名为 r0~r7，这些寄存器可以用来保存由指令操作的数据。寄存器 r0 是专用的，因为 r0 被用硬线连接将其内容设置为 0 值。该 CPU 有两个一位的条件码寄存器，分别被称作 Z（零）和 C（进位）。这两个位被设置为 1 还是被清为 0，取决于某些指令的操作结果，而且在程序中可以对这两个位进行测试，以此来决定程序的不同走向。

完整的 Gumnut 指令集见表 D.1 所列。对算术和逻辑指令而言，*op2* 是第 2 个寄存器（*rs2*）也可以是一个立即数值（*immed*）。每条指令的细节，包括其指令字的编码，也在本节中讲解。

表 D.1 Gumnut 指令集

指令	描述
算术和逻辑指令	
add *rd*,*rs*,*op2*	*rs* 和 *op2* 相加，把运算结果放到 *rd* 中

续表 D.1

指 令	描 述
addc $rd,rs,op2$	rs 和 $op2$ 相加带进位，把运算结果放到 rd 中
sub $rd,rs,op2$	从 rs 减去 $op2$，把运算结果放入 rd
subc $rd,rs,op2$	从 rs 减去 $op2$ 带借位，把运算结果放入 rd
and $rd,rs,op2$	rs 和 $op2$ 进行逻辑与运算，把运算结果放入 rd
or $rd,rs,op2$	rs 和 $op2$ 进行逻辑或运算，把运算结果放入 rd
xor $rd,rs,op2$	rs 和 $op2$ 进行逻辑异或运算，把运算结果放入 rd
mask $rd,rs,op2$	rs 和 $op2$ 的非进行逻辑与运算，把运算结果放入 rd
移位指令	
shl $rd,rs,count$	把 rs 的值左移 $count$ 位，把移位结果放入 rd
shr $rd,rs,count$	把 rs 的值右移 $count$ 位，把移位结果放入 rd
rol $rd,rs,count$	rs 的值循环左移 $count$ 位，把移位结果放入 rd
ror $rd,rs,count$	rs 的值循环右移 $count$ 位，把移位结果放入 rd
存储器和输入/输出指令	
lmd $rd,(rs)\pm offset$	从存储器加载到 rd
stm $rd,(rs)\pm offset$	从 rd 存入存储器
inp $rd,(rs)\pm offset$	从输入控制寄存器输入到 rd
out $rd,(rs)\pm offset$	从 rd 输出到输出控制寄存器
分支指令	
bz $\pm disp$	若 Z 为 1，则进入分支
bnz $\pm disp$	若 Z 为 0，则进入分支
bc $\pm disp$	若 C 为 1，则进入分支
bnc $\pm disp$	若 C 为 0，则进入分支
跳转指令	
jmp $addr$	跳转到 $addr$
jsb $addr$	跳转到地址为 $addr$ 的子程序
杂项指令	
ret	从子程序返回
reti	从中断返回
enai	启动中断
disi	禁止中断
wait	等待中断
stby	进入低功耗的待命模式

D.1.1 算术和逻辑指令

▶ add *rd*, *rs*, *rs2*

17	16	15	14	13	12	11	10	9	8	7	6	5	4	3	2	1	0
1	1	1	0	*rd*			*rs*			*rs2*					0	0	0

把保存在寄存器 *rs* 和 *rs2* 的值相加,然后把运算结果放入寄存器 *rd*。把 C 设置为加法的进位输出。若运算结果为 0,则把 Z 设置为 1,否则把 Z 设置为 0。

▶ add *rd*, *rs*, *immed*

17	16	15	14	13	12	11	10	9	8	7	6	5	4	3	2	1	0
0	0	0	0	*rd*			*rs*			*immed*							

把寄存器 *rs* 的值与立即操作数 *immed* 相加,把运算结果放入寄存器 *rd*。将 C 设置成为加法的进位输出。若运算结果为 0,则把 Z 设置为 1,否则设置为 0。

▶ addc *rd*, *rs*, *rs2*

17	16	15	14	13	12	11	10	9	8	7	6	5	4	3	2	1	0
1	1	1	0	*rd*			*rs*			*rs2*					0	0	1

把寄存器 *rs* 和 *rs2* 和 C 的值相加,把运算结果放入寄存器 *rd*。将 C 设置成为加法的进位输出。若运算结果为 0,则把 Z 设置为 1,否则设置为 0。

▶ addc *rd*, *rs*, *immed*

17	16	15	14	13	12	11	10	9	8	7	6	5	4	3	2	1	0
0	0	0	1	*rd*			*rs*			*immed*							

把寄存器 *rs* 的值与立即操作数 *immed* 和 C 相加,把运算结果放入寄存器 *rd*。将 C 设置成为加法的进位输出。若运算结果为 0,则把 Z 设置为 1,否则设置为 0。

▶ sub *rd*, *rs*, *rs2*

17	16	15	14	13	12	11	10	9	8	7	6	5	4	3	2	1	0
1	1	1	0	*rd*			*rs*			*rs2*					0	1	0

从寄存器 *rs* 的值中减去寄存器 *rs2* 中的值,把运算结果放入寄存器 *rd*。将 C 设置成为减法的借位输出。若运算结果为 0,则把 Z 设置为 1,否则设置为 0。

▶ sub *rd*, *rs*, *immed*

17	16	15	14	13	12	11	10	9	8	7	6	5	4	3	2	1	0
0	0	1	0	*rd*			*rs*			*immed*							

从寄存器 *rs* 的值中减去立即操作数 *immed*,把运算结果放入寄存器 *rd*。将 C 设置成为减法的借位输出。若运算结果为 0,则把 Z 设置为 1,否则设置为 0。

▶ subc *rd*, *rs*, *rs2*

17	16	15	14	13	12	11	10	9	8	7	6	5	4	3	2	1	0
1	1	1	0	*rd*			*rs*			*rs2*					0	1	1

从寄存器 *rs* 的值中减去寄存器 *rs2* 和 C 的值,把运算结果放入寄存器 *rd*。将 C 设置成为减法的借位输出。若运算结果为 0,则把 Z 设置为 1,否则设置为 0。

▶ subc *rd*, *rs*, *immed*

17	16	15	14	13	12	11	10	9	8	7	6	5	4	3	2	1	0
0	0	1	1	*rd*			*rs*			*immed*							

从寄存器 *rs* 的值中减去立即操作数 *immed*,把运算结果放入寄存器 *rd*。将 C 设置成为减法的借位输出。若运算结果为 0,则把 Z 设置为 1,否则设置为 0。

▶ and *rd*, *rs*, *rs2*

17	16	15	14	13	12	11	10	9	8	7	6	5	4	3	2	1	0
1	1	1	0	*rd*			*rs*			*rs2*					1	0	0

对寄存器 rs 和寄存器 rs2 中的值进行逻辑与操作,把运算结果放入寄存器 rd。将 C 设置为 0。若运算结果为 0,则把 Z 设置为 1,否则设置为 0。

- and rd,rs,immed

17	16	15	14	13	12	11	10	9	8	7	6	5	4	3	2	1	0
0	1	0	0	rd			rs			immed							

对寄存器 rs 的值和立即操作数 immed 进行逻辑与操作,把运算结果放入寄存器 rd。将 C 设置为 0。若运算结果为 0,则把 Z 设置为 1,否则设置为 0。

- or rd,rs,rs2

17	16	15	14	13	12	11	10	9	8	7	6	5	4	3	2	1	0
1	1	1	0	rd			rs			rs2					1	0	1

对寄存器 rs 和寄存器 rs2 的值进行逻辑或操作,把运算结果放入寄存器 rd。将 C 设置为 0。若运算结果为 0,则把 Z 设置为 1,否则设置为 0。

- or rd,rs,immed

17	16	15	14	13	12	11	10	9	8	7	6	5	4	3	2	1	0
0	1	0	1	rd			rs			immed							

对寄存器 rs 的值和立即操作数 immed 进行逻辑或操作,把运算结果放入寄存器 rd。将 C 设置为 0。若运算结果为 0,则把 Z 设置为 1,否则设置为 0。

- xor rd,rs,rs2

17	16	15	14	13	12	11	10	9	8	7	6	5	4	3	2	1	0
1	1	1	0	rd			rs			rs2					1	1	0

对寄存器 rs 和寄存器 rs2 的值进行逻辑异或操作,把运算结果放入寄存器 rd。将 C 设置为 0。若运算结果为 0,则把 Z 设置为 1,否则设置为 0。

- xor rd,rs,immed

17	16	15	14	13	12	11	10	9	8	7	6	5	4	3	2	1	0
0	1	1	0	rd			rs			immed							

对寄存器 rs 的值和立即操作数 immed 进行逻辑异或操作,把运算结果放入寄存器 rd。将 C 设置为 0。若运算结果为 0,则把 Z 设置为 1,否则设置为 0。

- mask rd,rs,rs2

17	16	15	14	13	12	11	10	9	8	7	6	5	4	3	2	1	0
1	1	1	0	rd			rs			rs2					1	1	1

对寄存器 rs 的值和 rs2 值的逻辑非进行逻辑与操作,把运算结果放入寄存器 rd。将 C 设置为 0。若运算结果为 0,则把 Z 设置为 1,否则设置为 0。

- mask rd,rs,immed

17	16	15	14	13	12	11	10	9	8	7	6	5	4	3	2	1	0
0	1	1	1	rd			rs			immed							

对寄存器 rs 的值和立即操作数 immed 的逻辑非进行逻辑与操作,把运算结果放入寄存器 rd。将 C 设置为 0。若运算结果为 0,则把 Z 设置为 1,否则设置为 0。

D.1.2 移位指令

- shl rd,rs,count

17	16	15	14	13	12	11	10	9	8	7	6	5	4	3	2	1	0
1	1	0		rd			rs			count						0	0

把寄存器 rs 的值逻辑左移 count 位,把运算结果放入寄存器 rd。将 C 设置成最后移出

该字节最左端位的值。若运算结果为 0,则把 Z 设置为 1,否则设置为 0。

- shr $rd,rs,count$

17	16	15	14	13	12	11	10	9	8	7	6	5	4	3	2	1	0
1	1	0			rd			rs			count					0	1

把寄存器 rs 的值逻辑右移 $count$ 位,把运算结果放入寄存器 rd。将 C 设置成最后移出该字节最右端位的值。若运算结果为 0,则把 Z 设置为 1,否则设置为 0。

- rol $rd,rs,count$

17	16	15	14	13	12	11	10	9	8	7	6	5	4	3	2	1	0
1	1	0			rd			rs			count					1	0

把寄存器 rs 的值循环逻辑左移 $count$ 位,把运算结果放入寄存器 rd。将 C 设置成循环移出该字节最左端位的值。若运算结果为 0,则把 Z 设置为 1,否则设置为 0。

- ror $rd,rs,count$

17	16	15	14	13	12	11	10	9	8	7	6	5	4	3	2	1	0
1	1	0			rd			rs			count					1	1

把寄存器 rs 的值循环逻辑右移 $count$ 位,把运算结果放入寄存器 rd。将 C 设置成循环移出该字节最右端位的值。若运算结果为 0,则把 Z 设置为 1,否则设置为 0。

D.1.3 存储器和输入/输出指令

- ldm $rd,(rs) \pm offset$

17	16	15	14	13	12	11	10	9	8	7	6	5	4	3	2	1	0
1	0	0	0		rd			rs				offset					

从地址为寄存器 rs 的值与偏移量 $offset$ 之和的存储器单元中把数据加载到寄存器 rd。C 和 Z 不受影响。

- stm $rd,(rs) \pm offset$

17	16	15	14	13	12	11	10	9	8	7	6	5	4	3	2	1	0
1	0	0	1		rd			rs				offset					

把寄存器 rd 中的数据存入地址为寄存器 rs 的值与偏移量 $offset$ 之和的存储器单元中。C 和 Z 不受影响。

- inp $rd,(rs) \pm offset$

17	16	15	14	13	12	11	10	9	8	7	6	5	4	3	2	1	0
1	0	1	0		rd			rs				offset					

从地址为寄存器 rs 的值与偏移量 $offset$ 之和的输入/输出控制寄存器中把数据输入到寄存器 rd 中。C 和 Z 不受影响。

- out $rd,(rs) \pm offset$

17	16	15	14	13	12	11	10	9	8	7	6	5	4	3	2	1	0
1	0	1	1		rd			rs				offset					

把寄存器 rd 中的数据输出到地址为寄存器 rs 的值与偏移量 $offset$ 之和的输入/输出控制寄存器中。C 和 Z 不受影响。

D.1.4 分支指令

- bz $\pm disp$

17	16	15	14	13	12	11	10	9	8	7	6	5	4	3	2	1	0
1	1	1	1	0	0	0						disp					

若 Z 为 1,则程序就转向程序计数器 PC 加 $disp$ 值的位置执行；否则程序计数器 PC 的值不变。C 和 Z 不受影响。

▶ bnz $\pm disp$

17	16	15	14	13	12	11	10	9	8	7	6	5	4	3	2	1	0
1	1	1	1	0	0	1				\multicolumn{8}{c|}{$disp$}							

若 Z 为 0,则程序就转向程序计数器 PC 加 $disp$ 值的位置执行；否则程序计数器 PC 的值不变。C 和 Z 不受影响。

▶ bc $\pm disp$

17	16	15	14	13	12	11	10	9	8	7	6	5	4	3	2	1	0
1	1	1	1	0	1	0						$disp$					

若 C 为 1,则程序就转向程序计数器 PC 加 $disp$ 值的位置执行；否则程序计数器 PC 的值不变。C 和 Z 不受影响。

▶ bnc $\pm disp$

17	16	15	14	13	12	11	10	9	8	7	6	5	4	3	2	1	0
1	1	1	1	0	1	1						$disp$					

若 C 为 0,则程序就转向程序计数器 PC 加 $disp$ 值的位置执行；否则程序计数器 PC 的值不变。C 和 Z 不受影响。

D.1.5 跳转指令

▶ jmp $addr$

17	16	15	14	13	12	11	10	9	8	7	6	5	4	3	2	1	0
1	1	1	0	0							$addr$						

跳转指令把程序计数器 PC 设置为 $addr$ 值,程序转到 $addr$ 值位置执行。C 和 Z 不受影响。

▶ jsb $addr$

17	16	15	14	13	12	11	10	9	8	7	6	5	4	3	2	1	0
1	1	1	0	1							$addr$						

通过先把程序计数器 PC 推入返回地址堆栈,然后把计数器 PC 设置为 $addr$ 值,程序随即跳转到子程序执行。返回地址堆栈共有 8 层深,可以保存 8 个返回地址。若在执行该指令前,堆栈已被填满,则最早压入的返回地址将被丢弃。C 和 Z 不受影响。

D.1.6 杂项指令

▶ ret

17	16	15	14	13	12	11	10	9	8	7	6	5	4	3	2	1	0
1	1	1	1	1	1	0	0	0									

通过把程序计数器 PC 设置为返回地址堆栈中最后压入的(顶层)返回地址,从子程序返回,然后返回地址堆栈向上移(弹)一层。若在执行该指令前,堆栈已经为空,则被拷贝到程序计数器 PC 的值是未定义的。

▶ reti

17	16	15	14	13	12	11	10	9	8	7	6	5	4	3	2	1	0
1	1	1	1	1	1	0	0	1									

通过把程序计数器 PC、C 和 Z 设置为响应中断时所保存的值,从中断处理程序返回,并重新使能中断。若不是在中断处理程序中执行该指令,则被写入程序计数器 PC、C 和 Z 的值是未定义的。

➢ enai

17	16	15	14	13	12	11	10	9	8	7	6	5	4	3	2	1	0
1	1	1	1	1	1	0	0	1	0								

中断响应使能。

➢ disi

17	16	15	14	13	12	11	10	9	8	7	6	5	4	3	2	1	0
1	1	1	1	1	1	0	0	1	1								

中断响应禁止。

➢ wait

17	16	15	14	13	12	11	10	9	8	7	6	5	4	3	2	1	0
1	1	1	1	1	1	0	1	0	0								

暂停(挂起)执行并等待,直到中断的发生。

➢ stby

17	16	15	14	13	12	11	10	9	8	7	6	5	4	3	2	1	0
1	1	1	1	1	1	0	1	0	1								

进入低功耗待命模式,直到中断的发生。

D.2 Gumnut 总线接口

Gumnut 微控制器核使用 Wishbone 总线连接到指令存储器、数据存储器和输入/输出控制器端口,如图 D.1 所示。正如 Wishbone 总线规范所描述的那样,每条总线都使用经典的单读和单写的总线周期,我们可以在与本书相关的网址上找到 Wishbone 总线的规范作参考。在该网页上还可以找到用 Verilog 语言编写的 Gumnut 微控制器核的 RTL 可综合模型和行为模型,其中还包括了指令存储器和数据存储器模型。这些模型可以被用来在 FPGA 或者 ASIC 上实现嵌入式系统。该网址还包括了一个简单的被称作 gasm 的汇编器,还有一些用汇编语言编写的简单程序和文档。

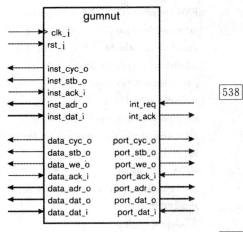

图 D.1 Gumnut 微控制器核上的 Wishbone 总线连接

索 引

2s complement(2 的补码),119
7-segment decoders,(七段译码器)66-68,235-237,254-255,322-326

A

absorption laws(吸收律),49
abstraction(抽象),2
accelerators(加速器)
  address generation(地址的生成),395-397
  Amdahl's Law(阿姆达尔定律),381
  archirtecture(体系结构),382
  blocks(块),384
  concepts(概念),282-283,379-385
  control and status registers(控制和状态寄存器),398
  control sequencing(控制测序),397-406
  convolution/convolution mask(卷积/卷积模板),386
  data dependency graph(数据依赖图),388
  datapath(数据路径),390-395
  dependencies(相互依赖性),380
  DMA(直接存储器访问),383-384
  FSM and control(有限状态机和控制),400-406
  instrucion-level parallelism(指令级并行),380
  kernel of algorithm(算法核心(或核心算法)),381
  parallelism(并行),379,388
  pipelining(流水线),382,395
  simulations(仿真),415-417
  slave bus model(从总线模型),398-400
  Sobel edge detection pseudocode(Sobel 边缘检测的伪码),387-390
  speedup calculation example(加速计算举例),381-382
  state transition diagram for control section(控制部分的状态转移图),401
  streams(流),384
  synthesize and implement soble design(综合和实施 Soble 设计),445-448
  verifying(验证),407-417
  video edge detection case study(视频沿检测的案例研究),386-407
accelerometers(加速度计),319

access time, memory(存储器的存取时间),221-222
accumulator(累加器),159
acknowledge interrupt request(中断请求的应答),364
Actel Corporation(Actel 公司),71,266,268,284
active-high logic(高电平有效逻辑),4,71
active-low logic(低电平有效逻辑),4,71-73
  naming convention (_N)(命名约定(_N)),73,160
  negation"bubbles"on components(元件中表示求反的"小圈"),72
  night-light circuit(夜明灯电路),71-72
actuators and valves(执行器和阀门),316,326-327
ad hoc system models(专用系统模型),427
adders(加法器)
  carry-lookahead(超前进位),100
  carry-lookahead generator(超前进位发生器),100
  combinational multiplier for partial products(计算部分积的组合乘法器),113-114
  defined(已定义),96
  fast-carry-chain(快速进位链),99
  full adder circuits(全加器电路),96-97
  generated signals(已产生的信号),98
  half adder circuits(半加法器电路),96
  killed signals(被取消的信号),98
  Manchester adder(曼彻斯特加法器),99
  models(模型),101-103,105-106
  modifying for subtraction(修改为减法),104
  propagated signals(被传播的信号),98
  ripple-carry adder(逐位进位的加法器),97
  testbench models(测试模型),106-108
addition(加法,相加)
  accumulator model(累加器模型),159
  of binary numbers(二进制数的),96
  of fixed point numbers(定点数的),136-137
  models(模型),101-103
  operators(操作符),101-126
  overflow(溢出),96,126
  of signed integers(有符号整数的),125-127
  truth tables for sum and carry bits(求和和进位位的真值

表),96
   of unsigned integers(无符号整数的),95-103
address generation and accelerators(地址生成和加速器),395-397
address,memory(地址,存储器),219
address spaces(地址空间),291
air conditioner circuits(空调电路),53-54
alarm clock circuits(闹钟电路),170
algebra,Boolean,See Boolean algebra(代数,布尔(见布尔代数)),
algorithms(算法),380-381
All shore Industries,Inc.(全岸工业公司),336
Altera(Altera 公司),268,284
always block(always 块),68,77
AMBA bus(AMBA 总线),350
Amdahl,Gene(吉恩·阿姆达尔(人名)),381
Amdahl's Law(阿姆达尔定律),381
analog,defined(模拟,已定义的),501
analog inputs(模拟输入),318-319
analog-to-digital converters (ADCs),(模/数转换器(ADC)),315,319-321
   comparators(比较器),319
   flash(闪存),319
   resolution of((A/D 转换器)的分辨率),320
   sample and hold input(采样与保持输入),321
   successive approximation(逐次逼近),320-321,334-335,340-342
analysis of models(模型的分析),25
AND Boolean functions(执行逻辑与的布尔函数),40,42
AND gates(与门),5-6,40,42-43
AND-OR-invert gates(与或非逻辑门),43
antifuses(反熔丝),268
application-specific standard products(ASSP)(应用专用的标准产品(ASSP)),256-257
arbiter and DMA(仲裁器和 DMA),383-384
architecture(体系结构)
   Harvard(哈佛),282
   von Neumann(冯·诺伊曼),282
architecture exploration(体系架构探索),425-427

area and packaging(面积和封装),19-20
area optimization(面积优化),442-443
arithmetic and logical instructions(算术和逻辑指令),288,289-291
   evaluating expressions(评价表达式),290
   immediate value(即时值),289
arithmetic shift right(算术右移位),130
array variable(数组变量),266
ASICs (application-specific integrated circuite)(专用集成电路(ASIC)),
   29-30,255-257
   CPU in((嵌入 FPGA)中的 CPU),284
   physical design(物理设计),438-440
   structured(结构),268-269
assemblers(汇编器),287,296-298
   busy loop(忙循环),298
   directives(编译预指令),297
   label for directives(编译预指令的标签),297
   location counter(位置计数器),297
   suspending operations(暂停操作),298
assembly code(汇编代码),287
assignment statements(赋值语句)
   for combinational functions(用于组合功能),518-524
   continuous(连续的),518
   for feedback loops(用于反馈回路),165-166
   using(使用), 24
assignment symbol(赋值符),51
associative laws(结合律),48
ASSP (application specific standard products)(应用专用标准的产品(ASSP)),256-257
asynchronous circuits(异步电路),210
asynchronous control input,flip-flops(异步控制输入,触发器),157
asynchronous inputs(异步输入)
   bounce(抖动),194
   concepts(概念),192-194
   metastability(亚稳态),192
   MTBF(平均故障间隔时间),193
   switch inputs and debouncing(开关的输入和抗抖动),194-196

synchronizer(同步器),193
asynchronous reset,flip-flops(异步复位,触发器),157
asynchronous SRAM(异步 SRAM),220-222
    symbol for(用于表示…的符号),220
    timing for write/read(写/读时间),221
asynchronous static RAM(异步静态 RAM),220-222
asynchronous timing methodologies(异步时序方法学)
    concepts(概念),200-201
    globally asynchronous,locally synchronous(全局异步-本地同步),220
audio echo effects unit(新频回响效果单元),213-214
audio echo effects unit example(音频回响效果单元举例),213-214
autonomous I/O controllers(自主 I/O 控制器),335-337
average,model for computing(均衡,计算模型),154-155

B

ball-grid array(BGA)packages(球栅阵列(BGA 封装)封装),271-272
base for bipolar transistors(双极晶体管的基极),507
battery,symbol for(电池,符号),502
BCD(binary coded decimal)(二进制编码的十进制),66
    See also binary coding(二进制编码的十进制)
BCD code and 7-segment decoder(BCD 码和七段译码器),66-68,235-237,354-355,322-326
behavioral model(行为模型),24-25,428
bidirectional connections(双向连接),217
binary code(二进制代码)
    compare to gray code(比较格雷码),117
    defined(已定义的),55
binary coding(二进制编码)
    bit errors(位错误),58-61
    bits(位),55
    ceiling(上限),55
    code length selection(码长的选择),55-56
    code words(码字),55
    concepts(概念),54-56
    encode,defined(编码,已定义的),55
    for fixed-point numbers(定点数的),131-135
    for floating-point numbers(浮点数的),138-142
    ink-jet printer examples(喷墨打印机举例),56,59

one-hot code(独热码),56
    for signed intergers(有符号整数的),119-122
    traffic light examples(交通灯的例子),55,56,59
    for unsigned integers(无符号整数的),87-92
    for unsigned numbers. See also integers(无符号数的(也见整数))
    vectors for((二进制编码)的向量表示),56-58
binary,defined(二进制,已定义的),4
binary numbers(二进制数字)
    addition(相加,加法),96
    representing unsigned(无符号的表示),88-89
    subtraction(相减,减法),103
    unsigned,defined(无符号的,已定义的),88
binary point(二进制小数点),132
binary representation and circuit elements(二进制的表示和电路元件),4-9
bipolar transistors(双极晶体管),507-508
bit errors(位错误),58-61
    parity(奇偶校验),60
    parity bit(奇偶位),60,240
    traffic light example(交通灯举例),59
bit file specifying configuration(位文件指定的配置),440
bit flip(位翻转),58
bits(位)
    binary signal(二进制信号),55
    defined(已定义的),5
    sequential circuit for comparing(时序电路比较),8
blocking assignment(阻塞赋值),153
blocks(块)
    always block(always 块),68,77
    blocking assignment(阻塞赋值),153
    initial block(初始块),76
    nonblocking assignment(非阻塞赋值),153
    procedural blocks(过程块),26,68
board support package(BSP)(板级支持包(BSP)),434
Boole,George((人名)布尔,乔治),9
Boolean algebra(布尔代数),39,48-51
    axioms/laws(公理/定律),48
    duality principle(对偶性原则),49
    examples(例子),50

Boolean equations(布尔方程),40-41
    assignment statements(赋值语句),51
    digital circuit implementation(数字电路的实现),41,52-54
    dual of(对偶的),49
    expressed in Verilog(在 Verilog 中的表示),51-54
    transforming(转换), 50-51
Boolean expressions(布尔表达式),40
Boolean functions(布尔函数),39-48
    Boolean values(布尔值),39
    buffers(缓冲器),45
    don't care notation(无关项标记),46-48
    equivalent(等价于),42,44-45
    identity functions(识别功能),45
    implementing using multiplexers(用多路选择器实现的(布尔函数)),70-71
    logical operators(逻辑操作符),40,42-43
    minterm(最小项),41
    optimization(优化),42,51
    partial function(部分功能),47-48
    precedence of operations(操作的优先权),40,52
    p-terms(p项,乘积项),42,258,260,262
    sum-of-products(乘积的和,积之和),42,50
    symbols for operations(操作的图形符号),40,43
    truth tables for(真值表),40-48
borrowed bits and subtraction(借位和减法),103-108
bounce,switch(开关的抖动),194
boundary scan. See scan design and boundary scan(边界扫描(请见扫描设计和边界扫描))
Boundary scan Description Language(BSDL)(边界扫描描述语言(BSDL)),458
branch current/voltage and Kirchhoff's Laws(分支电流/电压和基尔霍夫定律),508-509
branch instructions(分支指令),288,293
branches,circuit(分支电路),508
"bubbles"on components, for negation(元件图符上表示求反的小圆圈),72-73
buffer components(缓冲器元件),45
buffer trees(缓冲树),45
buffers, circular(环行缓冲器),231
bulit-in self test(BIST)(内建自测试(BIST)),458-461

    complete feedback shift register(完整的反馈移位寄存器),459
    linear-feedback shift register(线性反馈移位寄存器),459
    multiple input signature register(多输入签字寄存器),460-461
    pseudorandom test pattern generator(伪随机测试图形发生器),459
    seed(种子),459
    signature analysis(签字分析),460
    signature and signature register(签字和签字寄存器),460
burglar alarm encoders(防盗报警器编码),64-66
burst transfers(突发传输),309
bus functional model(总线功能模型),408
buses(总线)
    cache memory(高速(cache)存储器),308
    connection structure of parallel(并行的连接结构),338,339,342,348
    defined(已定义的),338
    embedded systems(嵌入式系统),283
    floats(浮动),343
    Gumnut bus interface(处理器(Gumnut)的总线接口),538-539
    handshaking(握手信号),351
    modeling open-drain(漏极开路电路的建模),348-349
    modeling tristate drivers(三态驱动器的建模),345-348
    multiplexed(由多路选择器选择的),338-342
    open-drain(漏极开路),348-349
    parallel,overview(并行,概述),338
    protocols(协议),349-352
    serial transmission(串行传输),353-359
    tristate(三态),342-348
    weak keeper(弱保持器),343
    wired AND bus(线与总线),348
    Wishbone bus(Wishbone 总线), 339-340,350
busy loop and assemblers(忙循环及汇编器),298
buzer circuit example(蜂鸣器电路举例),6
bypass capacitors(旁路电容器),274

byte enable signals(字节使能信号), 306
byte write enable control signals(字节写使能控制信号), 306
bytes(字节), 92, 286

C

cache memory(高速(Cache)存储器), 307–309
  burst transfers(突发传输), 309
  cache(高速存储器), 308
  double data rate operation(双数据率操作), 309
  hit/miss(击中/没击中), 308
  lines of memory(存储器行), 308
  memory bandwidth(存储器带宽), 309
  pipelining(流水线), 309
  principle of locality(局部性原则), 308
  wide memory(宽存储器), 309
CAD(computer aided design)(计算机辅助设计(CAD)), 21, 24–26
Cadence Design Systems(Cadence 设计系统), 21
call(调用), 79
calling subroutine(调用子程序), 294–295
capacitance(C)in series/parallel(串联/并行的电容), 509–511
capacitive loads and propagation delay(电容性负载和传播的延迟), 15–17
  fall time(下降时间), 15
  rise time(上升时间), 15
capacitors(电容器)
  introduction(介绍), 503
  RC circuits(电阻电容电路), 511–512
  RLC circuits(电阻电感电容电路), 512–515
  series/parallel circuits(串联/并联电路), 509–511
carry bits(进位)
  addition of unsigned integers(无符号整数的相加), 95–103
  truth tables for sum and(用于求和的真值表), 96
carry-lookahead adder(超前进位加法器), 100
carry-lookahead generator(超前进位发生器), 100
case equality/inequality operators(case 相等/不等操作符), 347
case statement(case 语句), 68, 184

ceiling, binary coding(二进制编码的上限), 55
central processing unit, See CPU(中央处理单元(见 CPU)),
CFSR(complete feedback shift register)(完整的反馈移位寄存器), 459
characteristic polynomial of LFSR(特征多项式(LFSR)), 459
check bits and ECC(检查位和纠错编码), 241–243
chip stacking(芯片堆叠), 272
circuit boards and packaging(电路板和封装), 269–272
circuits. See digital circuits(电路 (见数字电路))
circular buffers(循环缓冲器), 231
CISCs(complex instruction set computers)(复杂指令集计算机(CISCs)), 300
clock cycles(时钟周期), 8, 187–188
clock domains and FIFO(时钟域和 FIFO), 233
clock gating(时钟门控), 201, 449–450
clock periods(时钟周期), 8
clock skew(时钟偏移), 191, 273
clocked synchronous timing methodology(时钟同步时序方法), 187–200
  asynchronous inputs(异步输入), 192–196
  asynchronous timing methodologies(异步时序方法), 200–201
  clock gating(时钟门控), 201
  clock skew(时钟偏移), 191
  concepts(概念), 187–192
  control path(控制路径), 188–189
  critical path(关键路径), 189
  defined(已定义的), 188
  registered input/output(寄存的输入/输出), 192
  register-transfer level view(寄存器传输级描述), 187
  verification of sequential circuits(时序电路的验证), 196–200
clock-enable inputs(时钟使能输入), 155–156
clocks for synchronizing serial transmissions(用于同步串行传输的时钟), 353–354, 356–357
clocks, real-time(实时时钟), 367
clock to output delay(时钟到输出的延迟), 18
CMOS(complementary metaloxide semiconductor) circuits

（CMOS(互补型金属氧化物半导体)集成电路）
    capacitive loads and propagation delay(电容负载和 传播延迟), 15-17
    concepts(概念), 11
    output stage circuit(输出级电路), 217
    output stage diagram(输出级图), 13
code coverage(代码覆盖), 431
code words(码字)
    defined(已定义的), 55
    invalid(无效), 58-59
coding. See also binary coding(编码(也见二进制编码))
    fixed point numbers(定点数), 131-135
    floating point numbers(浮点数), 138-142
    signed integers(有符号整数), 119-122
    unsigned integers(无符号整数), 87-92
Cohen, Danny((人名)科恩, 丹尼), 287
collector for bipolar transistors(双极晶体管的集电极), 507
color selection(颜色选择)
    ink-jet printer examples(喷墨打印机举例), 56, 59, 63
    traffic light examples(交通灯的例子), 55, 56, 57-58, 59
combinational circuits(组合逻辑电路)
    compoents of(元件的), 62
    defined(已定义的), 7
    verification of(验证), 74-80
combiational functions(组合功能), 518-522
combinational multiplier(组合的乘法器), 113
combinational ROMs(用于产生组合逻辑的只读存储器), 235-238
comments in Verilog(Verilog注释行), 23, 297
commutative laws(交换律), 48
comparators(比较器), 319
comparison(比较)
    equality comparator(相等比较器), 110
    magnitude comparator(幅值比较器), 110-111
    operators(操作符), 110, 130
    of signed integers(有符号整数的(比较)), 130
    thermostat model(恒温器模型), 111-112
    of unsigned integers(无符号整数的(比较)), 110-112

compilers(编译器), 285
complement laws(互补律), 48
complementary, defined(互补性, 已定义的), 11
complete feedback shift register(CFSR)(完整的反馈移位寄存器(CFSR)), 459
complex gates(复杂的逻辑门), 43
complex instruction set computers(CISCs)(复杂指令集计算机(CISCs)), 300
complex number multiplication(复数乘法)
    control sequencing(控制序列), 178-179
    datapath example(数据路径举例), 176-179
    finite state machine for(有限状态机), 181
composite memory(合成的存储器), 215-216
Concurrent Version system(CVS)(当前版本系统(CVS)), 429
condition-code registers(条件码寄存器), 287
constrained random testing(受约束的随机测试), 432
control path(控制路径), 188-189
control registers(控制寄存器), 334, 398
control section(控制部分), 176
control sequencing(控制序列), 176, 178-179, 397-406
control signals(控制信号), 176
controllable nodes and fault models(可控节点和故障模式), 453
controllers, I/O(I/O控制器), 330-337
    autonomous(自主管理的), 335-337
    direct memory access(直接存储器访问), 337
    keypad example(键区举例), 332-334, 340-342
    simple(简单), 331-335
converters(转换器)
    analog-to-digital(模拟到数字), 315, 319-321
    digital-to-analog(数字到模拟), 316, 328-330
convolution/convolution mask(卷积/卷积罩), 386
core generator(核心(core)生成器), 428-430
Core-Connect bus(与核心(core)连接的总线), 350
cosimulation(协同仿真), 435
count instruction(计数指令), 290
counters(计数器), 167-175
    count enable input(计数使能输入), 169
    decade counter(十进制计数器), 171, 254-255

with decoded outputs(带译码的输出),168-169
digital alarm clock circuit(数字闹钟电路),170
down counter with load(可预置计数值的递减计数器),171-172
interval timers(间隔定时器),172-173
models(模型),169,171,172
ripple counters(纹波计数器),173-175
terminal count output(最终计数输出),169
coverage(覆盖),431
CPLDs (complex PLDs)(复杂可编程逻辑器件(CPLDs)),262-263
CPU(central processing unit)32bit(32位中央处理单元(CPU)),305
byte enable signals(字节使能信号),306
byte write enable control signals(字节写使能控制信号),306
CISCs(复杂指令集(中央处理器)),300
condition code registers(条件码寄存器),287
defined(已定义的),281
Gumnut instruction set(Gumnut指令集),287-296
instruction set(指令集),285
instruction sets,comparing(比较指令集),300-301
instructions(指令),288
instructions and data(指令和数据),285-287
interfacing memory with(与存储器的接口),302-309
little endian/big endian data storage(小头在前/大头在前的数据存储),286-287
pipelining(流水线),286
program execution(执行程序),286
RISCs(精简指令集(中央处理器)),300-301
soft core(软核),284
superscalar execution(超标量执行),286
critical path(关键路径),189
critical regions and interrupts(关键区域和中断),362-363
cross coupled RS latch(交叉耦合的RS锁存器),164
crosstalk(串扰),276
custom ICs(客户定制集成电路),257

D

D flip-flops(D触发器),7,151-152
damping(阻尼),514
data dependency graph(数据依赖图),388
data memory(数据存储器),281-282
data sheets, using(使用产品技术指标说明书),14-15,16-17
data types and operations(数据类型和操作),517-518
datapaths(数据路径)
for accelerators(加速器的(数据路径)),393-395
for address generators(地址发生器的(数据路径)),396
complex number multiplication example(复数的乘法举例),176-187
defined(已定义的),176
delay time example(延迟时间举例),213-214
FIFO example(FIFO举例),231-232
sequential,and control(时序和控制),175-189
SSRAM example(SSRAM举例),223-224
DDR(double data rate)memory(双倍数据传输率(DDR)存储器),235,309
debouncing(去抖动)
push button model(按钮开关模型),195-196
switch inputs and(开关的输入和(去抖)),194-196
decade counter(十进制计数器),171,254-255
decimal digits, 7-segment code for(用于显示十进制数字的七段码),67
decimal numbers, representing unsigned(无符号数的十进制数表示),87-88
decode instruction and CPU execution(译码指令和CPU执行),286
decoders(译码器),62-68
BCD to 7-segment(二进制编码的十进制数到七段(译码器)),66-68,235-237,254-255,322-326
defined(已定义的),62
ink-jet printer model(喷墨打印机模型),63
decrement operator(递减操作符),108
decrementing unsigned intergers(无符号整数的递减),108-109
delays(延迟)
capacitive loads and propagation delay(电容性负载和传播延迟),15-17
clock-to-output delay(时钟到输出的延迟),18
delay insensitive circuits(对延迟不敏感的电路),201

time-scale directive(时间刻度预编译指令), 76
　　wire delay(线延迟), 17
DeMorgan laws(德摩根定律), 49, 73, 262
denormal numbers(非规范化的数), 141
design entry(设计输入), 24
design flow(设计流程), 423-440
　　architecture exploration(体系结构探索), 425-427
　　functional verification(功能验证), 429-435
　　physical design(物理设计), 438-440
　　synthesis(综合), 435-438
design for test (DFT)(可测试性设计(DFT)), 451-461
　　built in self test(内建自测试), 458-461
　　fault coverage(故障覆盖率), 452-453
　　fault models and fault simulation(故障模型和故障仿真), 452-453
　　scan design and boundary scan(扫描设计和边界扫描), 454-458
　　stuck-at model(粘连模型), 453
　　test vectors/patterns(测试向量/模式), 452
design methodology(设计方法学)
　　ad hoc system models(专用系统模型), 427
　　conclusion(结论), 463-464
　　core generator(核生成器), 428-430
　　defined(已定义的), 26
　　design, defined(设计,已定义的), 1
　　design flow. See design flow(设计流程(请参阅设计流程))
　　embedded systems(嵌入式系统), 31-32
　　equivalence checker(等价性检查器), 29
　　floorplanning(布局), 29, 438-439
　　flowchart(流程图), 27
　　hierarchical composition(层次组成), 28
　　hierarchical design and verification flowchart(分层设计和验证流程), 28
　　intellectual property(知识产权), 428
　　lint tools(林特(lint)工具), 30
　　nontechnical issues(非技术性问题), 462-463
　　optimization. See design optimization(优化(见设计的优化))
　　placement and routing(布局和布线), 30, 438, 439-440

post-synthesis verification(综合后的验证), 29
programmed gates/flip-flops(已编程的门/触发器), 29
static timing analysis(静态时序分析), 29
synthesis(综合), 26, 29, 79-80
tape out(流片), 30
top-down design(自顶向下设计), 28
verification of combinational circuits(组合电路的验证), 74-80
　　verification of sequential circuits(时序电路的验证), 196-200
verification plan(验证计划), 27-28
version management(版本管理), 429
virtual prototypes(虚拟样机), 425
wrappers(包装材料), 428
design optimization(设计优化), 441-450
　　area optimization(面积优化), 442-443
　　power optimization(功率优化), 448-450
　　timing optimization(时序优化), 443-448
design space exploration(设计空间探索), 425
design under verification. See DUV(待验证设计(见DUV))
detection, error. See errors(错误检测(见错误))
device under test (DUT)(待测试器件(DUT)), 74-77
DFT. See design for test (DFT)(DFT(见可测试性设计(DFT)))
differential signaling(差分信号), 276
digital abstraction(数字的抽象), 2
digital alarm clock circuit(数字闹钟电路), 170
digital circuits(数字电路)
　　abstraction/digital abstraction(抽象/数字抽象), 2
　　air conditioner example(空调举例), 53-54
　　associative laws(结合律), 48
　　asynchronous(异步), 210
　　binary representation and circuit elements(二进制的表示和电路元素), 4-9
　　Boolean functions(布尔函数), 39-48, 50
　　branches(分支), 508
　　comparing input bits example(输入位比较举例), 8
　　components, introduction to(元件的介绍), 501-508
　　components of((数字电路)的元件), 501-502

design methodology(设计方法学),26-30
digital, defined(数字的,已定义的),1
  embedded systems(嵌入式系统),31-30
  equivalent(等价的),42
  history of(数字电路的历史),2
  introduction(介绍),508
  Kirchhoff's laws(基尔霍夫定律),508-509
  for lamps(控制电灯开/关的(数字电路)),5
  loops(循环),508
  models of((数字电路)的模型),21-26
  nodes(节点),508
  RC circuits(电阻电容(RC)电路),511-512
  real-world circuits(实际电路),9-20
  RLC circuits(电阻-电感-电容(RLC)电路),512-515
  series and parallel(R, C, and L)(串联和并联(电阻、电容和电感)),509-511
  terminals or pins(接线端或引脚),501
  voltage sources(电压源),502
digital systems(数字系统),3
digital-to-analog converters(DACs)(数字/模拟转换器(DAC)),316,328-330
  R/2R ladder(R/2R 梯型),329-330
  R-string(R 串型),328-329
diodes,506-507. See also LEDs(二极管,506-507(亦见发光二极管))
DIPs(dual in line packages)(双列直插封装(DIP)),270
directed testing(定向测试),431-432
directives, assembler(预编译指令,汇编器),297
disabling interrupts(中断的禁用),362-363
$ display system task(显示系统任务),77
displays(显示)
  LCDs(液晶显示器),325-326
  LED and 7-segment decoder(发光二极管和七段译码器),66-68,235-237,254-255,322-326
  LED panels(LED 显示屏),321-322,336-337
  as output devices(作为输出设备),322-326
  pixels(像素),326
distributive laws(分配律),48
DMA(direct memory access)(直接存储器存取(DMA)),337,383-384

arbiter/master/slave(仲裁器/主设备/从设备),383-384
don't care notation(无关标记),46-47
double-bit error detection(双位错误码检测),243
down counter with load(可预置计数值的递减计数器),171-172
DRAM(dynamic RAM)(动态 RAM (DRAM)),233-235
  dynamic, defined(动态的,已定义的),234
  in embedded systems(在嵌入式系统中),307
  refreshing(刷新),234
  storage cells(存储单元),233
DSPs(digital signal processors)(数字信号处理器(DSP)),284-285,385
dual of Boolean equations(布尔方程组的对偶),49
duality principle(对偶性原则),49
dual port memory(双端口存储器)
  defines(已定义的),233
  modeling(建模),230-231
DUT(device under test)(待测试器件(DUT)),74-77
DUV(design under verification)(待验证设计(DUT)),74
directed testing(定向测试),431-432
dynamic power(动态功率),19
dynamic power consumption(动态功耗),449

E

ECC(error correcting code)(纠错编码(ECC)),61,241-243
EDA(electronic design automation)(电子设计自动化(EDA)),21,425
edge-detection. See video edge-detection case study(沿检测(见视频沿检测案例研究))
edge triggered circuits(负跳变沿触发电路),7
  negative-edge-triggered flip-flop(跳变沿触发的触发器),160
electromagnetic interference(EMI)(电磁干扰(EMI)),275-276
electromechanical actuators and valves(机电执行机构和阀门),326-327
embedded software(嵌入式软件),4
embedded systems(嵌入式系统),31-32
  bus(总线),283

computer organization(计算机组织), 281–283
concepts(概念), 3–4
data memory(数据存储器), 281–282
hardware/software codesign(硬件/软件协同设计), 31
Harvard architecture(哈佛结构), 282
instruction memory(指令存储器), 281–282, 287
microcontrollers and processor cores(微控制器和处理器核心), 283–285
partitioning(划分), 31, 425–427
processor cores(处理器核心), 4, 281, 283–285
von Neumann architecture(冯·诺伊曼结构), 282
emitter for bipolar transistors(双极型晶体三极管的发射极), 507
enabling interrupts(中断的使能), 362–363
encode, defined(编码, 已定义的), 55
encoders(编码器), 63–68. *See also* coding(也见编码)
  2s complement(2 的补码), 119
  burglar alarm models(防盗报警器模型), 64–66
  incremental(增量), 318
  Manchester encoding(曼彻斯特编码), 356–357
  priority(优先), 64, 261–262
  radix complement(基数的补), 119
  shaft(转轴), 116, 318
equality comparator(相等比较器), 110
equations, Boolean. *See* Boolean equations(布尔方程(见布尔方程))
equivalence checker(等价性检查器), 29
equivalence gate(等价门), 43
equivalent Boolean functions(等价的布尔函数), 42, 44–45
errors(错误)
  bit errors(位错误), 58–61
  detection and correction(检测与校正), 240–243
  double-bit detection overhead(双位检测的开销), 243
  ECC(纠错编码(ECC)), 61, 241–243
  "fail safe" design("故障安全"设计), 59, 63
  Hamming code(汉明码), 241
  hard(硬(错误)), 240
  parity(奇偶校验), 60, 240
  single-bit detection overhead(单位检测的开销), 243
  soft(软(错误)), 240

soft-error rate(软错误率), 240
syndrome(综合征), 241–242
traffic light example(交通灯举例), 59
transient(暂态), 240
even parity(偶奇偶校验), 60
event lists(事件清单), 68, 152
exceptional output(意外输出), 59–60
excess form for floating-point numbers(浮点数的超格式), 139–140
exclusive OR(异或), 43
execute operations and CPU(操作执行和CPU), 286
Exponential Trends in the Integrated circuit Industry,(集成电路产业中呈指数曲线的发展趋势), 251
exponentiation operator(幂操作符), 107
exponents and floating-point numbers(指数和浮点数), 138

F

factory automation example(工厂自动化举例), 361
"fail safe" design and bit errors("故障安全"设计和位错误), 59, 63
fall time(下降时间), 15
falling edge, signal(下降沿, 信号), 7
fanout(扇出), 14–17
fast-carry-chain adder(快速进位链加法器), 99
fault models and fault simulation(故障模型和故障仿真), 452–453
  controllable nodes(可控节点), 453
  observable nodes(可观察节点), 453
  sensitizing paths(敏化路径), 453
  stuck-at model(粘连模型), 453
feedback loops(反馈回路), 164–166
fetch instruction and CPU execution(取指令和CPU的执行), 286
FETs (field effect transistors)(场效应晶体管(FETs)), 11
FIFO (first in first out) memory(先进先出(FIFO)存储器), 231–233
  clock domains(时钟域), 233, 353–354, 356–357
  example(举例), 231–232
  symbol for(符号), 231
$finish system task(结束系统仿真任务), 77

finite-state machines(有限状态机)
  case statement(case(条件)语句), 184
  for complex multiplier(用于复杂乘法器的), 181
  concepts(概念), 179-182
  current state(当前的状态), 180
  initial state(初始状态), 180
  inputs/outputs(输入/输出), 180
  Mealy machine(米利机), 180-181, 403
  modeling(建模), 182-184
  Moore machine(摩尔机), 180-181, 402
  next state(下一状态), 180
  output functions(输出功能), 180
  parameter definitions(参数的定义), 182
  for Sobel accelerator(用于Soble加速器), 400-406
  state transition diagram(状态转移图), 184-186
  states(状态), 180
  synthesis(综合), 525-527
  transition functions(转移函数), 180, 181
Fire wire specification(火线(Fire wire)规范), 358-359
fixed point numbers(定点数)
  accnulator model(累加器模型), 159
  alignment for addition(加法的位对齐), 136
  binary point(二进制小数点), 132
  coding(编码), 131-135
  complex number multiplication(复数乘法), 176-179
  fixed point, described(定点,已描述的), 132
  operations on(对定点数的操作), 136-138
  representing(代表), 134-135
flash ADCs(闪烁型模拟/数字转换器), 319
flip-flops(触发器)
  analogy for behavior of(用于行为的模拟), 192
  asynchronous control input(异步控制输入), 157
  asynchronous reset(异步复位), 157
  clock enable inputs(时钟输入使能), 155-156
  described(描述), 7
  metastable state(亚稳状态), 192
  models(模型), 152, 156, 158-161
  negative-edge-triggered model(负跳变沿触发的模型), 160-161
  pipelines(流水线), 154-155
  registers(寄存器), 151-161
  synchronous control input(同步控制输入), 155
  synchronous reset(同步复位), 156-157
  timing diagram for D flip-flop(D触发器的时序图), 7
  timing diagrams(时序图), 152, 156, 157
float, bus(浮动,总线), 343
floating-point numbers(浮点数)
  bias(偏置), 139-140
  coding(编码), 138-142
  denormal numbers(非正规数), 141
  excess form(超格式), 139-140
  gradual underflow(逐步下溢), 141
  hidden bit(隐藏位), 139
  IEEE format(IEEE格式), 139
  mantissa and exponent(尾数和指数), 138
  normalized(归一化), 139
  not a number results(非数字结果), 141
floorplanning(布局), 29, 438-439
flow through SSRAM(直通SSRAM), 222-223
  model of(模型), 226-228
fluid flow sensors(流体流量传感器), 319
formal verification(形式化验证), 25-26, 432
forward biased diodes(正向偏置的二极管), 506
FPGAs (field programmable gate arrays)(现场可编程门阵列(FPGA)), 29
  antifuses(反熔丝), 268
  concepts(概念), 263-268
  CPU in((嵌入FPGA中的CPU), 284
  internal organization(内部组织), 264
  I/O block organization(I/O块的组织), 266
  lookup tables(查找表), 265
  physical design(物理设计), 438-440
  platform(平台), 268
  structured ASICs(结构化ASIC), 268-269
  vendors(供应商), 265, 267, 284
Freescale Semiconductor(飞思卡尔半导体公司), 283
frequency, clock(频率,时钟), 8
full adder circuits(全加电路), 96-97
functional coverage(功能覆盖), 77, 431
functional decomposition(功能分解), 426

functional verification(功能验证),25,429-435
functions. See Boolean functions(函数(见布尔函数))
fuse map(熔丝图),260
fusible link/fuse(可熔断的链接/熔丝),258

G

gas detection sensors(气体检测传感器),319
gasm assembler. See Gumnut(gasm 汇编器(见 Gumnut 处理器))
gate circuit(vat buzzer)example(门电路(大容器蜂鸣器)举例,)
 circuit(电路),6
 model of functions(功能的模型),24
 model of logical structure(逻辑结构的模型),22-23
 gated clock(门控时钟),201,449-450
gates(门)
 AND-OR-invert gates(与或非门),43
 complex gates(复杂的门),43
 equivalence gate(等价门),43
 AND gates(与门),5-6,40,42-43
 multiplexers(多路选择器),6,46,68-73
 NAND gate(与非门),43
 NOR gate(或非门),43
 OR gates(或门),6,40,43
 programmed gates/flip-flops(已编程的门/触发器),29
 XNOR(negation of exclusive OR)gate(同或门),43
 XOR(exclusive OR)gate(异或门),43
Gateway Design Automation(网关设计自动化),21
generated signals,adder(产生的信号,加法器),98
generic array logic (GAL) components(通用阵列逻辑(GAL)组件),260-262
GHz,defined(千兆赫,已定义的),8
Giga (G),memory(千兆(G),存储器),212
globally asynchronous,locally synchronous(GALS),(全局异步)-地同步(GALS),200
glue logic(胶连逻辑),254,302
gray code(格雷码),116-118
ground bounce(地弹),273-274
ground,symbol for(地,表示地的图符),502
Gulliver's Travels (Swift)(格利佛游记(作者:斯威夫特)),286

Gumnut(Gumnut 处理器)
 address spaces(地址空间),291
 arithmetic and logical(算术和逻辑)
 instructions(指令),288,289-291,531,532,533-535
 assembler (gasm)(汇编器(gasm)),296-298
 assembler directives(汇编器指令),297
 branch instructions(分支指令),288,293,532,537
 bus interface(总线接口),538-539
 calling subroutine(调用子程序),294-295
 connecting to keypad,example(连接到键区的举例),332-334,340-342   count instruction(计数指令),290
 immediate value(立即值),289
 input controller with interrupt,examples(中断输入控制器举例),364-366
 instruction encoding(指令编码),298-300
 instruction memory(指令存储器),287
 instruction sets,comparing(指令集比较),300-301
 instruction sets,overview(指令集概述),287-289,531,532-533
 jump instructions(跳转指令),288,294-295,532
 memory and I/O instructions(内存和I/O指令),291-292,536
 memory interface example(存储器界面举例),302-304
 memory mapped I/O registers(存储器映射的I/O寄存器),291
 miscellaneous instructions(杂项指令),288,296,533,538
 polling example(巡回检测举例),361
 real-time clock controller,examples(实时时钟控制器,举例),367-371
 serial transmission example(串行传输举例),359
 shift instructions(移位指令),288,290-291,532,535-536
 subroutines(子程序),294-295

H

HAL (hardware abstraction layer)(硬件抽象层(HAL)),434
half adder circuits(半加法器电路),96
Hamming code(汉明码),241
handshaking(握手信号),351
hard errors(硬错误),240
hardware/software codesingn(硬件/软件协同设计)31
Harvard architecture(哈佛结构),282

HDL（hardware description laguage）（硬件描述语言（HDL）），21-26
hexadecimal(base 16)（十六进制（基数为16））
　　representation（表示），90-92,121-122
hierarchincal composition（层次的组成），28
hierarchical design and verification flowchart（分层设计和验证流程），28
high impedance(hi-Z)state（高阻抗(hi-Z)状态），217,342
hit, cache（击中，高速(cache)存储器），308
hi-Z state（高阻状态），217
hold time（保持时间），18

I

I²C bus specification(I²C总线规范），358,359
idempotence laws（幂等律），49,50
identity functions（同一功能），45
identity laws（同一律），48,49
IEC（International Electrotechnical Commission）specifications（国际电工委员会（IEC）规范），22
IEEE(Institure of Electrical and Electronic Engineers)（电气和电子工程师协会(IEEE)）
　　boundary scan standard（边界扫描标准），456
　　coding styles for synthesizable models（可综合模型的编码风格），436
　　Verilog specifications（Verilog的规范），21-22
IEEE floating-point format（IEEE浮点格式），139
if statements（if（条件）语句），108
implementation fabrics（实现工艺）
　　integrated circuits. See integrated circuits（集成电路（见集成电路））
　　interconnection and signal integrity（互连和信号完整性），272-276
　　packaging and circuit boards（封装及电路板），269-272
　　programmable logic devices（可编程逻辑器件），258-269
incrementer（递增器），109,168
incrementing unsigned integers（无符号整数的递增），108-109
　　increment operator（递增操作符），108
　　models（模型），109
inductance(L)in series/parallel（电感的串联/并联），509-511

inductors（电感器）
　　introduction（介绍），503-504
　　RLC circuits（电阻-电感-电容（RLC）电路），512-515
　　series/parallel circuits（串联/并联电路），509-511
ingot of silicon（硅锭），250
initial block（初始化块），76
ink-jet printer examples（喷墨打印机举例），56,59,63
input devices（输入设备），316-321. See also I/O（input/output）（亦见输入/输出(I/O)）
inputs（输入）
　　analog（模拟），318-319
　　asynchronous and clocked synchronous timing mechanism（异步和由时钟同步的时序机制），192-196
　　anynchronous control（异步控制），157
　　clock enable（时钟使能），155-156
　　load enable（加载使能），155
　　switch, and debouncing（开关和去抖），194-196
insertion-type packages（插入型封装），270
instances（实例），23
instruction encoding（指令编码），298-300
　　fields（现场），298
　　layout and field size within instructions（指令字的区域分配和每个域的大小），299
　　opcode（操作码），298
instruction memory（指令存储器），281,287
instruction set simulator(ISS)（指令集仿真器(ISS)），434
instruction sets（指令集）
　　comparing（比较指令），300-301
　　Gumnut(Gumnut处理器），287-296
　　instructions and data（指令和数据），285-287
instruction-level parallelism and accelerators（指令级并行和加速器），380
integer variables and addition（整数变量和加法），102-103
integers（整数）
　　2s complement（2的补码），119
　　addition of signed（有符号整数的加法），125-127
　　addition of unsigned（无符号整数的加法），95-103
　　coding signed（有符号整数的编码），119-122
　　coding unsigned（无符号整数的编码），87-92
　　comparison of signed integers（有符号整数的比较），130

comparison of unsigned(无符号整数的比较),110-112
decimal representation(十进制整数的表示),87-88
equality comparator(整数相等的比较),110
Gray code(格雷码),116-118
incrementing/decrementing unsigned(无符号整数的递增/递减),108-109
magnitude comparator(整数幅值的比较),110-111
multiplication of signed integers(有符号整数的乘法),130
multiplication of unsigned(无符号整数的乘法),113-115,162
negating signed(有符号整数的求负值),124-125
octal and hexadecimal codes(整数的八进制和十六进制编码),90-92,121-122
operations on signed(有符号整数的操作),122-131
operations on unsigned(无符号整数的操作),92-116
radix complement(基数求补),119
resizing unsigned(无符号整数的缩放),92-95
scaling by costant power of 2(以2的常数幂次的缩放),112-113
scaling of signed integers(有符号整数的缩放比例),130
signed magnitude(有符号整数的幅值),120
subtraction of signed(有符号整数的减法),127-129
subtraction of unsigned(无符号整数的减法),103-108
truncation(整数的截断),94-95
unsigned, in Verilog(Verilog表示的无符号整数),89-90
zero extension(整数的零扩展),93
integrated circuits(ICs)(集成电路(IC))
 area and packaging(面积和封装),19-20
 ASICs(专用集成电路),29-30,255-257,268-269
 ball grid array packages(球栅阵列封装),271-272
 capacitive loads and propagation delay(电容负载和传播延迟),15-17
 chip stacking(芯片的堆叠),272
 CMOS circuits(互补型金属氧化物半导体(CMOS)电路),11
 complementary, defined(互补性,已定义的),11
 described((集成电路的)描述),2
 development of((集成电路的)开发),249-250
 dual in line packages(双列直插式封装),270
 fully custom(全定制),257
 glue logic(胶连逻辑),25,302
 insertion type packages(插入型封装),270
 large scale integration(大规模集成),25
 legacy systems(遗存的系统),249
 logic levels(逻辑级别),11-13
 manufacturing(制造),250-252
 microprocessors(微处理器),254,283
 minimum feature size(最小特征尺寸),10
 multichip modules(多芯片模块),272
 NRE costs(非经常性开支成本),257,462
 photoresist layer(光致抗蚀剂层),251
 pin grid arrays(引脚网格阵列),270
 power(电源供电),18-19
 printed circuit boards(印刷电路板),270
 processing steps(处理步骤),250
 quad flat pack packages(四方扁平封装),271
 real-world circuits(实际的集成电路),10-11
 sequential timing(时序),17-18
 silicon chips(硅芯片),250
 silicon wafers(硅圆晶片),250-251
 SSI and MSI logic families(小规模和中规模的逻辑系列),252-255
 static load levels(静态负载水平),13-15
 surface mount PCBs(表面贴装的印刷电路板),271
 through hole PCBs(印刷电路板的通孔),270
 vias(通孔),270
 VLSI(超大规模集成电路),255
 wire delay(线延迟),17
 yield(产量),251
integrity, signal. See singal integrity and interconnection(信号的完整性(见信号的完整性和互连))
Intel 8051 microcontroller(英特尔8051微控制器),300,304-305,336-337
Intel Pentium family(英特尔奔腾系列),283
intellectual property (IP)(知识产权(IP)),428
interconnection. See signal integrity and interconnection(互连(见信号完整性和互连))
interfaces(接口)
 Gumnut bus interface(Gumnut总线接口),538-539
 memory and CPUs(存储器和CPU),302-309

parallel buses. See parallel buses(并行总线(见并行总线))
    serial transmission standards(串行传输标准),357-359
interrupt handler(中断处理程序),296,362
interrupt service routines(中断服务子程序),362
interrupts(中断),296,362-366
    acknowledge request(接受请求),364
    input controller example(输入控制器举例),364-366
    nested interrupt handling(嵌套的中断处理),363
    vectors,for(中断向量),363
interval timers(间隔定时器),172-173
invalind code words(非法码字),58-59
inverters(反相器),6,40,42-43
I/O(input/output)(输入/输出(I/O))
    accelerometers(加速度计),319
    analog inputs(模拟输入),318-319
    analog-to-digital converters(模拟/数字转换器),315,319-321
    autonomous controllers(自主控制器),335-337
    controllers(控制器),330-337
    CPU instructions(CPU的指令),288,291-292
    devices,overview(器件,概述),315-316
    digital-to-analog converters(数字/模拟转换器),316,328-330
    displays(显示),322-326
    electromechanical actuators and valves(机电执行器和阀门),326-327
    embedded systems(嵌入式系统),282
    fluid flow sensors(流体流量传感器),319
    gas detection sensors(气体检测传感器),319
    input devices(输入设备),316-321
    interrupts(中断),296,362-366
    keypads and keyboards(键区和键盘),316-317,332-334,340-342
    knobs and position encoders(旋钮和角度位置编码器),317-318
    microphones(麦克风),318-319
    motors(电动机),327-328
    output devices(输出设备),321-330
    parallel buses. See parallel buses(并行总线(见并行总线))

polling(巡回检测),360-362
sensors(传感器),315
serial transmission(串行传输),353-359
simple controllers(简单的控制器),331-335
software(软件),360-372
timers(定时器),366-372
transducers(传感器(变送器)),315
ISA (instruction set architecture)(指令集架构(ISA)),285
ISS (instruction set simulator)(指令集模拟器(ISS)),434

J

Joint Test Action Group(JTAG)standard(联合测试行动小组(JTAG)标准),456-458
jump instructions(跳转指令),288,294-295

K

Karnaugh maps(卡诺图),51
kernel of algorithm(算法核心(核心算法)),381
keypad and keyboards(键区和键盘),316-317
    examples(例子),332-334,340-342
Kilby, Jack(杰克·可比(人名)),249
killed signals, adder(取消的信号,加法器),98
Kilo (K), memory(千(K),存储器),212
Kirchhoff's current law (KCL)(基尔霍夫电流定律(KCL)),509
Kirchhoff's laws(基尔霍夫定律),508-509
Kirchhoff's voltage laws (KVL)(基尔霍夫电压定律(KVL)),509
knobs(旋钮)
    digital(数字化),318
    and position encoders(转角位置编码器),317-318
    shaft encoders(轴转角度编码器),116,318

L

lamp circuits(灯电路),5
language, high level(高级语言),285
latches(锁存器),162-167
    always block for(有(锁存器)的always块),163
    feedback loops(反馈回路),164-166
    models for(表示(锁存器)的模型),163
    multiplexer model(多路选择器模型),167
    reset state(复位状态),164

ring oscillator(环形振荡器),164
RS-latch(RS 锁存器),164,194
set state(置位状态),164
symbol for((锁存器)的图符),163
timing diagrams(时序图),163,165
transparent latches(透明锁存器),163
laws of Boolean algebra(布尔代数定律),48-49
LCDs (liquid crystal displays)(液晶显示器(LCD)),352-326
leakage(泄漏),19
LEDs (light emitting diodes)(发光二极管(LED))
    described(描述),507
    display and 7-segment decoder,(显示器和七段译码器),66-68,235-237,254-255,322-326
    module(模块),336-337
    as output device(作为输出设备),321-322
legacy systems(遗留系统),249
LFSR (linear feedback shift register)(线性反馈移位寄存器(LFSR)),459
life cycles(生命周期),462
linear-feedback shift register(LFSR)(线性反馈移位寄存器(LFSR)),459
lint tools(林特(lint)工具),429
little endian/big endian data storage(小头在前/大头在前的数据存储),286,287
load enable inputs(加载使能输入),155
loads(加载)
    buffers to reduce(减载缓冲器),45
    capacitive,and propagation delay(电容引起的延迟和传播延迟),15-17
    down counter with(可预置计数值的递减计数器),171-172
    static load levels(静态载荷水平),13-15
locality,principle of(局部性原则),308
location counter(位置(地址)计数器),297
logic(逻辑)
    active high logic(高电平有效逻辑),4,71
    active low logic(低电平有效逻辑),4
    AND digital circuits(与逻辑数字电路),1
    negative logic(负逻辑),4,71
    positive logic(正逻辑),4,71
logic gates(逻辑门)
    AND,OR,and inverters(与门、或门和反相器),5-6,40
    complex gates(复杂的逻辑门),43
    multiplexers(多路选择器),6,46,68-73
logic levels(逻辑级),11-13
    noise margin(噪声容限),12
    threshold voltage(阈值电压),11logical and arithmetic instructions(逻辑和算术指令),288,289-291logical AND,OR,NOT(逻辑与、或、非),40
logical equality operator(逻辑相等操作符),347
logical inequality operator(逻辑不相等操作符),347
logical partitioning(逻辑划分),426
logical shift left/right and scaling(逻辑的左移位/右移位和缩放),112
lookup tables (LUTs)(查找表(LUTs)),265
loops,circuit(回路电路),508
low power mode example(低功率模式举例),369-371
LSI (large scale integration)(大规模集成电路(LSI)),254

M

magnetic fields(磁场),504
magnitude comparator(幅度比较器),110-111
Manchester adder(曼彻斯特加法器),99
Manchester encoding(曼彻斯特编码),356-357
mantissa(尾数),138
manufacturability verification(可制造性验证),25
manufacturing ICs(集成电路的制造),250-252
mapping(映射),30,439
mask,convolution(卷积模板),386
master controller and DMA(主控制器和DMA),383-384
Mealy machine(米利机),180-181,403
Mega(M),memory(兆(M),存储器),212
memory(存储器)
    access time(存取(访问)时间),221-222
    address(地址),219
    asynchronous SRAM(异步 SRAM),220-222
    audio echo effects unit(音频回响效果单元),213-214
    bandwidth(带宽),309
    bidirectional connections(双向连接),217
    cache(高速缓存),307-309
    circular buffer(环形缓冲区),231
    composite(复合),215-219

connecting components in parallel(并行元件的连接),215-216
constructing larger memory(较大存储器的构建),216
CPU instructions(CPU 的指令),288
defined(已定义的),219
dual-port(双端口),233
dynamic RAM(动态 RAM),233-235
embedded systems(嵌入式系统),281-282
error detection and correction(错误检测与校正),240-243
FIFO(先进先出(存储器)),231-233
flash(闪存),238-239
general concepts(一般概念),211-219
high-impedance(hi-Z)state(高阻抗(hi-Z)状态),217,342
interfacing with CPUs(与中央处理器的接口),302-309
little-endian/big-endian datastorage(小头在前/大头在前的数据存储),286-287
locations(地点(地址)),219
multiport(多端口),229-233
prefetching(预取),219
RAM(随机访问存储器),220
read only(只读),235-239
single-port(单端口),229
sizes, abbreviations for((存储器)大小的缩写表示法),212
static, defined(静态,已定义的),220
symbol for basic component(基本元件的符号),212
synchronous SRAM(同步 SRAM),222-229
synthesis(综合),527-529
type(类型),219-220
video system example(视频系统举例),389-390
volatile, defined(挥发性的(不能长期保存的),已定义的),220
write/read cycle time(写/读周期时间),22
Xilinx MicroBlaze operations(赛灵思 MicroBlaze 的操作),306-307
memory mapped I/O registers(存储器映射的 I/O 寄存器),291
metastability(亚稳态),192
MHz, defined(兆赫,已定义的),8
microcontrollers(微控制器)

defined(已定义的),284
proccesor cores(处理器核),283-285
microns(微米),10
microphones(麦克风),318-319
microprocessors(微处理器)
defined(已定义的),254
processor cores(处理器核),283-285
microstrip transmission line(微带传输线),275
minimal length binary code(最小位宽的二进制代码),55-56
minimum feature size, ICs(集成电路的最小特征尺寸),10
minterm of Boolean functions(布尔函数的最小项),41
MISR (multiple-input signature register)(多输入签字寄存器(MISR)),460-461
miss,cache(未击中高速缓存器),308
module definition(模块定义),22
Monolithic Memories,Inc.(单片存储器公司),258
Moorby, Phil(摩比·菲尔(人名)),21
Moore,Gordon(摩尔·戈登(人名)),10
Moore machine(摩尔机),180-181
Moore's Law(摩尔定律),10
MOSFETs (metal-oxide semiconductor field-effect transistors)(金属氧化物半导体场效应晶体三极管(MOSFET)),11,504-506
motors(电动机),327-328
MSI (medium-scale integrated)logic families(中规模集成电路(MSI)逻辑系列),252-255
MTBF (mean time betweenfailures)(平均故障间隔时间(MTBF)),193
multichip modules (MCMs)(多芯片模块(在 MCMs)),272
multipe-input signature register (MISR)(多输入签字寄存器(MISR)),460-461
multiplexed buses(复用总线),338-342
multiplexers(多路选择器)
complex(复杂的(多路选择器)),68-73
4-to-1(4 选 1(多路选择器)),69-70,89-90
implementing Boolean functions((多路选择器的)布尔函数实现),70-71
latches(锁存器),167
model for 4 to1(4 选 1(多路选择器)模型),69-70,89-90

simple(简单(多路选择器)),6
truth table for((多路选择器)的真值表),46
2-to-1(2选1(多路选择器)), 70
multiplication(乘法)
 of complex numbers(复数的(乘法)),176-179,181
 of fixed-point numbers(定点数的(乘法)),137-138, 176-179
 operators(操作符),114-115
 partial product(部分积),113
 sequential multiplier(时序乘数),113,162,190
 of signed integer(有符号整数的(乘法)),130
 of unsigned integers(无符号整数的(乘法)),113-115
multiport memory(多端口存储器),229-233
multiprocessor systems(多处理器系统),285
mux2 module(mux2模块),23

N

named port connections(按命名的端口连接),76
NAN(not a number)(非数字(NAN)),141
NAND flash memory(与非门快闪存储器),238-239
NAND gate(与非门),43
n-bit code(n位编码),55,62
n-channel MOSFETs,(n沟道型金属氧化物半导体场效应晶体三极管),504-505
negating signed integers(有符号整数的求反),124-125
negation"bubbles"on components(元件上表示求反的"小圆圈"),72-73
negative logic(负逻辑),4,71
nested interrupt handling(嵌套的中断处理),363
net declaration(线网声明),23
nets(线网),23
nibble(半字节(4位二进制数)),92
night light circuit(夜灯电路),5
nodes, circuit(电路节点),508 1
noise and noise margins(噪声和噪声容限),12
nonblocking assignment(无阻塞赋值),153
non-recurring engineering(NRE)costs(非经常性工程(NRE)成本),257,462
non return to zero(NRZ)(非归零(NRZ)),354
NOR flash memory(或非门快闪存储器),238-239
NOR gate(或非门),43

normalized floating-point number(规格化的浮点数),139
NOT(negation)Boolean functions(求非(求反)布尔函数),40,42
NPN transistors(NPN型晶体管),507
NRE(non-recurring engineering),costs(非经常性工程(NRE)成本),257,462
NRZ(non-return to zero)(非归零(NRZ)),354
numbers. See also fixed-point numbers; integers(数(也见定点数;整数))
 binary representation of((数)的二进制表示),88-89
 bytes(字节),92
 decimal representation of((数)的十进制表示),87-88
 nibble(半字节),92

O

observable nodes and fault models(可观察节点和故障模式),453
octal(base 8)representation(八进制(基数8)的表示),90-92,121-122
odd parity(奇校验),60
Ohm's Law(欧姆定律),502
one-hot code(独热码),56,57-58
open-collector driver(集电极开路驱动器),348-350
open-drain buses(漏极开路总线),348-349
 modeling(建模),349
 open-collector driver(集电极开路驱动器),348
operations and data types(操作和数据类型),517-518
operations on fixed-point numbers(定点数的操作)
 addition/subtraction(加法/减法),136-137
 multiplication(乘法),137-138
operations on signed integers(有符号整数的操作)
 addition(加法),125-127
 arithmetic shift right(算术右移位),130
 comparison(比较),130
 multiplication(乘法),130
 negation(求反),124-125
 resizing(重新定义位宽),122-124
 scaling(缩放),130
 subtraction(减法),127-129
operations on unsigned integers addition(无符号整数的加法),95-103

comparison(比较),110-112
incrementing/decrementing(递增/递减),108-109
multiplication(乘法),113-115
resizing(重新定义位宽),92-95
scaling by constant power of 2(以 2 的幂次进行缩放),112-113
subtraction(减法),103-108
summary(总结),115-116
operators(操作符),40,42-43,52
optical shaft encoders(光学轴编码器),116,318
optimization, Boolean functions(布尔函数的优化),42,51
OR Boolean functions(或布尔函数),40,42
OR gates(或门),6,40,43
oscillator, ring(环型振荡器),164
output devices(输出设备),321-330. See also I/O(input/output)(亦见输入/输出(I/O))
output functions and finite state machines(输出函数和有限状态机),180
output logic macrocells(OLMCs)(输出逻辑宏单元(OLMCs)),260-262
overflow, addition(加法的溢出),96,126

P

packaging(封装), 19-20,269-272
PAL(programmable array logic)(可编程阵列逻辑(PAL)),258-262
　circuit diagrams(电路图),259
　fuse map(熔丝图),260
　fusible link/fuse(可熔连接/熔丝),258
　GAL components(GAL 元件),260-262
　OLMCs(输出逻辑宏单元(OLMCs)),260-262
programmable AND array(可编程与阵列),258
parallel buses(并行总线),338-352
　multiplexed(多路器复用的总线),338-342
　open-drain(漏极开路总线),348-349
　tristate(三态总线),342-348
parallel circuits(R, C, and L)(并联电路(电阻、电容和电感)),509-511
parallel transmission(并行传输),353
parallelism and accelerators(并行性和加速器),379,388
parity(奇偶校验),60

parity bit(奇偶校验位),60
parity trees(奇偶校验树),60-61
part select(部分选择),95
partial functions, Boolean(部分函数,布尔),47-48
partial product(部分积),113
partitioning(划分),31,425-427
paths(路径)
　control path(控制路径),188-189
　critical path(关键路径),189
　datapaths. See sequential datapaths and control(数据路径(见时序数据路径和控制))
　register-to-register(寄存器到寄存器),188-191
p-channel MOSFETs(p 沟道金属氧化物半导体场效应晶体三极管),505
PGAS(pin-grid arrays)(引脚网格阵列(PGAS)),270
photolithography(光刻技术),251
photoresist layer of IC(IC 的光致抗蚀剂层),251
physical design(物理设计)
　bit file specifying configuration(指定配置的位文件),440
　floorplanning(布局),29,438-439
　mapping(映射),30,439
　placement and routing(布局和布线),30,438,439-440
physical partitions(物理分区),426
pipeline and pipelining(管道和流水线),8,153-154
　accelerators(加速器),382,395
　cache memory(快取缓冲存储器),309
　CPU execution(CPU 的执行),286
　model(模型),154-155
　register(寄存器),153
　SSRAM(同步静态随机存取存储器),225
　SSRAM model(同步静态随机存取存储器模型),228
pixels(像素)
　defined(已定义的),326
　timing read/write operations(时序读/写操作),392
placement and routing(布局和布线),30,438,439-440
PLDs(programmable logic devices)(可编程逻辑器件)
　complex(复杂的),262-263
　defined(已定义的),258
　programmable array logic(可编程阵列逻辑),258-262
PLL(phase locked loop)(锁相环(PLL)),356

PNP transistors(PNP 晶体管),507
polling(巡回检测),360-362
ports(端口)
    input/output registers,as(作为,(端口)的输入/输出寄存器),331
    and memory. See memory((端口)和存储器(见存储器))
    named/positional connections(命名的/按位置的(端口)连接),76
    and port lists((端口)和端口清单),22
position encoders and knobs(位置编码器和旋钮),317-318
positional port connections(按位置对应的端口连接),76
positive logic(正逻辑),4,71
post synthesis verification(综合后验证),29
power(电源)
    clock gating(时钟门控),201,449-450
    consumption(消耗),18-19
    dynamic power(动态功率),19
    dynamic power consumption(动态功耗),449
    low power mode example(低功率模式举例),369-371
    optimization(优化),448-450
    static power(静态功率),19
    verification(验证),25
power,symbol for(表示电源的符号),502
powerPC(powerPC(一家处理器芯片公司名)),283,284
precedence of operations(操作的优先),40,52
prefetching(预取),219
printed circuit board (PCB)(印刷电路板(PCB)),270-271
priority encoder(优先编码器),64,261-262
procedural blocks(过程块),26,68
    modeling D flip-flops and registers(D 触发器和寄存器的建模),152-153
processors(处理器)
    arithmetic and logical instructions(算术和逻辑指令),288,289-291
    assemblers(汇编器),296 298
    branch instructions(分支指令),288,293
    cores(处理器核),4,281,283-285
    critical regions(关键区域),362-363
    disabling/enabling interrupts(中断的禁用/启用),362-363
    DSPs(数字信号处理),284-285,385
    embedded computer organization(嵌入式计算机组织),281-283
    Gumnut instruction set. See Gumnnut(Gumut 处理器指令集(见 Gumnut 处理器))
    instruction encoding(指令编码),298-300
    instruction sets, comparing(指令集,比较),300-301
    interfacing with memory(与内存的接口),302-309
    jump instructions(跳转指令),288,294-295
    memory and I/O instructions(存储器和 I/O 指令),288,291-292
    microcontrollers and processor cores(微控制器和处理器核),283-285
    multiprocessor systems(多处理器系统),285
    shift instructions(移位指令),288,290-291
    soft core(软核),284
programmable array logic. See PAL(可编程阵列逻辑(见 PAL))
programmable logic devices. See PLDs(可编程逻辑器件(见 PLD))
programmable ROMs(可编程只读存储器),238
programmed gates/flip-flops(可编程门/触发器),29
programming language(编程语言),285
propagated signals, adder(被传播的信号,加法器),98
propagation delay(传播延迟)
    for capacitive loads(电容性负载引起的传播延迟),15-17
    defined(已定义的),16
property specification language(属性规范语言),432
pseudo-code notation(伪码标记),387
PSL (property specification language)(属性规范语言(PSL)),432-433
p-terms(p 项(乘积项)),42,258,260,262
push button switch(按钮开关),195-196
push down stack(下压堆栈),295

Q

quad flat-pack (QFP) packages(四方扁平包封装),271
Quine-McClusky procedure(奎因-麦克拉斯基过程),51

R

R/2R ladder DACs(R/2R 阶梯型数字/模拟转换器),

329-330
radix complement(基数的补数),119
random acces memory(RAM)(随机存取存储器(RAM)),220
RC circutis(电阻电容(RC)电路),511-512
read cycle time(读周期时间),222
real-time behavior(实时行为),360
real-time clocks(实时时钟)
    controller, examples(控制器,举例),367-371
    defined(已定义的),367
real-time executive(实时执行),372
real-time operating systems(RTOSs)(实时操作系统(RTOSs)),372
real-world circuits(实际电路),9-20
    area and packaging(面积和封装),19-20
    capacitive loads and propagation delay(电容负载和传播延迟),15-17
    integrated circuits(集成电路),2,10-11
    logic levels(逻辑级),11-13
    power(电源),18-19
    sequential timing(时序),17-18
    static load levels(静态负载水平),13-15
    wire delay(连线延迟),17
refreshing DRAM(DRAM的动态刷新),234
register map for Soble accelerator(Soble加速器的寄存器映射),398
registered input/output(有寄存器的输入/输出),192
registers(寄存器),151-161
    accumulator(累加器),159
    connecting to I/O, example(I/O连接举例),332-334,340-342
    control(控制),334
    defined(已定义的),152
    input(输入),192,331
    model(模型),152,156,158-161
    output(输出),192,331
    pipeline register(流水线寄存器),153
    push-down stack(下压堆栈),295
    register-to-register path(寄存器到寄存器的路径),188,191

register-to-register timing(寄存器到寄存器的时序),188
shift registers(移位寄存器),161-162
status(状态),334
symbol for(用来表示(寄存器)的符号),152
synchronously clocked(由时钟同步的),187
register-transfer level. See RTL(寄存器传输级(见RTL))
relays(继电器),327
reset state for latches(锁存器的复位状态),164
resets, flip-flops(复位,触发器),156-157
    models for((表示触发器)的模型),158
reset-set latch(RS-latch)(复位置位锁存器(RS锁存器)),164
resistance(R) in series/parallel(电阻(R)的串联/并联),509-511
resistors(电阻)
    introduction(介绍),502-503
    RC circuits(电阻电容(RC)电路),511-512
    RLC circuits(电阻-电感-电容(RLC)电路),512-515
    series/parallel circuits(串联/并联电路),509-511
resizing integers(重新定义整数的位宽)
    sign extension and signed integers(符号的扩展和有符号整数),123-124
    signed integers(有符号整数),122-124
    truncation model and unsigned integers(截断模型和无符号整数),95
    unsigned integers(无符号整数),92-95
    zero extension model(零扩展模型),93-94
resolving tristate drivers(三态驱动器的解析),346
reverse biased diodes(反向偏置二极管),506
ring oscillator(环形振荡器),164
ripple counters(纹波计数器),173-175
RISCs (reduced instruction set computers)(精简指令集计算机(RISCs)),300-301
rise time(上升时间),15
rising edge, signal(正跳变沿,信号),7
road traffic lights. See traffic light examples(道路交通灯(见交通灯的例子))
ROM(read only memory)(只读存储器(ROM))
    7-segment decoder example(七段译码器举例),235-237

cominational(组合的),235-238
 defined(已定义的),220,235
 programmable(可编程的),238
routing. See placement and routing(布线(见布局和布线))
RS-232 interface standards(RS-232接口标准),357-358
RS-latch(reset-set latch)(RS锁存器(复位置位锁存器)),164,194
R-string DACs(R串型数字/模拟转换器),328-329
RTL(寄存器传输级),26
 for address generators(用于地址发生器),396-397
 for datapaths(用于数据路径),393-395
 synthesis tool(综合工具),435-438
RTL view of digital system(数字系统的RTL级描述),187

S

saturation and bipolar transistors(饱和型双极晶体三极管),507
scaling(缩放)
 shift left/right operators(左移位/右移位操作符),112,130
 of signed integers(有符号整数的),130
 unsigned integers by constant power of 2(2的常数幂的无符号整数),112-113
scan chain(扫描链),454-455
scan design and boundary scan(扫描设计和边界扫描),454-458
 boundary scan, defined(边界扫描,已定义的),456
 JTAG standard(JTAG标准),456-458
 scan chain(扫描链),454-455
 TAP(测试访问端口),456
 test mode input(测试模式的输入),454
Seiko Epson Corp.(日本精工爱普生公司),336
self test. See built in self test(BIST)(自测试(见内建自测试(BIST)))
sensitizing paths and fault models(敏感路径和故障模型),453
sensors(传感器),315,319,359
sequential circuits(时序电路)
 clocked synchronous timing methodology(由时钟同步的时序方法学),187-201

for comparing input bits(用于比较输入位),8
counters(计数器),167-175
datapaths and control(数据路径和控制),175-179
described(已描述的),7
flip-flops and registers(触发器和寄存器),151-161
latches(锁存器),162-167
shift registers(移位寄存器),161-162
storage elements(存储单元),151-167
synthesis(综合),522-525
timing diagram(时序图),8
verification(验证),196-200
sequential datapaths and control(时序数据路径和控制)
 concepts(概念),175-179
 control section(控制部分),176
 control sequencing(控制序列),176,178-179
 control signals(控制信号),176
 datapath, defined(数据路径,已定义的),176
 finite-state machines(有限状态机),179-186
 model(模型),177-178
 for multiplication of complex numbers(复数的乘法),176-177
 status signals(状态信号),176
sequential multiplier(时序乘法器),113,162,190,197-200
sequential timing(顺序时序),17-18
 clock-to-output delay(时钟到输出的延迟),18
 hold time(保持时间),18
 setup time(建立时间),18
serdes (serializer/deserializer)(串行器/解串行器(serdes)),353
serial transmission(串行传输),353-359
 examples(例子),353-354,359
 Fire Wire specification(火线(Fire Wire)规范),358-359
 I^2C bus specification(I^2C总线规范),358359
 interface standards(接口标准),357-359
 Manchester encoding(曼彻斯特编码),356-357 non-return to zero(非归零),354
 phase-locked loop(锁相环),356
 RS-232(RS-232),357-358
 serializer/deserializer(串行器/解串行器),353

synchroization(同步),354-355
 techniques(技术),353-357
 UART(通用异步收/发器(UART)),356
 USB specification(通用串行总线(USB)规范),358
serializer/deserializer(串行器/解串行器),353
series circuits(R,C,and L)(串联电路(电阻、电容和电感)),509-511
servomotor(伺服电机),328
set state for latches(锁存器的置位状态),164
setup time(建立时间),18
7-segment decoders(七段译码器),66-68,235-237,254-255,322-326
shaft encoders(轴转角度编码器,)116,318
shift instructions(移位指令),288,290-291
shift left/right operators(左移位/右移位操作符),112,130
shift registers(移位寄存器),161-162
 serializer/deserializer(串行器/解串行器),353
sign extension(符号扩展),123-124
signal integrity and interconnection(信号完整性和互连)
 bypass capacitors(旁路电容器),274
 clock skew(时钟偏移),273
 concepts(概念),272-276
 crosstalk(串扰),276
 differential signaling(差分信号),276
 electromagnetic interference(电磁干扰),275-276
 ground bounce(地弹),273-274
 microstrip transmission line(微带传输线),275
 slew rate(电压变化速率(压摆率)),274
 stripline transmission line(带状线输电线路),275
signature analysis(签字分析),460
signature and signature register(签字和签字寄存器),460
signed magnitude(有符号的幅值),120
silicon chips(硅芯片),250
simulations and simulators(仿真和仿真器),25
 cosimulation(协同仿真),435 fault models and fault simulation(故障模型和故障仿真),452-453
 instruction set simulator(指令集仿真器),434
 testbench model(测试平台模型),75-79 testbench model of Sobel accelerator(Sobel算法加速器的测试平台模型),415-417
single-bit errors(单位错误),61
single-port memory(单端口存储器),229
slave controller and DMA(从控制器和直接存储器访问),383-384
slew rate(电压摆动率),274
Sobel accelerator(Sobel 加速器),390-406. See also accelerators(亦见加速器)
Sobel edge detector(Soble 跳变沿检测器),386-407
 algorithm pseudo code(算法伪代码),387
soft core(软核),284
soft errors(软错误),240
soft-error rate(软错误率),240
software/hardware codesign(软件/硬件协同设计),31
solenoids(螺线管),326-327
source code(源代码)
 file naming(文件的命名),24
 version management(版本管理),429
SRAM(static RAM)(静态随机存取存储器),220
 asynchronous(异步的),220-222
 synchronous. See SSRAM(同步的(见 SSRAM))
SSI(small-scale integrated)logic families(小规模集成(SSI)逻辑电路系列),252-255
SSRAM(synchronous static RAM)(同步静态 RAM)
 computational circuit(计算电路),223-224
 concepts(概念),222-225
 flow-through(直通),222-223
 flow-through model(直通模型),226-228,230-231
 models of((SSRAM)的模型),225-229
 pipelined(流水线的),225
standard cell ASICs(标准单元 ASIC),257
state transition diagrams(状态转移图),184-186
states. See finite state machines(状态(见有限状态机))
state space exploration(状态空间探索),433
static,defined(静态的,已定义的),14
static load,defined(静态负载,已定义的),14
static load levels(静态负载级别),13-15
static memory(静态存储器),220
static power(静态功率),19
static timing analysis(静态时序分析),29

static timing analysis tool(静态时序分析工具),445
status registers(状态寄存器),334
status signals(状态信号),176
stepper motors(步进电机),327-238storage elements. See also memory(存储单元(也见存储器))
 flip-flops and registers(触发器和寄存器),151-161
 latches(锁存器),162-167
 shift registers(移位寄存器),161-162
streams and accelerators(流和加速器),384
stripline transmission line(带状传输线),275
structural models(结构模型),23
stuck at fault model(粘连故障模型),453
subroutines(子程序),294-295
subtraction(减法)
 adder/subtractors(加法器/减法器),105-106
 of binary numbers(二进制数的(减法)),103 of fixed point numbers(定点数的(减法)),136-137 operators((减法)操作符),105-128
 of signed integers(有符号整数的(减法)),127-129
 subtractor circuit((减法)器电路),104
 truth tables for((减法)的真值表),104 of unsigned integers(无符号整数的(减法)),103-108subtractors(减法器)
 defined(已定义的),104
 models(模型),105-106
 modifying adder for(把加法器修改成为(减法器)),104
 testbench models(测试平台模型),106-108
Subversion tool(Subversion 工具(一种版本管理工具)),429successive approximation ADCs(逐次逼近的模拟/数字转换器(ADC)),320-321
 example(举例),334-335,340-342
sum-of-products(积之和(与项的或)),42,50
superscalar execution(超标量的执行),286
surface mount PCBs(印刷线路板上的表面贴装),271
suspending operations and assembly language(暂停操作和汇编语言),298
switch inputs and deboucing(开关信号的输入和去抖),194-196
switches(开关)
 lamp circuits(电灯电路),5

push button(按钮),195-196
symbols for Boolean operations(布尔操作的符号),40,43
synchronization of serial transmissions(串行传输的同步),354-355
synchronizer(同步器),193
synchronous control input(同步控制输入),155
synchronous reset,flip-flops(触发器的同步复位),156-157
synchronous timing. See clocked synchronous timing methodology(同步时序(见由时钟同步的时序方法学))
syndrome,ECC(综合症状,纠错编码),241
synthesis(综合)
 combinational functions(组合功能),518-522
 constraints(约束),437
 data types and operations(数据类型和操作),517-518
 design flow(设计流程),435-438
 finite-state machines(有限状态机),525-527
 IEEE standards(IEEE 标准),436
 introduction(介绍),26-29
 memory(存储器),527-529
 sequential circuits(时序电路),522-525
 Sobel accelerator(Sobel 加速器),445-448
 technology library(工艺技术库),437
 tool,inferences of(工具,推论的),436-437
SystemC,22
SystemVerilog,22,432,433

T

TAP(test access port)(测试访问端口(TAP)),456
TAP(test access port) controllers(测试访问端口(TAP)控制器),456-457
tape out(投片),30
task(任务),78-79
technology library(工艺技术库),437
temperature sensor example(温度传感器的例子),359
termial count output for counters(计数器的计数输出端),169
terminals(接线端),501
test cases(测试案例),74-79
 defined(已定义的),74
 traffic light model(交通灯模型),78-79

test mode input(测试模式输入),454
Test Reset Input (TRST)(测试复位输入(TRST)),456
test verification(测试验证),25
testbench model(测试平台模型), 75-79
 for adder/subtractors(加法器/减法器的(测试平台模型)),106-108
 for sequential multiplier(时序乘法器的(测试平台模型)),196-200
 for Sobel accelerator(Sobel加速器的(测试平台模型)),408-415
 traffic light example(交通灯举例),75-77
testing, directed(定向测试),431-432
tests/testing. See built-in self test(BIST); desigh for test; DUT; DUV(测试/测试(见内建自测试(BIST);可测试性设计)待测器件待验证设计)
Texas Instruments(德州仪器公司),249,346
 7400family(7400系列器件),252-254
thermostat model(恒温器模型), 111-112
threshold voltage(阈值电压),11
through hole PCBs(印刷线路板通孔),270
timers(定时器), 366-372
 real-time clock controller, examples(实时时钟控制器举例),367-371
 real-time clocks(实时时钟),367
time-scale directive(时间刻度的预编译指令),76
time to market(上市的时间),462
timing(时序)
 asynchronous timing methodologies(异步时序方法学),187-201
 budget(预算),444
 clock skew problem(时钟偏移问题),191
 for computational circuit(计算电路的时序),223-224
 gated clocks(门控时钟),450
 for Gumnut I/O(处理器(gumnut)I/O的时序),351
 optimization(优化),443-448
 for pipelined SSRAM(流水线SSRAM的(时序)),225
 pixel read/write operations(像素的读/写操作),392
 post-synthesis report(综合后报告),446
 register-to-register(寄存器到寄存器),188
 sequential(时序),17-18
 for slave bus read/write(从总线读/写的时序),398-399
 static timing analysis(静态时序分析),29
 static timing analysis tool(静态时序分析工具),445
 tristate disable/enable(三态的禁用/启用),343
 verification(验证),25
 for write/read in asynchronous SRAM(异步写/读SRAM(时序)),221
timing diagrams(时序图)
 for audio effects unit(音响效果单元的(时序图)),214
 for D flip-flops(D触发器的(时序图)),7,152
 digital alarm clock circuit(数字闹钟电路),170
 for latches(锁存器的(时序图)),163,165
 ripple counters(纹波计数器),174
 for sequential circuits(时序电路的时序图),8
top-down design(自顶向下设计),28
traffic light examples(交通灯的例子),55,56,57-58,59
transducers(传感器(变送器)),315
transient errors(瞬间错误),240
transition functions and finite state machines(转移函数和有限状态机),180,181
 examples(例子),214,224,232
transmission line effects(传输线效应),275
transparent latches(透明锁存器),163
trees, parity(树,奇偶校验),60-61
triggers(触发器)
 edge triggered circuits(跳变沿触发电路),7
 negative edge triggerd flip-flop(负跳变沿触发的触发器),160
tristate buses(三态总线),342-348
 high-impedance (hi-Z) state(高阻抗(hi-Z)状态),217,342
 modeling tristate drivers(三态驱动器的建模),345-348
tristate driver(三态驱动器)
 modeling(建模),345-348
 output states(输出状态),217
 resolving(分辨),346
 unknown X value(未知的X值),346
truncation(截断)
 defined(已定义的),94
 part select(部分选择),95

of signed integers(有符号整数的(截断)),124
of unsigned integers(无符号整数的(截断)),94-95
truth tables(真值表)
　　for Boolean functions(布尔函数的(真值表)),40-48
　　for difference and borrowed bits(求差和借位的(真值表)),104
　　examples((真值表)举例),41,44,47
　　for parity bit(求奇偶校验位的(真值表)),60
　　priority encoder(burglar alarm)(优先编码器(防盗报警器)),65
　　for sum and carry bits(求和及进位的(真值表)),96
　　symbols used in((真值表)中所用的符号),40,43
TTL(transistor-transistor logic)(晶体管-晶体管逻辑(TTL)),252-254
　　data sheet,example(技术指标说明书举例),14-15
　　described(已描述的(TTL)),10-11
　　2s complement(2的补码),119

U

UART(universal asynchronous receiver/transmitter)(通用异步收/发器(UART)),356
Unified Modeling Language(UML)(统一建模语言(UML)),427
unknown X value,tristate drivers(未知X值,三态驱动器),346
USB specification(通用串行总线(USB)规范),358

V

valves and actuators(阀门和传感执行器),316,326-327
variables(变量),68
vat buzzer example(大容器的蜂鸣器举例)
　　circuit(电路),6
　　model of functions(功能的模型),24
　　model of logical structure(逻辑结构的模型),22-23
vat buzzer examples(大容器的蜂鸣器举例),22-24
vector nets,declaring(向量线网,声明),56
vectors(向量)
　　for adding unsigned integers(表示无符号整数求和的(向量)),102
　　for binary coding(表示二进制编码的(向量)),56-58
　　interrupt(中断(向量)),363
　　test,and fault coverage(测试和故障覆盖率),452-453

traffic light example(交通灯举例),57-58
traffic light model(交通灯模型),57-58
verification(验证)
　　accelerator(加速器),407-417
　　board support package(板级支持包),434
　　code coverage(代码覆盖),431
　　of combinational circuits(组合电路的(验证)),74-80
　　constrained random testing(受约束的随机测试),432
　　cosimulation(协同仿真),435
　　coverage(覆盖),431
　　as design task(作为设计任务的(验证)),25-26
　　design under(被测设计),74
　　device under test(被测器件),74
　　directed testing(定向的测试),431
　　formal(形式化(验证)),25-26,432
　　functional(功能验证),429-435
　　functional coverage(功能覆盖),77431
　　hardware abstraction layer(硬件抽象层),434
　　hardware/software co-verification(硬件/软件协同(验证)),434-435
　　instruction set simulator(指令集仿真器),434
　　plan(计划),429,431-432
　　PSL(属性说明语言),432-433
　　of sequential circuits(时序电路的(验证)),196-200
　　state-space exploration(状态空间的探索),433
　　test cases(测试平台案例),74
　　testbench for adder/subtrctors(加法器/减法器的测试平台),106-108
　　testbench model(测试平台模型),75-79
　　testbench model of sobel accelerator(Soble加速器的测试平台模型),408-415
verification plan(验证计划),27-28
Verilog(Verilog 硬件描述语言)
　　behavioral model(行为模型),24-25
　　Boolean equations expressed in(用布尔方程表示),51-54
　　call(调用),79
　　case statement(case(条件)语句),68
　　comments(程序的注释),23,297
　　$display system task(显示系统任务),77

event lists(事件列表清单),68,152
$finish system task(结束仿真系统任务),77
if statements(if(条件)语句),108
instances(实例),23
integer variables(整数变量),102-103
module definition(模块的定义),22
named/positional port connections(按名称/按位置的端口连接),76
nets(线网),23
operators(操作符),52
ports and port lists(端口和端口列表清单),22
precedence of operations(操作的优先),52
signed integers(有符号的整数),120-121
standards(标准),21
structural model(结构模型),23
tasks(任务),78
time-scale directive(时间刻度预编译指令),76
variables(变量),68
verification(验证),25-26
Verilog models(Verilog 的模型),21-26
  behavioral(行为的(模型)),24-25,428
  of Boolean equations(布尔方程的(模型)),52-54
  defined(已定义的),21
  design entry(设计输入口),24
  model checker(模型的检查器),25
  source code file naming(源代码文件的命名),24
  stuctural(结构的),23
version management(版本管理),429
VHDL(VHDL 设计),22
vias(通孔),270
video edge detection case study(视频沿检测的案例研究),386-407
  derivative image(衍生的图像),386
virtual protorypes(虚拟样机(原型机)),425
VLSI(very large scale integrated)circuits(超大规模集成电路(VLSI)),255
volatile memory(挥发性存储器),220
voltage(电压)
  divider(分压器),509
  Kirchhoff's Laws(基尔霍夫定律),508-509 RC cir-
cuits(电阻电容(RC)电路),511-512
  RLC circuits(电阻-电感-电容(RLC)电路),512-515
  series/parallel circuits(串联/并联电路),509-511
  sources(信号源),502
  threshold symbols(阈值符号),12-13
von Neumann architecture(冯·诺伊曼结构),282
VXI bus(VXI 总线),350

W

wafer, silicon(圆硅晶片),250-251
waveform(波形)
  in digital systems(数字系统中的(波形)),3
  simulation of Sobel accelerator(Soble 加速器仿真的(波形)),415-417
weak keeper, bus(总线的弱保持),343
wide memory(宽存储器),309
wire delay(线延迟),17
wired-AND bus(线与总线),348
Wishbone bus(Wishbone 总线),339-340,350
words of data(数据字),286
wrappers(封套),428
write cycle time(写周期时间),222

X

Xilinx(赛灵思(Xilinx)公司),99,265,267,284,300
Xilinx Application Note,XAPP(赛灵思(Xilinx)公司的应用说明书)XAPP 051,   233
Xilinx Core Generator(赛灵思(Xilinx)公司的处理器核心生成器),429
Xilinx ISE tool suite(赛灵思(Xilinx)公司的 ISE 工具套件),445
Xilinx MicroBlaze memory operations(赛灵思(Xilinx)公司的 MicroBlaze 的存储器操作),306-307
XNOR(negation of exclusive OR)gate(同或(异或求反)门),43
XOR(exclusive OR)gate(异或门),43

Y

yield of ICs(集成电路的产量),251

Z

zero extension(零扩展),93-94